可靠性技术丛书

电子产品故障预测与健康管理

基本原理、机器学习和物联网

Prognostics and Health Management of Electronics: Fundamentals, Machine Learning, and the Internet of Things

◎［美］ 迈克尔·派克（Michael G. Pecht） 康明守（Myeongsu Kang） 编

◎黄 云 周振威 时林林 译

译组成员

路国光 何世烈 俞鹏飞 刘俊斌 孙 宸

贾寒光 陈义强 成立业 何小琦 李键坷

侯 波 洪丹妮 孟苓辉 余陆斌 蒋攀攀

電子工業出版社

Publishing House of Electronics Industry

北京 · BEIJING

图书在版编目（CIP）数据

电子产品故障预测与健康管理 ：基本原理、机器学习和物联网 /（美）迈克尔·派克（Michael G. Pecht），（美）康明守（Myeongsu Kang）编 ；黄云，周振威，时林林译. -- 北京 ：电子工业出版社，2025. 4. --（可靠性技术丛书）. -- ISBN 978-7-121-49503-8

Ⅰ. TN05

中国国家版本馆 CIP 数据核字第 2025N9A983 号

责任编辑：牛平月　　文字编辑：底　波
印　　刷：涿州市京南印刷厂
装　　订：涿州市京南印刷厂
出版发行：电子工业出版社
　　　　　北京市海淀区万寿路 173 信箱　邮编 100036
开　　本：787×1 092　1/16　印张：30.75　字数：910.2 千字
版　　次：2025 年 4 月第 1 版
印　　次：2025 年 4 月第 1 次印刷
定　　价：168.00 元

凡所购买电子工业出版社图书有缺损问题，请向购买书店调换。若书店售缺，请与本社发行部联系，联系及邮购电话：（010）88254888，88258888。

质量投诉请发邮件至 zlts@phei.com.cn，盗版侵权举报请发邮件至 dbqq@phei.com.cn。

本书咨询联系方式：（010）88254454，niupy@phei.com.cn。

关于作者

Michael G. Pecht（pecht@umd.edu）获得了美国威斯康星大学麦迪逊分校物理学学士学位、电气工程硕士学位、工程力学硕士和博士学位。他是一位资深工程师，同时是 IEEE、ASME、SAE 和 IMAPS 的会士。他目前是 *IEEE Access* 主编，曾担任 *IEEE Transactions on Reliability* 主编 9 年，*Microelectronics Reliability* 主编 16 年。他还曾参加 3 项美国国家科学院研究，2 项美国国会汽车安全调查，并受聘为美国食品药品监督管理局（FDA）专家。他是马里兰大学 CALCE（高级寿命周期工程中心）的创始人和主任，该中心每年得到 150 多家世界领先的电子公司超过 600 万美元的资助。CALCE 在 2009 年获得国家科学基金会创新奖、国防工业协会奖。他目前是马里兰大学机械工程的讲席教授，也是应用数学、统计学和科学计算的教授。他撰写了 20 多本关于产品可靠性、开发、使用和供应链管理方面的书籍。在中国、韩国、日本和印度，他还撰写了一系列电子工业方面的书籍。他发表技术论文 700 余篇，拥有专利 8 项。2015 年，他被授予 IEEE 组件、封装和制造奖，以表彰他在基于失效物理和预测的电子封装可靠性开发方面具有远见卓识的领导能力。他还曾获中国科学院院长国际奖学金。2013 年，他被授予威斯康星大学麦迪逊分校工程学院杰出成就奖。2011 年，他获得了马里兰大学的创新奖，以表彰他在风险管理方面提出的新理念。2010 年，他获得了 IEEE 杰出技术成就奖，以表彰他在预测和系统健康管理领域的创新。2008 年，他被授予可靠性最高荣誉——IEEE 可靠性协会终身成就奖。他是本书的第 1、2、3、11、12、13、15、22 和 23 章的作者/合著者。

Myeongsu Kang（mskang@umd.edu）分别在 2008 年、2010 年和 2015 年获得韩国釜山大学计算机工程与信息技术工学学士和硕士学位，以及电气、电子和计算机工程博士学位。他目前就职于美国马里兰大学高级寿命周期工程中心。他的学术专长为故障预测与系统健康管理（PHM）的分析、机器学习、系统建模和统计。他是 *IEEE Transactions and Health Management*、*IEEE Access*、*Internation Journal of Prognostics and Health Management* 和 *Microelectronics Reliability* 的同行评审人。他在 PHM 和高性能多媒体信号处理领域发表了 60 多篇期刊论文。他是本书第 1、4、5、6、7、15、19 章以及附录 B 和 C 的作者/合著者。

Myeongsu Kang 博士在本书最后出版前去世。这本书献给 Kang 博士、他的妻子 Yeung-seon Kim 以及他的孩子 Mark 和 Matthew。

贡献者列表

Michael H. Azarian
高级寿命周期工程中心
马里兰大学帕克分校
美国

Christopher Bailey
计算力学与可靠性组
格林威治大学数学科学系
伦敦
英国

Roozbeh Bakhshi
高级寿命周期工程中心
马里兰大学帕克分校
美国

Shuhui Bu
西北工业大学航空学院
西安
中国

Mary Capelli-Schellpfeffer
自动化损伤处理研究中心
伊利诺伊州芝加哥
美国

Moon-Hwan Chang
三星显示器有限公司
牙山
韩国

Preeti s. Chauhan
高级寿命周期工程中心
马里兰大学帕克分校
美国

Shunfeng Cheng
英特尔公司
俄勒冈州希尔斯伯勒
美国

Xingyu Du
通用汽车全球研发中心
密歇根州沃伦
美国

Jiajie Fan
机电工程学院
河海大学
常州
中国

David Flynn
微系统工程中心工程与物理科学学院
爱丁堡赫瑞瓦特大学
英国

Jie Gu
苹果公司
加利福尼亚州旧金山湾区
美国

Noel Jordan Jameson
国家标准和技术研究所
马里兰州盖瑟斯堡
美国

Taoufik Jazouli
战略和业务发展部
摄政管理服务有限责任公司
马里兰州布兰迪温
美国

Zhe Jia
交通工具应用工程
西北工业大学
西安
中国

Myeongsu Kang
高级寿命周期工程中心
马里兰大学帕克分校
美国

Ramin Karim
运维工程部
卢勒科技大学
卢勒
瑞典

Amir Reza Kashani-Pour
斯坦利·布莱克与德克公司
亚特兰大，乔治亚州
美国

Uday Kumar
运维工程部
卢勒科技大学
卢勒
瑞典

Xin Lei
高级寿命周期工程中心
马里兰大学帕克分校
美国

Zhenbao Liu
航空学院
西北工业大学
西安
中国

Sony Mathew
斯伦贝谢
德克萨斯州丹顿
美国

Hyunseok Oh
光州理工学院机械工程学院
光州
韩国

Michael G. Pecht
高级寿命周期工程中心
马里兰大学帕克分校
美国

Cheng Qian
可靠性与系统工程学院
北京航空航天大学
北京
中国

Nagarajan Raghavan
工程产品开发部
新加坡科技设计大学
新加坡

Pushpa Rajaguru
数学科学系计算力学与可靠性课题组
格林威治大学
伦敦
英国

Ravi Rajamani
drR^2 咨询有限责任公司
美国

Peter Sandborn
高级寿命周期工程中心
马里兰大学帕克分校
美国

Shankar Sankararaman
One Concern 公司
加利福尼亚州帕洛阿尔托
美国

Saurabh Saxena
高级寿命周期工程中心
马里兰大学帕克分校
美国

Kiri Lee Sharon
富理达律师事务所
威斯康星州密尔沃基市
美国

Rashmi B. Shetty
物联网预测维护和 SAP 服务集组
加利福尼亚州旧金山湾区
美国

Bo Sun
可靠性与系统工程学院
北京航空航天大学
北京
中国

Wenshuo Tang
工程与物理科学学院智能系统研究组
爱丁堡赫瑞瓦特大学
英国

Jing Tian
DEI 集团
马里兰州巴尔的摩
美国

Phillip Tretten
运维工程部
卢勒科技大学
卢勒
瑞典

Arvind Sai Sarathi Vasan
授权微系统公司
加利福尼亚州旧金山湾区
美国

Chi-Man Vong
计算机与信息科学系
澳门大学
澳门
中国

Rhonda Walthall
夏洛特联合技术航空系统公司
北卡罗来纳州
美国

Chunyan Yin
数学科学系
格林威治大学
伦敦
英国

Yilu Zhang
通用汽车研发中心
密歇根州沃伦
美国

Chris Wilkinson
霍尼韦尔

Yinjiao Xing
高级寿命周期工程中心
马里兰大学帕克分校
美国

序　言

2017 年，由于电子驻车制动器出现故障，丰田汽车北美公司召回了 28600 辆 2018 年款 C-HR 汽车和 39900 辆 2012—2015 年款普锐斯插电式混合动力汽车。2016 年，因锂离子电池故障，三星被迫召回约 250 万部三星 Galaxy Note7 手机；当时，野村证券的分析师估计，放弃该手机会导致 95 亿美元的销售额损失和 51 亿美元的利润损失。2016 年 5 月 27 日，一架大韩航空 2708 航班的波音 777-300 飞机，在日本羽田机场加速起飞时，发动机着火，起飞被迫中止，所有 17 名机组人员和 302 名乘客被疏散。2009 年 6 月 22 日，在华盛顿特区东北部，两列向南行驶的华盛顿地铁公司的列车发生相撞事件。相撞的原因是由轨道电路元件故障引起的，该元件一直受到寄生振荡影响使得其无法可靠地报告该段轨道何时被列车占用。

如果有健康及使用的监控、预测和预先维护，上述事故都可以避免。故障预测与系统健康管理（PHM）是一门交叉学科，它通过规避可能导致性能缺陷和安全不利影响的意外问题，从而保证系统组件、产品和系统的完整性。具体而言，预测指的是预测系统剩余使用寿命（RUL）的过程。在给定当前系统退化程度、负载历史以及预期的未来运行条件和环境条件的情况下，通过估计故障发展进程，PHM 可以预测产品或系统何时将不再于给定规格范围内表现出预期功能。健康管理是决策和实施行动的过程，它是基于系统健康监测和预期未来使用得出的健康状态（SOH）估计值进行的。

为响应工业、政府和学术界对 PHM 日益增长的关切，《电子产品预测与健康管理》于 2008 年出版。该书的主要内容是 PHM 的基本概念，介绍 PHM 方法，即失效物理（PoF）、数据驱动和融合方法，以及正在发展的技术，介绍用于现场健康和使用监测的传感器系统，并实现对电子元件、产品和体系系统的预测。该书讨论了由 PHM 带来的实施成本、潜在节约成本以及由此产生的投资回报（ROI）的确定方法。本书在其基础上更新了技术内容，全面讲述了电子产品 PHM 研究和开发过程中面临的挑战和机遇。

自 2008 年以来，PHM 技术取得了长足的进步，逐步走向成熟。例如，在当前电子行业中，传统的假设和技术就足以维持产品质量的假定，正在受到超前产品发布、大批量供应链、更短的产品寿命周期、更严格的设计容差和无情的成本压力的挑战。在物联网（IoT）时代，传感器、数据速率和通信能力的急剧增加继续将 PHM 应用复杂性推向新的水平。因此，为了利用来自系统和传感器的大数据流，电子元件和产品制造商正在寻找新的解决方案。

本书不仅是对《电了产品预测与健康管理》的更新，而且具有 19 个新的章节，之前的所有章节都经过修改以包含当前最先进的技术。每章所涵盖的内容摘要如下。

第 1 章　PHM 概述，给出了 PHM 和那些用于实现电子产品和系统预测的在研技术的基本理解，并介绍了组件、系统和体系系统的 PHM 实施步骤。具体内容包括可靠性和故障预测、电子产品 PHM 及方法、系统体系 PHM 的实施，以及物联网时代下的 PHM。物联网时代下 PHM 对可靠性评估、预测和风险转移的实施具有重大影响，并正在创造新的商机。

第 2 章　PHM 传感器系统，介绍了用于现场健康和使用监测的传感器的基础知识及其传感原理。本章讨论了传感器系统对 PHM 的要求、传感器系统的性能需求，以及传感器系统的物理和功能属性、可靠性、成本和可用性。此外，本章给出了一个清单，用于为特定 PHM 应用选择合适的传感器系统，并介绍了传感器系统技术的新趋势。

第 3 章　基于失效物理方法的 PHM，给出了电子和机械组件/系统中各种常见故障模式和机理的深入观点，并介绍了使用物理/现象学模型的案例，这些模型可以非常准确地展示已建立的故障机理。本章给出了深度 PoF 预测应遵循的程序步骤，并强调了加速金丝雀结构失效以获得快速 RUL 估计的必要性。本章介绍了几个微电子设备的 PoF 预测案例，还描述了将 PoF 方法用于先进纳米电子设备的复杂性。虽然 PoF 方法为退化机理提供了数学框架，但本章也强调了将数据驱动的贝叶斯方法与定量 RUL 预测结合使用的必要性。

第 4 章　机器学习的基本原理，给出了机器学习的基础知识，机器学习在 PHM 中被广泛用于确定相关性、建立模式和评估导致失效的数据趋势。根据它们是否经过人工监督（监督、无监督、半监督和强化学习）进行训练、是否可以进行即时增量学习（在线学习与批量学习），以及是简单地比较新数据点与已知数据点，还是检测训练数据中的模式并构建预测模型（基于实例与基于模型的学习）等情况，本章进一步解释了将在 PHM 中用到的机器学习算法。此外，本章还介绍了概率论知识，以更好地理解机器学习和性能指标。

第 5 章　机器学习的数据预处理，讨论了在开发数据驱动的 PHM 方法之前需要进行的数据预处理。讨论数据清洗、特征归一化、特征提取、特征选择、不平衡学习等预处理任务。更具体地说，本章确定了 PHM 广泛使用的传统和最先进的数据预处理算法，并提供了每种算法的理论基础。

第 6 章　机器学习的异常检测，给出了异常检测的基础知识。本章确定了用于异常检测的机器学习算法，这些算法可以分为：基于距离、聚类、分类、统计、模型，以及异常检测。本章简要说明了如何在 PHM 中使用这些算法。

第 7 章　机器学习的故障诊断和故障预测，介绍了故障诊断在 PHM 中的作用。本章确定了用于故障诊断的机器学习算法，并从技术角度讨论了这些算法。本章还展示了使用深度学习进行特征学习驱动的故障诊断的有用性。同样，本章介绍了故障预测概念，并介绍了各种故障预测方法，如基于回归和滤波的方法。

第 8 章　故障预测的不确定性表征、量化和管理，分析了预测中不确定性的重要性、解释、量化和管理，重点是预测工程系统和组件的 RUL。为了得到有意义的预测决策，重要的是分析不确定性的来源如何影响预测，从而计算 RUL 预测中的整体不确定性。然而，一些先进的工业技术并没有考虑采用系统性方法来处理不确定性。本章阐述了预测中的不确定性表征、量化和管理的重要性，重点讨论了基于试验的预测和基于状态的预测。已经证明，需要将 RUL 预测中的不确定性量化为一个不确定性传播问题来处理，该问题可以使用各种统计方法来解决。本章详细解释了几种不确定性传播方法，并给出了例子。最后，本章讨论了与预测中的不确定性量化和管理有关的实际挑战。

第 9 章　PHM 投资的成本和回报，讨论了商业案例开发以支持将 PHM 融入系统。本章开展并描述了在系统中使用 PHM 的 ROI 分析方法，给出了因 PHM 可能带来的投资成本和成本回报（成本避免）的概述以支撑 ROI 计算分析。本章提供了量化各种成本的方法，并以航空电子子系统为案例研究开展了 ROI 分析。

第 10 章　PHM 驱动的维修决策的评估和优化，讨论了在维修价值和最佳决策背景下的成本。根据系统及其利益相关者的不同，可以在多个层次实现价值。系统级价值意味着采取行动来保证单个系统的安全或最小化单个系统的寿命周期成本。或者，可以在“企业级别”实现价值，其中最佳行动是基于企业所有成员（如系统群体）RUL 做出的。本章以一个案例研究作为总结，该案例采用了系统预测的 RUL 以获得评估和优化预测性维修（PdM）决策的可操作价值。

第 11 章　电子电路健康状态和剩余使用寿命估计，讨论了一种核函数方法，用于估计由于存在参数故障而导致的电子电路健康状况退化。本章还采用了一种统计滤波器方法预测电路故障，其中设计整个电路退化模型的目标是引入退化组件的 PoF 模型。

第 12 章　基于 PHM 的电子产品认证，讨论了工业中使用的电子产品认证方法。本章描述了从设计阶段到最终认证的产品认证过程；阐述了认证中需考虑的关键因素，如产品细分市场/客户使用条件、供应链和环境法规；概述了产品认证方法，即基于标准的认证、基于知识的认证和基于故障预测的认证。基于标准的认证是一组预定义的可靠性要求，这些要求利用了使用条件和可靠性数据的历史数据库。基于知识的认证则使用关键技术属性和特定于故障模式的可靠性模型，以提供适合特定使用条件的认证方法。基于故障预测的认证使用产品的使用寿命数据来开发数据驱动的诊断和融合预测技术，以监控 SOH 并给出故障提前预警。

第 13 章　锂离子电池 PHM，概述了锂离子电池状态估计和 RUL 预测的 PHM 技术。锂离子电池作为储能系统的应用日益广泛，引起了对其可靠性和安全性的关注。锂离子电池作为复杂电化学-机械系统的代表，因此使用基于物理的技术对它们进行建模可能需要大量计算。本章主要关注用于在线估计和预测应用的数据驱动的电池建模方法。本章讨论了关于电池荷电状态（SOC）和 SOH 估计以及 RUL 预测的三个案例研究，这些案例包括详细的模型开发和验证步骤。

第 14 章　发光二极管 PHM，概述了用于发光二极管（LED）器件和 LED 系统的预测方法和模型。这些方法包括统计回归、静态贝叶斯网络、卡尔曼滤波、粒子滤波、人工神经网络和基于物理的方法。本章介绍了这些方法的一般概念和主要特征、应用这些方法的利弊，以及 LED 应用的案例研究。与非计划性维修方法相比，本章还讨论了在 LED 照明系统中应用 PHM 维护方法的投资回报（ROI）。

第 15 章　医疗 PHM，介绍了医疗器械与 PHM 技术的集成，以解决可靠性、安全性和寿命周期成本问题。作为这一新的多学科领域的开创性工作，本章确立了可植入医疗器械 PHM 创新的基本原则，并为基于 PHM 的医疗保健行业铺平了道路。本章评论的主题包括医疗器械安全性、可靠性和寿命周期成本考虑的当前背景，适用于医疗器械的 PHM 技术和潜在的寿命周期效益，以及用于商业医疗保健和老年人家庭护理的无人系统 PHM 需求。

第 16 章　海底电缆的 PHM，介绍了海底电力电缆领域，概述了它们在支持全球海上可再生能源领域的关键作用。本章总结了这些产品的设计和验证标准，并通过 15 年历史工业数据得到失效模式与影响分析，提出了其健康管理中的挑战。海底电力电缆监测技术的最新研究表明，超过 70%的故障模式没有得到监测。为了应对这一挑战，本章介绍了一种融合的 PHM 方法，该方法结合了数据驱动方法和 PoF 方法的高级特性来估计电缆的 RUL。该模型支持 RUL 预测、脆弱电缆区域的定位、给定路线的电缆产品比较以及路线优化。这项研究表明了 PHM 方法对关键基础设施具有重要价值。

第 17 章　联网车辆的故障诊断与故障预测，给出了一个称为现场数据自动分析仪的通用框架，以及分析大量现场数据的相关算法，并通过系统地利用信号处理、机器学习和统计分析方法迅速确定故障的根本原因。本章最终将故障分析结果以可操作的设计改进建议提供给产品开发工程师，并通过车载电池失效分析验证本章提出的框架的有效性。对车辆制造行业而言，本章所做的工作对提高产品质量和可靠性尤为重要，这是因为复杂性会随着新的车辆子系统迅速引入而不断增加。

第 18 章　PHM 在商业航空公司中的作用，概述了在商业航空公司中 PHM 如何从定期维护实践演变为计划维护的一个组成部分。随着传感器和数据采集技术的进步以及越来越多的飞机配备这些技术，PHM 带来的好处已不限于提高飞机可用性、降低维护成本和提高操作安全性。各种利益相关方开始争夺数据权利和所有权，从而减缓了 PHM 实施和集成的进度。本章讨论了维护策略的演变、各利益相关方的目标、PHM 的实施以及 PHM 在商业航空公司中的应用。

第 19 章　电子产品 PHM 软件，介绍了由高级寿命周期工程中心（CALCE）开发的 PHM 软件。该中心开发了仿真辅助可靠性评估（SARA）软件对电子产品进行虚拟验证和测试。同样，采用数据驱动的 PHM 软件执行一系列数据分析和机器学习算法，可用于初步理解数据，并在必要时构建模型以检测与目标系统要求、预期或所需性能的任何偏差，确定故障位置（故障隔离），识别故障类型（故障识别），预测 RUL。

第 20 章 电子维修，介绍了电子维修的发展历史，它被定义为一种用于提高维护过程的效率和有效性的系统或框架，是通过运用信息和通信技术以辅助 PHM 分析，以及提供监测、诊断、预测和处置能力来实现的。此外，本章还介绍了电子维修的技术方法及其应用，其中电子维修是一系列旨在获得业界卓越表现的决策支持服务。

第 21 章 物联网时代的预测性维修，介绍了物联网驱动的 PdM 方法。本章概述了 IoT 及其通过联网机器而应用到一个成功 PdM 项目。本章重点介绍了传统维护技术面临的挑战，并探讨了 PdM 的机遇。PdM 可以帮助组织仅在真正需要的最佳时间进行维修，而不是让组件运行至故障状态或基于预防性维护间隔到期时更换健康组件。本章深入探讨了几个重要的 IoT PdM 案例，并概述了不同的机器学习方法，这些方法利用机器的实时数据流来评估正在使用的机器健康状况和未来的系统故障。本章还介绍了实施 PdM 计划的一些最佳实践，深入分析挑战和一些克服挑战的潜在策略。

第 22 章 电子产品 PHM 专利分析，回顾和分析了与 PHM 相关的美国专利，以探索各行业电子产品 PHM 的发展趋势、挑战和机遇。由于目前关于该主题的讨论大多数发表在期刊上的学术论文中，缺少能够总结学术界和工业界对该主题的不同观点的图书，本章对专利的回顾和分析可填补这些空白。

第 23 章 电子密集型系统的 PHM 技术路径图，介绍了电子产品 PHM 研究和开发的挑战与机遇。本章包括有关 PHM 技术持续发展的重要后续步骤的建议，并提出了 PHM 技术路线图。

附录 A 用于 PHM 的商业传感器系统，提供了当前可用于 PHM 的商业传感器系统的描述和规格。

附录 B 与 PHM 相关的期刊和会议记录，给出了发表 PHM 相关文章的期刊和会议论文集列表。该列表涵盖了土木和机械结构、航空电子、机械和电子产品、预测算法和模型、传感器、传感器应用、健康监测、预测性维修和物流的方法及应用。

附录 C 术语和定义词汇表，给出了相关的术语和定义词汇表，尤其是本书中使用的术语和定义。本书对设计、测试、操作、制造和维修方面的工程师和数据科学家来说是必不可少的。它涵盖了电子学的所有领域，并为以下方面提供指导：

- 现场负载条件对部件和系统的损伤估计的评估方法；
- 评估预测性工作实施的成本和收益；
- 开发在实际寿命周期条件下产品和系统现场监测的新方法；
- 使用基于状态的（预测性）维护；
- 通过延长维护周期和/或及时维修措施提高系统可用性；
- 获取设计、认证和根因分析的负载历史知识；
- 减少未发现故障诊断的发生；
- 从减少的检查成本、停机时间和库存中降低设备寿命周期成本；
- 了解用于诊断、预测的统计技术和机器学习方法；
- 了解物联网、机器学习和风险评估之间的协同作用；
- 为进一步研究和开发提供指导与方向。

此外，限于时间和篇幅，书中不可避免地会有遗漏和错误，还请广大读者批评指正。最后，我们要向支持 CALCE 并对本书给予宝贵的建设性意见的 150 多家公司和组织，表示诚挚的感谢。

缩　略　语

2D SPRT　二维序贯概率比检验（two-dimensional Sequential Probability Ratio Test）

3D TIRF　三维遥测脉冲响应指纹（three-dimensional Telemetric Impulsion Response Fingerprint）

A/D　模数转换（analog-to-digital）

A4A　美国航空公司（Airlines for America）

AC　交流电（Alternating Current）

AdaBoost　自适应增强算法（Adaptive Boosting）

ADAS　高级驾驶员辅助系统（Advanced Driver-Assistance System）

ADASYN　自适应合成采样（Adaptive Synthetic Sampling）

ADT　加速退化试验（Accelerated Degradation Test）

AEC　铝电解电容器（Aluminum Electrolytic Capacitor）

AF　加速系数（Acceleration Factor）

AFDA　自动现场数据分析仪（Automatic Field Data Analyzer）

AI　人工智能（Artificial Intelligence）

AISC-SHM　航空航天工业结构健康管理指导委员会（Aerospace Industry Steering Committee on Structural Health Management）

AIST　先进工业科学技术（Advanced Industrial Science and Technology）

ALT　加速寿命试验（Accelerated Life Test）

AMM　飞机维修手册（Aircraft Maintenance Manual）

ANN　人工神经网络（Artificial Neural Network）

AOG　飞机迫停地面（Aircraft On Ground）

API　应用程序编程接口（Application Programming Interface）

APU　辅助动力单元（Auxiliary Power Unit）

ARC　艾姆斯研究中心（Ames Research Center）

ARIMA　自回归综合移动平均（Auto-Regressive Integrated Moving Average）

ASG APU　启动发电机（Starter Generator）

ATA　航空运输协会（Air Transport Association）

ATU　自耦变压器单元（AutoTransformer Unit）

AUC ROC　ROC 曲线下面积（Area Under the ROC Curve）

BBN　贝叶斯信念网络（Bayesian Belief Network）

BCU　电池控制单元（Battery Control Unit）

BGA　球栅阵列（Ball Grid Array）

BIOS　基本输入/输出系统（Basic Input/Output System）

BIT　内置测试（Built-In Test）

BMC　贝叶斯蒙特卡罗（Bayesian Monte Carlo）

BMS　电池管理系统（Battery Management System）

BMU　最佳匹配单元（Best Matching Unit）
BN　贝叶斯网络，批量归一化（Bayesian Network，Batch Normalization）
BOP　防喷器（Blowout Preventer）
BP　反向传播（Back Propagation）
BPF　带通滤波器（Bandpass Filter）
BPNN　反向传播神经网络（Back-Propagation Neural Network）
C2MS　腐蚀和腐蚀性监测系统（Corrosion and Corrosivity Monitoring Systems）
CABGA　芯片阵列®球栅阵列（ChipArray® Ball Grid Array）
CALCE　高级寿命周期工程中心（Center for Advanced Life Cycle Engineering）
CAMP　连续适航性维修程序（Continuous Airworthiness Maintenance Program）
CAN　控制器局域网（Controller Area Network）
CAP　电容（Capacitance）
CART　分类回归树（Classification And Regression Tree）
CASS　持续分析和监测（Continuous Analysis and Surveillance）
CBA　成本效益分析（Cost-Benefit Analysis）
C-BIT　连续内置测试（Continuous BIT）
CBM　基于状态的维修（Condition-Based Maintenance）
CBM+　基于状态的维修升级版（Condition-Based Maintenance Plus）
CCA　电路卡组件（Circuit Card Assembly）
CC-SMPS　恒流开关电源（Constant-Current Switch Mode Power Supply）
CCT　相关色温（Correlated Color Temperature）
CDF　累积分布函数（Cumulative Distribution Function）
CE　交叉熵（Cross-Entropy）
CfA　关于可用性合同（Contract for Availability）
CFR　联邦法规（Code of Federal Regulations）
CHD　冠心病（Coronary Heart Disease）
CL　置信限（Confidence Limit）
CME　水分膨胀系数（Coefficient of Moisture Expansion）
CMMS　计算机化维修管理系统（Computerized Maintenance Management System）
CMOS　复合金属氧化物半导体（Complementary Metal-Oxide-Semiconductor）
CND　无法复制（Cannot Duplicate）
CNI　通信导航和识别（Communication Navigation and Identification）
CNN　卷积神经网络（Convolutional Neural Network）
COV　变异系数（Coefficient Of Variation）
CPC　合作专利分类（Cooperative Patent Classification）
CPCP　腐蚀预防和控制程序（Corrosion Prevention and Control Program）
CPU　中央处理器（Central Processing Unit）
CRI　显色指数（Color Rendering Index）
CSD　恒速驱动（Constant Speed Drive）
CSP　芯片级封装（Chip Scale Packaging）
CTE　热膨胀系数（Coefficient of Thermal Expansion）
CUT　被测电路（Circuit Under Test）
CVDP　联网车辆诊断和预测（Connected Vehicle Diagnostics and Prognostics）

DAG　有向无环图（Directed Acyclic Graph）
DC　直流电（Direct Current）
DCF　贴现现金流（Discounted Cash Flow）
DD　数据驱动（Data-Driven）
DfR　可靠性设计（Design-for-Reliability）
DMU　数据管理单元（Data Management Unit）
DOD　内部对象损伤（Domestic Object Damage）
DOF　指定大修设施（Designated Overhaul Facilities）
DPM　每百万次的缺陷数（Defects Per Million）
DRN　深度残差网络（Deep Residual Network）
DRU　仓库可更换单元（Depot-Replaceable Unit）
DSS　分布式应变传感（Distributed Strain Sensing）
DST　分布式应变和温度；动态应力测试（Distributed Strain and Temperature；Dynamic Stress Testing）
DT　决策树（Decision Tree）
DTPS　传动系预测系统（Drive Train Prognostics Systems）
DTS　分布式温度传感（Distributed Temperature Sensing）
DWT　离散小波变换（Discrete Wavelet Transform）
ECC　错误检查和纠正（Error Checking and Correction）
ECEM　能源和状态监测（Energy and Condition Monitoring）
ECM　发动机状态监测（Engine Condition Monitoring）
ECRI　美国紧急医疗研究所（Emergency Care Research Institute）
ECS　环境控制系统（Environmental Control System）
ECU　电子控制单元，发动机控制单元（Electronic Control Unit，Engine Control Unit）
ED　电动驱动器；欧几里得距离（欧氏距离）（Electrical Driver；Euclidean Distance）
EDL　综合电子数据日志（Integrated Electronic Data Log）
EEEU　末端执行器电子单元（End-Effector Electronics Unit）
EEPROM　带电可擦可编程只读存储器（Electrically-Erasable Programmable Read-Only Memory）
EF　增强因子（Enhancement Factor）
EFV　远征军车辆（Expeditionary Force Vehicle）
EGT　排气温度（Exhaust Gas Temperature）
EHM　发动机健康管理/监测（Engine Health Management/Monitoring）
EHSA　电液伺服机构（Electro-Hydraulic Servo Actuator）
EIA　电子工业联盟（Electronics Industries Alliance）
EKF　扩展卡尔曼滤波器（Extended Kalman Filter）
ELIMA　环境寿命周期信息管理和获取（Environmental Life-cycle Information Management and Acquisition）
EM　期望最大化（Expectation Maximization）
EMA　机电机构（Electromechanical Actuator）
EMMS　电子维修管理系统（E-Maintenance Management System）
EOA　告警专家（Expert-On-Alert）
EOD　放电终止（End Of Discharge）

EOL　寿命终止（End Of Life）

EPC　能源绩效合同（Energy Performance Contracting）

EPR　延伸生产者责任；乙丙橡胶（Extended Producer Responsibility；Ethylene Propylene Rubber）

ES　专家系统；欧几里得空间（Expert System；Euclidean Space）

ESC　增强型自校正（Enhanced Self-Correcting）

ESD　静电放电（Electrostatic Discharge）

ESR　等效串联电阻（Equivalent Series Resistance）

ETOPS　扩展操作（Extended Operations）

EV　电动汽车（Electric Vehicle）

EVN　欧洲车辆牌号（European Vehicle Number）

FAA　联邦航空管理局（Federal Aviation Authority）

FADEC　全权限数字电子控制（Full Authority Digital Electronic Control）

FAR　联邦航空条例（Federal Aviation Regulations）

FAT　工厂验收测试（Factory Acceptance Test）

FBG　光纤布拉格光栅（Fiber Bragg Grating）

FCM　模糊 c 均值聚类（Fuzzy C-Means clustering）

FCU　燃料控制单元（Fuel Control Unit）

FD&C　联邦食品、药品和化妆品（Federal Food，Drug，and Cosmetic）

FDA　美国食品药品监督管理局（Food and Drug Administration）

FEA　有限元分析（Finite Element Analysis）

FFNN　前馈神经网络（Feed-Forward Neural Network）

FIELD　发那科智能驱动链驱动（FANUC's Intelligent Drive Link Drive）

FIM　故障隔离手册（Fault Isolation Manual）

FL　模糊逻辑（Fuzzy Logic）

FMEA　失效模式及影响分析（Failure Modes and Effects Analysis）

FMECA　失效模式、影响及危害度分析（Failure Mode，Effect and Criticality Analysis）

FMMEA　失效模式、机理及影响分析（Failure Modes，Mechanisms，and Effects Analysis）

FN　假阴性（False Negative）

FOD　外来物损伤（Foreign Object Damage）

FP　假阳性（False Positive）

FPM　融合预测模型（Fusion Prognostic Model）

FPR　假阳性率（False Positive Rate）

FPT　首达时间（First Passage Time）

FT　故障树（Fault Tree）

FUDS　联邦城市驾驶时间表（Federal Urban Driving Schedule）

GA　通用航空（General Aviation）

GCU　发电机控制单元（Generator Control Unit）

GMM　高斯混合模型（Gaussian Mixture Model）

GPA　气路分析（Gas-Path Analysis）

GPR　高斯过程回归（Gaussian Process Regression）

GPS　全球定位系统（Global Positioning System）

GPU　图形处理单元（Graphic Processing Unit）

GUI　图形用户界面（Graphic User Interface）
HALT　高加速寿命试验（Highly Accelerated Life Testing）
HDD　硬盘驱动器（Hard Disk Drive）
HDFS Hadoop　分布式文件系统（Hadoop Distributed File System）
HFS　混合特征选择（Hybrid Feature Selection）
HI　健康指标（Health Indicator）
HM　健康监测（Health Monitoring）
HMM　隐马尔可夫模型（Hidden Markov Model）
HPF　高通滤波器（High-Pass Filter）
HPS　高压钠灯（High-Pressure Sodium）
HRT　激素替代疗法（Hormone Replacement Therapy）
HTOL　高温工作寿命（High-Temperature Operating Life）
HVAC　高压交流电（High-Voltage Alternating Current）
HVDC　高压直流电（High-Voltage Direct Current）
I2C　集成电路（Inter-Integrated Circuit）
I-BIT　中断内置测试（Interruptive BIT）
IC　集成电路；内燃机（Integrated Circuit；Internal Combustion）
ICD　植入式心律转复除颤器（Implantable Cardioverter Defibrillator）
ICT　信息和通信技术（Information and Communication Technologies）
IDE　集成数据环境（Integrated Data Environment）
IDG　集成驱动发电机（Integrated Drive Generator）
IEEE　电气和电子工程师学会（Institute of Electrical and Electronics Engineers）
IESNA　北美照明工程协会（Illuminating Engineering Society of North America）
IFF　敌我识别（Identification Friend or Foe）
iForest　隔离森林（isolation Forest）
IFSD　空中停机（Inflight Shutdown）
IGBT　绝缘栅双极型晶体管（Insulated Gate Bipolar Transistor）
i,i,d　独立同分布（independent and identically distributed）
IIoT　工业物联网（Industrial Internet of Things）
ILR　植入式环路记录器（Implantable Loop Recorder）
ILS　综合后勤保障（Integrated Logistics Support）
ILT　库存提前期（Inventory Lead Time）
iNEMI　国际电子生产商联盟（international National Electronics Manufacturing Initiative）
INS　惯性导航系统（Inertial Navigation System）
IoT　物联网（Internet of Things）
IP　知识产权（Intellectual Property）
IPC　印刷电路学会（Institute for Printed Circuits）
IR　红外线（Infra-Red）
ISHM　综合系统健康管理（Integrated Systems Health Management）
ISO　国际标准化组织（International Organization for Standardization）
IT　互联网技术（Internet Technology）
ITO　铟锡氧化物（Indium Tin Oxide）
iTree　隔离树（isolation Tree）

IVHM　飞行器综合健康管理（Integrated Vehicle Health Management）
JEDEC　电子器件工程联合委员会（Joint Electron Device Engineering Council）
JSF　联合攻击战斗机（Joint Strike Fighter）
JTAG　联合测试行动小组（Joint Test Action Group）
KBQ　基于知识的认证（Knowledge-Based Qualification）
KDD　数据库中的知识发现（Knowledge Discovery in Databases）
KF　卡尔曼滤波（Kalman Filtering）
kLDA　核线性判别分析（kernel Linear Discriminant Analysis）
k 近邻（*k*-Nearest Neighbor，*k*-NN）
kPCA　核主成分分析（kernel PCA）
KPI　关键绩效指标（Key Performance Indicator）
K-S　科尔莫戈罗夫-斯米尔诺夫（Kolmogorov–Smirnov）
LASSO　最小绝对收缩和选择操作（Least Absolute Shrinkage and Selection Operation）
LAV　轻型装甲车（Light Armored Vehicle）
LCC　寿命周期成本（Life-Cycle Cost）
LCEP　寿命周期环境剖面（Life-Cycle Environmental Profile）
LCM　寿命损耗监测（Life Consumption Monitoring）
LDA　线性判别分析（Linear Discriminant Analysis）
LED　发光二极管（Light-Emitting Diode）
LEE　光萃取效率（Light Extraction Efficiency）
LLP　寿命有限部分（Life-Limited Part）
LPF　低通滤波器（Low-Pass Filter）
LPP　局部保持映射（Locality Preserving Projection）
LRU　线路可更换单元（Line-Replaceable Unit）
LS　后勤保障（Logistics Support）
LSM　最小二乘法（Least-Squares Method）
LSR　最小二乘回归（Least-Squares Regression）
LS-SVM　最小二乘支持向量机（Least-Squares Support Vector Machine）
LTE　长期演变（Long-Term Evolution）
MA　维修分析（Maintenance Analytics）
MAD　中位数绝对偏差（Median Absolute Deviation）
MAE　平均绝对误差（Mean Absolute Error）
MAP　最大后验估计（Maximum A Posteriori estimation）
MAR　随机缺失（Missing At Random）
MCAR　完全随机缺失（Missing Completely At Random）
MCC　马修斯相关系数（Matthews Correlation Coefficient）
MCP　多芯片处理器（Multichip Processor）
MCS　蒙特卡罗模拟（Monte Carlo Simulation）
MCU　模块控制单元（Module Control Unit）
MD　马氏距离（Mahalanobis Distance）
MDC　电动压缩机（Motor-Driven Compressor）
MEL　最低设备清单（Minimum Equipment List）
MEMS　微机电系统（Microelectromechanical System）

MFD　多功能显示器（Multifunction Display）
ML　机器学习（Machine Learning）
MLCC　多层陶瓷电容器（Multilayer Ceramic Capacitor）
MLDT　平均物流延迟时间（Mean Logistics Delay Time）
MLE　最大似然估计（Maximum Likelihood Estimation）
MLPNN　多层感知器神经网络（Multilayer Perceptron Neural Network）
MNAR　非随机缺失（Missing Not At Random）
MOCVD　金属有机化合物化学气相沉积（Metal-Organic Chemical Vapor Deposition）
MOSFET　金属氧化物半导体场效应晶体管（Metal-Oxide-Semiconductor Field-Effect Transistor）
MQE　最小量化误差（Minimum Quantization Error）
MQW　多量子阱（Multi-Quantum Well）
MRO　维护、修理、大修（Maintenance，Repair，Overhaul）
MSE　均方误差（Mean Squared Error）
MSET　多元状态估计技术（Multivariate State Estimation Technique）
MTBF　平均故障间隔时间（Mean Time Between Failure）
MTE　分子测试设备（Molecular Test Equipment）
MTTF　平均失效时间（Mean Time To Failure）
MTTR　平均修复时间（Mean Time To Repair）
NASA　美国国家航空航天局（National Aeronautics and Space Administration）
NDT　无损检测（Nondestructive Testing）
NEA　富氮空气（Nitrogen-Enriched Air）
NEMS　纳米机电系统（Nanoelectromechanical System）
NFF　未发现故障（No Fault Found）
NGS　制氮系统（Nitrogen Generation System）
NHTSA　国家公路运输安全管理局（National Highway and Transportation Safety Administration）
NLME　非线性混合效应估计（Nonlinear Mixed-effect Estimation）
NLS　非线性最小二乘法（Nonlinear Least Squares）
NMEA　美国国家海洋电子协会（National Marine Electronics Association）
NN　神经网络（Neural Network）
NPV　净现值（Net Present Value）
NTF　无问题发现（No-Trouble-Found）
NVRAM　非易失性随机存取存储器（Non-Volatile Random Access Memory）
O&M　运行维护（Operation and Maintenance）
OAA　一对多（One-Against-All）
OAO　一对一（One-Against-One）
OBD　车载诊断（On-Board Diagnostics）
OBIGGS　机载制氮（On-Board Inert Gas Generation）
OC-SVM　单类 SVM（One-Class SVM）
OCV　开路电压（Open-Circuit Voltage）
OEM　原始设备制造商（Original Equipment Manufacturer）
OHVMS　海上高压电网监测系统（Offshore High-Voltage network Monitoring System）

OOR　有序整体范围（Ordered Overall Range）
OT　优化技术（Optimizing Technology）
PAR　精密进场雷达（Precision Approach Radar）
PBL　基于绩效的后勤（Performance-Based Logistics）
PBSA　基于绩效的服务获取（Performance-Based Service Acquisition）
Pc-　磷转化（Phosphor-converted）
PCA　主成分分析（Principal Component Analysis）
PCB　印制电路板（Printed Circuit Board）
PCC　皮尔逊相关系数（Pearson Correlation Coefficient）
PCN　产品更改通知（Product Change Notification）
PCS　主成分空间（Principal Component Space）
PD　局部放电（Partial Discharge）
PDF　概率密度函数（Probability Density Function）
PdM　预测性维修（Predictive Maintenance）
PF　粒子过滤器（Particle Filter）
PH　比例风险（Proportional Hazard）
PHM　故障预测与系统健康管理（Prognostics and systems Health Management）
PI　绩效指标（Performance Indicator）
PLC　可编程逻辑控制器（Programmable Logic Controller）
PMF　概率质量函数（Probability Mass Function）
PMML　预测性维修标记语言（Predictive Maintenance Markup Language）
POE　以太网供电（Power Over Ethernet）
PoF　失效物理（Physics-of-Failure）
PPA　购电协议（Power Purchase Agreement）
PPP　公私合作关系（Public/Private Partnership）
PSO　粒子群优化（Particle Swarm Optimization）
PSS　产品服务系统（Product Service System）
PTH　镀通孔（Plated Through Hole）
PWB　印刷线路板（Printed Wiring Board）
QCM　静态电流监测器（Quiescent Current Monitor）
QW　量子阱（Quantum Well）
RAMS　可靠性、可用性、可维修性和可保障性（Reliability，Availability，Maintainability，and Supportability）
RBF　径向基函数（Radial Basis Function）
RBFNN　径向基函数神经网络（Radial Basis Function Neural Network）
RBU　残差建模单元（Residual Building Unit）
RC　电阻/电容（Resistance/Capacitance）
RCM　以可靠性为中心的维修（Reliability-Centered Maintenance）
ReLU　整流线性单元（Rectifier Linear Unit）
RESS　可充电储能系统（Rechargeable Energy Storage System）
RF　无线电频率（Radio Frequency）
RFID　射频识别（Radio Frequency Identification）
RH　相对湿度（Relative Humidity）

RLA 剩余寿命评估（Remaining Life Assessment）
RM&D 远程监测和诊断（Remote Monitoring and Diagnostics）
RMSE 均方根误差（Root-Mean-Squared Error）
RNN 递归神经网络（Recurrent Neural Network）
ROA 实物期权分析（Real Options Analysis）
ROC 接收者操作特征（Receiver Operating Characteristic）
RoHS 有毒有害物质禁用指令（Restriction of Hazardous Substances）
ROI 投资回报率（Return On Investment）
ROM 只读存储器（Read-Only Memory）
ROV 遥控水下航行器（Remotely Operated underwater Vehicle）
RPN 风险优先数（Risk Priority Number）
RTD 电阻温度检测器（Resistance Temperature Detector）
RTOK 重新测试正常（Re-Test OK）
RTPH 实时电源线束（Real Time-Power Harness）
RUL 剩余使用寿命（Remaining Useful Life）
RUP 剩余有用性能（Remaining Useful Performance）
RVM 相关向量机（Relevance Vector Machine）
SA 模拟退火（Simulated Annealing）
SAAAA 感知、获取、分析、建议和行动（Sense，Acquire，Analyze，Advise，and Act）
SaaS 软件即服务（Software as a Service）
SAE 汽车工程师学会（Society of Automotive Engineers）
SAR 社会辅助机器人（Socially Assistive Robotics）
SARA 仿真辅助可靠性评估（Simulation Assisted Reliability Assessment）
SATAA 感知、获取、转移、分析和行动（Sense，Acquire，Transfer，Analyze，and Act）
SBCT 斯特赖克旅战斗队（Stryker Brigade Combat Team）
SBQ 基于标准的认证（Standards-Based Qualification）
SCADA 监控和数据采集系统（Supervisory Control And Data Acquisition）
SD 安全数字；标准差（Secure Digital；Standard Deviation）
SDG 有符号图（Signed Diagraph）
SEI 固体电解质界面（Solid Electrolyte Interphase）
SHM 结构健康管理；系统健康监测（Structural Health Management；System Health Monitoring）
SIA 半导体工业协会（Semiconductor Industry Association）
SIR 采样重要性重采样（Sampling Importance Resampling）
SIS 序列重要性采样（Sequential Important Sampling）
SIV 应力引起的空隙（Stress-Induced Voiding）
SLI 启动照明点火（Starting-Lighting-Ignition）
SLOC 源代码行（Source Lines Of Code）
SLPP 监督局部保持映射（Supervised Locality Preserving Projection）
SMART 自我监测分析和报告技术（Self-Monitoring Analysis and Reporting Technology）
SMOTE 合成少数类过采样技术（Synthetic Minority Oversampling Technique）
SOA 面向服务的体系结构（Service-Oriented Architecture）
SOC 荷电状态（State Of Charge）

SOH　健康状态（State Of Health）
SOM　自组织映射（Self-Organizing Map）
SPD　光谱功率分布（Spectral Power Distribution）
SPRT　序贯概率比检验（Sequential Probability Ratio Test）
SRB　固体火箭助推器（Solid Rocket Booster）
SRMS　航天飞机遥控操纵系统（Shuttle Remote Manipulator System）
SRU　车间可更换单元（Shop-Replaceable Unit）
SSE　南苏格兰电力公司（Scottish and Southern Energy）
SVM　支持向量机（Support Vector Machine）
SVR　支持向量回归（Support Vector Regression）
TC　型号合格证（Type Certificate）
TDDB　时间相关介电击穿（Time-Dependent Dielectric Breakdown）
TDR　时域反射计（Time Domain Reflectometry）
TEF　瞬时接地故障（Transient Earth Fault）
TEG　热电发电机（Thermoelectric Generator）
THB　温度/湿度/偏差（Temperature/Humidity/Bias）
TMS　发射机管理子系统（Transmitter Management Subsystem）
TN　真阴性（True Negative）
TNI　未识别故障（Trouble Not Identified）
TP　真阳性（True Positive）
TPR　真阳性率（True Positive Rate）
TSM　故障排除手册（Troubleshooting Manual）
TSMD　时间-应力测量装置（Time-Stress Measurement Device）
TSV　硅通孔（Through-Silicon Via）
TTF　失效时间（Time-To-Failure）
UAP　不确定性调整预测（Uncertainty Adjusted Prognostics）
UAV　无人飞行器（Unmanned Aerial Vehicle）
UBL　使用寿命（Usage-Based Lifing）
UE　用户设备（User Equipment）
UER　计划外发动机拆卸（Unscheduled Engine Removal）
uHAST　无偏高加速应力测试（unbiased Highly Accelerated Stress Test）
UKF　无迹卡尔曼滤波器（Unscented Kalman Filter）
USABC　美国先进电池联盟（US Advanced Battery Consortium）
USB　通用串行总线（Universal Serial Bus）
USPTO　美国专利商标局（US Patent and Trademark Office）
UT　无迹变换（Unscented Transform）
UV　紫外线（Ultra-Violet）
V&V　验证和确认（Verification and Validation）
V2I　车辆到基础设施（Vehicle-to-Infrastructure）
V2V　车对车（Vehicle-to-Vehicle）
VBA　应用程序用 VB 语言（Visual Basic for Applications）
VCE　集电极-发射极电压（Collector-Emitter Voltage）
VFSG　变频启动发电机（Variable Frequency Starter Generator）

VLSI　超大规模集成电路（Very Large Scale Integrated）
VSWR　电压驻波比（Voltage Standing Wave Ratio）
WSN　无线传感器网络（Wireless Sensor Network）
XLPE　交联聚乙烯（Crosslinked Polyethylene）
XML　可扩展标记语言（Extensible Markup Language）
ZDS　零缺陷采样（Zero Defect Sampling）
ZVEI　中央电气工程与电子协会（Zentralverband Elektrotechnik and Elektronikindustrie）

<<<<< CONTENTS

第1章

PHM 概述

Michael G.Pecht，Myeongsu Kang
美国马里兰大学帕克分校高级寿命周期工程中心

由于激烈的全球竞争，企业正在考虑采用新的方法来提高其产品的运行效率。对某些产品来说，高可靠性的服务可以成为确保客户满意的一种手段。对于其他产品，增加保修，或者至少降低保修成本，以及减少由于实际故障而导致的不良后果，是制造商提高产品现场可靠性和操作可用性的主要动力。

电子设备是当今大多数系统的功能组成部分，电子设备的可靠性对于系统的可靠性通常是至关重要的[1]。人们越来越关注监控电子产品（无论是组件、系统还是系统体系）的持续健康状态，以提供故障预警并辅助管理和后勤保障。这里，健康度被定义为退化或偏离预期正常状态的程度。故障监测是基于当前和历史健康状态对未来健康状态的预测[2]。本章提供了对产品健康监测和预测，以及电子产品故障预测相关技术的基本理解。

1.1 可靠性和故障预测

可靠性是指产品在其全寿命周期中，在规定的时间内按预期运行（即无故障且在规定的性能范围内）的能力[3]。传统的电子产品可靠性预计方法包括 MIL-HDBK-217[4]、217-PLUS、Telcordia[5]、PRISM[6]和 FIDES[7]。这些方法依赖于失效数据的收集，且通常假设系统的元器件具有故障率（通常假设为常数），这些故障率可以由独立的“调整系数”修正，以适应各种质量、运行和环境条件。这种建模方法引起了大量关注[8-11]。普遍的共识是，这些手册永远不应该被采用，因为它们在预计实际的现场故障时不准确，而且提供的预计具有很大的误导性，可能导致设计和后勤保障决策欠佳[9,12]。美国国家科学院最近的一项研究建议，由于使用 MIL-HDBK 217 及其衍生方法得到的结果无效、不准确，因此该方法不可信，它们应该被失效物理（PoF）方法和经过验证模型的估计取代[13]。

传统的电子产品可靠性预计手册方法始于 1965 年出版的 *MIL-HDBK-217A*。在这本手册中，所有的单片集成电路（IC）都只有一个单点故障率，而不考虑应力、材料或架构。*MIL-HDBK-217B* 于 1973 年出版，美国空军简化了 RCA/Boeing 模型，使其服从统计指数（恒定故障率）分布。此后，所有的更新大都是“创可贴”式的建模方法，被证明是有缺陷的[14]。1987—1990 年，美国马里兰大学帕克分校高级寿命周期工程中心（CALCE）获得了更新 *MIL-HDBK-217* 的合同。研究得到的结论是，应取消该手册，并且不鼓励继续使用此类建模方法。

1998 年，电气与电子工程师学会（IEEE）1413 标准，即《电子系统和设备可靠性预计与评估的 IEEE 标准方法》，被批准为可靠性预计的适当要素提供指导[15]。其配套指南 IEEE 1413.1

《基于 IEEE 1413 的可靠性预计选择和使用指南》，提供了给定应用的通用可靠性预计的信息和评估[16]，结果表明 MIL-HDBK-217 存在缺陷。该指南还讨论了采用应力和损伤的 PoF 技术进行可靠性预计方法的优势。

在工业部门、政府和其他大学的支持下，CALCE 开发了 PoF 方法和可靠性设计（DfR）方法[17]。PoF 是一种利用产品寿命周期载荷和失效机理知识进行可靠性建模、设计和评估的方法。该方法基于产品潜在失效模式、失效机理和失效部位的识别，并将其失效视为产品寿命周期载荷条件的函数。每个失效点的应力是载荷条件、产品几何形状和材料特性的函数，然后使用应力损伤模型来确定故障的产生和传播。

PoF 并不是唯一的故障预测方法。故障预测与系统健康管理（PHM）是评估产品退化和可靠性的综合学科。其目的是保证产品的完整性，避免非正常运行问题，以减少任务性能缺陷、退化和对任务安全的不利影响。更具体地说，预测是在给定当前退化程度、载荷记录以及预期的未来工作剖面和环境应力条件下，通过估计故障演化来预测系统剩余使用寿命（RUL）的过程。健康管理是根据健康监测得出的健康状况估计值和产品未来使用情况的预期，制定决策和实施行动的过程。

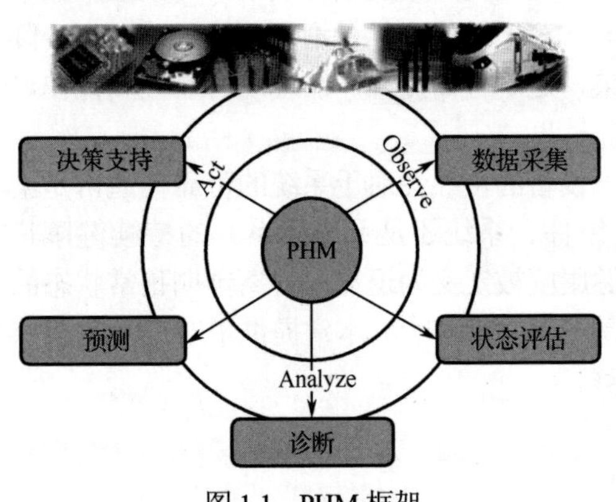

图 1.1　PHM 框架

一般来说，PHM 包括感知（数据采集）、异常检测（状态评估）、诊断、预测和决策支持，如图 1.1 所示。感知是收集产品随时间变化的运行状态、材料退化和产品组件（或整个产品）的历史环境应力。

异常检测的主要目的是通过识别与正常健康行为的偏差来发现产品的异常行为。异常检测的结果可以提供故障的预警，通常称为故障预兆。注意，异常并不一定表示故障，因为工作状态和环境条件的变化可能影响传感器数据，从而显示异常行为。然而，即使是这类异常信息对产品健康管理也很有价值，因为它们可以表示异常使用。

诊断可以从产品健康状况异常时的传感器数据中提取故障相关信息，如故障模式、故障机理、损伤量等。这是一项关键信息，可用于维修计划和后勤保障。

预测是指在适当的置信区间内预测产品的剩余使用寿命，这通常需要传统上传感器没有提供的附加信息，如维修维护记录、过去和未来的工作剖面以及环境因素。预测的目标是告知决策者如何在确保安全运行的前提下实现成本避免。也就是说，PHM 的各个方面是为了进行适当的决策，以防止灾难性的系统故障；通过减少停机时间来提高系统可用性；延长维护周期；及时执行维修措施；通过减少检查和维修来降低寿命周期成本；改进系统认证、设计和后勤保障。

1.2 电子产品 PHM

出于功能和性能的需要，大多数产品通常包含一定数量的电子部组件。实际上，随着物联网（IoT）的发展，电子部组件数量正在迅速增加。如果可以评估电子设备相比预期正常工作状态时的偏离或退化程度，则可以使用此信息来实现几个重要目标，包括（i）提供故障预警；（ii）减少非计划维修，延长维护周期，并通过及时维护来保持效能；（iii）通过降低检查成本、停机时间和库存备件来降低设备的寿命周期成本；（iv）提高质量，协助设计并提供已部署和未来新研系统的后勤保障[2]。换言之，由于电子设备在为当今产品提供运行能力方面发挥着越来越重要的作用，故障预测技术已变得非常有前景。

在电子设备的健康监测诊断方面，最初的一些努力涉及使用内置测试（BIT），即板载软硬件诊断手段，用来识别和定位故障。一个 BIT 可以由错误检测和校正电路、全自检电路以及自校验电路组成[2]。电子系统中使用的 BIT 概念有两种：中断内置测试（I-BIT）和连续内置测试（C-BIT）。I-BIT 含义是在 BIT 运行期间设备暂停正常运行，而对于 C-BIT，设备是连续自动监控的，不会影响正常运行。

关于使用 BIT 进行故障识别和诊断的几项研究[18-19]表明，BIT 容易出现虚警，并可能导致不必要的高代价的更换、重新认证、延迟装运和系统可用性损失。BIT 的概念仍在发展，以减少虚警情况的发生。然而，也有理由相信，许多故障确实发生过，但本质上是间歇性的[20]。此外，由于损伤积累或故障演化，BIT 通常不是用来提供故障或剩余使用寿命预测的。相反，它主要作为一种诊断工具。

PHM 也已成为军事系统实现高效系统级维护和降低寿命周期成本的关键因素之一。2002 年 11 月，负责后勤和物资准备的美国国防部副部长发布了一项名为“基于状态的维修增强”（CBM+）的政策。CBM+代表了将新系统和旧系统的非计划修复性设备维修转变为基于必要证据安排预防性维修和预测性维修的努力。2005 年，一项对 11 个 CBM+项目的调查突出了将“电子产品故障预测”作为最需要的维修相关特性或应用之一，而不考虑成本[21]，这一观点也得到了航空电子行业的认同[22]。美国国防部 5000.2《国防采办政策文件》规定：“项目经理应通过负担得起的集成的嵌入式诊断和预测、嵌入式培训和测试、序列化物资管理、自动识别技术和迭代技术更新，优化战备状态。”[20]因此，任何出售给美国国防部的系统都需要具备故障预测能力。

PHM 也已成为空间应用中的一个高优先级问题。位于加州的美国宇航局艾姆斯研究中心（ARC）正在进行综合系统健康管理（ISHM）领域的研究。ARC 参与了健康管理系统设计、传感器选择和优化、原位监测、数据分析、故障预测和诊断。ARC 卓越预测中心开发了预测 NASA 系统和子系统剩余寿命的算法。多年来，ARC 的预测项目包括功率半导体器件（研究老化影响，识别故障预兆以建立失效物理模型，以及开发剩余使用寿命的预测算法）、电池（故障预测算法）、飞行制动器（失效物理建模和剩余使用寿命评估算法开发）、固体火箭发动机故障预测和飞机线缆健康管理。

除了在役可靠性评估和维护外，健康监测还可以有效地用于支持产品召回和寿命终止决策。产品召回是指制造商在其产品的整个寿命周期内（包括处置）对其产品的责任。推动产品召回的动力是消费后电子废物的延伸生产者责任（EPR）概念[23]。EPR 的目标是使制造商和分销商在消费者不再需要产品时对其产品承担财务责任。

报废产品恢复策略包括修理、翻新、再制造、部件再利用、材料回收和处置。报废决策中的一个挑战是确定产品使用时间是否可以延长，组件是否可以重复使用，以及应处理哪些部件，以便将系统成本和可靠性问题降到最低[24]。这还需同时考虑几个相互关联的问题，以合理确定最佳的部件再利用率，包括组装/拆卸成本和流程中引入的任何缺陷、原始寿命周期中发生的产品退化以及与寿命周期相关的废物流。在这些因素中，对产品在其原始寿命周期中退化情况的估计可能是对报废决策的最不确定的输入，但这可以在了解产品整个历史信息的情况下利用健康监测实现。

Scheidt 和 Zong 提议开发一种称为绿色端口的特殊电气端口，以检索有助于电子产品回收和再利用的产品使用数据[25]。Klausner 等建议使用综合电子数据日志（EDL）记录表征产品退化的参数[26-27]。EDL 被用于电动机以增加其重复使用。在另一项研究中，通过安装在家用电器上的电子装置来监测其使用数据[28]。该研究介绍了寿命周期数据采集单元，它可用于数据采集、诊断和维修。Middendorf 等建议开发寿命信息模块，记录用于可靠性评估、产品翻新和重复使用的产品寿命周期条件[29]。

设计师通常根据假设的使用率和寿命周期条件推测加速试验结果，确定产品的使用寿命和质保期。这些假设可能基于组成最终用户环境的各种参数的最坏情况。原则上，如果假定条件和实际使用条件相同，则产品在设计寿命周期内应当是可靠的，如图 1.2（a）所示。然而，这很少是准确的，因为使用和环境条件与假定条件有很大差异，如图 1.2（b）所示。为了处理实际的寿命周期条件，产品可以配备寿命损耗监测器（LCMS），用于现场评估剩余寿命。因此，即使产品在较高的使用率和恶劣条件下使用，这种方法仍然可以避免计划外的维修和灾难性故障，保持安全，最终节约成本。如果产品以更温和的方式使用，则其寿命可以得到延长，如图 1.2（c）所示。

在做出报废决策时，一个重要的输入是对产品退化和剩余寿命的估计。图 1.2（c）展示了工作产品在其设计寿命结束时被退回的场景。通过使用安装在产品内的健康监测器，可以评估可重复使用的寿命长短，而无须拆卸产品。最终，根据产品成本、备件需求、装配和拆卸的收益率等其他因素，制造商可以选择将产品重新使用或处置。

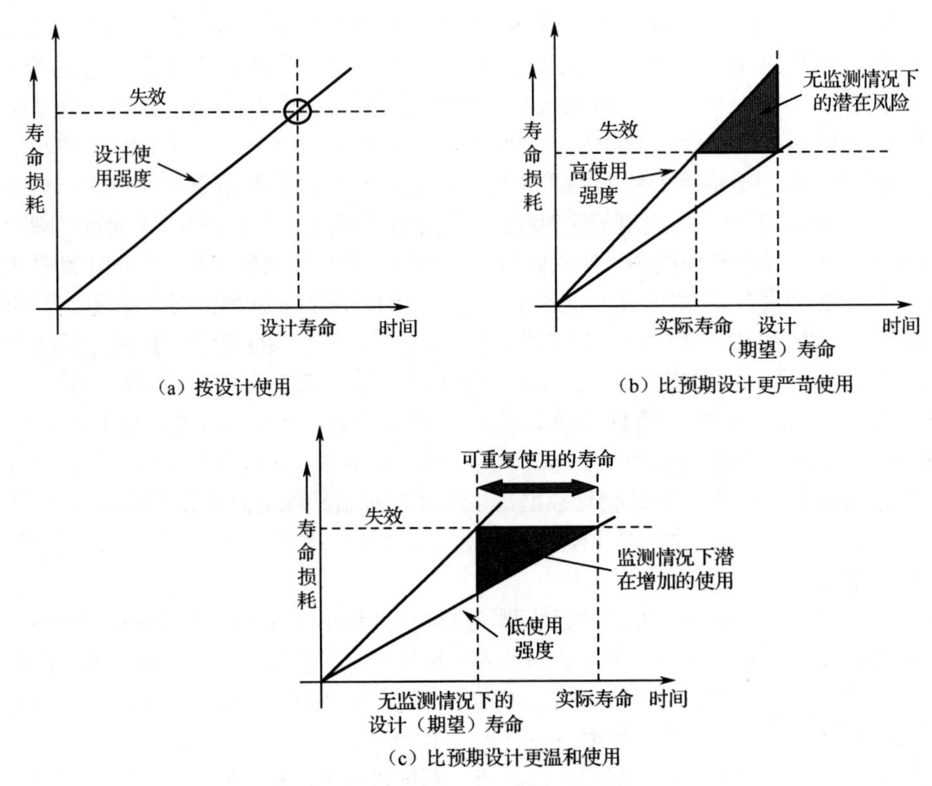

（a）按设计使用

（b）比预期设计更严苛使用

（c）比预期设计更温和使用

图 1.2 健康监测在产品再利用中的应用

1.3 PHM 方法

为了实现 PHM，人们研究了基于失效物理、预警电路、数据驱动和融合的方法。在本节中，将对每种方法进行说明。此外，还介绍了这些方法的多种应用。

1.3.1 基于 PoF 方法

CALCE 的 PHM 方法如图 1.3 所示。第一步涉及虚拟寿命评估，其中设计数据，预期寿命周期条件，失效模式、机理及影响分析（简称 FMMEA）[30]，以及失效物理（PoF）模型是获得可靠性（虚拟寿命）评估的输入。需要注意的是，在那些没有实施可靠性预先设计的新产品中，

PoF 模型有时是不适用的，因为 PoF 模型通常是针对特定故障机理的。基于虚拟寿命评估，可以确定关键失效模式和机理的优先级。此外，现有传感器数据、BIT 结果、维护和检查记录以及质保数据可用于识别可能的故障情况。根据这些信息，可以确定 PHM 的监测参数和传感器位置。

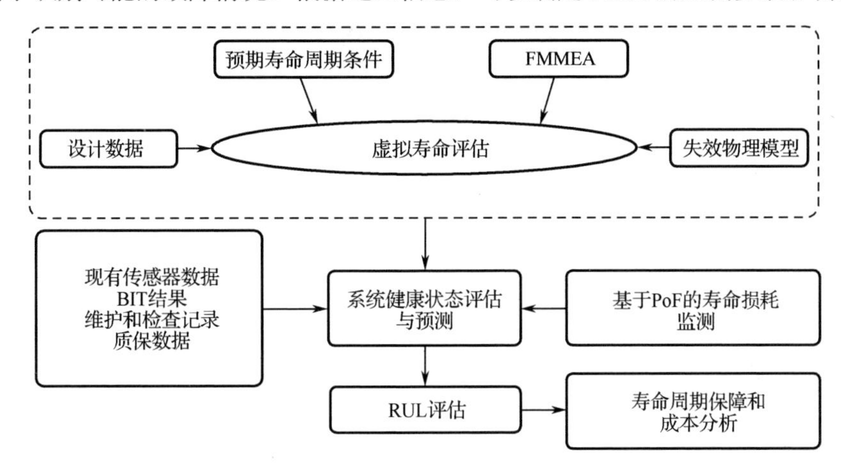

图 1.3 CALCE 的 PHM 方法

根据收集到的运行和环境数据，可以评估产品的健康状况，还可以根据 PoF 模型进行损伤估算，从而获得剩余寿命。然后，PHM 信息可用于维修预测和使寿命周期成本最小化或可用性最大化的决策。基于 PoF 的预测方法的主要优势是能够通过利用系统的材料、几何知识以及寿命周期载荷条件（如热、机械、电、化学），将基于工程的产品知识融入 PHM 中。

1.3.1.1 失效模式、机理及影响分析（FMMEA）

PoF 方法利用了物品如何退化和失效的知识。这些知识是建立在与数学模型相联系的物理定律基础上的[31]，需要了解物理、电、化学和机械应力作用于材料上引起失效的过程。如图 1.4 所示，FMMEA 是基于 PoF 的故障预测的第一步，其目标是确定给定产品的关键失效机理和失效定位。然后，涉及以下后续步骤：(i) 监测可能导致性能或物理退化的寿命周期载荷和相关的系统响应；(ii) 通过 FMMEA 识别失效机理相关退化对应的变量，从其变化中提取特征；(iii) 使用失效机理的 PoF 模型进行损伤评估和 RUL 计算；(iv) 不确定性估计和失效时间（TTF）预测的概率分布。

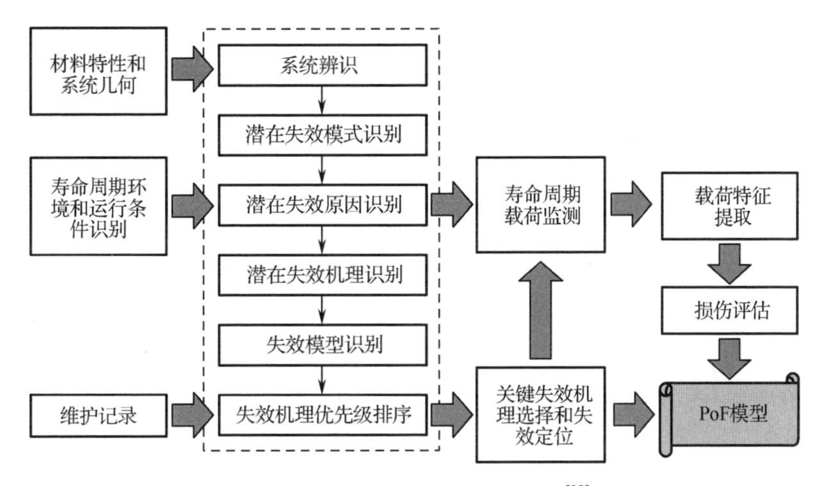

图 1.4 基于失效物理的预测方法[32]

FMMEA 提供了潜在失效模式、机理和相应系统模型的列表（见表 1.1）。FMMEA 为每个潜在失效模式分配分数，并根据发生率、严重程度和可检测性对其进行排序，以识别关键失效模式。

表 1.1 基于 FMMEA 的电子产品失效机理、载荷和失效模型的示例，其中 T、H、V、M、J 和 S 分别表示温度、湿度、电压、水分、电流密度和压力，Δ 和 ∇ 分别表示循环范围和梯度符号。

表 1.1　潜在失效模式、机理和相应系统模型

失效定位	失效机理	载　荷	失效模式
芯片连接、键合线、焊料、焊盘、走线、通孔、接口	疲劳	$\Delta T, T_{mean}, dT/dt$，停留时间，$\Delta H, \Delta V$	非线性幂率（Coffin-Manson）
金属化	腐蚀	$M, \Delta V, T$	Eyring（Howard）
	电迁移	T, J	Eyring（Black）
金属化之间	导电丝形成	M，∇V	Power law（Rudra）
应力驱动的扩散空洞	金属痕迹	S, T	Eyring（Okabayashi）
介质层时变击穿	电介质层	V, T	Arrhenius（Fowler-Nordheim）

1.3.1.2　寿命周期载荷监测

产品的寿命周期剖面包括制造、储存、运输、运行和非运行条件。寿命周期载荷（见表 1.2），无论是单独的还是多个条件组合的，都可能导致产品的性能或物理退化，并降低其使用寿命[33]。产品退化的程度和速率取决于暴露在此类载荷的程度和持续时间（使用率、频率和使用强度）。如果可以现场测量这些载荷，则载荷剖面可与损伤模型结合使用，以评估累积载荷暴露引起的退化。

表 1.2　寿命周期载荷

载　荷	载荷条件
热	稳态温度、温度范围、温度循环、温度梯度、斜坡速率、热损耗
机械	压力大小、压力梯度、振动、冲击载荷、声级、应变、应力
化学	侵蚀性环境与惰性环境、湿度、沾污、臭氧、污染、燃料泄漏
物理	辐射、电磁干扰、海拔
电	电流、电压、功率、电阻

Ramakrishnan 和 Pecht[33]研究了寿命周期使用和环境载荷对电子结构和元器件的影响评估。该研究介绍了将现场测量载荷与基于物理的应力和损伤模型相结合，以评估产品剩余寿命的 LCM 方法（见图 1.5）。

Mathew 等[34]应用 LCM 方法对航天飞机固体火箭助推器（SRB）内的电路板卡进行了剩余寿命预测评估。从发射前到海上降落过程的振动时程记录在 SRB 上，并与基于物理的模型一起用于损伤评估。利用 SRB 的全寿命周期载荷剖面，预测了电路板卡上元器件和结构的剩余寿命。该 SRB 之前判断，预计在后续 40 个任务中不会发生电气故障。然而，振动和冲击分析显示，安装在电路板卡上的铝支架接近断裂，可能导致意外故障。累积损伤分析表明，由于冲击载荷的作用，铝支架已经损耗了大部分的寿命。

Shetty 等[35]应用 LCM 方法对航天飞机遥控操纵系统（SRMS）机械臂内的末端执行器电子单元（EEEU）进行了剩余寿命预测评估，建立了 EEEU 板热应力和振动应力的全寿命周期载荷剖面，并使用基于物理的机械和热机械损伤模型进行了损伤评估。结合损伤模型、检查和加速试验进行的预测估计，该电子单元几乎没有退化，预计它们还可使用20年。

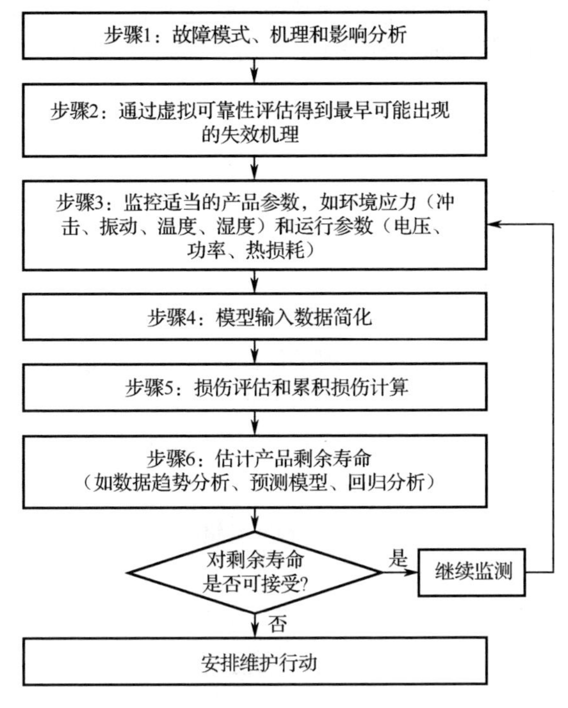

图1.5　LCM方法

Gu 等[36]开发了一种用于电子设备剩余寿命预测的寿命周期振动荷载监测、记录和分析的方法。该方法采用应变计监测印制电路板（PCB）在弯曲曲率下的振动响应，然后根据测量的PCB响应计算互连应变值，并将其用于振动失效疲劳模型中评估损伤。每次任务后使用Miner法则累积损伤估计值，然后用于预测寿命损耗和剩余寿命。该方法用于PCB组件的剩余寿命预测，其结果的有效性通过电阻数据检测的方式得到了验证。

在案例研究[33,37]中，一个电子元件板组件被放在汽车引擎盖下面，并受到正常驾驶条件的作用。在应用环境中，现场测量温度和振动，利用监测到的环境数据，开发了应力-损伤模型，并用于估算寿命损耗。图1.6展示了使用相似性分析得出的剩余寿命估计值和实际寿命。只有LCM解释了这一意外事件，这是因为运行环境一直得到现场监控。

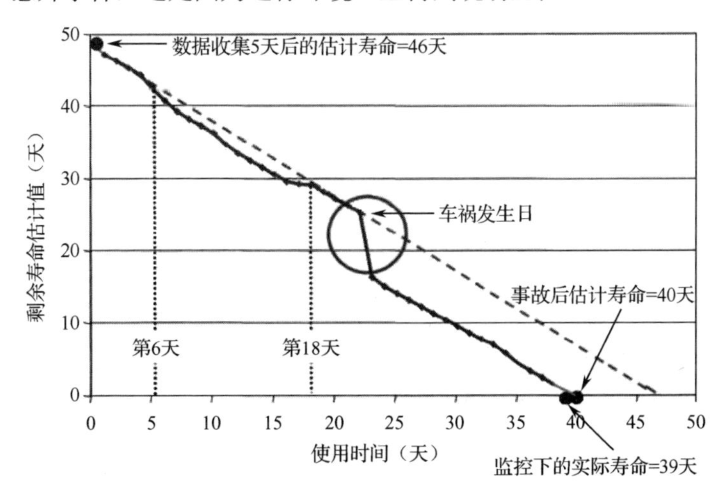

图1.6　剩余寿命估计值和实际寿命

Vichare 和 Pecht[2]概述了现场载荷监测的一般策略，包括选择合适的监测参数，以及设计有效的监测方案。他们提出了在现场监测过程中处理原始传感器数据的方法以减少监测设备的内存需求和功耗，以及在监测系统中嵌入智能前端数据处理能力的方法，以便在输入用于健康评估和预测的损伤模型之前，能够归约和简化数据（但不损失相关的载荷信息）。

1.3.1.3　数据和载荷特征提取

为减少板上存储空间、功耗和在更长时间内不间断数据采集，Vichare 等人建议在传感器模块中嵌入数据归约和载荷参数提取算法[38]。如图 1.7 所示，可使用传感器原位监测载荷的时域信号，并使用嵌入式载荷提取算法进一步处理以提取循环范围（$\varDelta_s$）、循环平均载荷（s_{mean}）、载荷变化率（ds/dt）和停留时间（t_D）。提取的载荷参数可以存储在适当的分组直方图中，以进一步实现数据缩减。分组数据下载完成后，可用于估计载荷参数的分布。这种输出可被输入到疲劳损伤累积模型中，用于剩余寿命预测。在传感器模块中嵌入数据归约和载荷参数提取算法，可以节约板上存储空间，降低功耗，并在较长时间内不间断地收集数据。

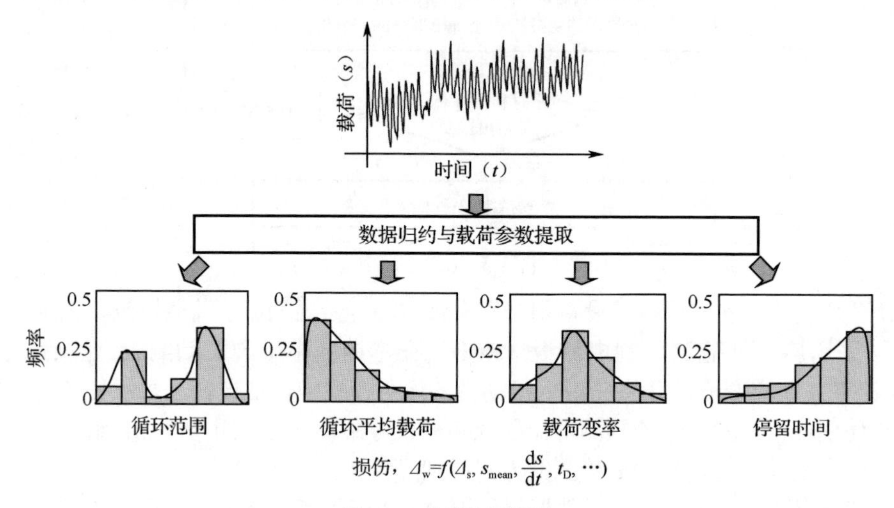

图 1.7　载荷特征提取

监测航空电子模块寿命周期载荷数据的工作可以在时间-应力测量装置（TSMD）研究中找到。多年来，TSMD 的设计采用先进传感器得到升级，而且随着微处理器和非易失性存储器技术的进步，小型化的 TSMD 也得到了不断发展[39]。Searls 等[40]在世界各地使用的笔记本电脑和台式计算机上进行原位温度测量。在这种方法的商业应用方面，IBM 在硬盘驱动器上安装了温度传感器，以减轻由于恶劣温度条件（如磁盘堆栈和执行器臂的热倾斜、偏离磁道的写入、相邻柱面上的数据损坏以及主轴电机上的润滑剂泄漏）而带来的风险[41]。传感器由专用的算法控制，以产生偏差并控制风扇转速。

Vichare 等人提供了有效的笔记本电脑现场健康监测策略[42]。在该研究中，作者对笔记本电脑内部温度进行了监测和统计分析，包括在使用、储存和运输过程中所经历的温度，并讨论了收集这些数据以改进产品热设计和监测预测健康状况的必要性。该研究还使用有序整体范围（OOR）对温度数据进行处理，从而将不规则的时间-温度历史记录转换为峰值和谷值，并消除由于小周期和传感器变化而产生的噪声。随后，该研究使用三参数雨流算法处理 OOR 结果，以提取全循环和半循环的循环范围、平均值和斜坡速率。最后，该研究分析了功率循环、使用历史、中央处理器（CPU）计算资源使用和外部热环境对峰值瞬态热载荷的影响。

1.3.1.4 数据评估和剩余寿命计算

2001 年，欧盟资助了一个为期四年的旨在开发管理产品寿命周期方法的项目——环境寿命周期信息管理和获取（ELIMA）[43]。该项工作的目的是根据动态数据如运行时间、温度和功耗，预测从产品中选取的部件剩余寿命。作为案例研究，成员公司监控了游戏机和家用冰箱的应用条件。这项工作的结论是，一般而言，必须考虑与设备所有寿命周期相关的环境。这些环境不仅包括运行和维护环境，还包括在制造、装配、检验、测试、运输和安装过程中可能对部件施加应力的运行前环境。这些应力往往被忽略，但可能对设备的最终可靠性产生重大影响。

Skormin 等[44]开发了一个用于航空电子单元故障预测的数据挖掘模型。该模型提供了一种对运行过程中测量的参数（如振动、温度、电源、功能过载和气压）进行聚类的方法。这些参数在飞行中使用 TSMD 进行原位监测。与 Ramakrishnan 和 Pecht 基于物理的评估[33]不同，数据挖掘模型依赖于受环境因素和运行条件影响的统计数据。

Tuchband 和 Pecht[45]提出了基于寿命周期载荷军用的线路可更换单元（LRU）预测方法。这项研究是美国国防部部长办公室资助项目中的一部分，其目的是为美军开发一个交互式供应链系统。最终目标是通过一个门户网站整合预测、无线通信和数据库，使电子设备的维护和更换具有成本效益。研究表明，基于预测的维修计划可被应用到军用电子系统中。该方法包括在 LRU 上集成嵌入式传感器、用于数据传输的无线通信、基于 PoF 的数据简化和损伤估计算法以及将这些信息上传到互联网的方法。最后，对军用电子系统使用预测方法可以避免故障、提高可用性和降低寿命周期成本。

1.3.1.5 不确定性施加与评估

虽然 PoF 模型被用于计算 RUL，但在计算中有必要引入不确定性以评估其对剩余寿命分布的影响，从而做出风险告知的决策。也就是说，通过考虑预测中的不确定性，剩余寿命预测可以用失效概率表示。

Gu 等[46]实施了电子产品在振动载荷下预测的不确定性分析。他们识别了各种不确定性来源，并将其分为四种不同类型：测量不确定性、参数不确定性、失效判据不确定性和未来使用不确定性，如图 1.8 所示。利用敏感性分析确定了影响模型输出的主要输入变量。利用输入参数变量分布信息，采用蒙特卡罗模拟方法给出了累积损伤的分布，然后用置信区间和置信限（CL）预测了剩余寿命。最后以某电子电路板为例开展了振动载荷下的不确定性分析，逐步展示了不确定性分析的实现方法。结果表明，实验测得的失效时间在不确定性分析预测的范围内。

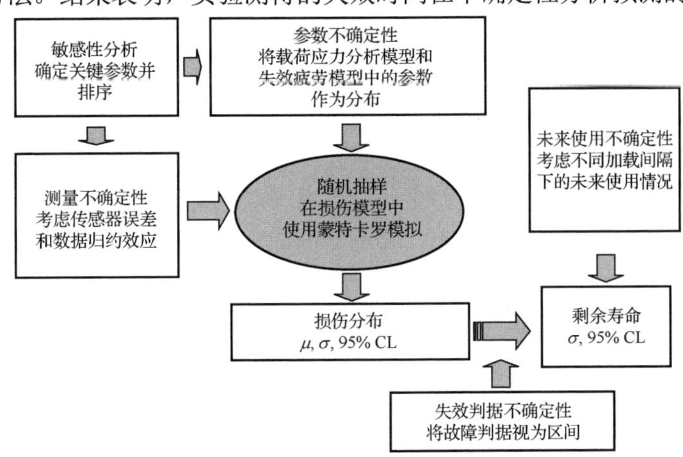

图 1.8 预测的不确定性分析

1.3.2 预警电路

如前所述，PoF 是一种故障预测实现方法，它利用产品寿命周期载荷条件、几何结构、材料特性和失效机理的知识评估其 RUL。然而，由于工作环境因素（如温度、湿度、振动、腐蚀性物质）的固有不确定性，电子产品在现场条件下的寿命可能与在实验室受控和规定条件下测量的寿命有很大差别。

预警电路装置可以用作一种考虑电子设备运行环境不确定性的故障预测方法。电子设备中的 IC 或 PCB 可以配备一个元件，该元件在设备的使用寿命期间经历预期和意外的载荷，但会比目标系统更早失效。这种元件叫作预警电路。更具体地说，基于 PoF 的预警电路方法除了考虑目标元件运行的实际运行环境外，还考虑了几何结构、材料特性和故障机理，以提供目标元件故障的预警。

熔断器和断路器是用于检测电子产品过流并断开电源的示例。电路中的熔断器保护部件不会受到过压瞬态或过功率损耗的影响，并保护电源不受短路的影响。例如，恒温器可用于检测临界温度限制条件，并关断产品（或系统的一部分），直到温度恢复正常。在某些产品中，自检电路可用于检测异常情况，并进行调整以恢复正常状态或激活开关装置来补偿故障[47]。

Mishra 和 Pecht[48]研究了基于在同一半导体芯片上制造的（与器件电路同时运行）预校准单元（电路）的半导体级健康监测仪的适用性。该预测单元方法，被称为哨兵半导体技术，商业化后用于为将要发生的器件失效提供预警[49]。预测单元可用于 0.35μm、0.25μm 和 0.18μm 的复合金属氧化物半导体（CMOS）工艺，功耗约为 600μW，在 0.25μm 工艺尺寸下，单元尺寸一般为 800μm^2。导致电路退化的载荷包括电压、电流、温度、湿度和辐射。目前，更小的预测单元可应用于更先进的半导体，以及静电放电（ESD）、热载流子、金属迁移、介质击穿和辐射效应等失效机理。

预测预警电路的失效时间可以根据产品（芯片电路）的失效时间预先校准。用以实现早期预警功能的设计方法主要有两种：第一种，预警电路的结构与芯片电路结构基本相同，但相对于芯片电路，它的载荷得到了加速；第二种，预警电路载荷与实际电路的载荷相同，但是通过对预警电路施加更大应力，设计出来的预警电路架构比芯片电路更早失效。这两种设计也可以结合起来使用。

如果结构和工作载荷（应力）相同，则两个电路的损伤率预计相同。缩放（加速失效）可以通过控制预警电路内部应力（如电流密度）的增加来实现。例如，在电流（载荷）相同的情况下，如果减小预警电路载流路径的横截面积，则可以获得更高的电流密度（应力条件）。较高的电流密度导致较高的内部（焦耳）发热，对预警电路造成较大的应力作用。当更高密度的电流通过预警电路时，预计它们（基于 PoF 模型）比实际电路更快失效[48]。

Goodman 等[50]使用预测预警电路监测 IC 上的金属氧化物半导体场效应晶体管（MOSFET）的时间相关介电击穿（TDDB）效应。通过施加高于电源电压的电压来增加穿过氧化物的电场，从而加速氧化物的击穿。当预测预警电路失效时，电路寿命被部分损耗掉了。电路寿命的损耗量依赖于所施加的过电压量，并且可以根据已知的 PoF 失效分布模型进行估计。

Anderson 和 Wilcoxon[51]提出将这种方法扩展到电路板级失效，创建了与导致实际组件故障机理相同的预警电路组件（位于同一 PCB 上）。该组件可以识别两种可能的失效机理：（i）通过监测预警电路封装和内部的焊点，评估焊点的低周疲劳；（ii）使用易受腐蚀的电路进行腐蚀监测。使用加速试验评估这些预警电路在环境应力下的退化，校准退化水平，并将其与主系统的实际失效水平相关联。腐蚀试验装置包括易受各种腐蚀机理影响的电路。阻抗谱通过测量阻抗的大小和相角（用关于频率的函数来表示）来识别电路中的变化。阻抗特性的变化可以相互关联，以表征特定的退化机理。

Mathew 等[52]提出了一种使用焊料附着较少的表面贴装电阻作为预测球栅阵列（BGA）封装失效预警电路装置的方法。具体地说，他们分别使用了 2512 和 1210 具有 x%焊盘面积的电阻来预测 192 引脚 I/O 芯片阵列®球栅阵列（CABGA）的焊料疲劳失效，并探讨了电阻尺寸和焊盘面积的影响。他们发现，与占焊盘面积 20%的 1210 电阻相比，占焊盘面积 20%的 2512 电阻提供了一个更长的预测距离。此外，从占焊盘面积 50%的 2512 电阻获得的预测距离比占焊盘面积 20%的 2512 电阻更短。因此，他们得出结论，192 引脚 I/O CABGA 的预测距离可能因电阻的大小和焊盘面积的不同而变化。2015 年，Mathew 等[53]开发了一种实现预警电路装置的通用方法，这对于解决实际问题是有效的，包括确定所需的预警电路装置数量和指定预警电路数量下的预测置信度。同样，他们提出了一种基于现场预警电路装置失效来估计系统失效的故障预测方案。

Chauhan 等[54]介绍了一种基于 PoF 的预警电路方法，用于互连焊点失效早期识别。其中，开发的预警电路装置由一个接近 0Ω 的瓷片电阻形成的电阻路径组成，该电阻被焊接到比目标电阻（即标准焊盘电阻）更早失效的焊盘上。此外，作者通过调整印制电路板的焊盘尺寸来控制预警电路装置的 TTF，从而控制焊点的互连面积。同样，他们利用 Engelmaier 模型（一个基于 PoF 的热循环下焊料互连寿命估计模型）对预警电路和目标结构进行 TTF 估计。

预警电路方法应用于 PHM 方面还有一些尚未解决的问题。例如，如果更换了监控电路的预警电路，产品重新通电时会产生什么影响？什么样的保护架构适合于维修后使用？当包含或未包含失效安全保护体系结构时，应该编写和遵循什么样的维护指南？预警电路方法也很难在已设计好的系统中实施，因为使用预警电路模块后可能需要对整个系统进行重新认证。此外，熔断器或预警电路与主电子系统的集成可能是半导体和印制电路板的一个问题。最后，公司必须确保能够通过提高运营和维护效率收回因实施 PHM 所增加的成本。

1.3.3 数据驱动方法

数据驱动方法使用数据分析和机器学习来确定异常，并基于内部和/或外部协变量（也称为内源和外源协变量）对电子设备、系统和产品的可靠性进行预测。内部协变量（如温度、振动）由产品上的传感器测量，仅在产品运行时存在。而外部协变量（如天气数据）时刻存在，无论产品是否在运行[55]。数据驱动方法基于内部和/或外部协变量的训练数据库分析产品性能数据。

1.3.3.1 故障预兆的监测和推理

故障预兆是指即将发生故障的数据事件或趋势。预兆标志通常是可测量变量的变化，可与随后的故障相关。例如，电源输出电压的漂移可能表明，由于反馈调节器和光隔离器电路损坏，电源即将发生故障。然后，可以使用测量变量间的因果关系预测故障，这些变量可以通过 PoF 与后续故障联系起来。

基于故障预兆的 PHM 方法第一步是选择要监测的寿命周期参数。可以根据对安全至关重要的因素、可能导致灾难性故障的因素、对任务完成至关重要的因素以及可能导致长时间停机的因素等各种条件确定参数，也可以根据由经验确定的关键参数、类似产品的现场故障数据和认证试验等知识进行选择。更系统的方法，如 FMMEA[30]，也可用于确定需要监测的参数。Pecht 等[56]提出了一些可作为电子产品（包括开关电源、电缆和连接器、CMOS 集成电路和压控振荡器等）故障预兆的可测量参数，如表 1.3 所示。

表 1.3　电子设备潜在故障预兆[56]

电子分系统	故障预兆
开关电源	直流（DC）输出（电压和电流水平）
	纹波
	脉冲宽度占空比
	效率
	反馈信号（电压和电流水平）
	漏电流
	射频（RF）噪声
电缆和连接器	阻抗变化
	物理损伤
	高能介质击穿
CMOS 集成电路	电源漏电流
	供电电流变化
	运行日志
	电流噪声
	逻辑电平变化
压控振荡器	输出频率
	功耗
	效率
	相位畸变
	噪声
场效应晶体管	栅极漏电流/电阻
	漏极-源极漏电流/电阻
瓷片电容	漏电流/电阻
	耗散因子
	射频噪声
通用二极管	反向漏电流
	正向压降
	热阻
	功耗
	射频噪声
电解电容	漏电流/电阻
	耗散因子
	射频噪声
射频功率放大器	电压驻波比
	功耗
	漏电流

通常而言，要实现一个基于预兆推理的 PHM 系统，需要识别用于监测的预兆变量，然后开发一种推理算法，将预兆变量的变化与即将发生的故障关联起来。这种表征通常通过在预期或加速使用剖面的情况下测量预兆变量实现。根据特征，可以建立一个模型——通常是参数曲线拟合、神经网络、贝叶斯网络或预兆信号的时间序列趋势。这种方法假设存在一个或多个可预测且可模拟的预期使用剖面，通常在实验室设置条件中存在。在某些产品中，使用剖面是可预测的，但并非总是如此。

对于使用剖面变化剧烈的在用产品，使用剖面的意外改变可能会导致预兆信号中的不同（非特征化的）变化。如果预兆推理模型在特征化时没有将寿命周期使用剖面和环境剖面的不确定性考虑在内，那么它可能会提供虚警。此外，并不是所有使用场景下（假设它们是已知的且可以被模拟）都能够表征预兆信号。因此，特征化和模型开发过程通常会非常耗时和昂贵，而且可能不一定有效。

利用故障预兆进行监测和趋势分析，可以实现产品健康状况和可靠性的评估，这样的例子有很多。下面列举一些关键研究工作。

Smith 和 Campbell[57]开发了一种静态电流监测器（QCM），可以在运行期间实时检测升高的静态电流。QCM 在系统时钟的每一个翻转上执行漏电流测量，以实时获得 IC 的最大覆盖范围。Pecuh 等[58]、Xue 和 Walker[59]提出了一种用于 CMOS 集成电路的低功耗嵌入式电流监测器。在 Pecuh 等人的研究中，开发了电流监测器，并在一系列逆变器上进行了模拟开路故障和短路故障的测试。两种故障类型都被成功地检测到，并实现了高达 100MHz 的运行速率，对被测电路的性能影响可以忽略不计。Xue 和 Walker 开发的电流监测器能够在 10pA 的分辨率水平上监测静态电流。该监测器通过扫描链读出器将电流水平转换成数字信号。这一概念通过测试芯片的制造得到了验证。

GMA 行业协会[60-62]建议在 IC 中嵌入分子测试设备（MTE），使其能够在正常运行期间连续测试自己，并提供失效的视觉标志。MTE 可以在制作完成后嵌入到芯片基板的单个 IC 中。分子大小的传感器“针海”可用于测量电压、电流和其他电学参数，以及感知 IC 化学结构的变化，这些变化表明存在未知或实际的电路故障。这项研究的重点是发展专门的掺杂技术，使碳纳米管形成传感器的基本结构。该研究的关键要素是将这些传感器集成到传统的集成电路器件中，以及使用分子线互连传感器网络。然而，该研究迄今为止还没有开发出任何产品或原型。

Kaniche 和 Mamat-Ibrahim[63]开发了一种用于脉宽调制电压源逆变器健康监测的算法。该算法用于检测和识别电子驱动器中的晶体管开路故障和间歇性失火故障。该算法的数学基础是离散小波变换（DWT）和模糊逻辑（FL）。使用 DWT 对电流波形进行监测和连续分析，以识别由于恒定应力、电压波动、快速变化、频繁停止/启动和恒定过载而可能发生的故障。故障检测后，采用“if then”模糊规则对超大规模集成电路（VLSI）进行故障诊断，确定故障设备。实验结果表明，该算法能够在实验室条件下检测出某些间歇性故障。

自我监测分析和报告技术（SMART）是预兆监测的另一个例子，它是目前被用于硬盘驱动器（HDD）的特定计算设备[64]。硬盘的运行参数，包括磁头飞行高度、错误计数、启动时间的变化、温度和数据传输速率，都会受到监控，从而提供故障预警（见表 1.4）。这是通过计算机启动程序（基本输入/输出系统，BIOS）和 HDD 之间的接口实现的。

通过在系统内不同位置持续监测电流、电压和温度等变量来进行早期故障检测和预测的系统正在开发中。除了跟踪收集传感器信息外，还跟踪如负载、吞吐量、队列长度和误码率等软性能参数。在 PHM 实施之前，通过监测不同变量的信号进行特征化，以建立“健康”系统的多元状态估计技术（MSET）模型。一旦使用这些数据建立了健康模型，就可以用于根据所有变量之间的学习相关性来预测特定变量的信号[65]。基于应用过程中特定变量值的预期变化，构造序贯概率比检验（SPRT）。在实际监测期间，SPRT 用于基于分布（而不是单个阈值）监测实际信号与预期信号的偏差[66-67]。在特征化过程中，该信号是基于学习相关性实时生成的，如图 1.9 所示。这里生成了一个新的残差信号，即实际和期望时间序列信号值之间的算术差。这些偏差被用作 SPRT 模型的输入，SPRT 模型持续分析偏差，并在偏差达到一定程度时发出警报[65]。对监测数据分析，根据故障的先行指标发出警报，并且能够将监测信号用于故障诊断、根因分析和软件老化引起的故障分析[68]。

表 1.4 基于硬盘可靠性问题的监测参数

可靠性问题	监 测 参 数
● 磁头组件 —磁头裂开 —磁头污染或共振 —电子模块连接不良 ● 电动机/轴承 —电动机故障 —轴承磨损 —过度跳动 —不旋转 ● 电子模块 —电路/芯片故障 —互连/焊点故障 —与驱动器或总线连接不良 ● Media —划痕/缺陷 —重试次数 —伺服不良 — ECC 校正	● 磁头飞行高度：飞行高度的下降趋势通常会先于磁头撞击。 ● 错误检查和纠正（ECC）的使用和错误计数：驱动器遇到的错误数量，即使在内部进行了纠正，通常也会表示驱动器出现问题。 启动时间：启动时间的变化可以反映主轴电动机的问题。 温度：驱动温度的升高通常表示主轴电动机有问题。 数据传输速率：数据传输速率的降低可能预示着各种内部问题

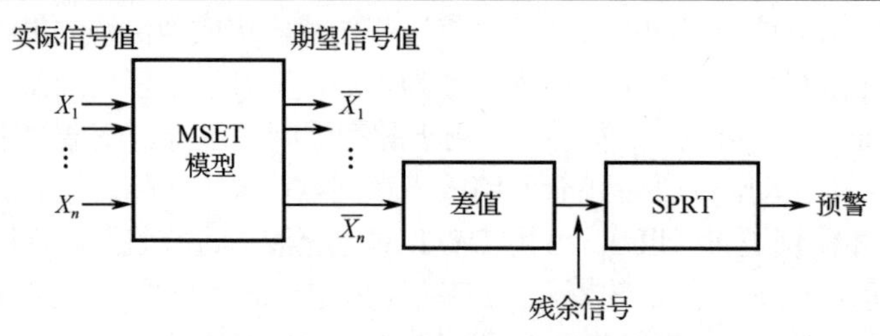

图 1.9 太阳微系统公司的 PHM 方法

Brown 等[69]证明，商业化的全球定位系统（GPS）的 RUL 可以通过使用故障预兆方法进行预测。GPS 的失效模式包括：因位置误差增大导致的精度失效和因中断概率增大导致的解算失效。通过记录使用美国国家海洋电子协会（NMEA）0183 号协议报告的系统级特征，现场监测失效过程。GPS 的特点是收集一系列运行条件下的主要特征值。基于实验结果，建立了主特征值偏移量与解算失效间的参数模型。在实验期间，BIT 没有提供即将发生的解算失效的迹象[69]。

1.3.3.2 数据分析和机器学习

PHM 的数据驱动方法用于诊断和预测阶段，通常基于统计和机器学习技术。数据驱动故障预测方法的一般程序如图 1.10 所示。

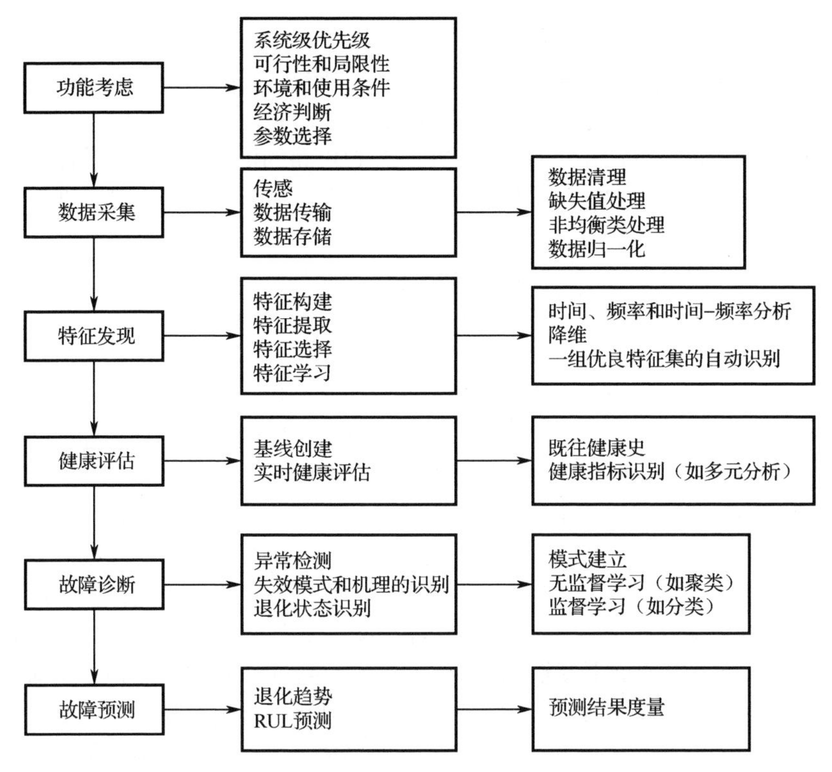

图 1.10　数据驱动故障预测方法的一般程序

在图 1.10 中，数据采集是为了收集 PHM 所需的数据，可通过选择和适当布置传感器，达到从传感器获得运行和环境数据的目的。这些传感器能够收集目标产品材料退化或环境应力随时间变化的记录。一般而言，数据驱动的 PHM 方法第一步是数据预处理，包括缺失值处理、数据清理（如噪声去除、异常值去除）、数据归一化、非均衡类处理等。

下一步是特征发现，其目的是找到一组可用于异常检测、故障诊断和故障预测的优良特征。具体地说，特征发现包括通过时域、频域和时频分析来构建特征，基于特征提取或特征选择的降维，以及使用深层神经网络来自动发现特征检测和分类所需表征的学习，这些通常与 PHM 中的诊断任务相关。值得注意的是，特征提取是通过线性或非线性变换降低给定特征向量的维数，而特征选择是为 PHM 任务选择给定特征向量的最优子集。

典型的特征提取技术包括主成分分析（PCA）[70]、核 PCA[71]、线性判别分析（LDA）[72]、核 LDA[73]、广义判别分析[74]、独立成分分析[75]、t-分布随机邻域嵌入[76]等。对于特征选择，以下方法比较有代表性：过滤方法、Wrapper 方法和嵌入方法。过滤方法应用统计度量为每个特征打分。这些特征按分数排序，并从给定的数据集中选择要保留或删除的特征。这些方法通常是单变量的，独立地考虑特征，或者考虑因变量。一些过滤方法的例子包括卡方检验[77]、信息增益[78]和相关系数得分[79]。Wrapper 方法将选择一组特征看作一个搜索问题，准备、计算不同的组合，并与其他组合进行比较。预测模型（如 k 近邻、支持向量机和神经网络）用于评估特征组合，并根据模型精度打分。搜索过程可以是有序的，如最佳优先搜索，也可以是随机的，如随机爬山算法，还可以使用启发式，如向前和向后传递添加及删除特征。递归特征消除算法是 Wrapper 方法的一个例子[80]。嵌入式方法在创建模型时学习哪些特征对模型的准确性贡献最大。最常见的嵌入式方法是正则化方法。正则化方法也被称为惩罚方法，将额外的约束引入预测算法（如回归算法）的优化中，使模型偏向于较低的复杂度（较少的系数）。正则化方法的例子有最小绝对收缩和选择操作（LASSO）[81]、弹性网[82]和岭回归[83]。

使用人工选择的特征进行诊断阻碍了诊断性能的提高[84]。而且，人工选择好的一组诊断特征是一个手动过程，适用于单个特定问题，扩展性较差。因此，自动发现有助于异常检测、诊断和预测特征的需求也随之增加。Zhao 等[85]验证了深层神经网络用于特征学习以提高诊断性能的有效性。Shao 等[86]使用自动编码器降低输入数据的维数，并使用一种新的卷积深度信念网络学习故障诊断的代表性特征。Liu 等[87]通过有效地从模拟电路的电压信号中捕获高阶语义特征并使用高斯-伯努利深度信息网络对电子密集型的模拟系统进行故障诊断，同时通过与传统特征提取方法在诊断性能方面的比较，验证了该方法的有效性。

故障诊断是从资产健康异常引起的传感器信号中提取与故障相关的信息。异常可能是由于材料退化以及使用条件的变化造成的。故障诊断将信号异常与故障模式相关联，并将已发生的损伤量识别为健康指标。该故障诊断的结果可以提供故障的预警。如上所述，故障诊断通常被视为分类问题，因为它需要识别故障模式和机理，确定故障类型和退化程度。因此，各种监督学习算法被用于诊断，包括 k 近邻[88-89]、支持向量机[90-91]、决策树[92-93]和浅层/深层神经网络[94-96]。

尽管监督学习算法在各种应用的故障诊断中已经得到研究，但目前没有系统的方法来识别一个特定的机器学习模型能否很好地用于故障诊断。这是因为每个机器学习模型都是基于对数据的一个或多个属性（如非正态、多模态、非线性等）的假设。例如，支持向量机假设数据或其使用核函数的变换是线性可分的。同样，LDA 的一个基本假设是自变量（或特征）是正态分布的。这些假设在真实数据中很难得到满足，因此会导致模型出现不可接受的错误。随着人工神经网络技术的发展，深度学习技术越来越受到人们的欢迎，这些技术不像许多其他方法那样依赖于强大的假设，其优越的精度已经在大量应用中得到了验证。然而，深度学习技术尚未克服以下挑战。首先，它容易过度拟合，导致较大方差。其次，它对多模态数据不起作用。虽然针对前一个挑战有人提出了一些解决办法，但后一个挑战可能在不久的将来仍无法得到解决。因此，集成学习方法克服了为故障诊断选择特定机器学习算法的缺点[97]。

故障预测或 RUL 评估方法使用统计和机器学习算法在适当的置信区间内预测特定失效机理从开始到失效的演变过程。Xiong 等 [98]提出了一种使用双尺度粒子滤波估计荷电状态的方法。Chang 等[99]利用相关向量机回归模型，引入了一种基于预测的发光二极管认证方法。这通常需要传感器无法提供的附加信息，如维护历史、过去和未来的运行剖面以及环境因素[100]，但这些信息在物联网中是可获取的。PHM 的最后几个关键方面是：实施适当的决策；防止灾难性故障；通过减少停机时间和无故障发现来提高资产可用性；延长维护周期并及时执行维修行动；通过减少检查、维修和库存成本来降低寿命周期成本；改善系统的认证、设计和后勤保障。

与 PoF 方法相比，数据驱动方法不一定需要特定于系统的信息。基于所收集的数据，系统的行为可以通过数据驱动的方法进行学习，并且可以通过检测系统特征的变化来分析间歇性故障。只要系统表现出可重复的行为，这种方法就可以用于具有多种潜在竞争失效模式的复杂系统。换句话说，数据驱动方法的优势在于能够将高维噪声数据转换为低维信息，用于诊断和预测决策。数据驱动方法的局限性之一是，该方法依赖分析人员试图检测的故障模式或机理的历史数据。特别是当故障后果很严重时，采用模拟或实验室数据而不是现场数据作为数据驱动方法的训练数据集，这可能会是一个问题。对新产品而言，对历史数据的依赖也是一个问题，因为新产品无法获得大量现场故障历史数据。

1.3.4 融合 PHM 方法

将 PoF 和数据驱动方法的优点结合起来，以获得更好的 RUL 预测能力[101]，如图 1.11 所示。这种方法减少了对历史数据集的依赖，并解决了先前未预见的故障模式问题。

在融合 PHM 方法中，首先是确定要监测哪些变量，包括外部协变量（包括运行和环境载荷）以及基于传感器数据的内部协变量，下一步是确定这些变量的特征。然后，使用现场测量和与健康状态相关特征的偏差来检测异常行为（如马氏距离[102]、SPRT[103]、自组织映射[104]）。一旦检测到异常，分析技术就会识别出显著导致异常状态的特征。这些特征进一步用作 RUL 预测的 PoF 模型的输入。多种数据挖掘和机器学习的技术（如 PCA[105]、基于互信息的特征选择[106]、支持向量机[107]）可用于特征分离。

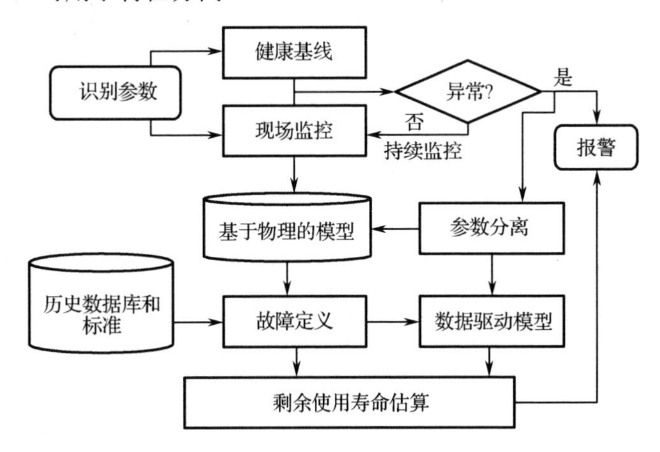

图 1.11　融合 PHM 方法[32]

PoF 模型用于系统在环境和运行条件下的现场退化评估。事实上，在使用该系统时可能存在许多潜在的失效机理。这也并非总是需要对应于每个失效机理的 PoF 模型来进行现场退化的准确评估。因此，融合 PHM 方法基本上确定了系统在特定环境和运行条件下的潜在机理，并对其进行了优先级排序，然后从预先定义好的 PoF 模型数据库中识别 PoF 模型。

失效定义被认为是定义失效判据的过程。此外，对于每个潜在故障机理，失效定义是根据 PoF 模型、历史使用数据、系统规范或相关标准进行的。退化建模是一个学习（或预测）与失效高度相关的模型参数行为的过程。为了预测参数退化趋势，可以使用诸如相关向量机[108]、隐马尔可夫模型[109]和滤波器（如卡尔曼滤波器[110]和粒子滤波器[111]）等技术。如果预测参数满足失效模式定义的失效判据，则使用该信息预测 RUL。利用统计和机器学习模型也可以预测 TTF。

融合方法的目的是克服 PoF 和数据驱动的 RUL 预测方法的局限性。为了提高系统状态预测的准确性，结合数据驱动和 PoF 的优点，提出了一种融合预测框架。利用融合 PHM 方法预测了多层陶瓷电容器（MLCC）[112]、航空电子系统[113]、绝缘栅双极型晶体管（IGBT）[114]和结构腐蚀疲劳[115]的 RUL。这些基于融合的 PHM 方法适用于特定应用场合。与支持数据驱动模型的方式一样，基于物联网的 PHM 未来将支持这些融合模型。

1.4 系统体系 PHM 的实施

“系统体系”是一个术语，用来描述由许多不同的子系统组成的复杂系统，这些子系统可以在结构上或功能上相互连接。这些不同的子系统本身可能由多个不同的子系统组成。在一个系统体系中，许多独立的子系统被集成在一起，这样子系统的各个功能被组合在一起，以实现超出单个子系统的能力/功能。例如，军用飞机由多个子系统组成，包括机身、发动机、起落架、轮子、武器、雷达、航空电子设备等。航空电子设备子系统包括通信导航和识别（CNI）系统、GPS、惯性导航系统（INS）、敌我识别（IFF）系统、助降设备，以及语音和数据通信系统。

在一个完整的系统体系中实施有效的 PHM 方法需要集成不同的预测和健康监测方法。由于系统非常复杂，实现预测的第一步是确定系统中的薄弱环节。对产品实施 FMMEA 是实现该目标的方法之一。一旦识别出潜在的失效模式、机理和影响，就可以根据产品的失效属性，对产品的不同子系统实施预警电路、预兆推理和寿命周期损伤建模等工作。一旦确定了监测技术，下一步就是分析数据。

不同的数据分析方法，如数据驱动模型、基于 PoF 的模型或混合数据分析模型，可被用于分析相同的记录数据。计算机系统电学运行载荷，如温度、电压、电流和加速度，可以与 PoF 损伤模型一起用于计算互连、镀通孔和贴装连接的金属化和热疲劳之间的电迁移敏感性。此外，如 CPU 占用率、电流和温度这些数据可用于建立基于这些参数之间相关性的统计模型。这个数据驱动的模型可以通过适当训练以检测热异常和识别某些晶体管退化的迹象。

对系统体系实施故障预测是复杂的，现处于研究和开发的初始阶段。但某些与 PHM 相关的领域已取得巨大进展。传感器、微处理器、紧凑型非易失性存储器、电池技术和无线遥测技术等领域的进步已经使传感器模块和自主数据记录器的实现成为可能。使用便携式电源（如电池）运行的集成、小型、低功耗、可靠的传感器系统正在开发中。这些传感器系统有一个独立的体系结构，除用于监测局部参数的专用传感器外，还要求对主机产品的入侵最小或没有入侵。带有嵌入式算法的传感器将实现故障检测、诊断和剩余寿命预测，最终驱动供应链。预测信息将通过无线通信与维修人员的中继需求相连接。自动识别技术，如射频识别（RFID）将用于定位供应链中的零件，所有这些技术都通过一个安全的门户网站集成，以便根据需要快速获取和交付替换零件。

大规模多元数据的分析、跟踪和分离的算法还在研究中。利用 PCA 和支持向量机的投影追踪、马氏距离分析、符号时间序列分析、神经网络分析和贝叶斯网络分析等方法可用于处理多元数据。

尽管在某些与故障预测有关的领域取得了进展，但仍然存在许多挑战。在系统体系中实施 PHM 的关键问题包括：决定系统体系中的哪些系统需要监测、监测哪些系统参数、选择监控参数的传感器、传感器电源、传感数据的板上存储器、现场数据采集，以及从采集的数据中提取特征。理解一个系统中的故障如何影响另一个系统，以及它如何影响整个系统体系的功能，也是一个挑战。从一个系统获取另一个系统的信息可能很困难，特别是当系统由不同的供应商制造时。在对系统体系实施 PHM 之前需要考虑的其他问题包括：由于此类计划而产生的经济影响、PHM 实施对基于状态维护及保障的贡献。

PHM 应用所需的要素都已经具备，但是集成这些组件以实现系统体系的故障预测方法仍在研究中。未来，电子系统设计将集成传感和处理模块，从而实现原位 PHM。在系统体系中，不同子系统实施不同 PHM 的组合将会成为行业的惯例。

1.5 物联网时代下的 PHM

loT 的智能连接要素需要适当的技术基础设施。该基础设施以“技术堆栈”形式给出，如图 1.12 所示。技术堆栈有助于系统和用户之间的数据交换，集成来自业务系统和外部源的数据，充当数据存储和分析的平台，运行应用程序，并保护对系统的访问以及流入和流出这些系统的数据[116]。与系统相关的要素由技术堆栈的下半部分描述。这些要素可分为两部分：软件和硬件。目前，在系统中加入嵌入式传感器、RFID 标签和处理器的研究还在进行中，这可以为 PHM 收集新的数据。这些数据需要传输，因此中心块中显示的网络连通性是物联网的一个关键特征。收集和传输的数据必须以有效和可解释的方式存储和处理。这一点越来越多地是通过使用技术堆栈中顶层云端的计算服务实现的。访问分析结果的人员、参与开发和维护技术堆栈要素及其支持模型的人员，都是云计算服务的用户。在技术堆栈的任何一边都有块，用于标识堆栈中所有层级的身份验证和安全的重要性，以及与其他系统和信息源的潜在关系。

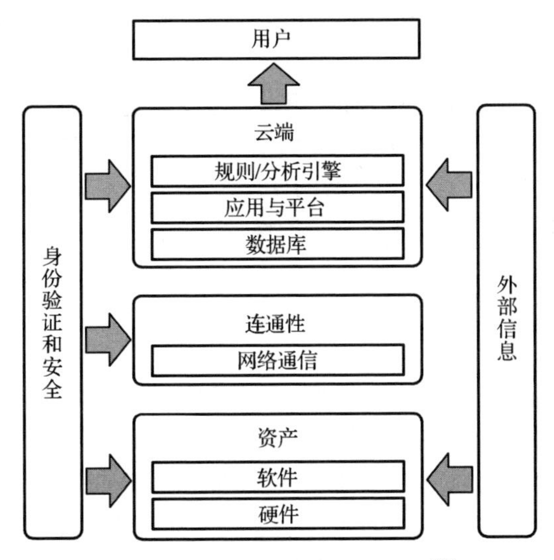

图 1.12 支持物联网的技术堆栈[32]

下面将讨论在不同的工业部门中，物联网技术在 PHM 的应用现状，以及未来应用的发展趋势。

1.5.1 物联网驱动的 PHM 应用：制造业

在许多国家，制造业是经济效益的主要来源。制造业传统上聚焦于大规模生产，为了增强竞争力，制造模式正在转向将销售与物联网驱动的维护服务相结合的方向。从只关注产品转向关注平台，这是当前正在发生的重大转变。公司产品作为一个推进因素，产品价值由参与者通过平台的方式创造，并非仅由公司本身创造。基于平台实现商业运营的例子，如苹果、Uber 和 AirBnB。一个成功的平台的先决条件是公司能够围绕生态系统而不仅仅是围绕自己产品构建价值主张。

在制造业中，"工业 4.0" 及其相关的智能工厂计划是德国政府倡议的，旨在协助开发信息物理平台，实现物联网发展[117]。信息物理平台通过集成工厂中的装置、设备和平台，连接工厂和工厂，集成运行和信息技术，改变传统的制造过程。支持这些想法的平台包括 GE Predix 平台[118]和 SAP Hana[119]。

1.5.2 物联网驱动的 PHM 应用：能源生产

能源生产行业包括核能、热能和可再生能源。热能发电（石油、煤炭和天然气）占全球供应的 81.4%，生物燃料占 10.2%，核能占 4.8%，水力占 2.4%，地热、风能和太阳能占 1.2%[120]。

发电是二氧化碳排放的一个重要贡献者，约占全球排放量的 50%。因此，人们正在为提高发电和配电效率方面做出许多努力。云计算正在推动所谓的智能电网计算的发展。智能电网使用大量联网传感器、电力电子设备、分布式发电机和通信设备。智能电网需要集成大量实时信息和数据处理，因此它变得更加智能和复杂[121]。与工程师们正在试图对电网关键部件进行健康监测一样，基于物联网的 PHM 是智能电网不可分割的一部分。

可再生能源包括风力、水力、太阳能和生物燃料发电。其中，风力发电经常遇到可靠性问题。为了达到预期的发电能力，风力发电厂通常需要长叶片和高塔，这会增加载荷和应力，并最终可能导致风机故障。许多风电场位于偏远地区，如近海或山区，那里的便利性有限。许多组织如 GE（数字风电场）和西门子（风电服务解决方案），现在为风电场提供物联网服务解决方案。这些解决方案旨在通过使用 RUL 估计模型预测维护需求，从而优化涡轮机性能和设备寿命[122]。

在能源生产行业中，基于物联网的 PHM 可以通过支持更多基于状态的维修（CBM）的使用来改变维修模式。它可以提高电厂的可靠性和可用性，在电力中断更少的情况下稳定供电，最终为行业提供良好的信誉。此外，基于物联网的 PHM 在确保对老化的电力基础设施进行适当监控，以防意外故障，并确保在更换老化或故障的设备时有更佳的成本效益和风险效益。

1.5.3 物联网驱动的 PHM 应用：运输和物流

随着越来越多的实物配备了条形码、RFID 标签和传感器，物联网在运输和物流行业发挥着越来越大的作用。运输和物流公司现在通过供应链将实物从起点移动到终点，同时进行实时监控。从基于物联网的 PHM 的角度来看，通过查看物品在什么条件下（如热、振动、湿度和污染环境）的存储时间，可以增强预测故障的能力。在运输和储存过程中，由于意外受到机械冲击和振动、宇宙辐射，或者处于太干燥或太潮湿的环境中，资产可能会经受多种载荷条件，甚至发生故障。

商业航空在维护、维修和运营方面的支出占其总开支的 50%以上[123]。飞机部件故障会导致重大的安全问题，以及利润和声誉损失。飞行器综合健康管理（IVHM）是一个评估飞行器当前和未来状态的统一系统，并在过去的 50 年中得到持续发展[124]。具有 PHM 能力的 IVHM 有可能通过减少系统冗余影响飞机设计，从而减少飞机上的子系统和模块。基于物联网的 PHM 在航空领域的应用可以减少计划外维修和未发现故障的事件，提高飞机的可用性和安全性。

1.5.4 物联网驱动的 PHM 应用：汽车

汽车行业正在推动技术应用的创新，使消费者能够提前了解其车辆的问题，并获得实时诊断支持。例如，通用汽车（General Motors）、特斯拉（Tesla）、宝马（BMW）和其他制造商生产的汽车现在都有自己的应用程序编程接口（API）。这些应用程序编程接口允许第三方构建的应用程序通过接口连接汽车上收集的数据。这使得基于物联网的 PHM 应用程序的开发成为可能，并通过增加连接性、可用性和安全性来增加价值。

实现实时导航、远程车辆控制、自我诊断和车内信息娱乐服务，物联网允许现场的“智能”汽车连接到网络。智能汽车可以连接到其他汽车以及基础设施，以共享其路线信息，从而实现高效的路线规划。智能汽车作为一种联网设备正在不断发展，未来用户可以通过无人驾驶汽车网络灵活地使用汽车，而不必拥有汽车。未来智能汽车网络的可靠性将取决于是否适当使用基于物联网的 PHM。因此，为了避免可能影响汽车网络性能的突发在用故障，需要将健康状况恶化的汽车从系统中排除出去。

1.5.5 物联网驱动的 PHM 应用：医疗设备

医疗设备是另一个消费者需求不断增长的领域，并且设备故障的后果可能是极为严重的。例如，体内起搏器等设备的故障会导致患者死亡。由于电池性能下降，医疗设备可能会出现故障。拥有起搏器的病人需要在固定的时间间隔后进行检查，以确保起搏器正常工作。基于物联网的 PHM 允许对医疗消费品进行连续的、远程的监测和诊断，从而可以减少所需的定期检查以帮助这些患者。基于物联网的 PHM 医疗设备还可以促进远程患者监控、老年人家庭护理服务和慢性病管理[125]。

1.5.6 物联网驱动的 PHM 应用：保修服务

按照惯例，当客户的资产出现故障时，他们会寻求保修服务。然而，对客户和维护人员来说，在故障发生后寻求故障的补救是昂贵的。客户失去运营可用性，维护人员必须进行修复性维护，由于附带损害、调度、诊断和备件可用性等原因，修复性维护通常比预测性维护更昂贵。此外，等待至资产出现故障期间可能会带来安全（和责任）问题。

图 1.13 概述了一项预测性保修服务，针对的是客户对其有重大投资的资产，同时资产的运营可用性也是至关重要的（如汽车和飞机）。将基于物联网的 PHM 纳入保修，可以通过提供有用的信息（如资产退化开端、故障类型和 RUL）来让客户更好地在资产出现故障之前决定是否寻求保修服务。因此，基于物联网的 PHM 可以通过显示客户资产在何处退化以及如何退化，促进有效的后勤支持。

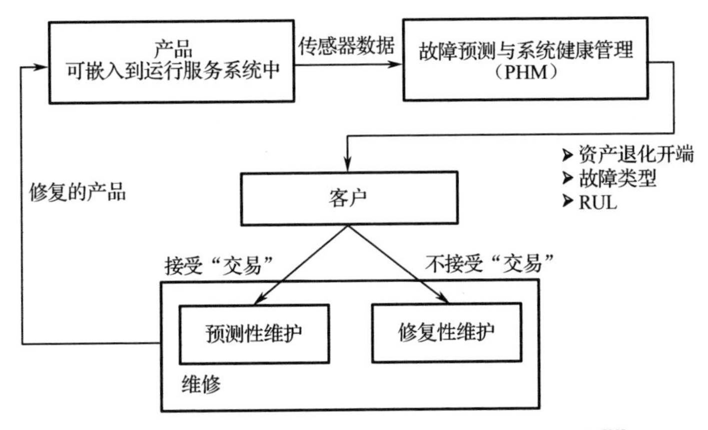

图 1.13 将基于物联网的 PHM 纳入预测性保修服务[32]

1.5.7 物联网驱动的 PHM 应用：机器人

物联网使机器人能够连接到其他机器人和设备。发那科智能驱动链驱动（FIELD）系统是基于物联网的 PHM 的一个例子。它是一个不仅连接了机器人，还连接了外围设备和传感器的平台。发那科正在与思科、罗克韦尔和 Preferred Networks 合作建立该平台。物联网将机器人的定义从简单的任务执行者扩展到具有自主学习能力的机器人。这种转变有可能使机器人在与人类的互动中发挥重要作用。基于物联网的 PHM 技术是自主机器人的关键技术。它使机器人能够在收集数据和人工智能技术的基础上进行自我诊断，成为一个能够自我认知的电子系统。

1.6 总结

由于世界上电子产品数量的不断增加和更可靠产品的竞争驱动，PHM 被视为电子产品和系统可靠性预测的一种经济有效的解决方案。在产品和系统中实施 PHM 的方法包括：安装嵌入式结构（熔断器和预警电路），即在应用条件下其比实际产品更快发生失效；监测和推理表征即将发生故障的参数（如系统特性、缺陷、性能）；对影响系统健康的环境和使用数据进行监测和建模，并将测量数据转换为寿命损耗。这些方法可能需要组合使用，以成功地实时评估产品或系统的退化，进而提供 RUL 的估计值。同样，本章介绍了基于物联网的 PHM 在工业中的应用。基于物联网的 PHM 有望对可靠性评估、预测和风险缓解的实施产生重大影响，并创造新的商机，这是本书的关键结论。

原著参考文献

第2章

PHM 传感器系统

Hyunseok Oh [1]，Michael H. Azarian[2]，Shunfeng Cheng [3]，Michael G.Pecht[2]
1 韩国光州机械工程学院
2 美国马里兰大学帕克分校高级寿命周期工程中心
3 美国西斯波罗或英特尔公司

“如果输入无意义，那么输出也是无意义的”这是我们许多人都熟悉的一句话。换句话说，某一个功能系统，当输入数据质量较差时，那么输出数据的质量差也是不可避免的。故障预测与系统健康管理（Prognostics and Systems Health Management，PHM）技术通常包括以下四个连续的步骤：（i）数据采集；（ii）特征提取；（iii）诊断和预测；（iv）健康管理。如果第一步的数据采集不正确，那么不管其余三个步骤的可靠性如何，PHM 技术的最后输出结果将是不可信的，最终导致不得不放弃该 PHM 技术。因此，数据采集是实现电子产品 PHM 技术的第一步，也是最为关键的一步。

随着物联网技术的发展，更多的传感器被嵌入到电子产品中。传感器的使用几乎贯穿于产品的整个生产周期过程，包括制造、运输、存储、处理和操作等。传感器测量的物理量通常称为测量值，包括温度、振动、压力、应变、应力、电压、电流、湿度、污染物浓度、使用频率、使用严重程度、使用时间、功率和散热。传感器系统提供了获取、处理和存储这些信息的方法。

本章将介绍传感器基础和传感原理，讨论传感器系统用于实现 PHM 技术所需要注意的关键因素，同时会介绍一些最新的 PHM 传感器系统的技术参数和应用场景，最后介绍传感器系统技术的发展趋势。

2.1 传感器基础和传感原理

传感器是响应特定的被测量信息进而提供可用输出信号的设备。传感器通常利用物理或化学效应或通过能量的转换将物理、化学或生物现象转化为电信号。传感器广泛应用于模拟和数字仪器系统，它起到连接物理世界和电子电路的作用。

从传感（转换）原理来看，传感器分为三大类：物理、化学和生物。被测物所涉及的物理原理或效应，包括热、电、机械、化学、生物、光学（辐射）和磁。传感器信号参数示例及 PHM 的测量领域如表 2.1 所示。

表 2.1　传感器信号参数示例及 PHM 的测量领域

领　域	示　例
热	温度（范围、周期、梯度、斜坡速率）、热通量、热分散度

续表

领　域	示　例
电	电压、电流、电阻、电感、电容、介电常数、电场、频率、功率、噪声、阻抗
机械	长度、面积、体积、速度或加速度、质量流量、力、扭矩、应力、密度、硬度、强度、方向、压力、声强或谱分布
化学	化学形式、浓度、浓度梯度、反应性、分子量
湿度	相对湿度、绝对湿度
生物	pH 值、生物分子的浓度、微生物
光学（辐射）	强度、相位、波长、极化、反射率、透射率、活性指数、距离、振动、振幅、频率
磁	磁场、磁通密度、磁矩、磁导率、方向、距离、位置、流量

2.1.1　热传感器

使用较广泛的热传感器有电阻温度检测器（RTD）、热敏电阻、热电偶和结半导体传感器。电阻温度检测器的工作原理是检测材料（即导体）的电阻随温度的变化呈线性和周期性的变化。因此，可以通过测量检测材料的电阻变化来计算温度。

热敏电阻的检测材料是一种半导体，其电阻随着温度的变化而变化。热敏电阻的阻值会呈现出非线性的变化。热敏电阻通常由蒸发薄膜、碳或碳化合物，或者由钴、锰、镁、镍或钛的氧化物形成的陶瓷样的半金属所构成，与普通的电阻温度检测器不同，热敏电阻可以模压或压缩成各种形状，以适应广泛的应用。不同于正温度系数较小的其他电阻温度检测器，热敏电阻的负温度系数较大。

热电偶是利用一对导电和热电参数不对称的元素在交接面上进行耦合的。它的工作原理是基于塞贝克效应（塞贝克效应、佩尔蒂埃效应和汤普森效应，三种热电效应之一）。塞贝克效应是指在两种结温不同的异质导体所构成的电路中会产生电动势。两种不同的材料（通常是金属）在一点上连接形成一个热电偶。将固定参考接点保持在已知的温度（如冰水平衡点），就可以通过电压表测量电动势来记录测量接点处热电偶电压与固定参考点之间的电压差值。

结半导体传感器也具备温度敏感性，可以用来当作热传感器。二极管和晶体管都呈现出良好的线性度和灵敏度，然而使用它们时需要使用一个简单的额外的电路才能测量温度。而且由于高温可能会损坏硅二极管和晶体管，所以其测量的最大温度被限制在 200℃左右。

2.1.2　电传感器

许多传感器产生的信号都是电信号。一些电参数，如电流和电阻，也被转换成电压的形式输出。下面首先关注如何测量电压，然后再关注检测电流、功率和频率的传感器。

在测量电压中有几种基本类型的传感器（或指示器）：电感式、电容式和热电压传感器。电感式电压传感器是根据磁场特性设计的。它们使用诸如电压互感器、交流感应线圈和涡流测量等元件来获取电压数据。电容式电压传感器是根据电场的特性而设计的。这些传感器通过不同的方法检测电压，如静电力、约瑟夫森效应和光纤折射率的变化。对于精确的电压测量，可以使用基于热效应的热电压传感器，如测试加热功率可以根据流经导体的电流的焦耳效应，焦耳效应将电流转换成热量，然后通过测量产生的温度变化，从而得到相对应的电压，最后通过加热功率与均方根电压成正比的关系得到加热功率。

测量电流最简单的方法之一是基于欧姆定律的电流-电压转换。这种测量电流的电路使用了一个称为“分流电阻”的电阻，它与负载串联，该电阻上的电压降可以用多种二次仪表来测量，如模拟仪表、数字仪表和示波器。基于霍尔效应的电流传感器也可用于测量电流。其他磁场传感器同样可以设定成用于测量电流。以罗戈夫斯基线圈为例，实际上它是一个小横截面的螺线管空心绕组，周围环绕着带电流的导线。由于在线圈上感应的电压变化率（导数）与直导线中的电流成正比，所以罗戈夫斯基线圈的输出通常连接到电（或电子）积分电路，这样就可以得到一个与电流成正比的输出信号。

功率（对直流设备而言）是电流和电压的乘积。典型的功率传感器包括一个带电压输出的电流传感电路和一个模拟乘法器。高压侧电流传感器先测量负载电流，以电压形式输出，再乘以负载电压就得到与负载功率成正比的输出电压。

频率是对单位时间内重复事件发生次数的度量。测量频率的一种方法是使用频率计数器，它可以计算特定时间段内发生的事件的次数。大多数通用的频率计数器会在输入端包含某种形式的放大器、滤波器和整形电路，调理信号以适用于计数。另一种常用的频率测量方法是，基于频闪效应采用间接计数。通过可调信号源（如激光、音叉或波形发生器）产生一个非常接近测量频率 f 的已知的参考频率 f_0。测量频率和参考频率同时产生，观察两信号之间的干扰所产生的波动频率 Δf，波动频率的值往往比较小。由波动频率，然后通过公式 $f = f_0 + \Delta f$ 就能得到待测量的频率。

2.1.3 机械传感器

机械参数可以转换成其他形式的参数（如电压），然后再对其直接测量。对于直接传感，参数与应变或位移有关。检测应变或位移的传感器使用的是压电效应、压阻效应及电容或感应阻抗的相关原理。

压电效应是指某些晶体和陶瓷材料在机械压力作用下会产生电压。当压电效应应用于传感器时，可以测量各种形式的应变或压力。例如，超声波传感器就是在微型电话上用膜片测量声压所产生的应变，然后通过传播到达传感器的高频应变波来实现测量的。压力传感器用表面涂有压电材料的硅隔膜来测量交流电压。另外，还可以利用压电效应来检测微小位移、弯曲、旋转等。测量这些物理量时需要使用高输入阻抗放大器先放大由应变或压力产生的表面电荷或电压后再测量。

导体和半导体中的压阻效应被用于许多商业压力传感器和应变计来实现应变测量。其原理是晶体结构上的应变会使能带结构变形，从而改变了迁移率和载流子密度，进而改变了材料的电阻率或电导率。压阻效应不同于压电效应，与压电效应相比，压阻效应只引起电阻的变化，而并不产生电荷。

电容或感应阻抗也可以用来测量位移和应变。电容传感器通过对特定区域的电容量做积分，得到其电压变化量，而压阻传感器则是利用桥臂电阻变化的差异带来的压降差来进行测量的。电容传感器需要在芯片上或芯片附近装一个电容-电压转换器，以避免杂散电容的影响。

2.1.4 化学传感器

化学传感器用于识别特定物质及其组成和浓度。化学传感器通常用于工业过程控制和安全监测，如环境保护、有害物质跟踪、污染监测、食品安全、医药等。另外，它们也被用于部分个人家庭中，如家用的一氧化碳探测、烟雾报警器及 pH 计等。

从严格划分角度来看，化学传感器可分为直接传感器和间接传感器。在直接传感器中，化学反应或化学物质的存在产生一个需测量的电输出，电化学传感器就属于这一类型。间接传感器依赖于被感知刺激的间接反应，如热化学传感器利用化学反应产生的热量来感知特定物质的量。

化学传感器的原理是多种多样的。表 2.2 列出了常用的化学传感器原理。

表 2.2　常用的化学传感器原理

分　类	传感器	原　理
电化学传感器：由于物质或反应而引起电阻（电导率）或电容（介电常数）的变化	金属氧化物传感器	高温下的金属氧化物会改变它们的表面电势，因此它们在各种可还原气体（如甲醇、甲烷等）环境中的电导率也会发生变化
	固体电解质传感器	原电池（电池）在恒定的温度和压力下，根据两个电极上的氧浓度在两个电极上产生电动势
	电位传感器	测量电压的变化：在固体材料的表面形成电势，固体材料浸在溶液中，溶液中含有在表面交换的离子。电势与溶液中离子的数量或密度成正比
	电导传感器	测量电导的变化：气体吸附在半导体氧化物材料表面可以产生电导的显著变化
	安培计传感器	测量电流的变化：在固定电极电位或整体电池电压下测量电流-溶质浓度关系
热化学传感器：依靠化学反应产生的热量来确定特定反应物的量	基于热敏电阻的化学传感器	感知由于化学反应而引起温度的微小变化
	热传感器	测量可燃气体催化氧化过程中放热引起的温度变化。温度可以表明环境中可燃气体的百分比
	热导率传感器	通过敏感气体测量空气中的热导率
光学传感器	光传感器	检测光在介质中的传输、反射和吸收（衰减）；它的速度和波长取决于介质的性质
质量传感器	质量湿度传感器	检测传感元件因吸水而引起的质量变化

2.1.5　湿度传感器

湿度是指空气或其他气体中的水蒸气含量，可以用多种定义和单位表示，分别是绝对湿度、露点和相对湿度（Relative Humidity，RH）。绝对湿度是水蒸气的质量与空气或气体的体积之比，它通常用克每立方米或粒每立方英尺来表示（1 粒=1/7000lb）。露点用摄氏温度或华氏温度表示，是气体在规定压力下（通常为 1atm）开始凝结成液体的温度。相对湿度是指在相同的温度和压力下，空气中水分含量与饱和水分含量的比值（以百分比表示）。

常见的湿度传感器有三种：电阻式、电容式和热导式。电阻式湿度传感器测量吸湿介质（如导电聚合物、盐或处理过的衬底）的阻抗变化，阻抗变化通常与湿度成反指数函数关系。传感器吸收水蒸气，以及离子官能团离解，会导致电导率增加。

电容相对湿度传感器由一个基片组成，在基片上，聚合物或金属氧化物薄膜沉积在两个导电电极之间。传感表面涂有多孔金属电极，以保护其免受污染和暴露于冷凝状态中。基片通常是玻璃、陶瓷或硅。电容式湿度传感器的介电常数的变化几乎与周围环境的相对湿度成正比。该传感器的特点是温度系数低，能够在高温（最高 200℃）下工作，可以从冷凝的状态中完全恢复其性能，并具有良好的耐化学蒸气特性。

热导式湿度传感器（或绝对湿度传感器）由桥式电路中两个匹配的热敏电阻元件组成，一个电阻密封封装在干态氮中，另一个电阻暴露在环境中，当电流通过热敏电阻时，由于水蒸气与干态氮的导热系数不同，密封热敏电阻的电阻性热耗散大于暴露的热敏电阻。散失热量不同导致热敏电阻感应出的温度不同，所以热敏电阻的电阻差与绝对湿度形成正比关系。

2.1.6 生物传感器

生物传感器是一种将生物组元件与物理化学检测器元件相结合的分析检测装置。它由三部分组成：活性生物元件（如生物材料或生物衍生材料）、传感器和探测器元件。生物传感器的工作原理涉及光学、电化学、压电效应、测温原理和磁学等多个方面。

基于表面等离子体共振现象的光学生物传感器用到了渐逝波技术。其利用了高折射率玻璃表面的一层薄薄的金（或其他材料）可以吸收激光，并在金表面产生电子波（表面等离子体激元）的特性。

电化学生物传感器的工作原理通常是基于酶催化产生离子的反应。传感器基片包含三个电极：参考电极、活性电极和惰性电极。目标分析物参与了在活性电极表面发生的反应，所产生的离子会产生一种电势，从参考电极的电势中减掉该电势得到最终输出信号。

压电生物传感器利用了晶体的特性。晶体是在施加电势时可以发生弹性变形体，交变电势在晶体中产生某种固定频率的驻波。频率大小依赖于晶体的表面特性，因此，如果一个晶体被一种生物受体元素包裹，则一个（大）目标分析物与受体的结合将会导致共振频率发生变化，形成一个结合信号。

2.1.7 光学传感器

光学传感器包括光导体、光电发射器件、光伏器件和光纤传感器等。光导体是一种在受到光或辐射照射时会改变其电阻的装置。在辐射的作用下，光导体的电导率会由于载流子密度的变化而发生变化。光电发射器件是一种二极管，它产生的输出电流与照射在其表面的光源强度成正比。光伏器件由 PN 结组成，其受到辐射后产生的载流子可以通过该结形成自生电压。

当光纤被拉紧时，它会改变光波相对于参考点的强度或相位延迟。利用光学探测器和干涉测量技术，可以高灵敏度地测量这些微小的应变。光纤布拉格光栅（Fiber Bragg Gratings，FBG）可应用于光纤传感器。FBG 是一种由一小段光纤构成的分布式布拉格反射器，它可以反射特定波长的光，而通过其他波长的光。布拉格波长不仅对应变敏感，而且对温度也敏感。FBG 可以直接检测应变和温度。它们还可以用来转换另一个传感器的输出，该传感器会从被测物中测到应变或温度变化。例如，FBG 气体传感器使用了一种吸收性涂层，这种涂层在有气体存在的情况下会膨胀，产生的应变可由光栅测量。FBG 还作为仪器应用于地震学等领域，以及作为油气井的井下传感器，用于测量外部压力、温度、地震震动和管内流动的影响。

光学传感器的常见例子包括水声传感器、光纤微弯传感器、倏逝或耦合波导传感器、移动光纤水听器、光栅传感器、偏振传感器和全内反射传感器。

光干涉传感器已经被开发用于干涉仪声学传感器、光纤磁传感器（带磁致伸缩套）和光纤陀螺仪。实际应用已经证明了含特殊掺杂物的光纤或涂层光纤具有很好的通用性，可以用于各种类型和各种结构的物理传感器中，目前已被用于辐射传感器、电流传感器、加速度计、温度传感器和化学传感器当中。

2.1.8 磁传感器

磁传感器一般利用以下几个效应：（i）电磁效应，表现为霍尔场和载流子偏转；（ii）磁阻效应，表现为当外加磁场作用时，某些材料的电阻值会发生改变；（iii）施加的磁场对材料造成应变的磁致伸缩效应；（iv）磁光效应，是电磁波在由于准静态磁场的存在而发生改变的介质传播的一系列现象之一。磁传感器的测量对象通常是位置、运动和流动等，这些量的传感器都是非接触式的。磁传感器主要包括霍尔效应传感器、磁阻传感器、磁力计（磁通门、探测线圈、超导量子干涉器件）、磁敏晶体管传感器、二极管传感器、磁光传感器等。

霍尔效应传感器结合了霍尔元件和相关电子元件，由一层导电材料构成，其输出端垂直于电流流动方向。当它受到磁场作用时，其输出电压与磁场强度成正比。该电压十分小，需要额外的信号放大，才能达到可使用的电压水平。

磁阻是利用当材料有外加磁场作用时，材料的阻值会发生改变的这一特性。磁阻传感器通常带有四个磁敏电阻器，采用惠斯通电桥结构，并通过设置使得每个电阻器的灵敏度最大，温度对其影响最小。在磁场存在时，电阻器的阻值发生变化，导致电桥不平衡，产生与磁场强度成正比的输出电压。

磁力计是一种测量磁场的装置，可以用于高精度的磁场传感或低场强、高灵敏度的磁场传感器中，或者使用一个或两个磁力计组成一个完整的磁场测量系统，来实现对磁场强度进行测量。磁敏二极管和磁敏晶体管传感器是由硅基板与无掺杂区域组成的，其中无掺杂区域包含传感器之间的 N 型和 P 型区域形成 PN 结，NPN 结或 PNP 结。外部磁场使得电子流在发射极和集电极之间偏转，偏向其中的一个集电极。两个集电极电压将被检测到，该电压与电流和磁场有关。

目前已经开发出不少灵敏度非常高的磁光传感器。这些传感器基于多种技术和原理，如光纤、光偏振、莫尔效应和塞曼效应等。同时，利用该类型的传感器进一步制造出了高灵敏度的仪器设备，用于需要高分辨率辨识的应用场景，如人脑功能映射和磁异常检测。

2.2 PHM 传感器系统

PHM 传感器系统通常包含内部和外部传感器、内部和外部电源、微处理器，以及模拟数字（A/D）转换器、存储器和数据传输接口，如图 2.1 所示，每个 PHM 传感器系统不一定全部包括这些组成要素。实现 PHM 传感器系统时根据需要来实现该系统的以上功能。本节将介绍在 PHM 应用中选择传感器系统需考虑的一些事项。

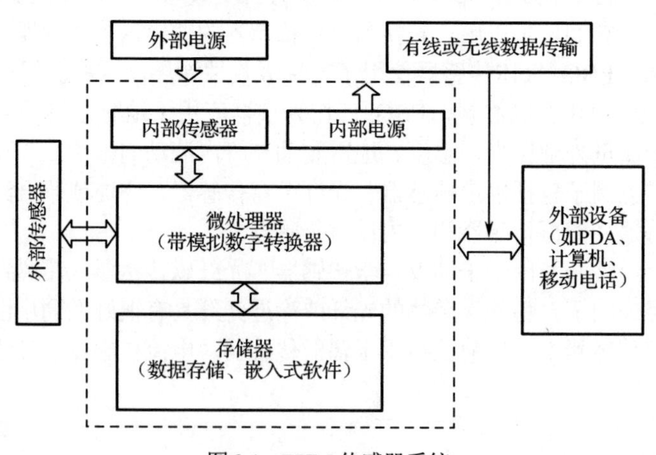

图 2.1　PHM 传感器系统

图 2.2 展示了选择 PHM 传感器系统的一般步骤。首先确定 PHM 传感器系统的具体用途及相关技术要求；然后对各个备选系统进行评估；最后选取最佳的解决方案。

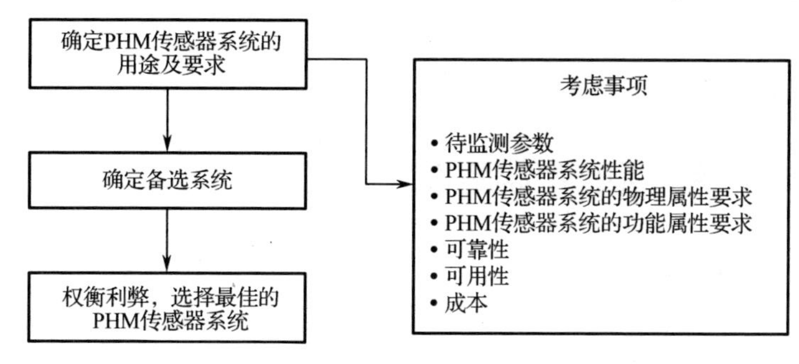

图 2.2 选择 PHM 传感器系统的一般步骤

对 PHM 传感器系统的要求取决于具体的应用，但有一些通用事项需要考虑，包括待监测参数、PHM 传感器系统性能、PHM 传感器系统的物理属性要求、PHM 传感器系统的功能属性要求、可靠性、可用性和成本等。这些事项用户需要优先考虑排序方面的问题，当针对某个特定的应用去选择最佳的 PHM 传感器系统时，往往可能需要根据这些要考虑的事项权衡利弊，有所取舍。

2.2.1 待监测参数

PHM 具体应用中确定待监测参数需要根据该参数与系统安全、可靠性的相关程度来选择，选择在 PHM 中实现监控的这些参数要么对系统的安全性至关重要，要么可能涉及灾难性的故障，又或者对完成任务来说至关重要，或者可能导致系统长时间停机。另外，可以根据过去的经验总结需要监测的关键参数，从类似产品的现场故障数据分析提取关键参数，或者使用产品在做合格测试时统计出的关键参数。还可以采用系统的分析方法，如失效模式、机理及影响分析（Failure Modes，Mechanisms，and Effects Analysis，FMMEA）方法，来确定待监测参数。

在其他章节中，讨论了产品寿命预测与全寿命周期中分析其应力以及破坏性建模中需要监测的参数。

PHM 需要综合许多不同的参数来评估产品的状态是否良好和预测产品的剩余使用寿命。如果单个传感器系统可以监视多个参数，则将简化 PHM 技术。一个 PHM 传感器系统通过内部集成使用多种不同的传感元器件，就可以做到同时测量多种类型的参数（如温度、湿度、振动和压力）。在 PHM 传感器系统中，虽然集成了不同的物理量传感元器件，但是不同的传感功能会公用一些组件，如传感电路需要用到的电源、A/D 转换器、存储器、数据传输接口等。

2.2.2 PHM 传感器系统性能

在分析产品的应用时，应考虑对传感器系统性能的要求。

- 准确性。测量值与被测量的真实值之间的一致性。
- 敏感度。输出会根据输入的变化而变化（校准曲线的斜率）。
- 精度。能可靠地测量被测值的有效数值。
- 分辨率。能在输出端检测出有输出变化所需的最小输入变化。
- 测量范围。可以测量被测值的最大值和最小值。
- 重复性。在相同的测量条件下，连续测量同一被测量，其结果都一致。
- 线性。校准曲线与理论行为对应的直线的接近程度。
- 不确定性。被测量真实值的取值范围。

- 响应时间。传感器对给定输入做出反应所需的时间。
- 稳定时间。传感器达到稳定输出所需的时间。

2.2.3 PHM 传感器系统的物理属性

PHM 传感器系统的物理属性包括大小、质量、形状、包装以及传感器的安装、使用方法。在一些 PHM 应用中，考虑到传感器安装时的空间大小局限性和安装位置限制性等因素，传感器的大小可能成为最重要的考虑因素。此外，传感器的质量也必须在考虑范围内，在某些 PHM 应用中，如在移动产品中使用加速度计来测量振动和冲击量的应用场景，因为传感器质量的增加会带来系统响应变慢。如果需要一个固定装置把传感器固定在一个设备上，那么传感器及固定装置所增加的质量都会改变整个系统的某些特性。在选择 PHM 传感器系统时，用户应明确应用环境可容纳的空间大小和可承受的质量范围，然后再考虑选用 PHM 传感器系统的整体尺寸和质量，其中包含相关的附件，如电池、天线和电缆等。

对于某些应用，还必须考虑 PHM 传感器系统的形状，如圆形、矩形或平面。另外，有些应用还对传感器的包装材料有要求，有时要根据具体应用的需要以及采集的参数的需要来决定是采用金属包装或是塑料包装。

还应根据应用情况考虑传感器的安装方法。安装方法包括使用胶水、胶带、磁铁或螺钉（螺栓）等将 PHM 传感器系统固定在主体上。嵌入式传感器系统，如集成电路中的温度传感器，可以很好地节省空间以及提高系统的性能。

2.2.4 PHM 传感器系统的功能属性

PHM 传感器系统的功能属性在应用设计中也必须充分考虑，包括机载电源和电源管理能力，板载存储和存储管理能力，可编程的采样模式和采样率，信号处理，以及板载数据处理能力等。下面将具体讨论这些属性。

2.2.4.1 板载电源和电源管理

功耗是 PHM 传感器系统的一个基本特性，它决定了 PHM 传感器系统在不连接外部电源情况下的工作时长。特别是在无线或便携式移动系统中，功率对其影响程度最大。在这样的应用中，为了保证系统正常工作的持续能力，PHM 传感器系统必须有足够的电能供应以及管理功耗的能力。

PHM 传感器系统根据其使用电源的不同可分为两大类：非电池供电传感器系统和电池供电传感器系统。非电池供电传感器系统通常要么连接到外部交流电源，要么使用集成主机系统的电源。例如，温度传感器通常集成在计算机主板上的微处理器中，使用计算机的电源。

电池供电传感器系统配备了机载电池，不需要连接外部电源就可以获得电源来自主运行使用。可更换或可充电电池适用于这种电池供电传感器系统，不需要过多更换系统硬件，只需要更换电池或者给电池充电就能够保证系统连续工作。在电池供电传感器系统中，使用可充电的锂离子电池最为广泛，在某些情况下，更换电池会比较困难，如电池必须密封在传感器包装内，整个 PHM 传感器系统由于安装空间所限，很难进入到内部空间进行更换，这种情况下可以使用大容量的电池或备用电池来弥补。

能效管理用于优化 PHM 传感器系统的功耗，以便有效地延长它的工作时间。功耗对于不同的操作系统模式（如活动模式、空闲模式和休眠模式）有所不同。当用传感器来监视、记录、传输或分析数据时，它处于活动模式。PHM 传感器系统功耗大小取决于参数监测方式和采样率。连续监测将消耗更多的电能，而周期性或事件触发监测则消耗相对少的电能。更高的采样率意味着它更频繁地感知和记录数据，将会消耗更多的电能。此外，增加无线数据传输和机载信号处理等功能也会使得系统消耗更多的电能。

在空闲模式下，PHM 传感器系统消耗的电能比活动模式下少得多，休眠模式消耗的电能最少。能效管理的任务就是跟踪系统的输入请求或信号，激活 PHM 传感器系统某一部分功能，让它在活动模式和空闲模式之间进行切换，决定空闲模式维持多久、什么时候切换到休眠模式、什么时候唤醒系统。例如，在连续传感中，传感元件和内存是工作的，但如果不需要做数据传输，则传输模块可以进入休眠模式。当系统收到一个数据传输请求时，功率管理模块会唤醒数据传输电路，使其进入活动模式。

2.2.4.2 板载存储和存储管理

板载存储器是集成在 PHM 传感器系统中的存储空间，它可以用来存储采集到的数据以及与 PHM 传感器系统相关的信息（如传感器标识、电池状态），使其能够被识别并与其他系统通信。板载存储器中存有固件（嵌入式算法），为微处理器提供操作指令，使其能够实时处理数据，借助板载存储器的缓存作用，系统可以使用更高的频率来实现数据采集和保存；反之，如果没有板载存储空间，那么系统数据不能就地存储和处理，必须将数据传输出来。受传输瓶颈的影响，原始数据的采样率不能太高，数据量不能太大。

对于传感器系统，常见的板载存储器包括带电可擦可编程只读存储器（Electrically-Erasable Programmable Read-Only Memory，EEPROM）和非易失性随机存取存储器（Non-Volatile Random Access Memory，NVRAM）。EEPROM 是一种用户可以修改的只读存储器（Read-Only Memory，ROM），可以反复擦除和重编程（写入）。在 PHM 传感器系统中，EEPROM 通常用于存储传感器的信息。NVRAM 是随机访问类型存储器的统称，这类存储器在掉电后不会丢失其信息。NVRAM 也是非易失性内存类型中的一个子类，它可以进行随机访问，而不像硬盘那样智能按顺序访问。

当今，最常见的 NVRAM 是闪存，它广泛应用于各种消费电子产品中，包括存储卡、数字音乐播放器、数码相机和手机。在 PHM 传感器系统中，通常利用闪存来记录采集到的数据。随着半导体制造技术的不断发展，即使闪存的体积日趋减小和成本日趋下降，但其性能却是呈现出越来越高的趋势。

PHM 传感器系统的工作模式和采样率决定了系统对存储空间的要求。PHM 传感器系统一般允许用户编程设计来调整采样率和设置其工作模式（即连续模式、触发模式、阈值模式），这些调整都会影响存储空间的使用。

存储管理允许对存储空间进行设定、分配、监视和优化等操作。对于多传感器系统，数据在存储器中的存储格式往往依赖于所传感变量的特点。存储管理功能能够区分各种数据格式，并将它们保存到相应区域中。例如，采样率、时间戳、温度数据的范围等与振动数据是不同的，在存储器中不同的数据可以通过算法进行识别后分别单独存储。存储管理功能还能够显示存储空间的使用状态，如可用空间的百分比，并在存储空间使用率过高时发出预警信号。

2.2.4.3 可编程的采样模式和采样率

采样模式决定了传感器怎样检测参数以及什么时候检测参数。常用的采样模式包括连续采样、周期采样和事件触发采样。采样率定义为信号从连续信号到离散信号转化时每秒（或另一个单位）采样的数量。采样模式和采样率共同决定信号的采样过程。

可编程（配置）的采样模式和采样率是 PHM 应用的首选方式，可编程（配置）的采样模式可以在诊断、预测功耗和系统所需内存等方面带来很多优化。假如采样率固定，周期性或者根据事件触发的采样将比连续采样消耗更少的电能和存储空间。在相同的采样模式下，低采样率比高采样率消耗更少的电能和存储空间，但过低的采样率可能导致信号失真，对一些间歇出现或者转瞬即逝的信号捕捉不到，从而导致错过故障的检出。此外，如果希望使用传感器对多个信号进行检测，如同时监测振动和温度，那么传感器系统应该允许分别对这两种不同类型参数设置不同的采样模式和采样率。

2.2.4.4 信号处理

信号处理包括两种：一种是嵌入式处理，将嵌入式处理模块集成到机载处理器中，实现对原始传感器数据的即时、现场处理；第二种是在主机上进行处理。在选择传感器时，应该同时考虑这两种信号处理方法。

嵌入式处理的方法可以显著减少采集数据在主机上的存储，从而释放更多主机存储空间供其他数据使用，减少了嵌入式终端到基站或主机的传输数据量，可以进一步降低嵌入式终端处理单元的功耗。对于大型传感器网络，还可以分散系统的计算能力，有利于数据的有效并行处理。

在一些环境监测的应用程序中，借助嵌入式终端的处理能力还可以提高环境数据的高效性。嵌入式计算可以对数据就近处理，提供实时更新的数据，以便系统对各种异常情况立即采取行动，如关闭设备电源以避免事故或灾难性的故障，以及为后续维修和维护工作提供预测范围等方面的指引。

目前，嵌入式终端的信号处理包括特征抽取（如雨流循环计数算法）、数据压缩、故障识别和预测等。理想情况下，在故障出现后它会立刻检测到，然后显示结果和执行相应的操作，而且整个过程是通过编程实现的。

嵌入式终端的处理能力会受到一些物理条件的限制，功率大小就是其中之一。大数据和高速度计算将消耗更多的电能，嵌入式终端的功率往往不能太大。另一个限制条件是内存容量，运行复杂的算法需要大量的内存，这也正是嵌入式终端设备所欠缺的。虽然这两个方面的限制致使嵌入式终端很难运行复杂的算法计算，然而，在现场分析中往往只需要简单的算法和程序来处理原始传感器数据，就可以获得不错的成果。

2.2.4.5 板载数据处理

当 PHM 传感器系统采集到数据后，数据通常被传输至基站或主机进行后期分析。一般来说，数据传输有无线传输和有线传输两种。无线监控技术不仅对 PHM 的应用有很大的影响力大，而且是一种非常有前景的技术。然而，要实现无线监控，技术方面还需要进一步改进。无线传输是指在不使用线缆连接的情况下，远距离传输数据。传输的距离可能很短（几米，如电视遥控器）或很长（数千甚至数百万千米的无线通信）。无线传感器节点可用于远程监测一些不适宜居住和有毒的环境。在某些应用中，必须远程操作传感器将数据通过遥感勘测技术存储并下载到当地的数据处理站。此外，无线传感器系统不需要大量的线缆来传输传感器的测量数据，节省了安装和维护的成本。在传感器节点中嵌入微控制器，可以提高无线传感器节点本身的数据分析能力，从而大大增强无线传感器节点的优势。

无线数据传输包括以太网、蜂窝网络、射频识别（Radio Frequency Identification，RFID）、邻近识别卡（ISO 15693）、个人区域网络（IEEE 802.15）、Wi-Fi （IEEE 802.11）和专用通信协议等。具体应该选择哪种类型的无线数据技术需要考虑通信范围、电能需求、实现的简易程度和数据安全性等方面。

下面以射频识别（RFID）技术为例进行详细讨论。RFID 是一种自动识别的技术，它利用 RFID 标签或应答器来存储和远程检索数据。RFID 标签是一种可以通过无线电波安装到产品、动物或人身上进行识别的设备。RFID 传感器系统将 RFID 标签与传感器相结合。首先使用传感元件来检测和记录温度、湿度、物体运动甚至辐射数据等，然后利用 RFID 来识别传感器，记录并传输原始数据或处理后的数据。例如，用于跟踪物品（如肉类），在产品供应链中，被跟踪的产品会贴上相同的标签，用来提醒工作人员，这些物品的储存温度是否正常，或者肉类是否变质了，或者是否有人在肉类中注射了生物制剂。

无线数据传输的安全性也是需要考虑的重要因素之一。当前的无线协议和加密方法存在相当大的安全风险。像 RFID 技术及其应用就存在一些安全漏洞，RFID 标签和读写器通过无线信号来传输识别信息，其与条形码系统不同，RFID 设备无须可视化即可进行通信，并且通信距离远得多，存在安全隐患，随着 RFID 设备被部署到更复杂的应用系统中，人们就需要开始关注如何保护这些系统免受窃听和未经授权的使用。应用中应该对无线传感器系统所采用的安全措施的安全级别进行充分评估以保护传输过程中的数据。

目前，有线数据传输可以实现高速传输，但是需要借助线缆。无线数据传输可以提供非常方便的数据通信，但是传输速率低于有线传输。这就需要对给定的应用系统做权衡考虑。许多 PHM 传感器系统将数据从传感器无线传输到接收设备，然后通过有线连接通用串行总线（Universal Serial Bus，USB）端口将数据传输到计算机中。这种设计是一种提高输出数据带宽、降低电能需求和成本的折中方案。

2.2.5 可靠性

PHM 传感器系统必须是可靠的。但是在某种程度上，PHM 传感器系统通常受到噪声和周围环境的影响，这些噪声和环境影响会随着操作环境条件的变化而变化。为了降低 PHM 传感器系统发生故障的风险，用户必须考虑传感器的工作环境和工作范围是否符合特定条件。同时也应该考虑利用 PHM 传感器系统的包装来保护传感器的工作单元免受有害因素的影响，如湿度、沙子、腐蚀性化学物质、机械力和其他环境因素。

可靠性检测主要是指评估 PHM 传感器系统的完整性，并根据需要对其进行调整或纠正，确保 PHM 传感器系统性能正常。极限检测是一种传统的传感器可靠性检测方法。极限检测通过监测测量数据是否超出范围或出现变化率极限来评估传感器是否有故障。可靠性检测的另一种方法是使用传感器冗余检测，使用多个传感器（冗余）监测同一产品或系统，通过对比各个冗余传感器的数据，降低因 PHM 传感器系统故障而导致数据丢失的风险。

传感器数据融合是另一种进行传感器可靠性检测的技术。传感器数据融合方法通过监控使用一个相关的传感器网络，并确认网络中各个传感器的工作状态，通过学习传感器之间的关系，在网络中实现传感器的解析冗余，对传感器的输出进行估计。通过实际输出和估计输出之间的剩余误差来判断传感器是否可靠。

PHM 传感器系统本身的可靠性固然重要，但也要评估好传感器系统对其要监测的产品可靠性的影响。例如，当传感器长时间附着在物体表面时，如果 PHM 传感器系统的质量过大可能会反过来降低电路板的可靠性。

2.2.6 可用性

所选的传感器系统必须是可用的。通常可以从两个方面来评价其可用性。

第一，参考 PHM 传感器系统的商业应用价值，确定所选用传感器系统是否已经从开发阶段进入生产阶段，并在市场上销售。因为在出版物和网站上也会有许多传感器系统的广告和推广，但它们还没有投入商业使用。这些传感器系统通常是原型机，还不能在市场上购买。

第二，要有 PHM 传感器系统的供应商支持。根据特定的需要和应用，出于安全原因，有些 PHM 传感器系统不能出口，有些信息不会出现在产品的数据表中，用户只能从国内的代理供应商那里获取。

2.2.7 成本

PHM 应用选择合适的传感器还必须评估所需的成本。成本评估应考虑总成本，包括购买、维修和更换传感器系统。事实上，最初的购买成本可能低于产品寿命周期成本的 20%。以一家航空公司的经验教训作为参考，它在选择传感器时先评估初始购买成本，认为其成本没有问题，但 15 个月后发现所选的传感器平均只能使用 12 个月，每年都需要更换。所选择的替换传感器的成本增加了 20%，这就是仅评估了产品资质和供货等因素，而忽略了总成本。

2.3 传感器的选择

对于特定的 PHM 应用，在选择传感器时，用户可能需要考虑上面描述的部分或全部因素。

表 2.3 提供了在 PHM 传感器系统的选择过程中可能会涉及的考虑事项。在 2.4 节中，将调查和统计一些先进的可用 PHM 传感器系统，按照本章的选择方法，人们就可以为实际的 PHM 应用选择合适的传感器。

表 2.3　选择传感器的考虑事项

<table>
<tr><td>系统性能要求</td><td colspan="3">传感参数
测量范围
敏感度
精度
分辨率
采样率
线性
不确定性
响应时间
稳定时间
需要多少个传感器系统
一个传感器系统可以监测哪些参数</td></tr>
<tr><td rowspan="4">功能属性要求</td><td rowspan="4">电源</td><td>理想的功耗</td><td></td></tr>
<tr><td>电源的种类</td><td>由主机供电；交流电源；电池；其他能源，如太阳能。要求指定使用电池作为电源，如可充电的锂电池</td></tr>
<tr><td>功率管理的需求</td><td>是/否</td></tr>
<tr><td>管理的类别</td><td>可编程的采样模式以及采样率等</td></tr>
</table>

续表

<table>
<tr><td rowspan="17">功能属性要求</td><td rowspan="4">存储器</td><td>机载存储器的需求</td><td>是/否</td></tr>
<tr><td>容量</td><td></td></tr>
<tr><td>内存管理的需求</td><td>是/否</td></tr>
<tr><td>管理的类别</td><td>可编程的采样模式以及采样率等</td></tr>
<tr><td rowspan="5">采样</td><td rowspan="3">采样模式</td><td>主动/被动</td></tr>
<tr><td>自动开始/关闭</td></tr>
<tr><td>可编程（连续的，周期性的，由事件触发的）</td></tr>
<tr><td rowspan="2">采样率</td><td>根据奈奎斯特准则，确定最小采样率</td></tr>
<tr><td>根据特定的应用需要，是否可编程</td></tr>
<tr><td rowspan="6">数据传输</td><td>主动/被动传输</td><td></td></tr>
<tr><td rowspan="4">无线传输或有线传输</td><td>传输范围</td></tr>
<tr><td>传输协议</td></tr>
<tr><td>传输速率</td></tr>
<tr><td>有线传输的种类：
USB、串行端口，或者其他与主机相连接的方法</td></tr>
<tr><td colspan="2">PHM 传感器系统能够与其通信的设备种类：
掌上电脑（PDA）、移动电话、计算机</td></tr>
<tr><td rowspan="2">数据处理</td><td colspan="2">需要使用的处理方式：例如，快速傅里叶变换、数据压缩、额外的分析功能</td></tr>
<tr><td colspan="2">主机软件提供的数据处理方式：
信号处理工具、回归分析、其他的预测模型</td></tr>
<tr><td rowspan="7">物理属性要求</td><td rowspan="2">尺寸</td><td colspan="2">带电池</td></tr>
<tr><td colspan="2">不带电池</td></tr>
<tr><td rowspan="2">质量</td><td colspan="2">带电池</td></tr>
<tr><td colspan="2">不带电池</td></tr>
<tr><td>形状</td><td colspan="2">圆形、矩形、平面</td></tr>
<tr><td>外壳</td><td colspan="2">塑料、金属</td></tr>
<tr><td>附着方式</td><td colspan="2">螺钉固定、胶水粘贴、带子系绑、磁力吸引</td></tr>
<tr><td rowspan="3">限制条件</td><td>周围环境</td><td colspan="2">温度、湿度、辐射、气体环境、灰尘、化学品</td></tr>
<tr><td>操作上的</td><td colspan="2">信号的输入限制（加载）</td></tr>
<tr><td>其他</td><td colspan="2"></td></tr>
<tr><td rowspan="2">可靠性</td><td colspan="3">PHM 传感器系统是否具备检测自身性能并确保自身正常工作的功能?</td></tr>
<tr><td colspan="3">PHM 传感器系统是否需要冗余?</td></tr>
<tr><td>成本</td><td colspan="3">包括购买、维修，以及更换 PHM 传感器系统</td></tr>
<tr><td>可用性</td><td colspan="3">PHM 传感器系统是否可以商用</td></tr>
</table>

2.4 PHM 实施的传感器系统案例

我们做了一个针对 PHM 电子产品和系统的 PHM 传感器系统的商用性调查。调查结果展示了来自 10 个制造商的 14 个 PHM 传感器系统的特征（见表 2.4）。PHM 传感器系统的特征包括传感参数、电源和电源管理特性、采样率、机载存储器、数据传输、嵌入式信号处理软件的可用性、尺寸、质量和成本。每个 PHM 传感器系统的数据都是从制造商的网站和产品数据表、电子邮件和演示产品的评估中收集的。以下是调查这些先进 PHM 传感器系统后统计出来的特征。

表 2.4　识别传感器系统的特征

PHM 传感器系统		PHM 传感器系统特征									
名字	制造商	传感器参数	内置电源管理		采样率	机载存储器（容量/种类）	数据传输（距离）	嵌入式信号处理软件	尺寸和质量		成本/$US
			电源（寿命）	电源管理特性					尺寸/mm	质量/g	
Smart-Button	ACR System	温度	电池（10 年）	有	1/min 到 1/4.2h	2KB 闪存	RS232 接口	无	17×6（宽×长）	4（W/电池）	59
OWL400		直流电压	电池（10 年）	无	定制程序	32KB 闪存		有	60×48×19（长×宽×高）	54	360
SAVER3X90	Lansmont Instruments	冲击、振动、温度、湿度	电池（90 天）	有	50Hz～5kHz	128MB 闪存	USB	无	95×74×43	473（W/电池）	5999
G-Link LXRS	LORD MicroStrain	倾斜、振动	可充电电池	有	32 Hz～2kHz	2MB 闪存	无线传输（300m）	无	58×43×26	46（W/电池）	1995（启动装置）
V-Link LXRS		位移、应变、压力、温度	可充电电池	有	32Hz～2kHz	2MB 闪存	无线传输（300m）	无	88×72×26	97（W/电池）	1800（启动装置）
3DM-GX4-25		振动、摆放状态、温度、压力等	直流电源	N/A	500Hz	N/A	USB RS232	有	36.0×24.4×36.6	16.5	N/A
IEPE Link LXRS		振动	可充电电池	有	1～104kHz	N/A	无线传输（2km）	有	94×79×21	114	N/A
ICHM20/20	Oceana Sensor	振动、温度、压力、方位、湿度	交流电源	无	上限频率为 48kHz	N/A	无线传输	有	120×56×80	N/A	825

续表

PHM 传感器系统		PHM 传感器系统特点									
名字	制造商	传感器参数	内置电源管理		采样率	机载存储器（容量/种类）	数据传输（距离）	嵌入式信号处理软件	尺寸和质量		成本/$US
			电源（寿命）	电源管理特性					尺寸/mm	质量/g	
Environmental Monitoring System 200	Upsite Technologies	湿度、温度	可充电电池（3 年）	有	N/A	N/A	无线（212mm）	无	120×48×20	N/A	2999（启动装置）
S2NAP	RLW Inc.	振动、压力、温度、电流、电压	交流/直流电源	有	5～19kHz	N/A	无线	有	N/A	N/A	N/A
SR1 Strain Gage Indicator	Advance Instrument Inc.	应变	交流电源	无	N/A	N/A	无线	有	160×160×160	1200	N/A
P3 Strain Indicator and Recorder	Micro-Measurements	应变	电池	有	程序定制	2GBRAM	USB	有	N/A	N/A	2758
Airscale Suspension-Based Weighing System	VPG Inc.	气压	直流电源	有	程序定制	N/A	CAN，USB，RS232	无	160×85×25	N/A	N/A
Raio Microlog	Transmission Dynamics	应变、温度、加速度、压力	电池	有	4kHz	4MB RAM	红外数字无线电，或者 RS232 端口	有	37×24×10	<10（无电池）	N/A

- 能够运用电源管理、数据存储、信号处理和无线数据传输来实现多种功能。
- 具有多个灵活的或附加的传感器端口，支持各种传感器节点来监测各种参数，如温度、湿度、振动和压力。
- 自带电源，如可充电或可更换电池。
- 具有电源管理能力，可以控制运行模式（工作、空闲和睡眠），可以控制可编程的采样模式（连续采样、启动采样，或设定采样阈值）以及采样率。将这些管理方式与新的电池技术和低功耗电路相结合，可以使 PHM 传感器系统的运行时间变得更长。
- 拥有不同的机载数据内存容量（闪存），从几 KB 到数百 MB。
- 具有嵌入式信号处理软件，能够进行数据压缩或在数据传输前简化数据。

2.5 PHM 传感器技术的发展趋势

早期用于 PHM 传感器系统通常包含一些放置在印制电路板上的组件，如传感元件、微处理器、存储器和 A/D 转换器。对需要小尺寸元件的应用来说，元件体积庞大可能是很严重的限制条件。当电子系统的尺寸变小时，元件也需要变得更小。在采用无线连接，电池耗尽时，还要考虑可以当场更换，如果将系统安装在难以接近的地方，成本可能就会非常高。为了解决 PHM 传感器系统的上述问题，一般而言，传感器技术正朝着极端小型化、超低功耗管理和能量收集的方向发展。

当电子系统和元件的尺寸继续缩小时，监测环境和操作流程的传感器也应变得更小、更轻，以便集成。随着微机电系统（Microelectromechanical System，MEMS）或者纳米机电系统（Nanoelectromechanical System，NEMS）和智能材料技术的成熟，传感器系统可以将传感元件、放大器、A/D 转换器和存储单元集成到一个微芯片中。制造 MEMS 和 NEMS 有明显的优势，可以实现电子集成，制造传感器阵列，制造小尺寸设备，实现低功耗管理及低成本。

无线传感器网络（Wireless Sensor Network，WSN）将会引起人们的更多关注，因为它可以极大地降低安装成本，并且无须使用线缆[1]。然而，为了实现无线传感器网络，在传感器节点之间通信，会消耗掉很大一部分电能[2]。举一个极端的例子，“发送”“接收”“空闲”“睡眠”等通信行为的能耗高达 44MW，而传感元件和中央处理器（CPU）的能耗则分别小于 1MW 和 2MW[3]。可见无线发射接收的能耗问题也急需解决，为了解决这个问题，人们正在积极研究能源收集技术和超低功耗管理技术。

使用能量收集技术，可以作为延长 PHM 传感器系统运行时间的一种方法[4]。能量收集技术是指一项从环境或周围系统中提取能量并将其转化为可用电能的技术。当前能量收集的来源包括阳光、热梯度、人体运动、体温、风、振动、无线电功率和磁耦合。在能量收集中，应用的几个基本效应有电磁效应、压电效应、静电效应和热电效应。例如，在设备或环境中的机械振动可以通过压电材料或电磁感应转化为电能。传感器使用的压电材料能够将机械振动或受到的力转换为电能。应用了电磁感应的系统则由一个线圈和一个固定在弹簧上的永磁体组成，磁铁的机械运动是由设备或环境振动引起的，它会在线圈终端产生电压，而这种能量可以传递给负载。热能常由热电发电机（Thermoelectric Generator，TEG）转化为电能。近年来，随着纳米技术的发展，人们广泛地研究制备微电子机械系统级别的 TEG 器件。在同一设备中，组合使用多个能量收集源，在不同的情况下和应用中增加收集能力，最大限度地对电能进行补充。

无线传感器的使用寿命仍然只有几个月到几年的时间。为了延长传感器的寿命，人们正在研究有关能源收集技术的超低功耗定时器、唤醒接收器、传感模式，以及微处理器[5]。无线传输技术的发展使得未来实现长距离、高传输速率以及更安全的数据通信成为可能。此外，未来的智能传感器节点将是高度智能化的，拥有比现在更多的功能。它们将内置诊断和预测的功能，将使整个无线传感器的网络功能更加强大。

原著参考文献

第3章

基于失效物理方法的 PHM

Shunfeng Cheng [1]，Nagarajan Raghavan[2]，Jie Gu[3]，Sony Mathew[4]，Michael G. Pecht[5]
1 美国西斯波罗或英特尔公司
2 新加坡科技设计大学（SUTD），工程产品开发（EPD）部
3 美国乔治亚州旧金山湾区，苹果公司
4 美国德克萨斯州丹顿斯伦贝谢
5 美国马里兰大学帕克分校高等寿命周期工程中心

失效物理（PoF）是利用产品寿命周期载荷和失效机理知识评估产品可靠性的。失效物理方法建立在设备、产品或系统的潜在失效机理和失效位置的识别上。失效机理采用动力学因子（如通量、通量散度、缺陷产生率）与作用在系统潜在失效位置处的应力（驱动力，如电压、电场、温度等）的关系进行描述。该方法论可为评估新材料、新结构或新产品的可靠性建立一个科学的基础，从而富有前瞻性地实现可靠性评估。

基于失效物理的方法可以在其实际应用条件下评估和预测系统可靠性。它将传感器数据与模型集成在一起，这些模型能够实时识别产品的当前状态与预期正常运行条件（即产品的“健康状态”）之间的偏离或退化程度，并预测产品未来的退化状态。本章概述了故障预测与健康管理（PHM）的失效物理预测方法。

3.1 基于失效物理的 PHM 方法论

通用的基于失效物理的 PHM 方法论如图 3.1 所示[1]。在工业界、美国政府和其他合作大学的支持下，马里兰大学高级寿命周期工程中心（CALCE）创建了失效物理方法论并开发了软件。

该方法论的第一步是失效模式、机理及影响分析（FMMEA），其中设计数据、预估寿命周期条件和失效物理模型是评估的输入。然后，确定潜在的失效部位及其失效模式、失效原因和失效机理。基于发生的可能性、危害性和可检测性，FMMEA 可以确定关键失效模式和失效机理的优先级。根据失效机理和失效模型选择合适的参数进行状态监测和 PHM。根据收集到的工作和环境数据，分析失效部位的应力水平，并将其作为失效模型的输入评估产品的健康状况和累积退化量，计算并获得剩余使用寿命（RUL）。

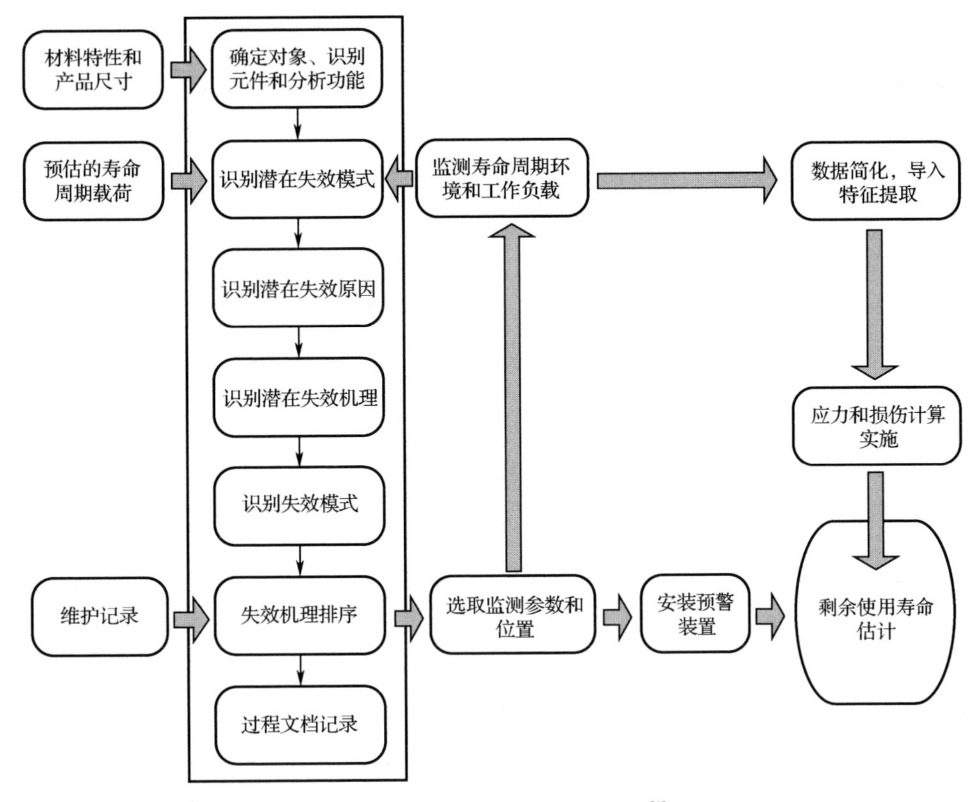

图 3.1 基于 PoF 的 PHM 方法论[1]

3.2 硬件架构

为了实现可靠性评估，该方法论在产品初始阶段就需要某些输入，这些输入包括所有级别上的产品硬件配置（即系统的一部分）、载荷和失效模型。

产品架构是将产品分解（分类）为物理组成部件。复杂产品通常由许多共同工作的部件组成，以确保产品的整体功能。该架构描述了产品的部件，以及每个部件的功能、功能关系和组装关系[2]。

此处的讨论已经定义了电子设备的六个诊断级别[3]。级别 0 包括芯片和片上结构，如电路和金属化结构。级别 1 包括元件、组件，以及该组件的键合引线、引线框架和密封剂。该级别还包括集成电路和分立元件，如电阻、电容和电感等。级别 2 包括印制电路板和将组件连接至该板上的互连件（引线、焊球等）。该级别还包括印制电路板上的连接部件，如焊盘、镀通孔（PTH）、过孔和金属线。级别 3 包括机柜、机箱、抽屉和板卡连接。该级别包括产品或子系统，如硬盘驱动器、视频卡和电源。级别 4 包括电子产品，如笔记本电脑、外场可更换单元（LRU）或连接件。级别 5 包括电子系统和不同系统之间的外部连接（如从计算机到打印机或 LRU 和座舱显示器的连接）。我们可以将此最后一个级别归类为“系统体系”分析。

除了几何形状外，产品中使用的材料还将影响产品对外部和内部应力的响应。在给定的一组测试/工作条件下，材料特性参数用作基于失效物理的失效模型的输入以计算失效部位和失效机理的失效时间（TTF）。

3.3 载荷

评估产品的可靠性，必须考虑载荷，因其决定了产品的使用寿命。产品寿命周期包括制造、组装、存储、搬运、运输以及持续时间最长的现场应用。在寿命周期的每个阶段中，产品承受来自环境的不同类型和大小的载荷，包括温度、气压、湿度、振动、机械应力、化学反应、辐射等。所有这些载荷可能会造成（可检测或不可检测的）损伤累积，从而影响其剩余使用寿命。

产品不可避免地要承受一个或多个环境载荷，包括热载荷（如温度）、机械载荷（如压力）、化学载荷（如腐蚀）、磁载荷（如来自磁场）、辐射载荷（如来自宇宙射线的辐射）等。任何这些环境载荷都会在产品中产生应力，从而影响其性能和功能。在不同的环境条件下，不同类型的载荷可能会成为引入产品的主导应力，而其他载荷的影响可能并不关键，甚至可以忽略不计。例如，在许多情况下，不需要考虑辐射，因为除了在太空飞行期间，辐射水平足够低而可以忽略不计。

由于材料特性或失效安全策略不同，不同产品或组件对载荷的敏感性也可能不同。因此，对于一种产品至关重要的载荷可能在另一种产品中不起作用。例如，将手机掉落在坚硬的地面上所引起的机械冲击可能无法与打开的笔记本电脑掉落所造成的冲击相比。

产品使用过程中会产生工作载荷。这些载荷包括热、机械、化学、磁、电等。例如，在某些工作条件下，产品可能由于电气、机械工作或化学反应而产生热量。由于不同材料的热膨胀系数（CTE）不匹配，温度变化会引起机械应力（拉伸/压缩）。内部温度梯度也可能在同一材料内产生热机械应力。

工作和环境载荷是导致产品失效的驱动力，然而，这些载荷不是一个可以直接嵌入到失效物理模型中简单的输入变量。载荷数据采集后，需要进行应力分析，将载荷转化为用于特定失效物理模型的局部应力条件。

3.4 失效模式、机理及影响分析（FMMEA）

FMMEA 是一种系统性方法论，可识别所有潜在失效模式的潜在失效机理和模型，并对这些失效机理进行优先级排序。FMMEA 结合失效物理知识，利用了传统失效模式及影响分析（FMEA）的基本步骤。FMMEA 基于应用条件评估敏感应力并选择潜在的失效机理。结合应力知识与失效模型，根据其危害性和发生的可能性对失效机理进行优先级排序。FMMEA 是 CALCE 开发的，旨在解决传统 FMEA[4-7]和失效模式、影响及危害度分析（FMECA）[8-9]过程的固有不足。

FMMEA 基于理解产品需求和物理特性之间的关系（及其在生产过程中的变化）、产品材料与载荷的相互作用（由于使用条件引起的应力）以及它们对产品在使用条件下失效的敏感性的影响。涉及确定失效机理和可靠性模型以定量评估失效的敏感性。FMMEA 将敏感应力和潜在失效机理的知识与寿命周期环境、工作条件和预期应用的持续时间相结合。

FMMEA 过程始于定义要分析的系统，该系统被视为子系统或级别的组合，这些子系统或级别集成在一起以实现特定的目标。该系统分为各种子系统或不同级别，一直到最低的级别——组件或元件。每个元件都列出所有关联的功能，该功能列表是必需的，因为失效定义为这些功能的数字/模拟输出的退化。

失效模式是观察到失效发生的效果。它也可以定义为组件，子系统或系统可能无法满足或交付其预期功能的方式。例如，电气失效的开路和短路、机械应力引起的开裂或蠕变失效。每个已

识别元件的所有可能的失效模式都应该列出。可以使用数值应力分析，加速失效测试（如高加速寿命试验，HALT），以往的经验以及工程判断来确定潜在的失效模式。如果只能在初始检查过程中识别出一种模式，则它不是FMMEA中要考虑的失效模式。失效模式需要通过目视检查、电气测量或其他测试和测量直接观察。失效模式识别不应有隐含的原因或机制。危害性是指失效影响的严重性，可以将其分配给每个部位的每种模式。危害性级别的分配基于项目的设计和功能、过去的经验以及工程判断。

失效原因定义为特定的过程、设计和/或环境条件所引发失效的原因。潜在失效原因分析能够帮助人们确定驱动给定元件失效模式的失效机理，可以通过FMMEA组内的头脑风暴的方式来确定。寻找失效原因的一种方法是查看每个项目的寿命周期环境剖面（LCEP），并评估哪些项会导致失效，分析时需要列出所有可能的原因。

基于与材料系统、工作应力、失效模式和失效原因有关的适当匹配的机理确定潜在的失效机理。失效机理分为过应力失效机理或疲劳失效机理，如表3.1所示。寿命周期状况信息可用于排除在给定应用程序下可能不会发生的失效机理。应注意不要将失效机理与失效位置、失效模式或失效原因混在一起。当未确定失效机理时，最好将其记为“未知”或“尚未确定”，而不是做出错误或不明智的决定。

表3.1 失效机理示例[10]

	过应力失效机理	疲劳失效机理
机械	分层、断裂	疲劳、蠕变
热	超过玻璃化转变温度时过度加热组件	空洞扩展、蠕变
电	介电击穿、静电放电	电迁移
辐射	单粒子失效	脆化、电荷陷阱
化学	腐蚀	枝晶、晶须、腐蚀

失效模型通过确定TTF或给定几何形状、材料类型、环境和工作条件下发生失效的可能性来帮助我们量化失效。对于过应力失效机理，失效模型可以提供基于应力强度的分析，以估计产品在给定条件下是否会失效。对于疲劳失效机理，失效模型同时使用应力和疲劳分析来量化产品在一段时间内累积的损伤。作为过应力失效机理的简单示例，场效应晶体管的薄氧化物中，如果绝缘薄氧化物介质两端的电场高于该材料的临界场强，则可能会发生过应力情况。在这种情况下，击穿是灾难性、瞬时的。因此，需按照设计标准来选择标称工作电压或氧化物厚度，以使有效电场不超过氧化物的临界电场强度[11]。对于疲劳失效机理，一个很好的例子就是集成电路互连线的电迁移。给出一定的几何形状、电流密度和电流方向，基于热力学和动力学的模型可用于估计和预测空位凝聚，随后是空洞的产生和生长（大小和方向性），最终导致通常在阴极端发生的开路失效[12]。

表3.2总结了不同电子产品的FMMEA实施情况及监测数据的对应类型。当使用失效预测器件进行预测诊断时，可以根据已知的失效机理，对失效预测器件的几何形状和/或材料属性进行调整，从而在正常使用条件下加速失效。当使用的模型涉及应力诱导的累积性损伤时，使用合适的传感器组来捕获环境和使用载荷剖面是很重要的，将传感器数据处理、整理成可用在失效模型中的格式。

表3.2 不同电子产品的FMMEA实施情况及监测数据的对应类型

监 控 产 品	潜在失效模式/失效机理	预 测 方 法	监测/分析数据
半导体电路[13-17]	TDDB、电迁移	熔断器和预测单元	电流密度
电路板[18]	芯片疲劳	熔断器和预测单元	温度
	互连热或振动疲劳	熔断器和预测单元	温度和加速度

续表

监 控 产 品	潜在失效模式/失效机理	预 测 方 法	监测/分析数据
电源[19-21]	焊点热疲劳失效	监测环境和使用载荷	温度剖面
汽车引擎盖下的 PCB[22-23]	焊点热或振动疲劳	监测环境和使用载荷	温度、加速度
航天飞机自动机械臂中的末端执行器电子单元[24]	焊点热或振动疲劳	监测环境和使用载荷	温度、加速度
火箭启动器内的板卡[25]	电子部件的热疲劳和振动	监测环境和使用载荷	温度、加速度
	互连线的振动疲劳	监测环境和使用载荷	加速度
笔记本电脑及桌面计算机[26-27]	—	监测环境和使用载荷	CPU 附近的温度
	—	监测环境和使用载荷	主板的温度
	—	监测环境和使用载荷	硬盘的温度
冰箱[28-29]	—	监测环境和使用载荷	总运行时间、压缩机运行时间、开门时间、压缩机周期、除霜周期、开关机周期
游戏机[28-29]	—	监测环境和使用载荷	周围温度、热沉温度、湿度、瞬间电压、光盘转速、产品方向

在产品的寿命周期中，不同的环境和工作参数在不同的应力水平下可能会激活几种失效机理，而通常只有少数的环境和工作参数及失效机理导致了大多数失效。高优先级的失效机理决定了设计中必须考虑或控制的工作应力、环境和工作参数。高优先级机理是指发生度和严重度都很高的机理。失效机理的优先次序为有效利用资源提供了机会。图 3.2 给出了失效机理的优先顺序，可以计算出失效模式和失效机理的风险优先数（RPN）。在失效模式分析中，RPN 是严重度、发生度和可检度的乘积。严重度描述失效对功能和性能的破坏程度和影响的危害性。发生度描述根据特定的根本原因预测失效模式发生的频率。对制造商来说，检测是一种能力，它能识别出在终端客户使用之前发生失效（包括外部失效）的根本原因。对客户来说，检测是在产品完全失效之前“感知”和发现失效的能力。通常，这些产品的可靠性影响程度从最高到最低进行评级[30]。在失效机理的分析和排序中，RPN 只考虑了失效的严重度和发生度，因为大多数失效机理往往潜伏在系统内部，外部无法检测到[30]。需要对失效模式和失效机理以及影响它们的环境条件进行优先评估，以确保收集适当的数据用于预测。

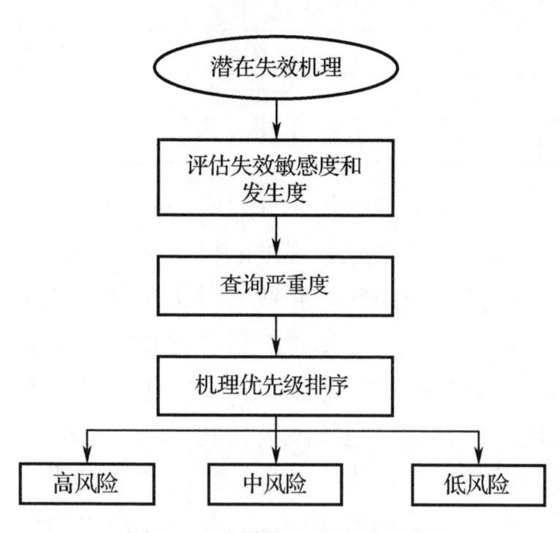

图 3.2　失效机理的优先顺序

LCEP 用于评估失效敏感度。如果某些环境和工作条件不存在或产生的应力非常低，则将仅依赖于那些环境和工作条件的失效机理指定为低发生率。对于过应力机理，通过进行应力分析来评估失效敏感度以确定在给定的环境和工作条件下是否由于超出基本材料极限的过应力而发生失效。对于疲劳失效机理，通过在给定的 LCEP 下确定 TTF 来评估失效敏感度。风险级别的确定基于对单个失效机理 TTF 的基准测试，包括预期的产品寿命、过去的经验和工程判断。在没有失效模型的情况下，评估仅基于过去的经验和工程判断。严重等级是从与该机理相关的失效模式中获得的，一种机理可以有多种模式。例如，电迁移会由于阴极上的空隙而在金属互连中引起开路，或者由于金属原子的堆积和挤压应变而形成金属小丘，从而可能导致阳极处的短路[12]。高优先级失效机理是关键机理。在列举这些情况时，每种机理将具有一个或多个关联的失效位置、失效模式和失效原因。此信息可用于帮助确定监测参数、监测位置以及数据处理方式，并对实时状态监测的推论做出反应。

3.4.1 电子设备 FMMEA 案例

FMMEA 已应用于众多电子设备的产品设计、可靠性评估和诊断中[31-35]。下面将介绍用于锂离子电池[31]和大功率发光二极管（LED）照明[32]的典型 FMMEA 案例。

锂离子电池是众多便携式设备、电动汽车和飞机中使用的最关键的能量存储和供电设备。Hendricks 等[31]对锂离子电池实施了 FMMEA，以定义失效的部位、模式、原因和机理，实现了基于失效的物理的电池寿命预测。通过遵循本章所述的 FMMEA 实施步骤，分析了锂离子电池的设计、材料、结构（见图 3.3）、原理以及可能的使用和工作条件，并在单个电池单元上开发了用于商用锂离子电池的 FMMEA。表 3.3 给出了锂离子电池的 FMMEA（部分结果）。

表 3.3 锂离子电池的 FMMEA（部分结果）[31]

部位	潜在故障模式	潜在失效机理	机理类型	影响	潜在失效原因	发生概率	发生严重程度	检测容易程度
阳极（活性材料）	固体电解质增稠	化学还原反应、沉积	磨损	内阻增加、容量下降、功率下降	锂、电极和溶剂之间的化学副反应	高	低	高
	颗粒碎裂	机械应力	过应力	容量下降、功率下降	夹层应力	中	低	低
	减少电极孔隙率	机械退化	磨损	扩散阻力增加、容量下降、功率下降	电极尺寸变化	中	低	低
	阳极表面的锂镀层和枝晶生长	化学反应	磨损	如果枝晶刺穿隔板，可能会导致短路	锂电池在低温或高速率下充电	低	高	低
阳极（集流体）	游离铜颗粒或镀铜	化学腐蚀、反应、溶解	磨损	电阻增加、功率下降、电流密度下降	锂电池过放电	低	高	低
隔膜	隔膜中的孔洞	机械损伤	过应力	发热增加、电池外壳膨胀、电压急剧降低	枝晶形成，电池外部破碎	低	高	中
	隔膜孔关闭	热导致的隔膜熔化	过应力	电池充电或放电功能丧失	电池内部温度过高	低	高	高
端子	极端腐蚀路径	化学腐蚀反应	磨损	发热增加、电池外壳膨胀、电压急剧降低	内部意外短路	低	高	中
	焊料开裂	热疲劳、机械振动疲劳	磨损	电导率下降	电路断开	低	中	高

IIendricks 等没有定量描述不同失效机理的优先级，而是将它们分为高、中和低三个级别来表示发生度、严重度和可检度。通常，由 FMMEA 小组确定发生度、严重度和可检度的级别。但是该级别随 FMMEA 团队的专业知识水平以及可以获取系统数据的详细程度而改变。此外，计算得出的 RPN 值取决于应用和预期的使用条件。例如，笔记本电脑和电动车辆使用相同的电池，但是其风险等级完全不同。因此，作为通用的 FMMEA 框架，Hendricks 等没有提供详细的分类信息及其相应的排序结果。

Fan 等[31]对基于失效物理的高功率 LED 实施了 FMMEA。该案例提供了一个完整的优先级排序。首先，对 LED 结构（见图 3.4）、材料（如 CTE、导热系数、弹性模量）、几何形状、工作原理和工艺进行了各个层级（即芯片、封装和系统）的分析，然后进行 FMMEA，以识别和列出设计过程中出现的潜在失效。针对高风险性失效，建立了基于失效物理的损伤模型以评估 LED 的剩余寿命。表 3.4 给出了 LED 照明的 FMMEA。基于排序结果，建立由热传递导致的芯片级亮度退化和热循环导致的焊点互连疲劳损伤的基于失效物理的损伤模型。

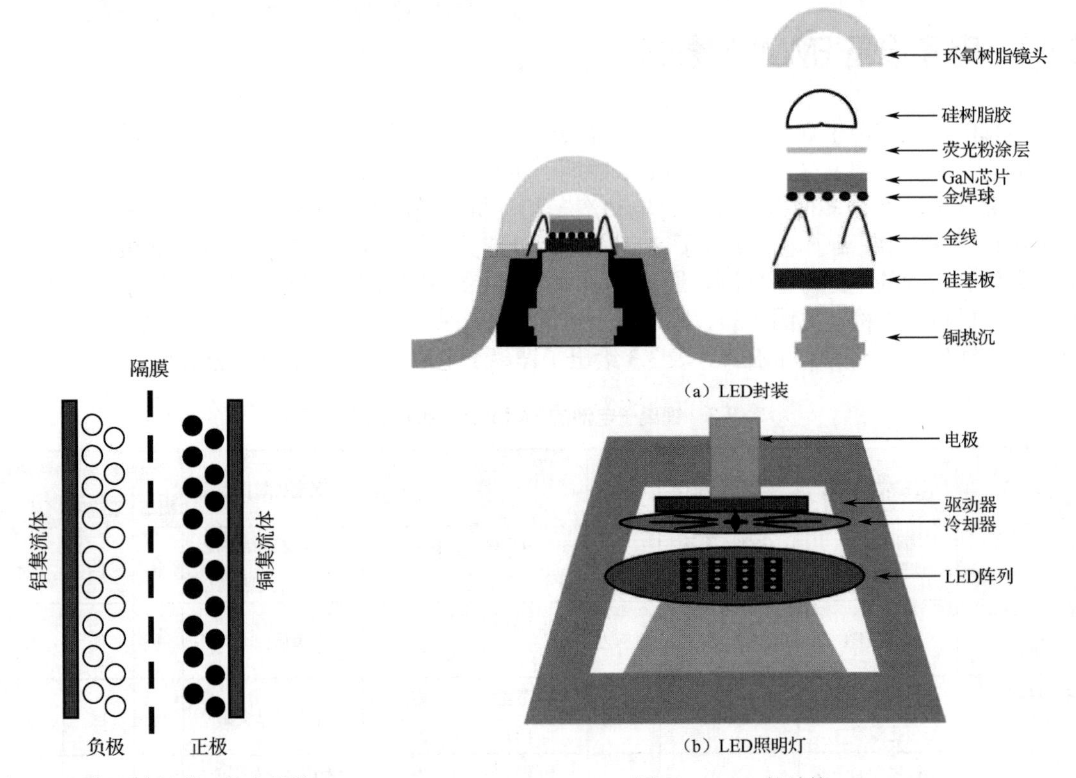

图 3.3　锂离子电池单元基本结构

图 3.4　LED 的结构

表 3.4　LED 照明的 FMMEA[32]

失效位置	失效模式	失效机理	排序			
			严重度	发生度	可检度	RPN + $S \times O \times D$
PN 结	功率效率下降	缺陷传递	8	3	6	144
P 型层		掺杂扩散	6	2	6	72
接口		分层	7	3	4	84
环氧树脂镜头和硅树脂胶		变暗	6	3	4	72
荧光粉涂层	色变	解聚合	6	3	4	72
焊料互连	电路开路	疲劳	10	5	2	100
冷却系统	热量增加	老化	5	2	3	30

3.5 应力分析

应力分析对于确定失效机理的危害性是必要的。应力分析取决于产品的载荷和结构，需要估计由不同载荷导致的应力水平和危害性。

应力分析通常包括提取施加在产品上的环境和工作载荷的特征。例如，实际热载荷的周期数可用雨流计数方法提取。应力分析还包括将载荷/监控参数转换为局部潜在失效部位的精确应力等级。失效机理和失效预测模型的一些参数很难直接监测。例如，由于元器件被封装在一起，因此焊点的应变范围或应力水平无法在线监控。在这种情况下，通常使用有限元方法来模拟焊点的应力/应变水平与施加到相关组件的同一印刷线路板（PWB）上的热载荷和/或振动载荷之间的关系。例如，Gu 等[36]没有直接监测焊点应变，而是对整个印制电路板（PCB）进行加速试验，并监控 PCB 上每个球栅阵列（BGA）的应力水平，如图 3.5 和图 3.6 所示。然后使用有限元分析（FEA）模型（见图 3.7）提取相对于焊点应变和应力的 PCB 的应变和振动水平，这是与相应失效模型如 Coffin-Manson 模型相关的关键输入参数。

图 3.5　每一块 BGA 通过 PCB 背面的应变片进行应变测量[36]

图 3.6　在 PCB 中央的传感器测量加速度[36]

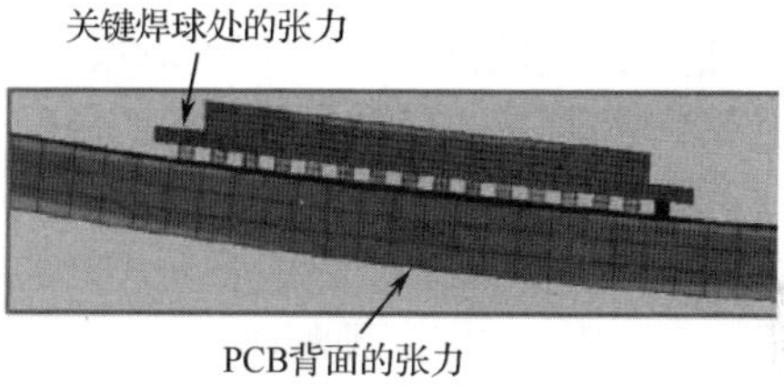

关键焊球处的张力

PCB背面的张力

图 3.7　FEA 分析有助于“将测量到的 PCB 应变外推到焊点处的实际局部应变”[36]

对于应力分析，由不同载荷（源）产生的相同类型的应力需要一起考虑。例如，特定组件的温度可能是环境温度和工作过程中元器件内部产生的热量（焦耳热）的叠加，热分析用于确定特定组件或整个产品上的温度分布。对于电子产品中的 PWB，基于组件产生的热量和周围环境温度，热分析将提供基板、元器件结和外壳温度的分布。热分析涉及热传递的三种基本模式（传导、对流和辐射）的热传递方程式的求解。在大多数情况下，稳态温度结果已足够用作评估失效的条件。例如，仅通过确定高点和低点的稳态条件就可以充分定义温度循环。必须确定 PWB 上结构的热容量以确定温度循环中高点和低点温度之间的过渡过程是否真正起到重要的作用。

振动分析可用于确定 PWB 对随机振动的响应。在计算 PWB 的固有频率时，边界条件至关重要。经典边界条件是自由、简单或受约束的。电路卡组件（CCA）的固有频率可以通过实验或数值确定。当通过实验确定时，需要在 CCA 上放置应变仪或加速度计，将 CCA 连接到动态振动台中，并测量 CCA 对已知输入的响应。数学上可以使用一阶近似或有限元建模来确定 PWB 的固有频率。

还有许多其他种类的应力分析在这里没有提到。根据产品承受的载荷，采用不同的应力分析方法更适合于计算不同载荷条件下的应力。

3.6 可靠性评估和剩余寿命预计

根据应力分析、产品结构、材料特性和寿命周期剖面确定应力水平及其严重程度；基于已建立的失效物理模型、特定位置处的主要失效机理，通过计算 TTF 的方式来进行可靠性评估。

失效识别包括使用产品的几何形状和材料特性，测试作用在产品上的寿命周期载荷，确定产品中潜在的失效模式、机理和失效部位。这一工作通常仅需在产品的新部件/零件上执行，并且在很多情况下都是必需的。任何情况下，都需要执行虚拟鉴定以识别潜在失效机理并对其进行排序。

失效定义为系统无法执行其预期功能。失效机理是物理或化学过程，材料或系统在压力下通过该过程会退化并最终失效。失效的三个基本类别是过应力（如强应力）、疲劳（如损伤累积）和性能偏差（如延迟增大）。

可大致按照触发或加速其机械、热、电、辐射或化学载荷的特性对失效进行分类。例如，机械失效可能是由弹性或塑性变形、屈曲、脆性或延性断裂、界面分离，疲劳裂纹的产生和生长、蠕变和蠕变断裂引起的。热失效可能会在产品被加热到超过其临界温度（如玻璃化转变温度、熔点或气化点）而超出其热性能规格时发生，或者在运行期间的突然热冲击或陡峭的温度梯度和瞬变的情况下发生。电子产品中的电失效可能是由静电放电、电介质击穿、结击穿、热电子注入、表面和内部陷阱、表面击穿以及电迁移引起的。辐射失效主要是由铀和钍沾污以及二次宇宙射线引起的。在加速腐蚀、氧化和离子表面树状生长的环境中会发生化学失效。

不同的载荷也可能相互作用而导致失效。例如，由于热膨胀不匹配，热载荷会触发机械失效。其他失效机理包括应力辅助腐蚀、应力腐蚀开裂、场致金属迁移、电压应力（电流密度）引起的自热（焦耳热）以及化学反应的温度加速。

模型通常用于预测现场应用下的产品可靠性。这些模型的先决条件是必须了解失效机理、导致失效机理的载荷条件以及设备对失效的敏感参数。该模型应能提供可复现的结果，反映引起失效的变量和相互作用，预测产品在其应用条件下整个寿命周期内的可靠性[37]。在失效物理模型中，考虑了各种应力参数、材料、几何形状和产品寿命的关系。

对于电子产品，已经开发了许多失效物理模型[38-43]来描述元器件（如 PCB、焊垫和内部互连线）在各种条件（如温度循环、振动、湿度和腐蚀）下的各种失效机理。例如，Wong 等[41]回顾了焊点的蠕变和疲劳损伤模型，并开发了最新的蠕变和疲劳损伤模型。除了焊点/引线键合疲劳失效模型外，Hendricks 等[42]提出了如电迁移和时间相关介电击穿（TDDB）的失效物理模型汇总。如图 3.8 所示，总结了用于计算由温度和振动载荷引起的损伤的整套失效物理模型。

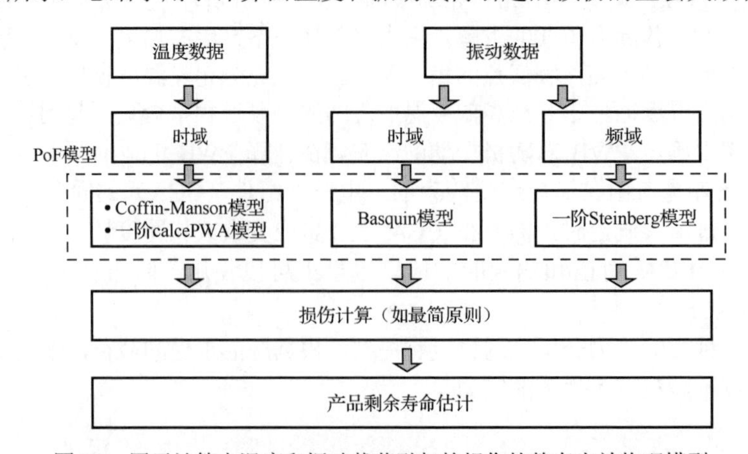

图 3.8 用于计算由温度和振动载荷引起的损伤的整套失效物理模型

温度造成的损伤可以使用 Coffin-Manson 模型在时域中进行计算。Ramakrishnan 和 Pecht [22]、Cluff[44]等给出了该方法的示例。振动引起的损伤可在时域和频域中进行计算，Gu 等使用 Basquin 模型在时域进行计算。Ramakrishnan 和 Pecht [22]应用 Steinberg 模型[45]在频域进行计算。在某些情况下，需通过使用基于统计学设计的实验来提出其他模型。表 3.5 总结了电子产品的失效机理、相关载荷和失效模型[46]。

表 3.5 电子产品的失效机理、相关载荷和失效模型

失效机理	失效位置	相关载荷	失效模型
疲劳	芯片键合，引线键合/打标，焊料引线，键合盘，互连线，过孔/通孔，接口	$\triangle T$，T_{mean}，dT/dt，驻留时间，$\triangle H$，$\triangle V$	非线性幂律（Coffin-Manson）
腐蚀	金属互连线	M，$\triangle V$，T	艾林（Eyring）模型（Howard）
电迁移	金属互连线	T，J	艾林（Eyring）模型（Black）
导电丝形成	金属互连线之间	M，∇V	幂律（Rudra）
应力驱动的扩散空隙	金属互连线	S，T	艾林模型（Okabayashi）
经时击穿	介电层	V，T	Arrhenius（Fowler-Nordheim）

表中，△：周期范围符号；▽：梯度符号；V：电压；M：（水汽）湿度；T：温度；J：电流密度；S：应力；H：湿度。

寿命预计数据可用于评估产品是否可以在特定风险（概率）下达到设计寿命。如果发生度最高的机理的平均失效时间（MTTF）低于设定的任务寿命，那么在系统重新设计和优化期间（从材料、过程、几何或运行条件的角度看），必须反复评估失效机理对设计参数的敏感性，直至达到系统可靠性目标。这通常被称为可靠性设计的反馈方法。

基于产品退化机理的知识，可以从寿命周期开始就开发适当的健康监测系统，直到产品的制造阶段及系统失效为止。尽管可以从产品寿命周期的开始就实施诊断系统，但是通常只有在检测到失效（异常）或缺陷之后才能进入诊断阶段。可以从产品寿命周期的开始计算产品的剩余寿命，并通过监视其寿命周期环境评估产品的退化，从而对应用环境中剩余寿命进行估计。在每个时间段，首先可以根据环境或工作载荷引起的各种应力来计算产品的退化增量；然后，可以在一定时期内进行退化累积；最后，可以根据累积的退化信息来计算剩余寿命。

Ramakrishnan 和 Pecht [22]、Mishra[23]等的实验给出了一个研究案例，测试设备由一个电子组件板组成，该板被放置在华盛顿特区的一辆正常驾驶的汽车引擎盖上。该板包含 8 个表面无铅电感器，其使用共晶锡铅焊料焊接到 FR-4 基板上。

预测过程用来估算电子产品的剩余使用寿命，包括 6 个步骤：（i）FMMEA；（ii）虚拟可靠性评估；（iii）监测合适的产品参数；（iv）监测数据清洗、特征提取及异常检测；（v）应力和退化累积分析；（vi）剩余寿命估计。FMMEA 和虚拟可靠性评估被并入所提出的改进方法中，以确定给定寿命周期环境以及相应的环境、运行参数的主要失效机理，步骤（vi）也被合并，以基于累积的退化信息来确定产品的剩余寿命。图 3.9 对基于失效物理的 PHM 估算的剩余寿命、使用相似性分析得到的剩余寿命与实际测得的寿命进行了比较。如图 3.9 所示，相似性分析得到的剩余寿命与真实的寿命之间存在很大的偏差，而基于失效物理的 PHM 估算的剩余寿命与真实寿命吻合得很好。相似性分析得到的剩余寿命与真实的寿命之间存在很大的偏差是因为其未考虑 22 号那天汽车所经历的突发事件，而基于失效物理的 PHM 估算则因其实时的在线监测而对这一未预期的时间进行了考虑。

基于失效物理的 PHM 的一个潜在用途是开发和部署 PHM 预兆单元，该装置旨在通过了解失效机理、模式和位置来提供失效早期警告[47]。为了对一个设备正确地预测，详细了解设备失效的原因至关重要。有了这些知识，通过改变预兆单元的几何结构、材料和负载条件，使预兆单元比实际装置更早失效。如果不了解失效物理，则设计的预兆单元可能无法充分模拟真实的失效机理。Chauhan 等[48]实现了使用失效物理的 BGA 焊球失效预兆单元。在 BGA 结构中，外部焊球更容易提前失效，外部焊球可以作为预测内部焊球失效的预兆单元。预兆单元可与失效物理模型结合使用以提高 TTF 估计的准确性，并解释单元间的偏差和不断变化的负载条件。

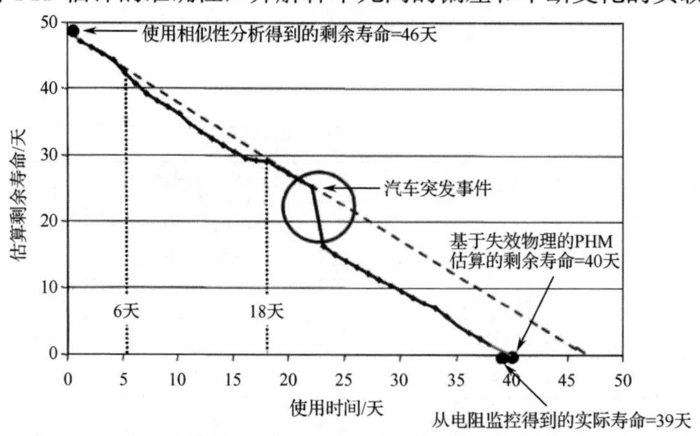

图 3.9　测试板的剩余寿命估算

 3.7 基于失效物理的 PHM 输出

基于失效物理的 PHM 输出可用于：提供早期的失效预警；减少计划外维修，延长主要维修周期，并通过及时维修来保持效率；通过减少检查成本、停机时间和库存来降低设备的寿命周期成本；通过在当前和未来系统的后勤支持设计协助来提高质量。

与数据驱动的 PHM 方法相比，失效物理的 PHM 方法在新系统和遗留系统中都有一定的优势，但由于用于训练算法的数据很少，因此在数据驱动的 PHM 方法中往往难以使用。然而当产品的材料特性和结构参数可获得时，失效物理模型仍然可以使用。虚拟鉴定是基于失效物理的 PHM 的第一步，也可以用来评估新材料和结构。因此，它缩短了确定设计窗口的时间和设计迭代的次数，这对于确保更快地进入市场是很重要的。

对于遗留系统，基于失效物理的 PHM 方法首先利用所有可用信息（如以前的负载条件、维护记录等）来评估遗留系统的健康状况。然后使用单个单元数据校准健康状况，以便推论评估出单个遗留系统的健康状况。在此之后，它使用传感器和预测算法来不断更新健康状况，以支持系统实时的诊断结论[49]。

基于失效物理的 PHM 方法在储存条件下的可靠性预测方面也具有优势。数据驱动的 PHM 方法是有限的，因为它只能检测失效点附近的失效，并且由于数据有限且没有明确的趋势，很难在储存阶段的开始或中期评估剩余寿命。此外，它无法在产品不使用时直接测量产品的性能。失效物理的 PHM 方法可以现场测量环境载荷（如温度、振动和湿度），因此可以将载荷曲线与累积损伤模型结合使用来评估因载荷变化而导致的退化。

尽管基于失效物理的 PHM 方法具有许多优点，但研究人员仍需要解决一些问题/挑战以提高预测的准确性。第一个挑战是如何确保将运行和环境负载条件转换为局部应力时的准确性。局部应力是在大多数失效模型中起作用的实际参数。用功能更强的 FEA 或微机电系统（MEMS）传感器来提供足够接近局部应力处的测量结果。第二个挑战是如何确保在实际工作和环境条件相结合的情况下，对监测数据进行特征提取的准确性。例如，计数、幅度和热循环持续时间，这些数据比实验时的数据更无规律。第三个挑战是如何计算累积损伤。当前的大多数应用程序都遵循最简单原则而使用线性模型，而在其中简单加入不同类型或应力水平导致的损伤。最后一个挑战是如何从根本上确保失效物理模型的可用性和准确性。

3.8 基于失效物理的 PHM 方法使用过程的注意事项和关注点

对从已有的失效分析和现场返修中积累了丰富的物理退化机理，以及通过先进的有限元计算工具进行了验证的元件和系统，使用基于失效物理的 PHM 方法对剩余寿命估计似乎是非常好的选择，但在使用这一方法时，仍有一些关键点需要特别注意。以下列出了一些关键的注意事项。

（1）多种相关的失效机理。我们通常会固有地假设状态监测和 PHM 研究的组件或系统，任何时候都只存在一个且唯一起作用的失效机理，但这是一个理想假设。在实际情况下，几种失效机理可能并存，有些机理可能彼此独立，而另一些机理可能彼此相关，这是由于共同的驱动力可能控制着多个失效机理。在这种情况下，必须对失效物理模型进行修改以包括多种机理的累积作用，这些机理可能会或不会对受监控的退化参数起累积作用。实际上，仅使用传感器数据作为输入来估计产品中有多少种机理正在发挥作用甚至是一个挑战。如果多种机理共存，则它们可能是由于退化事件的位置接近、工艺导致的缺陷或驱动力之间的某种正反馈造成的。以微电子器件中的氧化物击穿为例，电流密度和温度具有正反馈效应。当温度升高时，介质中隧穿产生的电流密度增大，这些注入电荷（电流）的增大进一步增强了局部焦耳热（自加热），导致温度和电流强化的恶性循环，最终导致硬击穿[50]。

（2）损伤并不总是累积的。使用最简原则的累积损伤是一个简单的假设，因为它没有考虑不同失效驱动力之间的相互作用。如上面的分析，导致退化的几个力可能彼此高度相关，因此附加损坏模型是过于简单和过度乐观的表述。

（3）潜在的退化趋势。有一些特定的失效机理，其中退化信号似乎隐藏或淹没在传感器的噪声中。在这种情况下，由于没有明显的退化趋势，应用失效物理模型进行剩余寿命估计是一个很大的挑战，可能不会产生令人满意的结果。同样的道理也适用于数据驱动的 PHM 方法。典型示例是功率器件厚电介质的时间相关的介电击穿（TDDB）[51]。TDDB 往往是突然、灾难性、事先没有任何异常信号的事件。在这种情况下，我们可能希望借助一种更薄电介质的预测单元测试结构对退化趋势进行一些早期观察。

（4）将预测的测试结构结果外推到实际设备中。最常见的是预测单元结构可以定性提示：一旦预测单元失效，实际设备就将接近其使用寿命。尽管这很有用，但它不允许我们充分利用从预测单元中获得的数据和结果进行任何进一步的推断。最好使用来自预测单元的退化和失效数据来量化实际被测设备的剩余寿命。但是，这需要我们使用物理理论的外推规则（如面积缩放、电压/温度缩放、材料特性等）将预测单元的失效分布扩展到实际元器件中。简而言之，将预测单元预测结果扩展到实际设备是一个复杂的过程。这取决于预测单元结构设计与真实设备的相似性。有时，预测单元可能会因其按比例缩小的尺寸，不同的几何形状或材料的选择而承受全新的、出乎意料的失效模式。在这种情况下，收集的数据不能用于实际设备的任何剩余寿命推断。因此，我们需要重点关注最佳预测单元结构的设计。

（5）失效抗扰度和潜伏时间。某些机理仅在某些工作测试条件下趋于“活跃”，在此类情况下，将失效物理模型用于失效预测时，在失效物理模型中明确或隐含地考虑该失效免疫区域非常重要。一个例子是铜和铝互连的 Blech 长度效应[52]，对于小于临界值的互连线，原子通量会发生变化。由于电子风力和反应力梯度而产生的离子相互抵消，因此根本没有空隙或小丘的形成。另一个例子是电介质中的临界电压（V_{crit}）[53]。对低于临界电压的电压，渗流电流和局部焦耳热的正反馈不足以维持渗流路径的进一步发展和扩张，通常称之为“渐进式”或“模拟式”击穿。实际上，较薄的电介质对这种渐进式击穿具有更大的免疫力，这意味着在使用非常薄的电介质（小于 2nm）制造的晶体管中，很少会发现大电流和破坏性击穿点。其他失效机理往往具有所谓的无失效的“潜伏期”，其中缺陷必须在能够有效降低设备的性能或功能前以某种方式进行“预匹配”。

（6）失效模型的可靠性至关重要。使用失效物理模型的诊断估计结果在很大程度上受模型的限制。通常需要在模型的复杂性、实时推理和预测的计算成本间进行折中。相同的失效机理可能具有不同的模型，其中一些模型是经验模型、现象学模型和物理模型。物理模型在描述物理方面（最理想的）更准确，而在计算方面更复杂，需要在效率和准确性之间取得平衡，尤其是在实时情况下，条件监测和诊断推理必须并行。

（7）非单调失效加速。通常，大多数失效物理模型都因较高的应力条件导致较低的 TTF 分布。但是，这不是普遍趋势。一个很好的例子是互连线中的应力引起的空隙（SIV）现象[54]。高拉伸应力和温度激活的原子扩散是 SIV 的主要驱动力，这表明了经典的 Arrhenius 依赖性。在高温下，尽管原子的扩散通量较高，但金属线的拉伸应力较小，因为温度接近无应力的温度。相反，对于非常低的温度，虽然拉伸应力加大，但扩散过程似乎很缓慢。因此，仅在中间温度范围内，SIV 会对互连可靠性产生明显的不利影响。图 3.10 清楚地说明了这一点。在这种情况下，必须在失效物理模型中仔细考虑 TTF 对应力条件的非单调依赖性，尤其是对于动态载荷条件下的实时状态监测和预测。

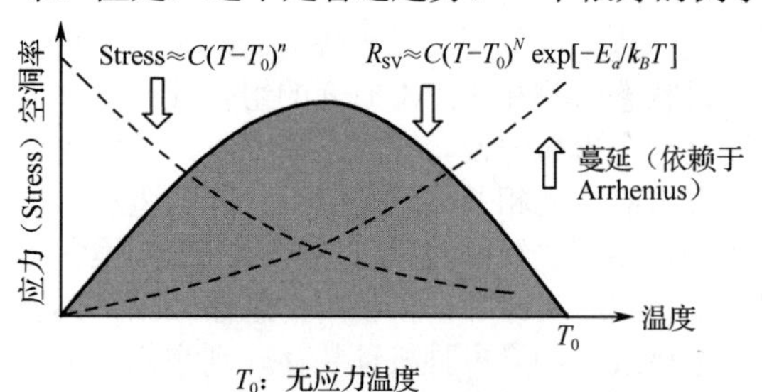

图 3.10　应力空洞率与互连线中随温度变化的蠕变和拉伸应力引起的空位运动的关系［在某些蠕变（原子扩散）的中等温度下，降解速率最高，拉伸应力适中］

3.9 失效物理与数据驱动融合的故障预测

到目前为止，我们一直仅将失效物理模型视为直接评估寿命的工具，当失效机理及其相关模型很好地确立时（这需要数年甚至数十年的时间才能为研究团体所接受）将非常有效。从失效分析的角度来看，有一些新的失效机理尚未得到充分研究，还有一些其他的失效机理却很难找出根本原因，因为其具有即使通过高分辨率显微镜也很难辨识的原子级或微结构的失效模式。在这种情况下，我们别无选择，只能使用经验模型来拟合数据，或者最多使用结合“部分物理学”的现象学模型。而且，在某些情况下，即使使用大量的传感器采集的数据量也很小（不考虑失效物理已经较明确）。对于这种情况，可以考虑采用一种混合的预测方法，即将物理模型与贝叶斯方法（后验概率）结合起来，以更新模型参数。粒子滤波[55]是一种常用的贝叶斯技术，由于其在处理非线性退化模式和非高斯噪声源方面的简单性和健壮性而很受欢迎，是一种主流的贝叶斯技术。它有两个主要方程：测量方程和状态转换方程，可以在状态转换方程中合并失效物理模型以“增量”形式（不是微分形式或绝对形式）使用解析递归关系将时间 k 的损伤程度与时间 k−1 的损伤程度联系起来。完成后粒子滤波技术的统计性会确保在收到每个新的传感器记录后，使用标准贝叶斯定理确定的先验和后验分布及其与似然函数的关系来更新失效物理模型参数。根据粒子集的大小（通常为 1000～5000），可以实时动态估算剩余寿命分布的概率密度函数。这里的每个粒子都对应一个明确的模型参数子空间中的不同点。如今混合预测方法越来越受欢迎，因为它们可以利用失效物理和数据驱动方法的优势，提供更好的随机预测结果和有效的风险决策。

原著参考文献

第4章

机器学习的基本原理

Myeongsu Kang[1]，Noel Jordan Jameson[2]
1 美国马里兰大学帕克分校高级寿命周期工程中心
2 美国马里兰州盖瑟斯堡国家标准和技术研究所

故障预测与健康管理（PHM）因在提高产品可靠性、可维护性、安全性、可承受性方面的有效作用，已经成为获得全球市场竞争优势的一种重要方法[1]。PHM 有利于做出维护决策，并为产品设计和验证过程提供使用反馈。电子元器件和产品的制造商需要一种从系统和传感器的海量数据中获取信息的新方法，而机器学习正是这样的方法，它从数据中提取有用信息，进行数据驱动的异常检测、故障诊断和故障预测。因此，本章首先阐述机器学习的基本原理。

4.1 机器学习的类型

Samuel[2]给出了一个机器学习定义：计算机无须具体编程即可自行学习。随后，出现了工程化的机器学习定义：假设用 P 来评估计算机程序在某任务类 T 上的性能，若一个程序通过利用经验 E 在任务类 T 上获得了性能改善，我们就说关于 T 和 P，该程序对 E 进行了学习。例如，一个机器学习的诊断系统可以从包含故障样例的训练数据集中学习，进而判断产品是否存在故障。每个训练样例也被称为一个训练实例或观察值、样本。在这种情况下，任务类 T 判断产品是否存在故障，经验 E 是训练数据，性能指标 P 需要人为定义。这种性能指标通常用于分类任务，称为准确率。

通过检测训练数据集中的故障模式，基于机器学习技术的诊断系统会自动学习哪些特征①可以更好地预测产品是否存在故障。图 4.1 所示为基于机器学习的诊断方法流程。

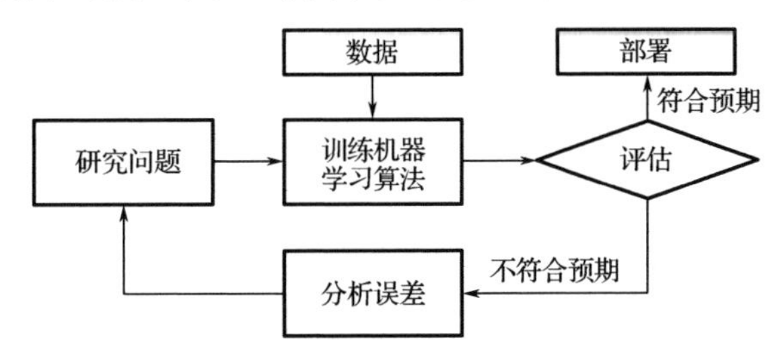

图 4.1 基于机器学习的诊断方法流程

① 在机器学习中，一个特征取决于上下文信息，可能具有多种含义，但通常一个特征意味着一个属性加上其值。

机器学习算法根据训练是否需要监督信息大致分为有监督学习、无监督学习、半监督学习和强化学习；根据是否可以动态地进行增量学习分为批量学习、在线学习；也可以根据测试的不同方式分为基于实例的学习和基于模型的学习，前者简单地将新的实例和已知实例进行匹配，后者用训练数据建立模型后对测试数据进行预测。下面，对上述概念进行阐述。

4.1.1 监督学习、无监督学习、半监督学习和强化学习

根据训练时监督信息的类型和多少，可以将机器学习算法分为四个主要类别：监督学习、无监督学习、半监督学习和强化学习。

在监督学习中，机器学习算法的训练数据是含标签的，如图 4.2 所示。分类任务是一种典型的监督学习任务。诊断系统就是一种特定的分类问题，通过大量的变量或特征及其标签，即所属的类别故障或是健康[①]进行训练，学习如何对新变量或新特征进行合理分类。

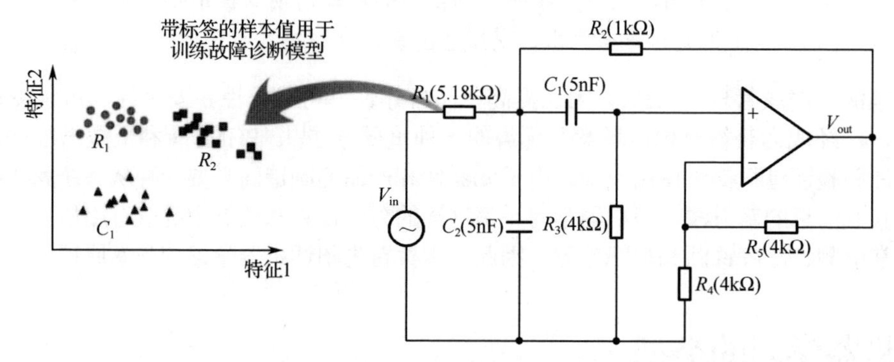

图 4.2　监督学习中带标签的训练数据

机器学习中有分类和回归两种典型任务。回归任务通过一组给定的特征预测一个目标数值，如产品的剩余使用寿命（RUL）。回归任务示意图如图 4.3 所示。训练回归任务，训练数据集需要包含真实值和预测值。需要注意的是，一些回归算法可用于分类任务，反之亦然。例如，逻辑回归[3]可以输出一个值，这个值对应属于给定类别的概率（如属于健康产品的概率是 90%）。有监督的机器学习算法被广泛用于电子产品的 PHM 中。这些有监督的机器学习算法既包括分类算法也包括回归算法，如 *k* 近邻（*k*-NN）、朴素贝叶斯分类器、支持向量机（SVM）、神经网络、决策树、随机森林、线性回归、逻辑回归等，详见第 6 章和第 7 章。

与监督学习不同，无监督学习中的训练数据是没有标签的，如图 4.4 所示。在电子产品 PHM 中使用无监督学习的主要目的是聚类和降维，聚类算法包括 *k* 均值、模糊 *c* 均值、层次聚类和自组织映射等，降维算法包括主成分分析、局部线性嵌入、*t* 分布随机邻域嵌入等。聚类在异常检测中应用广泛，异常检测也称离群点检测。异常检测基于以下假设，假定数据集中的大多数实例都是正常的，只有少数类是异常的，选择无标签的测试数据与训练实例中不相似的实例作为异常数据。在 PHM 中，降维的目的是在保证不丢失太多信息的情况下简化数据。降维的一种实现途径是将多个相关特征合并为一个。例如，电容器的容值与电容器的寿命存在高度相关性，因此，降维算法会将电容器的容值与电容器的寿命合并为一个代表电容器损耗的特征，这个过程就是特征提取。降维是一种很好的数据处理手段，将降维后的数据作为机器学习算法的输入可以提高数据运行速度，降低数据占用的磁盘空间和内存空间，并且在某些情况下，算法的执行性能也会提高。降维后的数据既可以作为监督学习的输入，也可以作为无监督学习的输入。将高维数

① 分类任务根据处理问题的类别数目可以分为二分类任务和多分类任务。例如，如果诊断系统要判别产品是否健康，则该任务为二分类任务。如果诊断系统要查明产品的故障模式或故障机制，则该任务为多分类任务。

据降到二维或三维，可以轻松绘制数据进行可视化表示。

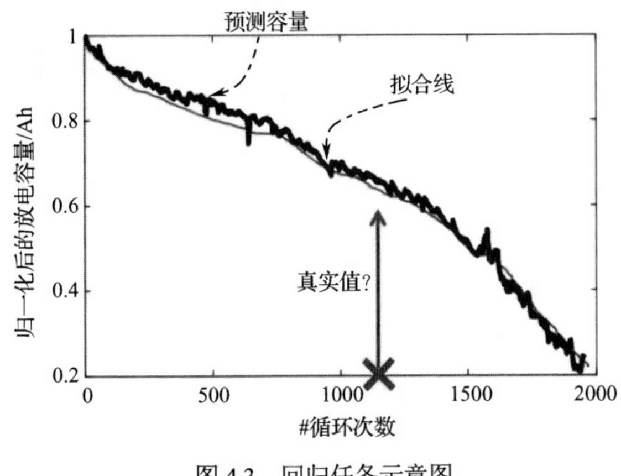

图 4.3 回归任务示意图

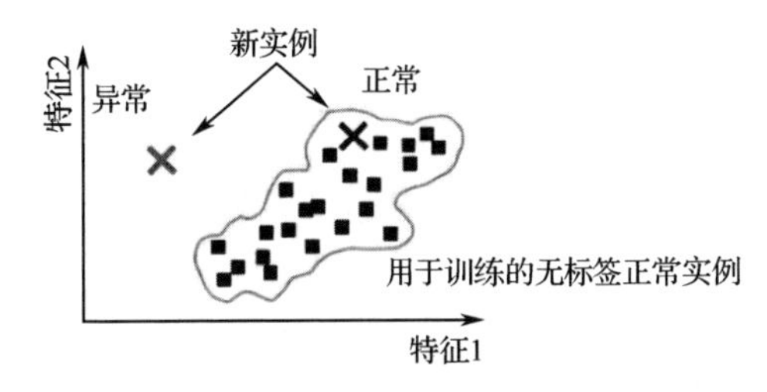

图 4.4 无监督学习中无标签的训练数据集

半监督学习是一种同时利用标签样本和无标签样本进行训练的任务和技术，通常训练数据集包含大量无标签数据和少量有标签数据。系统的异常检测可以使用半监督学习[4]。例如，可以通过比较现场测定的参数与健康基线的大小来检测系统的异常，该健康基线及标签必须事先知道。健康基线数据集通常由参数集组成，这些参数代表系统所有可能出现的健康运行状态[5]。半监督学习的另一个例子，如结合深度置信网络和无监督的“受限玻尔兹曼机”进行健康诊断。受限玻尔兹曼机以无监督学习的方式进行训练，然后使用监督学习技术对整个系统进行微调。

强化学习是让智能体可以观察环境，做出选择，执行操作并获得回报或者受到惩罚。因此，智能体必须自行学习什么是最好的策略，从而随着时间的推移获得最大的回报，其中策略是指智能体在特定情况下应该选择的操作。

4.1.2 批量学习和在线学习

如上所述，根据算法是否可以从输入的数据流中进行增量学习，机器学习算法可以分为两种不同的学习方法：批量学习和在线学习。在批量学习中，机器学习算法无法进行增量式学习。批量学习必须使用所有可用的数据进行训练，一旦部署到生产环境，学习过程就停止，它只是应用自己所学到的知识。因此，批量学习也称为离线学习。批量学习如果要学习新数据（如系统新的健康状况），则首先需要在完整数据集（不仅是新数据，还包括旧数据）的基础上重新训练算法，然后停止旧算法，并用新算法取而代之。

批量学习使用全部数据进行训练，占用了大量的时间和计算资源（如内存空间、磁盘空间和中央处理单元），但因其操作简单，许多异常检测、故障诊断和故障预测任务依然使用批量学习。当然，批量学习因为需要维护数据，并且每天自动执行重新训练系统，所以面临巨大的成本挑战。如果数据海量，有些批量学习就无法运行。为了解决上述问题，我们可以使用增量学习的算法。

在线学习也称为增量学习，其主要目标是通过循序渐进地给系统提供训练数据，逐步训练机器学习算法。这种提供数据的方式可以提供一个数据实例，也可以提供小批量的数据实例。在线学习可以随着数据的产生进行动态学习。因此，和批量学习相比，在线学习处理新数据时效率更高，可以接收持续的数据流，同时对数据流的变化做出快速或自主的反应。如果计算资源有限，在线学习是一个不错的选择：新的数据实例一旦经过系统的学习，就不再需要它们，可以将其丢弃（除非用户希望能够回溯到以前的状态并“重新学习”数据），由此可以节省大量的内存空间。基于这些优势，在线学习已被广泛用于异常检测、故障诊断和故障预测。

随着传感器和网络的迅猛发展，产生了海量、高速、多样的数据，这些数据被称为“大数据”[6]。如今，利用大数据进行异常检测、故障诊断和故障预测已成为 PHM 不可或缺的一部分。例如，通用汽车公司宣布了先进的网联车辆技术，旨在监测车辆部件的健康状况并在需要进行维护时通知客户。通用电气公司（GE）使用星上（OnStar）4G 长期演变（LTE）连接平台将车载传感器收集的数据发送到星上进行分析。在线学习算法可以处理主存储器无法存储的大数据（称之为核外学习）。该算法每次只加载部分数据，并针对这部分数据进行训练，然后不断重复这个过程，直到完成所有数据的训练。然而，在线学习算法一旦被输入不良数据，其性能将会逐渐下降。

4.1.3 基于实例的学习和基于模型的学习

机器学习算法完成训练以后，需要在新实例上进行泛化。根据泛化方式的不同，机器学习算法可以分为基于实例的学习和基于模型的学习。

最简单的学习方式可能是死记硬背，如果以这种方式设计电子产品诊断系统，则机器学习算法仅能诊断那些专家或维护人员诊断出的电子产品的健康状态。因此，这不是最佳解决方案。另一种诊断方式可以诊断与已知健康状态非常类似的数据，这需要对两个健康状态之间的相似性进行度量。这种方法称为基于实例的学习，系统通过事先记住学习实例和某种相似度度量方法对新实例进行诊断（见图 4.5）。*k*-NN 算法是 PHM 中一种典型的基于实例学习的算法。Sutrisno 等[7]展示了 *k*-NN 算法在绝缘栅双极晶体管进行故障检测的有效性，该算法可以在故障发生前的退化阶段后期检测出故障。

基于模型的学习如图 4.6 所示，构建实例模型后对新实例进行预测。使用高斯过程回归（GPR）进行锂离子电池健康状态评估是基于模型学习的典型例子[8]。

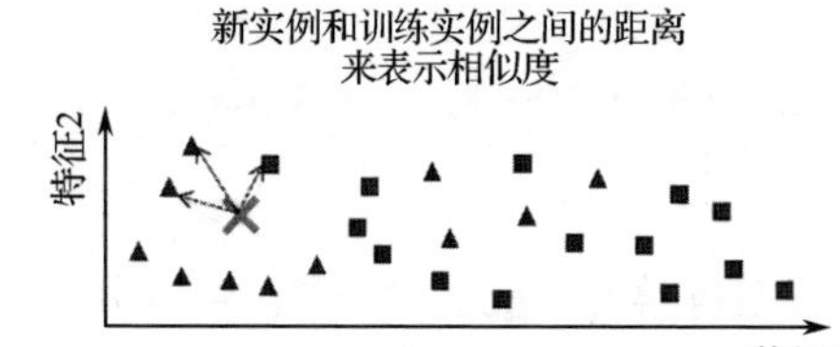

图 4.5　基于实例的学习

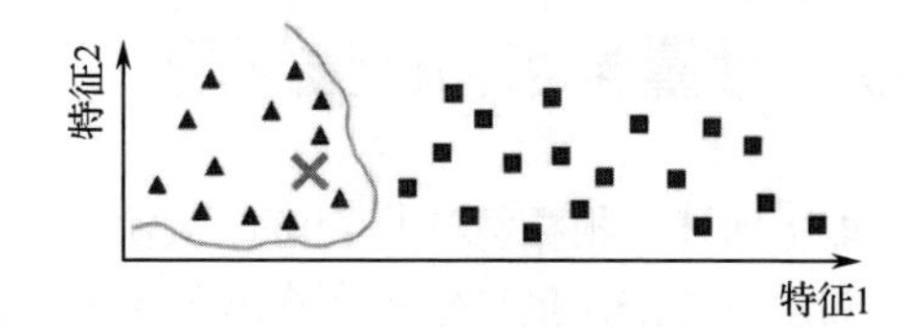

图 4.6　基于模型的学习

可以考虑以下三种方法建模 $p(y|x)$：生成模型，判别模型和编码函数，其中 $p(y|x)$ 是给定输入数据 x 时输出 y 的条件概率。生成模型中可以直接获得 x 和 y 的联合概率分布 $p(x,y)$，并可以通过简单观测 x 获得条件概率分布 $p(x|y)$。然后，基于决策定理确定数据 x 所属的类别（对于分类问题）。例如，朴素贝叶斯模型首先从训练数据集中学习先验概率 $p(y)$，然后使用最大似然估计（MLE）从训练数据集中学习 $p(x|y)$。最后，基于获得的 $p(y)$ 和 $p(x|y)$ 得到 $p(x,y)$。对于判别模型，直接计算条件概率 $p(x|y)$。例如，在逻辑回归中，假设 $p(y|x)=\dfrac{1}{1+\mathrm{e}^{-(\boldsymbol{w}x)}}$，其中 $\boldsymbol{w}$ 是使平方误差最小的权值向量。编码函数是将 x 映射到某个类别的函数 $f(\cdot)$。决策树属于此类方法；Ye 等[9]研究了一种基于增量决策树的自适应诊断方法，用于诊断工业系统中批量生产的复杂板级缺陷。

4.2 机器学习中概率论的基本原理

概率论在机器学习中发挥着重要的作用，尤其当设计的学习算法依赖于数据的概率假设时，因此，本节介绍基本概率论。

4.2.1 概率空间和随机变量

事件的概率是事件发生可能性的度量。在正式讨论概率论之前，首先定义一个概率空间(Ω, F, P)，其中 Ω 是可能结果的空间（样本空间），$F \subseteq 2^{\Omega}$（Ω 的幂集）是可测量的事件空间（或事件空间），P 是将事件 $E \in F$ 映射到 0～1 真值区间的概率度量（或概率分布）。给定一个事件空间 F，概率度量 P 必须满足某些公理：$P(\alpha) \geqslant 0$，$\forall \alpha \in F$ 和 $P(\Omega)=1$。更多的概率公理可查阅概率与数理统计相关书籍，本节不再赘述。

随机变量是将结果映射到真值，而不是变量的函数。以抛硬币为例，令 X 为依赖于抛掷结果的随机变量。X 的一种可能选择是将事件“硬币的正面”映射为值 1。符号 $P(X=a)$ 或 $P_X(a)$ 即可表示随机变量 X 取到值 a 的概率。需要注意的是，通常用大写字母（如 X、Y 和 Z）表示随机变量，小写字母（如 x、y、z 和 a、b、c）表示随机变量的取值。

4.2.2 分布、联合分布和边缘分布

变量的分布是指一个随机变量取某一特定值的概率。假设在掷骰子的结果空间 Ω 上定义一个随机变量 X，如果骰子是公正的，则 X 的分布为 $P(X=1)=P(X=2)=\cdots=P(X=6)=1/6$。类似地，联合分布是指多于一个随机变量的分布。令 X 为掷硬币结果空间上定义的随机变量，Y 是一个指示变量，如果抛硬币结果为正面朝上取值为 1，背面朝上取值为 0，那么 X=1 和 Y=0 的联合分布将表示为 $P(X=1，Y=0)=1/12$。

边缘分布是指随机变量自身的概率分布。因此，某个特定随机变量的边缘分布等于所有其他随机变量的概率之和：

$$P(X)=\sum_{b=\mathrm{Val}(Y)} P\left(X,Y=b\right) \tag{4.1}$$

其中，Val(Y)是随机变量 Y 的取值范围。

4.2.3 条件分布

条件分布是概率论中用于推理不确定性的关键工具之一，条件分布明确了在已知一个随机变量的取值时另一个随机变量的分布。在给定 Y=b 时，X=a 的条件概率定义如下：

$$P(X=a \mid Y=b)=P(X=a,Y=b)/P(Y=b) \tag{4.2}$$

令 X 为掷骰子点数的随机变量，而 Y 为指示变量，如果掷骰子的点数为奇数，该变量 Y 为 1，那么在掷骰子为奇数的假设下，掷点数为“1”的概率可以表示为：

$$P(X=1|Y=1)=\frac{P(X=1,Y=1)}{P(Y=1)}=\frac{1/6}{1/2}=\frac{1}{3} \tag{4.3}$$

条件概率的思想可以自然地扩展到以多个变量为条件时一个随机变量的条件分布：

$$P(X=a|Y=b,Z=c)=\frac{P(X=a,Y=b,Z=c)}{P(Y=b,Z=c)} \tag{4.4}$$

4.2.4 独立性

如果一个事件的发生不影响另一个事件的发生，我们就说这两个事件是独立的。在机器学习

中，通常假定训练实例 i 和实例 j 的特征是独立的，其中 $i \neq j$ 。独立于随机变量 Y 的随机变量 X 的概率分布可以表示为：

$$P(X)=P(X|Y) \tag{4.5}$$

随机变量 X 和 Y 的联合分布（当且仅当它们相互独立时）可以表示为：

$$P(X,Y)=P(X)P(Y) \tag{4.6}$$

条件独立是指给定一个随机变量（或一组随机变量）的值，其他随机变量彼此独立。从数学上讲，这意味着如果满足式（4.7），则随机变量 X 和 Y 在给定 Z 下是条件独立的：

$$P(X,Y|Z)=P(X|Z)P(Y|Z) \tag{4.7}$$

4.2.5 链式法则和贝叶斯准则

链式法则通常用于计算多个随机变量的联合概率，特别是在随机变量之间相互（条件）独立时非常有用。将式（4.2）推广到多个随机变量 $X_1,X_2,\cdots,X_n$ 的情况：

$$P(X_1,X_2,\cdots,X_n)=P(X_1)P(X_2X_1)\cdots P(X_n|X_1,X_2,\cdots,X_{n-1}) \tag{4.8}$$

在机器学习中，贝叶斯准则常被用来计算条件概率，根据 $P(Y|X)$ 计算条件概率 $P(X|Y)$ 。贝叶斯准则可以从式（4.2）中导出：

$$P(X|Y)=\frac{P(Y|X)P(X)}{P(Y)} \tag{4.9}$$

注意，如果没有给定 $P(Y)$ ，那么可以应用式（4.10）得到 $P(Y)$ ：

$$P(Y)=\sum_{a\in \mathrm{Val}(X)} P(X=a,Y)=\sum_{a\in \mathrm{Val}(X)} P(Y|X=a)P(X=a) \tag{4.10}$$

贝叶斯准则可以推广到多个随机变量的情况：

$$P(X,Y|Z)=\frac{P(Z|X,Y)P\left(X,Y\right)}{P(Z)}=\frac{P(Y,Z|X)P(X)}{P(Z)} \tag{4.11}$$

4.3 概率质量函数和概率密度函数

分布可以广义地分为离散分布和连续分布。本节将讨论如何定义分布。

4.3.1 概率质量函数

在概率论中，概率质量函数（PMF）给出一个随机变量取每一个可能值的概率，离散的标量或多元随机变量的离散概率分布通常用概率质量函数表示。图 4.7 显示了一个均匀骰子的 PMF 图。PMF 的所有值都必须为非负数且总和为 1（参阅 4.2.1 节）。

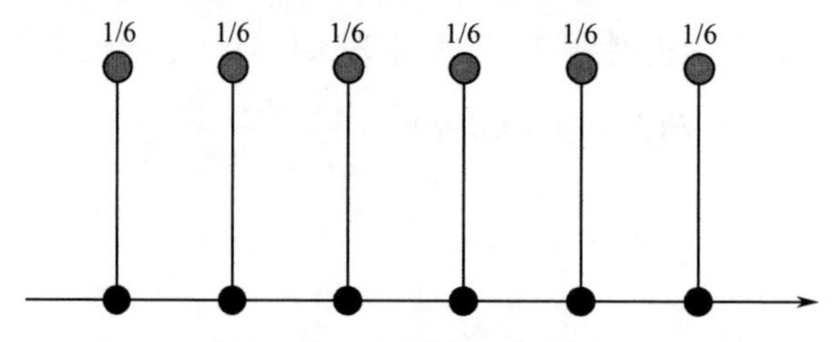

图 4.7　一个均匀骰子的概率质量函数（PMF）图

4.3.2 概率密度函数

概率密度函数（PDF）描述连续概率分布，描述的是落在某个区间内的概率，不描述单一离散值的概率。对于连续概率分布，PDF 具有以下特性：由于连续随机变量是在样本空间的连续范围内定义的，因此 PDF 的曲线图也在该范围内连续；随机变量取 a 和 b 区间值的概率等于 a 和 b 界定的 PDF 下的面积。考虑图 4.8 中所示的 PDF，随机变量 $X \leqslant a$ 的概率等于 a 和$-\infty$区间内曲线下的面积，即图 4.8 中的阴影区域面积，该概率也称为累积概率。累积概率的数学表达式为 $P(X \leqslant a)=\int_{-\infty}^{a} f(x)\mathrm{d}x$，其中 f 为 PDF。需要注意的是，连续分布的随机变量取任何给定的单一值的概率始终为零，如 $P(X=a)=0$。

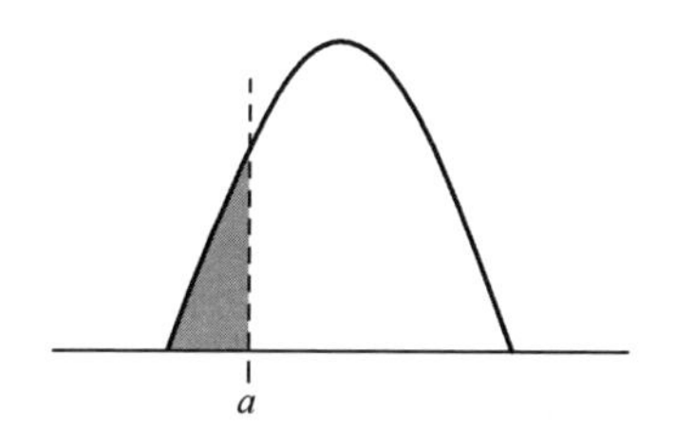

图 4.8 概率密度函数（PDF）图

4.4 均值、方差和协方差的估计

PHM 中时常需要计算随机变量的均值、方差、协方差。例如，主成分分析已被广泛用于降维（如识别故障检测和诊断的主要关键特征[10]），通过数据协方差（或相关）矩阵的特征值分解完成[11]。同样，马氏距离[12]作为一种距离测度，可以通过一组均值和协方差矩阵观测得到并用于异常检测[13]。

4.4.1 均值

随机变量 X 的均值，也称为期望、期望值、一阶矩。随机变量 X 的均值如下：

$$E(X)=\sum_{a\in \mathrm{Val}(X)} aP(X=a) \text{ 或 } E(X)=\int_{a\in \mathrm{Val}(X)} xf(x)\mathrm{d}x \tag{4.12}$$

其中，$E(X)$（也表示为 μ）是随机变量 X 的平均值。令 X 为投掷均匀骰子的结果。随机变量 X 的平均值：$E(X)=(1)1/6+(2)1/6+\cdots+(6)1/6=21/6$ 。

在多个随机变量求和时，需要利用线性期望的性质，该性质与随机变量是否独立无关。令 $X_1,X_2,\cdots,X_n$ 为随机变量，根据线性期望的性质，随机变量的均值表示为：

$$E(X_1,X_2,\cdots,X_n)=E(X_1)+E(X_2)+\cdots+E(X_n) \tag{4.13}$$

随机变量 X 和随机变量 Y 独立时，随机变量乘积的期望如下：

$$E(XY)=E(X)E(Y) \tag{4.14}$$

4.4.2 方差

随机变量的离散程度可以通过方差进行描述，方差也称为二阶矩。对于离散随机变量 X，方差如下：

$$\mathrm{Var}(X)=E[(X-\mu)^2]=\sum_{a\in \mathrm{Val}(X)} (a-\mu)^2 P(X=a) \tag{4.15}$$

对于连续随机变量 X，方差如下：

$$\mathrm{Var}(X)=E[(X-\mu)^2]=\int_{a\in \mathrm{Val}(X)} (x-\mu)^2 f(x)\mathrm{d}x \tag{4.16}$$

其中，Var(X)是随机变量 X 的方差，通常用σ^2表示。这是因为方差和标准差 σ 的关系是 $\sigma=\sqrt{\mathrm{Var}(X)}$。

与期望不同，方差不是随机变量的线性函数。相应地，$aX+b$ 的方差如下：

$$\mathrm{Var}(aX+b)=a^2\mathrm{Var}(X) \tag{4.17}$$

同样，独立随机变量 X 和 Y 的方差满足：

$$\mathrm{Var}(X+Y)=\mathrm{Var}(X)\mathrm{Var}(Y) \tag{4.18}$$

4.4.3 协方差的稳健估计

两个随机变量的协方差反映了两个随机变量相关程度，协方差定义为：

$$\mathrm{Cov}(X,Y)=E((X-\mu)(Y-\mu)) \tag{4.19}$$

如前所述，设计 PHM 方法需要估计总体的协方差矩阵。数据集的协方差矩阵可以通过经典最大似然估计（或经验协方差）[14]和收缩协方差估计[15]进行近似。但是，上述经验协方差估计和收缩协方差估计对数据集中的离群点非常敏感，因此需要对协方差进行稳健估计。本节的稳健协方差估计包括最小协方差行列式、最小体积椭球和连续差。

协方差的稳健估计是一种基于最小化离群点影响的估计数据协方差的方法。最简单的方法称为逐次差分法[16-17]，该方法对数据均值的偏移或漂移具有稳健性。逐次差分法首先计算差分向量 $\boldsymbol{V}_i=X_{i+1}-X_i(i=1,\cdots,n-1)$，其中，每个 X_i 是 d 维空间中的一个观测。然后将这些差分向量进行堆叠，形成矩阵 $\boldsymbol{V}$。最后，通过式（4.20）计算逐次差分协方差矩阵的稳健估计：

$$\boldsymbol{S}_D=\frac{\boldsymbol{V}^{\mathrm{T}}\boldsymbol{V}}{2(m-1)} \tag{4.20}$$

最小协方差行列式的协方差矩阵估计是基于 h 个观测构建的协方差矩阵，而这 h 个观测使样本协方差矩阵的行列式最小[18-19]。令$\lfloor\cdot\rfloor$表示向下取整函数，n 为观测数量，d 为维度/特征数，则 h 的范围如下：

$$\left\lfloor\frac{(n+d+1)}{2}\right\rfloor\leqslant h\leqslant n \tag{4.21}$$

因此，该算法包括随机选择大小为 h 的数据子集，并计算样本协方差矩阵，然后选择样本均值和协方差估计作为稳健的均值和协方差估计。

最小体积椭球协方差矩阵基于数据中 n 个观测的子集 h 建立协方差矩阵，从而产生最小体积的椭球[20-21]。该算法在一次迭代时，从数据集中提取观测的 h 个随机样本［与式（4.21）中的 h 相同］，然后计算样本均值和协方差；如果协方差是奇异的，则添加一个随机选择的数据，直到样本协方差不再奇异。重复迭代这些步骤 t 次，最终选择使协方差椭球的体积最小的样本均值和协方差。

4.5 概率分布

本节回顾一些概率分布：伯努利分布、正态分布、均匀分布。概率问题中广泛使用这些概率分布，在许多使用粒子滤波（如标准粒子滤波和无机粒子滤波）进行锂离子电池 RUL 估算的方法中，退化模型参数被假定为均匀分布或正态分布[22-23]。

4.5.1 伯努利分布

在概率论中，伯努利分布是随机变量最基本的概率分布之一，一个服从伯努利分布的随机变量有两个可能的取值，取值为 1 的概率为 p，取值为 0 的概率为 q=1−p。因此，伯努利分布可用于表示系统（或组件）中的故障情况，其中 1 和 0 分别表示“健康”和“故障”（或反之）。

假定随机变量 X 服从伯努利分布，则该变量的概率可以表示为：

$$P(X=1)=p,\ P(X=0)=q=1-p \tag{4.22}$$

因此，伯努利分布的概率质量函数 f 可以表示为：

$$f(k;p)=p^k(1-p)^{1-k} \tag{4.23}$$

其中，k 是可能取值（即 1 和 0）。伯努利分布可以用于逻辑回归进行状态预测（即健康和故障）[24]。

4.5.2 正态分布

正态（或高斯）分布是连续随机变量的概率分布。实际上，它是概率论中非常“通用”的概率分布，有着广泛的实际应用背景，如 RUL 预测中的不确定性管理[25]、测量噪声建模[26]等。

中心极限定理使正态分布应用广泛。中心极限定理表明，多个独立随机变量相加时，无论随机变量的基本分布如何，它们的和都趋于正态分布。例如，如果一个人多次抛硬币，那么其获得一定数量“正面”的概率服从正态分布，均值等于抛硬币的总数的一半。

均值 μ 和方差 σ^2 是表征正态分布的两个参数，连续随机变量 X 的概率密度函数 f 表示为：

$$f(x;\mu,\sigma^2)=\frac{1}{\sqrt{2\pi\sigma^2}}\mathrm{e}^{-\frac{(x-\mu)^2}{2\sigma^2}} \tag{4.24}$$

4.5.3 均匀分布

均匀分布是连续随机变量在取值区间具有恒定概率的概率分布，其概率密度函数 $f(x)$ 表示为：

$$f(x;a,b)=\begin{cases}\dfrac{1}{b-a}, & a\leqslant x\leqslant b\\ 0, & x<a或x>b\end{cases} \tag{4.25}$$

其中，a 和 b 是区间的两个边界。实际上，概率密度函数 $f(x)$在 a 和 b 处的值通常并不重要。

4.6 最大似然估计和最大后验估计

令数据 $D=\{d_1,d_2,\cdots,d_n\}$ 服从参数为 θ 的概率分布，其中，D 中的每个实例可以用数学符号表示为：

$$d_i\sim P(d_i\mid\theta),(i=1,2,\cdots,n) \tag{4.26}$$

其中，n 是数据总数。注意，D 中的所有实例均满足独立同分布；D 中的每个实例都独立于同参数 θ 的所有其他实例；D 中的所有实例均来自同一分布。参数是固定而未知的，给定 D 估

计 θ，即 $\arg\max_{\theta}(\theta|D)$，可以使用经典方法：最大似然估计（MLE）和最大后验估计（MAP）进行参数估计。

4.6.1 最大似然估计

最大似然估计是一种估计参数 θ 的统计模型方法，给定观测，根据贝叶斯定理：

$$P(\theta \mid D)=\frac{P(D \mid \theta)P(\theta)}{P(D)} \tag{4.27}$$

其中，$P(\theta)$是参数 θ 的先验分布，$P(D)$是归一化的证据因子。由于式（4.27）中分母独立于 θ，因此最大化和 θ 相关的项 $P(D|\theta)P(\theta)$ 可以获得估计参数 $\hat{\theta}_{\text{MLE}}$。如果进一步假设先验分布 $P(\theta)$ 满足均匀分布，则最终的估计参数 $\hat{\theta}_{\text{MLE}}$ 可以通过最大化 $P(D|\theta)$ 获得，定义为：

$$\hat{\theta}_{\text{MLE}}=\arg\max_{\theta} P(D \mid \theta)=\arg\max_{\theta} P(d_1,d_2,\cdots,d_n \mid \theta) \tag{4.28}$$

假设 D 中的实例是独立同分布的，因此所有实例的联合密度函数可以表示为：

$$P(d_1,d_2,\cdots,d_n \mid \theta)=P(d_1 \mid \theta)\times P(d_2 \mid \theta)\times\cdots\times P(d_n \mid \theta)=\prod_{i=1}^{n}P(d_i \mid \theta) \tag{4.29}$$

为了简化计算，考虑对数函数是单调递增函数，MLE 通常对似然函数取对数：

$$\log P(D \mid \theta)=\sum_{i=1}^{n}\log P(d_i \mid \theta) \tag{4.30}$$

所以，估计参数为 $\hat{\theta}_{\text{MLE}}$ 的数学表达式可以表示为：

$$\hat{\theta}_{\text{MLE}}=\arg\max_{\theta}\sum_{i=1}^{n}\log P(d_i \mid \theta) \tag{4.31}$$

如果已知分布 P，可以通过解以下方程获得估计参数 $\hat{\theta}_{\text{MLE}}$：

$$\frac{\partial\sum_{i=1}^{n}\log P(d_i \mid \theta)}{\partial\theta}=0 \tag{4.32}$$

4.6.2 最大后验估计

与 MLE 不同，MAP 中的估计参数 $\hat{\theta}_{\text{MAP}}$ 通过直接最大化后验概率 $P(\theta|D)$ 获得：

$$\hat{\theta}_{\text{MAP}}=\arg\max_{\theta} P(\theta|D)=\arg\max_{\theta}\frac{P(D \mid \theta)P(\theta)}{P(D)}=\arg\max_{\theta} P(D \mid \theta)P(\theta) \tag{4.33}$$

注意，式（4.33）最后一步成立是因为 $P(D)$与 θ 无关，也就是说，$P(D)$被当作归一化因子，在估计参数 θ 时不必考虑。通常认为 MAP 比 MLE 更通用，这是因为假设先验概率均匀分布，即 θ 服从均匀分布，这时可以从式（4.33）中去掉 $P(\theta)$。与 MLE 类似，为简化计算，MAP 通过对式（4.33）取对数获得估计参数 $\hat{\theta}_{\text{MAP}}$：

$$\hat{\theta}_{\text{MAP}}=\arg\max_{\theta}(\sum_{i=1}^{n}\log P(d_i \mid \theta)+\log P(\theta)) \tag{4.34}$$

式（4.34）中，$\log P(\theta)$ 项可以将 θ 的分布用先验分布代替，如可以将它们的领域知识作为先验。

4.7 相关性和因果性

相关性分析是一种统计评估方法，用于研究两个变量之间的相关程度，这两个变量既可以是数值变量也可以是连续变量（如身高和体重）。当研究人员想要确定变量之间是否存在可能的关联时，可以使用相关性分析。相关性分析常常被错误地理解为因果关系。

相关并不意味着因果，这是统计学里重要的公理。相关和因果这两个重要的概念常被误解和混淆，更恰当地描述二者的关系是“相关不是因果，而是一种提示”[27]。毫无疑问，我们需要设置随机对照试验来辨别两者之间的差异。澳大利亚统计局将相关性定义为一种统计度量，它描述了两个或多个变量之间关联的大小和方向，而因果关系则表明两个事件之间存在确切关系，即一个事件的发生是由另一个事件的发生导致的。区分因果性和相关性对于剖析问题是极其重要的。

仅从概念来看，似乎很难分辨二者的区别，尤其在一些荒诞的案例中区分二者的难度更大，如凶杀率随冰淇淋销售量增加而上升。再如，在许多流行病学研究中，接受联合激素替代疗法（HRT）的女性患冠心病（CHD）的比例相对较低。对上述情况进行随机对照试验时，研究人员竟发现 HRT 会导致 CHD 风险小幅上升，而这种风险在统计学上被放大了。如果不进行对照试验，研究人员将犯下“反向因果”的逻辑谬误；也就是错误地认为，由于事件 Y 发生在事件 X 之后，因此事件 Y 一定是由事件 X 引起的。鉴于此，大多数统计学家建议进行随机对照试验，以评估变量之间的关系是因果关系还是偶然相关。确定变量之间是否存在因果关系最有效的方法之一是对照研究。在对照研究中，样本或种群首先被一分为二，并尽力使两个对照组在所有方面都具有可比性；然后，对两组进行不同的处理；最后，评估每组的结果。在医学研究中，一组被给予新型药物，而另一组被给予安慰剂。如果两组的反应明显不同，则可以说明药物对该组的影响是因果关系。由于伦理因素，并非总能进行对照研究。通常使用观察法来研究感兴趣种群的相关关系和因果关系，并记录种群随时间变化的行为和结果。

关于“相关性并不意味着因果关系”的说法在统计学界引起了广泛争论，因为“纯粹因果关系”的定义充满了哲学论点。使用相关性作为科学证据的案例不胜枚举，这时，研究人员必须证明该相关性为何合理。换句话说，必须证明相关性是必然的，而不是偶然的。在某些情况下，实验证明相关性也很困难，因此从多个角度进行相关性分析可建立强有力的因果证据。例如，格兰杰因果关系检验[28]是因果关系的统计假设检验，它通过判断一个时间序列对预测另一个时间序列是否有效来判断两个序列之间的因果关系。一个警示案例是烟草业否认吸烟与肺癌之间的相关性，有限的实验结合相关性谬误已经被用来对抗科学发现。

换一种方式来看这个问题，我们随机实验时，是在寻找一个过程的解释性变量。因为变量与过程相关，所以这些变量解释了过程中的可变性，但在一个受控的环境中，阻断了各种偶然因素，实验结论将相关性、因果性进行关联。这是实验法区别于仅观察相关变量并推断因果关系之处。

总之，只要确保相关性在上下文中的使用是有逻辑的，相关性就可以用作因果关系。同时，必须注意，相关证据需要经过严格审查，避免它们为了过早得出有利结论而被滥用。

4.8 核技巧

将一个 $m \times n$ 数据矩阵 $\boldsymbol{D}$ 用于模拟电路中的故障诊断，矩阵中包含小波特征[29]：

$$\boldsymbol{D}=\begin{bmatrix} d_1^{(1)} & d_2^{(1)} & \dots & d_n^{(1)} \\ d_1^{(2)} & d_2^{(2)} & \cdots & d_n^{(2)} \\ \vdots & \vdots & & \vdots \\ d_1^{(m)} & d_2^{(m)} & \dots & d_n^{(m)} \end{bmatrix} \tag{4.35}$$

其中，m 表示实例（或观察值）数量，n 是特征数量（如根据模拟电路的脉冲响应计算出的小波特征），$\boldsymbol{d}_i=[\boldsymbol{d}_i^{(1)},\boldsymbol{d}_i^{(2)},\cdots,\boldsymbol{d}_i^{(n)}]$ 表示第 i 个实例的 n 维特征向量，随后，特征向量会被用于训练或测试机器学习算法。

假设模拟电路中故障诊断是利用机器学习算法判断电路是否正常，即健康或者故障（见图 4.9）。第一步是选择和训练分类器，从而预测未知实例的类标签。由于给定的问题是二分类问题，我们可以使用一种简单而且著名的二分类器——线性支持向量机（SVM）来解决该问题。实际上，线性 SVM 的目标是找到一个超平面 $\bar{\omega}$，也称为决策边界，该超平面 $\bar{\omega}$ 可以将不同标签的训练样本间隔最大化。超平面 $\bar{\omega}$ 可能会将空间分成两半：一半是类 0，即健康类，另一半是类 1，即故障类，如图 4.9（b）所示。然后，我们可以观察未知的实例位于 $\bar{\omega}$ 的哪一侧，从而确定电路的健康状态。

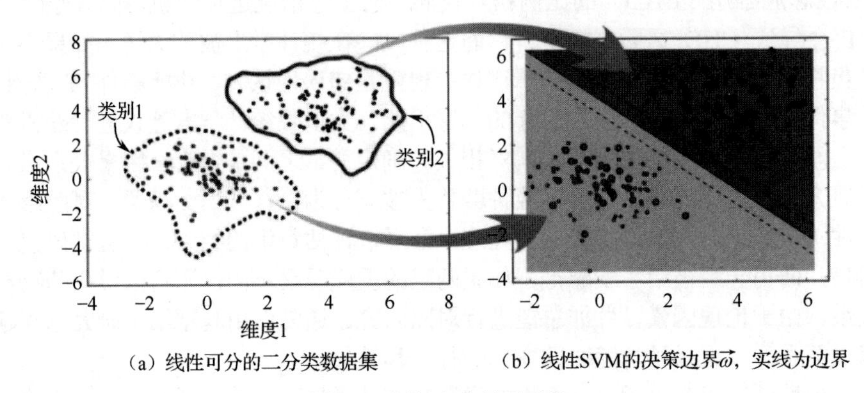

（a）线性可分的二分类数据集　　（b）线性SVM的决策边界$\bar{\omega}$，实线为边界

图 4.9　判断电路是否正常

但是，在实际应用中，我们并不总是能遇到这样表现良好的数据集。考虑图 4.10（a）中的数据集，我们能够预测线性 SVM 在该数据集上的性能会很差，因为决策边界无法合理地判断电路的健康状态，见图 4.10（a）中的决策边界。如图 4.10（b）所示，将外环与内环分开的圆形是一种不错的决策边界。但是，线性 SVM 的决策边界在原始特征空间中是线性的。图 4.10（c）是位于三维特征空间中的实数据集的 2D 版本。实际上，3D 空间中的数据集可以很容易地被超平面 $\bar{\omega}$ 分离，也就是说，线性 SVM 可能会很好地进行分类。我们的挑战变为找到一个转换，即 $T:\mathbb{R}^2\rightarrow\mathbb{R}^3$，使得转换后的数据集在 $\mathbb{R}^3$ 中线性可分。在图 4.10（c）中，使用了变换 $T([\boldsymbol{d}_1,\boldsymbol{d}_2])=[\boldsymbol{d}_1,\boldsymbol{d}_2,\boldsymbol{d}_1^2+\boldsymbol{d}_2^2]$，将其应用于图 4.10（b）中的每个数据点（实例）后，得到了图 4.10（c）中线性可分的数据集。这种方法称为“核技巧”，核技巧有效地避免了显式映射，可以使用线性学习算法学习非线性的决策边界。将原始数据集映射到高维特征空间的变换通常称为核函数。

使用核技巧的机器学习算法包括支持向量机、高斯过程、主成分分析、典型关联分析、岭回归、谱聚类等，这些算法可以用于电子 PHM 中。常用的核有多项式核、径向基函数核（高斯核）、Sigmoid 核，这些核的定义如下。

多项式核：

$$K(\boldsymbol{d}_i,\boldsymbol{d}_j)=(\alpha\boldsymbol{d}_i\cdot\boldsymbol{d}_j+\beta)^p,\qquad i=j=1,2,\cdots,m \tag{4.36}$$

其中，$K()$是核函数，$\boldsymbol{d}_i$ 和 $\boldsymbol{d}_j$ 分别是 $m\times n$ 数据集中的第 i 个和第 j 个 n 维特征向量，$\boldsymbol{d}_i\cdot\boldsymbol{d}_j$ 是

两个特征向量 $\boldsymbol{d}_i$ 和 $\boldsymbol{d}_j$ 相乘的内积，乘积为标量，α 为多项式函数的斜率，β 为截距，是一个常量，p 为多项式核的阶数。

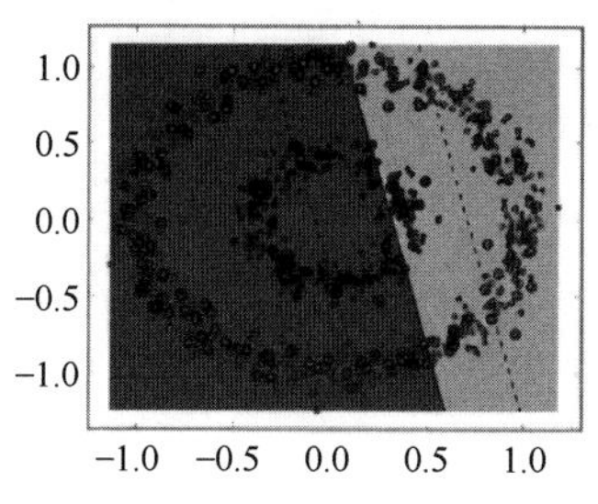

（a）$\mathbb{R}^2$中的数据集，线性不可分

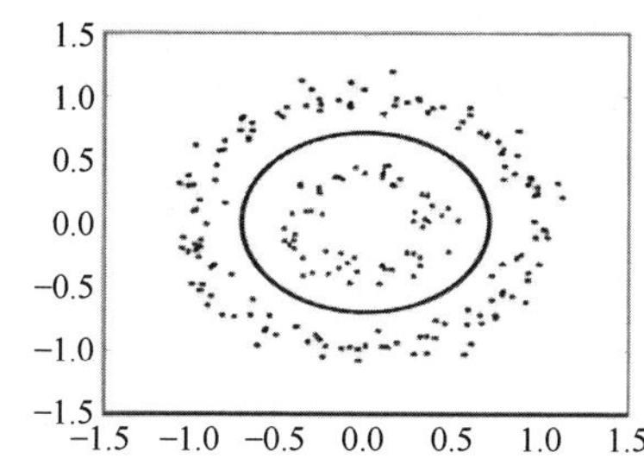

（b）可以将外环与内环分开的圆形决策边界

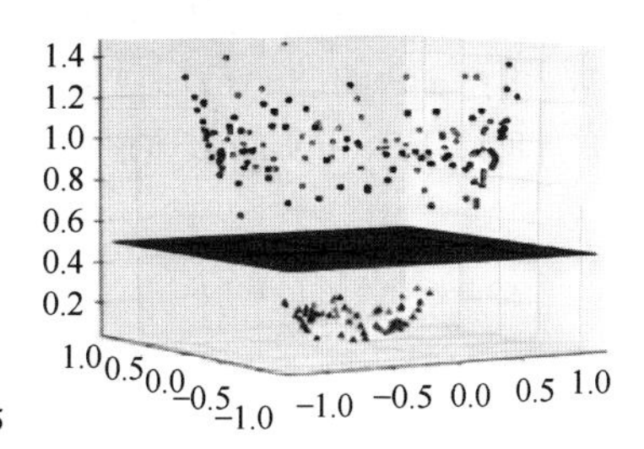

（c）通过变换$T([d_1, d_2])=[d_1, d_2, d_1^2+d_2^2]$的数据集

图 4.10 区分数据集

径向基函数核：

$$K(\boldsymbol{d}_i,\boldsymbol{d}_j)=\exp(-\gamma\|\boldsymbol{d}_i-\boldsymbol{d}_j\|^2) \quad i=j=1,2,\cdots,m \tag{4.37}$$

其中，exp()是指数函数，$\gamma=\dfrac{1}{2\sigma^2}$，$\sigma$ 是可调参数。如果 σ 很小，则指数是线性的，并且高维投影会失去其非线性能力。相反，如果 σ 太大，则由于缺乏正则化，决策边界将对噪声非常敏感。同理，$\left\|\boldsymbol{d}_i-\boldsymbol{d}_j\right\|^2$ 是式（4.37）中两个特征向量 $\boldsymbol{d}_i$ 和 $\boldsymbol{d}_j$ 之间欧几里得距离的平方。

Sigmoid 核（也称为双曲正切核）：

$$K(\boldsymbol{d}_i,\boldsymbol{d}_j)=\tanh(\alpha\boldsymbol{d}_i\cdot\boldsymbol{d}_j+\beta), \quad i=j=1,2,\cdots,m \tag{4.38}$$

其中，tanh()是双曲正切函数。

4.9 性能指标

本节主要叙述数据驱动的诊断和预测中的性能指标。

4.9.1 诊断指标

从机器学习的角度来看，诊断是判断一个或者多个故障是否存在、存在的位置以及严重程度。诊断既可能是二分类任务也可能是多分类任务。因此，在机器学习分类任务中使用的性能指标也可用于评估 PHM 中的诊断性能。

已知真实值（或类），评估分类模型（或分类器）在测试数据集上的性能，广泛使用的指标是如表 4.1 所示的混淆矩阵，混淆矩阵由真阳性（TP）、真阴性（TN）、假阳性（FP）、假阴性（FN）构成。

表 4.1 混淆矩阵

		预测	
		阳性	阴性
实际	阳性	真阳性（TP）	假阴性（FN）
	阴性	假阳性（FP）	真阴性（TN）

在表 4.1 中，TP 表示将阳性类别中的测试实例正确识别为阳性类别，TN 表示将阴性类别中的测试实例正确识别为阴性类别，FP 表示将阴性类别的测试实例错误地识别为阳性类别，而 FN 表示将阳性类别的测试实例错误地识别为阴性类别。

常用于诊断的性能指标包括准确率、敏感性（或召回率、真阳率）、特异性等。这些度量根据 TP、TN、FP、FN 的数值进行计算，定义为：

$$\text{准确率}=\frac{(\mathrm{TP}+\mathrm{TN})}{(\mathrm{TP}+\mathrm{TN}+\mathrm{FP}+\mathrm{FN})} \tag{4.39}$$

$$\text{敏感性（或召回率、真阳率）}=\frac{\mathrm{TP}}{(\mathrm{TP}+\mathrm{FN})} \tag{4.40}$$

$$\text{特异性}=\frac{\mathrm{TN}}{(\mathrm{TN}+\mathrm{FP})} \tag{4.41}$$

$$\text{马修斯相关系数（MCC）}=\frac{(\mathrm{TP}\cdot\mathrm{TN}+\mathrm{FP}\cdot\mathrm{FN})}{\sqrt{(\mathrm{TP}+\mathrm{FP})\cdot(\mathrm{TP}+\mathrm{FN})\cdot(\mathrm{TN}+\mathrm{FP})\cdot(\mathrm{TN}+\mathrm{FN})}} \tag{4.42}$$

$$F_{\beta}=\frac{(\beta^2+1)\cdot\mathrm{TP}}{((\beta^2+1)\cdot\mathrm{TP}+\mathrm{FP}+\beta\cdot\mathrm{FN})} \tag{4.43}$$

准确率是判断正确数量占样本总量的比例，而 TP 或者 PN 是某种类别被判断正确数量占该类别总量的比例，β 度量了召回率对准确率的相对重要性，也就是说，准确率用来衡量诊断的准确性。然而，准确率可能面临“准确率悖论”[30]的问题，这意味着具备某种准确率的分类模型可能比具有更高准确率的模型具备更强的预测能力。因此，可以使用诸如精确度和召回率之类的其他度量来替代准确率度量。例如，一个训练好的分类器对 100 个未知实例进行了测试，共有 80 个实例被标记为“健康”，其余 20 个实例被标记为“故障”，并且分类准确率为 80%。乍一看，分类器的效果似乎不错。但是，由于分类器可能根本无法预测“故障”实例，80%的准确率也很可能是令人失望的结果。

敏感性衡量 TP 的比例（即正确识别为“健康”的“健康”实例的百分比）。因此，具有高敏感性的分类器非常擅长检测系统的健康状态（而不是 TN，检测系统的故障状态）。在式(4.41）中，特异性衡量的是 TN 的比例（即正确识别为“不健康”的“故障”实例的百分比）。具体地说，具有高特异性的分类器擅长避免虚警。综上所述，敏感性和特异性配合准确率被广泛地用作诊断指标。

为了评估分类性能（尤其是针对二分类问题），接收者操作特征（ROC）分析法也被广泛采用，该方法综合使用真阳性率（TPR）也称敏感性（或召回率）和假阳性率（FPR），其中，FPR 可以通过以下方式计算：

$$\mathrm{FPR}(1-\text{特异性})=\mathrm{FP}/(\mathrm{FP}+\mathrm{TN}) \tag{4.44}$$

式（4.44）中，FPR 等同于（1−特异性）。ROC 空间构成了 TPR 和 FPR 的所有可能组合；也就是说，ROC 空间中某个点的位置可以显示敏感性和特异性之间的权衡，即敏感性的提高伴随着特异性的降低。因此，该点在空间中的位置可以反映分类准确率情况。如图 4.11 所示，如果分类器表现完美，那么由 TPR 和 FPR 共同确定点的坐标是(0,1)，这表明该分类器分别达到了 100%的敏感性和 100%的特异性。如果分类器的敏感性为 50%、特异性为 50%，那么数据点位于由坐标(0,0)和(1,0)确定的对角线上（见图 4.11）。从理论上讲，随机猜测会在对角线上给出一个点。在图 4.11 中，可以根据不同的分界值，当以 TPR、FPR 为点对，以坐标(0,0)为起点，坐标(1,1)为终点绘制 ROC 曲线。具体地说，以 FPR（1−特异性）为 x 轴，以 TPR（敏感性）为 y 轴。在 ROC 曲线中，ROC 曲线上的点距离理想坐标(1,0)越近，分类器的准确率就越差。在 ROC 分析中，可以通过计算 ROC 曲线下面积判断分类器（即二分类器）的准确性，该面积称为 AUC：

$$\mathrm{AUC}=\int_0^1 \mathrm{ROC}(t)\mathrm{d}t \tag{4.45}$$

其中，t 等于 FPR，ROC(t)是 TPR（见图 4.11）。同样，面积越大，分类器就越准确。实际上，如果分类器的 AUC 满足$0.8 \leqslant \mathrm{AUC} \leqslant 1$，那么可以说分类性能优良或极佳。

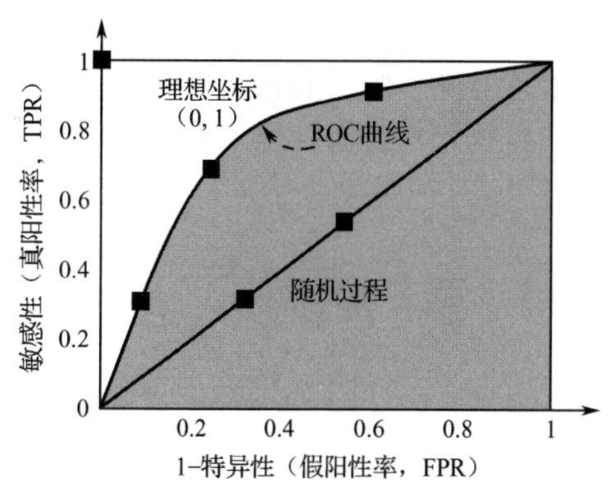

图 4.11 ROC 空间的示例

除了上述准确率、敏感性（或召回率、TPR）、特异性和 AUC 诊断指标外，马修斯相关系数（Matthews Correlation Coefficient，MCC）和F_β也可用于评估二分类器的分类性能。MCC 是从混淆矩阵中的四个值 TP、TN、FP 和 FN 中计算出的相关系数。此外，F_β是召回率和准确率的调和平均数。精确率是 TP 与所有阳性数值（即 TP 和 FP）之比，定义为 TP/(TP+FP)。F-score 的最佳值为 1，最差值为 0。实际上，两个常用的 F-score 是 F_2 和 $F_{0.5}$。F_2 令式（4.43）中的 β=2，其召回率权重高于准确率（更强调 FN）。$F_{0.5}$ 令式（4.43）中的β=0.5，其召回率权重低于准确率（减弱 FN 的影响）。

在 PHM 中，通常会面临多分类问题。例如，故障模式的识别是一个多类别的分类任务，这是因为要分类的类别（即故障模式）的数量大于 2。上述诊断指标可以扩展到多类别分类的指标，定义为：

$$\text{平均准确率}=\frac{1}{N_{\text{class}}}\sum_{i=1}^{N_{\text{class}}}\frac{(\mathrm{TP}_i+\mathrm{TN}_i)}{(\mathrm{TP}_i+\mathrm{TN}_i+\mathrm{FP}_i+\mathrm{FN}_i)} \tag{4.46}$$

$$\mu\text{平均敏感性}=\frac{\sum_{i=1}^{N_{\text{class}}}\mathrm{TP}_i}{\sum_{i=1}^{N_{\text{class}}}(\mathrm{TP}_i+\mathrm{FN}_i)} \tag{4.47}$$

$$M\text{平均敏感性}=\frac{1}{N_{\text{class}}}\sum_{i=1}^{N_{\text{class}}}\frac{\mathrm{TP}_i}{(\mathrm{TP}_i+\mathrm{FN}_i)} \tag{4.48}$$

$$\mu\text{平均特异性}=\frac{\sum_{i=1}^{N_{\text{class}}}\mathrm{TN}_i}{\sum_{i=1}^{N_{\text{class}}}(\mathrm{TN}_i+\mathrm{FP}_i)} \tag{4.49}$$

$$M\text{平均特异性}=\frac{1}{N_{\text{class}}}\sum_{i=1}^{N_{\text{class}}}\frac{\mathrm{TN}_i}{(\mathrm{TN}_i+\mathrm{FP}_i)} \tag{4.50}$$

$$\text{MCC 的}\mu\text{平均}=\frac{\sum_{i=1}^{N_{\text{class}}}(\mathrm{TP}_i\cdot\mathrm{TN}_i+\mathrm{FP}_i\cdot\mathrm{FN}_i)}{\sum_{i=1}^{N_{\text{class}}}\sqrt{(\mathrm{TP}_i+\mathrm{FP}_i)\cdot(\mathrm{TP}_i+\mathrm{FN}_i)\cdot(\mathrm{TN}_i+\mathrm{FP}_i)\cdot(\mathrm{TN}_i+\mathrm{FN}_i)}} \tag{4.51}$$

$$\text{MCC 的}M\text{平均}=\frac{1}{N_{\text{class}}}\sum_{i=1}^{N_{\text{class}}}\frac{(\mathrm{TP}_i\cdot\mathrm{TN}_i+\mathrm{FP}_i\cdot\mathrm{FN}_i)}{\sqrt{(\mathrm{TP}_i+\mathrm{FP}_i)\cdot(\mathrm{TP}_i+\mathrm{FN}_i)\cdot(\mathrm{TN}_i+\mathrm{FP}_i)\cdot(\mathrm{TN}_i+\mathrm{FN}_i)}} \tag{4.52}$$

$$F_\beta\text{的}\mu\text{平均}=\frac{\sum_{i=1}^{N_{\text{class}}}(\beta^2+1)\cdot\mathrm{TP}_i}{\sum_{i=1}^{N_{\text{class}}}((\beta^2+1)\cdot\mathrm{TP}_i+\mathrm{FP}_i+\beta\cdot\mathrm{FN}_i)} \tag{4.53}$$

$$F_\beta\text{的}M\text{平均}=\frac{1}{N_{\text{class}}}\sum_{i=1}^{N_{\text{class}}}\frac{(\beta^2+1)\cdot \text{TP}_i}{((\beta^2+1)\cdot \text{TP}_i+\text{FP}_i+\beta\cdot \text{FN}_i)} \tag{4.54}$$

其中，TP_i、TN_i、FP_i 和 FN_i 分别为第 i 类的真阳性，真阴性，假阳性和假阴性。同样，N_{class} 是类别总数，由给定的分类问题确定。另外，术语“μ 平均”和“M 平均”分别用于指代微平均和宏平均方法。也就是说，在 μ 平均方法中，可以通过汇总各个类别的 TP、TN、FP 和 FN 来获得统计信息，而 M 平均方法则是不同类别的敏感性、特异性、MCC 和 F_β 的平均值。

4.9.2 预测指标

预测定义为根据当前目标系统的退化程度、历史负载、预期的未来运行和环境条件预测故障情况，进而估计 RUL 的过程（RUL 大多数情况下具有置信区间）。换句话说，预测功能可以预测目标系统在规范条件内不再执行其预期功能的时间。RUL 是指从当前时间到系统不再执行预期功能的预估时间之间的时长。本节将综述各种预测指标，但不介绍预测方法。

图 4.12（a）绘制了目标系统使用寿命周期内与不同预测事件相关的时间。首先，PHM 设计人员为系统中的 PHM 传感器设定故障阈值上限、下限①，非标称阈值上限、下限。如图 4.12（a）所示，假定 t_0 时刻可以在任意时刻启动（如系统开机时）。t_{E} 表示非标称事件发生的时刻，当 PHM 传感器的测量数值超出设定阈值时，我们称非标称事件发生。然后，我们使用 PHM 指标对系统在 t_{D} 时刻检测到的非标称事件进行度量。最后，PHM 系统利用其关联的置信区间计算部件或子系统预计故障时间。响应时间 t_{R} 是 PHM 系统生成预计故障时间并在 t_{P} 时刻做出可行预测所用的时间，在图 4.12（a）中，t_{F} 是系统发生故障的真实时间，RUL 是 t_{P} 和 t_{F} 之间的时长。

图 4.12（b）使用预测结束时间 t_{EOP} 来衡量预测指标。常见的预测指标包括平均绝对误差（MAE），均方误差（MSE）和均方根误差（RMSE）。MAE 是一个定量指标，用于衡量实际性能下降趋势 y（或实际响应）与估计性能下降趋势 $\hat{y}$（或估计值）的拟合程度，其定义为：

$$\text{MAE}=\frac{1}{(t_{\text{EOP}}-t_{\text{P}}+1)}\sum_{t=t_{\text{P}}}^{t_{\text{EOP}}}|\hat{y}(t)-y(t)| \tag{4.55}$$

MAE 是一个与尺度有关的度量指标，不能度量不同尺度下的物理量。MSE 称为均方差，是误差或偏差平方的平均值，其中误差或偏差是指 $\hat{y}$ 和 y 之差，MSE 表示为：

$$\text{MSE}=\frac{1}{(t_{\text{EOP}}-t_{\text{P}}+1)}\sum_{t=t_{\text{P}}}^{t_{\text{EOP}}}(\hat{y}(t)-y(t))^2 \tag{4.56}$$

在实际应用中，MSE 常作为一个风险函数，对应平方误差损失的期望值[31]。尽管 MSE 指标使用广泛，但它需要对所有异常值都进行加权。由于每一项都进行了平方运算，因此大误差的权重比小误差的大。所以，有时会采用 MAE 等其他指标，而不采用 MSE 指标进行度量。

RMSE 被称为均方根误差，度量模型预测值与实际观测值之间的差异，定义为：

$$\text{RMSE}=\sqrt{\text{MSE}} \tag{4.57}$$

RMSE 是一种很好的度量准确性的指标，但是由于 RMSE 具有尺度相关性，只能比较特定变量的预测误差，而不能比较变量之间的预测误差。

还有四个其他预测指标，分别是预测范围、α-γ 性能、相对精度和收敛性[32]。预测范围指标确定了预测模型能否在指定的误差容限内进行预测，参数 α 控制误差容限并基于目标系统的实际寿命终止（EOL）确定。α-γ 性能指标可以进一步判别预测模型能否在任何给定时刻、实际 RUL 的期望误差容限范围内进行合理预测，其中参数 α 控制误差容限，参数 γ 控制给定时刻。

① 故障阈值上限、下限，也可以通过正常值、历史数据等进行设置。

相对精度这个指标可以通过量化相对于实际 RUL 的准确程度获得，而收敛性可以量化预测模型的收敛速度，前提是该预测模型满足上述所有预测指标。

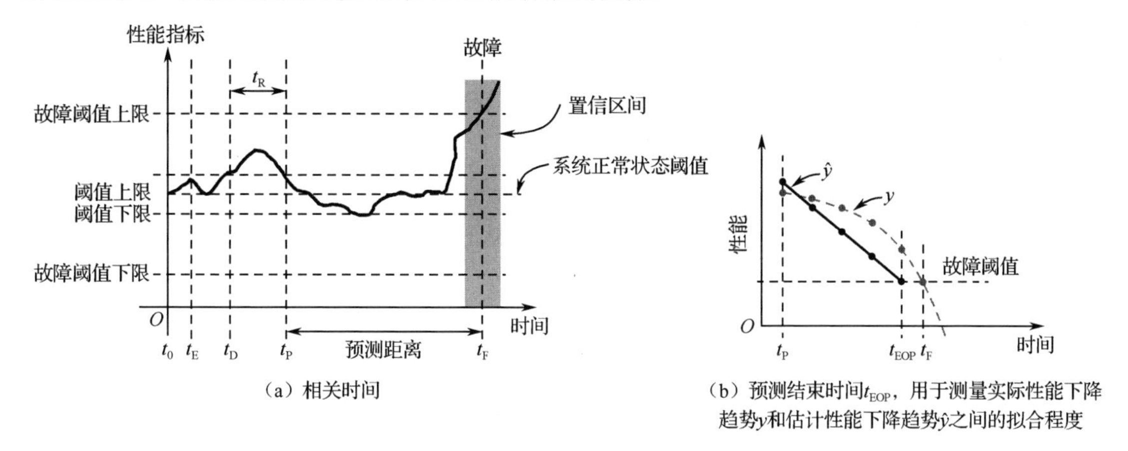

（a）相关时间

（b）预测结束时间t_{EOP}，用于测量实际性能下降趋势y和估计性能下降趋势$\hat{y}$之间的拟合程度

图 4.12　相关时间及预测指标

原著参考文献

第5章 机器学习的数据预处理

Myeongsu Kang[1]，Jing Tian[2]
1 美国马里兰大学帕克分校高级寿命周期工程中心
2 美国马里兰州巴尔的摩 DEI 集团

数据质量决定了数据挖掘结果的水平下限，低质量的数据很难产生较好的数据挖掘结果。数据预处理是非常重要的，所谓“磨刀不误砍柴工”同样适用于基于数据驱动的故障预测与健康管理（PHM）。现实世界中的数据往往不完整、不一致、难以发现某些共性或趋势，甚至包含许多错误。因此，数据预处理对于解决上述问题必不可少，经过处理后的数据输入到机器学习算法中可以进行异常检测、诊断和预测。在 PHM 中，数据预处理通常包括以下任务：数据清洗、特征归一化、特征工程（即特征提取、特征选择等）和不平衡学习，示例如图 5.1 所示。

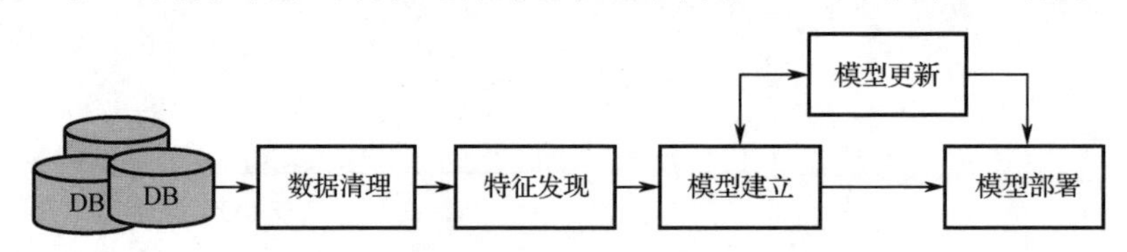

图 5.1　PHM 中通常需要的数据预处理任务

5.1 数据清洗

数据清洗是检测、修正、去除损坏或不准确数据的过程，即通过填充缺失值、检测和管理异常值等过程来清理数据。

5.1.1 缺失数据处理

基于数据驱动 PHM 在异常检测、诊断和预测等任务的表现与所用数据的质量有很大关系。具体地说，由于 PHM 使用的统计模型和机器学习算法[1-5]（如序列概率比检验、基于贝叶斯模型的异常检测和预测）需要在完整的观测数据上运行，因此必须处理缺失数据。常用的方法有两种：一种是删除不完整的观测数据；另一种是“数据填充”，即根据其他可用信息如邻域信息，使用估计值替换缺失。缺失数据处理的一般步骤包括：识别缺失数据的模式，分析缺失数据的原因、比例，以及选择适当的数据填充方法。

缺失数据的数学形式可以描述为：

$$X=\{x_{o},x_{m}\} \tag{5.1}$$

其中，X 是数据集，x_o 是观测值或测量值，x_m 是缺失值。同时，根据观测值的丢失与否，为每个观测值定义一个二值响应：

$$R=\begin{cases}1, & X\text{是观测值} \\ 0, & X\text{是缺失值}\end{cases} \tag{5.2}$$

这样，可以在给定观测值和缺失值的情况下，通过查看 $P(R)$缺失的概率，理解缺失机制，其中概率的形式是 $P(R|x_o, x_m)$。

一般而言，设计 PHM 方法时，可以考虑以下三种数据缺失机制。

（1）完全随机缺失（MCAR）。在 MCAR 假设下，数据缺失的原因与观测到的数据和未观测到的数据无关。数据缺失的概率只与自己有关，缺失数据与完整数据分布规律一致，即 $P(R|x_o, x_m)=P(R)$。

（2）随机缺失（MAR）。在 MAR 假设下，数据缺失的原因取决于观测到的数据。通过统计学分析观测数据与缺失数据是相关的，并且可以从观测数据中估计缺失值。实际上，这是我们可以忽略的一种缺失机制，因为我们拥有观察数据，即控制着缺失所依赖的信息。换言之，特定变量缺少某些数据的概率并不取决于该变量的值。因此，MAR 的数学形式可以表示为 $P(R|x_o, x_m)=P(R|x_o)$。

（3）非随机缺失（MNAR）。这种缺失机制属于完全随机缺失和随机缺失都不成立的情况。在 MNAR 假设下，数据缺失的原因与缺失数据和观测数据均有关。由于此机制依赖于未观测的数据，因此通常无法确定缺失机制。

为了确定可以删除或填充哪些变量，我们需要分析缺失数据的比例。表 5.1 所示为电路故障诊断数据，可以考虑删除观测 1，删除变量“电阻”（如低通滤波器），因为这两组数据的大部分数据缺失了。

表 5.1　电路故障诊断数据

	电容/F	电阻/Ω	电压/ V	电流/A
观测 1	220.12	NaN	NaN	1.01
观测 2	219.35	NaN	3.31	0.98
观测 3	219.98	100.50	3.35	1.00
观测 4	220.35	NaN	3.30	1.12
观测 5	219.80	100.34	3.29	0.99

注：NaN 表示“不是数值”，代表缺失观测。

本文回顾的数据填充方法可分为两大类，即单值填补方法和基于模型的方法。单值填补方法包括均值/中值填补、插值等，基于模型的方法包括回归、k 近邻（k-NN）、自组织映射（SOM）等。

5.1.1.1　单值填补方法

在单值填补方法中，使用预测值替代缺失值[6-7]。单值填补方法忽视了数据的不确定性，几乎没有考虑方差的存在，而多值填补方法既考虑了上述影响因素，也考虑了填补过程的不确定性。最简单的单值填补方法是使用相关变量的均值或中值代替缺失值[8-9]。中值填补方法在观测数据存在异常值时更稳健。同样，可以用缺失值前面或后面的非缺失值替换缺失值。另一种单值填补方法是基于插值的技术，插值技术特别适合处理时间序列。插值技术使用缺失值前面和后面的测量数据来计算缺失值，使用较广泛的插值技术有：线性插值、分段三次样条插值、保形分段三次样条插值。

5.1.1.2 基于模型的方法

基于模型的方法使用预测模型估计缺失值并替代缺失值。在这种情况下，给定的数据集被分为两个子集：一个子集不包含评估变量的缺失值（用于训练模型）；另一个子集包含缺失值，该缺失值需要被估算。基于模型的方法主要有两个缺点：一个是估计值通常比真实值表现得更好；另一个是观测变量和缺失变量独立，模型性能很差。

线性回归插值法使用所有存在的变量构建线性回归模型，感兴趣变量存在的观测值作为输出。线性回归插值法的优点是考虑了变量之间的关系，而均值插值法或中值插值法没有考虑变量的关系。线性回归插值法的缺点是过高估计了模型拟合能力和变量间的相关性，没有考虑缺失数据的不确定性，对变量的方差和协方差考虑不足。

随机回归的主要目标是增加额外的步骤减少偏差，该步骤使用残差项增加每一个预测分数，其中残差项符合均值为零、方差为回归预测目标剩余方差的正态分布。这种基于随机回归的数据填补方法能够保留数据的可变性，是对 MAR 数据的无偏参数估计（见 5.1.1 节）。但是，由于没有考虑输入变量的不确定性，标准误差往往被低估，增大了 I 型误差的风险[10]。

k-NN 方法也可用于数据填补，该方法是使用 k 个最相似的完整观测值，将 k 值进行平均替换缺失值[11]。距离可以作为衡量两个观测值相似性的准则，距离包括欧氏距离、马氏距离、Pearson 距离、汉明距离等。这种方法的优点是考虑了数据的相关结构。但是，k 值的选择至关重要，k 值过大，包含的属性可能与我们的目标观察值明显不同，k 值过小，则有可能遗漏了重要的属性。

SOM[12]通常将多维数据投影到二维（2D）（特征）映射中，使得同类数据关联相同神经元，被称为最佳匹配单元（BMU）或者相近的神经元，该模型可以用来处理缺失数据。基于 SOM 的数据填补方法的基本思路是用相应的 BMU 值代替缺失值。此外，主成分分析（PCA）[13]将缺失值投影到保留数据最大方差的线性方向上。具体地说，我们可以从观测数据中获得线性投影。

5.2 特征归一化

基于数据驱动的异常检测、诊断、预测方法已广泛使用有监督/无监督的机器学习算法。高维数据的使用对复杂电子设备的 PHM 是必不可少的。但是，如果未将数据的每个维度归一化到同一个等级，则机器学习算法的输出可能会偏向于一些数值大的数据。例如，大多数分类器采用欧氏距离来计算两点之间的距离，如果其中一个特征的值较大，那么距离将由该特征控制。因此，特征归一化或数据缩放是数据预处理中的一个关键任务，本节主要介绍 PHM 中常用的规范化方法。

最小最大归一化方法根据数据集的最小值和最大值归一化数据 $\boldsymbol{X}$。也就是说，它使用以下方法将特征 $\boldsymbol{X}$ 的某一维值 x 转换为 $\hat{x}$，$\hat{x}$ 的范围为[low, high]：

$$\hat{x} = \text{low} + \frac{(\text{high} - \text{low})(x - \boldsymbol{X}_{\min})}{\boldsymbol{X}_{\max} - \boldsymbol{X}_{\min}} \tag{5.3}$$

另一种归一化方法是 z 值标准化（或标准化）。经过 z 值标准化的特征符合均值 $\mu=0$，标准差 $\sigma=1$ 的标准正态分布，样本的标准值（也称为 z 值）计算如下：

$$z = \frac{x - \mu}{\sigma} \tag{5.4}$$

有关特征归一化的一些典型算法如下。

- k-NN，如果我们希望所有特征贡献相等，则可以采用欧氏距离测度的 k-NN。
- k 均值聚类。
- 逻辑回归、支持向量机（SVM）、感知器、神经网络等，如果使用基于梯度下降/上升的优化，则某些权重的更新速度会比其他权重快。
- 线性判别分析（LDA）、PCA、核 PCA，找到最大化方差的方向（约束这些方向/特征向量/主成分是正交的）；特征需要在相同的尺度上，否则会强调大的测量尺度。

不同应用选择的归一化方法也不同。例如，在聚类分析中，比较基于某些距离测度的特征之间的相似性，选择 z 值标准化方法可能更有效一些。在 PCA 中，也往往选择 z 值标准化而不选择最小最大归一化方法，这是因为我们感兴趣的分量是通过最大化相关矩阵获得的，而不是通过协方差矩阵获得的。但是，这并不意味着最小最大归一化方法没用。典型的神经网络需要最小最大归一化方法将数据转化为0～1。

除了最小最大归一化方法和 z 值标准化方法外，还有一些归一化方法。在十进制归一化方法中，将特征集 $\boldsymbol{X}$ 数值的小数点移动到最大绝对值处。移动的小数点的位数取决于 $\boldsymbol{X}$ 数值的最大绝对值。因此，数值 x 通过式（5.5）归一化为 $\hat{x}$：

$$\hat{x}=\frac{x}{10^d} \tag{5.5}$$

其中，d 是满足 $\max(|\hat{x}|)<1$ 的最小整数。中值归一化方法通过 x 的中值对特征集 $\boldsymbol{X}$ 的每个值进行归一化，当需要计算两个混合样本之间的比率时，这是一种有用的归一化方法。Sigmoid 标准化方法也是一种广为熟知、非常简单的标准化方法，表示为：

$$\hat{x}=\frac{1}{1+\mathrm{e}^x} \tag{5.6}$$

这种标准化方法的优点是不依赖数据的分布。中位数和中位数绝对偏差（MAD）是单变量数据集中样本差异性的稳健的度量。此外，MAD 是一种统计离散度的度量，对于数据集中异常值的处理比标准差更具有弹性，可以大大减少异常值对于数据集的影响。可以使用 MAD 方法进行数据规范化，如下所示：

$$\hat{x}=\frac{x-\mathrm{median}(\boldsymbol{X})}{\mathrm{MAD}} \tag{5.7}$$

其中，$\mathrm{MAD}=\mathrm{median}\{\mathrm{abs}(x_i-\mathrm{median}(\boldsymbol{X}))\}$，$x_i$ 是 $\boldsymbol{X}$ 中的第 i 个实例。

5.3 特征工程

特征工程是利用数据的领域知识构建机器学习算法特征的过程，是机器学习应用的基础。特征工程既困难又昂贵。一般来说，特征工程任务包括特征构造、特征提取/特征选择和特征学习。在本节中，我们介绍特征提取和特征选择，在第 7 章讨论特征学习。

5.3.1 特征提取

特征提取也称为降维，是指将高维数据转换为有意义的低维数据的过程。降维操作应与数据的固有维数相对应，其中固有维数表示解释数据所需最少参数的数目[14]。降维解决了维数灾难和一些其他高维空间的问题，因此，降维是一种重要的数据驱动的 PHM 方法[15-16]。

如图 5.2 所示，近年来学者们提出了许多特征提取方法，本节并不回顾所有的方法，只是概述 PHM 中广泛使用的特征提取方法：PCA、核 PCA、LDA、核 LDA、Isomap 和 SOM。其他的特征提取方法的全面综述见文献[17]。

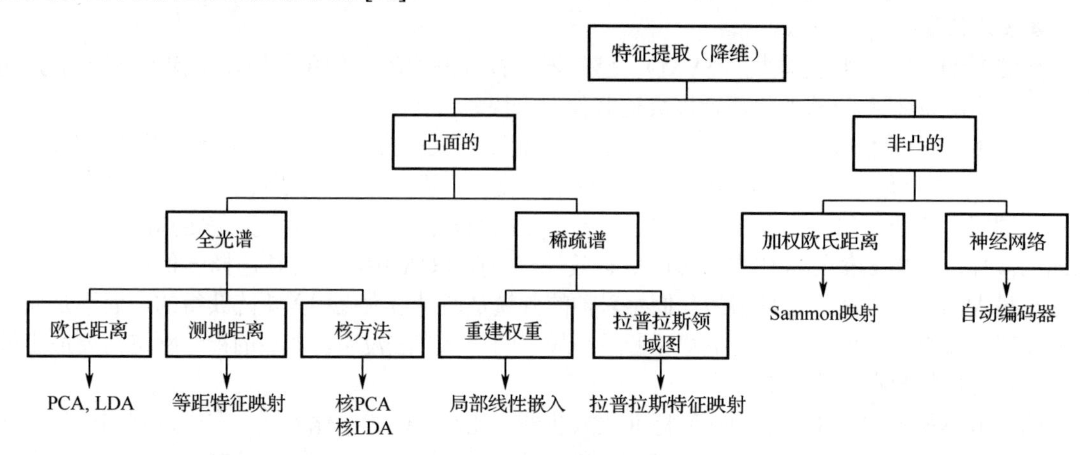

图 5.2　特征提取方法

5.3.1.1　PCA 和核 PCA

主成分分析（PCA）是一种无监督的方法，通过将数据嵌入到一个低维的线性子空间进行降维。更具体地说，PCA 通过将 d 维数据集 $\boldsymbol{X}$ 投影到 k 维子空间，$k<d$ 来降低数据维数，提高计算效率，同时保留了数据集的大部分信息。也就是说，PCA 试图找到最大化代价函数的线性映射 $\boldsymbol{W}$，代价函数：trace（$\boldsymbol{W}^{\mathrm{T}}\boldsymbol{CW}$），其中 $\boldsymbol{C}$ 是 $\boldsymbol{X}$ 的协方差矩阵。PCA 中的线性映射由零均值数据协方差矩阵的 k 个主特征向量形成，零均值数据通常需要进行 z 值标准归一化处理，k 个主特征向量也称作主成分。因此，PCA 解决了本征问题：

$$\boldsymbol{CW}=\lambda\boldsymbol{w} \tag{5.8}$$

每个特征向量都与一个特征值相对应，特征值 λ 是对应特征向量的长度或大小。如果 k 个特征值的大小明显大于其他特征值，则通过丢弃信息量较少的特征对数据集 $\boldsymbol{X}$ 进行 PCA，将其降维到 k 维子空间是合理的。PCA 的步骤总结如下。

第一步标准化给定的数据集 $\boldsymbol{X}$。

第二步从协方差矩阵 $\boldsymbol{C}$ 获得特征向量和特征值。注意，在第 4 章中描述了健壮的协方差矩阵估计方法。

第三步将特征值按降序排序，并选择 k 个最大（或主）特征值相对应的 k 个特征向量，其中 k 是新特征子空间的维数，满足 $k\leqslant d$。

第四步使用选择的 k 个特征向量构造线性映射（或投影矩阵）$\boldsymbol{W}$。

第五步将原始数据集 $\boldsymbol{X}$ 经 $\boldsymbol{W}$ 变换到 k 维特征空间 $\boldsymbol{Y}$。

前面提到的 PCA 是一种线性投影技术，如果数据线性可分，则 PCA 效果很好。如果数据线性不可分，则首选非线性技术。如第 4 章所述，处理线性不可分数据的基本思想是将数据投影到一个更高维的空间，在高维空间中借助核函数使其线性可分。图 5.3 说明了 PCA 的工作原理。

经典线性 PCA 通过提取协方差矩阵最大特征值对应的特征向量，最大化数据集中的方差，找到主分量，协方差矩阵的计算方法为：

$$\boldsymbol{C}=\frac{1}{N}\sum_{i=1}^{N}\boldsymbol{x}_i\boldsymbol{x}_i^{\mathrm{T}} \tag{5.9}$$

其中，N 是数据集 $\boldsymbol{X}$ 中的观测数。在核 PCA 分析中，协方差矩阵 $\boldsymbol{C}$ 的计算方法为：

$$\boldsymbol{C}=\frac{1}{N}\sum_{i=1}^{N}\boldsymbol{\phi}(\boldsymbol{x}_i)\boldsymbol{\phi}(\boldsymbol{x}_i)^{\mathrm{T}} \tag{5.10}$$

其中，$\boldsymbol{\phi}(\boldsymbol{x}_i)$ 是一个核函数。实际上，高维空间中的协方差矩阵并不需要显式计算。因此，核 PCA 分析的计算过程中不会产生主成分轴，但是得到的特征向量可以理解为数据到主成分轴的投影。

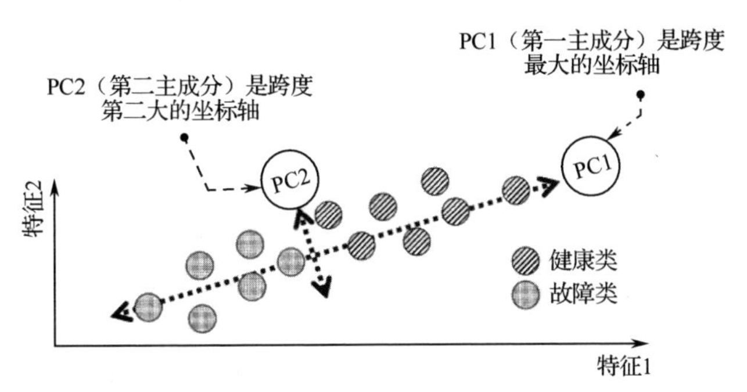

图 5.3　PCA 的工作原理，其中 PC1 和 PC2 表示从 PCA 获得的第一和第二主成分

5.3.1.2　LDA 和核 LDA

在分类和机器学习的数据预处理步骤中，LDA 通常用作降维技术。LDA 旨在将数据投影到具有良好类别可分性的低维空间上，避免过拟合（“维数灾难”），降低计算代价。图 5.4 生动地说明了 LDA 的工作原理。

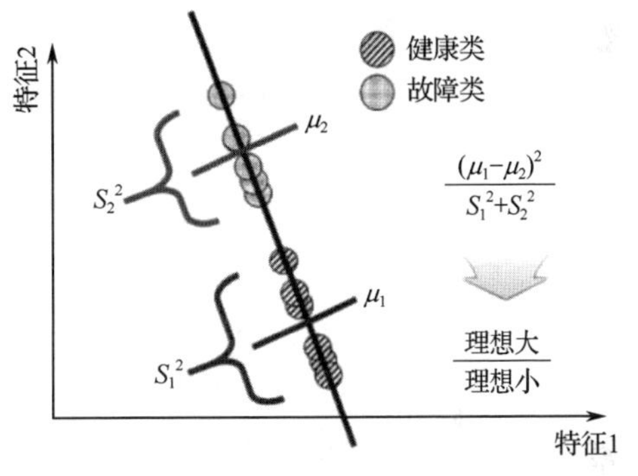

图 5.4　LDA 的工作原理，其中变量 μ 和 S 指示从给定类（即健康类或故障类）获得的平均值和标准差，并且 LDA 的目标是找到最大化可分离性的新轴

可以认为 PCA 是一种“无监督”的算法，因为它不考虑类别标签，其目标是找到数据集中最大方差的方向（所谓的主成分），而 LDA 是“监督”的，寻找类间可分性最大的方向（“线性判别”）。图 5.5 直观地说明了 PCA 与 LDA 的区别。

直观地看，LDA 在已知类别标签的多分类任务中可能会优于 PCA，然而事实并非总是如此。例如，在故障诊断中，比较两种方法的准确率，当发现每种类别的样本数量相对较少时，PCA 的准确率往往优于 LDA。下面列出了 LDA 的五个基本步骤。

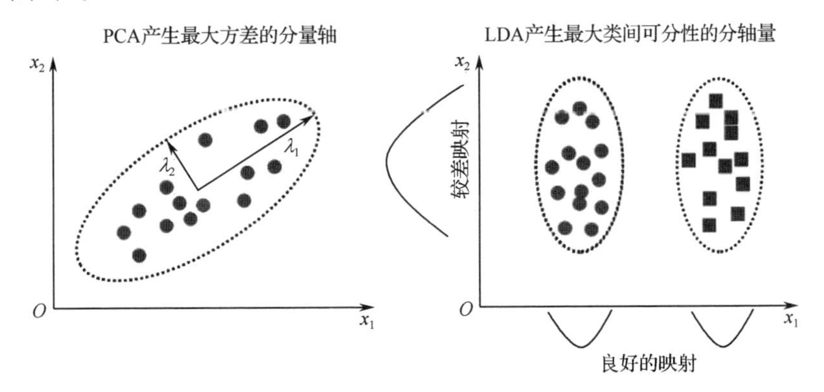

图 5.5　PCA 与 LDA 的区别

第一步计算数据集 $\boldsymbol{X}$ 中每个类别的 d 维均值向量。

第二步计算类间和类内散布矩阵。

第三步计算散布矩阵的特征向量和相应的特征值。

第四步对特征值降序排列，选择具有最大特征值的 k 个特征向量，形成大小为 $d \times k$ 的矩阵（投影矩阵）$\boldsymbol{W}$，其中 $\boldsymbol{W}$ 的每一列表示一个特征向量。

第五步使用投影矩阵将数据转换到新的子空间上，使 $\boldsymbol{Y}=\boldsymbol{XW}$。

与核 PCA 类似，核 LDA 是在 LDA 中使用了核技巧，核 LDA 也称为广义判别分析、核 Fisher 判别分析。核技术的使用，使得核 LDA 可以隐式地在一个新的特征空间学习非线性映射。

5.3.1.3 Isomap

经典缩放技术①已经成功应用在 PHM 中[18]，但它主要保持数据之间的欧氏距离，没有考虑邻域数据的分布情况。如果高维数据位于流形曲线上或者流形曲线附近，那么经典的标度方法可能会将两个数据视为近邻，但是它们的流形距离远大于典型的点间距离。

Isomap[19]保留数据点对之间的测地距离（也称为曲线距离），可以解决上述问题，其中测地距离是两个数据点在流形上的距离。Isomap 方法首先构造邻接图 G，计算数据点 $x_i(i=1,2,\cdots,n)$之间的测地距离，每个数据点 x_i 与数据集 $\boldsymbol{X}$ 中与其最近邻的 k 个数据点 $x_{ij}(j=1,2,\cdots,k)$连接。然后，通过邻接图中两点之间的最短路径逼近两点之间的测地距离，最短路径的实现以 Dijkstr 或者 Floyd 最短路径算法为主。最后，计算 $\boldsymbol{X}$ 中任意两个数据点的测地距离，形成点对的测地距离矩阵。在低维空间 $\boldsymbol{Y}$ 中，数据点 x 的低维表示 y 是通过在点对的测地距离矩阵中应用经典缩放技术完成的。

5.3.1.4 SOM

SOM 由一个规则的、通常是二维网格映射单元（也称神经网络）组成。每个单元 i 由原型向量（或权重向量）$\boldsymbol{w}_i=\{\boldsymbol{w}_{i1},\boldsymbol{w}_{i2},\cdots,\boldsymbol{w}_{id}\}$表示，其中 d 是数据集 $\boldsymbol{X}$ 中样本的维数。这些单元通过邻域关系和相邻单元连接。映射单元的数量通常从几十个到几千个不等，映射单元的数量决定了 SOM 的精度和泛化能力。图 5.6 展示了 SOM 的标准结构。

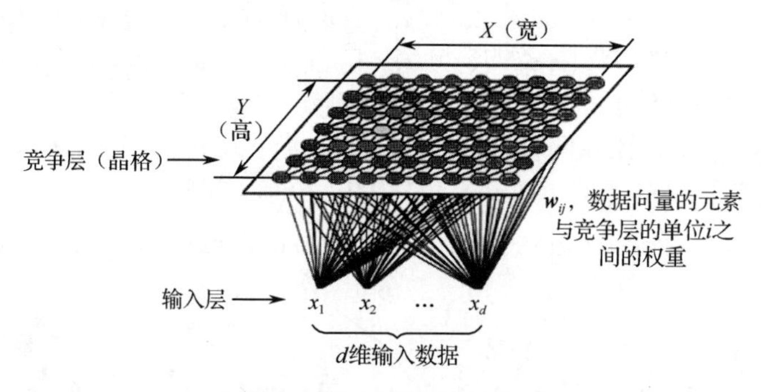

图 5.6 SOM 的标准结构

在训练过程中，SOM 形成一个弹性网络，将输入数据折叠到“云”上。输入空间中相邻的数据点被映射到相邻的映射单元上。因此，SOM 可以理解为从输入空间到二维网格映射单元的保持拓扑映射。SOM 进行迭代训练，在每个训练步骤中，从输入数据集 $\boldsymbol{X}$ 中随机选择一个样本 x，计算 x 与所有原型向量之间的距离。这里最佳匹配单元（BMU）用 b 表示，是和 x 最近原型的映射单元：

$$\|x-\boldsymbol{w}_i\|=\min_i\|x-\boldsymbol{w}_i\| \tag{5.11}$$

① PCA 和传统的多维归一化方法一样均是特征缩放技术。

接下来，更新权重向量。BMU 及其邻域拓扑更靠近输入空间中的输入向量。第 i 个单元的原型向量更新规则为：

$$\boldsymbol{w}_i(t+1)=\boldsymbol{w}_i(t)+\alpha(t)h_{bi}(t)[x-\boldsymbol{w}_i(t)] \tag{5.12}$$

其中，t 是时间，$\alpha(t)$ 是自适应系数，$h_{bi}(t)=\mathrm{e}^{-\frac{\|r_b-r_i\|^2}{2\sigma^2(t)}}$。$r_b$ 和 r_i 分别是神经元 b 和神经元 i 在 SOM 网格上的位置。$\alpha(t)$ 和 $\sigma(t)$ 均随时间单调下降。需要说明的是，批处理版本的算法不使用自适应系数[20]。SOM 算法适用于大规模数据，它的计算复杂度与数据样本的数量呈线性关系，因此该算法不需要占用大量的内存，基本上仅需要存储原型向量和当前训练向量，就可以以神经网络的在线学习方式以及并行化方式[21]实现。

5.3.2 特征选择

特征选择，也称变量选择、属性选择，是选择相关特征子集构建模型的过程。特征选择不同于降维，这两种方法都试图减少给定数据集中的特征数量，降维创造了新的特征组合，而特征选择包含和排除数据中存在的特征，但是不改变特征。

特征选择的目的如下。第一，特征选择提高了机器学习算法的性能。例如，某些特征与分类问题无关，或者它们包含了噪声，这样的特征可能会导致过拟合，导致分类结果含有偏差或者不期望的方差。第二，特征选择可以提高模型的可解释性。删除一些特征，可以简化模型。特征选择还可以对特征的重要性进行排序，了解哪些特征对模型贡献最大。第三，特征选择减少了计算和采集数据所需的资源。例如，如果将传感器数据用作特征，则特征选择会减少传感器数量，降低传感器系统、数据采集、数据存储、数据处理的代价。第四，与降维一样，特征选择会降低维数灾难的风险。

一般来说，特征选择包括两个阶段：首先构造若干特征子集，然后对子集进行评估。根据评估过程，特征选择机制基本上可以分为滤波式方法和封装式方法。滤波式方法采用独立于任何分类方案的评估策略，而封装式方法使用分类准确率评估特定分类器在特征子集的质量[22]。因此，从理论上讲，封装式方法比滤波式方法在预定义的特定分类器上的诊断性能更好。然而，滤波式方法没有为特定分类器进行准确率估计的过程，计算效率更高。此外，不同的封装方法和滤波式方法对数据使用的假设不同。如果特定方法的假设与数据的属性匹配，则选择该方法。在下面的内容中，我们将以二分类（将数据分为两类）为例，来解释机器学习的特征选择任务。这也是理解其他机器学习任务，如多分类和回归的基础。

为了同时获得较高的计算效率和诊断性能，近年来的智能故障检测和诊断方法采用了混合特征选择（HFS）方法，充分利用了滤波式和封装式方法的优点。Liu 等提出了一种有效的识别直驱式风力涡轮机各种故障的 HFS 方法[23]。具体地说，HFS 方法由一个全局几何相似性准则和一个预定义的分类器构成，相似性准则产生特征子集，分类器如支持向量机或一般回归神经网络，预测这些特征子集的诊断性能（或分类精度）。Yang 等[24]提出了通过引入 HFS 框架来提高诊断性能的方法，HFS 框架是一种无监督的学习模型。这种方法有效地诊断特征数量较少、与单个和多个组合轴承缺陷密切相关的故障。

5.3.2.1 特征选择：滤波式方法

滤波式方法先对数据集进行特征选择，然后再训练学习器。例如，在二分类任务中，单独评估特征，使得任何维度的特征都能促进数据的可分性。通常，由滤波式方法进行假设检验。首先提供两种类别的数据，然后使用零假设执行假设检验，我们假设两种类别的数据来自同一个分布。利用评估中的特征检验假设，如果假设被拒绝，则来自两种类别的数据将不被视为来自同一分布，这意味着特征能够区分这两种类别。滤波式方法中的假设检验方法可以基于 t 分布、F 分布和 Kolmogorov-Smirnov（KS）分布。此类假设检验方法对数据有不同的假设，因此应选择特定的方法进行滤波式特征选择。

1. t 检验特征选择

双样本 t 检验可以评估两类样本能否由所选特征的平均值对两类数据进行分类。假定这两类数据都符合高斯分布，在两类数据具有相同均值的条件下，即零假设，构造 t 统计量：

$$t=\frac{\overline{x_{\text{A}}}-\overline{x_{\text{B}}}}{\sqrt{\frac{s_{\text{A}}^{2}}{n_{\text{A}}}}+\sqrt{\frac{s_{\text{B}}^{2}}{n_{\text{B}}}}} \tag{5.13}$$

其中，t 是在零假设下服从 t 分布的检验统计量，$\overline{x_{\text{A}}}$ 和 $\overline{x_{\text{B}}}$ 是样本均值，s_{A} 和 s_{B} 是样本标准差，n_{A} 和 n_{B} 是 A 类和 B 类样本的数量。t 统计量的值较大意味着两种类别的数据具有相同平均值的可能性很小。

t 统计量的值对应 t 分布中的 p 值，p 值可在手册和软件包中查找。p 值是零假设下检验统计量取极值的概率，拒绝假设的根据，决定假设检验的统计意义。p 值越小，接受零假设的可能性越小。通常，将显著性水平 α 作为假设检验的阈值。α 是假设检验拒绝零假设为真的概率。当 $p<\alpha$ 时，拒绝零假设，其显著性为 α，即两类数据的均值不同，特征可以区分数据。α 较大意味着接受零假设的条件更加严格，但是也可能会出现较大的 I 型错误率。常用的 α 是 0.05。

例如，假设一个 m 维数据集有两类样本，n 个观测值，每类数据都符合高斯分布；使用 t 检验选择特征，需要计算 m 个特征的 p 统计量的 p 值。如果显著性水平 α 为 0.05，那么 k 个特征的 p 值小于 0.05，$m-k$ 个特征的 p 值大于 0.05；选择这 k 个特征是因为它们可以拒绝两类数据具有相同均值的零假设对数据进行分类。

2. F 检验特征选择

有时，我们希望通过方差对数据进行分类。这时，可以采用双样本 F 检验。F 检验假设每类数据都符合高斯分布。零假设是两类数据具有相同的方差。在零假设条件下，F 统计量为：

$$F=\frac{s_{\text{A}}^{2}}{s_{\text{B}}^{2}} \tag{5.14}$$

其中，F 是服从 F 分布的 F 统计量，s_{A} 和 s_{B} 分别是 A 类和 B 类数据的标准差。F 统计量的值较大意味着两类数据具有相同方差的可能性很小。

与 t 检验过程类似，计算 p 值，p 值与 F 统计量相对应，比较 p 值与预先设定的显著性水平 α 的大小。如果 $p<\alpha$，则拒绝零假设，选择该特征，两类数据可以通过方差进行区分。

3. KS 检验特征选择

当需要通过均值或方差区分数据时，可以使用 t 检验和 F 检验。但是，在某些情况下，不同类别数据的均值或方差并没有不同。例如，数据可能有不同的偏斜度或峭度。此外，t 检验和 F 检验都假设数据服从高斯分布，这与大多数的实际应用并不相符。双样本 KS 检验是一种解决上述问题，替代假设检验的检验。KS 检验是一种非参数方法，对被测数据的分布没有任何假设。检验统计量称为 KS 统计量，它是两类数据的经验分布之差的最大值。较大的 KS 统计量意味着数据来自相同分布的可能性很小。

$$D=\sup_{x\in\mathbf{R}}|F_{\text{A}}(x)-F_{\text{B}}(x)| \tag{5.15}$$

其中，D 是 KS 统计量，F_A 和 F_B 分别是 A 类和 B 类数据的经验分布。KS 统计量如图 5.7 所示。

KS 统计量 D 服从 KS 分布。因此，计算 p 值，并比较 p 值与预先设定的显著性水平 α。如果 $p<\alpha$，则否定零假设，即否定数据来自同一分布，视该特征能够区分数据。

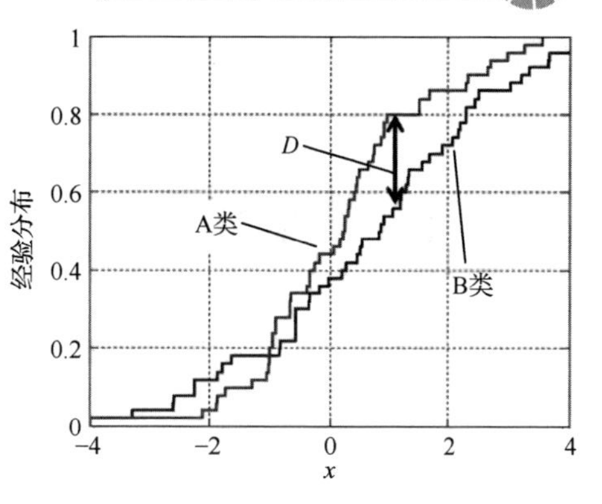

图 5.7　KS 统计量

5.3.2.2　特征选择：封装式方法

如果根据分类器的分类性能进行特征选择，则可以应用封装式方法。封装式特征选择寻找特征子集优化目标函数。前向搜索和后向搜索是两种使用较广泛的封装式方法。前向搜索从一个空子集开始，每次在上一轮的子集中加入一个使目标函数减小最多的特征。目标函数通常是通过交叉验证法计算得到的机器学习算法的泛化误差。当泛化误差小于阈值时，特征选择过程停止。反向搜索从使用所有特征作为子集开始，每次在上一轮的子集中删除一个特征，直到满足某个条件而停止删除。该方法在完全搜索中需要调用机器学习算法的计算复杂度 $O(n^2)$，如此高昂的计算代价对很多应用不可行。基于此，学者们提出了很多启发式搜索算法。例如，使用模拟退火、遗传、粒子群优化等算法搜索特征的最优子集[25]。

5.3.2.3　特征选择：嵌入式方法

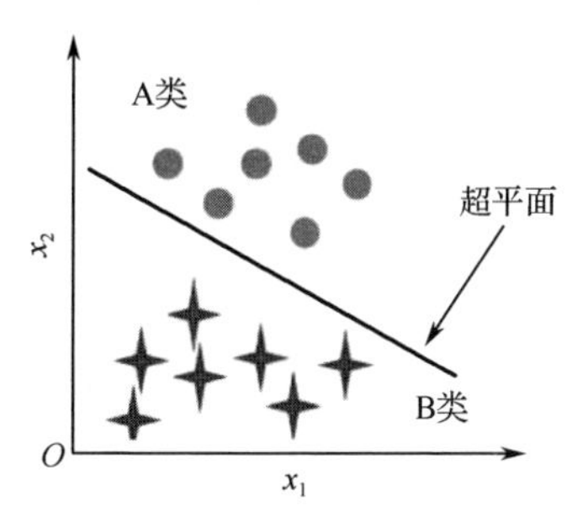

图 5.8　支持向量机（SVM）

嵌入式方法将特征选择与学习器训练过程融为一体，其基本思想是根据分类器中的特征权重对特征进行排序。线性支持向量机是一种可以用于特征选择的分类算法。线性支持向量机的超平面是优化的线性模型，使两类数据的可分性最大，如图 5.8 和式（5.16）所示。权重绝对值最大的特征对分离超平面的贡献最大，对类间可分性最敏感。

$$w_1x_1+w_2x_2+\cdots+w_mx_m+b=0 \tag{5.16}$$

其中，w_m 是第 m 个特征 x 的权重，b 是线性模型的常数。

使用线性支持向量机进行特征选择，首先使用所有特征训练支持向量机，然后基于特征权重的绝对值对特征进行排序，最后根据某些规则选择特征。例如，如果期望的分类准确率为 q，则从满足条件的排序特征中选择前 k 个特征作为线性支持向量机的输入。同样，可以根据 LDA 中特征的权重实现特征选择。此外，分类中的惩罚系数和神经网络的网络剪枝也可用作特征选择。

5.3.2.4　高级特征选择

在滤波式、封装式、嵌入式特征选择的基础上，学者们提出了集成特征选择、稳定性特征选择以及 HFS 等先进的特征选择方法。

集成特征选择旨在综合不同特征选择算法。在文献[26]中，对通过自举法获得的数据的不同子集运行单一的特征选择算法，将结果聚合以获得最终特征集。采用滤波式方法对特征进行排序，并采用集成平均、线性聚合、加权聚合等不同的聚合方法得到最终的特征子集。

稳定性特征选择试图改善特征选择过程的一致性[27]。特征选择方法的稳定性可以看作算法的一致性，能够在加入新的训练样本或移除某些训练样本时生成一致的特征子集。一种提高稳定性的策略是生成训练数据的多个子集，并使用这些子集进行特征选择。具有最高选择频率的特征是我们感兴趣的特征。

5.4 不平衡学习

在 PHM 中，不平衡学习一直是一个挑战，这关系到数据在缺少表示和类别分布存在严重偏差的情况下机器学习算法的性能。因此，本节将回顾不平衡学习的研究进程；更确切地说，本节回顾处理不平衡学习问题的各种采样、成本敏感的学习方法和评价指标。

5.4.1 不平衡学习的采样方法

在不平衡学习中使用采样方法需要调节不平衡的数据集达到数据的平衡分布。有监督/无监督学习算法可以从不平衡的数据集中学习。基于不平衡数据集产生的学习算法与由采样方法平衡的相同数据集产生的学习算法具有可比性。对于大多数不平衡数据集，采样方法可以提高学习算法的性能[28]。本节主要讨论各种过采样方法，因为它们在 PHM 中有广泛的应用。

5.4.1.1 合成少数类过采样技术

合成少数类过采样技术（SMOTE）[29]基于现有少数数据点之间的特征空间相似性（即本文中的故障观测）产生人工数据。具体地讲，对于子集 $S_{\text{minority}} \in S$，考虑对于每个观测 $x_i \in S$ 的 k 近邻，S_{minority} 是 $S = \{(x_i, y_i)\}$ 中的少数类观测的集合。其中，i=1, 2, …, m。S 中的 $x_i \in \boldsymbol{X}$ 是 n 维特征空间 $\boldsymbol{X}=\{f_1, f_2, \cdots, f_m\}$ 中的一个观测量，并且 $y_i \in Y$ 是与实例 x_i 相关联的类标识标签。同样，m 是给定数据集中的观测总数，C 是类的数目。为了创建合成观测 x_{new}，随机选择一个 k 近邻，然后将相应的特征向量差乘以一个在[0, 1]区间内的随机数，最后，将该向量添加到 x_i 中：

$$x_{\text{new}} = x_i + (\hat{x}_i - x_i)\delta \tag{5.17}$$

$\hat{x}_i$ 是 x_i 的 k 近邻，且 $\hat{x}_i \in S_{\text{minority}}$，同时 δ 是[0, 1]区间内的一个随机数。

5.4.1.2 自适应合成采样技术

自适应合成采样（ADASYN）[30]使用系统方法，根据数据分布自适应地创建不同数量的合成观测值，其过程总结如下。

第一步：计算需要为整个少数类生成的合成观测值 G 的数量，方法是：

$$G = (|S_{\text{majority}}| - |S_{\text{minority}}|)\beta \tag{5.18}$$

其中，S_{majority} 是 S 中的多数类观测的集合，$|S_{\text{majority}}|$ 和 $|S_{\text{minority}}|$ 分别是 S_{majority} 和 S_{minority} 中的观测数，β 是[0, 1]范围内的随机数。

第二步：对于每个观测值 $x_i \in S_{\text{minority}}$，根据欧氏距离找到 k 近邻，并计算比率 $\varGamma$，定义为：

$$\varGamma_i = \frac{(\varDelta_i/k)}{Z},\ i = 1,2,\cdots,|S_{\text{majority}}| \tag{5.19}$$

其中，$\varDelta_i$ 是在 x_i 的 k 近邻中的观测数，$x_i \in S_{\text{majority}}$。$Z$ 是一个归一化因子，它使得 $\sum_i \varGamma_i = 1$。然后，需要为每个 $x_i \in S_{\text{minority}}$ 生成的合成观测的数量被确定为 $g_i = \varGamma_i G$。

第三步：对于 $x_i \in S_{\mathrm{minority}}$，使用式（5.17）生成合成观测值 g_i。

ADASYN 算法的核心思想是使用密度分布 $\varGamma$ 作为准则，通过自适应地改变不同少数观测值的权重来补偿倾斜分布，自动确定每个次要观测值需要生成的合成观测值的数量。

5.4.1.3 采样方法对故障诊断的影响

图 5.9 展示了一种评估过采样算法在轴承故障诊断中有效性的方法，该方法可用于解决 PHM 中的不平衡数据问题。如图 5.9 所示，该方法包括特征向量配置、z 值标准化、过采样、训练和诊断等。下面将提供关于该方法的详细说明。

为了评估过采样算法在处理轴承故障诊断中不平衡数据问题的有效性，比较使用过采样算法和不使用过采样算法的诊断性能。表 5.2 至表 5.4 所示为诊断性能统计。

如表 5.2 至表 5.4 所示，马修斯相关系数（MCC）随着在少数类（即错误类）中使用合成观测值而增加。也就是说，对于健康类，在训练 SVM 的过程中加入综合观测（见图 5.10）确实会引入假阴性，但对减少假阳性有效。如图 5.10 所示，这些综合观测有助于 SVM 理解少数类，并进一步促进诊断性能的提高，性能指标 MCC 提高了 35%。

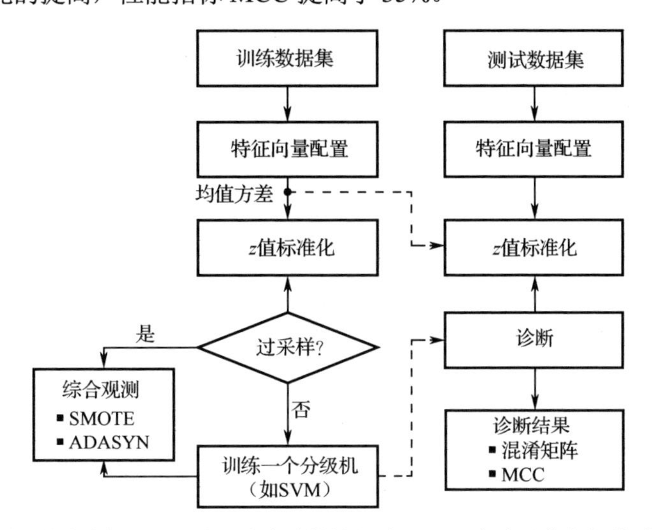

图 5.9 评估过采样算法在轴承故障诊断中有效性的方法（MCC 代表马修斯相关系数，见第 4 章）

表 5.2 不使用通用算法的混淆矩阵，MCC=0.7293

实 际	预 测	
	健 康	故 障
健康	90	0
故障	4	5

表 5.3 SMOTE 算法的混淆矩阵，MCC=0.8134

实 际	预 测	
	健 康	故 障
健康	86	4
故障	0	9

表 5.4 ADASYN 算法的混淆矩阵，MCC=0.894

实　际	预　测	
	健　康	故　障
健康	88	2
故障	0	9

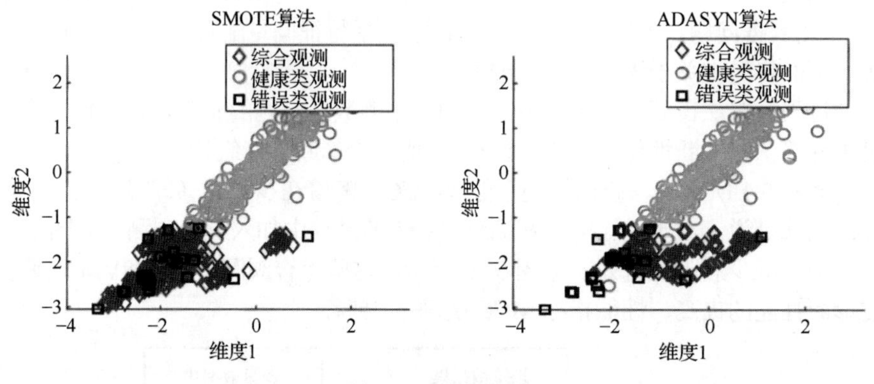

图 5.10　综合观测

原著参考文献

第6章

机器学习的异常检测

Myeongsu Kang
美国马里兰大学帕克分校高级寿命周期工程中心

产品健康度定义为，产品性能与在典型运行条件下预期的性能相比，其偏离或退化的程度，其中典型运行条件是产品预期的物理或性能相关的条件[1]。因此，识别产品与基准健康行为的偏离程度，检测产品潜在故障的发生时间，对于故障预测与健康管理具有重要意义。在 PHM 领域，上述过程称为异常检测。在过去的几十年中，大量异常检测方法用于电子产品 PHM，因此本章主要概述异常检测方法及其在机器学习中的挑战。

6.1 引言

异常检测是指识别不符合预期的数据模式，这些模式通常指异常值和反常值[2]。在 PHM 领域中，异常模式的重要性在于数据异常值可以反映产品健康状态的重要信息。通常，大部分异常检测方法先建立在正常情况下的范围，然后识别那些不在正常范围内的异常值。例如，在文献[3]中，获得球栅阵列（BGA）封装的温度循环健康数据（也称训练数据或基线数据），并用于建立 BGA 健康状态。通过捕捉模型估计值和现场观测值的差异，识别 BGA 异常行为。

异常检测方法可分为基于距离的方法、基于聚类的方法、基于分类的方法和基于统计的方法。基于距离的方法利用了异常值与健康基准数据距离远的原理。基于聚类的方法假定正常观测值属于同一类，当新的观测值远离该类的聚类中心时，认为它是一个异常值。基于分类的方法（如支持向量机、*k* 近邻、神经网络等）将异常观测值从正常观测值中进行分类。此外，基于统计的方法则利用异常值的统计性质进行异常检测。PHM 领域的异常检测方法总结如表 6.1 至表 6.4 所示。

表 6.1　基于距离的方法

基于距离的方法	研究工作描述
马氏距离	● 对于冷却风扇异常检测问题，Jin 等首先从信号中提取高维特征，然后采用马氏距离计算选取一个优良特征集，最后基于预设的阈值检测异常[4]。 ● 对于冷却风扇异常检测问题，Jin 和 Chow 采用田口方法从振动信号中提取 13 个特征变量，从选取的特征中计算基于马氏距离的健康指标。然后，如果基于马氏距离的健康指标超出预设的阈值，则判定冷却风扇出现异常行为[5]。 ● 文献[6]利用基于马氏距离的异常状态检测方法进行发光二极管（LED）早期异常识别。具体而言，根据 LED 性能数据（如引线温度、输入端驱动电流、正向电压等）计算 MD 值。

续表

基于距离的方法	研究工作描述
马氏距离	● Wang 等首次针对硬盘驱动装置开展了失效模式、机理及影响分析以识别与潜在失效机理相关的特征集合，采用最小冗余最大相关（mRMR）算法去除冗余特征，然后采用基于马氏距离的方法进行异常识别[7]。 ● Wang 等提出基于马氏距离和 Box-Cox 变换的硬盘驱动装置异常状态识别方法[8]

表 6.2 基于聚类的方法

基于聚类的方法	研究工作描述
k 均值聚类	● 对于滚动轴承异常检测问题，Wang 等提出 k 均值聚类方法[9]。 ● 对于风力涡轮机，Zhang 和 Kusiak 提出基于 k 均值聚类的异常检测方法。具体而言，其采用 k 均值聚类算法拟合风力涡轮机在正常运行条件下监控和数据采集系统（SCADA）收集的数据[10]
模糊 c 均值聚类（FCM）	● 为分析核电厂涡轮机的 148 次停机瞬态特性，Baraldi 等研究了基于模糊技术的分析的有效性[11]。 ● Baraldi 等基于模糊技术（模糊逻辑和模糊 c 均值聚类），提出了一种无监督聚类方法以捕获工艺设备异常行为分析[12]
自组织映射（SOM）	● Du 等采用 SOM 算法对从 SCADA 获得的高维数据进行投影，并使用基于欧几里得距离的指标进行系统级异常检测[13]。 ● 为了去除对噪声敏感的最佳匹配单元，Tian 等提出了带有 k 近邻的 SOM 异常检测方法[14]
k 近邻辅助的密度聚类	● Chang 等提出了基于聚类的 LED 异常检测方法，先采用峰值分析方法从谱功率分布中提取特征，然后采用主元分析方法进行特征降维，再利用基于密度的聚类方法对健康观测数据进行分组，最后基于聚类中心的距离进行异常检测[15]
谱聚类	● Li 等将谱聚类方法用于学习风力发电厂的基准健康行为，并进行异常检测[16]

表 6.3 基于分类的方法

基于分类的方法	研究工作描述
基于贝叶斯的隐马尔可夫模型（HMM）	● 基于贝叶斯的隐马尔可夫模型分类算法，Dorj 等提出了一种数据驱动的电子系统异常检测方法[17]
k 近邻（k-NN）	● 对于绝缘栅双极型晶体管的异常检测问题，Sutrisno 等提出了一种基于主成分分析和 k 近邻的分类的方法[18]
支持向量机（SVM）	● SVM 的变异算法（如最小二乘 SVM 和单类 SVM）已应用于航天器、航空器和电子系统的异常检测[19-20]
神经网络（NN）	● Yan 和 Yu 提出了一种燃气轮机燃烧异常检测方法。该方法首先采用堆叠去噪自动编码器进行特征学习，然后采用极限学习机进行决策[21]。 ● 运用极限学习机，Janakiraman 和 Nielsen 提出了一种航空数据异常检测方法[22]。 ● Nanduri 和 Sherry 验证了递归神经网络用于飞机异常检测的有效性[23]
集成方法	● Theissler 提出了一种异常检测方法，该方法通过集成有监督的机器学习算法（如朴素贝叶斯、支持向量机），能够检测汽车系统的已知和未知异常行为[24]

表 6.4 基于统计的方法

基于统计的方法	研究工作描述
序贯概率比检验（SPRT）	● SPRT 被广泛用于电子、结构和过程控制的异常检测。Gross 等利用 SPRT 对计算机服务器[25-26]和核电站设备[27]进行异常监控。Pecht 和 Jaai 运用 SPRT 检测 BGA 焊料的异常[3]。同理，SPRT 被用于电诊断传感器标签的异常检测[28]。SPRT 还被用于识别系统的损伤水平[29]，并生成一个统计过程控制模型以监控过程变化[30]
相关性分析	● 运用核主成分分析和相关分析方法，Pan 等提出了一种卫星电源子系统的异常检测方法[31]

6.2 异常类型

正确理解异常的本质是研究异常检测方法的重要方面。因此，本节给出异常类型的理论基础。其中，异常类型可分为点异常、上下文异常和集合异常。

6.2.1 点异常

与其他观测值相比，如果一个观测值是异常的，则称其为点异常。这是最简单的异常类型，也是大多数异常检测研究的焦点问题。例如，图 6.1 描述了锂离子电池放电容量数据并展示了偏离正常观测值的点异常示例。

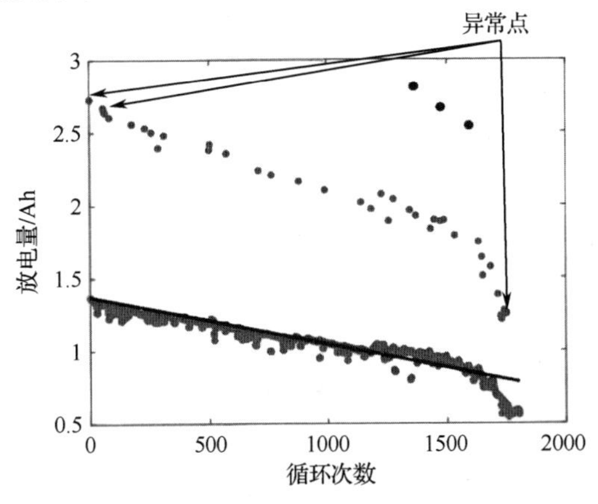

图 6.1 点异常示例

6.2.2 上下文异常

如果一个观测值仅在特定环境中异常，在其他环境中不异常，那么称其为上下文异常。具体而言，通过以下属性可以定义上下文异常。

（1）上下文属性是指用于确定给定观测值的上下文的属性。例如，在时间序列数据中，时间是一个上下文属性，它确定了一个观测值在序列的位置。

（2）行为属性是指用于定义给定观测值的非上下文信息。例如，在描述世界平均降雨量的空间数据集中，任何位置的降雨量都可以被看作行为属性。

异常行为是通过特定上下文中的行为属性值确定的。一个数据实例在给定的上下文中可能是异常的，但相同的数据实例（就行为属性而言）在不同的上下文中可能是正常的。在上下文异常检测方法中，该性质是识别上下文属性和行为属性的关键。图 6.2 描述了一个地区月度温度的时间序列。温度 20℉（约-6.7℃），在时间 t_1（冬季期间）可能是正常的，但在时间 t_2（夏季期间）则可能是上下文异常。

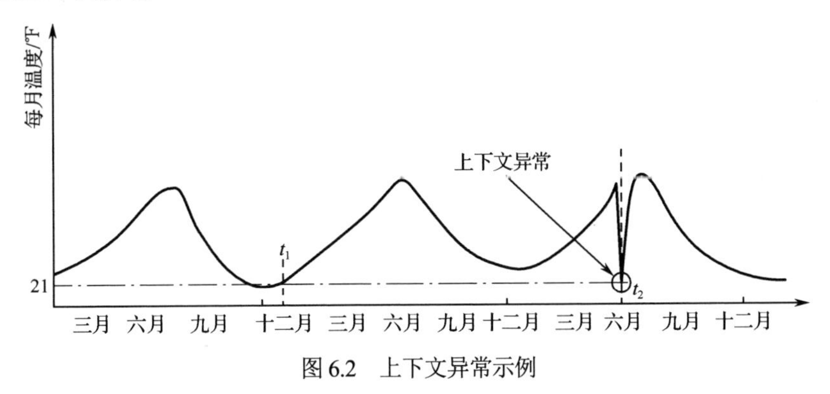

图 6.2 上下文异常示例

6.2.3 集合异常

如果一组观测值相对于整个数据集是异常的，则称其为“集合异常”。集合异常中的个别数据观测值本身可能并非异常值，但它们作为一个集合一起出现时则是异常的。在 PHM 中，因传

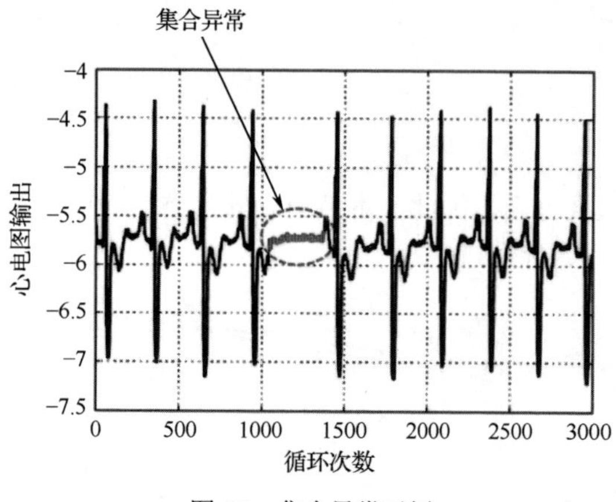

图 6.3　集合异常示例

感器故障或传输故障导致的丢失值可以被认为是一种集合异常。图 6.3 展示了一个心电图的输出，突出显示的区域表示集合异常，其原因是人的心电图输出不会长时间处于低水平。

注意，在任何数据集中点异常都可能发生，而集合异常只能发生在相关的观测数据集中。相反，上下文异常的发生取决于数据中上下文属性的可用性。如果根据上下文进行分析，则点异常或集合异常也可以是上下文异常。因此，通过整合上下文信息，可以将点异常检测问题或集合异常检测问题转化为上下文异常检测问题。集合异常检测方法与点异常、上下文异常检测方法具有很大的不同，需要单独进行详细讨论。

6.3 基于距离的方法

如上所述，基于距离的方法利用了异常值偏离正常值的性质，并且使用距离或相似性进行决策。基于距离的方法的优缺点如表 6.5 所示。

表 6.5　基于距离的方法的优缺点

优　点	缺　点
● 基于距离的方法的一个主要优点是，它们在本质上是无监督的，并且对于数据的分布不做任何假设。 ● 可直接将基于距离的方法应用于不同的数据类型，并且主要需要为给定的数据定义适当的距离度量	● 如果正常实例没有足够多的近邻，或者异常有足够多的近邻，基于距离的方法则可能导致漏警。 ● 如果正常的测试实例与正常的训练实例不同，则此类方法的假阳性率将很高。 ● 检测性能高度依赖于距离度量。因此，在复杂数据情况下，选择合适的距离度量具有一定的挑战性

如表 6.1 所示，马氏距离（MD）已广泛用于异常检测。基于马氏距离的异常检测的通用实施流程如图 6.4 所示。该方法首先从健康（或参考）观测值中计算平均值和标准差值进行数据标准化，特别是 z 值标准化。当然，还可以考虑其他标准化或缩放方法。同样地，平均值和标准差将用于测试观测值的标准化。然后，得到协方差矩阵（见 6.3.1 节），并计算标准化健康观测值的 MD 值，该协方差矩阵进一步用于计算标准化测试观测值的 MD 值。最后，采用合适的决策规则判断测试观测值是否异常。

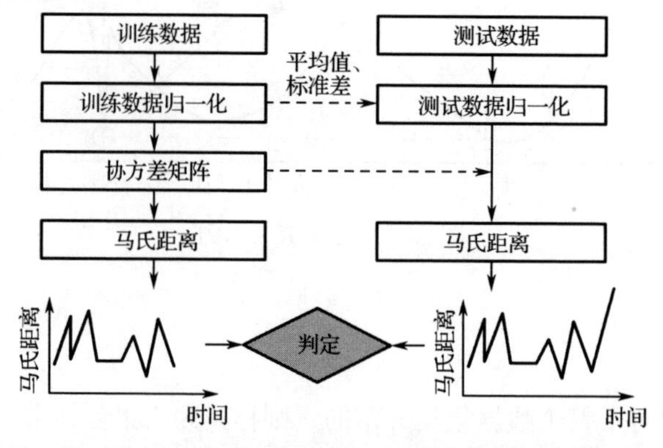

图 6.4　基于马氏距离的异常检测的通用实施流程

6.3.1 采用逆矩阵方法的 MD 计算

从基准健康系统收集数据，构建训练数据集，并记为$\boldsymbol{X} \in \mathbf{R}^{m\times n}$。$\boldsymbol{X}_{ij}$记为第$i$次观测的第$j$个特征值，$\overline{\boldsymbol{X}_j}$和$S_j$为第$j$个特征的平均值和标准差，其中$i=1,2,\cdots,m$、$j=1,2,\cdots,n$。于是，训练数据集中第$i$次观测值的马氏距离的计算如下：

$$\mathrm{MD}_i = \frac{1}{m}\boldsymbol{Z}_i\boldsymbol{C}^{-1}\boldsymbol{Z}_i^{\mathrm{T}} \tag{6.1}$$

其中，$\boldsymbol{Z}_i=[z_{i1},z_{i2},\cdots,z_{in}]$，$z_{ij}$是采用$\overline{\boldsymbol{X}_j}$和$S_j$的$\boldsymbol{X}_{ij}$标准化值。

$$z_{ij} = \frac{x_{ij}-\overline{\boldsymbol{X}_j}}{S_j} \tag{6.2}$$

$$\boldsymbol{X}_j = \frac{1}{m}\sum_{i=1}^{m}\boldsymbol{X}_{ij} \tag{6.3}$$

$$S_j = \sqrt{\frac{\sum_{i=1}^{m}(x_{ij}-\overline{\boldsymbol{X}_j})^2}{m-1}} \tag{6.4}$$

其中，$\boldsymbol{Z}_i^{\mathrm{T}}$是行向量$\boldsymbol{Z}_i$的转置，$\boldsymbol{C}^{-1}$是$n\times n$协方差矩阵$\boldsymbol{C}$的逆矩阵，$\boldsymbol{C}$由下式得到：

$$\boldsymbol{C} = \frac{1}{n-1}\sum_{i=1}^{n}\boldsymbol{Z}_i^{\mathrm{T}}\boldsymbol{Z}_i \tag{6.5}$$

6.3.2 采用 Gram-Schmidt 正则化方法的 MD 计算

假定数据集$\boldsymbol{X}$的向量序列$\boldsymbol{X}_1,\boldsymbol{X}_2,\cdots,\boldsymbol{X}_m$是线性独立的，则存在正交向量$\boldsymbol{U}_1,\boldsymbol{U}_2,\cdots,\boldsymbol{U}_m$，其生成的数据空间与$\boldsymbol{X}_1,\boldsymbol{X}_2,\cdots,\boldsymbol{X}_m$的相同。通过 Gram-Schmidt 方法，这些正交向量定义如下：

$$\boldsymbol{U}_m = \boldsymbol{X}_m - \frac{\boldsymbol{X}_2^{\mathrm{T}}\boldsymbol{U}_1}{\boldsymbol{U}_1^{\mathrm{T}}\boldsymbol{U}_1}\boldsymbol{U}_1 - \cdots - \frac{\boldsymbol{X}_m^{\mathrm{T}}\boldsymbol{U}_{m-1}}{\boldsymbol{U}_{m-1}^{\mathrm{T}}\boldsymbol{U}_{m-1}}\boldsymbol{U}_{m-1} \tag{6.6}$$

则采用正交向量计算第i个观测值的 MD 值：

$$\mathrm{MD}_i = \frac{1}{n}\left(\frac{u_{i1}^2}{s_1^2}+\frac{u_{i2}^2}{s_2^2}+\frac{u_{i3}^2}{s_3^2}+\cdots+\frac{u_{in}^2}{s_n^2}\right) \tag{6.7}$$

其中，$i=1,2,\cdots,m$，s_1，s_2，…，s_n分别为正交向量$\boldsymbol{U}_1,\boldsymbol{U}_2,\cdots,\boldsymbol{U}_m$的标准差。同理，$\boldsymbol{U}_i=(u_{i1},u_{i2},\cdots,u_{in})$。

6.3.3 决策准则

如图 6.4 所示，基于马氏距离的异常检测需要定义合适的阈值，该阈值将成为目标系统发生异常概率的基准。一般而言，常用方法包括伽玛分布、威布尔（Weibull）分布和 Box-Cox 变换。

6.3.3.1 伽玛分布：阈值选择

当式（6.1）中没有标准化因子时，MD 可以表示为：

$$\mathrm{MD}_i = \boldsymbol{Z}_i \boldsymbol{C}^{-1} \boldsymbol{Z}_i^{\mathrm{T}} \tag{6.8}$$

值得注意的是，无标度MD服从 m 个自由度的卡方分布[32]：

$$f(x) = \frac{1}{2^{m/2}\Gamma(m/2)} x\left(\frac{m}{2}-1\right)\mathrm{e}^{-x/2}, \quad 0 \leqslant x < \infty \tag{6.9}$$

其中，$\Gamma(\,)$ 是伽马函数。在式（6.9）中，由于卡方分布的均值为 m，因此式（6.1）中的无标度MD值的均值为1。卡方分布是伽玛分布的一种特殊情形：

$$f(x) = \frac{1}{\theta^d \Gamma(d)} x^{(d-1)} \mathrm{e}^{-x/\theta}, \quad 0 < x < \infty \tag{6.10}$$

其中，θ 为尺度参数。因此，可将马氏距离值绘制在伽马概率图中，然后选择 x 百分位 MD 值作为异常检测的阈值，x 是一个介于0至100之间的指定实数。图6.5对异常阈值进行了可视化。由于异常分值位于该分布右边尾部，因此可以使用较高的分位数作为阈值。在图6.5中，99.5%分位数作为基线意味着任何给定观测值大于99.5%分位数将被判定为异常值，也意味着有0.5%的假阳性率。注意，具体分位数的选择依赖于系统失效的风险。

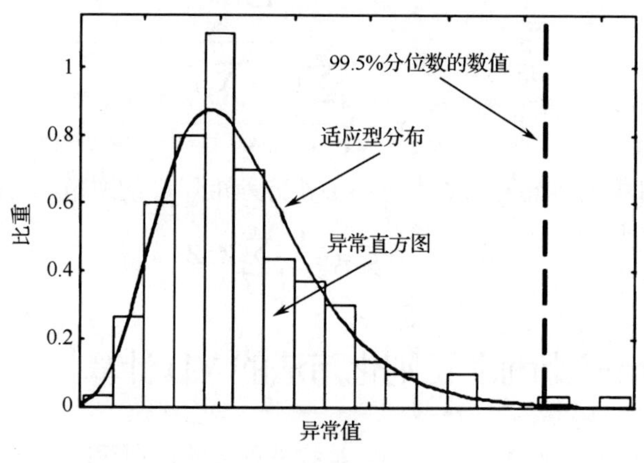

图6.5　异常阈值可视化

6.3.3.2　威布尔分布：阈值选择

在异常检测中，对威布尔分布的参数赋予不同值后，可以推导出其他分布，因此威布尔分布成为最常用的分布之一[33]。两参数威布尔分布的概率密度函数表示如下：

$$f(x) = \frac{\beta}{\eta}\left(\frac{x}{\eta}\right)^{\beta-1} \mathrm{e}^{-(x/\eta)^{\beta}}, \quad x \geqslant 0 \tag{6.11}$$

其中，$\beta>0$ 和 $\eta>0$ 分别为形状参数与比例参数。具体而言，形状参数决定分布的形状，比例参数调整分布的范围。威布尔分布的累积密度函数定义如下：

$$F(x) = 1 - \mathrm{e}^{(x/\eta)^{\beta}} \tag{6.12}$$

通过拟合优度检验判定健康观测的MD值是否服从威布尔分布。同样，威布尔分布的参数可利用极大似然估计方法进行估计[34]。当MD值服从威布尔分布时，异常阈值可以设置为 $F(x) = t, 0 \leqslant t \leqslant 1$。此外，阈值 t 与百进制分位数的MD值对应。

6.3.3.3　Box-Cox变换：阈值选择

MD值是一个距离的度量，其变化范围为 $0 \sim \infty$，因此它不服从高斯分布。采用Box-Cox变换[35]可将非高斯数据转换为高斯数据。也就是借助Box-Cox变换，高斯分布的性质依然可以用于异常检测的阈值选取。

Box-Cox 变换定义如下：

$$y_i(\lambda)=\begin{cases}\dfrac{\mathrm{MD}_i^{\lambda}-1}{\lambda}, & \lambda=0\\ \ln(\mathrm{MD}_i), & \lambda\neq 0\end{cases} \tag{6.13}$$

其中，$y_i(\lambda)$ 是与第i个 MD 值对应的第i个变换后变量。式（6.13）中，变换参数λ可以通过最大化如下对数似然函数进行确定：

$$f(\mathrm{MD},\lambda)=-\frac{m}{2}\ln\left\{\sum_{i=1}^{m}\frac{(y_i(\lambda)-\overline{y(\lambda)})^2}{m}\right\}+(\lambda-1)\sum_{i=1}^{m}\ln(\mathrm{MD}_i) \tag{6.14}$$

其中，$\mathrm{MD}=[\mathrm{MD}_1,\mathrm{MD}_2,\cdots,\mathrm{MD}_m]$，$\overline{y(\lambda)}$ 是 $y_i(\lambda)$ 的平均值。

MD 变换值 $y_i(\lambda)$ 的分布可以用正态图表示。然后，最简单的阈值选择方法是三西格玛经验法则，它是一个传统的启发式阈值选择方法，即几乎所有的值都位于均值的三个标准差范围内，从经验上讲，把 99.7%概率当作确定性是有用的[36]。同理，三西格玛经验法则与一个结果有关，也被称为三西格玛规则，该规则认为即使对于非正态分布的变量，至少 88.8%情形会落在合理计算的三西格玛区间内。

6.4 基于聚类的方法

聚类是通过最大化类间距离和最小化类内距离，将数据集（一组观测数据）划分为多个类别（或子集）。在理想情况下，类内数据具有一些共同特征，如图 6.6 所示。

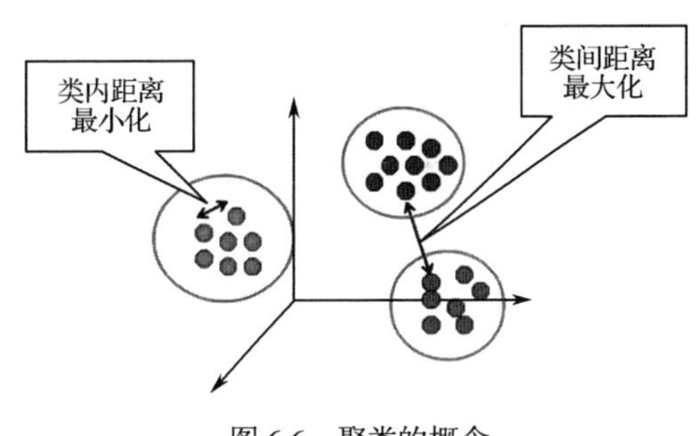

图 6.6 聚类的概念

基于聚类的方法根据观测值所属的聚类中心进行评估，而基于距离的方法根据观测值所在的局部邻域进行分析。如图 6.7 所示，基于聚类的异常检测方法可以有效地处理系统对象在不同运行条件下的参考观测值，其方法是将这些观测值划分为多个类并将每个类作为参考。

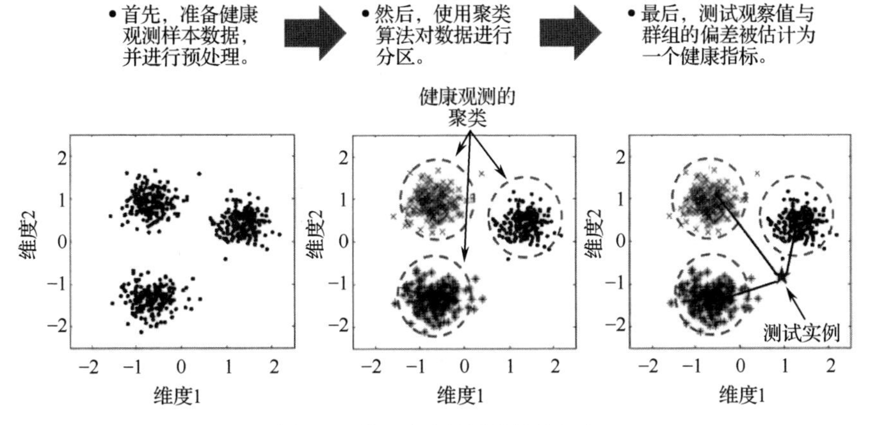

图 6.7 基于聚类的异常检测概率

基于聚类的异常检测方法的优缺点如表 6.6 所示。

如表 6.2 所示，常见的基于聚类的异常检测方法包括 k 均值聚类、模糊 c 均值聚类（FCM）和自组织映射（SOM）等。本节给出这些技术的基础理论。

表 6.6　基于聚类的异常检测方法的优缺点

优　点	缺　点
● 基于聚类的方法以无监督方式运行（不需要标签数据）。 ● 这些方法通常可以适用于其他复杂数据类型。 ● 基于聚类方法的测试过程较快，因为需要与每个测试实例进行比较的类别数量是一个小常数	● 基于聚类的方法的性能在很大程度上取决于聚类算法在捕获正常实例聚类结构的有效性。 ● 一些聚类算法强制将每个实例分配给某些类别，通过在异常不属于任何类别的假设下才成立的方法，可能会导致异常被分配到一个大的类别中，异常会被认为是正常情形。 ● 只有当异常之间没有形成明显聚类时，基于聚类的方法才有效

6.4.1　*k* 均值聚类

k 均值聚类是解决聚类问题的最简单无监督学习算法之一[37]。图 6.8 描述了 k 均值聚类流程。k 均值聚类的第一步为确定 k 的值，它是描述需划分类别数量的参数。第二步，确定 k 个聚类中心，一个聚类中心对应一个类别。最简单的方法是随机选择给定数据集的 k 个数据点作为聚类中心。由于聚类中心会影响聚类结果，所以需要巧妙地设置聚类中心。比较好的选择是不同聚类中心之间的距离尽可能远。第三步，从数据集中选取实例，并计算实例与每个聚类中心之间的距离。在 k 均值聚类中，可以选择欧氏距离这种常用的距离进行度量，也可以采用其他距离（如 MD）进行度量。第四步，根据上一步计算的距离，将每个数据实例分配给最近的类别，计算同一类别所有数据实例的平均值并更新每个聚类中心。不断重复上述步骤，直到满足某个预先设定的终止条件为止。例如，如果没有数据实例（或聚类中心）移动到其他类别，则聚类过程终止。也就是说，k 均值聚类算法的目的是最小化一个目标函数 J，如平方误差函数：

$$J = \sum_{j=1}^{k}\sum_{i=1}^{N}\left\| x_i^{(j)} - c_j \right\|^2 \tag{6.15}$$

其中，x_i 是第 i 个数据实例，$i = 1,2,\cdots,N$，N 是给定数据集中的数据实例数量，c_j 是第 j 类的聚类中心。

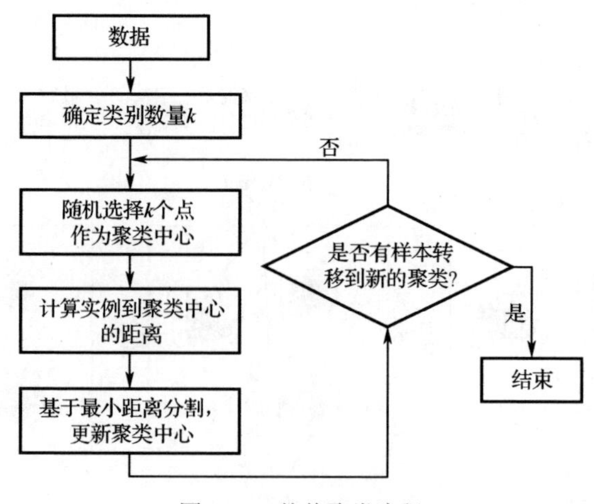

图 6.8　k 均值聚类流程

6.4.2 模糊 c 均值聚类

FCM 是可以将一个数据实例划分为两个或多个类别的聚类算法[38-39]。给定无标签数据集 $\boldsymbol{X}=[x_1,x_2,\cdots,x_N]$，其中 N 是 $\boldsymbol{X}$ 的数据实例数量，FCM 是一种基于迭代算法的聚类技术，它将如下目标函数最小化：

$$J=\sum_{i=1}^{N}\sum_{j=1}^{C}u_{ij}^{m}\left\|x_i-c_j\right\|^2 \tag{6.16}$$

其中，C 是考虑的类别数量，参数 m 是控制分区的模糊性且 $1\leqslant m\leqslant\infty$，$u_{ij}$ 是 x_i 属于第 j 个类别的隶属度，$\|\ \|$ 为数据实例与聚类中心之间相似度的任意范数表示。按照如下式子更新隶属度 u_{ij} 和聚类中心 c_j，通过迭代优化目标函数式（6.16）实施 FCM：

$$u_{ij}=\frac{1}{\sum_{k=1}^{C}\left(\frac{\left\|x_i-c_j\right\|}{\left\|x_i-c_k\right\|}\right)^{\frac{2}{m-1}}} \tag{6.17}$$

$$c_j=\frac{\sum_{i=1}^{N}u_{ij}^{m}\cdot x_i}{\sum_{i=1}^{N}u_{ij}^{m}} \tag{6.18}$$

当 $\max_{ij}\{u_{ij}^{(k+1)}-u_{ij}^{(k)}\}<\varepsilon$ 时，停止迭代，其中 ε 是[0, 1]之间的停止迭代判据，k 表示迭代总次数。

6.4.3 自组织映射（SOM）

SOM 也称为 Kohonen 神经网络，是一种无监督学习算法[40]。SOM 以其原始方式创建了一个神经网络，它保留了在给定数据集中拓扑关系的相关信息。

SOM 由多个人工神经元组成，每个神经元都对应一个权向量，其维度与数据实例的维度相同。根据权重的相似性对神经元进行分组，也即权重相似的神经元是相邻的。数据集中的拓扑关系反映在神经元的邻域关系中。要创建 SOM，首先需要确定 SOM 的大小。目前还没有确定 SOM 大小的理论依据。因此，根据数据实例的数量，凭经验确定 SOM 的大小：

$$M\approx 5\sqrt{N} \tag{6.19}$$

其中，M 是神经元数量，N 是数据实例数量。神经元通常被设置在一个二维图上，长宽比例大约等于训练数据集的协方差矩阵的两个最大特征值的比例。

合理的初始化方式可以提高网络性能，对于以何种方式初始化 SOM，目前并未达成共识。Valova 等[41]发现，在自相似曲线（如 Hilbert 曲线）上初始化神经元，可以很好地覆盖训练数据集的拓扑结构。随机初始化也可以提供令人满意的性能，因其简单易操作得到了广泛应用。

如前所述，随机初始化权重 w_{ij} 为 0～1 范围内的随机数，其中 $i=1,2,\cdots,k_{\text{height}}$ 和 $j=1,2,\cdots,k_{\text{width}}$。$k_{\text{height}}$ 和 k_{width} 分别为该网络的行数和列数。在 SOM 中，可以使用欧几里得距离进行相似性度量。在欧几里得空间中，网络内最接近输入实例的神经元被称为最佳匹配单元（BMU），也称获胜神经元。因此，最佳匹配单元具有如下权重：

$$\text{BMU}=\arg\min_{ij}\left\|x^{(t)}-w_{ij}^{(t)}\right\| \tag{6.20}$$

其中，t 为迭代步骤。

在训练过程中，为增加输入实例的相似性，神经元的权重按照下式更新：

$$w_{ij}^{(t+1)} = w_{ij}^{(t)} + \eta_c^{(t)}[x^{(t)} - w_{ij}^{(t)}] \tag{6.21}$$

其中，$\eta_c^{(t)}$ 是 BMU c 的邻域系数函数。SOM 通过引入邻域函数来保持输入空间的拓扑性质。邻域函数取决于 BMU（神经元 c）和其他神经元之间的网格距离。在其最简单形式中，当神经元与 BMU 充分接近时，邻域函数值为 1，否则为 0。高斯函数是一种常用的邻域函数，定义如下：

$$\eta_c^{(t)} = \alpha^{(t)}\exp\left(-\frac{\left\|w_c^{(t)} - w_{ij}^{(t)}\right\|^2}{2\sigma^{2(t)}}\right) \tag{6.22}$$

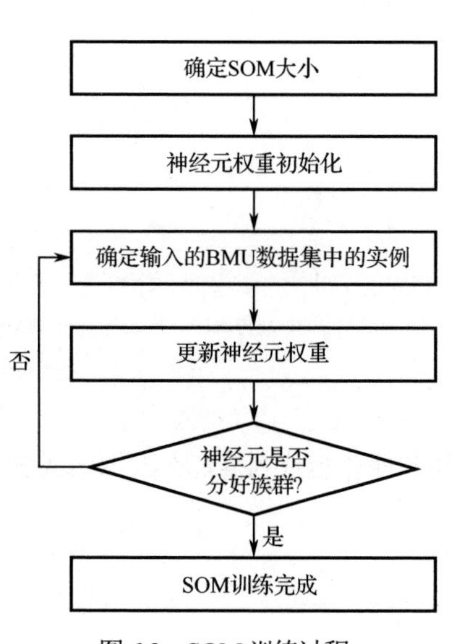

图 6.9　SOM 训练过程

其中，$\alpha^{(t)} = \alpha^{(0)}\dfrac{t}{T}$ 是第 t 次迭代的学习率，$\alpha^{(0)}$ 是初始学习率，T 是总的迭代步数，w_c^t 是 BMU c 的权重，$w_{ij}^{(t)}$ 是该网络的神经元权重，σ 是以 BMU c 为圆心的半径。由该式可知，随着迭代次数的增加，邻域函数值不断减小。开始时邻域范围很大，SOM 在全局范围内起作用。当邻域范围收缩至几个神经元时，权重会收敛到局部估计值。如图 6.9 所示，对 SOM 进行迭代训练，直到所有神经元被划分到不同类别中。

利用目标函数在理想运行条件下获得的观测值（或实例）对 SOM 进行训练，BMU 用于表示健康参考实例。最小量化误差（MQE）是测试观测值与其最接近的 BMU 的欧几里得距离，可作为健康指标（或异常指标），定义如下：

$$\text{MQE} = \min_k \left\|x_{\text{test}} - w_{\text{BMU}_k}\right\| \tag{6.23}$$

其中，w_{BMU_k} 为第 k 个 BMU 的权重。根据式（6.23），当测试观测值为异常时，将得到较高的 MQE。

6.5 基于分类的方法

分类[42]利用标签数据进行模型（分类器）学习（即训练阶段），然后将测试实例划分到所属类别（即测试阶段）。基于分类的异常检测都需要进行上述两阶段操作，测试阶段将一个测试实例分为正常类或异常类。基于分类的方法关键在于模型对特征的可分性，即在给定的特征空间中能够很好地区分正常类和异常类。一种较好的区分正常类和异常类的分类器是从给定特征空间进行学习得到的。表 6.7 总结了基于分类的方法的优缺点。

一般而言，根据可用的标签情况（仅有一个正常类或健康类标签或有多个正常类标签），基于分类的方法分为两类：单分类与多分类 [43]。本节将详细讨论每种分类方法的技巧。

表 6.7　基于分类的方法的优缺点

优　点	缺　点
● 基于分类的方法（特别是多分类方法）可利用那些能区分属于多个正常类的实例的算法，这对于多个工况运行的系统是有效的。 ● 由于测试实例只需利用训练好的模型进行测试，因此速度很快	● 多分类方法需要获得多个正常类的精确标签，但这通常是不现实的。 ● 基于分类的方法给每个测试实例分配一个标签，当测试实例还需要一个有意义的异常值时，这也将成为一个缺点

6.5.1 单分类

对于基于分类的单分类异常检测，单分类算法如单分类支持向量机和 k 近邻（k-NN）用于学习正常实例的范围边界。图 6.10 形象地描述了基于单分类的异常检测概念。任何不在边界内的测试实例都被视为异常。

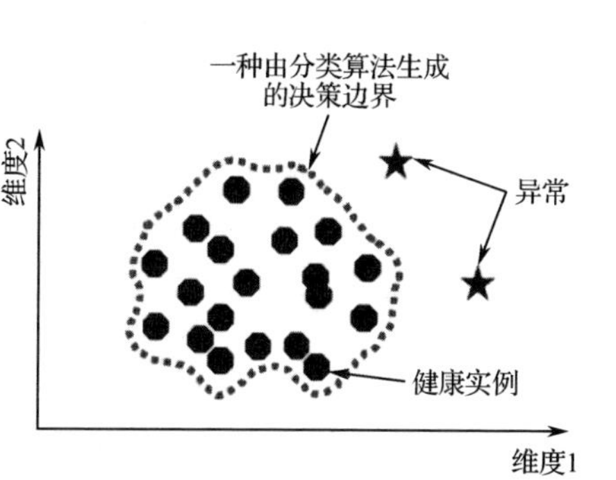

图 6.10 基于单分类的异常检测概念

6.5.1.1 单分类支持向量机

支持向量机[44]是一种有监督的学习模型，可用于分类或回归问题。SVM 在基于分类的异常检测中扮演着分类器的角色，因此下面将给出它在分类中的使用方法。

给定一组输入-输出数据集 $D=\{(x_1,y_1),(x_2,y_2),\cdots,(x_n,y_n)\}$，其中 $x_i \in R^d$ 为第 i 个输入数据实例，$y_i \in \{-1,1\}$ 为与 x_i 对应的输出，n 为数据实例数目，R^d 为 d 维特征空间。当 d=2 时，线性支持向量机创建线性边界将数据实例分为两类。对于线性不可分问题，利用非线性函数 $\phi(\cdot)$ 将非线性数据实例投影到高维特征空间 P 中，这时存在一个线性超平面可将两类不同的数据进行划分。需注意，高维特征空间的线性超平面在其原始特征空间中可能具有非线性曲线形式。

线性超平面可表示为：

$$\boldsymbol{w}^{\mathrm{T}}x_i+b \tag{6.24}$$

其中，$\boldsymbol{w}\in F$ 和 $b\in\mathbf{R}$。该超平面确定了不同类别的间隔，也就是一类数据实例（y_i=−1）分布在超平面的一侧，另一类数据实例（y_i=1）分布在超平面另一侧。

$$\begin{cases}\boldsymbol{w}^{\mathrm{T}}x_i+b\leqslant 1, & y_i=-1\\ \boldsymbol{w}^{\mathrm{T}}x_i+b\geqslant 1, & y_i=1\end{cases} \tag{6.25}$$

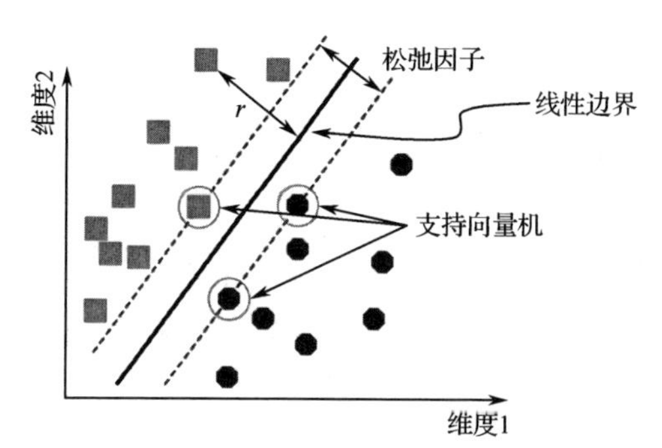

图 6.11 分类间隔

由图 6.11 可知，每一个类别中距离超平面最近的实例（支持向量）到超平面的距离为间隔/2，所构建的超平面是通过搜索不同类别之间的最大间隔来实现的，其中 $r=\dfrac{\boldsymbol{w}^{\mathrm{T}}x_i+b}{\|\boldsymbol{w}\|}$ 为任意一个数据实例 x_i 与该超平面的距离。

如果所有数据实例都在间隔之外，则称其为“硬间隔的支持向量机”。如图 6.12 所示，存在与硬间隔支持向量机相关的两个著名问题。如果数据实例线性不可分，则在创建超平面时硬间隔支持向量机会失效，如图 6.12（a）所示。同样，硬间隔支持向量机对噪声数据是非常敏感的，如图 6.12（b）所示。因此，更合理的方式是采用更加灵活的模型来避免这些问题的发生，在保持大间隔和减少间隔越界之间获得平衡。这被称为“软间隔支持向量机”。

对于软间隔支持向量机，引入松弛变量 ξ_i，允许一些数据实例落入间隔内，常数 C>0 在最大间隔和错分的训练数据数量直接寻找平衡。

通过如下最小化表达式定义支持向量机的目标函数：

$$\min_{\boldsymbol{w},b,\xi}\frac{\|\boldsymbol{w}\|^2}{2}+C\sum_{i=1}^{n}\xi_i \tag{6.26}$$

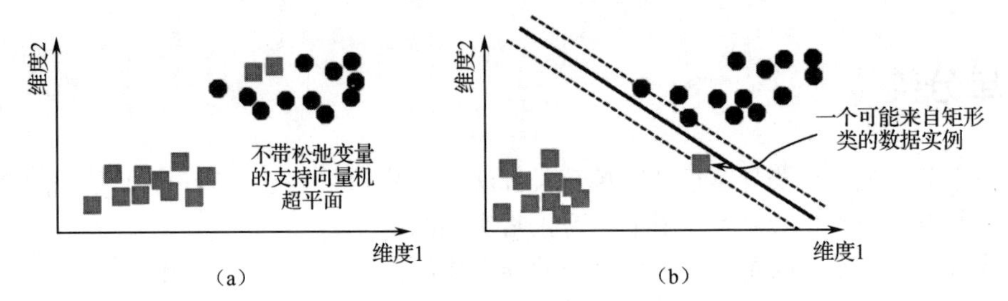

图 6.12　两个著名问题

约束条件：

$$y_i(\boldsymbol{w}^{\mathrm{T}}\phi(x_i)+b)\geqslant 1-\xi_i \text{ 且 } \xi_i\geqslant 0, i=1,2,\cdots,n$$

对于较大 C 值，如果超平面在训练数据实例分类中表现良好，则选取更小的超平面参数。反之，很小的 C 值将选取更大的超平面参数。

采用拉格朗日乘子求解式（6.26）[45]，任意数据实例 x_i 的决策函数为：

$$f(x)=\operatorname{sgn}\left(\sum_{i=1}^{n}\alpha_i y_i K(x,x_i)+b\right) \tag{6.27}$$

其中，$\operatorname{sgn}(\cdot)$ 是符号函数，α_i 是拉格朗日乘子，$\alpha_i>0$ 是决策函数 $f(x)$的权重，$K(x,x_i)=\boldsymbol{\phi}^{\mathrm{T}}(x)\boldsymbol{\phi}(x)$ 为核函数，核函数的详细论述参见第 4 章。

为简化单分类支持向量机（OC-SVM），Scholkopf[46]等将式（6.26）修改为：

$$\min_{w,b,\xi}\frac{\|\boldsymbol{w}\|^2}{2}+\frac{1}{vn}\sum_{i=1}^{n}\xi_i-\rho \tag{6.28}$$

约束条件：

$$\boldsymbol{w}\phi(x_i)\geqslant\rho-\xi_i \text{ 且} \xi_i\geqslant 0, i=1,2,\cdots,n$$

在式（6.28）中，参数 v 具备如下性质：v 是异常（训练实例不在正常类范围内）比例的上界，是训练数据实例作为支持向量数量的下界。与式（6.27）类似，采用核函数的拉格朗日方法，单分类支持向量机的决策函数变为：

$$f(x)=\operatorname{sgn}\left(\sum_{i=1}^{n}\alpha_i K(x,x_i)-\rho\right) \tag{6.29}$$

这种单分类支持向量机方法建立了一个以 $\boldsymbol{w}$ 和 ρ 为特征的超平面，该超平面离特征空间 F 的原点距离最远，它把所有数据实例与原点分离。

另一种单分类支持向量机方法是围绕数据生成一个外接超平面，称为“超球体”[47]。该方法尽可能最小化超球体的体积以消除合并异常值的影响。因此，这种方法的目标函数转化为如下最小化问题：

$$\min_{R,a} R^2+C\sum_{i=1}^{n}\xi_i \tag{6.30}$$

约束条件：

$$\|x_i-a\|^2\leqslant R^2+\xi_i \text{且} \xi_i\geqslant 0, i=1,2,\cdots,n$$

其中，a 和 R 分别是超球体球心、半径，利用拉格朗日方法求解式（6.30），一个新的数据实例 z 通过决策函数判断是否属于该类别：

$$\|z-x\|=\sum_{i=1}^{n}\alpha_i K(z,x_i)\geqslant-\frac{R^2}{2}+C_R \tag{6.31}$$

其中，C_R 为依赖于支持向量的惩罚项。

由 Scholkopf 等提出的一个单分类支持向量机示例如图 6.13 所示，它是从一组服从均值为

2、标准差为 0.1 的高斯分布中随机抽样得到的二维数据。在图 6.13 中，等高线值为 0 的边界可将异常数据和其他数据分离。

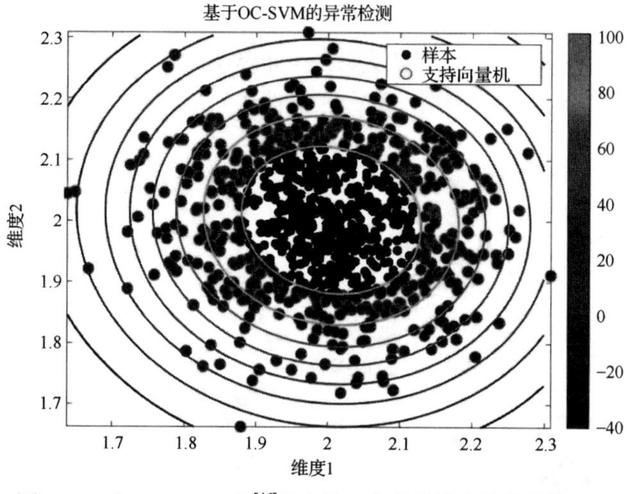

图 6.13　由 Scholkopf 等[46]提出的一个单分类支持向量机示例

6.5.1.2　*k* 近邻

k 近邻（*k*-NN）是一种可用于分类或回归的非参数化方法。图 6.14 给出了 *k*-NN 分类算法的直观描述。

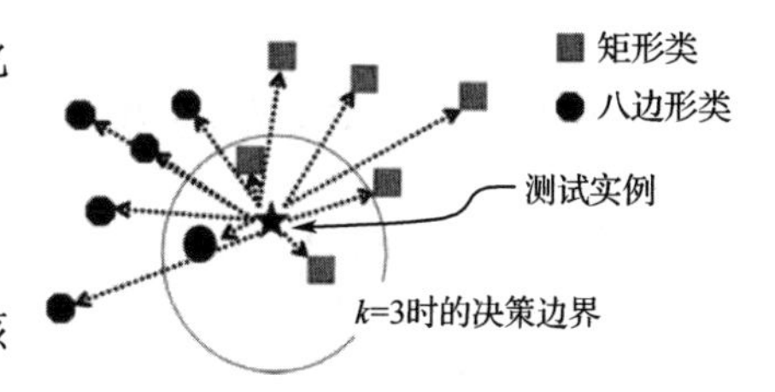

图 6.14　*k*-NN 分类算法

k-NN 分类算法的第一步是确定 *k* 值（图 6.14 中 *k*=3）。然后，计算测试实例和所有训练实例的距离（欧氏距离）。最后，在训练集中找到与测试实例最邻近的 *k* 个实例，将该输入实例判别为这 *k* 个实例中属于某类最多的类别。

显然，*k* 值的选择会对分类结果产生重要影响。然而，关于哪一个 *k* 值可以提供最优的分类性能，目前还没有达成共识。相反，通过图 6.15，我们可以获得 *k* 值影响的启发[48]。也就是说，可以认为 *k* 值较大时产生欠拟合现象，*k* 值较小时出现过拟合现象。

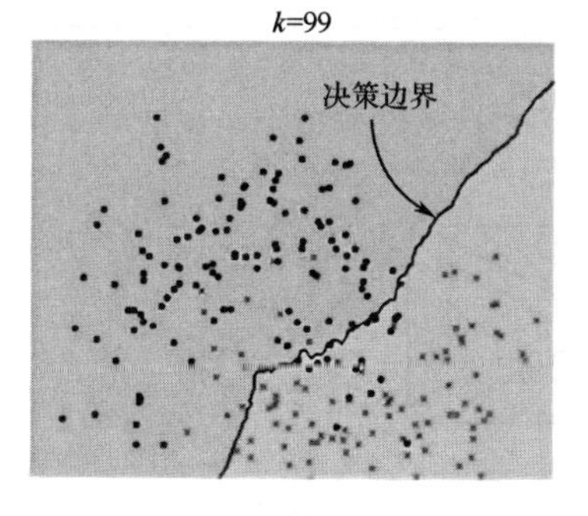

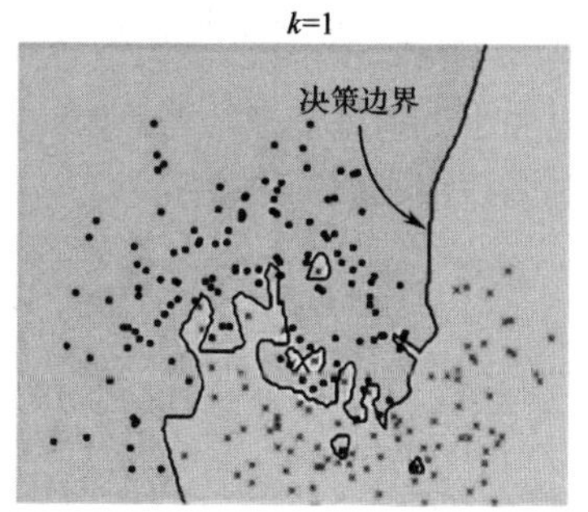

图 6.15　在 *k*-NN 分类算法中 *k* 值的影响

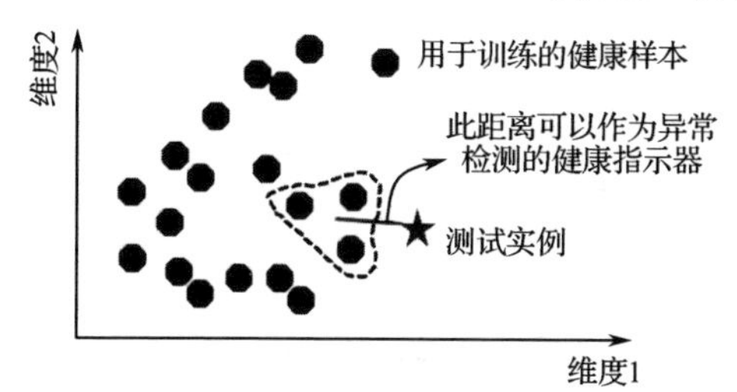

图 6.16　*k*-NN 异常检测概念

在异常检测中，采用单分类正常状态的数据为训练数据集。然后，测试实例与其 *k*-NN 的簇心之间的距离可以作为健康指示器（或异常指标），如图 6.16 所示。如果距离大于预定义的阈值，则测试实例可能为异常实例。

6.5.2 多分类

对于多分类异常检测，采用多分类算法对每个正常类和其他类进行区分。在图 6.17 中，如果一个测试实例不属于任何正常的类别，那么它就被认为是异常的。

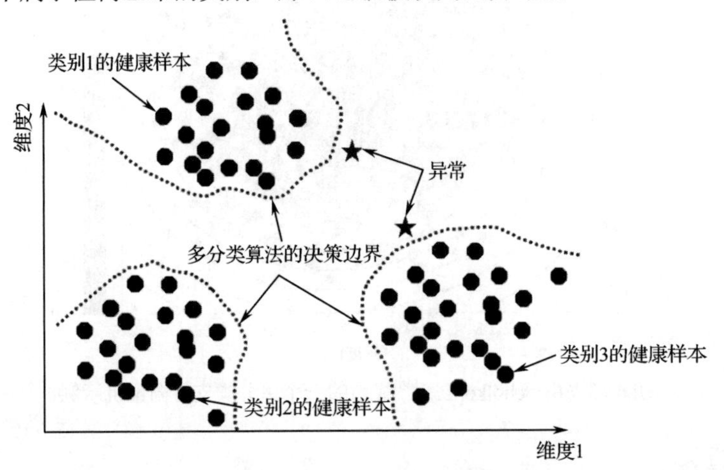

图 6.17 基于多分类的异常检测概念

6.5.2.1 多分类支持向量机

由于支持向量机是二分类器，使用支持向量机实施多分类的著名方法为：一对一（OAO）或一对多（OAA）。OAO 策略是建立 OAO 支持向量机集合并选择被大多数分类器选择的分类。尽管这种分类策略涉及 $\frac{N_{\text{classes}}(N_{\text{classes}}-1)}{2}$ 个分类器，训练分类器时间会增加，其中 N_{classes} 为分类数目，但是相比于 OAA 策略，每个分类器训练数据量会小很多。图 6.18 给出了 OAO 策略的实例。给定 4 个类别（如由于不同运行状况变化产生的 4 类正常实例），每个支持向量机用于训练区分两对两个类别。因此，至少需要的分类器数目为 $\frac{N_{\text{classes}}(N_{\text{classes}}-1)}{2}=\frac{4\times 3}{2}=6$。也就是说，共需要 6 个分类器用于识别每个正常类。如前所述，在 4 个类别中，没有一个类别将测试实例识别为正常数据，那么该实例被判为异常。

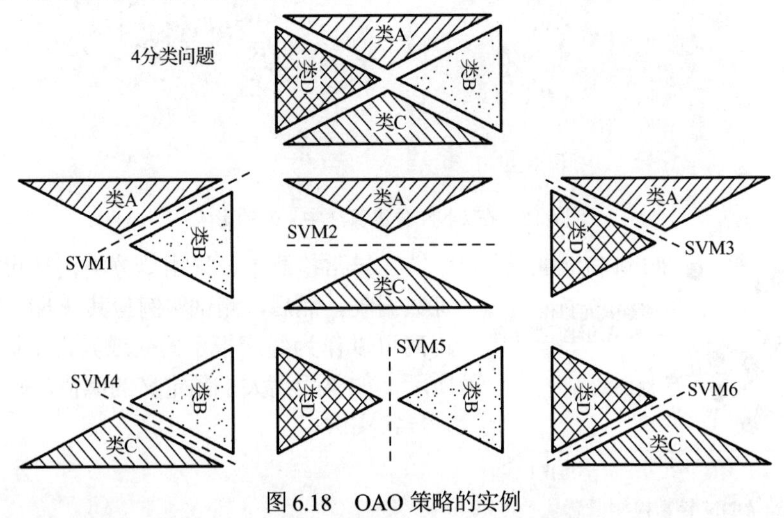

图 6.18 OAO 策略的实例

与 OAO 策略不同，OAA 策略则是建立 N_{classes} 个 OAA 分类器，并选取测试实例具有最大分类间隔的分类器，如图 6.19 所示。

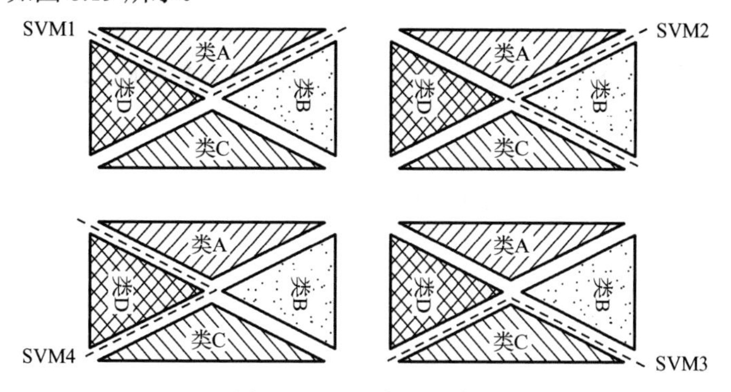

图 6.19　OAA 策略的实例

6.5.2.2　神经网络

神经网络（NN）以单分类或多分类的方式广泛应用于异常检测方法中。复制因子神经网络用于单分类异常检测[49-50]。基于神经网络多分类的异常识别方法主要包括两个步骤：首先利用多分类正常实例对神经网络进行训练；然后利用已经训练好的神经网络模型通过接受（正常）或拒绝（异常）确定测试实例是否属于异常点[51]。多分类异常检测的神经网络包括深度置信网络[52]，深度玻尔兹曼机 [53]、循环神经网络[54]和受限玻尔兹曼机[55]。下面提供的多层神经网络的理论基础非常有助于读者理解不同类型的神经网络。另外，第 7 章将对监督/无监督的深度学习算法进行详细的讨论。

多层神经网络：图 6.20 展示了一个通用的 3 层前馈神经网络结构。该结构由一系列输入组成，记为 $x_{i,1} \sim x_{i,n}$。同时，偏置项 b（b=0 或 1）作为一个常数被引入该结构，它不受上一层的影响。对于 m 个测试实例，构建 $m\times(n+1)$ 维输入矩阵，其中 n 为输入实例的维度（x_i 可代表 n 个传感器测量值）。

每个输入具有权重，该权重用于计算每个隐含层神经元 $h_1 \sim h_k$ 的值。最后，每个隐含层神经元也具有权重，该权重用于计算一个或多个输出 $o_1 \sim o_l$。

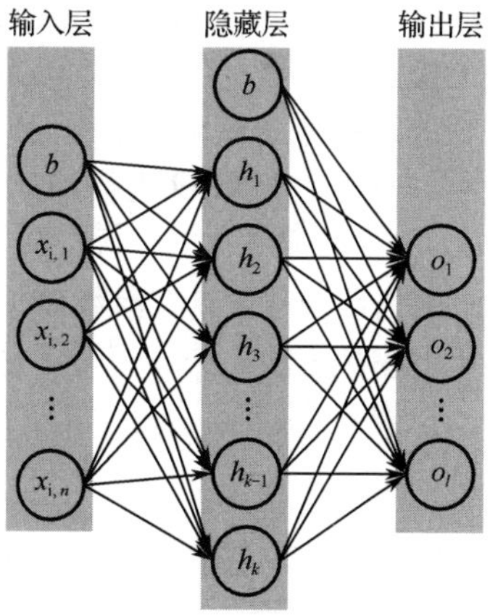

神经网络算法利用已知标签的训练实例进行训练（即用于异常检测的多类正常实例），从而建立输入层和隐含层的合适权重 $\boldsymbol{w}_{\text{i-h}}$，进而建立输入层和隐含层之间的连接。对于 n 维的输入实例 $\boldsymbol{x}$，隐含层的输出值由下式给出：

图 6.20　通用的 3 层前馈神经网络结构

$$\boldsymbol{h} = \text{Sigmoid}(\boldsymbol{w}_{\text{i-h}}\boldsymbol{x}^{\text{T}}) \tag{6.32}$$

其中，$\boldsymbol{w}_{\text{i-h}}$ 为 $k\times(n+1)$ 的权重矩阵，$\boldsymbol{x}$ 为 $m\times(n+1)$ 的输入矩阵，$\boldsymbol{h}$ 为隐含层的 $k\times m$ 矩阵，Sigmoid() 为：

$$\text{Sigmoid}(t) = \frac{1}{1+\text{e}^{t}} \tag{6.33}$$

Sigmoid 函数是神经网络激活或传递函数的可能选择之一。激活或传递函数通常为非线性函数，其他选择还包括反正切和双曲正切函数。通常，选择 Sigmoid 函数是因为它的计算效率高且不影响捕获输入之间的非线性关系的能力[56]。输出由下式给出：

$$\boldsymbol{o} = \boldsymbol{w}_{\text{h-o}}[\boldsymbol{b}, \boldsymbol{h}] \tag{6.34}$$

其中，$\boldsymbol{w}_{\text{h-o}}$ 是 $1\times(k+1)$ 的权重向量，$[\boldsymbol{b},\boldsymbol{h}]$ 是 $(k+1)\times l$ 包含偏差神经元的扩张 Sigmoid 矩阵，$\boldsymbol{o}$ 是输出层处 $1\times l$ 的输出向量。训练神经网络，需要对权重进行优化，以最小化预测值与真实值之间的误差。反向传播算法[57]是一种著名的逐步后向算法，它通过调整神经网络权重以最小化模型误差。采用随机值对权重进行赋初始值，输出值计算仍按照上述过程进行。计算输出值 $\hat{\boldsymbol{o}}$ 与实际值 $\boldsymbol{o}$ 之间的误差 $\boldsymbol{e}$ 由这两个值的差分计算得到：

$$\boldsymbol{e}=|\hat{\boldsymbol{o}}-\boldsymbol{o}| \tag{6.35}$$

其中，$\boldsymbol{e}$ 是误差。目标（代价）函数 J 由下式定义：

$$J=\frac{1}{2}\boldsymbol{e}^{\mathrm{T}}\boldsymbol{e} \tag{6.36}$$

神经网络的后向误差：

$$\hat{\boldsymbol{\delta}}=\boldsymbol{w}_{\text{h-o}}\boldsymbol{e}\nabla\boldsymbol{h} \tag{6.37}$$

其中，$\nabla\boldsymbol{h}$ 是根据 $\boldsymbol{w}_{\text{i-h}}\boldsymbol{x}^{\mathrm{T}}$ 计算的 Sigmoid 函数的梯度。去除偏置数这项后，每个权重矩阵的梯度之和：

$$\nabla\boldsymbol{w}_{\text{i-h}}=\delta\boldsymbol{x}\ \text{且}\nabla\boldsymbol{w}_{\text{h-o}}=\boldsymbol{e}\nabla\boldsymbol{h} \tag{6.38}$$

其中，$\nabla\boldsymbol{w}_{\text{i-h}}$ 和 $\nabla\boldsymbol{w}_{\text{h-o}}$ 分别是两个权重矩阵的梯度。因此，最小化算法用于最小化权重梯度，从而最小化代价函数和模型误差。

6.6 基于统计的方法

统计异常检测的基本原理是异常实例的观测被认为不是从健康统计数据分布中产生的[58]。相应地，通用的方法是拟合数据（健康行为）的统计模型，并用于统计推断测试实例是否源于这个模型。同样，在做统计决策时可以使用与异常相关的置信区间。对基于统计的方法，参数方法和非参数方法都可用于拟合统计模型。参数方法假设正常实例可用某个参数为 Θ 的统计分布表示。注意，参数 Θ 根据给定数据进行估计。然后，测试实例 z 的异常得分为概率密度函数值 $f(z,\Theta)$ 的倒数。或者说，统计假设检验可用于非异常检测。这些检验的原假设 H_0，即测试实例 z 由估计分布（具有参数 Θ ）产生。如果通过这些检验后拒绝 H_0，则 z 被判定为是异常的。对于非参数方法，统计模型不是由先验知识定义，而是由给定数据确定。

表 6.8 总结了基于统计的方法的优缺点。

表 6.8　基于统计的方法的优缺点

优　点	缺　点
● 如果关于潜在数据分布的假设正确，那么该方法为异常检测提供了一个统计合理的解决方案。 ● 由统计模型得到的异常分值与置信区间有关。 ● 如果分布估计步骤对异常数据具有健壮性，那么该方法可以用无监督学习方式运行	● 该方法依赖于从某种分布产生数据的假设。但是，这些假设常常不是真实的（特别是高维真实世界数据）。 ● 复杂分布的统计假设检验是不容易的

6.6.1 序贯概率比检验

序贯概率比检验（SPRT）是一种二元统计假设检验，它被用于不同领域的统计变化检测。SPRT 包含一个原假设和一个或多个备择假设。以正常观测数据服从均值为 m 、标准差为 σ 正态分布为例实施异常检测，原假设 H_0 表示标称的健康状态（均值为m，标准差为σ），备择假设为 H_j 代表异常状态（均值不为 m，标准差不为σ）其中 $j=1,2,\cdots,N_h$，N_h 为备择假设数量。具体而言，对于正态分布，4 个备择假设考虑如下（见图 6.21）[25]。

H_1：测试实例的均值移至$m+M$，但标准差没有变化；

H_2：测试实例的均值移至$m-M$，但标准差没有变化；

H_3：测试实例的方差增长至$V\sigma^2$，但均值没有变化；

H_4：测试实例的方差下降至$\dfrac{\sigma^2}{V}$，但均值没有变化。

M 和V 是由使用者确定的扰动量，通常为标准差的几倍。

对于异常检测，只要数据分布是可获得的，采用 SPRT 的指标 SPRT_j，它是接受原假设概率与接受备择假设的概率之比的自然对数，定义如下：

$$\mathrm{SPRT}_j=\sum_{i=1}^{m}\ln\left(\frac{P(x_i\mid H_j)}{P(x_i\mid H_0)}\right) \tag{6.39}$$

其中，m 为序列x的长度。同理，$\dfrac{P(x_i\mid H_j)}{P(x_i\mid H_0)}$是在$H_j$为真条件下序列$x$的概率与在$H_0$为真条件下序列$x$的概率之比。

通常，对于均值为 0、标准差为σ的正态分布，两个 SPRT 指标计算如下[25]：

$$\mathrm{SPRT}_j=\frac{M}{\sigma^2}\sum_{i=1}^{m}\ln\left(x_i-\frac{M}{2}\right) \tag{6.40}$$

$$\mathrm{SPRT}_j=\frac{M}{\sigma^2}\sum_{i=1}^{m}\ln\left(-x_i-\frac{M}{2}\right) \tag{6.41}$$

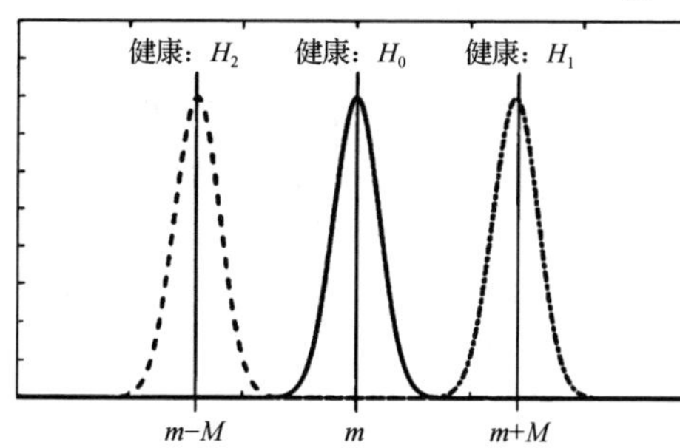

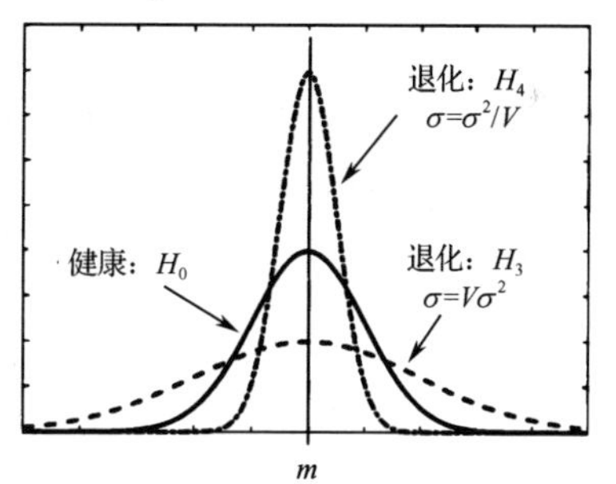

图 6.21 原假设与备择假设为正态分布的 SPRT

在基于 SPRT 的异常检测中，漏警率α和虚警率β可以作为接受或拒绝原假设的判定阈值（见图 6.22）。具体而言，漏警率为原假设不成立但接受原假设的概率，虚警率为原假设成立但拒绝原假设的概率。在给定漏警率和虚警率条件下，根据如下范围进行 SPRT 决策：

$$A=\ln\left(\frac{\alpha}{1-\beta}\right)\ 且\ B=\ln\left(\frac{1-\alpha}{\beta}\right) \tag{6.42}$$

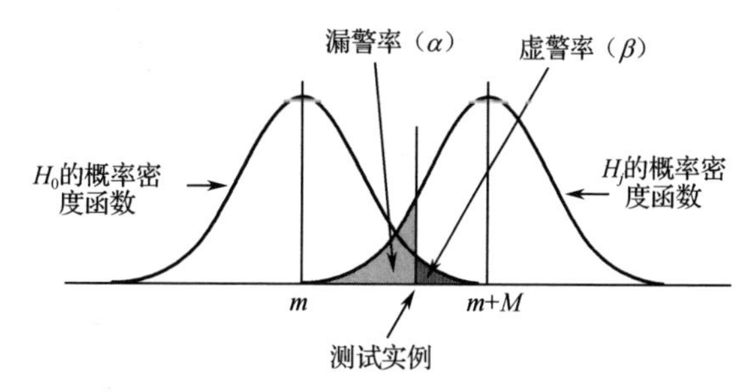

图 6.22 漏警率和虚警率的接受或拒绝原假设的概念

对于每个 SPRT 指标，会发生下述三种结果中的某一种。

如果$\mathrm{SPRT}_{1\mathrm{or}2}\leqslant A$，则接受原假设，SPRT 重置，并继续采样。对于这种情形。测试实例不会被判为异常。

如果 $A<\mathrm{SPRT}_{1\mathrm{or}2}<B$，则由于信息不足难以对给定测试实例给出判断，继续采样。

如果 $\mathrm{SPRT}_{1\mathrm{or}2}\geqslant B$，则测试实例被判定为异常，重置对应的 SPRT，继续采样。对于这种情形，给出告警。

SPRT 流程如图 6.23 所示。为了确保 SPRT 异常识别效果，需要合理确定 4 个参数（系统干扰 M、变异因子、漏警率 α 和虚警率 β）。这些参数可以采用交叉验证的方法进行检验或者试验设定。

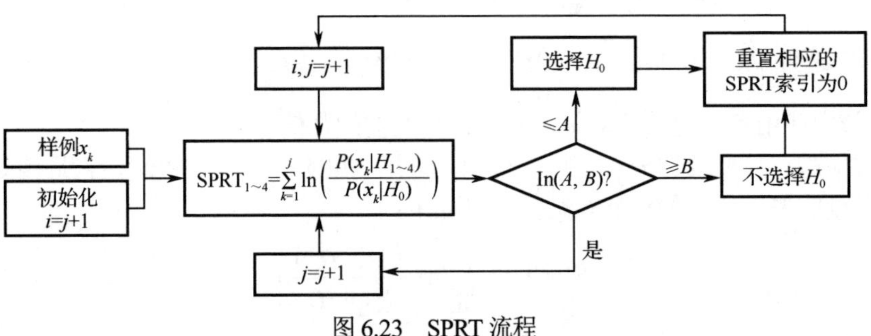

图 6.23　SPRT 流程

6.6.2　相关性分析

相关性分析是一种统计评估方法，用于分析两个数值型、连续的变量（如可以表征系统的健康状态的传感器测量数据）之间的关联强度。显然，如果想确定变量之间是否具有潜在关联，则这种相关性分析是非常有用的。但是，大家有一个错误认识，即相关性分析确定了原因和结果（见第 4 章）。如果两个变量之间存在相关性，则意味着当一个变量发生系统性变化时，另一个变量也会发生系统性变化。一个变量增长，另一个变量也随着增长，这时存在正相关；反之，一个变量增长，另一个变量下降，这时存在负相关。

在相关性分析中，需要计算相关系数。在异常检测的应用中，使用皮尔逊相关系数（PCC）[59]最为普遍。具体而言，PCC 的结果为一个介于+1 和−1 之间的值，它量化了两个变量之间线性相关性的方向和强度。PCC 的符号和大小分别表示相关性的方向和强度。

给定两个数据集 $\{x_1,x_2,\cdots,x_m\}$ 和 $\{y_1,y_2,\cdots,y_m\}$，每组有 m 个观测值，PCC 计算如下：

$$\mathrm{PCC}=\frac{\sum_{i=1}^{m}(x_i-\overline{x})(y_i-\overline{y})}{\sqrt{\sum_{i=1}^{m}(x_i-\overline{x})^2}\sqrt{\sum_{i=1}^{m}(y_i-\overline{y})^2}} \tag{6.43}$$

当单独一个指标不能识别异常时，指标（如传感器测量）之间的相关性分析可以识别异常行为。如图 6.24 所示，指标之间的相关性随着时间平移变化可以用于识别退化或异常。同理，在图 6.24 中，有一个有趣的现象，在异常之前 PCC 就表现出变异，但是变异并不意味着异常行为。

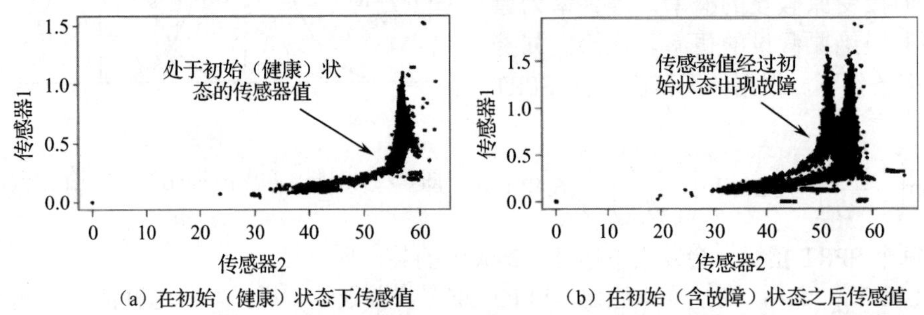

（a）在初始（健康）状态下传感值　　（b）在初始（含故障）状态之后传感值

图 6.24　相关性分析结果

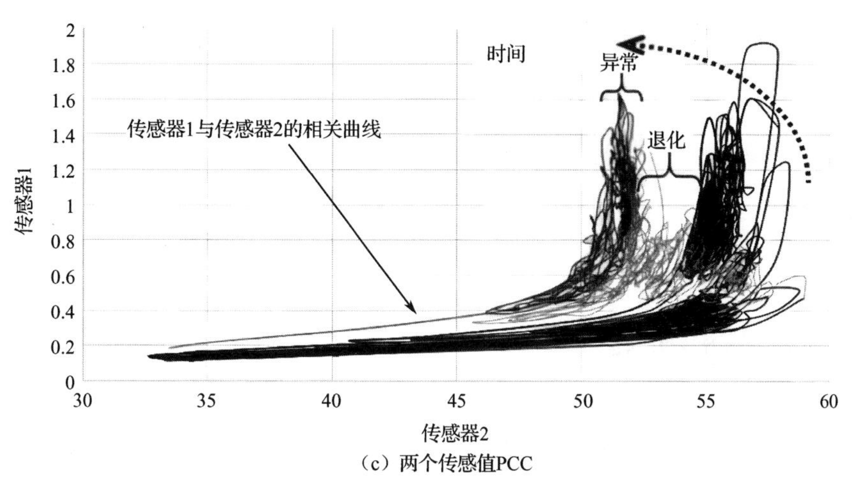

（c）两个传感值PCC

图 6.24　相关性分析结果（续）

6.7 无系统健康基准异常检测

上述异常检测方法先建立正常实例的范围，然后将那些不满足正常范围的待测实例识别为异常。然而，它们异常检测能力常常是这些算法（如分类或聚类）的意外应用结果，这些算法最初并不是为异常检测设计的。这也导致了其两个缺点：第一，这些算法不是最优的异常检测算法，结果这些算法通常表现不佳，会导致过多虚警（正常实例识别为异常）或过少的检测异常；第二，很多算法只适用于低维数据。

为了解决常规异常检测方法中的问题，Liu 等提出了一种基于隔离森林（iForest）的异常检测方法[60]。与传统的异常检测方法建立正常实例的范围不同，该方法明确地隔离异常。具体而言，该方法充分利用异常的两个量化性质：异常是由少量实例组成的少数，异常属性（或特征）值与正常实例值差异很大。换而言之，异常是“少数的且差异大的”。在该方法中，构建树结构以有效隔离任何单个实例。对隔离而言，由于异常的受怀疑特点，异常实例被隔离到根子节点附近，然而正常实例被隔离至较远的树的末端。这种树的隔离特性成为了异常检测方法的基础，这种树被称为隔离树（iTree）。对于给定数据集，iForest 建立了一系列的 iTree（见图 6.25）。异常就是那些在 iTree 中具有较短平均路径长度的实例。

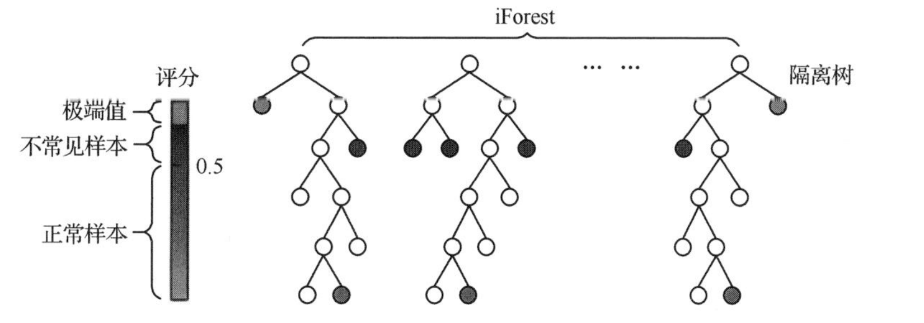

图 6.25　基于 iForest 的异常检测

在 iForest 异常识别中，实例 x 的异常评分定义如下[60]：

$$s(x,\psi)=2^{\frac{-E(h(x))}{c(\psi)}} \tag{6.44}$$

其中，ψ 是子采样数目，它控制了训练数据数目，$h(x)$是 x 的道路长度，它是从根节点开始到叶节点结束所遍历的边数目，$E(h(x))$是 iTree 集合中所有 $h(x)$的平均值，给定ψ条件下 $h(x)$的均值$c(\psi)$定义如下：

$$c(\psi)=\begin{cases}2H(\psi-1)-2^{(\psi-1)}/n, & \psi>2\\ 1, & \psi=2\\ 0, & \text{其他}\end{cases} \tag{6.45}$$

其中，$H(i)$为谐波数，近似等于$\ln(i)+0.5772156649$（欧拉常数）。

6.8 异常检测的挑战

如前所述，异常定义为不符合预期行为的模式。因此，直接的异常检测方法通常是建立表征正常行为的边界范围，并将不属于该正常区域的任何观测值判定为异常。但是，异常检测方法存在如下挑战。

- 计算能够区分正常行为和异常行为的边界是一件不容易的事。因此，当异常值接近于边界时，很可能会做出错误的决策。
- 在很多 PHM 应用中，正常行为一直不断演化，当前的健康行为概念并不能完全代表未来。
- 异常的确切概念与具体应用有关。对于安全至关重要的产品（如飞机、自动驾驶汽车），与正常值的微小偏差可能被认为是异常的，而对于非安全关键产品，相近的偏差可能被视为正常。因此，不能直接将特定应用领域的异常检测方法应用于其他领域。
- 用于训练和验证异常检测模型的标签数据获取是一个主要问题。
- 难以区分真实异常和那些看起来像异常的噪声。

原著参考文献

第7章

机器学习的故障诊断和故障预测

Myeongsu Kang
美国马里兰大学帕克分校高级寿命周期工程中心

故障预测与系统健康管理（PHM）可以减少停机时间、延长维修周期、执行维修行动、降低寿命周期成本等，它已经成为一种阻止灾难性失效和提高系统可用性必不可少的方法。PHM帮助企业降低检查和维修成本，通过提高系统可靠性、可维修性、安全性和可承受性，帮助企业取得竞争优势[1]。除了传感和异常检测，诊断和预测是 PHM 四个关键要素中的两个。故障诊断用于检测故障或退化程度，并确定故障属性（如故障模式和/或故障机理）或退化类型。故障预测是评估系统未来的健康状态，并在可用资源和运行需求的框架内保持系统健康状态。本章给出了基于数据驱动的故障诊断和故障预测方法的基本知识，回顾了故障诊断和故障预测技术在实际应用中的最新进展，并讨论了在理论和实践中可进一步推动 PHM 技术发展的研究机会。

7.1 故障诊断和故障预测的概述

对于那些太复杂且没有明确的系统模型或征兆信号的系统，通过实例学习的机制可以实现自动诊断。与基于模型/信号分析的故障诊断方法需要大量的先验知识模型或信号模式不同，基于数据驱动的故障诊断方法需要大量可用的历史数据[2]。借助先进的机器学习功能，数据驱动的诊断可以从数据中学习以确定相关性，建立模式并评估导致故障的趋势。从海量数据中进行的智能学习将基于数据驱动的诊断与基于模型/信号的诊断方法区分开来，因为后者只需要少量数据即可进行冗余检查。

故障诊断可以分为定性分析和定量分析。定性分析主要分为三个子类：故障树（FT）、符号有向图（SDG）、专家系统（ES）。1960 年，贝尔实验室首次提出故障树方法，它是一种逻辑因果关系树，从底层事件（故障表现）往顶层传播主要事件（故障）。据报道，故障树在近期可靠性分析和故障诊断领域有应用[3]。符号有向图方法采用有向弧描述“原因”节点到“影响”节点的作用，这些有向弧被赋予正号或负号。在故障诊断中，符号有向图是广泛采用的定性知识形式之一。专家系统通常是包括深入的但有限领域专业知识的定制系统。事实上，专家系统是一个基于规则的系统，它以规则集方式给出了人类的专业知识。文献[4]首次将专家系统应用到故障诊断领域。

随着计算能力呈指数级增长，计算智能（也称为“机器学习”或“软计算”[5]）已成为从海量数据中获取知识的有效途径。从数据出发，可以直接将机器学习用于检测和故障诊断，这并不需要显式模型。由于故障诊断的实质（即故障模式和机理的识别），诊断被看作一种分类问题，因此，在诊断领域中占主导地位的机器学习算法通常为有监督学习。

图 7.1 所示为基于机器学习的数据驱动诊断通用流程。该流程首先是对数据（传感器观测）

进行检查，然后实施数据预处理，包括缺失值和异常值的清洗、数据归一化和标准化等；接下来的步骤是特征发现，通常将领域知识用于从预处理后的历史数据中构建特征，在必要时进行特征提取或特征选择，这些特征被划分为互斥子集；最后，利用训练集和测试集分别对机器学习算法进行训练和测试，同理按照准确度或其他具体应用的度量评估模型有效性。

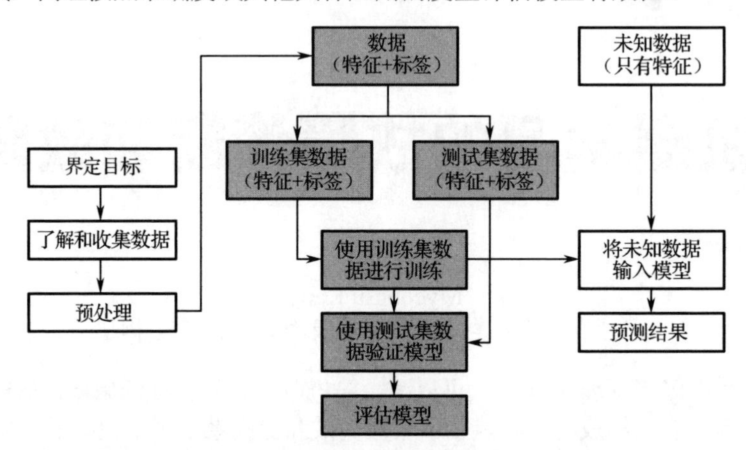

图 7.1　基于机器学习的数据驱动诊断通用流程

预测的关键作用是预测系统在其使用条件下的剩余使用寿命（RUL）。根据预测结果，可以告知决策者由 PHM 带来潜在的成本规避和投资回报。图 7.2 阐述了预测的基本概念。图 7.2 展示了退化过程的在线监测（健康指标或传感观测值）实据。利用第 6 章讨论的方法，识别出异常的起点。当检测到异常时，可以估计出 RUL，其中“今天”是做出 RUL 估计的时刻，如图 7.2 所示。作为预测结果，将提供具有一定置信区间的 RUL 值。因此，预测的最终目标是开发一种方法，它不仅可以提供系统健康状况的历史记录，还可以提供故障模式/机理的诊断信息，从而保证预测 RUL 的准确模型（如失效物理模型和数据驱动模型）的可用性。

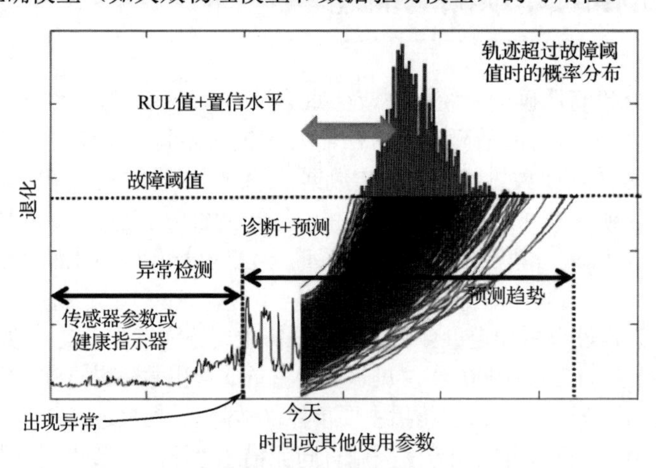

图 7.2　预测的基本概念

7.2 故障诊断技术

异常检测和诊断的性质决定了无监督学习（无系统故障标签）常用于异常检测，而有监督学习广泛应用于诊断。本节主要介绍常用的有监督学习方法的基本原理。同时，深度学习算法在各种诊断应用的特征学习中越来越流行，本节还对深度残差网络（DRN）进行重点介绍。

7.2.1 监督机器学习算法

第 6 章讨论了 k 近邻（k-NN）、支持向量机（SVM）和浅层神经网络（NN）的理论基础。下面主要介绍第 6 章未涉及的机器学习算法的基本原理。

7.2.1.1 朴素贝叶斯

分类器是一个将 m 个 n 维实例（如特征向量）$\boldsymbol{x}=\{\boldsymbol{x}_1,\boldsymbol{x}_2,\cdots,\boldsymbol{x}_m\}\in\mathbf{R}^n$ 映射至输出类别标签 $y\in\{1,2,\cdots,C\}$ 的函数，其中 C 为给定分类问题的分类数目。

朴素贝叶斯分类器[6]是一个基于贝叶斯定理的有监督学习算法，其中贝叶斯定理的朴素假设为每对输入实例都是相互独立的。贝叶斯定理如下：

$$p(y\mid\boldsymbol{x}_1,\boldsymbol{x}_2,\cdots,\boldsymbol{x}_m)=\frac{p(y)p(\boldsymbol{x}_1,\boldsymbol{x}_2,\cdots,\boldsymbol{x}_m\mid y)}{p(\boldsymbol{x}_1,\boldsymbol{x}_2,\cdots,\boldsymbol{x}_m)} \tag{7.1}$$

根据朴素独立性假设：

$$p(\boldsymbol{x}_i\mid y,\boldsymbol{x}_1,\boldsymbol{x}_2,\cdots,\boldsymbol{x}_{i-1},\boldsymbol{x}_{i+1},\cdots,\boldsymbol{x}_m)=p(\boldsymbol{x}_i\mid y) \tag{7.2}$$

对于所有 i，式（7.1）可简化为：

$$p(y\mid\boldsymbol{x}_1,\boldsymbol{x}_2,\cdots,\boldsymbol{x}_m)=\frac{p(y)\prod_{i=1}^{m}p(\boldsymbol{x}_i\mid y)}{p(\boldsymbol{x}_1,\boldsymbol{x}_2,\cdots,\boldsymbol{x}_m)} \tag{7.3}$$

由于在给定输入条件下 $p(\boldsymbol{x}_1,\boldsymbol{x}_2,\cdots,\boldsymbol{x}_m)$ 恒定不变，可以得到下述分类规则：

$$p(y\mid\boldsymbol{x}_1,\boldsymbol{x}_2,\cdots,\boldsymbol{x}_m)\propto p(y)\prod_{i=1}^{m}p(\boldsymbol{x}_i\mid y) \tag{7.4}$$

$$\hat{y}=\arg\max_{y}\ p(y)\prod_{i=1}^{m}p(\boldsymbol{x}_i\mid y) \tag{7.5}$$

最大后验估计方法用于估计 $p(y)$ 和 $p(\boldsymbol{x}_i\mid y)$（见第 4 章）。$p(y)$是 y 在训练集的概率分布，$p(\boldsymbol{x}_i\mid y)$ 是条件概率分布。

高斯贝叶斯分类器假定输入的实例服从高斯分布：

$$p(\boldsymbol{x}_i\mid y)=\frac{1}{\sqrt{2\pi\sigma_y^2}}\mathrm{e}^{-\frac{(x_i-\mu_y)^2}{2\sigma_y^2}} \tag{7.6}$$

其中，μ_y 和 σ_y 是可以采用最大似然法进行估计得到的参数。

同理，朴素贝叶斯分类器也可用于多维分布数据。每个类别 y 对应的分布参数向量化为 $\theta_y=\{\theta_{y1},\theta_{y2},\cdots,\theta_{yd}\}$，每组数据的维度为 d，θ_{yi} 表示实例属于类别 y 的第 i 维向量（即特征 i）的概率 $p(\boldsymbol{x}_i\mid y)$。此外，$\theta_y$ 可以采用相对频数法进行估计：

$$\hat{\theta}_{yi}=\frac{N_{yi}+\alpha}{N_y+\alpha n} \tag{7.7}$$

其中，$N_{yi}=\sum_{x\in T}\boldsymbol{x}_i$，表示训练集中第 i 个特征在类别 y 出现的次数，$N_y=\sum_{i=1}^{|T|}\boldsymbol{x}_i$，表示训练集中所有特征在类别 y 出现的次数，$|T|$ 为训练集的样本大小。同理，$\alpha\geqslant 0$ 保证了第 i 个特征在实例中没有出现时，避免了在计算时出现概率为 0 的情况。

7.2.1.2 决策树

决策树（DT）是随机森林的基本组成（参加随机森林部分）部分，是一种非参数的监督学习方法，可用于分类和回归。本节讨论了在分类中如何采用决策树进行训练和预测。图 7.3 所示为典型的决策树。采用五维实例作为输入并创建规则，对决策树进行训练以区分 4 个不同类别（电动机滚动轴承的故障模式）。通过对决策树训练建立了电动机滚动轴承的 4 种故障模式分类规则。

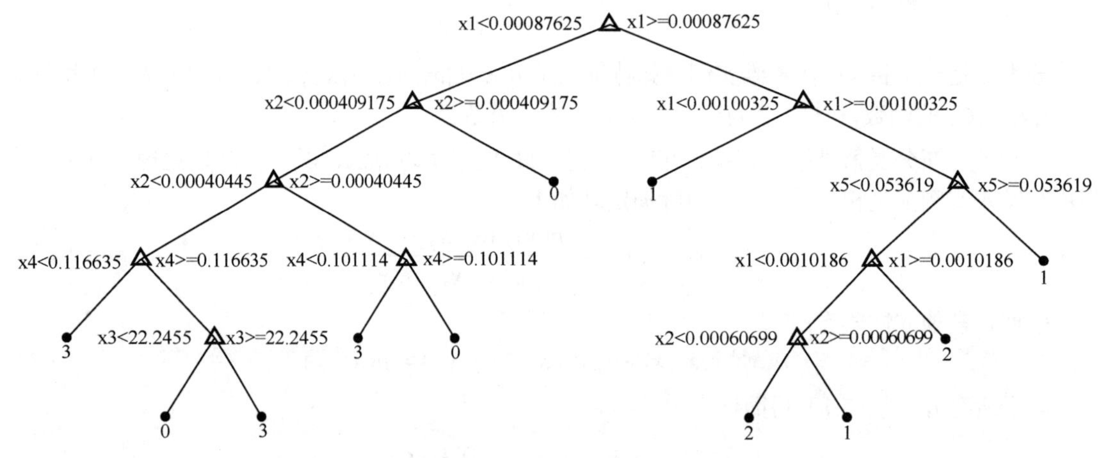

图 7.3 典型的决策树

此处，$\boldsymbol{x}_{1\sim5}$（即 x1～x5）与每个输入实例的维度对应。同理，每个叶节点的整数 0～3 表示类别（即 4 个失效模式）。

决策树：基本概念。决策树通常由 3 类节点组成，如图 7.3 所示。根节点（又称决策节点）表示一个选择，它将所有实例分为两个或更多互斥子集；内部节点（也称“机会节点”）决定了决策树中可能的选择，节点的上边与其父节点相连，节点的下边与其子节点或叶节点相连；叶节点（也称“终节点”）展示了分类决策组合结果。

分支表示从根节点和内部节点产生的结果。决策树模型是由分支层次结构定义的。其分支过程从根节点开始，通过对测试集特征测试，并依据测试结果到达内部节点。每条路径经过的根节点—内部节点—叶节点表示一条决策规则。这些决策树路径也可以看作 if-then 规则。

在决策树中，与目标变量相关的输入变量（或者特征）被用于将父节点分拆成纯子节点。在创建决策树模型时，首先要识别最重要的输入变量（如图 7.3 中的 x1），然后根据这些变量的状态将位于根节点和后续内部节点的实例分拆成两类或多类。子节点纯度用于选取输入变量和采用熵、基尼指数、分类误差、信息增益、信息增益比等进行度量[7]。基于纯度的度量，不断进行分支，直到满足预定的终止条件为止。

在机器学习领域中有一个著名的事实：模型越复杂，预测未来实例的可信性越低，称之为“过拟合”。为避免决策树的过拟合，需要考虑合理的停止规则。在决策树的停止规则中常用的参数包括：（i）在叶节点中实例的最小数目；（ii）分裂前该节点处实例的最小数目；（iii）从根节点到任何叶节点的深度。

如果上述规则不能很好地避免过拟合，则可以采用以下方法：先构建更大的决策树，然后通过删除节点方式将其剪枝至最优的规模[8]。可考虑两种剪枝方法：预剪枝（或者前向剪枝）和后剪枝。预剪枝方法可以采用卡方检验法或多重比较校正法减少不重要的分枝生成，后剪枝方法则以删除分支方式提高分类性能。

决策树：训练。决策树训练算法已有许多研究。Quinlan 首次提出了交互式二分法第 3 版本（ID3）算法[9]。ID3 算法创建多分支树，为每个节点找出分类特征，其中这些特征将产生分类目标的最大信息增益。决策树先是增长至最大数目，然后常采取后剪枝方法以提高树对不可预见实例的泛化能力。C4.5 算法[10]是 ID3 算法的变种，它通过动态离散化属性（基于数值变量），也就是把这些连续属性分成离散区间，从而将特征值必须是可分类的限制条件去除了。C4.5 算法将训练决策树转换为 if-then 规则的集合。评估每条规则的准确性，从而决定应用这些规则的次序。同样，如果删除规则的前提条件后规则的准确度得到了提升，那么执行剪枝过程。分类回归树（CART）算法[11]与 C4.5 算法相似，但是它们的差别在于 CART 算法支持数值型目标变量用于回归并且无须运算规则集。在每个节点上，CART 算法运用具有最大信息增益的特征值和阈值，构建二元决策树。本章主要介绍在训练决策树中最常用的 CART 算法。

给定训练实例为 $\boldsymbol{x}_i \in \mathbf{R}^n$ 和标签 $y_i \in \{1,2,\cdots,C\}$ ，$i=1,2,\cdots,m$ 。决策树以相同标签分为同一组的方式递归划分实例空间。

对每个待分拆节点 $\theta=(k, t_k)$，将实例分拆成 $N_{\text{left}}(\theta)$和 $N_{\text{right}}(\theta)$两个子集。其中，$\theta=(k, t_k)$包含特征 k（见图 7.3 中的 x1～x5）、阈值 t_k，N 为节点 j 处的所有数据。

$$N_{\text{left}}(\theta)=(x,y)\,|\,x_k \leqslant t_k \tag{7.8}$$

$$N_{\text{right}}(\theta)=N/N_{\text{left}}(\theta) \tag{7.9}$$

其中，/表示子集的补集。$I(N,\theta)$ 表示节点 j 处的不纯度，计算公式如下：

$$I(N,\theta)=\frac{j_{\text{left}}}{N_j}H(N_{\text{left}}(\theta))+\frac{j_{\text{right}}}{N_j}H(N_{\text{right}}(\theta)) \tag{7.10}$$

其中，N_j 为节点 j 处的样本数量，$j_{\text{left/right}}$ 为左子树/右子树的实例数量。然后，选择参数以最小化不纯度：

$$\hat{\theta}=\arg\min_{\theta} I(N,\theta) \tag{7.11}$$

对于子集 $N_{\text{left}}(\theta)$和 $N_{\text{right}}(\theta)$，不断重复上述过程，见式（7.8）至式（7.11），达到最大预定深度时停止。N_j 小于预定的最小实例数目或 $N_j=1$ 作为停止判据。

对于包含 N_j 个实例的节点 j，令：

$$p_{jk}=\frac{N_{y_i=k}}{N_j} \tag{7.12}$$

其中，p_{jk} 为节点 j 处实例属于类别 k 的比例值，$N_{y_i=k}$ 表示节点 j 处类别为 k 的数量。常用的不纯度度量有基尼指数 $H_{\text{Gini}}(\cdot)$、交叉熵 $H_{\text{cross-entropy}}(\cdot)$、误分类 $H_{\text{misclassification}}(\cdot)$：

$$H_{\text{Gini}}(X_j)=\sum_{k=1}^{C}p_{jk}(1-p_{jk}) \tag{7.13}$$

$$H_{\text{cross-entropy}}(X_j)=-\sum_{k=1}^{C}p_{jk}\log(p_{jk}) \tag{7.14}$$

$$H_{\text{misclassification}}(X_j)=1-\max(p_{jk}) \tag{7.15}$$

7.2.2 集成学习

尽管已有很多研究分类问题的监督学习算法（如 k-NN、线性判别分析、朴素贝叶斯、NN、SVM 等），但目前还没有系统的方法来确定一个特定的机器学习模型，可以很好地处理分类问题。这是因为很多模型都基于一个或多个特征的假设（如非正态性、多模态、非线性等）。例如，线性判别分析的一个基本假设是自变量（或特征）为正态分布。同样，支持向量机假设数据或经核函数变换后的数据是线性可分的。实际的数据很难满足这些假设，从而导致不可接受的误差。因此，将多个机器学习算法融合到一个预测模型中的集成学习不仅可以克服选择特定机器学习算法分类的缺点，还可以提高分类性能。图 7.4 给出了集成学习分类器的示例。弱分类器的分类准确率 C_{pref} 与随机猜测的准确率 50%接近。在图 7.4 中，当 $C_{\text{pref}} = 51\%$ 且集成的分类器的数量大于 4000 时，集成分类器的准确率高于 90%。

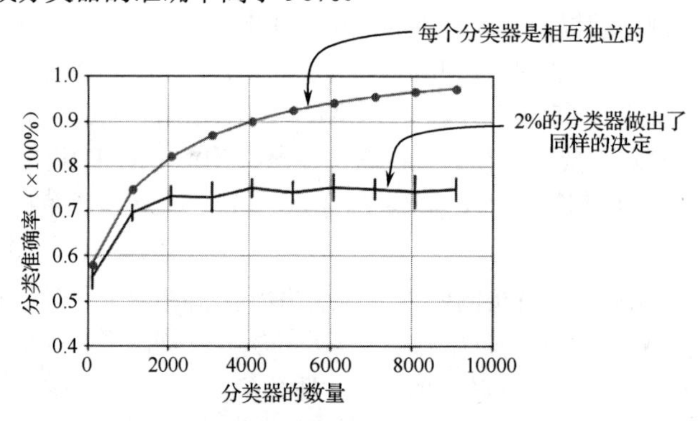

图 7.4　集成学习分类器的示例

集成学习算法的可推广性取决于两个因素：方差和偏差。方差是由于分类器的可变性而产生的误差（即过拟合导致方差增加），而偏差是由于分类器的预测值（在集成学习中）与实际值（欠拟合导致偏差增加）之间的差异而产生的误差[12]。由于方差和偏差分别与过拟合和欠拟合高度相关，任何减少方差的努力都会增加偏差，反之亦然（见图 7.5）。在集成学习中，Bagging 和 Boosting 分别是减少方差和偏差的方法。

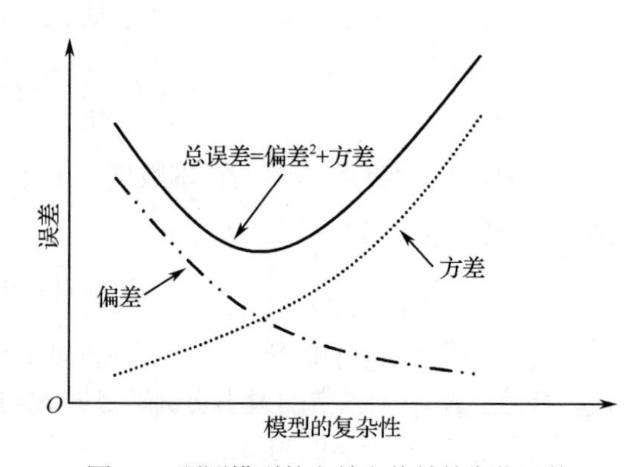

图 7.5　预测模型的方差和偏差的变化函数

7.2.2.1　Bagging 算法

Bagging 算法，也称为 Bootstrap 聚集法，是一种采用一系列同类或异类机器学习算法以提高分类性能的集成学习方法[13]。

给定输入-目标对 $\{\boldsymbol{x}_i, y_i\}$，$\boldsymbol{x}_i$ 为 n 维的输入实例（或特征向量），$y_i = \{-1,1\}$，i=1,2,⋯,m。通过可放回的自助重采样，Bagging 算法从给定的训练实例中创建一系列数据集 $D_1, D_2, \cdots, D_{\text{classifier}}$，并建立 $N_{\text{classifier}}$ 个弱分类器。其中，每个弱分类器 H_k 在数据集 D_k 训练得到，$k = 1,2,\cdots,N_{\text{classifier}}$。$N_{\text{classifier}}$ 个弱分类器的预测值以一定的权重组合为强分类器 H 的预测值：

$$H(x) = \text{sgn}\left(\sum_{k=1}^{N_{\text{classifier}}} \alpha_k H_k(x)\right) \tag{7.16}$$

其中，x 是一个测试实例，α_k 是分类器 H_k 的输出（或预测）权重，$\text{sgn}(\cdot)$ 是符号函数。式（7.16）可解释为关于实例 x 的投票过程，即将 x 划分为多数分类器都支持的类别。有关投票的详细讨论，可以参考文献[14]。同样，在集成学习中，对更准确的分类器赋予较大权重和对准确度较低的分类器赋予较小权重，对 α_k 不断优化。

对于样本量为 m 的训练集 D，Bagging 算法产生了 $N_{\text{classifier}}$ 个新的训练数据集，分别用于训练数据集成学习中的 $N_{\text{classifier}}$ 个弱分类器。其中，新的训练集是从训练数据集 D 中均匀且可放回采样得到的，其数目小于或等于 m（见图 7.6）。通过可放回的采样，大约 63.2%的训练集数据 D 的唯一实例进入到新的训练数据集中，剩下 36.8%的则是重复样本，被称为 Bootstrap 实例。

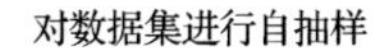

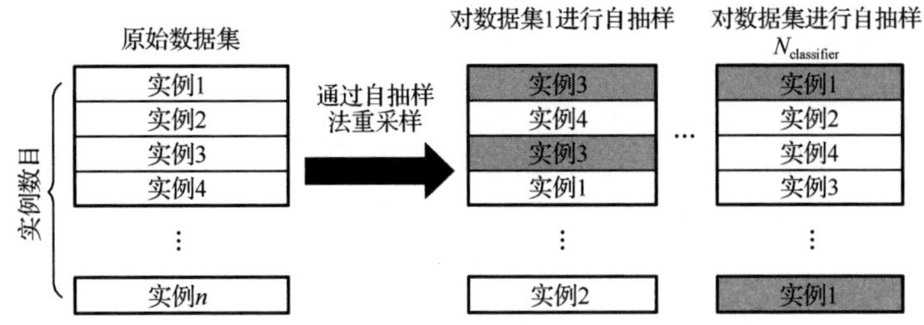

图 7.6 Bootstrap 重采样

随机森林。随机森林通过对决策树相关性进行小改动，从而使其性能超越了 Bagging 决策树。对于数据集中的 n 个特征，除了很多一般重要的指标（特征），还有一个非常重要的特征。在 Bagging 决策树算法集中，大部分决策树算法在根部分拆时都会使用这个非常重要的特征，它会导致大部分 Bagging 决策树算法具有非常相似的表现并高度相关。不幸的是，对这些高度相关变量进行平均化处理，无法达到像许多不相关变量平均化那般大幅度地降低方差。随机森林在分拆时强制选取 r 个特征建立随机子集，从而解决了这个问题。因此，有 $\frac{n-r}{n}$ 的概率选取不到这个重要特征。如果 $r=n$，则随机森林算法就是 Bagging 决策树。

7.2.2.2 Boosting 算法：AdaBoost

自适应增强（AdaBoost）算法是最实用的增强算法之一[15]，它的目标是将一系列弱分类器逐步转化为强分类器。训练数据包括 m 个输入-目标对 $\{\boldsymbol{x}_i, y_i\}$，$\boldsymbol{x}_i$ 为 n 维的输入实例（或者特征向量），$y_i=\{-1,1\}$。在 $t=1,2,\cdots,T$ 的每一个循环中，利用 m 个训练实例计算分布 D_t。一个给定的弱分类器（或基分类器）用于寻找弱假设：$H_t: x \to \{-1,1\}$，即弱分类器的目的是寻找分布 D_t 的较小加权误差 ε_t 的弱假设。最终假设 H 采用弱假设的加权组合的符号函数进行计算：

$$H(x)=\text{sgn}\left(\sum_{t=1}^{T}\alpha_t H_t(x)\right) \tag{7.17}$$

式（7.17）表明 H 是通过对弱预测 H_t 赋予权重 α_t 并进行多数表决得到的。AdaBoost 算法的详细过程见表 7.1。

表 7.1 AdaBoost 算法

输入： $\{(x_1,y_1),(x_2,y_2),\cdots,(x_m,y_m)\}$，其中 $\boldsymbol{x}_i \in \mathbf{R}^n, y_i=\{-1,1\}, \text{and } i=1,2,\cdots,m$

初始化： $D_1(i)=1/m$ for $i=1,2,\cdots,m$

for $t=1$ to T

使用分布 D_t 训练给定的弱分类器

得到弱假设 $H_t: x \to \{-1,1\}$

找到有低加权误差的 H_t

$$\varepsilon_t = P_{i\sim D_t}(H_t(x_i)\neq y_i)$$

使 $\alpha_t=\frac{1}{2}\ln\left(\frac{1-\varepsilon_t}{\varepsilon_t}\right)$

更新 D_t

$$D_{t+1}(i)=\frac{D_t(i)\,\mathrm{e}^{(-\alpha_t y_i H_t(x_i))}}{Z_t}$$

其中 Z_t 是归一化因子

输出： $H(x)=\text{sgn}\left(\sum_{t=1}^{T}\alpha_t H_t(x)\right)$

7.2.3 深度学习

在基于机器学习的 PHM 方法的研究和推进中，由于特征的质量和数量将对预测模型好坏具有重要影响，因此找出优良特征集是一项重要的任务。事实上，可以认为选取的特征子集越优，预测效果越好。但是，这种观点并不是完全正确的，这是因为良好的预测效果获得不仅依赖于选取的特征，还依赖于模型和数据。良好特征可以形成更简洁、更灵活的模型，因而产生更好的结果。但是，和特征相伴的问题来了，即特征选择难、耗时长且需要专家知识 [16]。因此，随着深度学习的出现，它可使系统在原始数据中自动发现用于检测或分类的特征。特征学习代替了手动特征选取工程。其中，人工特征工程是一个将原始数据转化为特征的过程，这些特征可以更好地表征预测模型的本质问题。这可提高预测模型对未知数据的精度，使得机器既可以学习特征又可以用于解决具体问题（如诊断）。在 PHM 中，最先进的特征学习方法是采用无监督的（如自动编码器、深度信念网络和受限玻尔兹曼机）和有监督的（如卷积神经网络 CNN 和深度残差网络 DRN）深度学习算法。本小节主要讨论最先进的深度学习算法，即深度残差网络。同时，本小节将进一步给出基于特征选择的诊断有效性。其他深度学习算法基础可以参阅文献 [17]至[20]。

7.2.3.1 监督学习：深度残差网络

深度残差网络（DRN）是由多个组件堆栈而形成的模型，它由一个卷积层、一系列残差建模单元（RBU）、一个批处理归一化（BN）、多个整流线性单元（ReLU）激活函数、一个全局平均池化（GAP）、一个全连接输出层组成[21-22]。如图 7.7（a）所示，RBU 通常由两个 BN、两个 ReLU 激活函数、两个卷积层和一个跳跃连接组成。图 7.7（b）所示为深度残差网络的架构。

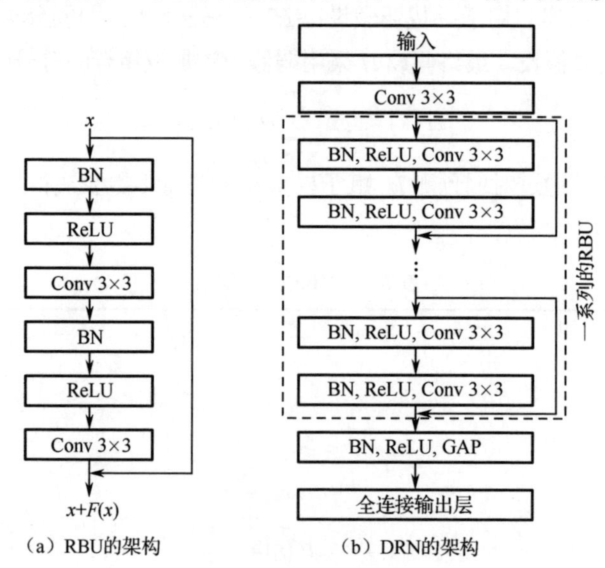

图 7.7 RBU 和 DRN 的架构

其中，对于给定 x，$F(x)$是一个任意非线性函数；图 7.7（b）中，“ReLU”是 ReLU 激活函数，“BN”为批处理归一化，“Conv 3×3”为具有 3×3 核函数的进化层，“GAP”是全局平均池化。关于进化层作用的详细描述参阅文献[22]。

卷积层用于学习特征，其中每个卷积核都可以充当可训练的特征抽取器。与传统全连接层中的矩阵乘法相比，在卷积层中使用卷积可以减少权重数量和计算复杂度，通过下式表示：

$$O_C(i,j)=\sum_u\sum_v\sum_c I_C(i-u,j-v,c)\cdot K(u,v,c)+b \tag{7.18}$$

其中，I_C为卷积层的输入层特征映射，k为卷积核，b为偏差，O_C为输出特征映射的通道，i、j、c分别为特征映射的行、列、通道的索引，u、v为卷积核的行、列的索引。由于卷积层可以具有多个卷积核，因此可以获得多个输出特征映射通道。通常，可以使用3×3大小的卷积核，这是因为它们不仅比更大的内核具有更高的计算效率，而且能够充分检测局部特征，如局部极大值[23]。在训练过程中，需要对权重（在卷积内核中）和偏差进行优化。

在每次训练迭代过程中，随机选择小批量观测数据作为 DRN 的输入。然而在每次训练迭代中，小批量数据的分布不断变化，称之为内部协方差移动问题[24]。在这种情况下，权重和偏差必须不断更新调整适应变化的分布，这也成为训练深度神经网络的难点之一。BN[24]是一种标准化技术，用于解决此问题，如下式所示：

$$\mu=\frac{1}{N_{\text{batch}}}\sum_{s=1}^{N_{\text{batch}}}x_s \tag{7.19}$$

$$\sigma^2=\frac{1}{N_{\text{batch}}}\sum_{s=1}^{N_{\text{batch}}}(x_s-\mu)^2 \tag{7.20}$$

$$\hat{x}_s=\frac{x_s-\mu}{\sqrt{\sigma^2+\varepsilon}} \tag{7.21}$$

$$y_s=\gamma\hat{x}_s+\beta \tag{7.22}$$

其中，x_s是小批量数据的第s个实例观测的特征值，N_{batch}是小批量数据总量，ε是一个接近零的常量，y_s是 BN 的输出特征。在式（7.19）～式（7.21）中，输入特征被标准化为平均值为 0、标准差为 1 的数据，因此输入特征强制转换成同种分布类型。在训练过程中，学习得到参数γ和β，并通过伸缩和平移归一化后的特征，以获得所需要的分布。采用梯度下降算法不断对γ和β进行优化，公式如下：

$$\gamma\leftarrow\gamma-\frac{\eta}{N_{\text{batch}}}\sum_s\sum_k\frac{\partial E_s}{\partial\text{Path}_k}\frac{\partial\text{Path}_k}{\partial\gamma} \tag{7.23}$$

$$\beta\leftarrow\beta-\frac{\eta}{N_{\text{batch}}}\sum_s\sum_k\frac{\partial E_s}{\partial\text{Path}_k}\frac{\partial\text{Path}_k}{\partial\beta} \tag{7.24}$$

其中，η是学习率，E_s是第 s 个实例观测的误差，Path 是在输出层用于连接（含误差）γ和β的通路的集合。

通过将负的特征强制赋值为 0，ReLU 激活函数用于获得如下非线性变换：

$$O_R(i,j,c)=\max\{I_R(i,j,c),0\} \tag{7.25}$$

其中，I_R和O_R分别是 ReLU 激活函数的输入和输出的特征映射。ReLU 激活函数的导数表示为：

$$\frac{\partial O_R(i,j,c)}{\partial I_R(i,j,c)}=\begin{cases}1, & I_R(i,j,c)>0\\ 0, & I_R(i,j,c)<0\end{cases} \tag{7.26}$$

其导数为 0 或 1。与 Sigmoid 函数和双正切函数相比，该函数可以有效解决梯度消失和梯度爆炸问题。

跳跃连接是深度残差网络（DRN）比传统的卷积神经网络（CNN）模型更容易建模的关键要素。在传统的、不带跳跃连接的卷积神经网络的训练过程中，通过误差梯度下降算法对权重（偏差）优化需要逐层反向传播。例如，l 层的梯度取决于（l+1）层的权重。如果（l+1）层的权重不是最佳的，那么 l 层的梯度也不是最佳的。因此，在一个多层的卷积神经网络中，很难有效地训练权重。跳跃连接通过直接连接某个卷积层到更深的层，这样梯度就很容易实现反向传播，从而解决了这个问题。换句话说，该方法比传统的卷积神经网络更容易反向传播到深层神经网络中，进而更有效地更新权重和偏差。研究表明，具有数十或数百个层次的深度残差网络可以很容易地训练，并且它比不带跳跃连接的神经网络具有更高预测精度[22]。

在最终的全连接输出层之前进行全局平均池化（GAP），表示为：

$$O_{\mathrm{G}}(c)=\underset{i,j}{\mathrm{average}} I_{\mathrm{G}}(i,j,c) \tag{7.27}$$

其中，I_{G} 和 O_{G} 分别是输入和输出特征映射。GAP 利用每个输入通道的特征映射，解决了全局特征平移问题。GAP 获得的输出特征映射输入到全连接输出层，进而获取分类结果。

深度残差网络模型训练过程与常规神经网络遵循相同的原理。训练数据输入深度残差网络并得到处理，这需要经过一系列卷积层、BN 和 ReLU 激活函数，之后进入 GAP，最后输出到全连接输出层。具体地说，在全连接神经网络的结果输出层，用 Softmax 函数估计实例观测属于这些类别的概率[25]，如下：

$$y_n=\frac{\mathrm{e}^{x_n}}{\sum_{z=1}^{N_{\mathrm{class}}}\mathrm{e}^{x_z}}，\quad n=1,\cdots,N_{\mathrm{class}} \tag{7.28}$$

其中，x_n 是输出层第 n 个神经元的特征，y_n 是输出结果，用于估测第 n 类的概率，N_{class} 是类的总数。然后，通过下式计算估计值和真实值的交叉熵误差：

$$E(y,t)=-\sum_{n=1}^{N_{\mathrm{class}}}t_n\ln(y_n) \tag{7.29}$$

其中，t_n 为实例观测属于第 n 个类别的真实概率。注意，交叉熵误差对完全连接输出层神经元的偏导数可以表示为：

$$\frac{\partial E}{\partial x_n}=y_n-t_n \tag{7.30}$$

然后，误差通过神经网络反向传播，不断更新权重和偏差，其表示为：

$$w\leftarrow w-\frac{\eta}{N_{\mathrm{batch}}}\sum_s\sum_n\sum_k\frac{\partial E_s}{\partial x_n}\frac{\partial x_n}{\partial \mathrm{Net}_{n,k}}\frac{\partial \mathrm{Net}_{n,k}}{\partial \omega} \tag{7.31}$$

$$b\leftarrow b-\frac{\eta}{N_{\mathrm{batch}}}\sum_s\sum_n\sum_k\frac{\partial E_s}{\partial x_n}\frac{\partial x_n}{\partial \mathrm{Net}_{n,k}}\frac{\partial \mathrm{Net}_{n,k}}{\partial b} \tag{7.32}$$

其中，ω 是权重，b 是偏差，η 是学习率，E_s 是小批量数据中第 s 个实例观测的误差，Net 是不同通道的集合，它用于连接权重（或偏差）和全连接输出层的神经元。为了确保权重和偏差训练结果的有效性，可以重复训练一定次数。

总之，在训练时需要优化的参数包括 BN 的 γ 和 β、卷积层和全连接输出层的权重及偏差。

7.2.3.2　特征增强学习的故障诊断的影响

如图 7.8 所示，为了对汽车安全关键部件进行故障诊断，采集了汽车左/右前轮的振动信号。分别在前轮水平、轴向、垂直 3 个方向安装了加速度传感器，考虑 9 种汽车状态（包括汽车的正常状态）。

为了识别车辆的 9 种状态（1 种正常状态和 8 种故障状态），文献[26]提取了时域统计特征，并用于训练支持向量机（SVM）和神经网络（NN）。从分类准确率角度看，图 7.9 展示了诊断性能。如图 7.9 所示，采用人为选取参数的机器学习算法表现不佳，这是由于这些参数不能捕获一种故障模式的区分性信息。

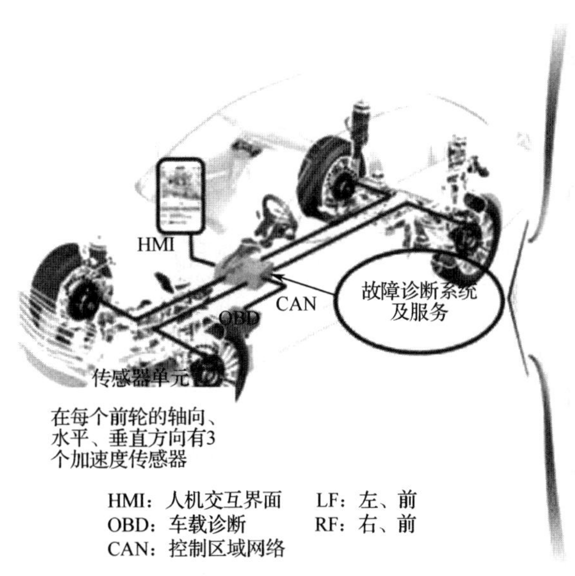

安全性关键部件故障		类别编号
	轮胎气压	×
	车轮平衡部件故障	类别1（LF）
		类别2（RF）
	制动部件	类别3（RF）
		×
	前轮定位	×
		类别4（RF）
	常速联合故障	类别5
	阻尼器泄漏	×
		类别6（RF）
	车轮轴承故障	类别7（LF）
		类别8（RF）
	球接头越线	×

图 7.8　影响汽车安全的关键部件

这里验证了基于深度残差网络算法特征学习的故障诊断方法的有效性。图 7.10 给出了基于深度残差网络算法的特征学习的故障诊断概况。

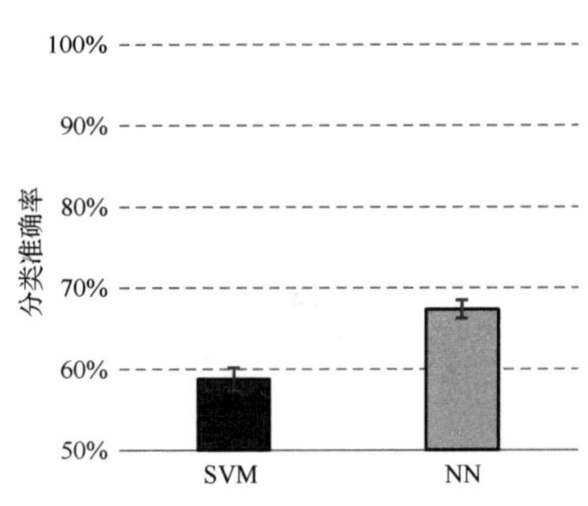

图 7.9　采用人为选取参数对影响汽车安全的关键部件进行诊断的分类准确率

为了处理非平稳和非线性振动信号，采用离散小波包变换从而形成 64×64 的小波包系数矩阵，并把它们作为卷积神经网络特征学习的输入。这个网络包括 19 个卷积层和 1 个全连接输出层。注意，有必要设置足够的非线性转换层，以确保输入数据可以转换为可区分的特征。在之前使用深度学习进行基于振动和电流的故障诊断的研究中，非线性转换层不超过 10 个[27-28]。随着采集的数据非线性程度的提高，深度残差网络会包含更多的非线性转换层，本次研究中非线性转换层即为包含非线性激活函数（即 ReLU 激活函数）的卷积层。如上所述，通过跳跃连接，可以很容易地训练具有数十层或数百层的深度残差网络，因此本次深度残差网络结构深度也在合理的范围内。

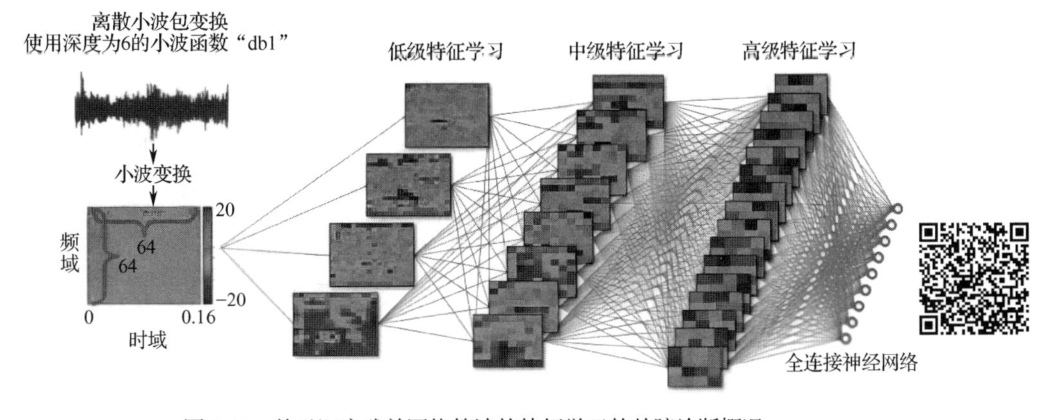

图 7.10　基于深度残差网络算法的特征学习的故障诊断概况

第一个卷积层（即最接近输入层）和残差单元中的 3 个卷积层（步幅为 2）用于减小学习特征空间。在图 7.11 中，m 表示卷积核的数量，随着学习深度的增加，由于一些基本的局部特征可以融入到许多高维特征中，卷积核的数量也逐渐增加到 $2m$ 、 $4m$ 。在本案例研究中，m 设置为 4。

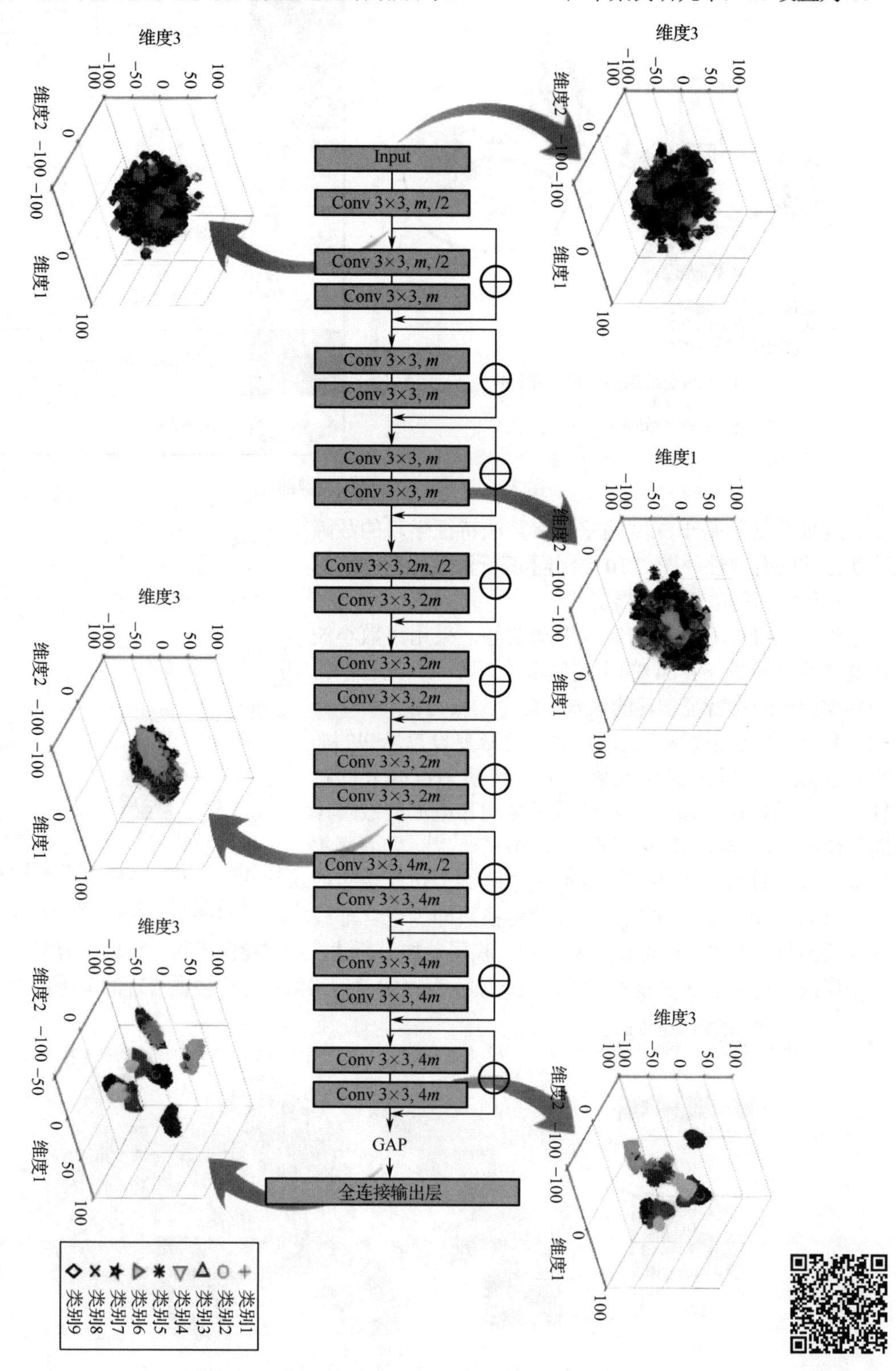

图 7.11　采用深度残差网络学习特征的故障诊断

为了进一步避免过拟合，每次迭代训练时舍弃 50%的 GAP 输入特征映射[29]。也就是说，随机选择一半的 GAP 层的神经元，并在每一步训练迭代中设置为 0，这类似于向网络中添加噪声干扰，避免深度残差网络记忆了过多非区分性信息，从而提高模型的泛化能力。同样，这种可区分的特征可以输入全连接输出层进行决策。

为了可视化，将线性判别分析（参考第 5 章的内容）应用于各层的特征学习。

7.3 故障预测技术

故障预测技术可分为两类：回归分析和滤波。本节的主要目标是给出预测方法的基本原理。

7.3.1 回归分析

回归分析是一种预测建模技术，用于研究因变量（目标变量）和自变量（预测变量）之间的关系。在 PHM 中，这种回归分析已广泛用于 RUL 估计。采用线性回归分析方法，跟踪它的归一化的循环放电容量，建立锂电池退化模型用于预测锂电池的 RUL，如图 7.12 所示。

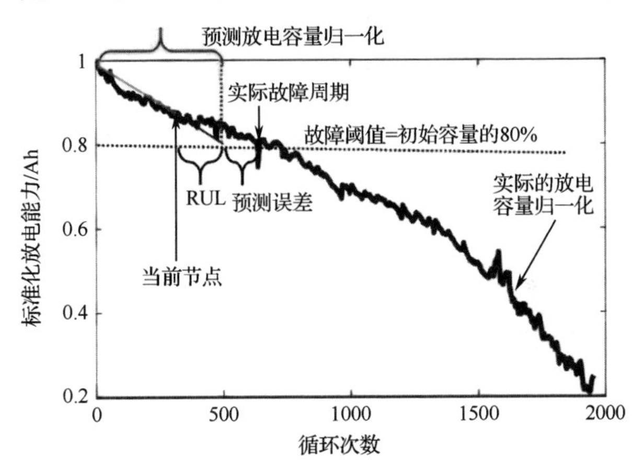

图 7.12 采用线性回归分析估计 RUL 的示例

7.3.1.1 线性回归

线性回归模型[30]通过对自变量 $\{x_1, x_2, \cdots, x_n\}$ 赋予不同的权重加上常数偏差 b 预测 $\hat{y}$。

$$\hat{y} = \boldsymbol{w}_1 x_1 + \boldsymbol{w}_2 x_2 + \cdots + \boldsymbol{w}_n x_n + b = \sum_{i=1}^{n} \boldsymbol{w}_i x_i + b \tag{7.33}$$

其中，$\boldsymbol{w} = \{\boldsymbol{w}_1, \boldsymbol{w}_2, \cdots, \boldsymbol{w}_n\}$ 为权重向量。

由于偏差 b 有时是可以忽略的，此处不考虑它的估计。在给定训练集，即 m 个数据对 (x_j, y_j)，x_j 是 n 维训练实例，$j = 1, 2, \cdots, m$，我们的目的是估计 $\boldsymbol{w}$ 值。为了实现这个目的，定义代价函数如下：

$$J(\boldsymbol{w}) = \arg\min_{\boldsymbol{w}} \sum_{j=1}^{m} (y_j - \hat{y}_j)^2 = \arg\min_{\boldsymbol{w}} \sum_{j=1}^{m} (y_j - \boldsymbol{w} x_j)^2 \tag{7.34}$$

为了找到一个优化的 $\boldsymbol{w}$，可以最小化式（7.34）中的平方误差，可对 $\boldsymbol{w}$ 求导数，并令该导数为 0：

$$\frac{\partial}{\partial \boldsymbol{w}}\sum_{j=1}^{m}(\hat{y}_j-y_j)^2=2\sum_{j=1}^{m}-x_j(y_j-\boldsymbol{w}x_j)$$
$$2\sum_{j=1}^{m}-x_j(y_j-\boldsymbol{w}x_j)=0\Rightarrow 2\sum_{j=1}^{m}x_jy_j-2\sum_{j=1}^{m}\boldsymbol{w}x_jx_j=0 \tag{7.35}$$

$$\Rightarrow 2=2\sum_{j=1}^{m}\boldsymbol{w}x_j^2\Rightarrow \boldsymbol{w}=\frac{\sum_{j=1}^{m}x_jy_j}{\sum_{j=1}^{m}x_j^2} \tag{7.36}$$

7.3.1.2 多项式回归

如果预测变量和目标变量之间不存在线性关系，则线性回归模型对拟合数据是无效的，如图 7.13 所示。同理，由于线性回归对异常值非常敏感，因此它会影响回归曲线，最终影响预测值。

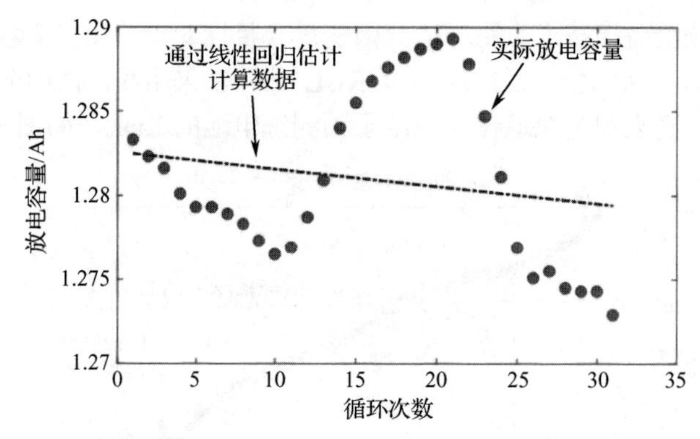

图 7.13 预测变量（循环次数）和目标变量（放电容量）的非线性关系实例

为解决上述线性回归遇到的问题，可以考虑多项式回归[31]。也就是说，通过在训练数据集中添加自变量的平方项，作为新的预测因子，可以获得更好的拟合回归线，如图 7.14 所示。

如果进行高阶多项式回归，那么它们很可能比线性回归更适合非线性训练实例。然而，高阶多项式模型可能会严重地过拟合数据（如 300 阶的多项式回归）。但是，很显然线性回归对数据具有欠拟合性。因此，有必要从拟合优度方面探讨多项式阶数的影响，从而建立合适的模型。

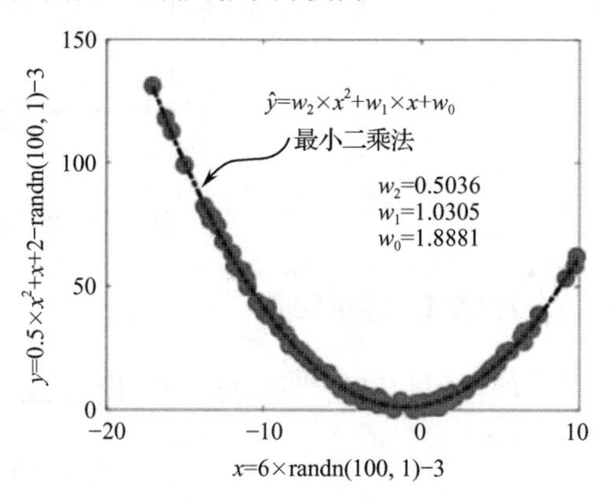

图 7.14 多项式回归效应

7.3.1.3 岭回归

岭回归[32]是正则化的线性回归，在代价函数式（7.34）中加入一个正则化项 $\alpha\sum_{i}^{n}\boldsymbol{w}_i^2$ 。在线性回归的代价函数中加入一个正则化项，使得岭回归不仅能很好地拟合数据，而且可以尽可能减小模型权重。岭回归的代价函数如下：

$$J_{\mathrm{RR}}(\boldsymbol{w})=J_{\mathrm{LR}}(\boldsymbol{w})+\alpha\sum_{i}^{n}\boldsymbol{w}_i^2 \tag{7.37}$$

其中，$J_{\text{LR}}(\boldsymbol{w})$ 是线性回归的代价函数，α 控制了模型正则化程度。如果 $\alpha=0$，岭回归就是线性回归。如果 α 非常大，那么所有的权重最后都非常接近零，结果将是一条目标值为均值的水平线。图 7.15 展示了 α 取几个不同值的岭回归模型。如图 7.15（a）所示，使用平直的岭回归模型，会得到线性预测模型。另外，图 7.15（b）展示了 10 阶多项式岭回归模型。由图 7.15 可知，当 α 增加时，拟合预测曲线更加平滑，这样减少了模型方差，但增加了模型偏差。

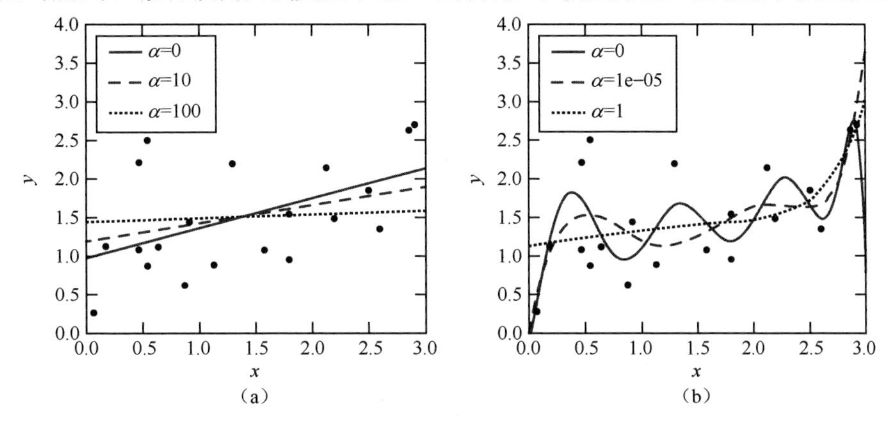

图 7.15　岭回归正则化项的影响

7.3.1.4　LASSO 回归

最小绝对收缩和选择操作（LASSO）回归[33]是正则化线性回归的另一种形式。LASSO 回归正则化项采用权重向量的 L_1 范数代替岭回归中的 L_2 范数：

$$J_{\text{LASSO}}(\boldsymbol{w})=J_{\text{LR}}(\boldsymbol{w})+\alpha\sum_{i}^{n}|\boldsymbol{w}_i| \tag{7.38}$$

LASSO 回归求解代价函数会导致某些参数估计值为 0，与上述岭回归方法不同的是，LASSO 回归一个重要特征是倾向于消除最不重要的预测值（特征）权重。图 7.16 展示了正则化项在 LASSO 回归中的影响。如图 7.16（b）所示，两条虚线分别类似于二次函数曲线($\alpha=10^{-7}$)和近似直线($\alpha=1$)，所有高阶多项式特征的权重因子等于 0。也就是说，LASSO 回归可以自动实施特征选择并输出带有少量非零特征权重的稀疏模型。

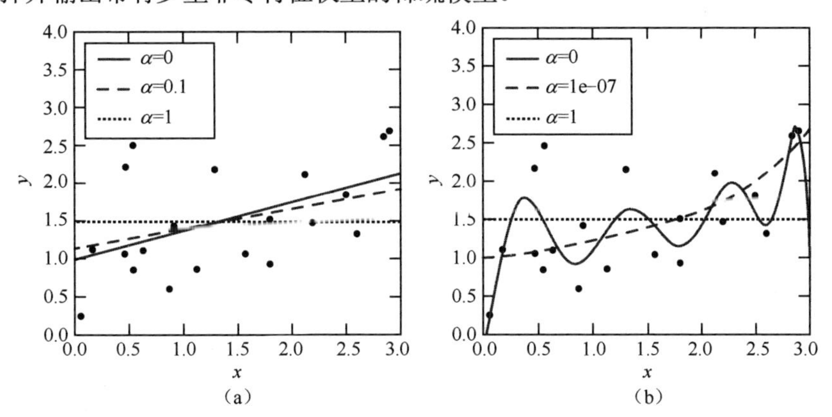

图 7.16　正则化项在 LASSO 回归中的影响

7.3.1.5　弹性网络回归

弹性网络回归[34]是岭回归和 LASSO 回归的折中，即它的正则化项是岭回归和 LASSO 回归的正则化项的简单混合，通过如下混合比率γ进行控制得到：

$$J_{\text{ENR}}(\boldsymbol{w})=J_{\text{LR}}(\boldsymbol{w})+\gamma\alpha\sum_{i}^{n}\left|\boldsymbol{w}_i\right|+(1-\gamma)\alpha\sum_{i}^{n}\boldsymbol{w}_i^2 \tag{7.39}$$

一般来说，至少包含一点正则化项是非常必要的，这可避免简易的线性回归。在实际中，默认采用岭回归。然而，如果我们猜测只有少量特征是可用的，则可以采用 LASSO 回归或弹性网络回归，因为这两个算法可以将不重要特征权重因子降至为 0。通常，弹性网络回归要优于 LASSO 回归，这是因为当特征数大于训练实例数或某些特征强相关时，LASSO 回归的健壮性不佳。

7.3.1.6　*k*-NN 回归

k-NN 可用于分类（见第 6 章）或回归机器学习任务中。分类是将输入实例放入适当的类中，而回归是建立输入实例和其他数据之间的关系。无论是分类问题还是回归问题，都可以采用多种不同距离准则确定近邻。欧几里得距离是最常用的距离准则，即实例之间的直线距离。对于 *k*-NN 分类，测试实例由其近邻投票确定分类。也就是说，该算法确定 k 个近邻的类别隶属关系，然后以这 k 个近邻出现最多的类别标签作为输出。*k*-NN 回归的工作原理和 *k*-NN 分类一样。

如图 7.17 所示，假设从带一定噪声的正弦波形中产生数据实例，我们的目标是对给定 x 值计算对应的 y 值。给定一个输入数据实例，*k*-NN 将返回输入的 k 个近邻的平均值 y。例如，当要求 *k*-NN 返回 $x=0$ 对应的 y 值时，*k*-NN 算法将找到 $x=0$ 的 k 个近邻的实例，并返回这 k 个实例对应值的平均值 y。

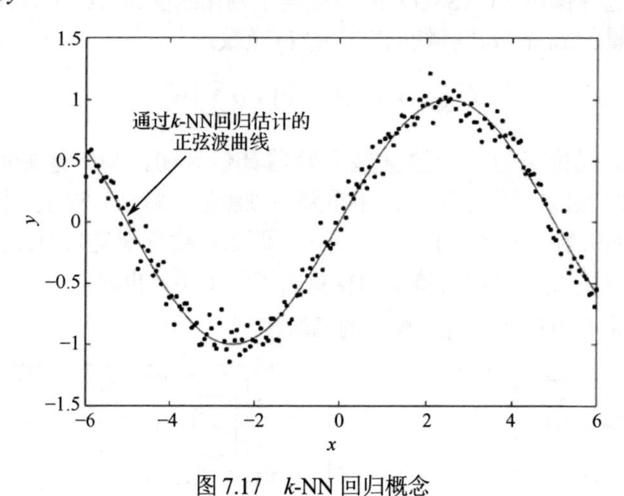

图 7.17　*k*-NN 回归概念

7.3.1.7　支持向量机回归

设有一个训练数据集，共有 m 个实例，每个实例包括多维输入向量 $\boldsymbol{x}_n$ 和对应的观测值 y_n。确定如下线性方程：

$$f(\boldsymbol{x})=\boldsymbol{x}^{\text{T}}\boldsymbol{w}+b \tag{7.40}$$

为了保证拟合曲线尽可能光滑，需要找到 $f(\boldsymbol{x})$ 最小范数 $\boldsymbol{w}^{\text{T}}\boldsymbol{w}$。这个问题可以转化为凸优化问题：

$$J(\boldsymbol{w})=\frac{1}{2}\boldsymbol{w}^{\text{T}}\boldsymbol{w} \tag{7.41}$$

约束条件：所有实例的残差值都小于ε，则满足：

$$|y_n-(\boldsymbol{x}_n^{\mathrm{T}}\boldsymbol{w}+b)|\leqslant\varepsilon,\forall n \tag{7.42}$$

由于满足上述约束条件的函数$f(\boldsymbol{x})$可能不存在，因此需要引入松弛变量ξ_n和ξ_n^*。这和支持向量机分类的软间隔概念类似（见第 6 章），这是因为松弛变量允许回归误差到达ξ_n、ξ_n^*，但同时满足约束条件。

引入松弛变量，上述目标函数变为：

$$J(\boldsymbol{w})=\frac{1}{2}\boldsymbol{w}^{\mathrm{T}}\boldsymbol{w}+C\sum_{n=1}^{m}(\xi_n+\xi_n^*)$$

约束条件：

$$y_n-(\boldsymbol{x}_n^{\mathrm{T}}\boldsymbol{w}+b)\leqslant\varepsilon+\xi_n,(\boldsymbol{x}_n^{\mathrm{T}}\boldsymbol{w}+b)-y_n\leqslant\varepsilon+\xi_n^* \tag{7.43}$$

$$\xi_n\geqslant 0且\xi_n^*\geqslant 0，\forall n$$

常数C是惩罚因子且$C>0$，对那些超出间隔ε之外观测实例的惩罚大小进行控制，这可以有效防止过拟合（正则化）。该值决定了函数$f(\boldsymbol{x})$光滑度和偏差值大于ε的可容度之间的折中度。

对偏离值小于ε的拟合误差赋值为 0，线性ε-敏感损失函数不考虑这些误差。支持向量机的损失函数由实测值与预测值的距离值和ε边界确定，如下：

$$L_\varepsilon=\begin{cases}0, & |y-f(\boldsymbol{x})|\leqslant\varepsilon\\ |y-f(\boldsymbol{x})|-\varepsilon, & 其他情况\end{cases} \tag{7.44}$$

在式（7.43）中，对每个实例$\boldsymbol{x}_n$引入非负乘数α_n和α_n^*，并构建拉格朗日函数以得到对偶表达式：

$$L(\alpha)=\frac{1}{2}\sum_{i=1}^{m}\sum_{j=1}^{m}(\alpha_i-\alpha_i^*)(\alpha_j-\alpha_j^*)\boldsymbol{x}_i^{\mathrm{T}}\boldsymbol{x}_j+\varepsilon\sum_{i=1}^{m}(\alpha_i+\alpha_i^*)+\sum_{i=1}^{m}y_i(\alpha_i^*-\alpha_i) \tag{7.45}$$

约束条件：

$$\sum_{i=1}^{m}(\alpha_i-\alpha_i^*)=0,0\leqslant\alpha_n\leqslant C,0\leqslant\alpha_n^*\leqslant C,\forall n$$

利用式（7.46），参数$\boldsymbol{w}$完全可以由训练观测值的线性组合进行表述：

$$\boldsymbol{w}=\sum_{n=1}^{m}(\alpha_n-\alpha_n^*)\boldsymbol{x}_n \tag{7.46}$$

用于预测新的目标值的函数只依赖于这些支持向量：

$$f(\boldsymbol{x})=\sum_{n=1}^{m}(\alpha_n-\alpha_n^{\mathrm{T}})\boldsymbol{x}^{\mathrm{T}}\boldsymbol{w}+b \tag{7.47}$$

有些回归问题是不能完全用线性模型进行描述的。在上述例子中，拉格朗日对偶性框架通过引入核函数（见第 4 章）将前面描述的技巧扩展到非线性函数。

7.3.2 粒子滤波

虽然卡尔曼滤波已经成功应用于 RUL 估计中，但其前提是噪声（即过程噪声和测量噪声）服从高斯分布，这导致了其应用的局限性[35]。其主要原因是现实中很多噪声服从不同的分布（如均匀分布、泊松分布等）。因此，不受这些限制（如非线性、非高斯性）的粒子滤波，逐渐成为受青睐的 RUL 预测方法[36-37]。

7.3.2.1 粒子滤波基本原理

贝叶斯滤波通常用于从传感器采集的测量数据与过程数学模型中递归地估计状态的未知概率密度[38]。贝叶斯滤波可分为两个主要步骤：第一步，通过系统数学模型，基于上一时刻状态x_{t-1}的先验概率，给出当前状态x_t的分布；第二步，贝叶斯滤波，也被称作观测更新，即根据系统收集的传感器观测值更新状态的后验概率[39]。$\overline{\mathrm{bel}}(x_t)$ 为在任何观测之前状态 x_t 的概率，$\mathrm{bel}(x_t)$ 为融入观测之后状态 x_t 的概率。数学公式的更新如式（7.48）所示。变量 x 表示感兴趣的状态，u 表示发送到系统的控制序列（如电压），y 是系统的实际输出，z 是传感器的观测值。常数 η 为归一化值，它仅是为了满足数学表达需要而出现的。

$$\begin{aligned}\overline{\mathrm{bel}}(x_t) &= \int p(x_t \mid u_t, x_{t-1})\mathrm{bel}(x_{t-1})\mathrm{d}x \\ \mathrm{bel}(x_t) &= \eta p(z_t \mid y_t)\overline{\mathrm{bel}}(x_t)\end{aligned} \tag{7.48}$$

滤波是一个从贝叶斯原理推导得到的数学模型，它将条件概率 $p(x \mid y)$ 和它的逆 $p(y \mid x)$ 联系起来了。两个概率之间的关系如下：

$$P(x \mid y) = \frac{P(y \mid x)P(x)}{P(y)} \tag{7.49}$$

其中，$P(x \mid y)$ 表示给定 y 变量 x 的后验概率分布，$P(y \mid x)$ 表示给定 x 变量 y 的条件概率分布，$P(x)$ 表示 x 的先验概率分布，$P(y)$ 表示 y 的全概率分布[40]。

粒子滤波从贝叶斯原理演化而来，是用于复杂、多维概率建模的有效工具。粒子滤波依据读数和观测值估计 x_t 值，其中不同的状态是从特定的分布推导而来的，并不是由参数化函数定义的。因此，不需要分布的先验知识，粒子滤波可近似刻画相应分布。粒子代表从后验分布产生的实例[41]。

三类粒子滤波得到了研究。第一种是标准粒子滤波。在标准粒子滤波条件下，在每一次时间步中，运用相同的采样、计算权重、重采样方法。在这个过程中，贯穿整个过程的粒子数量和重采样方法都不变。这种方法是最早研究并且最容易实施的粒子滤波。

第二种是自适应粒子滤波。自适应粒子滤波的主要优点是在每次重采样迭代后，可以调整重采样算法和粒子数 N。为获得更准确的预测，通过引入误差水平并进行优化，可增加粒子滤波可用性，其中误差水平与重采样算法、粒子数的选取无关。自适应粒子滤波试图减少粒子权重的方差，继而在多次迭代过程中降低粒子贫化水平[42]。

第三种是无迹粒子滤波。当最优可能粒子的权重值有严格界限时，如传感器观测值的误差很小、极少数粒子支配了重采样过程等，将导致粒子过早贫化问题，使用粒子滤波算法将难以解决这些问题。这时，无迹粒子滤波是解决这些问题特别有用的方法。无迹粒子滤波聚焦于最近数据的重采样以便更好表征最大似然概率，从而解决了这个问题[43]。

图 7.18 所示为粒子滤波的通用流程图。粒子滤波首先生成一定数量的随机粒子。每个粒子代表一个潜在的后验概率状态。根据建立的模型（无论是基于物理的模型还是基于数据驱动的模型），估计每个粒子对应的当前状态。然后，根据传感器观测值和设定的数据分布的概率函数，计算每个状态的概率。每个概率将转化为粒子权重：权重越大，与之相关的粒子越能表征实际系统的真实状态。当权重设置好后，采用预先选定的重采样方法对一些粒子进行重采样。相比较小权重的粒子，较大者被选取重采样的机会较大。当下一个预测状态与传感器观测值的差在使用者的允许范围内时，将会停止设置权重和采样。

7.3.2.2 重采样方法的评述

由前述章节内容可知，重采样是粒子滤波的关键过程。重采样依据传感器观测值决定是否保留所选择的假设。在粒子滤波中，重采样必须满足以下要求。

- 为了防止结果偏差较大，初始的状态分布和可能的状态分布相似。
- 防止样本贫化导致精度过低。
- 具有较低的计算复杂度，以满足快速性能和可能实时实现的要求。

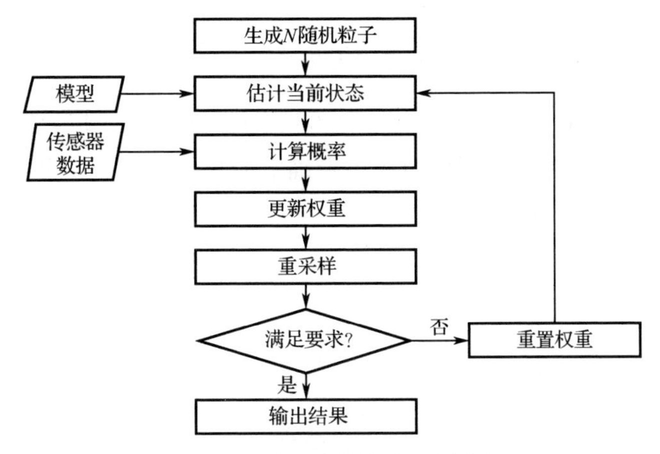

图 7.18　粒子滤波的通用流程图

选择重采样算法时，需要考虑如下决策。

- 选择重采样的分布。
- 制定重采样策略。
- 确定样本大小。
- 选择重采样的频率。

多项式重采样：该算法从均匀分布 $U(0,1]$ 中独立产生 N 个随机数作为粒子。当 $Q_t^{(m-1)} < u_t^m \leqslant Q_t^{(m)}$ 时，选择第 n 个粒子，其中 $Q_t^{(m)} = \sum_{k=1}^{m} \omega_t^{(k)}$ 。粒子权重归一化 $\frac{\omega_i}{\sum_{i=1}^{N} \omega_i}$ ，最后根据权重和决定重采样。

多项式重采样效率最低，复杂度为 $O(NM)$ ，M 为所需的搜索次数，这些搜索目的是找出一个范围，使得每个随机数都落入其中[44]。

分层重采样：分层重采样将所有粒子样本划分到不同的子样本中，称为分层子样，其中，每层比例占总样本 $(01] = \left(0, \frac{1}{N}\right] \cup \left(\frac{1}{N}, \frac{2}{N}\right] \cup \cdots \cup \left(\frac{N-1}{N}, 1\right]$ 的 $1/N$ 。独立地从每一个子区间抽取 $\{u_t^{(n)}\}_{n=1}^{N}$ ，并用于确定重采样粒子：$u_t^{(n)} \sim \cup \left(\frac{n-1}{N}, \frac{n}{N}\right]$;$n = 1, 2, \cdots, N$ 。

由于分层重采样策略最小化选择偏差并确保粒子群没有“欠表示”或“过表示”的部分，因此它优于多项式重采样策略。粒子选择更具代表性。分层重采样确保从样本总的累积权重区域进行抽样，而多项式采样则可能从总样本的某一非常狭小范围内抽取样本。分层重采样的复杂度为 $O(N)$ [45]。

系统性重采样：类似于分层重采样，系统性重采样也将粒子群划分为不同的层，但并不是在每一层中都生成随机数，当生成第一层的随机数后，其余（N−1）个随机数在各个层中也随之确定，$u_t^{(1)} \sim \cup \left(0, \frac{1}{N}\right]$，$u_t^{(n)} = u_t^{(1)} + \frac{n-1}{N}; n = 2, 3, \cdots, N$ 。

这种方法的优点是它减少了在每个重采样实例中必须生成的随机数数量。完成了这一步后，一个随机生成数可用于选择所有重采样粒子。

系统性重采样的计算复杂度为 $O(N)$ 。由于只需要产生一个随机数，因此其计算效率优于分层重采样[46]。

残差重采样：残差重采样包括两个主要步骤。第一，对粒子 x_i 的 $n' = \lfloor N\omega_i \rfloor$ 个样本进行分配得到新的分布；第二，采用多项式重采样产生$m = N - \sum_{i=1}^{N} n_i'$个粒子，以保持总粒子数目不变。在这一步中，粒子权重更新为$\omega_i' = N\omega_i - n_i'$。残差重采样确保了每个粒子至少接收$\lfloor N\omega_i \rfloor$个重采样粒子。利用多项式重采样产生剩余的、还未确定的重采样粒子。残差重采样的复杂度为$O(N) + O(M)$[47]。

原著参考文献

第8章

故障预测的不确定性表征、量化和管理

Shankar Sankararaman
美国加利福尼亚州帕洛阿尔托“One Concern”公司

本章分析不确定性在故障预测中的重要性、表征、量化和管理，以及对于工程系统和部件的剩余使用寿命（RUL）的影响。故障预测涉及预测工程系统的未来行为，并受到各种不确定性来源的影响。为了使得基于故障预测的决策更有价值，分析这些不确定性的来源以及如何影响故障预测非常重要。因此，需要计算这些不确定性的单独来源对剩余使用寿命预测中的总体不确定性的联合影响。然而，一些先进的工程技术并没有考虑采用系统的方法来处理不确定性。本章阐述不确定性表征、量化和管理在故障预测中的重要性，重点是基于测试的寿命预测和基于状态的预测；然后详细讨论经典（频率论）和主观（贝叶斯）方法对不确定性的适用性，给出不确定性量化和管理的计算方法，并使用数值例子加以说明；最后讨论在实际中应用这些方法所面临的一些挑战。

8.1 概述

故障预测和剩余使用寿命预测对需要考虑安全、时间和成本关键应用及任务的先进工程系统至关重要。当预测事件（通常是指与考查的工程系统故障相关的不良事件）发生时，剩余使用寿命与此类事件发生之前的剩余时间有关。这种计算包括预测工程系统的未来行为，然而由于有多个不确定性来源影响这些工程系统的未来行为，实际上几乎不可能进行精确的预测，所以在对相关不确定性不进行估计的情况下，预测是没有意义的。由此，不确定性的存在对预测提出了挑战，需要用基本的数学和统计原理系统地加以解决。因此，研究人员一直在探索使用不同类型的方法来量化与故障预测相关的不确定性。

预测的不确定性有多个来源，包括对所考虑的系统不完全了解、缺乏准确的感知以及无法从总体上准确评估未来的运行和载荷条件，而这些条件反过来又会影响所考虑的系统的性能。事实上，由于系统的未来行为充满不确定性，在未做不确定性估计的情况下得到的预测结果甚至是无用的。因此，有必要识别影响预测的各种不确定性来源，并计算不确定性对预测的总体影响。为了实现这一目标，有必要评估不确定性不同来源的综合效应和估计所有预测的不确定性。

尽管许多关于预测的初步研究都缺乏严格的不确定性分析[1]，但近年来，不确定性计算的重要性变得愈加突出[2]。已有几项研究探讨了不确定性对基于可靠性的预测方法的影响。经典的可靠性分析和基于模型的现代方法已经被用于各种场景，包括裂纹扩展分析[3-4]、结构损伤预测[5-6]、电子产品[7]和机械轴承等[8]。这些方法基于对工程系统运行之前和/或之后的全面测试，而基于状态的在线预测方法则建立在对工程系统运行期间的性能监控的基础上。这种基于可靠性预测的一个关键前提是工程部件和系统的大量“工作直至失效”数据的可获取及有效性。但是这种方法仅限于较小的工程部件，因为仅对几个这样的组件使其长时间运行直至失效是可以承受的。实际上，将这种方法扩展到大型系统中可能不可行，因为此类系统故障的成本太高。更重要的是，这些基于可靠性的预测方法没有考虑系统的状态和预期的未来状态，而这对基于状态的预测和健康监测最为关键。

在基于状态的健康监测中，不确定性在预测和故障诊断中都很重要。在许多应用中，状态评估和故障诊断是密切相关的，Sankararaman 和 Mahadevan[9]提出了计算基于状态的健康监测框架中故障诊断的三个步骤（检测、隔离、估计）的不确定性方法。该方法实现了预测中的重要环节——状态评估中的不确定性的量化，因为要预测未来，首先需要估计正在进行预测的状态。状态评估和预测方法必须与有意义的不确定性量化和管理技术相结合以研究不确定性对基于状态预测的影响。

如图 8.1 所示，不确定性在一系列和故障预测与健康管理（PHM）相关活动中发挥着重要作用。首先，所考虑系统的行为是不确定的，其输入、状态和参数可能在任何时刻都是不确定的。这种不确定性可能源于系统运行的潜在内在变化，也可能源于缺乏完整的知识。本章将进一步探讨这一主题，以解释知识的缺乏是导致基于状态的预测中不确定性的主要来源。大多数基于可靠性的预测方法的不确定性源自多个假定相同的用于可靠性测试样本之间的内在或“真实”变化[10]。

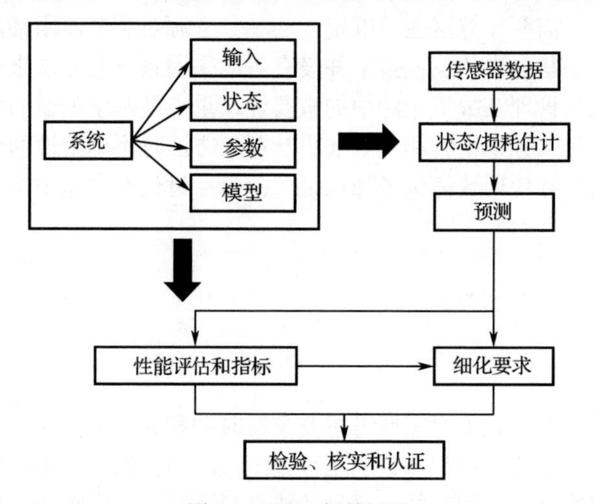

图 8.1　PHM 相关活动

此外，用于预测的数学模型不一定被系统地准确描述，这可能导致建模误差（如建模误差和无法对确切的潜在行为进行建模）和不确定性因素（如模型中使用的某些参数可能无法精确确定，因此必须使用概率分布来表示这些参数）。使用传感器和数据处理工具（预处理和后处理）是 PHM 的基本组成部分，并进一步增加了不确定性。因此，评估预测算法的性能[11]和提出用于直接表征这种不确定性的指标是很重要的。理想情况下，PHM 要承认存在此类不确定性，以便提升在不确定性的情景下进行审核、检验和认证的可靠性。在美国宇航局 Ames 研究中心的卓越预测中心的研究人员编写的教材中，对其中的几个主题进行了深入讨论[12]。

虽然在过去几年中，不确定性的量化和管理已经受到了相当大的关注，但应用于在线健康监测的不确定性的量化方法仍然存在一些挑战。一些报道的计算不确定性的方法假设预测量具有确定的分布类型（如高斯分布），然后着重于估计分布参数。这种方法在统计学上是不正确的[13]。重要的问题是要理解剩余使用寿命仅仅依赖于几个其他的参量，包括状态估计和那些控制系统未来行为的参量。在剩余使用寿命预测中，通过现有模型系统地明确这些参量中的不确定性并估计

由此产生的不确定性是很重要的。剩余使用寿命的概率分布取决于上述参量的概率分布和模型。事实上，可以从数学上证明，即使在包含高斯变量和线性模型的最简单情况下，剩余使用寿命的分布也不可能通过解析的形式获得。

其他方法试图利用贝叶斯滤波方法解释预测中的不确定性，如卡尔曼滤波[14]和粒子滤波[15]。这些方法可能无法准确地表示不确定性，这是因为滤波只能用于基于数据估计的系统状态。未来的系统退化需要根据估计的状态进行预测，但是滤波不能用于未来的预测（因为没有要滤波的数据），而且不能对剩余使用寿命的分布施加任何限制。因此，有必要借助其他统计和计算方法来计算预测中的不确定性[13]。

本章的目的是提出一个综合的方法来处理预测中的不确定性，并回答以下几个问题。

- 是什么导致了预测的不确定性？
- 如何有效处理预测中的不确定性？
- 如何表征预测中的不确定性？
- 如何准确量化预测中的不确定性？
- 如何有效管理预测中的不确定性？

本章将深入探讨上述问题，并提供详细的答案，奠定表征、量化和管理预测中不确定性的全面、系统的方法基础。首先是理解预测中不确定性的各种来源，并对其进行适当的表征，然后对每个不确定性来源进行量化，计算这些来源对预测和剩余使用寿命预测的总体不确定性的综合影响。在计算了预测中的不确定性后，应该使用统计原理有效地管理这种不确定性。本章将讨论所有针对这些目的的计算方法，并用一个典型例子加以说明。

8.2 PHM 不确定性的来源

不确定性有几种来源，它们会影响对未来行为的预测，进而影响相关事件的发生。为了做出有意义的基于预测的决策，必须理解和分析这些不确定性来源如何影响预测，并计算预测中的总体不确定性。然而，在许多实际应用中，对影响预测的不确定性的各自来源进行识别和量化是一项挑战。

为了便于不确定性的量化和管理，将不确定性的来源分为不同的类别。通常将不确定性来源分为偶然的（由物理变异性引起）和认知的（由缺乏认知引起），但在基于状态的监测和预测中，这种分类可能不适合。这是因为“真正的可变性”并不真正存在于基于状态的监测中（这个问题将在 8.4 节中进一步解释）。

图 8.2 说明了对不确定性来源进行分类的一种方法，该方法特别适用于基于状态的监测。这些不确定性来源的详细说明如下。

- 状态估计不确定性。在预测之前，准确估计预测时系统的状态是很重要的。这与状态估计有关，通常通过使用滤波技术（如文献[1]、[2]中讨论的粒子滤波或卡尔曼滤波）来实现。传感器测量的数据用于估计状态，许多滤波方法能够提供状态不确定性的估计。这种不确定性通过系统状态的方差、标准差或协方差矩阵（当同时估计多个状态时）来表示。在粒子滤波的情况下，粒子的“扩散”是状态不确定性的度量。注意，这种不确定性取决于建模不确定性和测量不确定性。实际上，通过使用更好的传感器（测量误差更低）和改进的建模（建模误差更低）方法，可以提高状态估计精度，从而降低这种不确定性。
- 未来不确定性。预测中最重要的不确定性来源之一来自这样一个事实：很多关于未来的情况是未知的，或者至少是了解得不确切。例如，不能精确估计系统的未来输入（一般包括外部载荷、操作/环境状态等输入），在进行预测之前评估这种不确定性是很重要的。通常，这种未来的不确定性可以通过分析所考虑系统的未来行为，并描述未来载荷和操作状态的不确定性来解决。在实际情况中，这可能需要使用大量关于系统的主题知识。在描述了这些未来的不确定性之后，有必要将这些不确定性纳入预测中，并将其纳入对剩余使用寿命预测的影响。

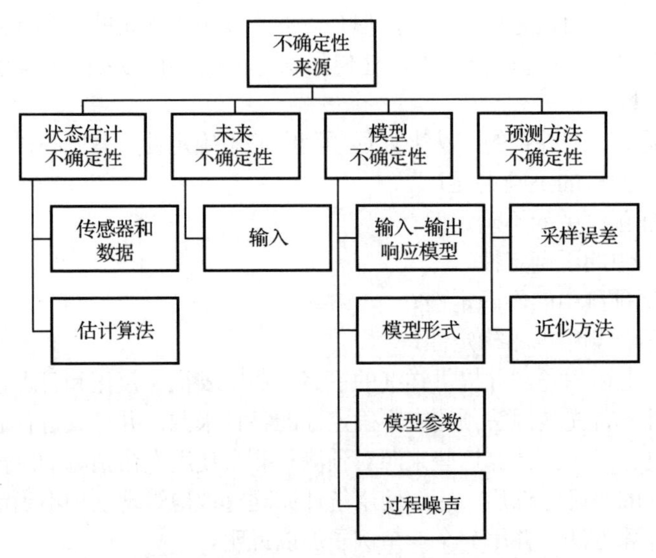

图 8.2　对不确定性来源进行分类的一种方法

- 模型不确定性。使用函数模型（通常使用状态空间方程指定的退化模型，该方程可从失效物理或表征退化的经验数学模型中导出）来预测未来状态是必要的。此外，失效相关事件的发生也由预先定义的阈值确定，该阈值可根据工业标准和对所考查系统物理参数的理解来设置。退化模型和阈值用于故障预测和剩余使用寿命预测。无论这些模型是如何推导出来的，实际上都不可能开发出准确预测潜在现实的模型[16-17]。模型不确定性是指预测响应与真实响应之间的差异，既不可能知道也不可能精确测量。这种差异通常包括几部分：模型形式/结构、模型参数和过程噪声。很难确定这些部分的哪一个可能是预测中总体不确定性的最重要贡献者（如果在某种程度上事先知道这些重要贡献者，那么其他不确定性来源可能会被忽略），因此，在计算故障预测和剩余使用寿命预测的总体不确定性时，有必要系统地包括所有这些组成部分。
- 预测方法不确定性。即使上述所有不确定性来源都能准确量化，也有必要量化它们的综合影响，并计算出预测中的总体不确定性。理论上，预测的精确统计学参数（包括平均值、标准差和概率分布）可以使用从各种不确定性来源中抽取的无限数量的样本来量化。实际上，由于计算限制，精确的统计学参数几乎不可能得到，必须以不同（通常是非线性的）的方式组合不确定性来源，以量化预测中的总体不确定性。预测方法可能无法准确地量化上述整体不确定性，将会导致额外的不确定性，称为预测方法不确定性（注意，这与用于预测的算法有关）。例如，当采用基于抽样的方法进行预测时，使用有限数量的样本会导致对预测的相关量概率分布估计的不确定性；简单地重复进行 10 次蒙特卡罗模拟，将产生 10 个不同的平均值、10 个不同的方差以及 10 个不同的概率分布。另外，当寻找分析方法时，关于函数形式的近似和假设将可能导致不准确的相关量的概率分布。

重要的是对上述不确定性来源进行表征和量化计算它们对预测的综合影响，并估计预测中的总体不确定度。下面将讨论需要采取的一些步骤，以便系统有效地实现这些目标。

8.3 PHM中不确定性的形式化处理

为了有效解决不确定性对预测影响的问题，有必要对不确定性进行基于数学的形式化处理。需要考虑如何用数学方法表示不确定性、如何量化其对预测的影响以及如何以有意义的方式管理不确定性等问题。一些研究人员[18-22]已经为此目的讨论了不确定性的表征和解释、量化、传播、管理。

虽然上述过程有着明显的不同，但它们常常相互混淆，并且互换使用。本节正式定义并详细解释了上述每一个问题，并讨论了潜在的解决方案。

8.3.1 问题1：不确定性表征和解释

不确定性表征和解释是密切相关的，通常由建模和仿真框架的选择来阐述。

不同的不确定性表征方法不仅在粒度和详细程度上不同，而且在如何解释不确定性方面也不同。这些方法基于概率论[23]、模糊集理论[24-25]、证据理论[26]、不精确概率理论[27]和区间分析[28]。其中概率论在 PHM 领域的应用最为广泛[1]。利用概率论，不确定性可用概率质量函数（离散变量）、概率密度函数（PDF，连续变量）和累积分布函数（CDF，离散变量和连续变量均适用）表示。即使在概率方法中，不确定性也可以用两种不同的方式来解释和理解：频率论（经典）和主观论（贝叶斯），这将在本章后面进行详细说明。

8.3.2 问题2：不确定性量化

不确定性量化涉及识别和描述可能影响预测的各种不确定性来源，将这些不确定性来源尽可能准确地纳入模型和仿真中是很重要的。典型 PHM 应用中常见的不确定性来源包括建模误差、模型参数、传感器噪声与测量误差、状态估计、未来载荷以及操作和环境条件。本阶段的目标是分别处理这些不确定性来源，并使用概率/统计方法对它们进行量化。例如，卡尔曼滤波本质上是一种用于不确定性量化的贝叶斯工具，其中状态的不确定性可作为时间的函数连续估计，其前提是以时间为函数的数据连续可用。

8.3.3 问题3：不确定性传播

不确定性传播是最重要的预测因素，因为它考虑了所有先前量化的不确定性，并使用这些信息来预测所考查的工程系统的未来状态及与之相关的不确定性，以及剩余使用寿命及与之相关的不确定性。

在概率工具中，这意味着在给定变量 X 的概率分布的情况下，要计算函数 $Y=G(X)$的概率分布。

通过预测模型传播的各种不确定性来源，可以计算出未来状态的概率分布。剩余使用寿命的概率分布是使用未来状态的估计不确定性以及用于指示失效相关事件发生的布尔阈值函数计算的。在这一步中，重要的是要理解未来状态和预测结果仅取决于前一步中描述的各种不确定性，因此不应随意选择未来状态和预测的分布类型与分布参数。通常，在剩余使用寿命预测中假设用正态（高斯）分布来表示不确定性。这样的假设很可能是错误的，剩余使用寿命的真实概率分布需要借助模型和阈值函数对各种不确定性来源的严格不确定性传播来估计，而模型和阈值函数在实际中可能都是非线性的。

8.3.4 问题 4：不确定性管理

最后一个问题是不确定性管理。在文献[1]中，术语“不确定性管理”被当作不确定性量化和/或传播而随意地使用。不确定性管理是一个通用术语，用于表示在实时运行期间，有助于管理基于状态的维护中不确定性的各种活动。

不确定性管理包括几个方面，其中一个方面试图回答这样一个问题：“是否有可能减少估计中的不确定性？”这个问题的答案在于确定哪些不确定性来源是导致预测不确定性的重要因素。例如，如果传感器的性能能够得到改善，那么在卡尔曼滤波过程中可能获得更好的状态估计（不确定性较小），这反过来又可能导致更小的不确定性预测结果。不确定性管理的另一个方面涉及如何在决策过程中使用与不确定性相关的信息。

在理解了为支持预测中的不确定性量化和管理而需要执行的一系列活动之后，接下来的内容将详细介绍这些不同的活动，并为剩余使用寿命中的不确定性计算提供一个详细的框架。

8.4 不确定性表征和解释

考虑在故障预测和剩余使用寿命预测中估计不确定性的问题。如前所述，在 PHM 领域中主要使用概率理论，因此尽管存在不确定性表示的其他方法[23-28]，本章其余部分只讨论不确定性的概率表示。

虽然已报道的文献中已经很好地建立了概率方法、数学公理和概率定理，但是研究者在概率解释上存在着很大的分歧，主要有物理概率和主观概率这两种解释。在试图解释剩余使用寿命预测中的不确定性之前，必须理解这两种解释之间的差异。事实上，这两种解释之间的简洁差异提高了我们对预测中理解和解释不确定性的水平。物理概率直接适用于基于试验的预测，而主观概率更适用于基于状态的预测。

8.4.1 物理概率和基于试验的预测

下面简要介绍概率的频率解释，并说明为什么其只适用于基于可靠性的预测，而不适用于基于状态的预测。

8.4.1.1 物理概率

物理概率[29]也称为客观概率或频率概率，与随机物理实验有关，如掷骰子、掷硬币或旋转轮盘赌。每次试验都会导致一个事件（样本空间的一个子集），在长期的重复试验中，每个事件都会以持续的频率发生。这个频率被称为“相对频率”。这些相对频率用物理概率来表示和解释。因此，物理概率仅在随机实验的背景下定义。经典统计理论是基于物理概率的，在物理概率的背景下，随机性只因物理概率的存在而产生。

8.4.1.2 基于试验的预测

顾名思义，这种方法仅适用于可靠性试验方法或基于试验的寿命预测，因为该预测是基于对

工程所研究部件/系统的多个假定相同样品进行试验所收集的数据进行的。假设在高水平的控制下，确保在相同的条件下进行了一组从运行到失效的试验（共 n 个试验样品）。其目的是描述失效时间预测的不确定性（用 R 表示）。测量所有 n 个样品的失效时间（用 r_i 表示，i=1,2,⋯,n）。预计不同的单元会出现不同的失效时间，从而产生不同的剩余使用寿命，这就意味着 R 是一个随机变量。在概率表示法中，通常用大写字母表示随机变量的名称，用相应的小写字母表示随机变量的实现值。例如，r 是随机变量 R 的实现值。

重要的是要理解由于 n 个不同样品的固有差异（如材料特性的差异或不同的制造公差）而获得不同的剩余使用寿命值，这些差异可以表示为物理概率。假设这些随机样本可服从同一个潜在的概率分布，其密度函数为 $f_R(r)$，期望值 $E(R)=\mu$，方差 $\mathrm{Var}(R)=\sigma^2$。不确定度量化的目的是基于可用的 n 个数据来描述概率密度函数。

举例说明，假设概率密度函数可以用其均值和方差等价地表示；换句话说，假设随机变量 R 遵循双参数分布。因此，估测参数 μ 和 σ 等价于估计概率密度函数。在物理概率（频率法）的背景下，“真实”基本参数 μ 和 σ 分别称为“总体均值”和“总体标准差”。设 θ 和 s 表示可用的 n 组数据的平均值和标准差。如前所述，由于数据有限，样本参数（θ 和 s）将不等于相应的总体参数（μ 和 σ）。该方法的基本假设是由于存在真实但未知的总体参数，因此讨论任何总体参数的概率分布是没有意义的。取而代之，样本参数被视为随机变量。也就是说，如果另有一组可用的 n 个数据，则将获得另一组 θ 和 s 的实现值。频率学利用样本参数（θ 和 s）和可用数据的数量（n）在总体参数上构建置信区间。

8.4.1.3 置信区间

μ 和 σ 都可以构造置信区间，需要对这些区间做出正确解释[30]。如前所述，对置信区间的解释可能会造成混淆和误导。对 μ 的 95%置信区间并不意味着“μ 存在于区间中的概率等于 95%”，这种说法是错误的，因为 μ 是纯确定性的，所以不与物理概率关联。这里的随机变量实际上是 θ，区间是用 θ 计算的。因此，其正确的含义是“估算的置信区间包含真实总体平均值的概率等于 95%”。

8.4.2 主观概率和基于状态的预测

基于状态的预测与基于可靠性的预测的区别在于，每个系统都只从自身出发，因此不需要考虑其他样品系统的可变性，仅是一个特定系统。任何可产生变化的迹象都可能是虚假的，不应予以考虑。在任何给定的时刻，工程系统都处于特定的状态。因此，在预测时，系统的实际状态是完全确定的。这意味着即使它是未知的，也只有一个真实的确定值。因此，频率概率或物理概率不能用于解释基于状态的预测中的不确定性。

8.4.2.1 主观概率

主观概率[31]可以被指定为任意“论断”，相关论断不一定是随机实验可能的一个事件。事实上，即使没有随机实验，主观概率也可以赋值。贝叶斯方法基于主观概率，其被简单地认为是信任程度，并用来量化该“论断”由现有知识和证据支持的程度。在主观方法中，即使是确定的量也可以用概率分布来表示，这种分布反映了分析人员对于此类量的主观信任程度。因此，根据基于状态的定义，其不存在物理概率，主观或贝叶斯方法成为唯一合适的解释。似然概念及其在贝叶斯定理中的应用是主观概率论的关键。

8.4.2.2 基于状态的预测中的主观概率

在基于状态的预测中，需要对所有量的不确定性进行主观解释。滤波方法如粒子滤波和卡尔曼滤波，主要基于贝叶斯定理，而贝叶斯定理又是基于主观概率的。必须注意的是，这种滤波方法称为贝叶斯跟踪法，不仅是因为它们使用了贝叶斯定理，还因为它们提供了需要主观解释的不确定性估计。例如，当卡尔曼滤波用于估计工程系统的状态时，该系统的真实状态（在任何特定的时刻）是确定且已知的；概率估计只反映了对该状态的信任程度。同样的解释也适用于系统未来的状态或未来的输入。所有这些量的不确定性都需要主观解释，因此预测结果（包括剩余使用寿命的预测）的不确定性也需要主观解释。

另外，正如 Sankararaman 所解释的那样，主观概率也可用于基于可靠性的预测或基于试验的寿命预测[10]。

8.4.3 为什么剩余使用寿命预测是不确定的

鉴于上述讨论，有必要从两个不同的角度回答“为什么剩余使用寿命预测是不确定的”。第一，由于存在不确定性来源影响工程系统的行为，从而影响系统的未来演化和剩余使用寿命，所以剩余使用寿命预测是不确定的。第二，目前很明确的是故障预测和剩余使用寿命预测中的不确定性可能是由于样本间（基于试验的寿命预测）的差异造成的，或者仅仅是由于单个样本（基于条件的预测）的主观不确定性造成的。在工程系统的在线运行过程中，剩余使用寿命的估计问题只与基于状态的监测环境有关，因此，这方面的所有不确定性都需要主观解释。8.5 节提出了一个剩余使用寿命预测的不确定性的通用计算框架，并讨论了计算方法。

8.5 剩余使用寿命预测的不确定性的量化与传播

本节首先介绍基于状态的在线健康监测下的预测和剩余使用寿命预测中不确定性量化的一般计算框架；其次，利用上述框架解释可以将剩余使用寿命预测中的不确定性计算问题看作一个不确定性传播问题；再次，说明剩余使用寿命中不确定性量化需要严格的数学算法；最后，讨论不确定性传播的各种统计方法，并详细说明计算剩余使用寿命预测中不确定性所面临的挑战。

8.5.1 不确定性量化的计算框架

为了系统地支持故障预测和剩余使用寿命预测，开发计算框架是极其重要的。考虑在特定预测时间（用 t_p 表示）估计剩余使用寿命的问题，预测和不确定性量化的架构如图 8.3 所示，其中预测的整个问题可以细分为以下三个子问题：当前状态估计、未来状态预测和剩余使用寿命计算。

8.5.1.1 当前状态估计

估计 t_p 时刻状态的第一步被看作预测和剩余使用寿命计算的前奏。将用于连续预测系统状态的状态–空间模型表示为：

$$\dot{\boldsymbol{x}}(t) = f(t, \boldsymbol{x}(t), \boldsymbol{\theta}(t), \boldsymbol{u}(t), \boldsymbol{v}(t)) \tag{8.1}$$

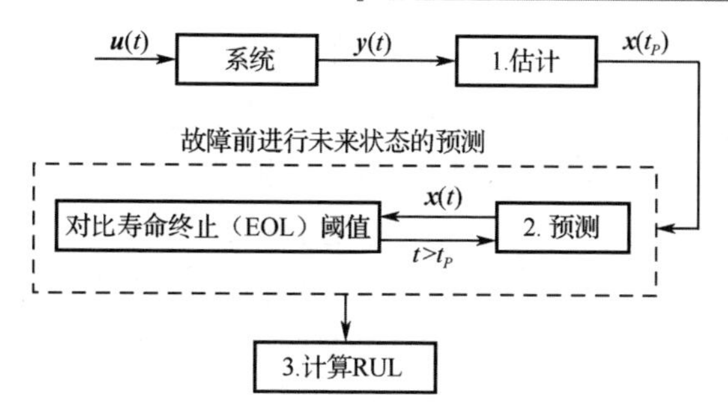

图 8.3 预测和不确定性量化的架构

其中，t 表示时间，$\boldsymbol{x}(t)$是状态向量，$\boldsymbol{\theta}(t)$ 是参数向量，$\boldsymbol{u}(t)$是输入向量，$\boldsymbol{v}(t)$是过程噪声向量，f 是状态方程（通常表示所考虑系统的退化，可以基于失效物理模型或经验模型描述）。如前所述，系统状态特别定义了系统中的损伤量。

在时间t_p处的状态向量，即 $\boldsymbol{x}(t_p)$（和参数$\boldsymbol{\theta}(t_p)$，如果它们是未知的）是使用直到t_p时刻为止采集的输出数据进行估计的。用 $\boldsymbol{y}(t)$、$\boldsymbol{n}(t)$和 h 分别表示输出向量、测量噪声向量和输出方程（可以基于失效物理模型和/或经验模型推导出来，与降解方程相似），那么：

$$\boldsymbol{y}(t)=h(t,\boldsymbol{x}(t),\boldsymbol{\theta}(t),\boldsymbol{u}(t),\boldsymbol{n}(t)) \tag{8.2}$$

通常，卡尔曼滤波和粒子滤波等滤波方法可用于上述状态估计。我们必须明白这些滤波方法合称为贝叶斯跟踪法，不仅因为它们使用贝叶斯定理进行状态估计，还因为它们取决于对不确定性的主观解释。换句话说，在任何时刻，对于真实的状态都没有不确定的量。然而真实状态却是未知的，因此通过滤波估计这些状态变量的概率分布。估计的概率分布只是反映了对这些状态变量的主观知识。

贝叶斯理论只用于状态估计阶段。可以注意到，状态估计除了贝叶斯滤波外还有几种替代方法，这些替代方法采用基于最小二乘法的回归技术[32]，包括移动最小二乘法[33]、总体最小二乘法[34]和加权最小二乘法[35]。然而，这些方法都基于经典统计，通过置信区间来表示状态的不确定性。以置信区间形式表示的不确定性传播并不是很直接的，在预测中，明确这种不确定性的传播以使得未来状态和剩余使用寿命中的不确定性可以量化是很重要的。这就是为什么贝叶斯跟踪法，如卡尔曼滤波、粒子滤波以及它们的变体，一直被用于不同类型的工程应用的状态估计。

8.5.1.2 未来状态预测

在估计了t_p时刻的状态后，下一步是预测组件/系统的未来状态。由于重点是在没有可用数据的情况下预测未来的，因此有必要完全依赖式（8.1）进行预测。式（8.1）中的微分方程可以离散化，并作为t_p时刻状态的函数用于预测未来任何时刻的状态（$t>t_p$）。

8.5.1.3 剩余使用寿命计算

剩余使用寿命的计算与超出给定阈值的组件性能有关。所需的性能通过一组n_c约束来表示，$C_{\mathrm{EOL}}=\{c_i\}$，其中$i=1,2,\cdots,n_c$，将给定当前输入$(\boldsymbol{x}(t),\boldsymbol{\theta}(t),\boldsymbol{u}(t))$的状态-参数对应空间中的给定点映射到布尔域[0,1]，其中，若满足约束，则$c_i(t)=1$，否则$c_i(t)=0$[10]。这些单独的约束可以组成一个阈值函数T_{EOL}，表示为：

$$T_{\mathrm{EOL}}(t)=\begin{cases}1,\text{当}0\in c_i(t)_{i=1}^{i=n_c}\\0,\text{其他}\end{cases} \tag{8.3}$$

简单地说，当不满足任何约束时，T_{EOL}等于 1。寿命终止（EOL）的时刻（用E表示）即t_p

被定义为T_{EOL}等于 1 的最早时间点。因此，EOL 可以表示为：

$$E(t_p)=\text{infimum}\{t:t \geqslant t_p \land T_{\mathrm{EOL}}(t)=1\} \tag{8.4}$$

利用 EOL 的定义，在t_p时刻的剩余使用寿命（简单地用R表示）可表示为：

$$R(t_p)=E(t_p)-t_p \tag{8.5}$$

注意，式（8.2）中的输出方程或输出数据$\boldsymbol{y}(t)$不用于预测阶段，并且 EOL 和剩余使用寿命仅取决于t_p时刻的状态估计；尽管这些状态估计是使用输出数据获得的，但在状态估计之后，输出数据不用于 EOL/剩余使用寿命计算。

将式（8.1）中f的时间离散化，离散化时间用k表示，t和k之间根据离散化程度存在一对一的关系。当执行预测的时间用t_p表示时，对应的离散化时间用k_p表示。类似地，用k_E表示对应于 EOL 的离散化时间。

8.5.2 剩余使用寿命预测：不确定性传播问题

从上述讨论可以清楚地看出，在t_p时刻，即$R(t_p)$所预测的剩余使用寿命取决于以下量。

- 当前状态$\boldsymbol{x}(k_p)$，利用当前估计和式（8.1）中的状态空间方程来计算未来状态$\boldsymbol{x}(k_p)$, $\boldsymbol{x}(k_p+1), \boldsymbol{x}(k_p+2), \cdots, \boldsymbol{x}(k_E)$。
- 未来载荷$\boldsymbol{u}(k_p), \boldsymbol{u}(k_p+1), \boldsymbol{u}(k_p+2), \cdots, \boldsymbol{u}(k_E)$。
- 参数值$\boldsymbol{\theta}(k_p), \boldsymbol{\theta}(k_p+1), \boldsymbol{\theta}(k_p+2), \cdots, \boldsymbol{\theta}(k_E)$。
- 过程噪声$\boldsymbol{v}(k_p), \boldsymbol{v}(k_p+1), \boldsymbol{v}(k_p+2), \cdots, \boldsymbol{v}(k_E)$。

对剩余使用寿命预测来说，上述所有量都是独立变量，剩余使用寿命为从属变量。设$\boldsymbol{X}=\{\boldsymbol{X}_1, \boldsymbol{X}_2, \cdots, \boldsymbol{X}_n\}$表示上述所有独立变量的向量，其中$n$是向量$\boldsymbol{X}$的长度，即影响剩余使用寿命预测的不确定参量的个数，则剩余使用寿命（用R表示）的计算可以用函数表示为：

$$R=G(\boldsymbol{X}) \tag{8.6}$$

知道$\boldsymbol{X}$的值，就可以用图 8.4 所示的定义计算相应的R值，图 8.4 由式（8.6）等价地表示。$\boldsymbol{X}$中包含的量是不确定的，预测的重点是计算它们对剩余使用寿命预测的综合影响，从而计算R的概率分布。估计R中的不确定度问题相当于将$\boldsymbol{X}$的不确定性通过G传播，为此，有必要使用数值计算方法。

8.5.3 不确定性传播方法

利用不确定性传播方法估计R中的不确定性是一个非常重要的问题，需要严格的计算方法。这包括估计R的概率密度函数（用$f_R(r)$表示），或者等价估计R的 CDF（用$F_R(r)$表示）。只有在某些特殊的情况下（如$\boldsymbol{X}$服从高斯分布，函数G是线性的），才有可能得到R分布的解析解。然而，很容易证明[10]状态空间模型和阈值方程的结合总使G呈现非线性。PHM 领域的实际问题可能包括：

- 影响剩余使用寿命预测的几个非高斯随机变量；
- 非线性多维状态空间模型；
- 未来载荷状态无法确定；
- 在多维空间中定义的复杂阈值函数。

剩余使用寿命的分布仅仅取决于图 8.4 所示的变量，这一事实意味着人为地指定剩余使用寿命的概率分布类型（或任何统计特征，如均值或方差）是不准确的。重要的是要理解剩余使用寿命是一个简单的从属变量，R 的概率分布需要用计算方法精确估计。

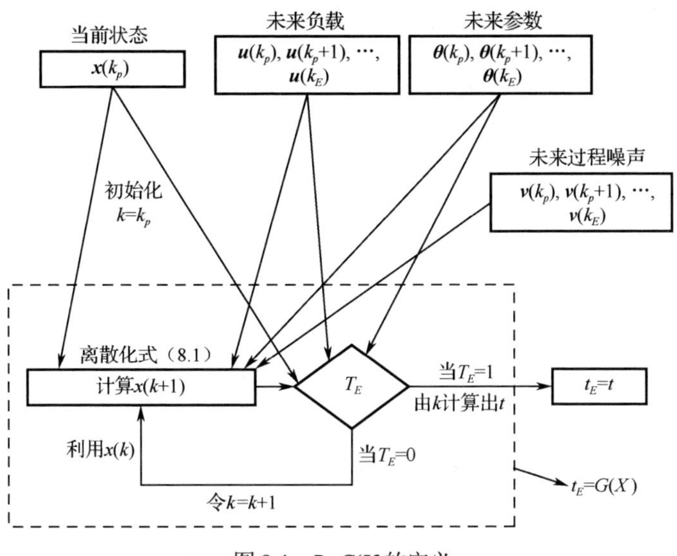

图 8.4 $R=G(\boldsymbol{X})$的定义

为了回答如何计算 R 中的不确定性和估计 R 的概率密度函数这一显而易见的问题，有必要借助统计人员和研究人员为不确定性传播而开发的严格计算方法。这些方法可分为三类：基于采样的方法、分析方法和混合方法；有些方法可以计算 R 的 CDF，有些方法可以直接根据 R 的概率分布生成样本。

8.5.3.1 基于采样的方法

解决不确定性传播问题最直观的方法是利用蒙特卡罗模拟（MCS）。MCS[36]的基本概念是生成一个在区间[0,1]上均匀分布的伪随机数，然后利用 $\boldsymbol{X}$ 的 CDF 生成 $\boldsymbol{X}$ 的相应值，继而生成 $\boldsymbol{X}$ 的若干随机值，并计算对应的 R 值。CDF $F_R(r)$ 可计算为输出值小于一个特定值 r 的比例。每生成一个值都需要对 G 进行一次评估/模拟。通常需要数千个值来计算整个 CDF，特别是对于非常高/非常低的 r 值。模拟的数量对 CDF 估计误差的影响，可查阅文献[30]，或者可以基于 R 的可用样本，使用核密度估计来计算整个 CDF[37]。

一些使用粒子滤波进行状态估计的研究人员可能会选择将生成的“粒子”简单地传播到未来，这种方法与蒙特卡罗采样方法只是略有不同，其区别在于粒子有自己的权重。为了准确地获得剩余使用寿命的整个概率分布，可能需要选择成百上千个“粒子”，这种方法可能不适合在线健康监测。这就是为什么有必要研究其他基于采样的方法；这些方法是基于蒙特卡罗统计算法[38-39]的派生方法，可以显著提高计算效率。其中一些采样方法如下。

- 重要性采样。此方法[40]不是从原始分布生成 $\boldsymbol{X}$ 的随机值，而是通过推荐的密度函数生成随机值（这不是原始统计数据，而是生成具有某些期望特性的更多样本，例如，当真实故障概率太低时，它可以生成更多的故障对应样本）并估计 R 的统计值，然后根据原始密度值和建议密度值进行校正。
- 自适应性采样。该方法[41]是一种先进的采样技术，其通过基于对 $\boldsymbol{X}$ 的几个样本的 G 求值后，并且更新建议密度函数来不断提高重要性采样的效率。两类自适应采样方法是多模采样[42]和基于曲率的采样[43]。文献[30]称，自适应采样技术可以使用 100～400 个样本准确估计尾部概率，而传统的蒙特卡罗技术可能需要数十万个样本。

- 分层采样。在这种抽样方法中，$\boldsymbol{X}$ 的整个变化区域被划分为多个区间，并且独立地从每个区间中抽取样本。将整个区域划分为多个子区间的过程称为分层。当总体范围内子样本之间存在显著差异时，该方法适用。
- 拉丁超立方采样。这是计算机实验设计中常用的采样方法[44]。当对 N 个变量的函数进行采样时，首先将每个变量的范围划分为 M 个等概率区间，从而形成矩形网格；然后选择采样位置，使得在该网格的每行和每列中都刚好有一个样本；最后利用每个生成的样本来计算 R 的相应实现，从而可以计算 $f_R(r)$ 。
- 无迹变换采样。无迹变换采样[45]是一种侧重于准确估计 R 的均值和方差，而非整个概率分布的方法。在 $\boldsymbol{X}$ 空间中选择某些预定的西格玛点，使用加权平均原理导出相应的 R，计算出 R 的均值和方差。

8.5.3.2 分析方法

结构工程领域的研究人员开发了一类分析方法来进行不确定性传播。这些方法[46]有助于快速（对 G 的估计次数而言）、有效（相当准确）计算 R 的概率分布。

- 一次二阶矩法。该方法仅利用所有不确定量的均值和方差以及 G 的一阶泰勒级数展开来计算相应 R 的均值和方差。
- 一次可靠性法。该方法通过在所谓的最可能点附近将 G 线性化来计算 CDF $F_R(r)$ 函数[47]。通过对 r 的多个值重复此计算，可以获得整个 CDF。虽然这种方法是一种近似，但已经证明它可以在许多实际应用中以合理的精度估计 CDF[30]。
- 逆向一次可靠性法。该方法与一次可靠性法相反，即计算与给定的 β 值相对应的 r 值，使 $F_R(r)=\beta$。通过对几个 β 值重复这种方法，可以方便地计算出 R 的整个 CDF，从而估计 R 的不确定度。
- 二次可靠性法。二次可靠性法[48]通过二次近似 G 代替线性近似，提高了一次可靠性法的估计精度。有两种不同类型的二次近似和相应的二次可靠性估计方法，从而导致多种计算方法，由 Der Kiureghian[48]、Tvedt[49]、Hohenbichler 和 Rackwitz[50]提出。

8.5.3.3 混合方法

除了采样方法和分析方法，还有一些方法将采样和分析工具的使用结合起来。例如，有几种替代建模的技术已被研究人员用于不确定性传播问题。计算多个样本的 $\boldsymbol{X}$ 及其对应的 R 值，这些样本信息分别称为训练点和训练值，利用这些信息，构造不同类型的基函数并进行多维插值，以便在 $\boldsymbol{X}$ 的未训练位置估测 G。传统的可替代建模的算法，如回归[30]、多项式混沌展开[51]和 kriging 插值法[52]，以及现代机器学习算法[53]，如随机森林和神经网络也可以用于此目的。

8.5.3.4 方法总结

虽然上述不确定性传播方法已被应用于不同类型的工程中，但仍有必要研究其在预测中的适用性。有些方法可以用于计算剩余使用寿命某些概率分布的特征，而有些方法可能更适用于计算某些其他特征。然而，由于上述方法的局限性，不确定性传播在实际应用中仍然是一个具有挑战性的问题。精确计算 R 的实际概率分布是不可能的，只有用无穷大的样本进行蒙特卡罗采样才能精确计算。任何其他方法（只要使用的样本数量有限）都会导致估计概率分布的不确定性，这种额外的不确定性称为预测方法不确定性。通过使用先进的概率技术和/或强大的计算能力，有可能减少（甚至最终消除）这种不确定性。

8.6 不确定性管理

在计算了预测中的不确定性之后，有必要采取措施加强不确定性管理，以降低风险。在这方面，一些常见的问题如下。

- 如果剩余使用寿命的方差太大，那么如何控制输入条件中的不确定性，使得在剩余使用寿命预测中的不确定性减少到所期望的值？
- 如果剩余使用寿命低于理想时间的概率非常高（即故障发生的概率很高），那么如何增加EOL 延后发生的概率？
- 为获得剩余使用寿命的理想概率分布，需要对不确定的量进行哪些有意义的更改？例如，当剩余使用寿命服从多模态概率分布时，如何消除与早期故障对应的模式？

尽管仍有必要发展计算方法来回答上述问题，但似乎全局灵敏度分析方法[54]在这方面显示出相当大的潜力。利用这种方法可以确定不同不确定性来源对预测中总体不确定性的贡献程度。利用全局灵敏度分析，可以计算 $R=G(\boldsymbol{X})$中每个 $\boldsymbol{X}_i$ 对 R 的不确定性的贡献，，可以通过计算一阶效应指数（S_1^i）和总效应指数（S_T^i）来实现，如式（8.7）和式（8.8）所示。

$$S_1^1 = \frac{V_{X^i}(E(R|\boldsymbol{X}^i))}{V(R)} \tag{8.7}$$

$$S_T^1 = 1 - \frac{V_{X^{\sim i}}(E(R|\boldsymbol{X}^{\sim i}))}{V(R)} \tag{8.8}$$

一阶效应指数计算 $\boldsymbol{X}^i$ 自身对 Y 的贡献，总效应指数通过考虑 $\boldsymbol{X}^i$ 与所有其他变量（用 $\boldsymbol{X}^{\sim i}$ 表示）的相互作用计算 $\boldsymbol{X}^i$ 对 Y 的贡献。如果一个变量的一阶效应指数很高，那么这个变量就被认为是重要的。而如果一个变量的总效应指数很低，那么这个变量就被认为不太重要。

注意，这两个指标的计算都涉及期望方差的计算，因此需要计算密集型的嵌套双环蒙特卡罗采样。分析结果有助于确定影响不确定性的最重要因素，有时还有助于降维（如果某个不确定量不是一个重要因素，那么就有可能将不确定量视为一个确定量）。因此，全局灵敏度分析的结果有助于管理不确定性，使得此类分析的结果对采取风险缓解的措施有指导作用。

8.7 案例分析：无人驾驶飞机电源系统的不确定性量化

为了说明不确定性量化在预测和在线健康监测中的重要性，本节将以无人驾驶飞机（Unmanned Aerial Vehicle，UAV，简称无人机）[55]的电源系统为例进行介绍，该系统被用作NASA 的 Langley 和 Ames 研究中心的预测和决策工作的试验对象。

8.7.1 模型描述

锂离子电池[56]用于为无人机提供动力，该电池的等效电路如图 8.5 所示。

在该电路中，非线性大电容 C_b 用于存储电池的电荷 q_b，其获得开路电势和浓差超电势。R_{sp} 和 C_{sp} 获得了大部分由于表面过电位导致的非线性压降，R_s 获得欧姆压降，R_p 为解释自放电的寄生电阻。这一经验电池模型忽略了温度效应和其他次要的充放电过程，但足以描述电池的主要动力学。

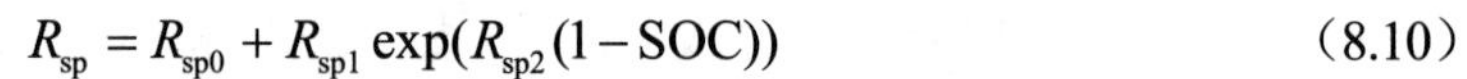

状态空间模型可以用等效电路模型来构造，用于步长为 1s 的离散时间的剩余使用寿命预测。荷电状态（SOC）计算如下：

$$\mathrm{SOC}=1-\frac{q_{\max}-q_{\mathrm{b}}}{C_{\max}} \tag{8.9}$$

其中，q_{b} 是电池中的当前电荷（与 C_{b} 有关），$q_{\max}$ 是可能的最大电荷，$C_{\max}$ 是可能的最大电容。与表面过电位相关的电阻是 SOC 的非线性函数：

$$R_{\mathrm{sp}}=R_{\mathrm{sp0}}+R_{\mathrm{sp1}}\exp(R_{\mathrm{sp2}}(1-\mathrm{SOC})) \tag{8.10}$$

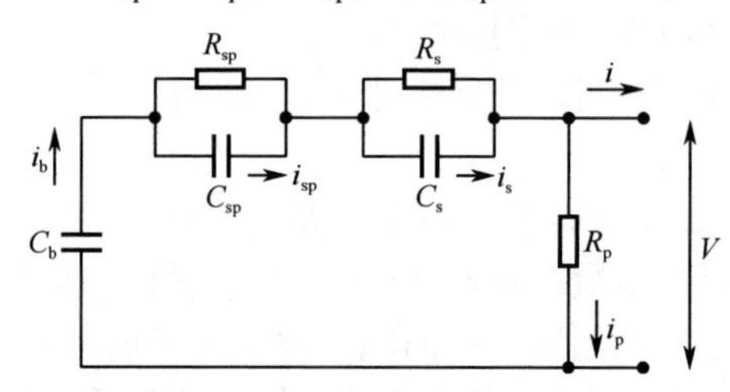

图 8.5　锂离子电池的等效电路

其中，R_{sp0}、R_{sp1} 和 R_{sp2} 是经验参数。随着 SOC 的降低，电阻和电压降呈指数增长。电容 C_{b} 表示 SOC 的三阶多项式函数：

$$C_{\mathrm{b}}=C_{\mathrm{b0}}+C_{\mathrm{b1}}\mathrm{SOC}+C_{\mathrm{b2}}\mathrm{SOC}^2+C_{\mathrm{b3}}\mathrm{SOC}^3 \tag{8.11}$$

预测放电终止（EOD）的时间是很有意义的，其被定义为当电池电压低于阈值 V_{EOD} 的时刻。电池的剩余使用寿命表示到 EOD 的时间。电池模型的参数见表 8.1。

下面讨论不确定性的各种来源，并估算剩余使用寿命中的不确定性。

表 8.1　电池模型的参数

参　数	数　值	单　位
C_{b0}	19.8	F
C_{b1}	1745	F
C_{b2}	-1.5	F
C_{b3}	-200.2	F
R_s	0.0067	Ω
C_s	115.28	F
R_p	10000	Ω
C_{sp}	316.69	F
R_{sp0}	0.0272	Ω
R_{sp1}	1.087×10^{-16}	Ω
R_{sp2}	34.64	Ω
q_{max}	31100	C
C_{max}	30807	F
V_{EOD}	16	V

8.7.2　不确定性来源

本例中考虑的不确定性来源包括状态估计不确定性、未来负载不确定性和过程噪声不确定

性。为了便于说明，设负载幅度随机且恒定，幅度单位为安培，其分布视为正态分布（平均值=35，标准差=5），并且指定该分布的下限为5、上限为80。其中有三个状态变量：C_b的电荷量、C_{sp}的电荷量和C_s的电荷量，为了便于说明，它们的变异系数（COV，定义为标准差与平均值的比率）设为0.1。在任何时刻，三个过程噪声项对应三个状态，并且假设所有噪声项的均值都为0，方差分别为1、10^{-4}和10^{-6}。

此外，通过分析无人机的机动性，考虑了更为现实的负载变幅场景。

8.7.3 结果：恒定幅度的负载条件

以EOD预测的不确定性作为连续时间的函数，多个时间点的EOD预测分别如图8.6和图8.7所示。

可以看出，概率密度函数（PDF）的形状在失效发生附近发生了显著变化，从钟形分布变为三角形分布。能够准确地预测接近失效时的剩余使用寿命是特别重要的。如果初始预测事先假设了任何分布类型（如高斯分布），那么这种假设显然不成立。预测方法不应给EOD和剩余使用寿命指定分布类型，而应仅仅将它们视为相关量，并使用不确定性传播方法估算其不确定性。

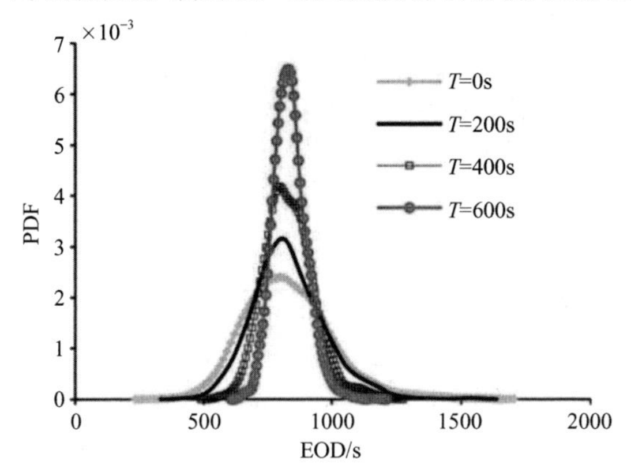

图8.6 多个时间点的EOD预测

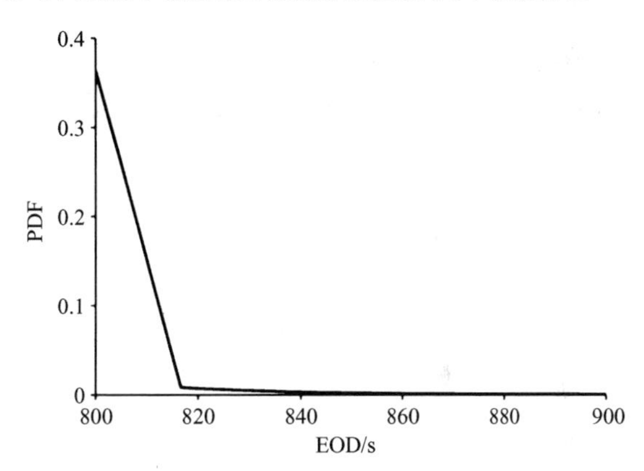

图8.7 T=800s时的EOD预测（接近失效时间）

8.7.4 结果：可变幅度的负载条件

Saha等[55]量化了无人机动力电池负载的不确定性。几个被识别的飞行段中的每一段内，幅度被视为恒定的，持续时间（T，单位为s）和幅度（电流，I，单位为A）是随机的。共计12个随机变量，每个变量都假定遵循有上下限的正态分布。可变幅度统计数据见表8.2。

表8.2 可变幅度统计数据

时间段	电流/A				时间/s			
	平均值	标准差	最小值	最大值	平均值	标准差	最小值	最大值
起飞	80	7	70	100	60	10	50	75
上升	30	5	22	40	120	10	90	140
巡航	15	3	10	22	90	10	70	115
转向	35	5	25	47	120	10	100	145
滑翔	5	1	2	8	90	10	75	120
着陆	40	5	30	53	60	10	40	80

恒定幅度的负载情形表明了事先假定 EOD 分布类型的影响（同样对剩余使用寿命预测产生影响），而可变幅度的负载情形提供了某些新的见解。考虑电池 EOD 的初始预测，并使用蒙特卡罗抽样计算其概率分布。各个不确定性来源的多个实际值可用于计算相应的 EOD 值，从而估计 EOD 的 PDF，如图 8.8 所示。

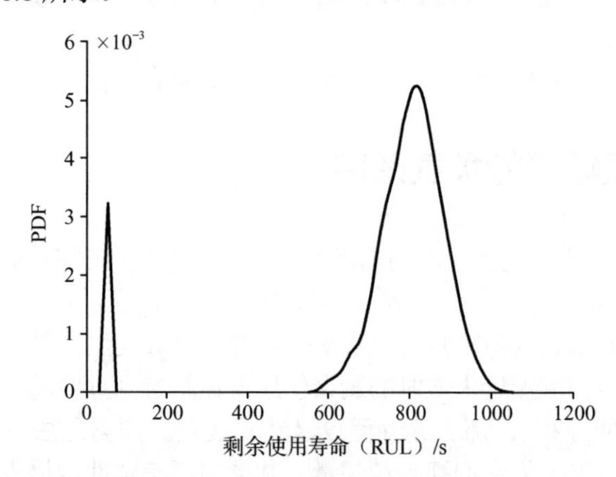

图 8.8　多模态剩余使用寿命概率分布

注意，上述分布为多模态性质。这两种模式无法对应于多个失效模式（对于本例，只有一种与电源电压有关的失效模式），而只是与未来负载状态中特定的统计数据有关。因此，在没有严格的蒙特卡罗抽样的情况下确定这种多模态性质仍是一个挑战。

8.7.5　讨论

本节中讨论的数值示例清楚地说明了以下关键问题。

- 对于剩余使用寿命预测，不要随意指定统计特征（如分布类型、平均值和标准差）是很重要的。
- 在工程系统运行过程中，剩余使用寿命分布的形状可能会发生显著变化。
- 剩余使用寿命的分布可能有多种模式，准确地捕捉这些模式非常重要，而这样的分布可用于决策。

总之，重要的是确定剩余使用寿命概率分布的所有特征（在本案例研究中基于 EOD 来确定），这只能通过使用精确的不确定性量化方法来实现，而不对剩余使用寿命的 PDF 的关键参数（形状、平均值、中值、模式、标准差等）进行假定。最终目的是通过 G 传播不同不确定性来源来精确计算 R 的概率分布，如图 8.4 所示。虽然通过大量的蒙特卡罗采样计算能以合理的精度实现这一目标，但由于蒙特卡罗采样耗时的缺点，不适用于在线预测和健康监测。

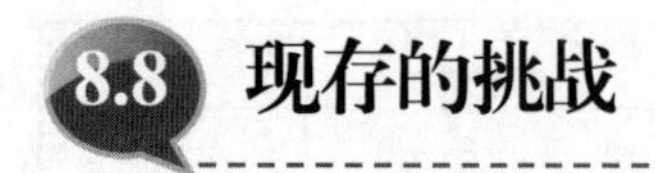

8.8　现存的挑战

现存的挑战主要是使用不同类型的不确定性量化方法进行预测、健康管理和决策这三个方面。重要的是了解这些挑战，将有效的不确定性量化与预测结合起来，帮助知悉风险后的决策。每一种不确定性量化方法都可以解决其中的一个或多个问题，因此甚至有必要采用不同的方法来实现不同的目标。目前研究者正在开展分析不同类型的不确定性量化方法，及其对预测的适用性。其中一些问题概述如下。

8.8.1 时效性

时效性是预测中的一个重要因素，因为预测的不确定性量化方法需要在计算上可行，以便能在在线环境中实施。这就需要快速计算，而传统的不确定性量化方法耗时且计算烦琐。

8.8.2 不确定性的特征

在许多实际应用中，描述各个不确定性来源是一个挑战。虽然计算系统状态的不确定性相对容易（使用卡尔曼滤波、粒子滤波等估算技术），但未来输入的不确定性（预测不确定性的一个关键因素）可能难以计算。估计模型的不确定性也是一个挑战，在使用模型框架进行预测时，需要将其不确定性考虑在内。

8.8.3 不确定性的传播

在对所有不确定性来源进行描述之后，计算它们对预测的综合影响并不容易。这种计算必须是基于系统不确定性传播的结果，从而得到预测的总概率分布。

8.8.4 拟合分布的性质

有时，剩余使用寿命在预测中的概率分布可能是多模态的，不确定性量化方法需要能够准确地确定这种分布。

8.8.5 准确性

不确定度量化方法需要得到准确的结果，也就是说，需要准确地给出 $\boldsymbol{X}$ 的整个概率分布以及前面提到的由 $Y=G(\boldsymbol{X})$定义的函数关系。有些方法只使用 $\boldsymbol{X}$ 的部分统计量（通常是均值和方差），有些方法使用了近似（如线性）的 G。而重要的是，在没有对分布类型和函数形状做出关键性假设的前提下，通过不确定性传播正确地计算剩余使用寿命的总体概率分布。

8.8.6 不确定性的界限

快速确定不确定性的界限和计算剩余使用寿命的整个概率分布都是十分重要的，这对于实时在线决策是有用的。

8.8.7 确定性的计算

现有的审核、检验和认证规程需要用算法来产生确定性的（即可重复的）结论。一些基于采样的方法进行重复后确实会产生不同的结果（尽管在实现好的情况下没有丝毫偏差）。

8.9 总结

本章讨论了故障预测和剩余使用寿命预测中不确定性量化和管理等几个方面的问题。预测受多个不确定性来源影响，为了进行有意义的决策，正确解释这种不确定性很重要。不确定性可以用两种方式来解释：一种是从频率观点解释的物理概率；另一种是从贝叶斯观点解释的主观概率。虽然频率解释可能适用于基于可靠性的预测，但在基于状态的预测中并不适用。在线实时状态监测中的不确定性需要主观解释，因此贝叶斯方法更适用于此情况。

本章还强调了在预测中准确计算不确定性的重要性。由于预测中的不确定性是不可能解析计算的（即使是对于某些涉及高斯随机变量和线性状态预测模型的简单问题），因此有必要采用计算方法来量化不确定性，并计算剩余使用寿命预测的概率分布。在这个过程中，重要的是不要对预测的概率分布的函数形状或其任何统计数据（如平均值、中位数和标准差）做出假设。

为了实现这一目标，本章首先列举了影响预测的各种不确定性来源，并引入了概率分布和随机过程等概率工具来表示和量化这种不确定性。然后，计算这些不确定性来源对预测的综合影响，将其看作是一个不确定性传播问题，可以使用基于采样、分析和混合的不同类型的方法来解决。此外，本章还讨论了不确定性管理的各个方面，如通过灵敏度分析来了解哪些变量是不确定性的重要影响因素。

原著参考文献

第9章

PHM 投资的成本和回报

Peter Sandborn[1]，Chris Wilkinson[2]，Kiri Lee Sharon[3]，Taoufik Jazouli[4]，Roozbeh Bakhshi[1]

1 美国马里兰大学帕克分校高级寿命周期工程中心

2 霍尼韦尔公司

3 美国威斯康星州密尔沃基市富理达律师事务所

4 美国马里兰州布兰迪温摄政管理服务有限责任公司战略和业务发展部

故障预测与健康管理（PHM）为降低持续成本、改进维修决策、产品设计和验证过程、产品使用反馈提供支撑。使用 PHM 方法需要考虑和规划整合新的和现有的系统、操作以及过程。如果没有支持商业案例的开发，就无法承诺实现和支持 PHM。PHM 的实现需要在不同级别的规模和复杂性层面上进行。底层预测算法的成熟度、健壮性和适用性影响 PHM 在技术企业中的整体效能。在严格的调度约束和不同的操作模式下，PHM 对决策者的作用在于影响可以实现的成本规避。本章讨论实施成本的确定、潜在的成本规避，以及由电子 PHM 产生的投资回报率。另外，本书在第 11 章中还将讨论维修价值和最优决策方面的成本。

9.1 投资回报

大多数业务案例的一个重要特征是经济合理性的论证。投资回报率（ROI）是衡量使用 PHM 产生经济价值的一种有用方法。ROI 衡量的是“回报”，即在给定的资金使用情况下节省的成本、利润或避免的成本。ROI 的类型包括投资回报率、成本节约（或成本规避）和利润增长[1]。在企业级，ROI 可以反映组织管理的好坏。对于特定的组织目标，如获得更多的市场份额、留住更多的客户或提高可用性，投资回报率可以通过实践或战略的改变如何实现这些目标来衡量。

一般来说，ROI 是收益与投资的比率。式（9.1）是在一个系统寿命周期定义 ROI 的一种计算方法：

$$\mathrm{ROI}=（回报-投资）/投资=（规避成本-投资）/投资 \tag{9.1}$$

式（9.1）中间的比例式子是经典的 ROI 定义，右边的比例式子是适用于 PHM 评估的 ROI 形式。ROI 允许通过对备选方案的比较来增强关于投资资金的使用和研究开发工作的决策能力。然而，它的输入必须是准确和完全的，以使计算本身有意义。对于 PHM，投资包括系统中开发、安装和支持 PHM 方法所需的所有成本，而回报是通过使用 PHM 实现收益的量化。

构建 PHM 的商业案例并不一定要求 ROI>0（ROI>0 意味着存在成本收益）；也就是说，在某些情况下，PHM 的价值无法用货币来计量，但是为了满足系统需求（如可用性需求），PHM 是必需的（见第 18 章）。但是，ROI 的评估（无论大于零还是小于零）仍然是为 PHM[2]开发的任何商业案例的必要部分。

9.1.1 PHM的ROI分析①

ROI 的确定使管理者能够在他们的决策[3]中包含定量且易于解释的结果。ROI 分析可用于选择不同类型的PHM，优化特定PHM的使用，或者确定是否采用PHM与传统维修方法。

PHM的经济合理性方面被许多学者研究过[4-35]。与PHM方法相关的ROI已被用于特定的非电子军事应用，包括地面车辆、电源和发动机监视器[13-14]。NASA 的研究表明，假设维修需求减少 35%，当代飞机和老一代飞机系统的飞机结构预测投资回报率在三年内可能高达 0.58[15]。为了归纳商用和军用飞机的电子 PHM 成本，需要了解行业实践和法规，了解阶段和任务调度，了解基础的 PHM 组件技术，并对其准确性进行评估。文献[16]中对高可靠性电信通信应用（电源和电源转换器）的电子预测进行简单的 ROI 分析，包括在马来西亚的“BladeSwitch”语音电信部署的基本商业案例。

联合攻击战斗机（JSF）计划是 PHM 在主流多国防御系统[17]中的第一个实施案例。PHM 是 JSF 自动逻辑系统②的主要组件。该计划对 PHM 实施成本的 ROI 预测和规避成本的可能性进行了评估，并采用失效模式、影响及危害度分析（FMECA）建模硬件的方法对 JSF 飞机发动机的 PHM 进行了分析[18-19]。根据计划外维修和计划内维修方法，确定并评估 PHM 设备在检测和隔离每个故障方面的有效性。Ashby 和 Byer[19]采用逻辑仿真模型，评估了不同子部件配备 PHM 的发动机控制单元（ECU）在军事飞行计划中对可用性的影响。当 PHM 可应用于合适的子组件时，PHM 就会提供可观的经济和非经济利益，尤其是在提高安全性和提高装备出动能力方面。

Ashby 和 Byer 提供的结果显示，使用 PHM 的五年期间对工程维修和成本规避具有节约作用。

Byer 等[20]给出了一个用于飞机子系统预测的成本效益分析过程。首先，定义没有 PHM 的基线系统和有 PHM 的飞机系统。其次，对飞机部件的可靠性和维修性进行了预测。接着，定义了 PHM 有效性度量，并建立了与这些有效性度量相关的相应度量。再次，评估了 PHM 对培训、支助设备、消耗品成本和人力的影响，估计了提供 PHM 的全部非经常性和经常性成本。随后，再计算结果的成本效益。最后，对不以货币单位表示的 PHM 效益重复这个过程，包括出动能力、事故减少频率和覆盖区的变化等。

作为补充信息和模型细化，Byer 等使用 FMECA、线路维修活动成本计算和遗留的现场事件率，以及调度矩阵和部件成本数据来建立寿命周期成本和运营影响评估。详细的输入比典型的军事维修数据库中包含的一般信息有了改进，后者总体上可能有大量的历史数据，但缺乏关于故障诊断和隔离时间所需的具体数据，以评估 PHM 的规避成本。即使在没有 PHM 技术的情况下，也可以建立一个更严格的审查维修费用的框架，利用这种框架来提高运营和支持成本的准确性。

陆军研究实验室的权衡空间可视化软件工具模拟了地面战斗车辆电池的 PHM 成本效益分析[21]。通过对资产失效行为的研究，计算 PHM 技术开发和集成的成本，估计技术实现的收益，并通过计算决策度量来进行分析。最初的分析着重于分离导致较大组件或系统本身退化的子组件。然后，FMECA 可以用来对故障模式进行分类，并确定哪些预测技术可以用来对其进行监控。该信息被扩展到一个舰队操作框架。在该框架中，用户可以选择参数的变量，如可用性、电池故障率或逻辑延迟时间。用户可以对这些参数进行优化以获得给定的 ROI，或者为这些参数设置值，然后计算不同场景的 ROI。Banks 和 Merenich[21]发现，当时间范围（预测距离）最大、车辆数量和

---

① 提示：并不是所有引用 ROI 数字的研究人员都以相同的方式定义 ROI。式（9.1）是金融界对 ROI 的标准定义。

②“自主物流”描述了一个支持任务可靠性的自动化系统，在最小化成本和物流负担的同时，最大限度地提高了出动能力[36]。

故障率最大时 ROI 最大。

利用宾夕法尼亚州立大学的电池故障预测项目的数据，对两种军用地面车辆平台的故障预测ROI 进行了比较[22]，为轻型装甲车（LAV）的电池和斯特赖克旅战斗队（SBCT）系列车辆开发的预测单元估计了非经常性开发成本。根据对开发和实施成本的估计，LAV 的 ROI 为 0.84，SBCT 的 ROI 为 4.61。投资回报率的差异归因于较短的受益期，在此期间，除了电池数量较少外，PHM 开发的成本会被 LAV 吸收。所考虑的实施费用是制造 PHM 传感器及其安装在每一辆车上的耗资。非经常性开发成本包括算法开发，软硬件设计、工程、鉴定、测试，车辆系统集成，以及开发用于数据管理的集成数据环境（IDE）。结合美国国防部关于电池性能的已知数据，计算电池预测在 25 年期间的总投资回报率为 15.25。

波音公司开发了一个寿命周期成本模型，用于评估 JSF 项目预测的收益。该模型由波音公司幻影工程部开发，用于在系统演示期间对战斗机航空电子设备的预测进行成本效益分析，然后将其增强以允许对预测方法进行寿命周期成本评估[23]。该模型允许选择标准任务配置文件或自定义任务配置文件。除了经济因素外，成本影响参数也被纳入成本效益分析中[24]。

将 PHM 整合到美国陆军地面车辆的 ROI 已经在文献[25]中解决了。该研究报告了布莱德利（Bradley）和艾布拉姆斯（Abrams）车辆的可用性、ROI 和全寿命周期成本权衡的问题。

Feldman 等对电子系统进行了非常详细的研究及 ROI 分析[26]（关于这方面的内容在 9.6 节给予阐述）。文献[37]中的处理方法为航空电子系统提供了一个自洽的 ROI 计算方式。

关于风能行业的 PHM 投资回报率，有不少较新且重要的文献可供参考。这些文献[27-34]利用状态监测系统研究了涡轮运行维护（O&M）中的成本规避问题。与电子行业的情况类似，与有状态监测的系统维修成本进行比较的参考情况通常是纠正性维修。其中一些研究是确定性的，使用故障率来产生故障次数[27-31]，而另一些研究使用随机模型来产生具有不确定性的输入[32-33]。然而，专门计算风能行业投资回报率的工作却很少。May 等[29]采用隐马尔可夫模型和部件故障率对运维成本进行建模。他们定性地讨论 ROI，但没有进行计算。Erguido 等用模拟方法研究了在风力涡轮机上实施状态监测系统的成本效应。他们引入了一个确定性的 ROI 公式，该公式仅捕获了状态监视对涡轮机能量生产的影响，但不包括操作和维修的成本收益。Bakhshi 和 Sandborn[35]提供了非常详细的 PHM ROI 风能处理过程，并讨论了随机 ROI 计算的实现。

9.1.2 金融成本

金融成本是技术收购的工程经济学的一部分。在系统中包含 PHM 的商业案例是长期提议的。也就是说，对于大多数类型的系统，都需要进行投资，并在多年内实现成本节约。由于 ROI 评估的时间跨度较大，因此必须将资金成本纳入 ROI 评估。在审查资本分配的选择时，关键的财务概念被用来评估选择和确定组织资源的最佳利用情况。在一个系统的寿命周期中，对资源分配和支付的审查可能需要考虑货币随时间的价值、折旧和通货膨胀。经济等价性将现金流与不同的使用方案相关联，从而为投资者的决策提供有意义的比较。像现值这样的概念可以用来比较货币现在的价值和将来的价值。今天的 1 美元比将来的 1 美元更有价值，因为今天可用的钱可以投资和增值，而今天花掉的钱却不能。忽略通货膨胀，假设离散复合，V_n 的现值，从现在算起 n 年，贴现率 r，由下式给出：

$$\text{现值}=\frac{V_n}{(1+r)^n} \tag{9.2}$$

对于式（9.2），为方便比较，V_n 的成本可以移到 n 年前进行比较。在金融界，r 通常被称为加权平均资本成本（见文献[3]）。对于货币随时间增长的各种假设，也存在其他形式的现值计算；有关工程经济学概念的概述，请参见文献[38]。

9.2 PHM 成本建模的术语和定义

本节对 PHM 成本讨论的几个核心概念给出一些必要的定义。

外场可更换单元（LRU）是一个通用术语，指的是一个通用的“黑盒子”电子设备单元，它通常按照通用的规格设计，并且在“线路”（即在现场）上易于替换。LRU 不同于车间可更换单元（SRU）和仓库可更换单元（DRU），后者可能需要额外的时间、资源和设备进行更换和维修。接口是 LRU 安装位置的独特对象。例如，引擎控制器占用的一个接口对象是它在特定引擎上的位置。该接口可能在其寿命周期内被一个 LRU 占用（如果 LRU 从未失效），或者在一个或多个 LRU 失效并需要替换时被多个 LRU 占用。

计划外（事件驱动）维修是指在系统出现故障之前一直运行，然后采取适当的维修操作来替换或修复故障。有时它被称为“中断修复”。与计划外维修相对的是预防性维修，即在故障发生之前或根据 PHM 提供的指示采取维修操作。固定计划维修间隔是执行计划维修的间隔，对于在整个系统寿命周期中占据所有接口对象的 LRU 的所有对象都保持不变。个人车辆每行驶 3000 英里（接近 5000km）应更换一次机油，这一常识代表了一种定期保养的间隔性策略。

数据驱动（预测失效）方法是指依赖于它们所应用的特定 LRU 对象的方法。数据驱动方法是直接观察 LRU，判断 LRU 是否健康。这类 PHM 方法包括健康监测（HM）和依赖 LRU 的预警装置。这里假设与 LRU 相关的预警装置是与特定目标对象同时制造的，即对于 LRU，它们将在制造和材料方面共同经历 LRU 所特有的变化过程。

基于模型的方法独立于它们所应用的特定 LRU 对象。基于模型的方法观察 LRU 所承受的环境应力，并根据这些应力对表征 LRU 的影响，确定 LRU 是否健康。这类 PHM 方法包括寿命损耗监测（LCM）和 LRU 独立的预警装置。LRU 独立的预警装置是与 LRU 分开制造并组装到 LRU 中的，因此它们在制造和材料上没有共同经历任何 LRU 的变化。

预警装置可以是数据驱动方法的一部分，也可以是基于模型的方法的一部分。作为离散设备的预警装置是 LRU 独立的（在基于模型的类中）。与 LRU 对象同时（或在 LRU 对象中）制作的预警结构，例如，用于检测每块板边缘腐蚀的金属化层，就是一种 LRU 相关的预警装置（在数据驱动类中）。

下面通过讨论在分析 PHM 的 ROI 时所必须考虑的两大类成本贡献活动来阐述 PHM 的总拥有成本。这些类别、实施成本和成本规避，分别代表了 ROI 计算中的“投资”部分和“回报”部分。

9.3 实施成本

实施成本是与 PHM 在系统中的实现相关的成本，即实现将 PHM 集成到新系统或现有系统中所需的技术和支持的成本。根据相应活动的频率和作用，实现 PHM 的成本可以分为经常性成本、非经常性成本或基础设施成本三种情形。实施成本是确定系统剩余使用寿命（RUL）的成本。

“实施”可以分解为许多不同层次的复杂和详细的独立活动。以下各节将讨论在保持一般性和广度的前题下实施成本的主要类别。这种广度反映了将实施成本纳入 PHM 的 ROI 模型；一个组织可能无法为非常具体的活动贴上确切的“价格标签”。实施成本模型可以而且应该进行调整以满足特定应用程序的需求，并且可以随着 PHM 设备及其使用的增加而扩展。

9.3.1 非经常性成本

非经常性成本与一次性活动相关，尽管处置或非经常性成本回收会在最后出现，然而这些活动通常发生在 PHM 项目时间轴的开始。非经常性成本可以按每个 LRU 或每个接口计算，也可以按一组 LRU 或接口计算。硬件和软件是最突出的非经常性成本。硬件成本建模将根据制造规范、原产国、复杂程度和材料而有所不同。与 LRU 相关的预测与设备同时生产，其目的是指示设备的故障。如果可以为感兴趣的电子元件开发一个通用的成本模型，则可以合理地假设，制造预测装置的材料、部件和劳动力的成本是相等的。这就简化了依赖于 LRU 相关（数据驱动的）预测方法的成本建模，而不是依赖于 LRU 独立（基于模型的）方法，后者不需要与它们所监测的设备有任何共同之处。

PHM 软件的开发可以外包，并作为单个合同金额进行处理，也可以根据标准软件成本模型（如 COCOMO[39]）进行建模。COCOMO 和其他软件成本模型根据源代码行（SLOC）、使用的编程语言和开发所需的资源提供成本估计。硬件和软件设计都包括测试和确认，以确保性能、与现有体系结构的兼容，以及符合标准和要求。

其他非经常性费用包括培训、文件编制和综合费用。除了将这些工人从他们的日常工作中调离去参加培训的费用外，培训成本来自开发培训材料，以指导和教育维修工、操作员和后勤人员如何使用和维修。PHM 硬件和软件必须有文档作为指南和使用手册，而集成成本是指修改和调整系统以合并 PHM 的成本。

典型的非经常性成本计算为：

$$C_{\mathrm{NRE}} = C_{\mathrm{dev\_hard}} + C_{\mathrm{dev\_soft}} + C_{\mathrm{training}} + C_{\mathrm{doc}} + C_{\mathrm{int}} + C_{\mathrm{qual}} \tag{9.3}$$

其中，$C_{\mathrm{dev\_hard}}$ 是硬件开发成本；$C_{\mathrm{dev\_soft}}$ 是软件开发成本；C_{training} 是培训的费用；C_{doc} 是文件费用；C_{int} 是融资成本；C_{qual} 是测试和鉴定的成本。

9.3.2 经常性成本

经常性成本与 PHM 项目期间连续或定期发生的活动有关。与非经常性成本一样，其中一些成本可以看作是 LRU 的每个对象或每个接口（或一组 LRU 或接口）的额外费用。

经常性成本的计算方法为：

$$C_{\mathrm{REC}} = C_{\mathrm{hard\_add}} + C_{\mathrm{assembly}} + C_{\mathrm{test}} + C_{\mathrm{install}} \tag{9.4}$$

其中，$C_{\mathrm{hard\_add}}$ 是每个 LRU 的硬件成本（如传感器、芯片、预警电路、额外板区），可能包括额外部件或制造成本或每个接口的硬件成本（如连接器和传感器）；C_{assembly} 是每个 LRU 中硬件的组装、安装和功能测试的成本，或者是每个接口或每组接口的硬件组装成本；C_{test} 是每个接口或每组接口的硬件功能测试成本；C_{install} 是每个接口或每组接口的硬件安装成本，包括故障、维修或诊断操作时的初始安装和重新安装。

9.3.3 基础设施成本

与经常性成本和非经常性成本不同，基础设施成本与在给定活动周期内维持 PHM 所需的支持功能和结构相关，并以资金与活动周期的比率（如每小时运行费用、每项任务费用、每年费用）为特征。在任务或使用期间，PHM 设备可以收集、处理、分析、存储和中继接转数据。这些活动构成了实现 PHM 所需的数据管理，并在 PHM 计划的整个寿命周期中持续进行。将 PHM 添加到 LRU 会增加与维修人员、诊断人员和其他人员阅读和传递 PHM 提供的信息以决定维修操作的时间和内容相关的额外时间。与它们监控的 LRU 一样，PHM 设备在其寿命周期中也可能需要维修，包括维修和升级。PHM 设备的维修可能需要购买修理耗损件（消耗品）或订购新部件。这种维修所需的劳动力会增加基础设施的成本。最后，再培训或“继续教育”是一项基础设施成本，确保人员准备好按预期使用和维修 PHM 设备。

基础设施成本计算公式为：

$$C_{\mathrm{INF}} = C_{\mathrm{prog\_maintenance}} + C_{\mathrm{decision}} + C_{\mathrm{retraining}} + C_{\mathrm{data}} \tag{9.5}$$

其中，$C_{\mathrm{prog\_maintenance}}$ 是数据管理成本，包括数据归档、数据收集、数据分析和数据报告的成本；C_{decision} 是预测设备的维修费用；$C_{\mathrm{retraining}}$ 是决策支持的成本；C_{data} 是培训人员使用 PHM 的再培训成本。

9.3.4 非金融的考虑和维修文化

PHM 的实施给系统增加了额外负担，而这些负担并不总是可以用金钱来衡量和考虑的。PHM 中使用的物理硬件设备将消耗体积空间并改变安装它们的系统重量（负载）。处理、存储和分析 PHM 数据以呈现维修决策所需的时间是另一个重要指标。空间、重量、时间和成本是 PHM 活动可能呈现的属性。这些属性中的每一个对于特定的分析可能都是无用的或不需要的；然而，可以利用对这些物理和时间相关因素的认识来计算与 PHM 相关的非金钱强加的属性和潜在利益，如表 9.1 所示。

在商业航空工业中有 12%～15%的事故可归因于维修错误[40]。对维修文化进行研究，来确定事故或故障后的改进领域，以及培训维修人员的最有效方法，并作为资源管理的一部分。对维修文化的分析强调了行业内决策的复杂性，并指出了影响组织变革的潜在困难[41-42]。

寻求在其日常运营中实施变更的组织面临着直接和有形的影响，如新设备和与不同成本相关的人员减少。然而，似乎无形因素的作用已被证明在实践和注重生产力与效率组织的商业文化中很重要，这些内容已经在工业和组织心理学、群体动力学、人的因素，以及团队和训练有效性的背景下被相关学者研究过[43]。

表 9.1 PHM 的非金融因素考虑的类别

类 比	例 子
空间（体积或面积）	LRU 内的占用空间 支持 PHM 所需的外部设备的占用空间 电子内容的尺寸和与现有设备的集成（如每个面板的连接销、板数）
重量	PHM 设备在船上或系统上的重量 支撑 PHM 所需的外部设备的重量
时间	收集数据的时间 分析数据的时间 做出决定的时间 沟通决策的时间 采取行动的时间

航空领域的工作场所文化已被视为一种环境，在这种环境中，必须在团队氛围中做出高压、安全关键的决策。PHM 与传统的维修程序有所不同，要实现它，需要对维修文化进行更改，使

维修人员能够适应并接受相关的培训，以便按预期使用 PHM。这种改变维修文化的成本可以量化为持续教育成本和标准培训。系统架构师和设计师最终将过渡到对 PHM 承担更大的责任，最终消除冗余，并进行其他必要的更改，以实现 PHM 的全部价值。虽然这不是一个有形的成本或工程成本，但它是一个真正的因素，有助于 PHM 实施与运用。

9.4 成本规避措施

故障预测提供了对维修决策过程有用的 RUL 估计。决策过程可以是战术性的（实时解释和反馈），也可以是战略性的（维修计划）。所有 PHM 方法本质上都是根据最近的观测结果推断趋势来估计 RUL 的[44]。不幸的是，仅计算 RUL 并不能提供足够的信息来形成决策或确定纠正措施。确定最佳的操作过程需要对可用性、可靠性、可维修性和寿命周期成本等进行标准评估。成本规避①是指对可用性、可靠性、可维修性和故障规避的变更价值。

通过将 PHM 应用到系统中获得成本规避的主要方式是故障规避和剩余系统寿命损失的最小化。系统的现场故障通常会付出巨大代价。如果能够避免全部或部分现场故障，则可以通过将非计划维修的成本最小化来实现成本的规避。根据所考虑的系统类型，规避故障还可以提高可用性，降低系统失效的风险，并提高人身安全。可规避的故障分为两类：在操作过程中实时故障规避，否则将导致系统失效或系统正在执行的功能失效（即任务失效）；对未来（但并非临近的）故障发出警告，以便在方便的时间和地点进行预防性维修。

PHM 可以在执行计划维修时最大化设备的使用寿命。如果系统组件在其整个寿命周期内都被使用，而不是在它们仍然具有大量的 RUL 时将其移除或处理，则可以实现成本规避。

上面讨论的两个问题是大多数 PHM 商业案例的主要目标，然而，如下所述的其他成本规避的情况也可能存在，其主要取决于系统的应用。

减少物流的范围。通过更好的备件管理（数量、更新和位置）、使用和控制库存以及最小化外部测试设备，可以减少系统的物流范围。注意，这并不一定意味着所需的备件数量会减少；事实上，相对于非 PHM，不定期的维修方法，一个成功的 PHM 计划可以增加所需的备件数量。后勤方面的改进还包括减少申请等待时间、避免检查，以及减少所需的检查人员和设备。

维修成本降低。PHM 可以通过更好的故障识别来降低维修成本（减少了检查时间，减少了故障排除时间，减少了设备移除次数[45]）。由于更好的故障隔离，PHM 可以减少修复过程中的附带损伤。PHM 还可以减少整个子系统的替换和维修后的测试。

减少冗余。从长远来看，PHM 可能会减少选定子系统的关键系统冗余。除非证明 PHM 方法对子系统有效，否则这种情况不会发生。

减少 NFF②。PHM 方法可以减少 NFF 的数量或降低解决 NFF 的成本。许多系统的主要维修成本中有很大一部分是由于 NFF 造成的。仅仅基于 NFF 的减少，就有可能为电子 PHM 构建一个完整的商业案例。

简化未来系统的设计和鉴定。通过使用 PHM 收集的数据对于了解产品在现场使用期间的实际环境应力和产品使用情况是极有价值的数据资源。这样的知识可以用来改进设计，改进可靠性评估，缩小不确定性估计，并增强对故障模式和行为的认识。产品的设计者往往无法预测产品的

---

① 成本规避是指为了维持一个系统，未来必须支付成本的减少[3]。

② 未故障发现（NFF），也称为无法复制（CND）或无问题发现（NTF），发生在最初报告的故障模式不能被复制，即潜在的缺陷不能被修复。许多组织都有关于 NFF 管理的策略，根据特定 LRU 中 NFF 出现的次数，NFF 的 LRU 将重新投入使用或重新贡献到备用池中。

实际用途。例如，设计者将高机动性多用途轮式车辆（HMMWV）的最大载荷定为 2500 磅（1 磅约为 0.4536kg）；然而在战区，它们的装载量超过 4530 磅，即其最大负载[46]的 181%。

保修验证。PHM 可用于验证为保修索赔而退回的产品的现场使用条件，从而对在环境条件下使用过的产品可以轻易识别，并对其保修索赔进行适当管理。

减少废物流。对于某些系统，PHM 可能会降低系统的报废处理成本，从而降低产品回收成本。故障诊断将减少维修过程中产生的浪费现象。

并非以上列出的所有情况都适用于每种类型的系统；然而，必须有针对性地结合各种情况，才能为商业案例提供支撑。

几个关键概念将成本规避建模与实施成本建模区分开来。第一，LRU 或接口寿命周期中事件的时间顺序会影响成本规避的计算（无论是否包括金融成本，都是如此）。成本规避在很大程度上受到故障测试和维修操作的时间顺序的影响。不考虑共享导致成本的因素，实施成本不依赖于时间顺序，并且在许多情况下可以相互独立建模。第二，无论考虑的成本规避标准如何组合，都必须考虑与计算有关的不确定度的相应措施，包含和理解相应的不确定性——在不确定性下的决策——是能够开发一个处理预测需求的现实商业案例的核心。

下面将介绍 PHM 在维修计划中的使用。它量化了如何确定与 PHM 相关的成本规避，以实现规避故障和 RUL 损失的最小化。

9.4.1 维修计划的成本规避

下面讨论的建模目标是在故障规避和使用固定间隔定期维修的 RUL 之间找到最佳的平衡。在类似条件下使用的两种系统，由于其制造和材料的不同以及所经历的环境应力历史的不同，通常不会在完全相同的时间内失效。因此，系统可靠性通常表示为随时间的概率分布，或者与环境应力驱动因素的关系。同样，由于传感器的不确定性、传感器间隙、传感器位置、使用的算法和模型中的不确定性或其他原因，PHM 方法准确预测 RUL 的能力也不是完美的。实际上，这些不确定性使得 100%的故障规避成为不可能；系统的最佳维修计划实际上变成了潜在的高故障成本和为了故障规避而放弃剩余系统寿命的成本之间的权衡。

虽然出现了许多适用于模式单一、多部件维修计划[47-48]，但大多数模型假定监测信息是准确的（没有不确定性）和完整的（所有单元都受到同样的监控），也就是说，维修计划可以在完全了解各部件状态的情况下进行。对于许多类型的系统，尤其是电子系统，这些计划都不是很好的假设，如果可能的话，维修计划将会成为具有稀疏数据的不确定性下的决策过程。当 PHM 方法是基于模型的时，因为它不依赖于前兆，所以准确的监控假设尤其成问题。因此，对电子系统来说，基于模型的过程不能提供与系统特定对象的状态完全对应的任何度量。处理不完善监控的前期工作，读者可以参考文献[49]、[50]等。准确但局限于部分监测的工作可参考文献[51]等。

下面描述一个随机决策模型[52]，该模型能够对基于模型的损伤累积或数据驱动的前兆数据进行最佳解释，并适用于看起来随机或明显由缺陷引起的故障事件。具体地说，该模型的目标是解决以下问题。第一，当电子设备的可靠性变得足够可预测，可以应用基于 PHM 的定期维修概念时，我们如何在特定的应用基础上决策呢？注意，独立的可预测性不一定是 PHM 与非 PHM 解决方案的合适标准。例如，如果系统可靠性是可预测的并且非常可靠，那么实现 PHM 解决方案就没有意义。第二，如何解释 PHM 结果以提供价值，即如何假设 PHM 的预测能力受到收集的传感器数据、数据简化方法、应用的失效模型、模型中假设的材料参数等方面不确定性的影响，是否可以构建一个商业案例呢？该方法归结为基于模型的预测和数据驱动方法的预测距离的最佳安全裕度的确定。

9.4.2 离散事件仿真的维修计划模型

这里讨论的维修计划模型适应不同的故障发生时间。LRU 的 TTF 与 PHM 方法相关的 RUL 估计值在 LRU 中是固定的。该模型同时考虑在较大系统中的单个接口和多个接口。离散事件模拟用于跟踪单个接口状态从其字段寿命期开始到其操作和支持结束的寿命周期①。通过将系统的更改捕获为单独的事件（而不是将系统演化为连续函数的连续模拟），离散事件模拟②允许对系统进行建模。进化单位不一定是时间，它可以是热循环，也可以是与 PHM 方法处理的特定失效机理相关的其他单元。离散事件模拟的优点是根据直观的基础（即一系列事件）来定义问题，从而避免了对形式化归约的需要。离散事件模拟被广泛用于维修和操作建模[37,53-54]，而且之前也被用于 PHM 活动的建模[55-57]。

这里讨论的模型将离散事件仿真的所有输入都视为概率分布，即使用随机分析，通过蒙特卡罗仿真而实施。不同的维修间隔和 PHM 方法的区别在于如何使用采样的 TTF 值来模拟 PHM RUL 预测分布。为了评估 PHM，相关失效机理分为两类。从 PHM 方法的观点来看，随机失效机理是指 PHM 方法没有收集任何相关信息故障机制（非检测事件），这些失效机理可能是可预测的，但超出了 PHM 方法的应用范围。另一种类型是指从 PHM 方法的观点可以预测的失效机理——可以为这些失效分配概率分布。

为了成本模型的制定，PHM 方法按如下归类（9.2 节中已详细定义）：(i）固定的维修间隔；(ii）基于数据驱动（故障前兆）方法输入的 LRU 对象的可变维修间隔计划；(iii）基于模型的方法 LRU 对象的可变维修间隔计划。注意，为简便起见，模型的建立是基于以工作小时为单位的故障“时间”；但是，一般来说，相关的数量也可以是一个非时间度量。

9.4.3 预定计划的维修间隔

对于在整个系统寿命周期中占用一个接口的 LRU 的所有对象，选择一个固定的维修间隔。在这种情况下，LRU 在一个固定的间隔（以操作小时为单位）被替换，即基于时间的预测。这类似于汽车中基于里程数的机油更换。

9.4.4 数据驱动（失效预兆的监测）方法

数据驱动方法定义为使用或在 LRU 内制造的预警装置或其他监测结构，或者表示不可逆物理过程的监测前兆变量，即它与特定 LRU 的制造或材料变化相耦合。HM 和 LRU 相关的预警装置是数据驱动方法的例子。待确定（优化）的参数为预测距离。预测距离是衡量系统失效前多长时间，预测结构或预测单元则预示失效（如在运行时间内）。数据驱动的方法基于对象的 TTF 预

① 或者，可以通过 LRU 的使用、修复、在其他接口上重复使用和处理来跟踪 LRU 的使用寿命。跟踪接口的优点是可以计算 ROI、寿命周期成本和接口的可用性，但是，跟踪接口的缺点是它隐含地假定 LRU 的数量是稳定的，并且假定修复后返回到接口的所有 LRU 是近似相等的。对系统集成商和支持商来说，跟踪接口通常比跟踪 LRU 更好，但是对子系统制造商和支持商来说，跟踪 LRU 可能更好。

② 离散事件模拟器模拟一组按时间顺序发生的事件，其中每个事件在某一时刻发生，并标志着系统状态的变化。

测 LRU 每个对象的唯一 TTF[①]分布。出于说明目的，数据驱动预测表示为对称三角形分布，最可能值（模式）设置为 LRU 对象的 TTF 减去预测距离，如图 9.1 所示。

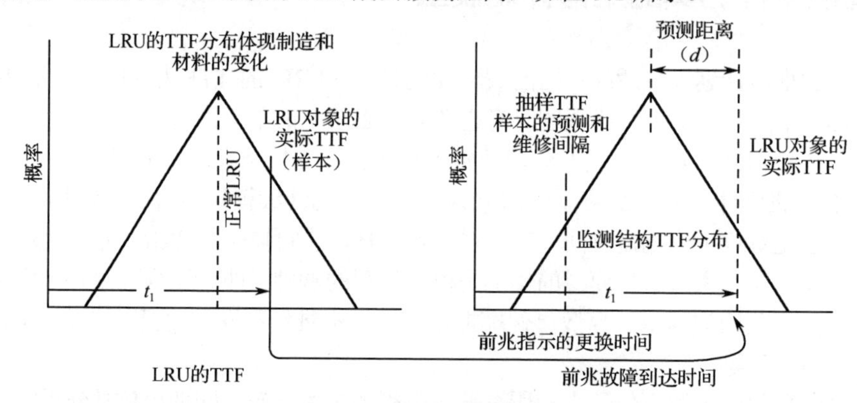

图 9.1　数据驱动建模方法

我们选择了对称的三角形分布进行说明。注意，LRU 的 TTF PDF（图 9.1 左图）和数据驱动的 TTF PDF（图 9.1 右图）不相同（它们可以有不同的形状和大小）。来源：文献[26]，IEEE 2009，允许转载。

数据驱动的分布以相关的环境应力单位（如在我们的示例中为操作小时）测量一个固定的宽度，它代表预示失效的结构的概率。举个简单的例子，如果预测结构是一个 LRU 相关的预警结构，其设计的失效时间比其保护的系统早一些，那么图 9.1 右图的分布代表了预警结构失效的分布（预警结构的 TTF 分布）。在这种情况下，需要优化的参数是预测失效监测前兆的预测距离。

该模型按如下方式进行。对于从图 9.1 左图获取的每个 LRU 的 TTF 分布样本（t_1），创建失效监测 TTF 分布的前兆，该前兆以 LRU 对象的实际 TTF 减去预测距离（t_1-d）为中心。然后对故障监测的前兆 TTF 分布进行采样，如果故障监测的前兆 TTF 样本小于 LRU 对象的实际 TTF，则认为故障前兆监测是成功的。如果故障监测的前兆 TTF 样本大于 LRU 对象的实际 TTF，则故障前兆监测不成功。如果成功，则执行一个预定的维修管理活动，并且接口的时间线由故障前兆监视采样的 TTF 递增。如果成功，还会执行一个计划外的维修活动，并且接口的时间线将随着 LRU 对象的实际 TTF 而增加。在每个维修活动中，相关成本都是累积的。

9.4.5　基于模型（LRU 独立）的方法

在基于模型（LRU 独立）的方法中，PHM 结构（或传感器）独立于 LRU，也就是说，PHM 结构不与特定 LRU 的制造或材料变化相耦合。基于模型的方法的一个例子是寿命损耗监测（LCM）。LCM 是指将环境应力历史（如热应力、振动）与 PoF 模型结合使用，计算累积损伤从而预测 RUL 的过程。基于模型的方法为每个对象的 LRU 基于其特定的环境应力历史，预测了一个独特的 TTF 分布。为便于说明，基于模型的 TTF 预测被表示为一个对称的三角形分布，为其中最有可能的数值（模式）集合相对于额定 LRU 的 TTF，固定宽度以工作小时计量，如图 9.2 所示。可以选择其他分布，文献[58]已经说明了如何从记录的环境历史中派生出这种分布。基于模型的方法分布的形状和宽度取决于与传感技术相关的不确定性和累积损伤预测的不确定性（数据和模型不确定性）。在这种情况下，需要优化的变量是与 LRU 独立的方法预测 TTE 所假定的安全裕度，即在 LRU 独立的方法预测 TTF 应该更换该装置之前的时间长度（如工作时间）。

① 在这个模型中，所有失效的 LRU 都被认为是通过替换或作为新修件来进行维修操作的，因此，失效间隔时间和失效之间的时间是相同的。

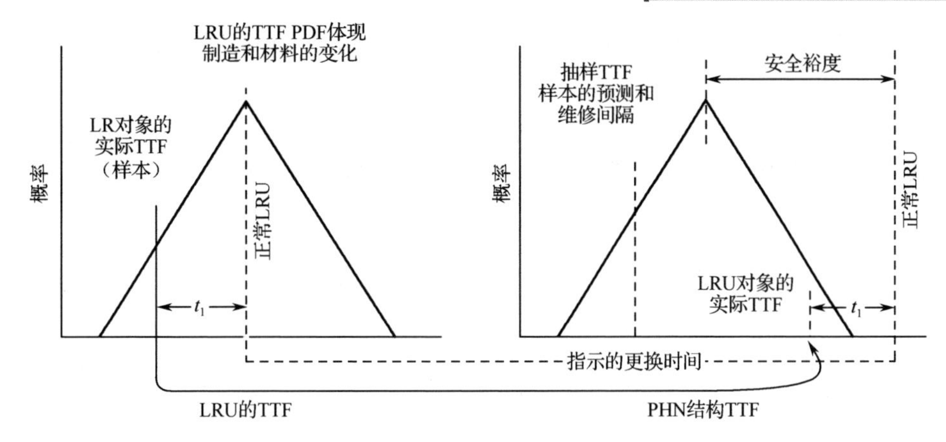

图 9.2　基于模型的建模方法

我们选择了对称的三角形分布进行说明。注意，LRU 的 TTF PDF（图 9.2 左图）和基于模型的方法 TTF PDF（图 9.2 右图）并不相同（它们可能具有不同的形状和大小）。来源：文献[52]，©2007 爱斯维尔，允许转载。

基于模型（LRU 独立）的方法按以下方式进行。为每个 LRU 的 TTP 分布样本（图 9.2 左图），一个 LRU 独立的方法创建 TTF 分布集中在 TTF 的标称 LRU 安全裕度，见图 9.2 右图。注意，基于模型的方法只知道标称 LRU，而不知道一个 LRU 的特定对象与标称 LRU 有什么不同。然后对 LRU 独立的方法 TTF 分布进行采样，如果 LRU 独立的方法 TTF 采样小于 LRU 对象的实际 TTF，则 LRU 独立的方法成功（规避了失效）。如果与 LRU 独立的方法 TTF 采样大于 LRU 对象的实际 TTF，则 LRU 独立的方法不成功。如果成功，则执行一个预定的维修活动，并且接口的时间轴将由 LRU 独立的采样 TTF 方法递增。如果不成功，则执行计划外的维护活动，并根据 LRU 对象的实际 TTF 增加接口的时间线①。

在所讨论的维修模型中，还可以像文献[52]中讨论的那样叠加一个随机故障组件。定期维修、数据驱动和基于 LRU 独立的模型被以随机模拟方式实现，其中考虑了统计相关的接口数量，以构建成本、可用性和规避故障的直方图。同样，在每个维修活动中，相关成本都是累积的。

数据驱动方法和基于模型的方法之间的根本区别在于，在数据驱动方法中，与 PHM 结构（或传感器）相关联的 TTF 分布对于每个 LRU 对象是唯一的；而在基于模型的方法中，与 PHM 结构（或传感器）相关联的 TTF 分布被绑定到标称上 LRU 与 LRU 之间的任何制造或材料变化无关的对象。

9.4.6　离散事件仿真的实施细则

该模型跟踪单个接口或一组接口从时间 0 到系统使用寿命结束的全过程。为了生成有意义的结果，需要对接口（或接口系统）的统计变量进行建模，并以直方图的形式表示产生的成本和其他指标。在每个维修事件中，为接口计算的计划和非计划成本由下式给出：

$$C_{\text{socket }i} = fC_{\text{LRU }i} + (1-f)C_{\text{LRUrepair }i} + fT_{\text{replace }i}V + (1-f)T_{\text{repair }i}V \tag{9.6}$$

其中，$C_{\text{socket }i}$ 是接口 i 的寿命周期成本；$C_{\text{LRU }i}$ 是获得一个新的 LRU 的成本；$C_{\text{LRUrepair }i}$ 是在接口 i 修复一个 LRU 的费用；f 是接口 i 上需要用新的 LRU 替换接口 i 中 LRU 的维修事件的比

① LRU 独立的预警装置和预警电路设备可能需要替换它们提供的每个警报，无论该警报是否为误警。在为了维修、下载数据或进行其他活动而删除 PHM 设备后，需要重新安装。

例；$T_{\text{replace}\,i}$ 是替换接口 i 中 LRU 的时间；$T_{\text{repair}\,i}$ 是修复接口 i 内 LRU 的时间；V 是停止服务时间的值。

需要注意，f 和 V 的值通常是不同的，这取决于维修活动是计划的还是未计划的。

当离散事件模拟跟踪影响特定接口寿命周期的操作时，实施成本被插入到适当的位置，如图 9.3 所示。在寿命周期的开始，应用非经常性费用。LRU 级和系统级的经常性成本首先在这里应用，然后在每个需要更换 LRU 的维修事件中应用（$C_{\text{LRU}\,i}$）见式（9.6）。重复出现的 LRU 级的成本包括基本 LRU 循环成本，与维修方法无关。比较其他维修方法以确定 PHM ROI 的离散事件模拟必须包括 LRU 本身的基本成本，而不需要任何特定于 PHM 的硬件。如果使用离散事件模拟来计算意外维修策略下接口的寿命周期成本，则 LRU 循环的成本将降低到故障时替换或修复 LRU 的成本。在涉及 PHM 的策略下，LRU 的失效会导致用于执行 PHM 组件的硬件、组装和安装的额外成本。基础设施成本分布在接口的寿命周期过程中，并进行定期收费。

该模型假设 TTF 分布代表从 LRU 到 LRU 的制造和材料变化。接口可能看到的环境应力历史的范围是使用环境应力历史分布建模的。注意，如果 LRU 的 TTF 分布包含环境应力变化，则不需要使用环境应力的历史分布。环境应力的历史分布不与数据驱动或基于模型的方法一起使用。随机 TTF 的特征是均匀分布的，高度等于每年的平均随机故障率，宽度等于平均随机故障率的倒数。

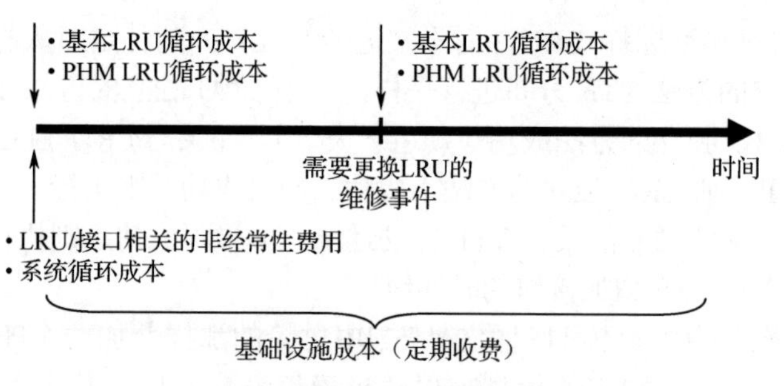

图 9.3　离散事件仿真中实施包含的时间排序

在系统的全寿命周期仿真中，不确定性是不可避免的，通过在 RUL 计算中存在不同的层次来呈现。预测设备收集的数据、可靠性建模所依赖的材料输入以及用于产生可靠性估计的电子故障行为的基本假设可能并不总是准确的。

不确定性可以用不同的方法来处理，然而，处理不确定性的一般方法是使用蒙特卡罗分析方法，其中每个输入参数都可以表示为一个概率分布。

维修计划模拟假设备件可以根据需要购买，或者备件存在于库存中。备件库存模型包括购买初始数量的备件（假设购买发生在模拟开始时），每年根据年初库存中的备件数量评估库存账面成本。当库存中的备件数量低于规定的阈值时，将自动购买额外的备件，并经过一段时间后在库存中可供使用。货币成本是对所有备件采购、库存和补充活动的评估。物流管理模型，包括详细的处理库存和备件有关的 PHM 可参考文献[56]、[57]、[59]。

更进一步的模型实现细节，包括描述离散事件模拟过程的流程图，请读者参考文献[52]。

9.4.7　运行剖面

配备 PHM 的系统运行情况规定了 PHM 提供的信息如何用于影响维修和使用计划。与维修操作相关的有效成本取决于何时（及何处）动作是根据一定的操作节奏来指示的。节奏可能被业务约束、规则或任务需求所禁止，并且可能随着用户需求的变化而变化。最好根据概率模型而不

是时间轴来描述频率，也就是说，在任务或特定类型的使用之前、期间或之后发出维修请求的定义概率。安全裕度或预测距离的含义将随着节奏的不同而变化，从而影响维修操作的时机。

通过改变式（9.6）中参数 V 的值，在维修建模中反映了运行剖面。如果计划进行维修，则将停止服务一小时的值 V 设置为特定的值，但如果进行计划外维修操作，则 V 的值由表 9.2 中的数据给出。

表 9.2 定义计划外维修操作特性的数据

	概 率	V
任务前的维修事件（准备期间）	P_b	V_b
任务期间的维修事件	P_d	V_d
任务后的维修事件（停机期间）	P_a	V_a

“任务前”是指在准备将系统投入使用时，即在为定期商业航班乘客搭载到飞机上时发生的维护要求。“任务期间”表示维修要求是在系统执行服务时发生的，并且可能会导致维修中断该服务，即在车队期间紧急降落或在路边放弃 HMMWV。“任务后”表示不需要该系统的时间，即从午夜到凌晨 6:00 这段时间，商用飞机可以在登机口闲置。

当发生意外维修事件时，将使用随机数生成器确定事件所在的操作配置文件部分以及分析中使用的相应值（V）。这种类型的估值在离散事件模拟中只有在使用随机分析时才有用，该分析跟踪统计相关接口数量的寿命。

9.5 PHM 成本分析案例

用于演示模型的基线数据假设见表 9.3。模型的所有变量输入均可视为概率分布或固定值，然而，为方便举例，只有 LRU 和 PHM 结构的 TTF 被描述为概率分布。需要注意，本节其余部分提供的所有寿命周期成本结果均为模型产生的寿命周期成本概率分布的平均寿命周期成本。

表 9.3 基线数据假设

变量模型	案例分析成本	
生产成本（每单位）	$10000	
失效时刻（TTF）	5000 运行小时=最有可能的值 （带有变量的对称三角形分布）	
每年的运行小时数	2500	
支持寿命	25 年	
	计划外	计划内
每小时停用成本	$10000	$500
修复时间	6 小时	4 小时
替换时间	1 小时	0.7 小时
修理费用（材料费用）	$500	$350
需要更换 LRU 的修理部分	1.0	0.7

9.5.1 单接口模型结果

图 9.4 显示了固定计划的维修间隔结果。在蒙特卡罗分析中模拟了 10000 个接口，并绘制了平均寿命周期成本。图 9.4 中的一般特征是直观的：用于短期的定期维修。在时间间隔内，几乎不会发生昂贵的计划外维修，但是由于 LRU 中的大量 RUL 被浪费，因此每个单元的寿命周期成本很高。对于较长的计划维修间隔，实际上在计划维修活动之前，接口中的每个 LRU 对象都会发生故障，并且每个单元的寿命周期成本将与计划外维修相当。对于两个极端之间的预定维修间隔，每个单元的寿命周期成本最低。如果 LRU 的 TTF 分布宽度为 0，那么最佳固定计划维修间隔将完全等于预测的 TTF。随着 LRU 的预测 TTF 分布越来越宽（即预测的定义越来越模糊），一个实际的固定时间的主要维修间隔变得越来越难以找到，最佳解决方案接近于一个计划外的维修模型。

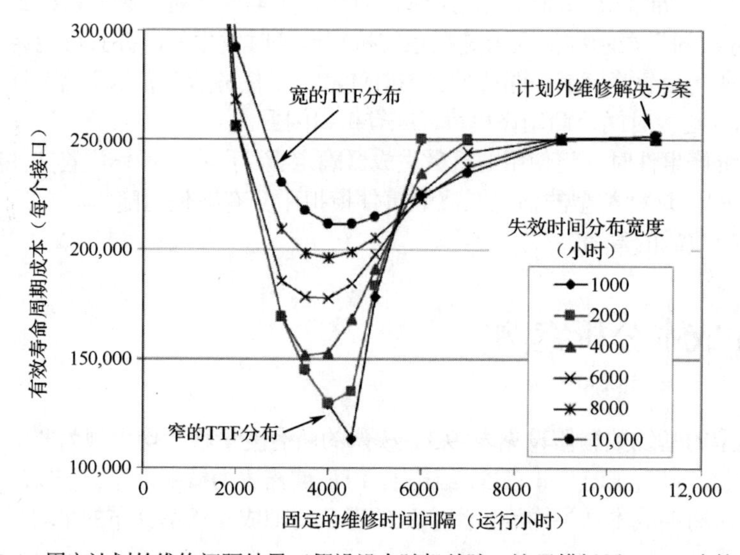

图 9.4 固定计划的维修间隔结果（假设没有随机故障，这里模拟了 10000 个接口）

图 9.5 显示了不同 LRU 的 TTF 分布宽度和恒定 PHM 结构 TTF 宽度下每个接口的有效寿命周期成本与安全裕度和预测距离的变化。有几个总的趋势是显而易见的。第一，LRU 的 TTF 分布宽度对数据驱动 PHM 方法结果影响不大。这个结果是直观的，在数据驱动的情况下，PHM 结构耦合到 LRU 对象并跟踪它们所拥有的任何制造或材料变化，从而也反映了 LRU 的 TTF 分布宽度。LRU 到 LRU 的变化在多大程度上被排除，取决于 LRU 制造和材料与 PHM 结构制造和材料之间的耦合程度。或者，基于模型的 PHM 方法对 LRU 的 TTF 分布宽度敏感，因为它与特定 LRU 实例不耦合，只能根据标称 LRU 的性能预测故障。第二，最优安全裕度随着 LRU 的 TTF 分布宽度的减小而减小，这也是很直观的，因为随着可靠性变得更可预测（即较窄的预测 LRU 的 TTF 分布宽度），需要应用于 PHM 预测的安全裕度也会降低。图 9.6 显示了不同 PHM 结构 TTF 宽度和恒定 LRU 的 TTF 分布宽度的安全裕度和预测距离对每个接口的有效寿命周期成本的变化，作为与数据驱动和基于模型的方法相关的安全裕度和预测距离的函数。在这种情况下，两种 PHM 方法都对它们的分布宽度敏感。

从图 9.5 和图 9.6 中可以看出：（i）基于模型的方法高度依赖于 LRU 的 TTF 分布宽度；（ii）数据驱动的方法近似 LRU 独立的 TTF 分布宽度，在所有其他因素相同的情况下（其他条件不变）；（iii）数据驱动方法的最佳预测距离总是小于基于模型的方法的的最佳安全裕度，因此，数据驱动 PHM 方法的寿命周期成本总是低于基于模型的方法的。（iii）中的假设是，LRU 之间以及与 PHM 方法相关分布的形状和大小之间保持相等。数据驱动方法和基于模型的方法之间的任何比较都应该假设这两种方法是可能的选择。换句话说，有一种数据驱动方法是适用的——但也可能没有用（特别是对于电子系统的应用）。9.6 节将给出单个接口情况的业务用例构造示例。

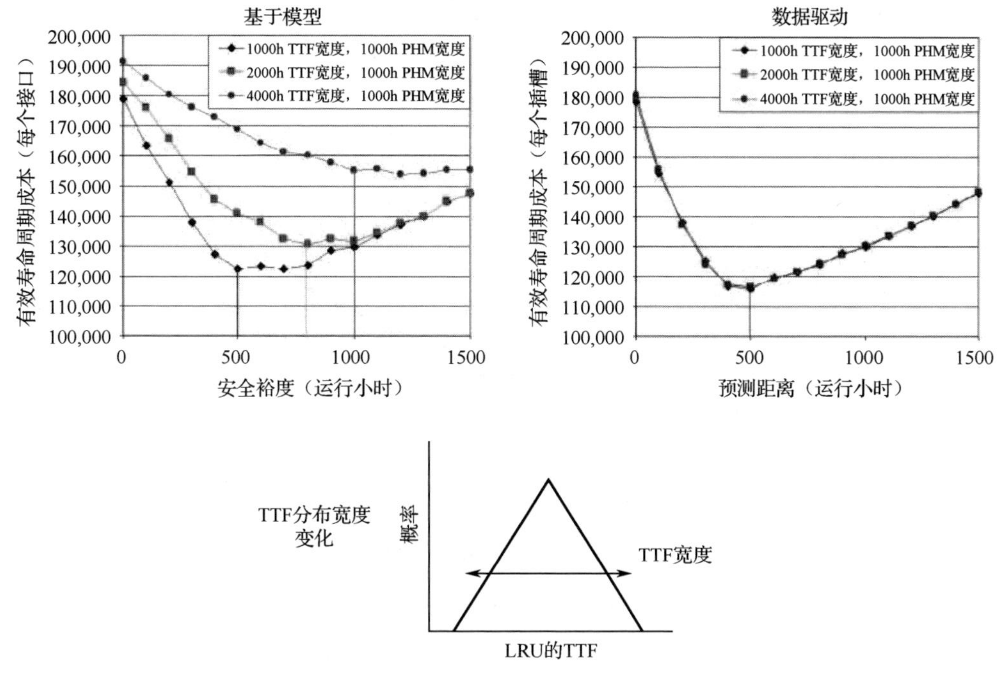

图 9.5 不同 LRU 的 TTF 分布宽度和恒定 PHM 结构 TTF 宽度（模拟 10000 个接口）下每个接口的有效寿命周期成本与安全裕度和预测距离的变化

（来源：文献[52]，©2007 爱斯维尔，允许转载）

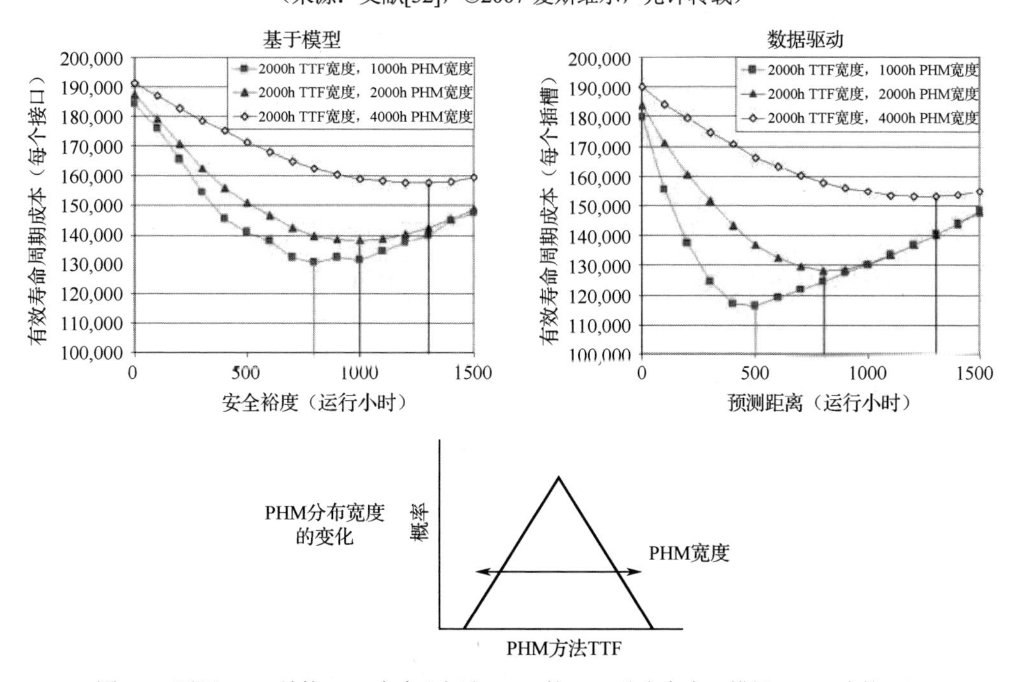

图 9.6 不同 PHM 结构 TTF 宽度和恒定 LRU 的 TTF 分布宽度（模拟 10000 个接口）的安全裕度和预测距离对每个接口的有效寿命周期成本的变化

图 9.7 显示了一个在仿真中包含随机故障率为 10%的示例。图 9.7 还包括规避的相关故障。在所有的失效案例中包含随机故障时，比不包含随机故障时可避免，然而，最佳安全裕度或预测距离的变化很小。随着安全裕度或预测距离的增加，在所有情况下（包含随机故障和不包含随机故障），故障的避免限制为 100%。然而，对于本文使用的示例数据，在随机故障接近 100%的情况下，安全裕度或预测距离必须大大超出图 9.7 所示的范围。

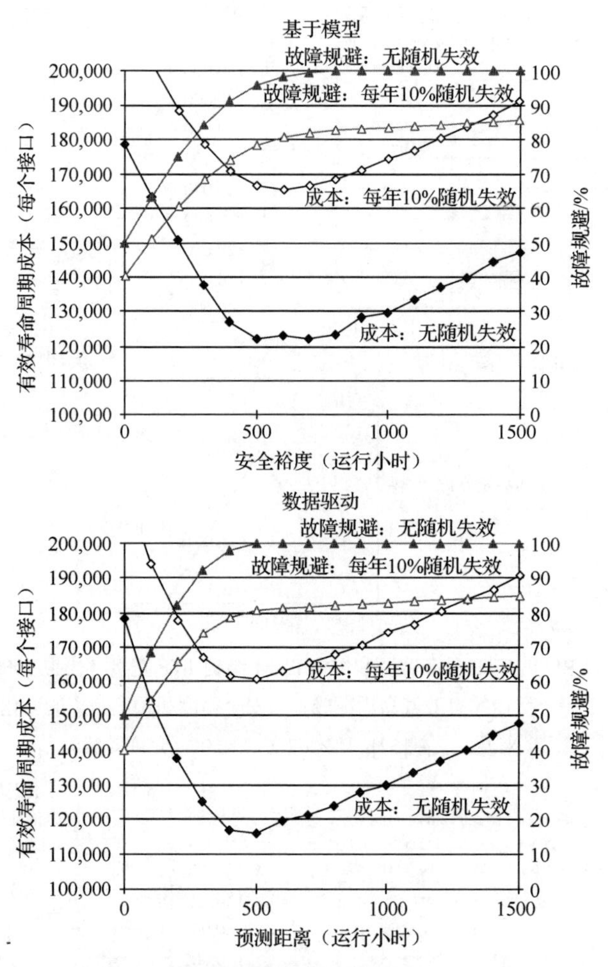

图 9.7　在仿真中包含随机故障为 10%的示例

每个接口的有效寿命周期成本和故障规避的变化，2000h LRU 的 TTF 分布宽度和 1000h PHM 分布宽度的安全裕度和预测距离，包括随机故障（模拟 10000 个接口）。

9.5.2　多接口模型结果

典型的系统由多个接口组成，其中接口由混合的 LRU 占用，一些没有 PHM 结构或策略，另一些具有固定间隔、数据驱动或基于模型的结构。即使是计划好的维修，成本也是很高的。

因此，当系统从服务中删除以执行一个接口的维修活动时，可能需要处理多个接口（即使有些还没有达到最需要的单个维修点）。

首先，我们讨论如何使用 9.4 节中开发的单接口模型来优化由多个接口组成的系统。我们假设占用特定接口的所有 LRU 具有相同的 PHM 措施（但是措施可能因接口的不同而不同）。为了解决这个问题，我们引入并发时间的概念。同步时间是指同一维修动作处理不同接口的时间间

隔。如果

$$\text{Time}_{\text{coincident}} > \text{Time}_{\text{required maintenance action on LRU } i} - \text{Time}_{\text{current maintenance action}} \tag{9.7}$$

则第 i 个 LRU 在当前维修操作中处理。并发时间为零，表示每个接口都是独立处理的。同步时间为无穷大意味着每当系统中任何接口的 LRU 需要维修时，不管它们的剩余寿命如何，所有接口都会被维修。在离散事件模拟中，已知或预测当前维修时间和其他 LRU 上所需维修操作的未来时间，并找到特定于应用程序的最佳并发时间。

上述约束在离散事件模拟中的实现与单接口模拟类似，不同之处在于我们一次跟踪多个接口（见 9.4.6 节和文献[52]）。当多接口系统中的第一个 LRU 表明它需要由 RUL 预测维修，或者实际发生故障时，将对所有接口执行维修活动，其中 LRU 在用户指定的重合时间内预测维修需求并进行维修（见图 9.8）。该模型假设在维修事件中替换的 LRU 是完好如新的，并且系统中发生损坏但未被维修处理的部分不受维修事件的影响。累积计划内和计划外维护活动的成本，并计算最终的总寿命周期成本。在实践中，LRU 未来的维修运行时间，除了表示需要维修的时间以外，需要由可靠性预测确定。然而，随着时间线的增长，这些预测存在较大的不确定性。

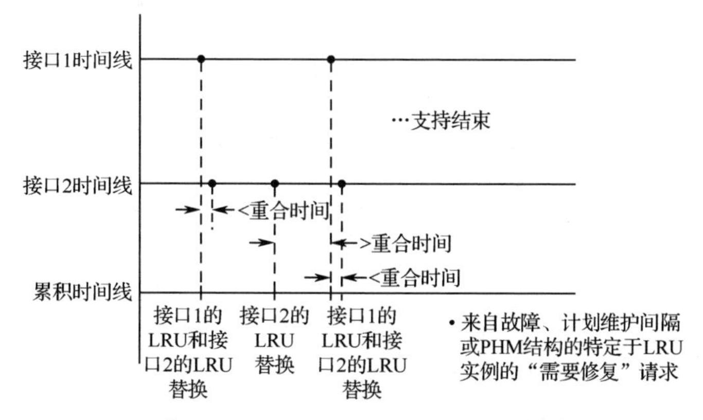

图 9.8　多接口时间线示例（来源：文献[52]，©2007 爱斯维尔，允许转载）

对多接口系统的分析表明，对于三种类型的系统，三种类型的系统响应是可能的：不同的 LRU、相似的 LRU 和可以进行优化的 LRU 混合系统。图 9.9 中显示了两个不同接口使用的 LRU 的 TTF 分布。对于本节中的示例，除了 LRU 的 TTF 分布外，所有数据都在表 9.3 中给出。在图 9.9 定义的 LRU 的 TTF 中，由接口 1 和接口 2 组成的系统不是相似的（LRU 具有实质上不同的可靠性和不同的 PHM 方法）。分析多接口系统的第一步是确定预测距离/安全性的边界来使用个人接口——这里没有观察到通过分析个人接口或较大系统中的接口所确定的最佳预测距离/安全裕度之间的差异。对于图 9.9 所示的情况，接口 1 中 LRU 的最佳预测距离为 500h。

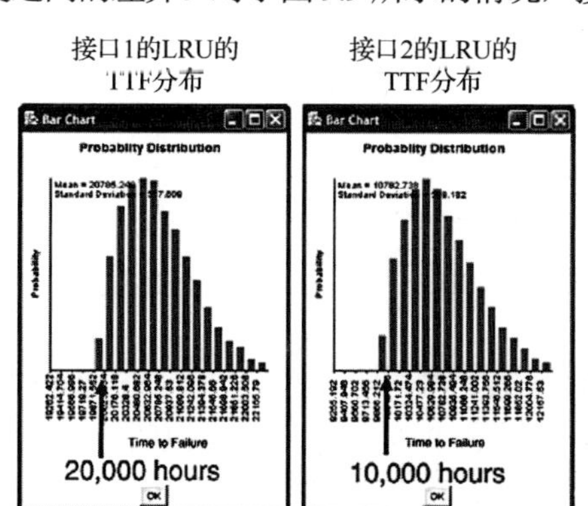

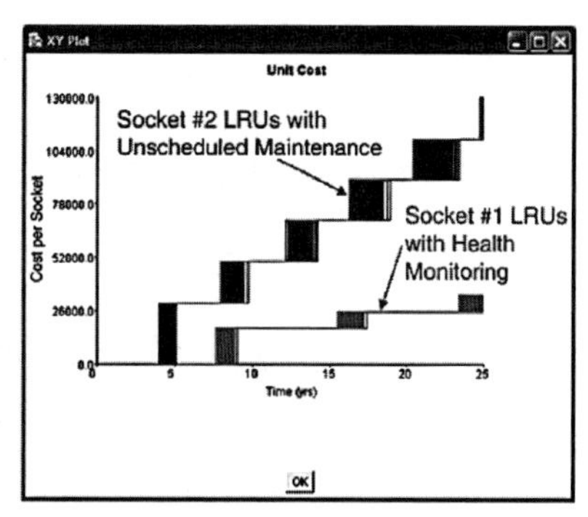

图 9.9　两个不同接口使用的 LRU 的 TTF 分布

图 9.9 中右边的图显示了由这两个 LRU 组成的单接口系统的成本，作为时间的函数，使用接口 1 中 LRU 的预测距离为 500h（注意，每个接口显示了 10000 个对象的结果）。除 LRU 的 TTF 外的所有数据如表 9.3 所示。来源：文献[52]，©2007 爱斯维尔，允许转载。

图 9.10 至图 9.12 显示了接口系统的平均寿命周期成本。平均寿命周期成本是对 10000 个系统总体计算的寿命周期成本分布的平均值。图 9.10 显示了不同系统最常见的寿命周期成本特征。对于小的并发时间，两个接口分别维修；对于较大的并发时间，只要任何一个接口需要维修，两个接口中的 LRU 都会被替换。由此可以得出，当同时发生的时间较短时，不同系统的平均寿命周期成本较低。

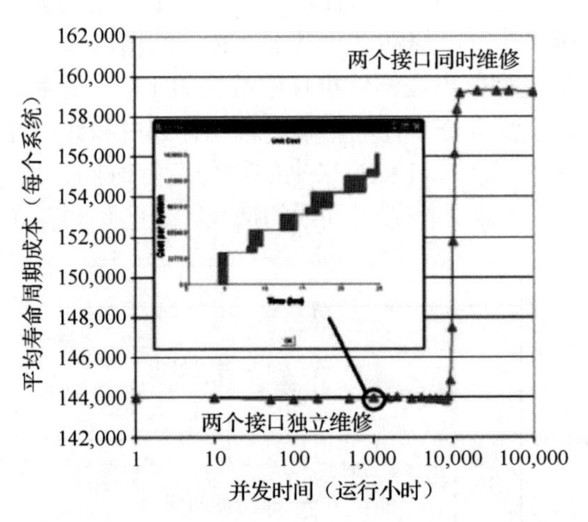

图 9.10　两个不同接口系统的平均寿命周期成本

图 9.10 中，接口 1 LRU，位置参数=19900h（健康监测）；接口 2 LRU，无故障工作期=9900h（临时维修，模拟 10000 个系统）。来源：文献[52]，©2007 爱斯维尔，允许转载。

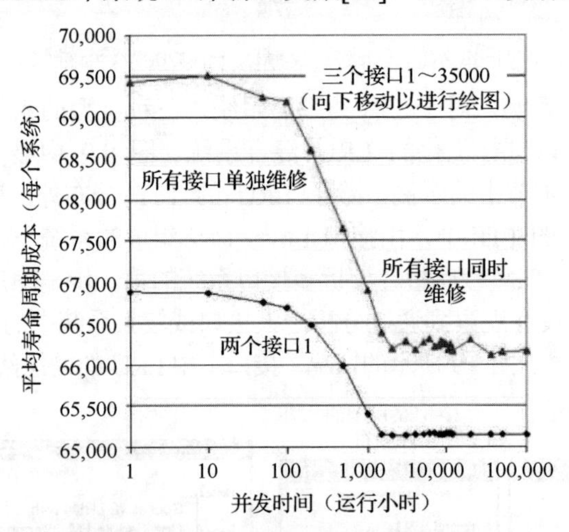

图 9.11　每个系统的平均寿命周期成本为两个或三个类似的接口

图 9.11 中，参数=19900h（数据驱动）；模拟了 10000 个系统。来源：文献[52]，©2007 爱斯维尔，允许转载。

图 9.11 给出了一个系统中两个和三个相似的 LRU 的情况。在本例中，组成系统的多个接口都使用图 9.9 中的 LRU 1。这种解决方案有利于在同一时间保持所有接口的 LRU；也就是说，当一个接口中的 LRU 表明它需要维修时，所有接口中的 LRU 都会被维修。注意，步长的高度取决于执行计划维修的小时数和这些小时的成本。

图 9.12 显示了在相同时间内具有非平凡最优的混合系统的结果。在这种情况下，平均寿命周期成本有一个明显的最小值，它既不是零也不是无穷大。

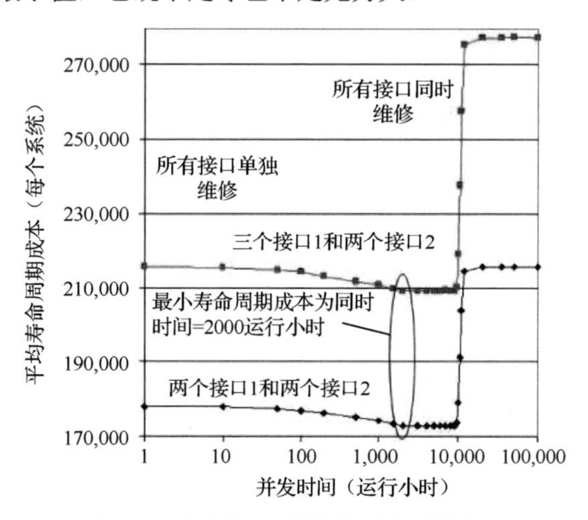

图 9.12　混合接口系统平均寿命周期成本

图 9.12 中，模拟了 10000 个系统。来源：文献[52]，©2007 爱思唯尔，允许转载。

9.6 商业案例构建：ROI 分析

如果没有向相关收购决策者提供支持性商业案例，就无法做出实施和支持 PHM 方法的承诺。大多数商业案例的一个重要特征是经济合理性的发展。PHM 的经济合理性在前面已经讨论过[4-5,16,60]。前面的这些商业案例讨论对影响 PHM 实现、管理和返回问题提供了有用的见解，并提供了一些特定于应用程序的结果，但没有从模拟或随机的角度处理问题。下面的例子展示了离散事件仿真模型在商业案例开发中的应用。

本商业案例的场景是考虑在主要商业航空公司使用的商用飞机上为电子系统的 LRU 配置 PHM 服务[26]①。典型的 LRU 是一个多功能显示器（MFD），每架飞机上都有两个。选择 502 架飞机的机队规模来反映一家主要航空公司（这里是西南航空公司）技术收购所涉及的数量[61]。这里把波音 737-300 系列选为配备电子 PHM 的代表性飞机。

实施成本反映了飞机和/或预测的技术获取成本效益分析（CBA 的组合）。实施成本和类型在表 9.4 中列出。所有价值以 2008 年美元的价格计算，所有转换到 2008 年的美元都使用了美国管理和预算办公室的 7%的折现率[62]。折现因素由$1/(1+r)^n$计算，其中 r 为折现率（0.07），n 为年份（n=0 代表 2008 年），参见 9.1.2 节。

表 9.4　实施成本和类型

频　率	类　型	价　值
经常性成本	没有 PHM 的 LRU 的基本成本	$25000/LRU
经常性成本	反复出现的物理加工成本	$155/LRU
经常性成本	年度基础设施	$450/接口
非经常性工程成本	PHM 成本	$700/LRU

① 大多数商用飞机的商业数据都是私有的。在本例中，相同类型的工艺数据尽可能保持一致性。

维护成本因飞机类型、航空公司、所需维护的数量和程度、飞机的年龄、劳动力基础的技能以及维护的位置（国内与国际、机库与专用设施）而有很大差异。假设模型中的维修费用是固定的；然而，众所周知，老化的影响会增加维修成本[63]。

波音 737-100 和 200 系列飞机的每小时维修成本是每小时运行成本的 12%[64]，到自 20 世纪 70 年代以来，每小时维修成本与飞机每小时运行成本的比率一直保持在 0.08～0.13。采用文献[65]中总结的主要航空公司每小时直接运营成本的平均值。这笔费用视为每小时的预定维修费用，相当于在停机期间（见表 9.5）当天的飞行段结束后可进行的非预定维修费用。

表 9.5　计划外维修费用和事件

维 修 活 动	概　　率	价　　值
任务前的维修事件（准备期间）	0.19	$2880
任务期间的维修事件	0.61	$5092（文献[66]中取值范围的平均值）
任务结束后的维修（停机期间）	0.20	$500/小时

需要注意的是，飞行过程中意外故障的成本可能会根据解释和纠正问题所需的后续行动而有所不同，需要改变航线的非计划性维修费用可能非常昂贵。如果将乘客延误时间的全部价值以及名誉损失和间接成本的下游因素都包括在内，那么在飞机离开地面之前（是在飞行段期间而不是在空中）检测到的需要不定期维修的问题成本可能非常复杂[67]。

为了确定飞行期间非计划性维修的费用，假定此类行动通常会导致航班取消。这代表了比延迟更为极端的情况；该模型假设在飞行段之间（准备和周转期间）发生计划外的主要维修更有可能导致延迟，而在飞行段期间的计划外维修将导致航班本身的取消。美国联邦航空管理局（Federal Aviation Administration，FAA）提供了取消商用客机的平均估计费用，从 3500 美元到 6684 美元不等[66]。

通过收集典型商用飞机的飞行频次信息，确定此案例的运行剖面。表 9.6 给出了运行剖面的信息。大型飞机通常每天飞行几次，这些单独的旅程称为飞行段。西南航空公司飞机的平均航段数在 2007 年为 7[61]。作为强制维修检查的一部分，虽然主要的维护、修理和大修（MRO）需要长时间的广泛检查和升级，但商用飞机在某一年的运行时间可能高达 90%～95%[69]。2001 年，国内商业航班的平均飞行时间约为 125 分钟[62]。基于文献[62]，选择了具有代表性的 20 年使用寿命。根据行业平均水平，45 分钟的周转时间被视为航班间隔时间[68]。利用这些资料，我们建立了一个运行剖面，其详细情况见表 9.5 和表 9.6。

表 9.6　运行剖面

因　　素	概　　率	合　　计
使用寿命为 20 年	每年飞行 2429 次	=寿命内 48580 次飞行
每日七班	每次飞行 125 分钟	=每天飞行 875 分钟
航班间 45 分钟往返时间[68]	每天 6 个准备阶段（航班之间）	=每天航班间隔 270 分钟

表 9.7 总结了维修模型的备件库存假设。作为替代方案，本节还提供了结果，以假设可以获得替换备件，并根据需要支付费用（没有备件库存，没有交货时间获取补充备件，即所有与维修备件的库存相关成本被认为是纳入 LRU 经常性费用）。

可靠性数据基于文献[70]、[71]，该数据提供了具有指数分布和威布尔分布的航空电子设备可靠性模型，通常用于对航空电子设备进行建模[72]。假设 LRU 的 TTF 的威布尔分布如图 9.13 所示。分析 20 世纪 80 年代和 20 世纪 90 年代制造的 2 万个电子产品[73]表明，形状参数接近 1 即接近指数分布的威布尔分布最适合用于航空电子设备的建模。Upadhya 和 Srinivasan[74]将航空

电子设备的可靠性建模为威布尔形状参数 1.1，这与文献[73]中发现的参数的公共范围一致。尽管文献[73]发现指数分布是最准确的，但与当前技术相关的失效机理[75]表明，威布尔分布可能被证明对未来几代电子产品更具代表性。定位参数的选择是基于典型的航空电子设备机组的寿命远短于航空航天工业中一个常见的 10 年寿命假设[73]。图 9.13（“TTF 2”）提供了另一种用于比较的 TTF 分布。

表 9.7 备件库存

因　素	数　量
为每个接口购买初始备件	2
备用补给的阈值	在每个接口的库存备件小于或等于 1
补货时每个接口需要购买的备件数量	2
备货期（备件前置时间）	24 个月（公历时间）
备件持有成本	每年年初库存价值的 10%
账单到期日（从备品补货订单到备品付款到期的时间）	2 年（公历时间）

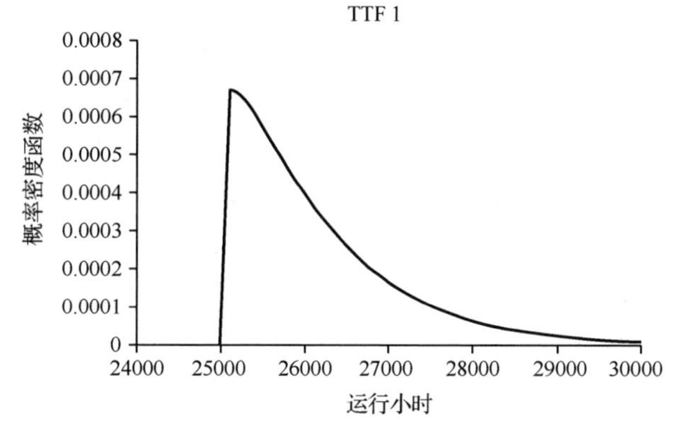

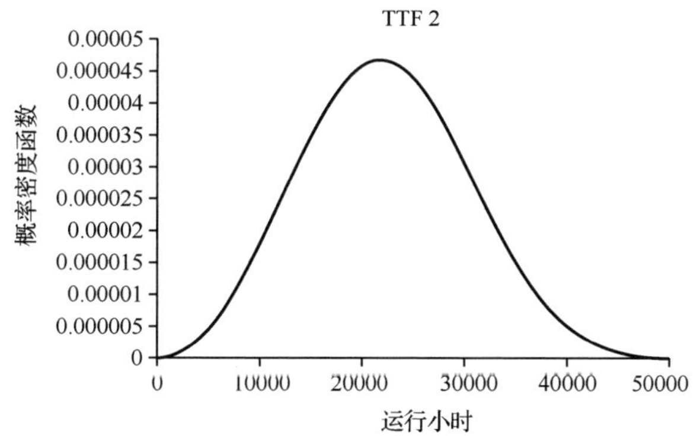

图 9.13 TTF 的威布尔分布

TTF 1：β= 1.1[71]，η=1200h[68]，γ=25000h；TTF 2：β=3，η=25000h，γ=0。来源：文献[26]，©2009IEEE，允许转载。

为了计算 ROI，我们对图 9.14 所示的例子进行了分析，以确定使用数据驱动的 PHM 时的最佳预测距离。小的预测距离会导致 PHM 错过故障，而大的预测距离则过于保守。对于 PHM 方法、实施成本、可靠性信息和本例中假设的运行剖面的组合，TTF 1 的 470 运行小时预测距离产生了整个使用寿命的最小寿命周期成本。假设宽度为 500 运行小时的对称三角形分布用数据驱动方法监测预测结构的 TTF 分布（见图 9.1 右图）。同样，使用 TTF 2 的最佳预测距离为 500 运行小时。

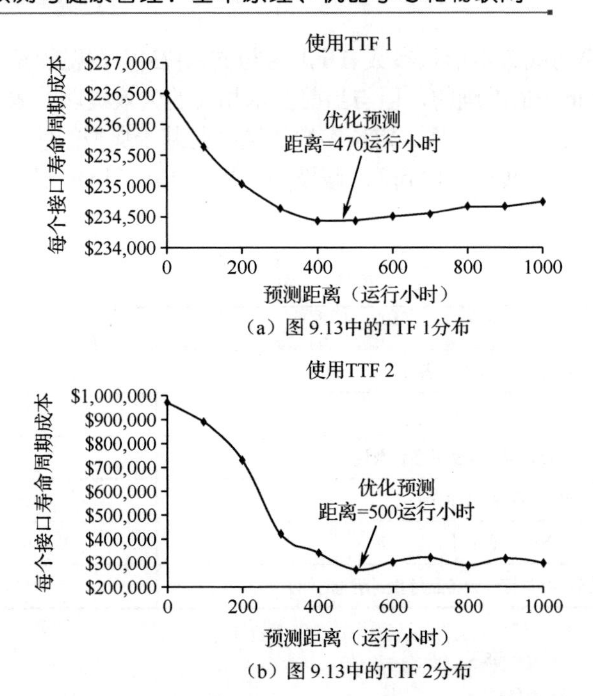

图 9.14　数据驱动 PHM 预测距离（5000 LRU 取样）对寿命周期成本的影响

（来源：文献[26]，©2009IEEE，允许转载）

利用 470 运行小时和 500 运行小时的预测距离，在可忽略的随机故障率和误报信号的假设下进行离散事件模拟。图 9.15 显示了每个接口的累积成本随时间的变化。寿命周期成本与纵坐标轴相交于初始实施成本对应的点，随着维修事件在使用寿命周期中累积，成本上升，在 20 年后达到顶峰。对于 LRU 可以根据需要进行加工的情况，即没有备件库存，见图 9.15（a），每个接口平均需要更换 5 个 LRU，对应每 3.8 年成本的不同步幅。在没有库存的情况下，LRU 更换之间的小步幅增加，最明显的是在第 0～3 年之间，见图 9.15（a），代表了年度 PHM 基础设施成本。对于库存情况，见图 9.15（b），这一小步幅的增加代表了年度基础设施成本和年度备件持有成本。在这个案例研究中，模拟了 5000 个接口；由于参数的随机性和可变性而导致寿命周期成本的差异可以看作是支持寿命周期的过程。假设有备件库存（定义在表 9.7 中），见图 9.15（b），初始备件付款应在第二年年底（计费到期日）到期。在图 9.15（b）出现的第一个大步幅代表了这一点。在第 12～14 年期间达到备用补给量的阈值，导致每个接口购买两个附加备件。这一结果对应图 9.15（b）时间在第 14～16 年之间出现的第 2 个大的步幅，这是因为货款应在补货两年后支付。由于年度备件持有成本和折扣率（提前支付备件的成本更高），所以成本大于图 9.15（a）。

应用式（9.1），PHM 相对于计划外维修的 ROI 由文献[26]给出：

$$\mathrm{ROI}=\frac{C_{\mathrm{us}}-C_{\mathrm{PHM}}}{I_{\mathrm{PHM}}} \tag{9.8}$$

其中，C_{us} 是采用计划外维修策略的系统的寿命周期成本，C_{PHM} 是使用 PHM 方法管理系统的寿命周期成本，I_{PHM} 是投资成本（对计划外维修的投资隐式假设为零）。式（9.8）表示与计划外维护相关的投资回报率，即 $C_{\mathrm{PHM}}=C_{\mathrm{us}}$，则 ROI = 0（盈亏平衡）。式（9.8）仅适用于 ROI 与计划外维修的比较，是一种方便、定义明确的 ROI 度量方法。使用式（9.8），可以比较从计划外维修中计算多个 PHM 方法的相对 ROI；然而，一种 PHM 方法相对于另一种方法的 ROI 并不是由它们相对于计划外维修的 ROI 之间的差异给出的。为了评估相对于基线的 ROI，而不是计划外维修，必须将规避的成本和投资的适当值代入式（9.1）中。

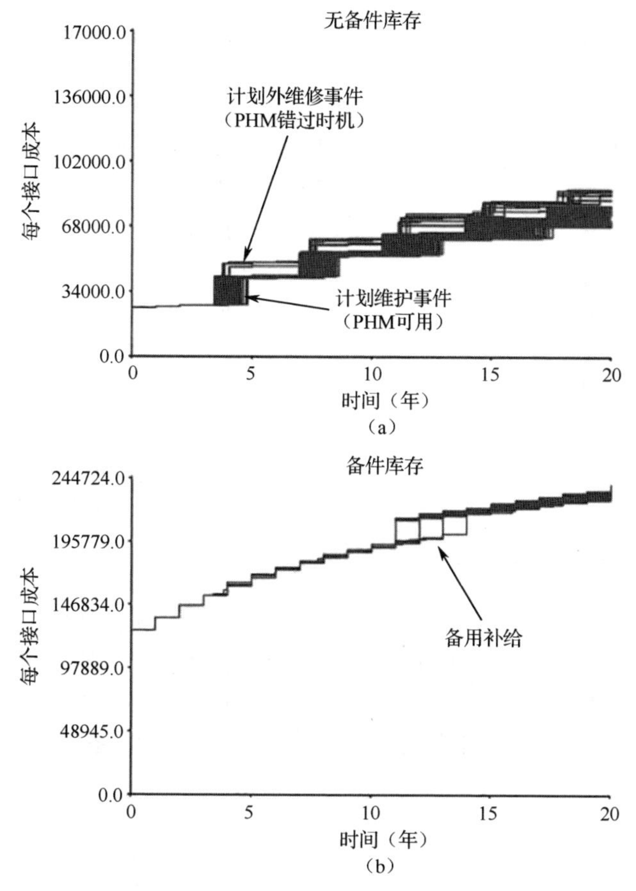

图 9.15　系统使用寿命的接口成本历史（5000 LRU 采样，对应图 9.13 中的 TTF 1 分布，来源：文献[26]，©2009IEEE，允许转载）

投资成本是实现 PHM 的每个接口的有效成本。这个成本可以用来指导维修计划。投资成本按下式计算：

$$I_{\mathrm{PHM}} = C_{\mathrm{NRE}} + C_{\mathrm{REC}} + C_{\mathrm{INF}} \tag{9.9}$$

其中，C_{NRE} 为 PHM 的非经常性成本，C_{REC} 为 PHM 经常性成本，C_{INF} 为与 PHM 相关的年度基础设施成本。注意，虚警的成本，额外 LRU 采购（超过计划外维修数量）成本和维修成本的差异不包括在投资成本中，因为它们是投资的结果，并反映在 C_{PHM} 中。C_{PHM} 还必须包括在计划外维修和 PHM 方法之间的主要维修事件中与购买 LRU 相关的货币成本差异；即使这两种方法最终为一个接口购买了相同数量的替换 LRU，它们也可能是在不同的时间点购买的，如果折扣率为非零，则会产生不同的有效成本。如果从备件库存中提取替换的 LRU（而不是根据需要购买），那么与备件采购相关的 ROI 可能不会受到金融成本的影响。

使用 PHM 方法，无论是在无备件库存的情况下，还是在有备件库存情况下，分别规避了 99%的故障①。在无备件库存的情况下，每个接口的总寿命周期成本为$77297，如果包括一个备件库存，则为$162152，每个接口的有效投资成本分别为$5849 和$5986，表示开发、支持和安装 PHM 的成本。这个成本与不定期的维修策略进行比较，在该策略中，LRU 只有在故障时才被修复或替换。使用相同的模拟输入（PHM 方法的特殊输入除外），在计划外维修方法下，每个接口的寿命周期成本为 C_{us}=$96682。根据式（9.8），PHM 的 ROI 计算为[$96682−($77297−$5849]/

① PHM 方法没有检测到的 LRU 故障的 10 个接口出现在图 9.15（a）中，作为数据集大部分的历史记录（大约 4 年出现一次）。这些接口会导致计划外的维修事件，从而造成更高的成本。

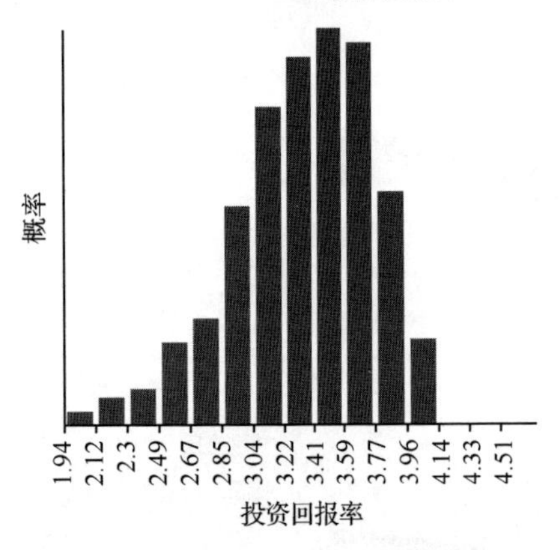

图 9.16 5000 接口总体的 ROI 直方图

（来源：文献[26]，©2009IEEE，允许转载）

\$5849-1，约为 3.3。这里使用的值表示每个数量在整个接口群体中的平均值；然而，模拟得到的是 ROI 的分布（随机 ROI 计算过程见文献[26]和文献[35]）。图 9.16 显示了基线案例对应的分布或 ROI（TTF 1 使用表 9.4 至表 9.7 提供的数据）。

图 9.17 所示为平均 ROI 关于年度 PHM 基础设施成本的函数，给出了在每个接口基础上对 PHM 进行简单划分的年度基础设施成本（包括硬件、组装、安装和功能测试成本）对 ROI 的影响。图 9.17 中的 ROI 是为每个分析点生成的 ROI 分布的平均值。与计划外维修相比，更大的盈亏平衡成本对应于能够每年支付更多的 PHM 费用，同时继续获得经济价值。由于故障分布在更大的时间段内，因此假设为 TTF 2。假设 TTF 2 和使用备件库存时，存在较大的 ROI 值，这是由假设的 24 个月的备件补充前置时间驱动的。假设 TTF 2 为 24 个月的备件补充前置时间，如图 9.18 所示，尤其是对于实施 PHM 的情况，PHM 和计划外维修的系统可用性①都显著降低。这是因为 PHM 比计划外维修需要更多的备件。然而，与使用 PHM 相比，使用计划外维修（C_{us}）的寿命周期成本显著增加，从而增加了使用 PHM 时的 ROI。TTF 1 解决方案对可用性的影响很小，这是因为很少有接口会耗尽初始的备件库存。

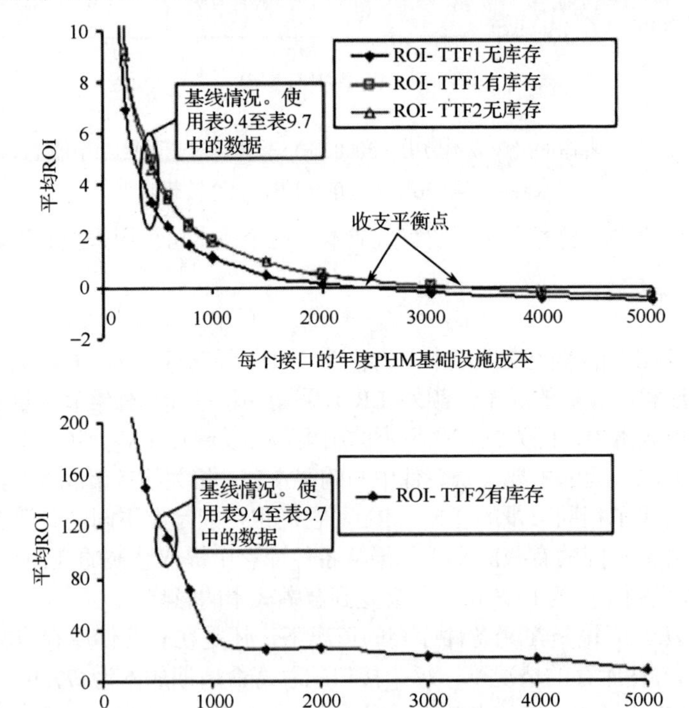

图 9.17 平均 ROI 关于年度 PHM 基础设施成本的函数（单位为 LRU，采样间隔为 5000 LRU）

① 在这种情况下，我们要评估接口的可用性，而不是 LRU 的可用性——参见 9.4.2 节。

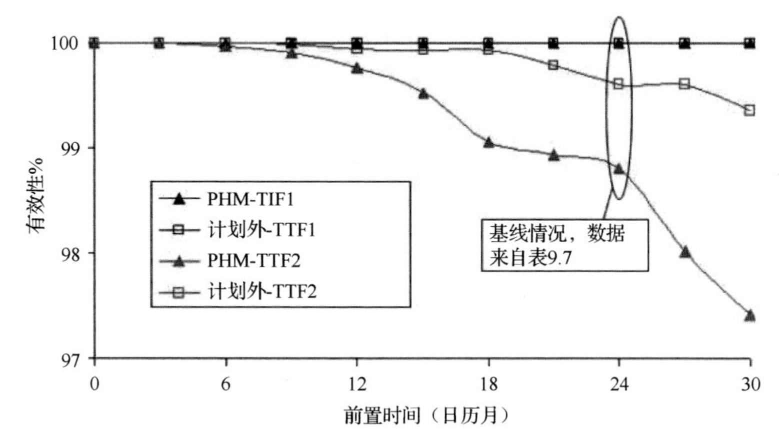

图 9.18　与计划外和 PHM 维修方法相关的系统接口可用性（采样间隔为 5000 LRU）

注意，假设有 24 个月的备货期（见表 9.7）。

本节提供的示例演示了使用数据驱动 PHM 方法获得正 ROI 的条件。对于图 9.13 中假设的 TTF 1 故障时间分布，使用固定的计划维修间隔可能降低潜在的寿命周期成本（见表 9.8）。然而，对于将故障分布在更大的时间范围内的 TTF 2，固定的计划维修比计划外维修更可取，但性能不如 PHM 方法。

表 9.8　各种维修方法每个接口的总寿命周期成本

		每个接口的平均计划外维修寿命周期成本	每个接口的平均故障前兆 PHM 寿命周期成本①	每个接口的平均固定间隔寿命周期成本②
TTF 1	无备件库存	$96682	$77297	$72605
TTF 2	无备件库存	$124501	$98400	$119116
TTF 1	有备件库存③	$189662	$161116	$150795
TTF 2	有备件库存③	$1038217	$656424	$1041977

注：所有情况对应每年的基础设施成本=每个接口$450，所有费用均为 5000 个样本的平均值。

① 所有情况均符合最低成本预测距离。

② 所有情况对应最低成本固定维修间隔。

③ 所有情况对应初始备品=5，备品补货阈值=2，备品补货进货阈值=2，交货期=24 个月，持有成本=年初库存价值的 10%/年。

9.7 总结

PHM 可用于维修决策过程中的故障预测，通过减少停机时间成本来降低维修成本，用于测试和库存管理、延长维修操作之间的间隔，并增加系统的操作可用性。PHM 可用于产品设计和开发过程中收集使用信息，并为未来的产品提供反馈。

预测的潜在好处对军事和商业部门是重要的；美国空军估计，民兵Ⅲ战略导弹舰队 HM 的成功运用可以将其寿命周期成本降低一半[76]。PHM 的支持者提出，它的成功也许有一天会消除系统中对冗余组件的需求，但是向完整的 PHM 方法的过渡将需要大量的验证和核实。

要确定 ROI，需要对实现 PHM 所需的成本贡献活动进行分析，并对使用和不使用 PHM 的维修操作的成本进行比较。PHM ROI 计算中的不确定性分析是开发实际商业案例所必需的。考虑到进程、虚警、随机故障率和系统大小的可变性，可以更全面地计算 ROI，以支持决策的获取。

原著参考文献

第10章

PHM 驱动的维修决策的评估和优化

Xin Lei[1]，Amir Reza Kashani-Pour[2]，Peter Sandborn[1]，Taoufik Jazouli[3]
1 美国马里兰大学帕克分校高级寿命周期工程中心
2 美国亚特兰大乔治亚州斯坦利·布莱克与德克公司
3 美国马里兰州布兰迪温摄政管理服务有限责任公司战略和业务发展部

如果剩余使用寿命（RUL）不能转化为可操控的价值，那么使用故障预测与健康管理（PHM）来估计系统 RUL 本身是无用的。第 9 章讨论了投资回报率（ROI），它是一种基于 PHM 技术提供的 RUL 并采取措施的价值度量。另一种获得可操控价值（这也会导致 ROI）的方法是根据 PHM 的 RUL 信息评估和优化预测性维修决策。

当对系统进行 RUL 估计时，可以创造价值的措施包括：关闭系统；减少系统负载（以控制或减缓损坏的累积）；立即执行维修措施；延迟执行维修措施；利用系统内置的功能来避免系统故障（如冗余装置）。上述措施（或行动的组合）有助于满足对具备自恢复能力系统的广泛需求。自恢复能力是系统抵抗干扰的固有能力，或者说，是系统在逆境中提供所需功能的能力①。

根据系统及其利益相关者的需求，价值可以在多个层次上实现。系统级价值意味着采取措施确保单个系统（车辆、飞机等）的安全或将单个系统的寿命周期成本最小化。对于最优操作是基于企业所有成员的 RUL 情况，可以在“企业级”实现价值（如系统群、租车车队或航空公司）。当系统是大型企业的一部分并且目标是为企业采取最佳策略时，采取的最佳策略可能与分隔管理的单个系统有所不同。

本章剩余部分的结构如下：10.1 节解释了基于实例分析的 PHM 驱动的预测性维修优化模型，并给出了一个应用于单个海上风力涡轮机的案例研究，以此阐明 RUL。10.2 节描述了将基于结果的合同纳入预测性维修决策优化过程的具体要求。最后，10.3 节讨论了相关技术几个潜在的研究机会。

10.1 单个系统中 PHM 驱动的维修决策的评估和优化

本节阐述带有 RUL 指示的单个系统基于 PHM 进行预测性维修方法的概念。首先通过该方

① 设计自恢复硬件是 PHM 的一个目标，软件对于创建自恢复系统是必需的，但还不够。要使系统具有自恢复能力，需要[1]：（1）可靠（或自我管理）的硬件和软件；（2）自恢复的后勤计划（包括供应链和劳动力管理）；（3）弹性的契约结构；（4）弹性的管理（规则、法律和政策）。在实践中，忽略其中任何一个元素都有可能创建一个具有（并且可能无法维持）寿命周期支持成本高昂的系统。

法实现，RUL 预测获得预测性维修价值的时间/历史累积收益损失和避免修复性维修的综合成本。然后应用实物期权分析（ROA），通过考虑所有可能的未来维修时机，对一系列预测性维修方案进行评估。最后确定最佳预测性维修时机。

贴现现金流（DCF）分析是一种用于对项目、公司或资产进行长期价值评估的方法。许多基于 DCF 的系统/企业级维修模型已经开发完成。这些模型可以根据维修事件时间和可靠性的建模方式进行区分：以可靠性为中心的维修（RCM）、激励模型和基于仿真的模型[2]。第 9 章描述的成本建模和投资回报率分析是一个基于仿真的 DCF 模型。

RCM 通过假设估计特定时间段内的故障率和平均故障次数来“计算”故障次数和预测性、修复性维修事件，并为某个系统或企业制定基于经验的维修成本表达式。基于仿真的模型使用概率分布表示系统可靠性和离散事件仿真来建立故障和维修事件模型。基于状态监测技术的 RCM 驱动模型和仿真模型已经被广泛应用于预测性维修优化研究。

DCF 模型（如第 9 章中描述的）可以获得现金的时间价值和现金流中的不确定性，但它们不支持决策者必须适应未来不确定性的管理灵活性。另一种选择是一种真正的选择，这是一种权利，但不是一种义务，可以采取诸如推迟、放弃、扩大、分期或承包等商业举措。实物期权可分为买入期权（“看涨”期权）和卖出期权（“看跌”期权）。例如，投资资产的机会是一个真正的“看涨”期权。最常见的实物期权类型是欧式期权和美式期权：欧式期权有一个固定的到期日，而美式期权可以在到期日之前的任何时间点行权。实物期权源于金融期权；然而，它们不同于金融期权，因为它们通常不作为证券交易，也不涉及作为金融证券交易的标的资产的决策。ROA 用于评估实物期权。ROA 假定管理灵活性允许在每个决策点做出价值最大化的决策。DCF 分析只考虑了未来的不利因素，而 ROA 则通过考虑管理灵活性，根据未来的发展来改变实际资产决策中的行动过程，从而捕捉到上行潜力的价值。ROA 已应用于海上平台、生产线、桥梁、飞机和风电场的维修建模问题[3-8]。

10.1.1 在单个系统中 PHM 驱动的预测性维修优化模型

当在系统中添加现场的故障预测与健康管理（即 PHM）时，将创建预测性维修选项。在这种情况下，健康管理方法生成一个 RUL 估计，可用于在系统故障之前采取预见性措施。使用 PHM 的预测性维修选项由 Haddad 等人定义[8]，具体如下。

- 购买期权=为系统添加 PHM 支付。
- 执行选项=通过 RUL 指示在系统故障前执行预测性维修。
- 执行价格=预测性维修成本。
- 让选项失效=什么都不做，直到系统运行发生故障，然后进行修复性维修。

行使期权的价值是累积收入损失和避免的修复性维修成本之和（修复性维修比预测性维修更贵）。

累积收入损失是指在 RUL 结束之前执行预测性维修所能获得的累积收入与等到 RUL 结束之后进行修复性维修（如果没有进行预测性维修）所能获得的累积收入之间的差额。需要说明的是，这是在 RUL 结束前进行预测性维修时丢弃的系统 RUL 部分[2]。实际上，这一累积收入是以备件库存寿命损失的形式出现的（由于某些库存寿命已被处理，系统的收入赚取时间将缩短）。

避免的修复性维修成本包括避免的修复性维修部件、服务和人工成本、避免的累积停机收入损失以及避免对系统的附带损害（如果有的话）。将累积收入损失（R_L）和避免的修复性维修成本（C_A）相加时，可得到预测性维修价值（V_{PM}）：

$$V_{PM} = R_L + C_A \tag{10.1}$$

图 10.1 显示了简单预测性维修价值的结构。假设在系统日历的某个时间点（称为时间 0）预

测得出子系统的 RUL_C。假设 RUL_C 的预测中没有不确定性，一旦子系统发生故障，系统将发生故障，因此 RUL_C 也是系统发生故障的日历时间。R_L 的绝对值在时间 0 时最大，因为如果在时间 0 执行维修，则系统中的所有 RUL 都被处理掉。随着时间的推移，在达到 RUL_C（此时 R_L 为 0）之前，流失的 RUL 更少（可能获得的收入也更少）。在 RUL_C 时刻之前 C_A 假定为常数，在 RUL_C 时刻 C_A 下降到 0。简单预测性维修价值的结构如图 10.1 所示。

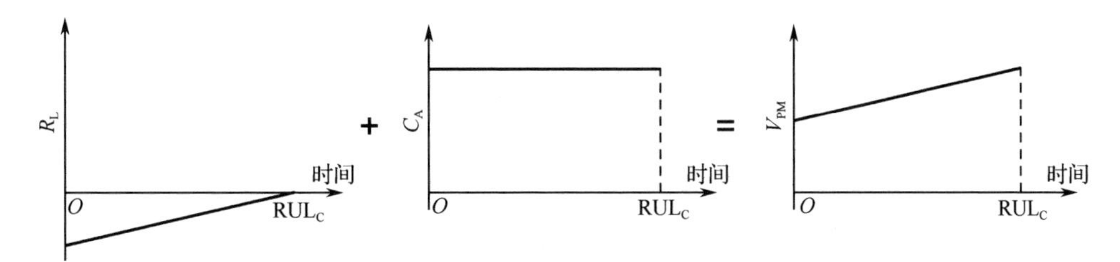

图 10.1　简单预测性维修价值的结构[2]

假设只有当预测性维修比修复性维修更有利时，决策者才愿意安排预测性维修行动，否则更好的选择是让系统运行到发生故障①。考虑这种情况：预测性维修只能在特定时机执行②。对于每个可能的维修时机，决策者可以灵活决定是实施预测性维修（行使选项）还是不实施预测性维修（让系统运行发生故障，即让选项过期③）。因此，可以将获得 RUL 预测值后的预测性维修时机视为实物期权，并且对于每个维修时机，可以将应用欧式 ROA 评估预测性维修选项作为“欧洲”风格的选项。

$$O_{PM} = \max(V_{PM} - C_{PM}, 0) \tag{10.2}$$

其中，O_{PM} 是预测性维修选项价值，C_{PM} 是预测性维修成本。如果 V_{PM} 与 C_{PM} 之差大于 0，则称为“看涨”期权，预测性维修将会被执行（期权价值为差值）；否则，不执行预测性维修，期权到期，导致期权价值为 0。

ROA 可用于确定零时刻之后所有可能的维修时机的选项值，作为一系列欧洲选项，如图 10.2 所示。图中给出了一个 V_{PM} 路径示例和三个预测性维修时机 t_1、t_2 和 t_3。在 RUL_C（t_1 或 t_2）之前的预测性维修时机，如果预测性维修价值高于预测性维修成本，则执行维修（t_2 是这种情况）；否则，汽轮机将运行到发生故障，选项价值为 0（t_1 是这种情况）。RUL_C 之后，选项过期，选项价值为 0（t_3 是这种情况）。请注意，只有在维修时机处绘制了 O_{PM} 值（而不是在维修时机之间）。式（10.2）只在路径高于预测性维修成本时产生非零值，即路径是“看涨的”。

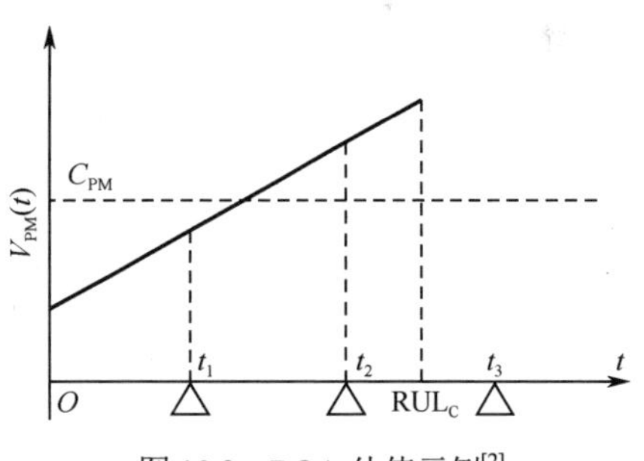

图 10.2　ROA 估值示例[2]

到目前为止，我们讨论的所有建模都假设在预测的 RUL_C 中没有不确定性。如果没有不确定性，则执行维修的最佳时间点将在峰值点（RUL_C）。不幸的是，所有的输入都是不确定的，这使

---

① 该分析仅为经济分析，不涉及故障的安全或非维修成本，即在该分析中，如果系统故障导致的成本较低，则我们假设系统故障是可接受的结果。

② 这种情况可能受维修资源或维修系统的可用性限制。

③ 决策者也可以灵活地不在某个特定的机会上实施预测性维修，而是等到下一个可能的维修时机来决定，这使得问题成为美国式的选择。哈达德和艾特铝溶液[8]中的假设是正确的，即在某个最大等待时间或之前会做出最佳决策，并且所提供的解决方案是最大的“等待机会”。不幸的是，实际上关键系统的维修决策者面临着一个稍有不同的问题：假设维修时机日历已知（如海上风电场），当获得 RUL 指示时，应在什么维修时机进行预测性维修以获得最大的选项值？这使得该问题成为欧洲式的选择。

得问题更具挑战性。为了对不确定性进行建模，一种模拟的研究方法被用来生成“路径”。“路径”表示从 RUL 指示（零时刻）开始未来可能发生的一个过程。由于系统可用性或系统结果补偿方式的不确定性，累积收入损失路径会发生变化。避免的修复性维修成本路径代表了 RUL 的使用情况，并因预测 RUL 的不确定性而变化。每一条路径都是一组路径中的一个成员，代表了系统未来可能采用的一组方法。

RUL 预测是主要的不确定性。这是由于不精确的预测能力（如传感器数据、数据简化方法、故障模型、损伤累积模型和材料参数中的不确定性），以及驱动 RUL 消耗速率的环境应力中的不确定性造成的。关于 RUL 预测相关的不确定性的讨论见第 8 章。

由于上文描述的不确定性，系统状态在一条 RUL 指示之后可以沿着许多路径迁移，如图 10.3 所示。每个独立的维修时机都会被作为欧式选项来处理。对每个预测性维修时机而言，对 M 个选项值（对应于 M 个价值路径）进行平均，以获得期望的预测性维修选项价值 $EO_{PM}(t)$。所有维修时机都重复这一过程。最优预测性维修时机是以最大预期选项价值为依据的。详细解决方法的数学公式可在文献[2]中找到。因此，ROA 可以支撑维修决策者通过评估一系列可能的路径，以决定采取的最佳行动。

10.1.2 案例研究：在单个系统中 PHM 驱动的维修决策优化（海上风力涡轮机）

下面介绍欧洲 ROA 方法应用于单个海上风力涡轮机。本研究假设该涡轮机为 Vestas V-112 型 3.0MW 海上风力涡轮机[9]。维修海上风力涡轮机需要某些无法持续供给的资源。这些资源包括配备起重机的船只、直升机和训练有素的维修人员，通常由同时维修多个风电场的陆上机构提供，可能离风电场 100 英里（约 161 千米）远。因此，维修工作只能在相隔几周的预定日期进行。维修的可能性还取决于天气和海洋条件，使得未来维修访问时机充满了不确定性。

模拟的 R_L、C_A 和 V_{PM} 路径如图 10.3 所示。如图 10.3（a）所示，所有的 R_L 路径在垂直轴上的不同点开始：如果选择在最早的机会进行预测性维修，则路径的 $ARUL_C$（实际的 RUL 样本）越长，累积的收入越少，因此路径的初始值越低。随着时间的推移，所有路径都在上升，因为预测性维修完成得越晚，累积收入损失越少。最后，当 RUL 耗尽时，所有路径在不同的时间点终止，这代表了预测 RUL 和风速的不确定性。如图 10.3（b）所示，每个 C_A 路径随着时间的推移是恒定的；由于停机期间累积收入损失的差异，所有 C_A 路径都有不同但相似的值。R_L 和 C_A 路径的组合导致 V_{PM} 路径是上升的，如图 10.3（c）所示。

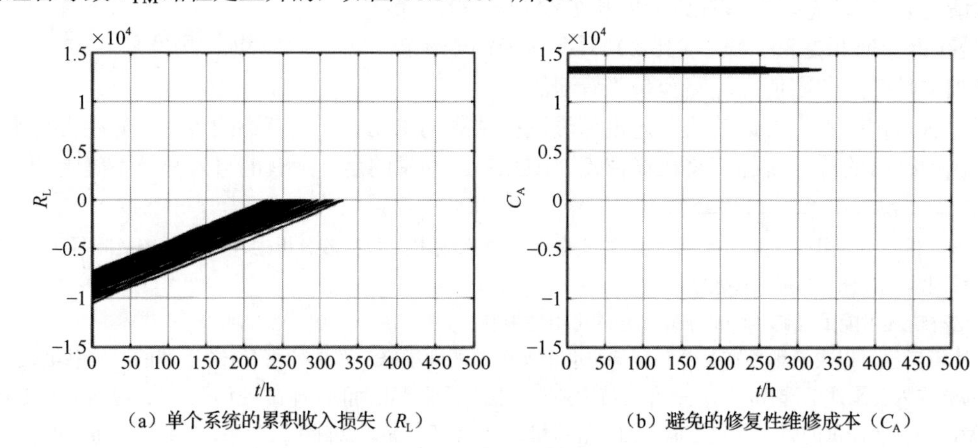

（a）单个系统的累积收入损失（R_L）　（b）避免的修复性维修成本（C_A）

图 10.3 模拟路径

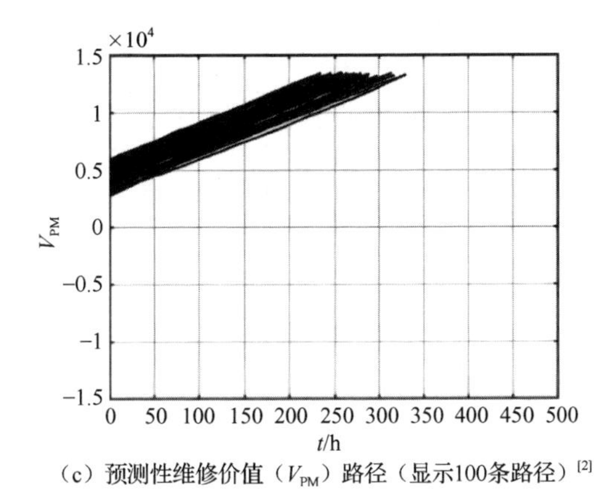

（c）预测性维修价值（V_{PM}）路径（显示100条路径）[2]

图 10.3 模拟路径（续）

通过模拟获得的 V_{PM} 路径，利用式（10.2），可以计算出预测性维修选项价值。在每个预测性维修时机中，对所有选项价值进行平均，以获得预期的预测性维修选项价值，其曲线如图 10.4 所示。图 10.4 还显示了 $ARUL_C$ 的直方图。对于本案例，最佳预测性维修时机（由短画线指示）为 237h，预期的预测性维修选项价值为 2976 美元。从 $ARLU_C$ 直方图中可以看出，ROA 方法不是试图避免所有的修复性维修，而是最大化预期的预测性维修选项价值。在最佳预测性维修时机下，94%的路径选择实施预测性维修。结果表明，最好等到 RUL 接近结束时，而不是在 PHM 指示后立即进行预测性维修。这些结果代表了将修复性维修的风险最小化，同时与将丢弃的 RUL 部分价值最小化之间的权衡①。

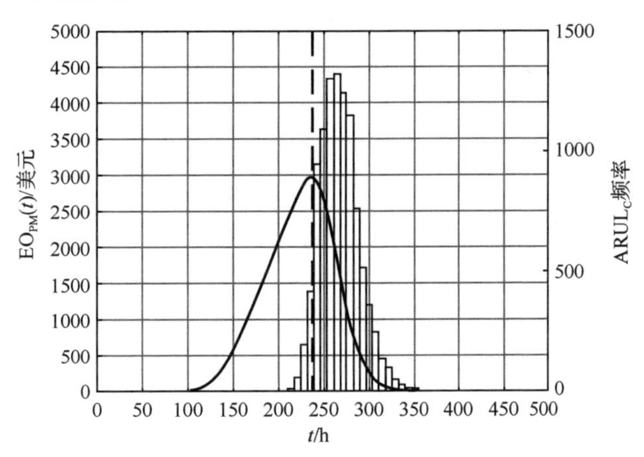

图 10.4 预期的预测性维修选项价值曲线（预测性维修时机为每小时一次）和 $ARUL_C$ 直方图[2]

如果预测性维修每 48h、72h、96h（而不是每小时）可用，则预期的预测性维修选项价值曲线如图 10.5 所示。最佳预测性维修时机（用虚线表示）为时间 0 后的第 240h，预期的预测性维修选项价值为 2960 美元。与图 10.4 中预测性维修时机为每小时一次的情况相比，最佳预测性维修时机发生在 3h 后（+1.3%），而预期的预测性维修选项价值则少 16 美元（−0.5%）；两者都是由于预测性维修时机受到限制所致的。

① 将随机 DCF 方法应用于一个类似的例子[10]，该例子假设预测性维修将始终在某个选定的时机实施，而不是被视为一个选项。或者，欧洲 ROA 方法是一种不对称的方法，在限制下行风险（当修复性维修更有利时）的同时，捕捉上行价值（当预测性维修更有利时）。欧洲 ROA 方法将为预测性维修提供一个更为保守的机会，其预期期权价值高于随机 DCF 方法的预期净现值。

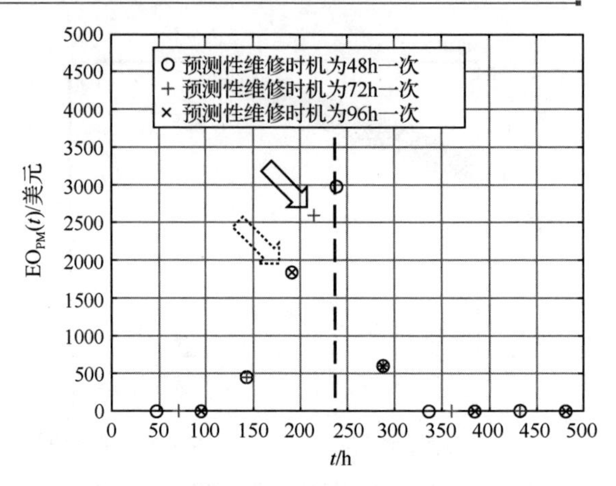

图 10.5 预期的预测性维修选项价值曲线（预测性维修时机为每 48h、72h 或 96h 一次）[2]

如果预测性维修时机限制在每 72h 和 96h 一次，则欧洲 ROA 方法建议的最佳预测性维修时机如图 10.5 所示（分别用实线和虚线轮廓箭头表示）。由于预测性维修计划的变化，最佳预测性维修时机将按预期转移。

10.2.2 节和 10.2.3 节将重新讨论实际期权模型，其中规定了特定于合同的交付阈值。

10.2 可用性

可用性是指一个选项被调用时，能够发挥作用的概率（即没有出错且不在维修中）。可用性是一个选项的可靠性（出错的速度）和可维修性（修复的速度和/或备用的方式）的函数。可用性由以下公式计算获得：

$$可用性=\frac{正常运行时间}{正常运行时间+停机时间} \tag{10.3}$$

可用性的概念将可靠性和可维修性结合在一起，只适用于“可维修的”系统。寿命周期成本不能与可用性分开，必须同时评估这两者，因为低可用性的便宜系统的价值可能比高可用性的昂贵系统的价值要低得多。在系统中实现 PHM 显然会影响系统的可用性，因为它会更改系统的维修时间和方式。

可用性有几种类型，常用的是基于时间的可用性度量。这些可用性度量通常通过相关的时间间隔或收集导致停机的事件来进行分类。基于停机时间的度量如式（10.3），则根据停机时间中包含的不同机理来区分。

准备就绪状态与可用性密切相关，广泛应用于军事领域。对于可用性，“停机时间”只是操作停机时间，而对于准备就绪状态，“停机时间”包括操作停机时间、空闲时间和存储时间[11]。准备就绪的概念比可用性更广泛，因为它包括系统的操作可用性、操作系统所需人员的可用性以及支持系统操作所需的基础设施和其他资源的可用性。

10.2.1 可用性业务：基于结果的合同

基于结果的合同也称为“绩效合同”、“可用性合同”、“关于可用性的合同”（CfA）、“基于绩效的服务获取”（PBSA）、“基于绩效的后勤”（PBL）和“基于绩效的合同”，是指一组系统支持的策略。承包商不承包货物和服务/劳务，而是根据合同下某系统的绩效指标来交付绩效结果。基于结果的合同背后的基本思想反映了西奥多·莱维特的一句名言[12]：“客户不需要钻孔

机，他想要在墙上打个洞。”基于结果的合同因有效性而以固定比例付款（可用性、就绪性或其他与绩效相关的度量），对绩效缺陷进行惩罚，奖励超出目标的收益。

基于结果的合同不是保证、租赁协议或维修合同，这些都是“中断/修复”保证。相反，这些基于结果的合同是量化的“满意保证”合同，其中“满意”是产品产生的结果的组合，通常表示为时间（如运行可用性、准备状态）、使用度量（如英里数、生产量）或基于能源的可用性。

基于结果的合同的产生是因为在许多情况下，有高可用性需求的客户对购买系统的使用价值感兴趣，而不是对购买系统本身感兴趣。在此类合同中，客户为交付的结果付款，而不是特定的后勤活动、系统可靠性管理或其他任务付款。基于结果的合同包括对在规定的时间内评估未能满足指定的可用性要求进行的惩罚费用。

产品服务系统（PSS）是一种常见的产品管理方法，可以包含基于结果的合同的要素。PSS根据客户的需求（包括可用性需求）提供产品及其服务/支持。租赁合同是面向使用的 PSS，其中，服务提供商通常保留该产品的所有权。租赁合同不仅可以表明提供的基本产品和服务，还可以表明其他使用和操作约束，如故障率阈值。在租赁协议中，客户对最低可用性有一个隐含的期望，但是可用性通常无法通过合同进行量化。

公私合作关系（PPP）已用于资助和支持民用基础设施项目，最常见的是美国的高速公路。此外，PPP 也建设和支持其他项目，包括建筑物（如学校、医院、高密集的房屋）、桥梁、隧道和水利控制项目。用于民用基础设施的 PPP 的可用性支付模型，需要私营部门去负责设计、建造、融资、运营和维修资产。根据“可用性付款”的概念，一旦资产可供使用，私营部门将根据满足绩效要求开始按合同规定的年数收取年度付款。在 PPP 中的难点是确定付款计划（成本和时间线）以保护公共利益，既不能向私营部门支付过多的费用，还能最大限度地降低资产无法获得支持的风险。

购电协议（PPA）也称能源绩效合同（EPC），是从电厂购买电力的长期合同，也是在美国和欧洲使用的基于结果的合同。PPA 使客户和电力生产商免受能源市场波动的影响。

10.2.2 将合同条款纳入维修决策

图 10.3 中描述的“路径”是基于生产系统的，该生产系统具有“已交付”合同，该合同为交付的性能，能源或可用性的每个单位定义了一个固定的价格。通过基于可用性的合同（如PBL）管理系统时，图 10.3 中所示的路径将受到影响。基于可用性的合同会由于累积收入损失的变化和避免的修复性维修成本路径而影响组合的预测性维修价值路径。这些路径将受到可用性目标、达到该目标之前和之后（通常后者低于前者）的回报、惩罚机制、已经产生的可用性以及总体中其他系统的运行状态的影响。例如，假设一组系统产生的累积可用性接近可用性目标，所有系统都在运行，但有些系统显示 RUL。如果系统的数量可以满足可用性目标，而无须那些显示 RUL 的系统，那么具有显示 RUL 的系统的累积收入损失将低于非基于可用性合同进行管理的情况，这是因为可用性付出的代价在达到目标后降低。假设存在一个不同的场景，在该场景中一组系统的总体累积结果与结果目标相距甚远，并且许多系统都无法运行。在这种情况下，使带有 RUL 的系统运行至失效并执行修复性维修（这会导致较长的停机时间），可能会导致系统总体无法达到结果目标。此时，不满足要求的要交罚款，以避免修复性维修成本高于不具有任何惩罚机制的非基于可用性的合同（交付时）的情况。

在基于可用性的合同下，总体（如车队）中单个系统的最佳预测性维修时机通常与孤立管理的单个系统不同。如果使用交付的合同，则这两种情况将具有相同的最优值。

10.2.3 案例研究：在多系统中 PHM 驱动的维修决策优化（风电场）

图 10.4 和图 10.5 中的结果假定，涡轮机产生的所有能量都可以固定价格出售。有许多风电场（和其他可再生能源发电设施）是根据 PPA 的基于可用性的合同进行管理的。PPA 定义了能源交付目标、购买价格和产出担保。出于多种原因，通常通过 PPA 管理风电场[13-14]。首先，尽管可以在当地市场出售风能，但当地的平均市场价格往往低于长期 PPA 合同价格。其次，如果没有签署可确保未来收益流的 PPA，借贷人将不愿意为风能项目融资。最后，风能买家更喜欢购买能源，而不是建设和运营自己的风电场。

PPA 条款对于风能通常为 20 年，在整个条款中的合同价格固定不变或不断上升。在每年年初，PPA 通常要求卖方估算他们全年预计产生的能量，并以此为基础确定年度能量输送目标。对于超出年度能源交付目标的能源，一般以较低的过剩价格交易。买方也可以有权不接受过多的能源，或者根据已超额交付的能源向下调整下一个合同年度的年度目标，还可以设定最低年度能量输送限制或输出保证，以及确定违约赔偿金的机制。例如，卖方必须赔偿买方合同规定要收到的输出短缺，然后乘以替代能源价格，买方为满足其需求而支付的风能和其他能源价格之间的差额，以及合同价格。买方还可以往上调整下一个合同年度的年度目标，以补偿能量不足的情况。

假设通过 PPA 管理的五个涡轮机风电场：涡轮机 1、2 在时间为 0 时指示 RUL，涡轮机 3 正常运行，而涡轮机 4、5 不运行。我们需要将所有带有 RUL 的涡轮机的预测性维修价值路径进行组合，因为每次访问都会对多个涡轮机进行维修（有关如何组合多个涡轮机路径的详细信息参见文献[13]）。图 10.6 显示了涡轮机 1、2 的累积收入损失、避免的修复性维修成本以及预测性维修价值路径。

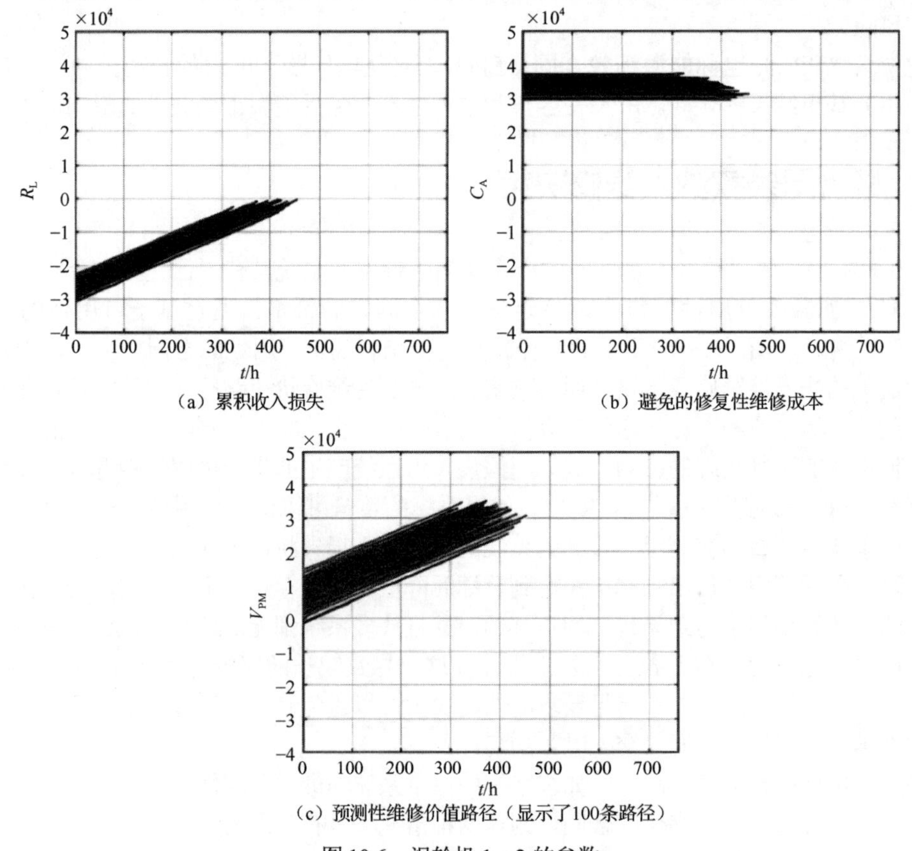

（a）累积收入损失

（b）避免的修复性维修成本

（c）预测性维修价值路径（显示了100条路径）

图 10.6 涡轮机 1、2 的参数

（来源：文献[13]，©2017 爱思唯尔，经许可转载）

如果每 48h 只提供一次预测性维修，则 $EO_{PM}(t)$ 如图 10.7 所示。最佳的预测性维修时机是在时间 0 之后 336h，$EO_{PM}(t)$ 值为 8314 美元。如果使用“已交付”合同管理同一风电场，则最佳的预测性维修时机将更改为在时间 0 之后 288h，$EO_{PM}(t)$ 值为 15671 美元，如图 10.7 所示。之所以会发生更改，是因为在 PPA 案例中，某些路径上发生了超额交付，这使得 R_L 和 C_A 低于已交付合同的情况。

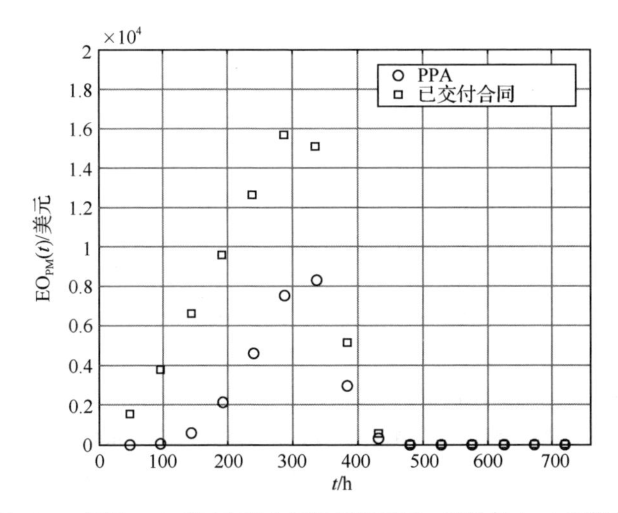

图 10.7 使用 PPA 或已交付合同进行管理时，涡轮机 1、2 预期的预测性维修选项价值曲线（预测性维修时机每 48h 一次）

（来源：文献[13]，©2017 爱思唯尔，经许可转载）

对于 PPA 的情况，如果某些涡轮机在时间为 0 处未运行，则最佳的预测性维修时机将移至时间 0 之后 288h，如图 10.8 所示。当一台或两台涡轮机停机时，某些 C_A 路径将变得更高，因为当运行中的涡轮机数量减少时，年度能量交付目标将延迟达到，这意味着合同价格将在较长一段时间内高于较低的过剩价格。对于其他一些路径，可能会发生投放不足的情况，从而导致投放不足的罚款。因此，最佳的预测性维修时机的选择会更为保守。

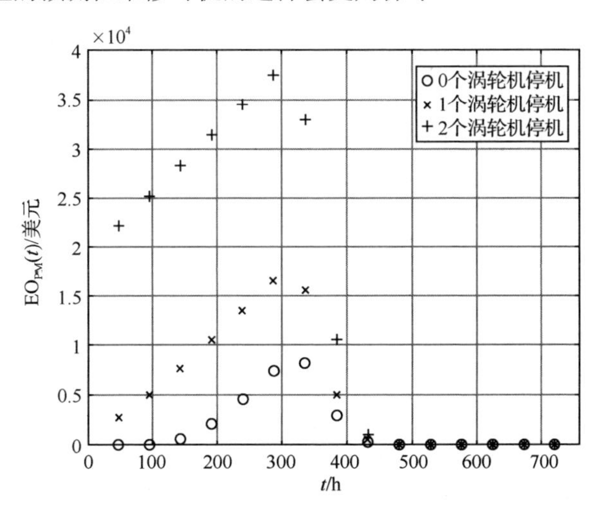

图 10.8 当停机的涡轮机数量变化时，涡轮机 1、2 预期的预测性维修选项价值曲线（预测性维修时机每 48h 一次）

（来源：文献[13]，©2017 爱思唯尔，经许可转载）

如果使用 PPA 对涡轮机 1、2 进行隔离管理，则在预测 RUL 时，最佳的预测性维修时机可能与在风电场中进行管理时有所不同。如图 10.9 所示，涡轮机 1 的最佳预测性维修时机与图 10.7 所示的风电场的情况不同。

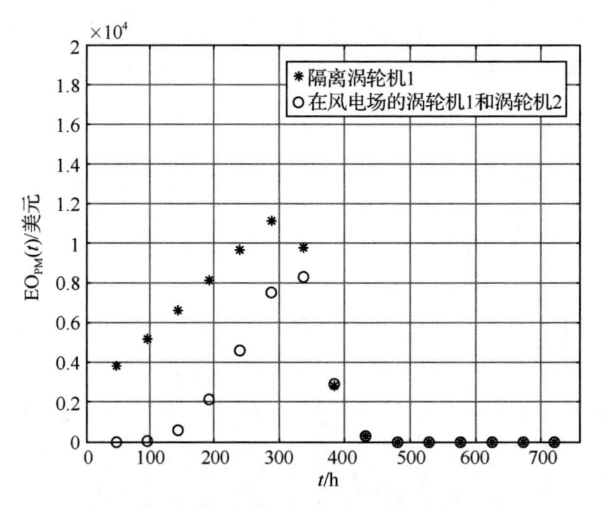

图 10.9　当单独管理涡轮机 1 以及在风电场中管理涡轮机 1、2 时预期的预测性维修选项价值曲线（预测性维修时机每 48h 一次）

（来源：文献[13]，©2017 爱思唯尔，经许可转载）

10.3 未来发展方向

对于使用 PHM 进行系统管理决策的评估和优化尚不完善，还存在许多因素会严重影响系统的设计和管理。本节回顾了一些新兴的研究领域。

10.3.1 可用性设计

如果可用性合同指定了系统的可用性目标，那么如何优化设计能够使得系统可以满足指定的可用性目标呢？尽管有大量文献讨论了可用性优化（最大化可用性），但为满足特定的可用性要求而进行的设计工作却很少，如可用性合同相关的设计工作。与可用性优化不同，在可用性合同中，超过所需的可用性可能没有任何经济优势。最近对指定所需可用性合同的追求，引起了人们直接从可用性需求中获取系统设计和支持参数的兴趣。

实际系统的随机 DCF 模型通常以离散事件模拟器实现。这些模拟器可以根据故障、后勤和维修事件的特定顺序来直观地计算可用性。但是，根据可用性要求确定设计参数是一个随机的反向仿真问题（离散事件仿真器仅在时间上前向运行）。尽管确定由一系列事件导致的可用性比较容易，但是确定导致所需可用性的事件并不简单，而且通常也没有做到。

作为可用性设计的一个示例，假定合同参数是固定的，并作为系统设计的输入提供（如它们可能是对系统设计的约束）。系统参数被设计为最大化满足合同要求的操作性能和功能。

包含一个或多个合同参数（如成本约束、支持需求的长度等）的产品设计过程（硬件和软件）的示例很常见。使用可用性约束来设计系统参数（通常是后勤参数）的模型较少见。

Jazouli 等[15-16]使用可用性需求来确定系统所需的后勤参数和可靠性。他们开发了一种直接方法（与基于搜索的方法相对）——使用可用性要求来确定系统参数。图 10.10 显示了示例结果。在这种情况下，PHM 用于提供系统故障预警。图 10.10 显示了两种系统管理解决方案，一

种具有 PHM，一种不具有 PHM（仅修复性维修）。这两种解决方案都满足完全相同的系统可用性要求。图 10.10 中的结果表明，数据驱动的 PHM 解决方案可以使用更长的库存提前期（ILT）来满足系统的可用性要求，这点很重要，因为更长的 ILT 成本更低，它可能允许使用更多的供应商和避免为紧急订单支付保险费。

Jazouli 等[15]证明了基于结果的合同约束是特别具有挑战性的问题。由基于结果的合同参数定义的许多约束（如可用性）可以直接确定为模拟的输出，但不容易用作模拟的输入。实际系统的设计通常使用以搜索为中心的“模拟优化”方法来完成，如离散事件模拟只能在时间上前向运行，而不能后向运行，即没有实用的离散事件模拟方法可以在时间上后向运行，这使得基于结果的合同需求很难包含在后勤设计中。

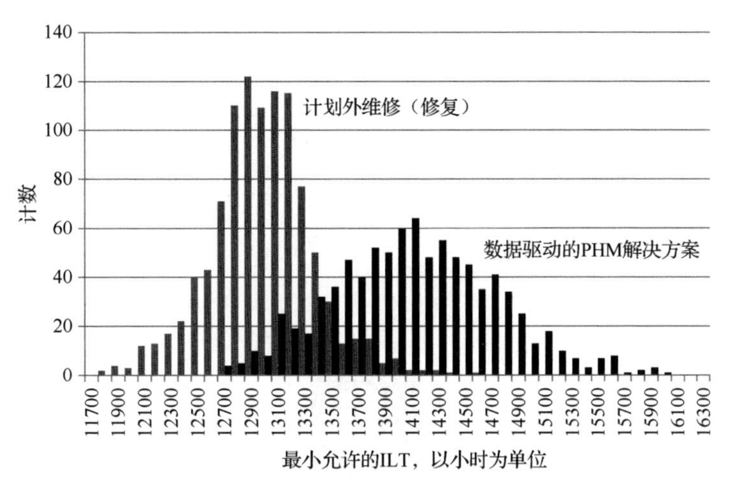

图 10.10 两种系统管理解决方案计算的最大允许 ILT[15]

（来源：文献[1]，©2016 爱思唯尔，经许可转载）

10.3.2 基于预测的保修

现场健康监控为系统的保修管理提供了有吸引力的机会。保修是制造商与客户之间的一项合同，其向客户担保在特定的时间段或使用期限内产品能够正常运行。为了支撑保修，产品售价的一部分进入了保修准备金。常规保修业务模型，使用业务的产品营销部分规定的保修条款，来预测保修回报，然后将其与解决索赔的预期成本相结合，以计算保修准备金。保修准备金总额除以售出产品的数量就是每个产品为支付保修金而增加的金额。

制造商需要准确地确定保修准备金的规模。预留得太少会导致需要重述收益（如收入被夸大了），预留得太多意味着收益被低估了。这两种情况都是不可取的。制造商面临的问题（和机会）是，现在的保修储备金是基于对可靠性的预测，并且通常不考虑健康管理系统的影响。因此，制造商需要基于系统健康状况监控以及产品/客户特别使用习惯的动机更新保修服务系统。新的保修服务系统将为制造商降低保修成本，并为客户提供更好的（“个性化”）保修范围。Ning 等[17]讨论了基于预测的保修。

10.3.3 合同工程

传统上，合同和系统参数（包括工程、供应链和服务物流）是分开设计的。彼此之间可以互相约束；但是，这些活动的设计之间几乎没有交互作用或迭代。提高系统可靠性、可维修性和后期支持的需求，导致人们希望具有同时包含经济和性能参数的设计。

承包商利用基于结果的合同，引入了高层次的支付和需求框架；但是，需要考虑自下而上的工程模型，这些模型可以解决系统的基本动力以及满足这些要求的不同子系统的集成。应通过考虑具有物理约束和不确定性的工程系统，得出合同的可行性空间及其要求。工程设计和合同设计的结合代表了一种称为“合同工程”的新范式[1]。“合同工程”不是基于一系列结果的支付结构；而是将以下内容结合起来，用于发现可行的领域设计，它能够最小化承包商和客户的风险。合同工程包括三个关键要素：第一个要素是机制设计，这意味着选择或设计能够实现激励措施和关键绩效指标（KPI）的合同机制（合同结构）；第二个要素是合同/公司理论，它基于激励机制、信息不对称性和结果不确定性，根据所选择的机制，从一方观点出发来设计合同；最后一个要素是合同需求和系统的共同设计，这意味着在一个框架和正式模型内对合同活动和系统的相关要素进行建模和仿真。在合同工程中，该机制是已知的，并且包括合同和绩效参数在内的企业级评估研究合同的每个要素，对设计或运营决策的不同方面的影响[18]。

“合同工程”执行动态和随机模拟，而合同理论方法则不执行（如合同理论解决方法使用简化的函数或常量值）。合同工程，通过在集成的成本-绩效设计模型中研究合同和绩效参数，从而提供了更准确、更现实的系统寿命周期成本估算[19]。

原著参考文献

第11章

电子电路健康状态和剩余使用寿命估计

Arvind Sai Sarath Vasan[1], Michael G. Pecht[2]
1 美国加州旧金山湾区授权微系统公司
2 美国马里兰大学帕克分校高级寿命周期工程中心

电子元器件的退化，通常会使其电气参数相比其设计值出现偏差。这些参数漂移会导致电路的性能下降，最终由于参数故障而导致功能失效。现有的电子元器件参数故障预测方法主要是识别单调偏差参数并对其随时间的变化趋势进行建模。然而，在电路工作中，如果将电子元器件集成到元器件、系统、产品中，就无法监测电路的内部参数。为了解决这一问题，本章阐述了一种利用电路元器件的响应参数提取故障特征的预测方法。

11.1 概述

电子设备广泛用于任务、安全和基础设施关键系统。在外场作业过程中，电子系统意外故障可能会造成严重影响[1]。如果采用合适的方法预测故障并降低系统风险，则可以防止故障发生，并且可以避免系统意外停机[2]。

电子设备任何部件发生故障都会引起电子系统故障，包括电路板（如线路）、电子元器件或连接器故障。许多分立的电子元器件，如电容、电阻和晶体管，在老化后会出现参数故障，即元器件参数（如电阻和电容）与初始值存在的偏差超出了可接受的范围[3]。偏差值的大小及参数漂移的大小，随着参数退化加剧而增大。例如，液体电解电容的电容值随着温度的升高而降低[4]。由于功率变化引起的热机械应力变化，使得绝缘栅双极型晶体管（IGBT）集电极和发射极间阻抗增大[5]。图 11.1 所示为加速应力试验下的电解电容器[4]、IGBT[5]、嵌入式电容器[6]、电阻器[7]的参数漂移。

电子元器件的参数故障会影响电路的性能，并最终影响电子系统的功能。例如，光伏电源逆变器经常受到电解电容器和 IGBT 参数故障的影响，导致发电损失高达数百万美元[8-9]。铁路轨道电路中的电容和电感的参数故障会导致铁路运行故障，并可能带来严重的安全风险[10]。因此，预测电子元器件参数退化导致的电路故障可以提高电子系统运行的可靠性。

预测方法通常包括健康估计方法、退化模型和故障预测方法，如图 11.2 所示。

在健康估计步骤中，电路健康程度（或性能的退化程度）被量化并表示为健康指标（HI）。HI 是对累积损伤或电路性能漂移的评估。在退化建模步骤中，根据当前的健康状态和工作条件，建立基于第一原理或经验的模型评估 HI。在故障预测步骤中，通过使用合适的回归技术，将退化模型与未来的工作条件和当前及过去 HI 的评估相结合，预测寿命终止（EOL）（由此预测剩余使用寿命 RUL)。

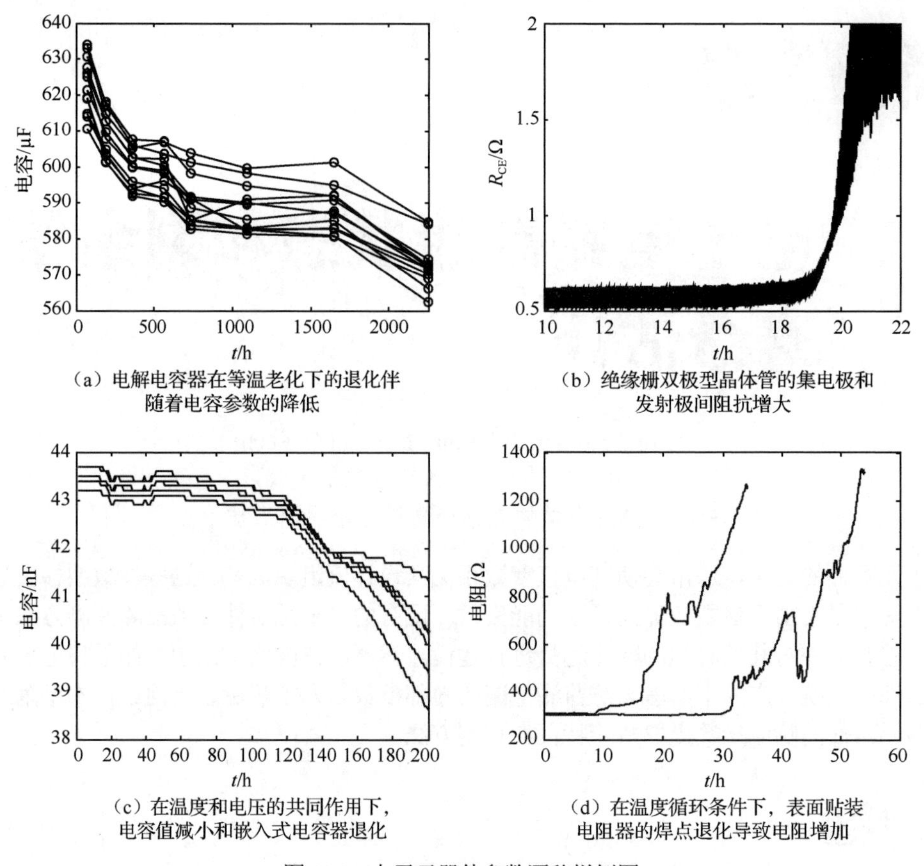

（a）电解电容器在等温老化下的退化伴随着电容参数的降低

（b）绝缘栅双极型晶体管的集电极和发射极间阻抗增大

（c）在温度和电压的共同作用下，电容值减小和嵌入式电容器退化

（d）在温度循环条件下，表面贴装电阻器的焊点退化导致电阻增加

图 11.1　电子元器件参数漂移样例图

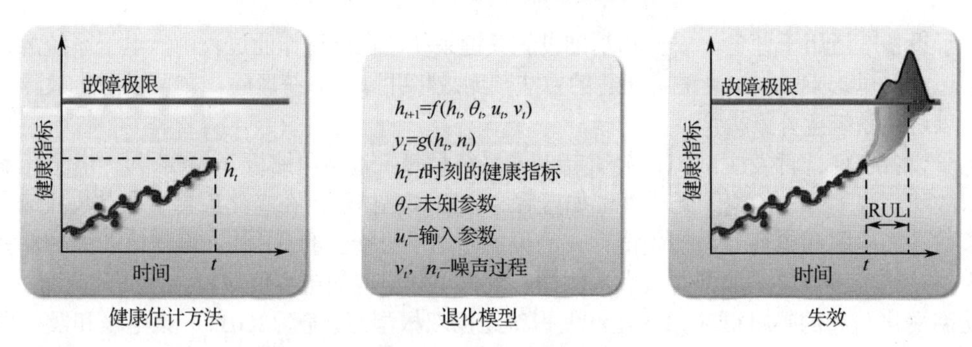

图 11.2　故障预测方法

本章重点讨论在电子元器件参数退化的情况下，针对电路健康状态的评估和退化建模。在这里，电子电路被定义为一组分离元器件，这些元器件以闭环或开环的形式连接，并执行预定功能。参数故障定义为电路元器件参数偏离初始值并超出一定范围[3]。下面介绍基于故障参数估计的健康状态估计和 RUL 预测相关的内容。

11.2 相关工作

有学者已经提出了许多评估系统健康状态和预测机械系统故障的方法[11-14]。然而，由于电子

元器件的冗余，电子元器件间工作过程中的相互依赖性，故障机理的复杂性，电子元器件的健康状态评估和故障预测是一项具有挑战性的工作。现有文献中进行健康状态估计和故障预测采用的是以元器件为中心或以电路为中心的方法。

11.2.1 以元器件为中心的方法

目前大多采用以元器件为中心的方法预测由组件参数偏差引起的故障。该方法对具有单调性的组件级参数进行现场测量，并使用适当的回归技术进行趋势预测。例如，Celaya 等[14]和 Kulkarni 等[15]开发了基于第一原理的模型，该模型使用电容和等效串联电阻（ESR）测量预测电解电容器的故障。文献[5]和文献[16]对集电极-发射极之间的电阻，或 R_{CE} 参数，使用统计滤波技术和经验模型预测 IGBT 故障情况。文献[17]和文献[18]利用基于射频（RF）阻抗监测的粒子滤波，预测焊点在机械应力条件下的失效时间。文献[6]聚焦基于距离的容值、损耗因数、绝缘电阻参数的历史和当前测量，跟踪嵌入式电容器的退化情况。这些方法从以元器件为中心的角度进行预测。但是在实际应用中，无法使用测量单个电路元器件的参数预测故障。而且，实时监控多个元器件导致经济成本过高。此外，当元器件不是电路的一部分时，必须测量如电阻、电容或电感等参数。一旦电路中包含感兴趣的电子元器件，电路其余元器件都会影响单个元器件参数的测量。由于上述原因，本章的工作不使用以元器件为中心的方法，而采用以电路为中心的方法来预测元器件参数退化导致的故障。

11.2.2 以电路为中心的方法

以电路为中心的方法的基本原理是，在电路元器件中出现的参数故障会改变电路的特性，并且随着参数漂移的加剧，电路性能会下降，最终导致功能故障。因此，利用特定于电子电路特征的健康状态估计或故障预测方法将减少监控单个电路元器件的需求。

以电路为中心并不是新概念。现在以电路为中心的方法大多利用机器学习技术检测和隔离表示出参数故障的元器件[19-24]。文献[25]至[28]提出了量化电路的健康状态退化的方法，并预测由于电路元器件的参数偏差导致的电路故障。这些研究使用基于距离的方法，从提取的电路特征中估算电路运行状况，使用粒子滤波器或相关向量机（RVM）的经验模型估计电路运行状况并预测剩余寿命。例如，在文献[25]中，使用基于马氏距离（MD）的特征变换估计电路的健康状态（HI）。

$$\mathrm{HI}=\frac{\prod_{i=1}^{r}(\mathrm{MD}_i)^{-n_i}}{\sum_{i=1}^{r}(\mathrm{MD}_i)^{-n_i}} \tag{11.1}$$

其中，r 表示每个特征集包含 n 时提取的特征集总数（如时域、小波或统计的特征），MD_i 表示第 i 个特征集的 MD 值。式（11.1）表示将容许范围外的参数偏差与容许范围内的参数偏差进行比较。在文献[25]中，RUL 预测是通过耦合双高斯过程模型［见式（11.2）］和粒子滤波实现的。

$$\mathrm{HI}_t=a_t^{(1)}\left[-\left(\frac{t-b_t^{(1)}}{c_t^{(1)}}\right)^2\right]+a_t^{(2)}\left[-\left(\frac{t-b_t^{(2)}}{c_t^{(2)}}\right)^2\right] \tag{11.2}$$

其中，HI_t 为 t 时刻的电路健康状态，$a_t^{(1)}$、$b_t^{(1)}$、$c_t^{(1)}$、$a_t^{(2)}$、$b_t^{(2)}$、$c_t^{(2)}$ 为模型参数。

在文献[25]之后，Li 等[26]使用欧几里得距离（ED）对模拟滤波电路的健康状态进行估计：

$$\mathrm{HI}=\frac{1}{n}\sum_{i=1}^{n}\overline{f_i}；\quad \overline{f_i}=\frac{f_i-f_{\min}}{f_{\max}-f_{\min}} \tag{11.3}$$

其中，f_i 表示第 i 个特征的偏差，$f_{\min}$ 表示最小偏差度，$f_{\max}$ 表示最大偏差度，n 表示特征总数。但是，使用式（11.3）计算的 HI 并没有考虑特征之间的相关性。因此，如果两个特征是相关的，则使用式（11.2）计算的 HI 可能会迅速增加，甚至在电路功能失效之前就会出现误报。此外，在文献[26]中进行 RUL 预测的方法与在文献[25]中使用的方法类似，唯一的区别是使用了双指数过程模型的和，见式（11.4），代替了高斯过程模型：

$$\mathrm{HI}_t=a_t[\exp(tb_t)]+c_t[\exp(td_t)] \tag{11.4}$$

其中，HI_t 为 t 时刻的电路健康状态，a_t、b_t、c_t、d_t 为模型参数。

Zhang[27]和 Zhou[28]将 HI 计算为无故障条件下测试特征与从电路响应中提取的特征之间距离的 cos(*)和 $\sin^{-1}$(*)，但没有考虑元器件容差的影响。先前的经验表明，在提取的特征中，元器件容差的存在会引起噪声（除了测量噪声），从而影响诊断和预后技术的准确性。Zhou[28]使用与 Li[26]相同的模型和回归技术进行 RUL 预测。Zhang 等[27]使用 RVM 固有模型代替回归拟合实现 RUL 预测，这需要假设 RUL 随机变量服从高斯分布。

Kumar 等[29]和 Sutrisno[30]的工作没有直接应用到电路中，但可以用于电路健康状态的估计。Kumar 等提出的 HI 估计方法根据 MD 测度，在时间窗口上提取特征，根据特征值的贡献进行异常检测。当异常发生时，一个时间窗口内更高的 MD 值的数量会增加，导致更高 MD 值在直方图中的贡献更大，最终导致 HI 增加。Kumar 提出了一种基于 k 近邻（k-NN）的 HI 方法，该方法通过离线构造的健康类和故障类的数据到最近邻的聚类中心之间的 ED 估计健康状态。

上述基于 MD 和 ED 度量的健康估计方法[25-30]依赖于假设健康类样本之间的距离小于主成分空间中健康类样本与故障类样本之间的距离（PCS）或欧几里得空间（ES）。该条件要求在提取的特征空间中，健康类和故障类是线性可分的（见图 11.3），即通过以下形式的决策函数区分健康类和故障类：

$$h_w(x)=g(\boldsymbol{w}^{\mathrm{T}}x) \tag{11.5}$$

其中，$\boldsymbol{w}^{\mathrm{T}}x>k$（或$<k$），$x\in H$，并且 $\boldsymbol{w}^{\mathrm{T}}x<k$（或$>k$），$x\in F$。$\boldsymbol{w}$ 为权重向量，H 和 F 为健康类和故障类，k 为常数。工作[22-25]已经证明，在无故障和故障条件下的电路响应需要非线性方法（如核学习技术）进行故障诊断，很难通过线性分类进行故障诊断。

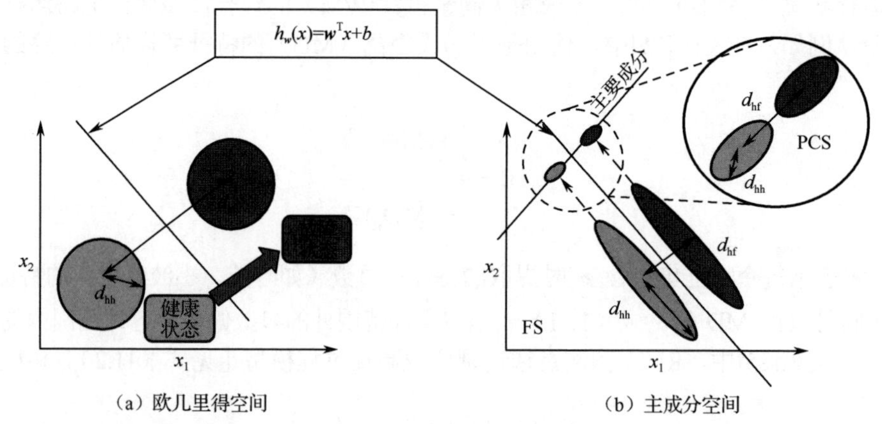

（a）欧几里得空间　　（b）主成分空间

图 11.3　在欧几里得空间或主成分空间中，健康类和故障类的线性可分性示例，保证 $d_{hh}<d_{hf}$ 的例子

Menon 等将各种协方差估计方法与 MD 进行了比较，以根据 Sallen-Key 带通滤波器（BPF）的健康特征对参数故障进行分类[31]。采用 MD 方法进行故障分类，其分类精度可达约 78%。而 Vasan[25]证明，对于具有相同训练和测试数据的相同基准电路，经过训练的最小二乘支持向量机

（LS-SVM，一种基于核的分类器）可以达到约 99%的分类精度。这证明了需要一种非线性方法来将健康电路与具有参数故障的电路进行分类。由于健康估计方法扩展了故障分类的思想，因此基于非线性技术（如基于核的学习）的健康估计方法有望以更高的效率提供健康估计。

此外，上述研究中使用的失效退化模型[25-28]完全是经验模型，不能描述电路元器件参数故障的实际进展。已经证明[32]，基于第一原理的模型，使用领域知识来捕获潜在的退化机制，可产生可靠的预测结果。Vasan[25]也证实了这一点，他们使用基于第一原理的模型代替经验模型（和Celaya[14]使用的一样）提高电解电容器故障预测的准确性。因此，需要一个基于第一原理的退化模型描述电路元器件中参数故障的发展过程，从而为具有参数故障的电路生成可靠的 RUL 估计。

本章的第一个目标是开发一种基于核的学习技术，估计由于电路元器件的参数偏差而导致的电路的健康退化情况。健康估计值应尽可能准确反映故障程度，即参数偏离标称值的幅度。第二个目标是开发一个基于第一原理的模型，跟踪由于参数故障而导致的电路健康退化。该模型将与随机滤波技术一起用于预测电路的 EOL 并生成 RUL 估计值。

11.3 基于核学习的电路健康状态估计

本节提出一种以电路为中心的电路健康状态估计方法，该方法在核希尔伯特空间中使用参数化核函数解决软分类问题（由 Wahba[33]最先提出）。因此，以电路为中心的方法使用基于核的机器学习技术，利用从电子元器件响应中提取参数故障的特征，而不是使用元器件级参数进行健康估计。因此，本节首先在 11.3.1 节简要介绍基于核的学习和超参数选择的背景知识。健康估计问题被表述为一个基于核的学习问题，其有效解决方案在 11.3.2 节中给出。11.3.3 节展示了健康状态估计方法在 Sallen-Key BPF 和 DC-DC 变换器电路上的性能结果。

11.3.1 基于核的学习

基于核的学习的基本原则（见图 11.4）——捕捉学习数据集（即构建电路的故障字典）中的非线性关系，将数据从特征空间映射到高维空间，在投影空间中可以使用线性模型[34-35]。向高维空间投影是通过核函数[36]以内积的形式实现的。给定新试验数据，将其投影到高维空间，计算测试数据 x_t 和所有训练数据 $\{x_i\}_{i=1}^{n}$（包括健康与故障）的相似度，由此对试验数据进行决策。

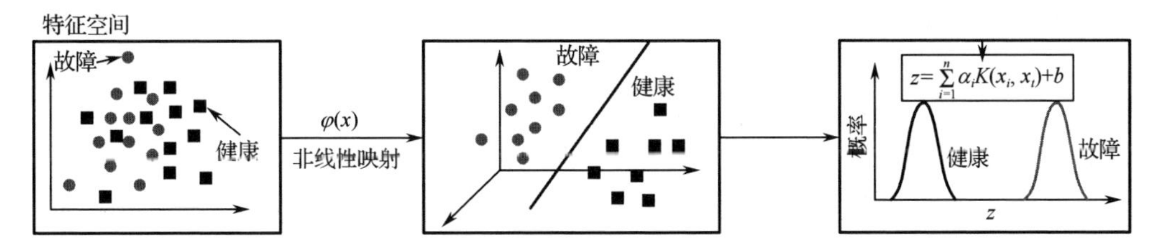

图 11.4 基于核的学习的基本原则

函数 $K(x_i,x_t)$： $\mathbf{R}^{n_d}\times\mathbf{R}^{n_d}\to\mathbf{R}$，表示测试样本 x_t 和训练样本 x_i 之间的相似性度量，其中训练样本和测试样本的维度是 n_d。通常考虑参数化的核函数族。例如，高斯核函数由参数 $\boldsymbol{\sigma}$ 决定。

$$K(x_i,x_t)=\exp\left(\sum_{j=1}^{n_d}\frac{\|x_{i,j}-x_{t,j}\|^2}{\sigma_j}\right) \tag{11.6}$$

$\boldsymbol{\sigma}=[\sigma_1,\sigma_2,\cdots,\sigma_{n_d}]$ 为核参数。此外，在有元器件容差的情况下，学习数据集是有噪声的，因此还必须包含正则化参数 γ，以控制决策函数的复杂性。

中间度量 z 有助于决策（即在分类中，决策函数为符号 sign(z)；对于回归，z 是输出；对于健康估计，试验数据 x_t 的 HI=$g(z)$），采取以下形式[37-39]：

$$z=\sum_{i=1}^{n}a_iK(x_i,x_t)+b \tag{11.7}$$

其中，$[a_1,a_2,\cdots,a_n,b]$ 为模型参数，n 为可供学习的训练样本的数目。模型参数的估计在文献[37]至[39]中得到了广泛应用。然而，模型参数的估计取决于正则化参数 γ 和核参数$\boldsymbol{\sigma}$，它们统称为超参数 $\boldsymbol{h}$。模型选择就是通过学习算法在给定训练数据集进行超参数的自动选择。

通过超参数值网格上的最小误差寻优进行模型选择，如 v 折交叉验证方法[33,40]。但是，网格搜索方法不能覆盖整个超参数空间，并且计算量很大（取决于特征向量 $\boldsymbol{x}$ 的长度n_d）。文献[41]至[43]提出了基于梯度下降的模型选择方法。只有当验证手段确定为凸（或凹）时，梯度下降才是最优的。否则，基于梯度下降的方法会受到局部极小问题的影响。另外，演化计算方法可以融合不同的解决方案，使得搜索空间区域分配更多资源，这种方法已经成功地应用于估计超参数中[44-47]。然而，在高维搜索空间中，最好根据梯度下降提供的方向信息进行搜索。因此，本研究借鉴文献[48]的思想，将梯度下降的优势和进化搜索的优点相结合，解决电路健康状态估计背景下的模型选择问题。

11.3.2 健康状态估计方法

电路健康状态估计方法包括学习和测试两个阶段。在学习阶段，构造了一个故障字典，训练了基于核的学习算法。在测试阶段，利用训练过的核算法，通过提取和比较存储在构造的故障字典中的特征估计电路的健康状态。

为了构建一个故障字典，需要使用失效模式、机理及影响分析（FMMEA）[49]、历史数据或测试结果等识别被测电路（CUT）。然后，我们确定关键元器件将如何表现参数故障，执行故障种子模拟。对于确定的每个关键元器件及其可能出现的每个故障模式，必须执行故障种子模拟。因此，如果有 4 个关键元器件，并且每个元器件可以以两种不同的模式出现故障，如在 Sallen-Key BPF 中，则有 8 个（4×2）故障种子条件和一个无故障条件。总之，一个 Sallen-Key BPF 有 9 种故障情况。

关键元器件是离散元器件，如电解电容器或 IGBT，其具有相当大的参数偏差风险（见图 11.1），并最终阻止电路执行其预期功能。例如，假设低通滤波器（Low-Pass Filter，LPF）的设计允许频率低于 2kHz 的信号。如果 LPF 的关键部件出现参数故障，导致电路出现 3kHz 信号，则认为电路失效。

假定电子电路的行为特性嵌入在时间或频率响应中，或者二者均嵌入。因此，电路必须由测试信号激发以提取特征。例如，滤波电路的特性是由它的频率响应来描述的。为了从频率响应中提取特征，滤波电路必须由脉冲信号或扫描信号来激发，这取决于滤波电路是线性的还是非线性的。

一旦确定了关键部件及其故障模式（即部件如何展示参数偏差），就可以在模拟环境（如 PSPICE）中复制假设的故障条件，并利用测试信号激发故障以提取特征。这里的故障条件是指 CUT 的一个关键部件偏离了预定的失效范围，超出了实际的容差范围，导致 CUT 无法实现其预期的功能。我们可以进行故障种子测试，而不是模拟运行，然而，由于电路的复杂性和关键元器件的数量，这项任务可能是耗时的。我们可以将小波变换等信号处理技术应用于 CUT 特征提取任务。在文献[20]至[22]、[25]、[50]至[53]中广泛讨论了 CUT 的特征提取，并可根据需要用于电路健康状态估计。在不同故障条件下提取的特征存储在故障字典中。

设训练中可用的特征为$S=\{\boldsymbol{x}_i,y_i\}_{i=1}^n$，其中 n 为训练样本的个数，$\boldsymbol{x}_i$ 为第 i 个长度为n_d 的特征向量，它是从测试激励的电路响应中提取的，属于特征空间 X，$y_i \in Y$ 是 Y 的标签；y_i=+1 表示提取特征向量$\boldsymbol{x}_i$时，对应的电路是健康的；y_i=−1 表示提取特征向量$\boldsymbol{x}_i$时，对应的电路是故障的（即其中一个电路元器件的参数偏差导致电路特性超出界限）。电路健康状态估计问题的目标是给定 S 时，评估输入x_t 的一个度量 HI$\in$[0,1]。

在核方法中，特征向量（$\boldsymbol{x}$）被投影到高维空间中，其中健康类和故障类是线性可分的。中间度量（z）是通过式（11.6）计算测试样本在高维空间中的投影位置。选择合适的超参数，可以对式（11.7）中的模型参数进行最优估计。例如，在 LS-SVM 或正则化网络中，通过求解一个线性方程系统估计模型参数[38-39]：

$$\begin{bmatrix} \boldsymbol{\Omega}+\dfrac{1}{\gamma}\boldsymbol{I} & \mathbf{1} \\ \mathbf{1}^{\mathrm{T}} & 0 \end{bmatrix}\begin{bmatrix} \boldsymbol{\alpha} \\ b \end{bmatrix}\begin{bmatrix} \boldsymbol{Y} \\ 0 \end{bmatrix} \tag{11.8}$$

其中，$\boldsymbol{\alpha}=[\alpha_1,\alpha_2,\cdots,\alpha_n]^{\mathrm{T}}$，$\boldsymbol{Y}=[y_1,y_2,\cdots,y_n]^{\mathrm{T}}$，$\mathbf{1}=[1,1,1,\cdots,]_{n\times 1}^{\mathrm{T}}$，$\boldsymbol{I}$ 是 $n\times n$ 单位矩阵，$\boldsymbol{\Omega}=[\Omega_{ij}]=[K(x_i,x_j)]$。

为了估计 t 时刻的电路健康状态 HI_t，当 CUT 健康且关键部件没有出现参数故障时，提取 x_t 的概率，将其视为健康类条件概率。Platt[54]证明，根据式（11.7），正类的条件概率可以用逻辑回归函数表示。因此，使用 Platt[54]的后验概率函数，电路健康状态 HI_t，可以使用下式从 z 中估计：

$$\widehat{\mathrm{HI}}_t=P(y_t=+1/x_t)=g(z_t)=\frac{1}{1+\exp(Az_t+B)}=p_t \tag{11.9}$$

其中，A 和 B 是在训练数据集 S[55]上使用牛顿回溯法估计的参数。从式（11.9）中可以看出，HI 取决于 z，11.3.1 节描述了依赖于超参数的 z 的计算。为给定的 S 选择适当的 h，可以提高健康估计的准确性。现有的电路健康状态估计方法概述如图 11.5 所示。

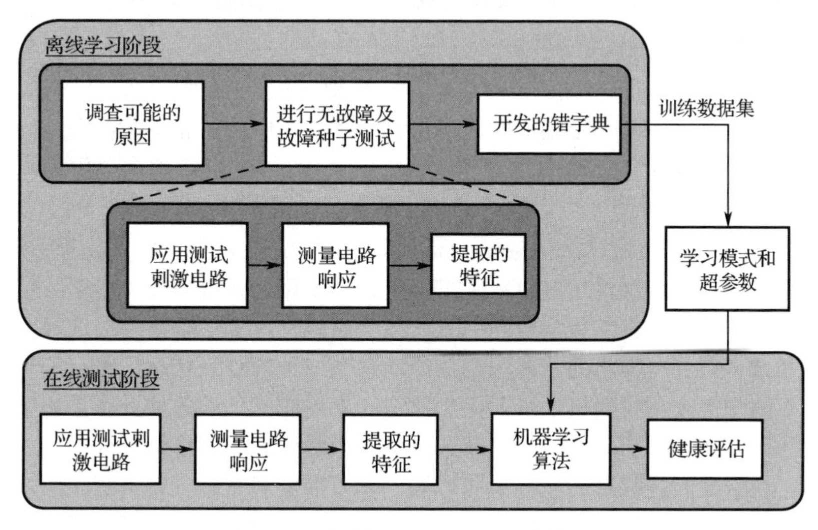

图 11.5 电路健康状态估计方法概述

11.3.2.1 模型选择的似然函数方法

模型选择通常构造一个具有概率解释的目标函数，形式为 $F+\lambda R$，其中 F 依赖于经验损失，R 是正则化项，λ是正则化参数。Glasmachers 和 Igel[41]认为，将这个函数表示为后验概率的负对数，要比在超参数上选择先验更好。在此基础上，将目标函数由 Platt[54]后验概率函数扩展为似然函数的负对数。

令 p 表示 CUT 的特征向量（$\boldsymbol{x}$）的健康状态，则当 y_i=+1（电路健康）时，特征向量（$\boldsymbol{x}_i$）的似然函数 $\mathcal{L}(*)$为 p_i；当 y_i=−1（电路故障）时，特征向量（$\boldsymbol{x}_i$）的似然函数 $\mathcal{L}(*)$为 $1-p_i$。数学表达如下：

$$\mathcal{L}(\boldsymbol{x}_i,y_i)=p_i^{\left(\frac{y_i+1}{2}\right)}(1-p_i)^{\left(\frac{1-y_i}{2}\right)} \tag{11.10}$$

在式（11.10）中，p_i 是 z_i 的函数，即 $p_i=g(z_i)$，z_i 反过来又取决于模型参数 a 和 b，见式（11.7），而模型参数 a 和 b 又取决于超参数 γ 和 $\boldsymbol{\sigma}$，见式（11.8）。因此，似然函数本质上是超参数的函数。目标函数通常由交叉验证提取的部分训练数据集定义的。因此，代价函数是交叉验证后数据集 $\tilde{S}=\{\boldsymbol{x}_l,y_l\}_{l=1}^{L}$ 的似然函数的负对数：

$$\mathcal{L}_{\tilde{S}}(\gamma,\boldsymbol{\sigma})=-\sum_{l=1}^{L}\left(\left(\frac{y_l+1}{2}\right)\log(p_l)+\left(\frac{1-y_l}{2}\right)\log(1-p_l)\right) \tag{11.11}$$

对于模型选择，研究最小化 k 倍交叉验证的对数似然函数：

$$\bar{\mathcal{L}}=\sum_{k=1}^{K}\mathcal{L}_{\tilde{S}}(\gamma,\boldsymbol{\sigma}) \tag{11.12}$$

其中，$S=\tilde{s}_1\cup\tilde{s}_2\cup\cdots\cup\tilde{s}_K$ 将训练数据集划分为 K 个不相交子集，$\mathcal{L}_{\tilde{S}}(\gamma,\boldsymbol{\sigma})$ 表示给定保持集 S_k 的目标函数。

11.3.2.2 模型选择的最优化方法

求解超参数值，减小泛化误差见式（11.12），优化问题的数学表达为：

$$h^*=\arg\min_{h\in\mathcal{H}}\mathcal{L}_S(h) \tag{11.13}$$

其中，$\mathcal{L}_S(h)$ 表示式（11.12）中交叉验证集 S 上的似然函数 $\bar{\mathcal{L}}$，$\mathcal{H}$ 表示超参数的解空间。假设 $\mathcal{L}_S(h)$ 具有唯一的全局最优解 h^*。

许多全局优化算法如粒子群优化（PSO）[56]或模拟退火（SA）[57]都可以解决这个问题。全局优化算法迭代地重复以下两个步骤：候选解由解空间上的中间分布生成；利用候选解更新中间分布。不同全局优化算法由上述两个步骤的执行方式决定。Zhou 等将全局优化问题描述为随机滤波问题，提出了一种收敛速度更快的全局优化算法。Zhou[58]证明了基于滤波的全局优化算法优于交叉熵（CE）和 SA 优化算法。Boubezoul 和 Paris[59]证明，用 CE 优化算法选择一个 SVM 分类器超参数获得的分类精度优于 PSO 或网格搜索优化算法获得的分类精度。基于随机滤波的全局优化算法允许在搜索过程中包含方向信息，将其引入优化算法解决模型选择问题。

随机滤波通过一系列有噪声的状态观测估计动态系统中未观测状态。未观测状态对应待估计最优解；滤波中的噪声观测将随机性引入优化算法；未观测状态的条件分布是解空间上的分布，随着系统优化，该分布趋近于函数的最优解。因此，求最优解需要估计条件密度。随机滤波需要某种近似算法。粒子滤波是常用的蒙特卡罗方法，它不需要对状态分布进行约束，也不需要对过程噪声进行高斯假设。采用粒子滤波器进行全局优化，可以解决模型选择问题。

通过建立合适的状态空间模型，将优化问题转化为滤波问题。令状态空间模型为：

$$h_k=h_{k-1}-\varepsilon\nabla\mathcal{L}(h_{k-1});k=1,2,\cdots \tag{11.14}$$

$$e_k=\mathcal{L}(h_k)-v_k \tag{11.15}$$

其中，h_k 为待估计的未观测状态（即新的超参数集），e_k 为带噪声 v_k（将随机性引入优化算法）的观测。

$\nabla\mathcal{L}(h_k)$ 表示似然函数 $\mathcal{L}_S(h)$ 相对于超参数 h_k 的梯度，由于 $\mathcal{L}(h_k)$ 是一个对数似然函数，所以当核函数可微时，其相对于超参数是可微的。如果选择相关行列式高斯核函数，则通过求解以下线性方程组可以得到 $\nabla\mathcal{L}(h_k)$ ：

$$\frac{\partial\mathcal{L}_S}{\partial\gamma}=\sum_{l=1}^{L}\frac{\partial\mathcal{L}_S}{\partial p_l}\left[\frac{-A\exp[A\boldsymbol{\Psi}^{\mathrm{T}}(x_l)\boldsymbol{\beta}]}{p_l^2}\right]\boldsymbol{\Psi}^{\mathrm{T}}(x_l)\dot{\boldsymbol{\beta}} \tag{11.16}$$

$$\frac{\partial\mathcal{L}_S}{\partial\sigma_i}=\sum_{l=1}^{L}\frac{\partial\mathcal{L}_S}{\partial p_l}\left[\frac{-A\exp[A\boldsymbol{\Psi}^{\mathrm{T}}(x_l)\boldsymbol{\beta}]}{p_l^2}\right]\{\boldsymbol{\Psi}^{\mathrm{T}}(x_l)\dot{\boldsymbol{\beta}}+\dot{\boldsymbol{\Psi}}^{\mathrm{T}}(x_l)\boldsymbol{\beta}\} \tag{11.17}$$

其中， $p_l=(1+\exp(\boldsymbol{\Psi}^{\mathrm{T}}(x_l)\boldsymbol{\beta}+B))^{-1}$ ， $\boldsymbol{\Psi}^{\mathrm{T}}(x_l)=[k(x_1,x_l)k(x_2,x_l)\cdots k(x_l,x_l)1]$ ， $\boldsymbol{\beta}=[\alpha_1,\alpha_2,\cdots,\alpha_n,b]^{\mathrm{T}}$ 。式（11.16）和式（11.17）中，由求解 $\dot{\boldsymbol{\beta}}=-\boldsymbol{P}^{-1}\dot{\boldsymbol{P}}\boldsymbol{\beta}$ ，其中 $\boldsymbol{P}=\begin{bmatrix}\boldsymbol{\Omega}+\frac{1}{\gamma}\boldsymbol{I} & \mathbf{1}\\ \mathbf{1}^{\mathrm{T}} & 0\end{bmatrix}$ 。

图 11.6 说明了粒子滤波在模型选择中的优化作用，为了简化说明，假设超参数为一维。算法概述如下。首先，假设超参数 $\mathcal{H}$ 空间上存在一个分布 b ，如图 11.6（a）所示。该分布代表在解空间的不同区域存在全局最优的概率。以独立同分布的方式对超参数空间进行随机采样，得到各超参数 h_k^j ，选择对应的泛化误差 $\overline{\mathcal{L}}$ ，见式（11.12）。然后，根据超参数向量的梯度 $\nabla\mathcal{L}(h_k^N)$ 对其进行更新，如图 11.6（b）所示。接着，选取泛化误差最小的超参数向量（即精英粒子）作为所有泛化误差的（1−p）分位数，如图 11.6（c）所示。最后，根据解空间中精英粒子的位置对分布 b 进行更新，如图 11.6（d）所示。由于 b 的分布由粒子及其相关权值表示，所以可以实现 b 的各种形状，而不必建立参数模型。重复上述步骤，直到分布 b 接近于一个狄拉克函数，即表示找到了全局最优。

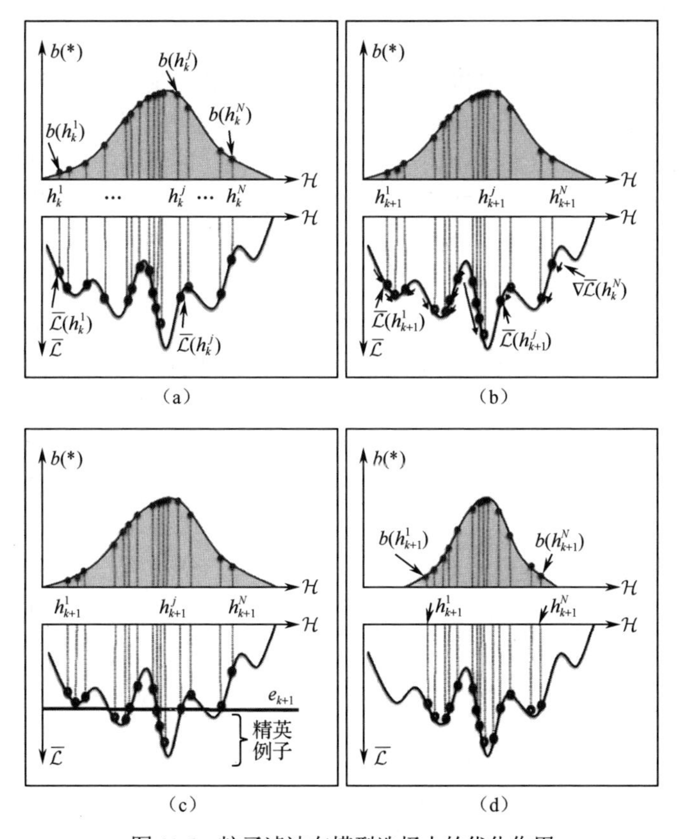

图 11.6　粒子滤波在模型选择中的优化作用

算法 11.1　超参数优化的粒子滤波算法

输入：故障字典中训练样本的特征：

$$S=\{x_i,y_i\}_{i=1}^n$$

输出：估计的最优超参数向量：

$$\boldsymbol{h}\in\mathcal{H}$$

1．初始化步骤：指定 $\rho\in(0,1]$，$\mathcal{H}$ 上定义的初始概率密度函数（PDF）是 b_0，从 b_0 采样 $\{h_1^j\}_{i=1}^n$，设置 k=1。

2．观测构造步骤：令 e_k 为样本 $\{\mathcal{L}(h_1^j)\}_{i=1}^n$ 的(1−ρ)分位数。如果 k>1 并且 $e_k<e_{k-1}$，那么设置 $e_k=e_{k-1}$。

3．状态更新步骤：根据系统动力学模型更新超参数空间中的粒子位置：

$$h_k=h_{k-1}-\varepsilon\nabla\mathcal{L}(h_{k-1});k=1,2,\cdots$$

4．贝叶斯更新步骤：$b_k(h_k)=\sum_{j=1}^N w_k^j\delta(h_k-h_k^j)$，其中权重由下式计算：

$$w_k^j\propto\phi(\mathcal{L}(h_1^j)-e_k)$$

5．重采样步骤：从 $b_k(h_k)$ 构造一个连续的近似值，然后进行 i,i,d 抽样得到：

$$\{h_{k+1}^j\}_{j=1}^N$$

停止准则：若 $b_k(h_k)$ 的标准差小于 ω，则停止。否则，$k\leftarrow k+1$，并跳转到观测构造步骤。

11.3.3　实施结果

本小节使用自适应核方法估计基准 Sallen-Key BPF 和 DC-DC 变换器系统的健康状态。下面研究单故障情况下的电路健康估计，电路中的一个关键部件正在退化。

在离线学习阶段，在 PSPICE 环境中进行了模拟测试，以了解在正常和故障情况下的 CUT 行为。对关键元器件植入不同强度的故障，如果所有元器件变化均在容差范围内，则电路处于健康状态，即 $(1-T)X_n<X<(1+T)X_n$，其中 T 为公差范围，X 为元器件的实际值，X_n 为元器件的名义值。如果任何一个元器件的变化超出了它们的容差范围，如 $X<(1-T)X_n$ 或 $X>(1+T)X_n$，则称该电路有参数故障。参数故障不一定意味着电路失效。只有当电路元器件的参数偏差超出其容差范围，导致电路无法执行其预期功能时，才认为电路失效。基于这些假设，从测试激励的电路响应中提取特征，并且将其存储在故障字典中，可以用于在线健康估计。

先前马里兰大学高级寿命周期工程中心（CALCE）的研究[4,6-7]使用加速寿命试验（ALT）中电阻器和电容器的参数退化数据验证成熟的健康估计方法。在 2512 个陶瓷芯片电阻器（300Ω）[7]上进行温度循环测试（−15～125℃，停留 10min），得到电阻器退化趋势。另一方面，通过对 0.44nF 嵌入式电容器进行温度和电压老化试验（125℃和 285V）得出了 Sallen-Key 滤波电路的电容器退化趋势[6]。对于 DC-DC 变换器中的 LPF 电路，通过对 105℃下电解电容器的等温老化试验，得到了电容器的退化趋势[4]。

11.3.3.1　带通滤波电路

中心频率为 25kHz 的 Sallen-Key BPF 的示意图如图 11.7 所示。C_1、C_2、R_2、R_3 是这个 CUT 的关键组成部分。假设这个 CUT 的失效条件是偏移中心频率 20%和/或中心频率的增益增

加两倍或减少一半的名义增益值。在本研究中，我们指定 CUT 的失效条件以评估诊断方法。然而，在现场应用中，电路的临界失效条件是根据整个系统中电路的功能定义的，或者是根据电路元器件在发生灾难性失效之前的已知参数漂移水平定义的。

在离线学习阶段，将故障植入关键部件中，并根据确定的故障条件对故障的严重程度进行分析，以确定电路故障的阈值。当电路性能满足失效条件时，记为该关键元器件的“失效范围”。图 11.7 列出了关键的元器件、公差和故障阈值（或范围）。

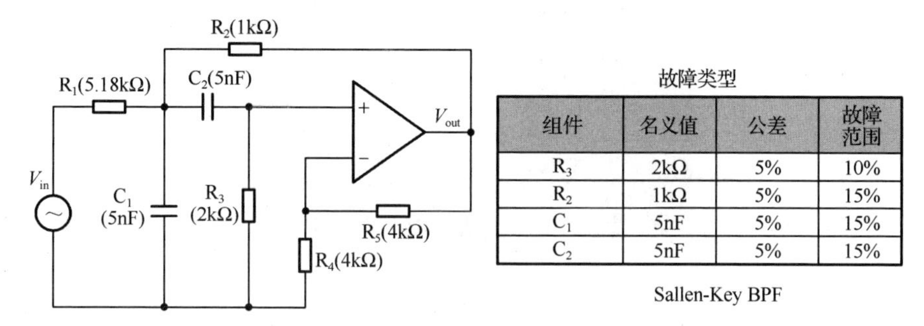

故障类型

组件	名义值	公差	故障范围
R_3	2kΩ	5%	10%
R_2	1kΩ	5%	15%
C_1	5nF	5%	15%
C_2	5nF	5%	15%

图 11.7 中心频率为 25kHz 的 Sallen-Key BPF 的示意图

对于 Sallen-Key BPF，当任何关键元器件退化时，通频带的形状会发生变化。如图 11.8 所示，它展示了关键元器件中无故障或者被植入故障的情况下 Sallen-Key BPF 传递函数的幅度和相位。

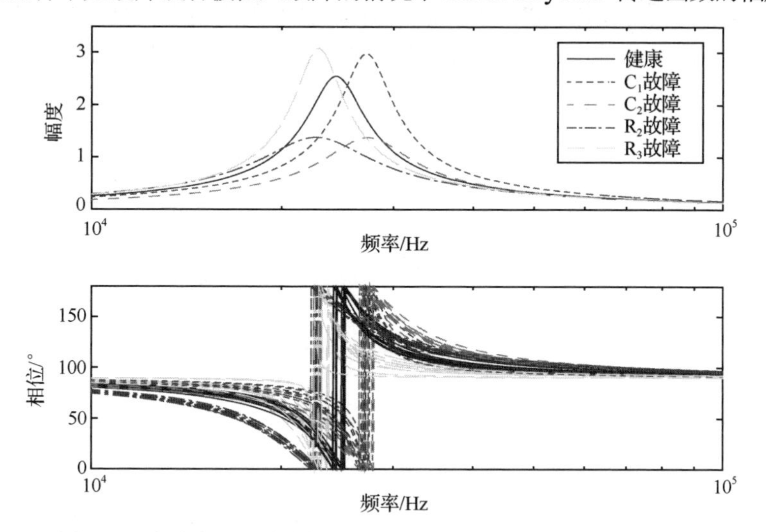

图 11.8 有故障和无故障的 Sallen-Key BPF 传递函数的幅度和相位

为了捕获这种频响的偏移，电路使用扫频信号（见图 11.9）作为激励信号，扫频信号包含的频宽大于 Sallen-Key BPF 的频宽。该扫频信号（5V），频率范围从 100Hz 到 2MHz，时间窗口为 100ms，这确保了 Sallen-Key BPF 由其敏感的所有频率分量激励。

从扫描测试信号的时域响应中提取两类特征，即小波特征和统计特性特征。傅里叶变换是最常用的信号分析方法之一。然而，傅里叶变换只给出了信号的整体频率含量，只适用于分析不随时间变化的平稳信号。在非平稳信号中，任何时间上的变化都扩展到整个频域，傅里叶变换无法检测到该变化[56]。因此，不能使用傅里叶变换判定事件发生时间，这是傅里叶变换用于故障诊断的一个缺点。如果要分析的信号包含时变频率，建议使用小波变换进行故障诊断，它可以进行局部分析。目前已经证明小波变换可以揭示信号的趋势、断点、不连续等特性。

介绍小波变换前，先了解多分辨率分解的概念，多分辨分解使信号具有尺度不变性。对母小波进行平移和缩放，生成函数族，小波分析计算信号与函数族的相关性，从而将感兴趣的信号映

射到一组随时间不断变化的小波系数[57]。小波变换的离散版本包括对缩放和移位参数进行采样，而不是对信号或变换进行采样。这使得时间分辨率在高频和低频均表现良好。

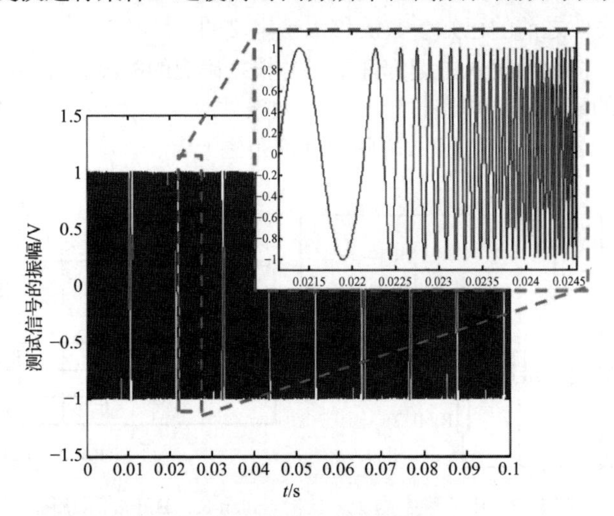

图 11.9 扫描（测试）信号

在小波变换[60]的离散时间版本中，多解卷积的概念与多速率滤波器组理论的概念密切相关。因此，使用滤波器确定离散信号的小波系数，即低分辨率水平的近似系数经过高通和低通滤波（源自母小波），然后进行两次下采样，以获得更高分辨率水平的细节和近似系数，如图 11.10 所示。

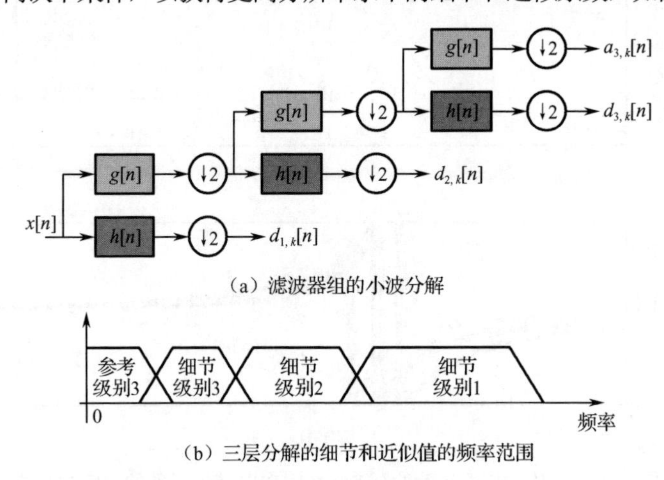

（a）滤波器组的小波分解

（b）三层分解的细节和近似值的频率范围

图 11.10 小波变换

通过离散小波变换，利用多频滤波器组将扫描信号的时域响应分解为近似信号和细节信号。信号中的信息通过计算各个分解级别的细节系数包含的能量提取 FEA 图，其表示如下：

$$E_j = \sum_k \left| d_{j,k} \right|^2 ,\ j=1:J \tag{11.18}$$

其中，E_j 为在第 j 层分解中细节系数 d_k 中的能量。第二组特征是测试信号的 CUT 响应的时域的峭度和熵。峭度是一种统计特性，其正式定义为标准四阶中心矩，它表示在不影响方差的情况下具有概率密度函数（PDF）的均值移动量[61]。因此，它提供了一种信号尾部权重的度量方法，这与出现在分布尾部的突变且突变值较大有关。峭度的数学描述如下：

$$\text{kurt}(x) = \frac{E(x-E(x))^2}{(E(x-E(x))^2)^2} \tag{11.19}$$

另外，熵提供了对信号信息量的一种度量，它表示从一组可能事件中选择一个事件的不确定

性，该事件发生的概率已知[62]。离散时间信号的熵定义为：

$$\text{entropy}(x)=-\sum_i P(x=a_i)\log P(x=a_i) \tag{11.20}$$

其中，a_i 为 x 可能的取值，$P(x=a_i)$ 为相关概率。

利用提取的特征进行电路健康状态估计。在离线测试中，我们模拟了 250 个无故障情况（每个元器件都在其允许范围内变化）和 400 个不同故障级别的故障情况（至少有一个电路元器件超出其故障范围）。使用扫描信号对 Sallen-Key BPF 进行仿真，提取特征。使用这些特征以及它们的类标签（健康或失效）对基于核的健康估计方法进行训练。用于超参数选择的粒子数为 50。已知超参数的取值范围为$10^{-6}\sim10^{6}$，因此在[−15,+15]的 log(h)平面内进行超参数搜索。图 11.11 所示为训练错误率与迭代次数的关系，展示了使用五倍交叉验证时的训练错误率，可以看出，随着迭代次数的增加，训练错误率降低，所提出的超参数优化方法正向全局最小值方向优化。超过 15 次迭代后，训练错误率逐渐趋向全局最小值。

为了验证该方法，我们使用 ALT 的电阻和电容退化趋势模拟 Sallen-Key BPF 中元器件的退化。在元器件退化的每个阶段，提取电路级特征并将其作为输入，输入到训练好的基于核的健康估计器中，进行电路健康的估计。研究结果见表 11.1，图 11.12 至图 11.15。对于每个关键元器件，评估两种退化方式，并估计相应的电路健康状态。表 11.1 中使用以下术语评价成熟的电路健康估计方法。

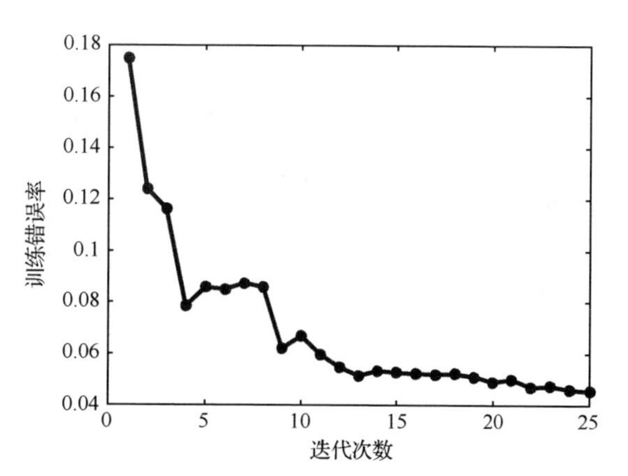

图 11.11　训练错误率与迭代次数的关系

T_A：实际电路故障时间。

t_F：根据 HI_t 估计的故障时间（即 HI_t 发生的时间小于 0.05）。

t_{PF}：参数化故障报警时间（即 HI_t 发生的时间小于 0.95）。

f_F：估计故障时间 t_F 时的故障严重程度。

f_{PF}：t_{PF} 时的故障严重程度。

表 11.1　所提出的健康状态估计方法在 Sallen-Key BPF 上的性能结果

组成	公差/%	故障范围/%	t_{PF}/h	t_F/h	f_{PF}/h	f_F/%	T_A/h
C_1	5	15	214	285	8.6	14.4	298
	5	15	212	280	7.6	13.4	302
C_2	5	15	171	302	6.0	15.0	302
	5	15	209	308	9.4	15.4	298
R_2	5	15	7200	8340	5.83	20.0	8170
	5	15	900	3870	4.46	14.71	3900
R_3	5	10	2970	4120	3.16	13.0	3970
	5	10	2890	3840	4.25	14.4	3810

图 11.12 至图 11.15 展示了基于核的健康估计结果，以及文献[25]中描述的基于 MD 的健康估计方法的结果，以供比较。提供电路的理想健康度，以验证所提出的健康估计方法能否反映出现参数故障的元器件故障强度的增加。电路 t 时刻的理想健康状态 HI_t 定义如下：

$$\mathrm{HI}_t^I = 1 - \left(\frac{X - (1 \pm T)X_n}{X_n[(1 \pm T_f) - (1 \mp T)]} \right) \tag{11.21}$$

其中，T 为关键部件的失效阈值。由式（11.21）可知，HI_t^I 是一个理想的情况，此时电路的所有元器件都处于容许的标称范围内。然而，电路元器件的值并不总是等于它们的标称值。因此，健康估计方法需要尽可能接近 HI_t^I。

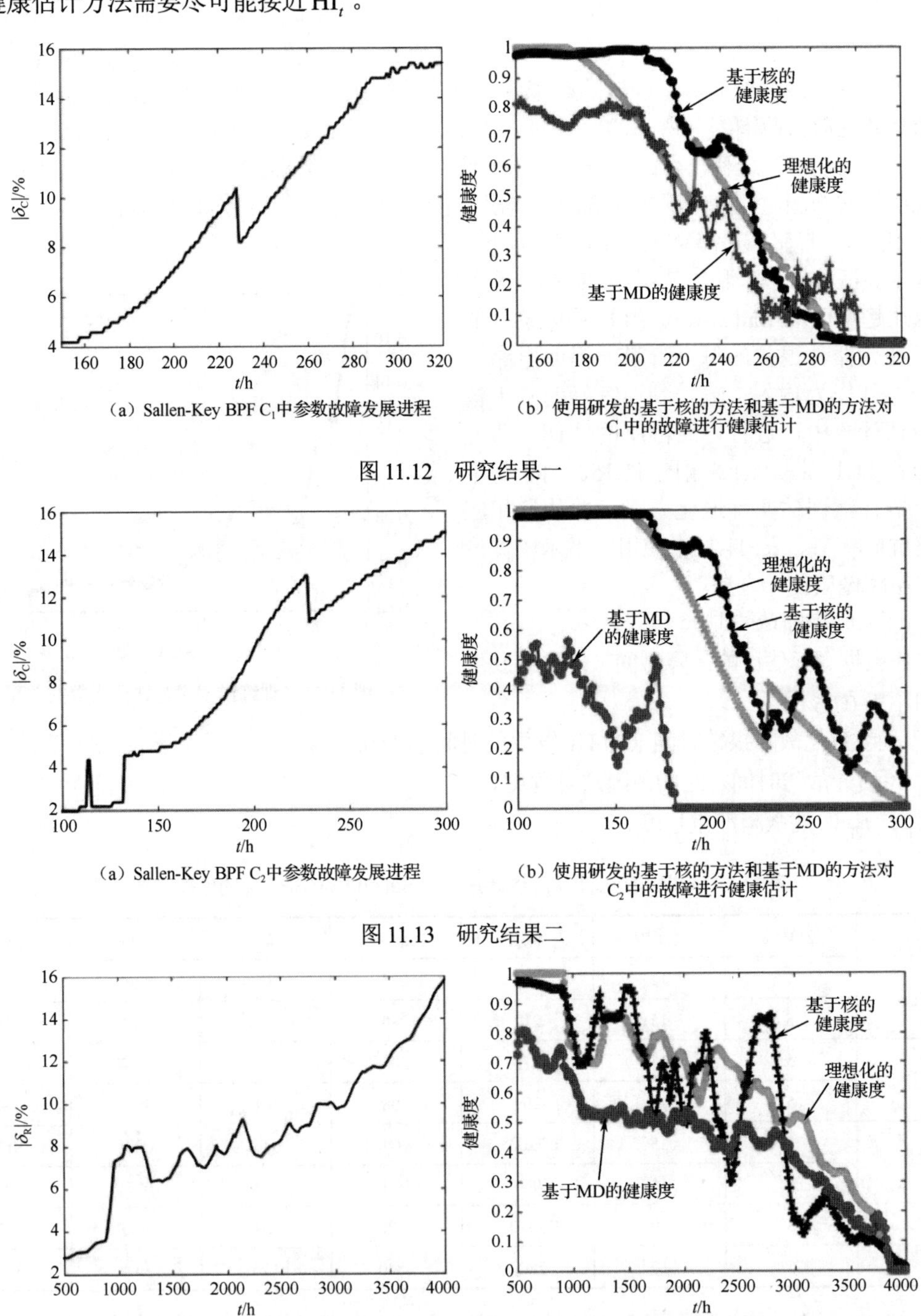

（a）Sallen-Key BPF C_1中参数故障发展进程

（b）使用研发的基于核的方法和基于MD的方法对C_1中的故障进行健康估计

图 11.12　研究结果一

（a）Sallen-Key BPF C_2中参数故障发展进程

（b）使用研发的基于核的方法和基于MD的方法对C_2中的故障进行健康估计

图 11.13　研究结果二

（a）Sallen-Key BPF R_2中参数故障发展进程

（b）使用研发的基于核的方法和基于MD的方法对R_2中的故障进行健康估计

图 11.14　研究结果三

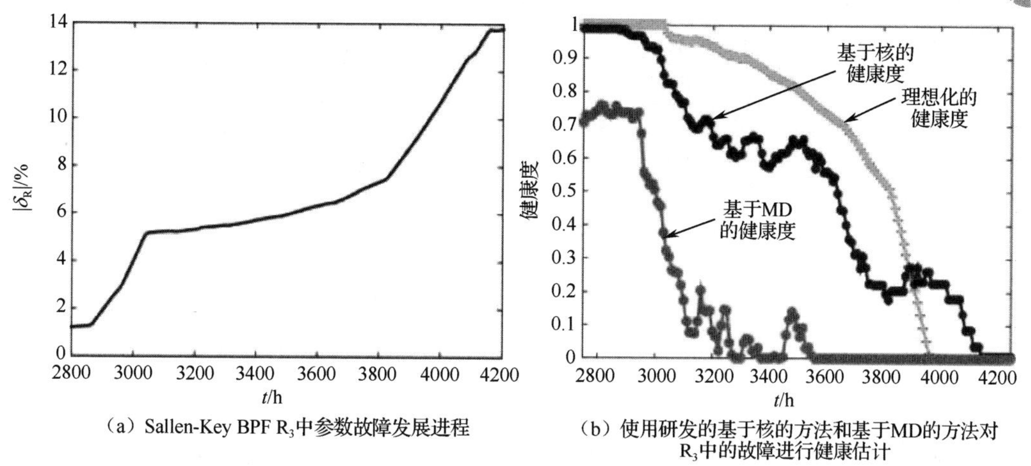

（a）Sallen-Key BPF R_3中参数故障发展进程

（b）使用研发的基于核的方法和基于MD的方法对R_3中的故障进行健康估计

图 11.15 研究结果四

从表 11.1 和图 11.12 至图 11.15 中可以看出，核方法可以识别随着故障强度的增加，电路健康状态下降的情况。基于 MD 的方法可以跟踪C_1和R_3中故障的 CUT 的健康状态退化。但是，基于 MD 的方法生成的C_2和R_2的健康估计值，不会跟随HI_t^A的趋势。这可能是由于在C_2和R_2中，与正常电路相比，Sallen-Key BPF 的传输函数增益与故障时的相似。基于非线性核的方法优于现有方法，因为它可以识别频率的变化并生成紧跟HI_t^A的健康估计。

11.3.3.2 DC-DC 降压变换器系统

DC-DC 降压变换器系统可以转换由高到低的直流电压（如从 12V 到 5V），并支持许多低功耗电子产品的运行。DC-DC 降压变换器系统中的三个关键电路是低通滤波器（LPF）电路、分压反馈电路（开关控制电路）和开关电路（高频开关+驱动电路）。每个电路都有离散的电路元器件，已知这些元器件在现场操作时表现出参数偏差（见图 11.16），研究 LPF 电路和分压反馈电路的健康估计。

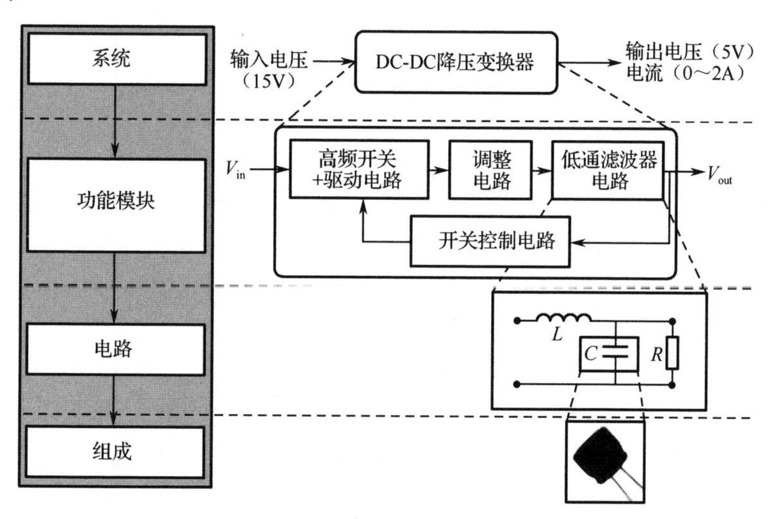

图 11.16 DC-DC 降压变换器系统设计抽象层次

LPF 电路的截止频率为 2kHz，如图 11.17 所示，用于消除直流输出电压中的噪声。电解电容器的退化增加了直流输出端的纹波，从而损坏了变换器供电的电子元器件。电容值常作为预测电解电容器故障的前兆参数。一旦不能提取电路中电解电容器的电容值，可以利用 LPF 电路拓

扑捕获电解电容器的参数退化情况。

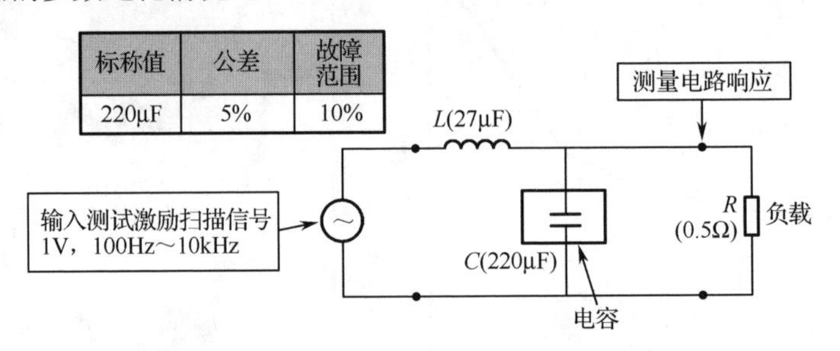

图 11.17 LC（电感电容）LPF 电路在 DC-DC 降压变换器系统中的原理

LPF 电路由频率范围为 100Hz～20kHz 的扫描信号激励。利用小波包变换从电路响应中提取频率和统计特征。频率特征包括近似系数和细节系数，利用离散小波变换进行六层分解，使用 Haar 母小波。统计特征包括 CUT 对扫描信号响应的峭度和熵。总计提取了 LPF 电路的 14 个特征。

利用提取的特征进行了电路健康状态估计。在离线测试中，模拟了 200 个无故障情况（每个元器件都在其允许范围内变化）和 200 个植入的故障情况。从电解电容器的 ALT 值得到了四种不同的退化趋势，并将其用于模拟 DC-DC 降压变换器系统的参数故障。使用基于核的方法估计的相应电路健康状态如图 11.18 至图 11.21 所示。从实际的 HI 退化曲线中可以看出，在 2250h 的测试中，电容随时间逐渐变化，没有超出失效范围（10%）。基于核的健康估计器提供了故障时间的估计。

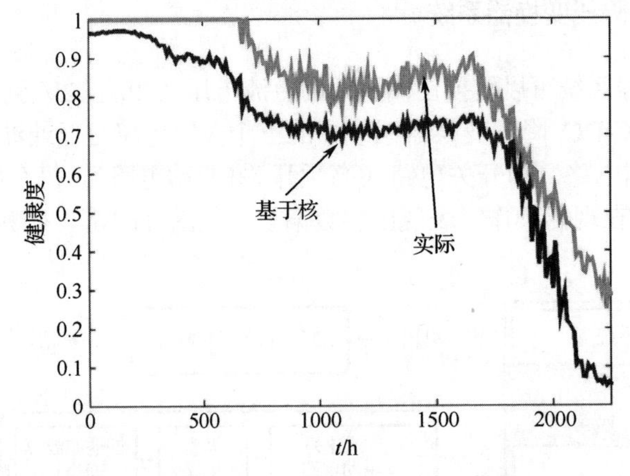

图 11.18 C-Run 1 参数故障发展过程，采用基于核的方法与实际的 HI 进行 LPF 电路健康状态估计

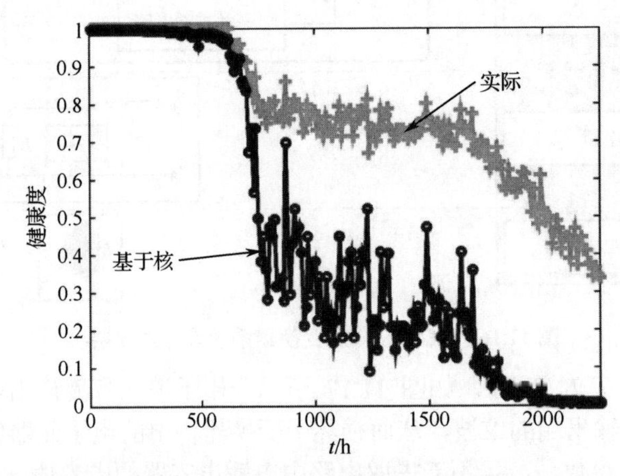

图 11.19 C-Run 2 参数故障发展过程，采用基于核的方法与实际的 HI 进行 LPF 电路健康状态估计

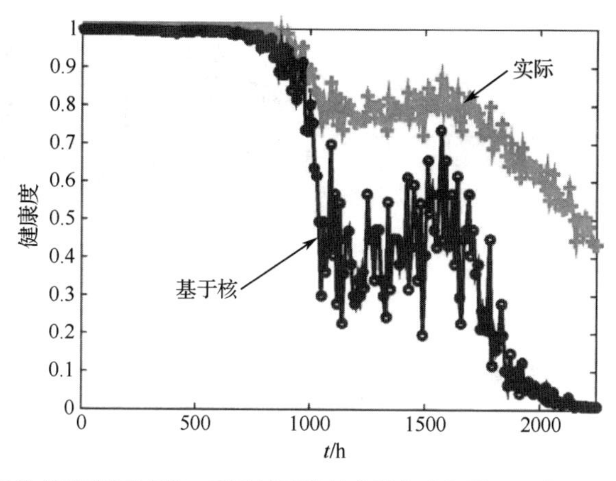

图 11.20 C-Run 3 参数故障发展过程，采用基于核的方法与实际的 HI 进行 LPF 电路健康状态估计

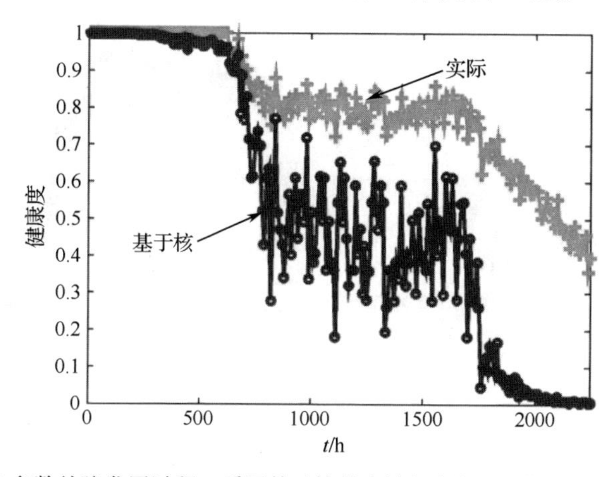

图 11.21 C-Run 4 参数故障发展过程，采用基于核的方法与实际 HI 进行 LPF 电路健康状态估计

此外，使用不同退化趋势估计的电路健康情况不同，并且与 HI_t^A 退化趋势不一定一致。健康估计的差异可能是电路中元器件的容差造成的。

在 DC-DC 降压变换器系统中，通过分压反馈电路得到直流电压的反馈信号，并输入开关控制器电路以调节直流电压。如果电阻 R_1 和 R_3 降低（见图 11.22），则反馈的电压也不同，导致开关过度调节或调节不足。电阻值常作为预测电阻失效的前驱参数。这种方法不是单独监视两个电阻，而是利用反馈电路拓扑捕获电阻退化。使用阶跃电压（0～5V）激励反馈电路，该电压每 100ms 上升 1V。该电路产生的电压响应直接输入到健康估计器，其结果如图 11.23 和图 11.24 所示。

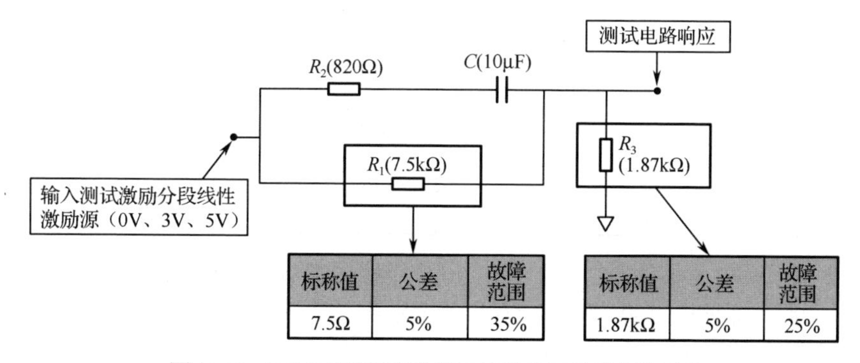

标称值	公差	故障范围
7.5Ω	5%	35%

标称值	公差	故障范围
1.87kΩ	5%	25%

图 11.22 DC-DC 降压变换器系统的分压反馈电路原理

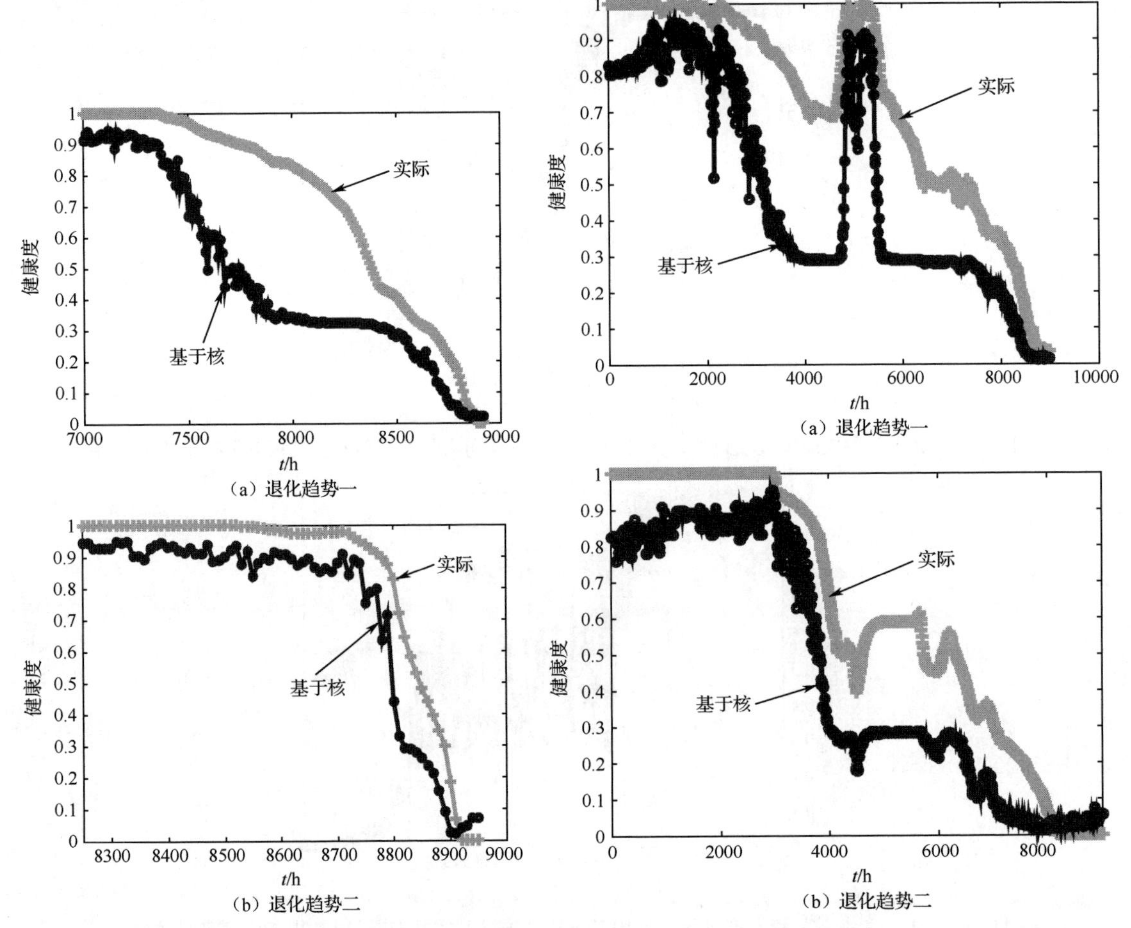

图 11.23　采用基于核的方法的分压反馈电路健康状态估计与 R_1 中参数故障发展的实际健康状态 HI_t^A的对比

图 11.24　采用基于核的方法的分压反馈电路健康状态估计与 R_3 中参数故障发展的实际健康状态 HI_t^A的对比

DC-DC 降压变换器的关键电路性能如表 11.2 所示，性能分析术语同表 11.1。

表 11.2　DC-DC 降压变换器的关键电路性能

组成	公差/%	故障范围/%	t_{PF}/h	t_F/h	F_{PF}/%	F_F/%	T_A/h
C	5	10	230	2230	3.24	8.56	>2250
	5	10	630	1830	4.01	5.87	>2250
	5	10	810	2010	6.01	7.56	>2250
	5	10	580	1930	3.17	6.39	>2250
R_1	5	35	0	8800	0.15	30.46	8890
	5	35	0	8930	0.09	28.52	8950
R_3	5	25	0	8420	0.25	29.15	8050
	5	25	0	7150	0.24	19.95	8180

如表 11.2 所示，健康估计器能够识别出 LPF 电路中参数故障开始出现的时刻。然而，分压反馈电路并非如此。即使电阻 R_1 和 R_3 在其容差范围内，估计的健康度也始终小于 0.95。另外，健康估计器能够检测出分压反馈电路的实际故障时间。然而，对于 LPF 电路，健康估计器给出了早期故障警告（估计的故障时间小于实际的故障时间），这表明提出的方法可以在电路实际发

生故障之前给出早期故障警告。尽管这对任何 PHM 模块都是一个理想特性，但这种差异（T_A-t_F）不宜太大，否则造成使用寿命的浪费。由表 11.2 可知，在 DC-DC 降压变换器的 LPF 电路中，电解电容器的（T_A-t_F）差值约为电容器总寿命的 20%。在 t_F 期间提取的特征可能与电路故障时提取的特征相似，模型自适应核方法判定提取的特征属于健康类的概率小于 0.05。因此，尽管提出的方法可以捕获健康退化趋势，但仍有改进的空间，并且需要在早期故障和故障检测方面保持一致性。

11.4 基于滤波模型的 RUL 预测

预测问题涉及对一个系统或设备终止寿命的预测，其中 RUL 为从做出预测的开始时间到寿命终止的持续时间。在因电子元器件参数偏差而导致电路功能失效的情况下，退化元器件不一定表现为硬失效。退化只是伴随着元器件的参数偏差，改变了电路特性。出现参数故障的元器件仍然可以工作，但是该元器件所在的电路可能无法在容差范围内工作。在本节中，我们提出了一种基于滤波的模型预测含有参数故障的电子电路的 RUL。该模型基于第一原理和随机滤波技术，基于第一原理可以描述电路元器件中参数故障的演化过程，基于滤波技术，首先解决“电路健康状态-参数故障”联合估计问题，然后进行预测，预测的“电路健康状态-参数故障”前向传播进而预测 RUL。11.4.1 节从数学方面阐述了预测问题。11.4.2 节提出了基于第一原理的电路性能退化模型。11.4.3 节讨论了联合状态参数估计和 RUL 预测的随机算法。11.4.4 节给出了基于仿真的 DC-DC 降压变换器中关键电路实验结果。

11.4.1 故障预测问题描述

需要一个健康状态向量以实现基于模型的预测，该向量由一个或多个指标组成，这些指标反映系统或电路性能的退化情况。在大多数预测应用中，选择表现出单调趋势的可测量参数作为健康状态向量。然而，在某些应用中，如在电路预测中，必须从电路对测试激励的电路响应中构建健康状态向量。不管健康状态向量是一个测量参数，还是一个由测量参数构成的变量，假设健康状态向量按照动态状态空间模型演化，见式（11.22）：

$$\boldsymbol{x}(t)=f(t,\boldsymbol{x}(t),\boldsymbol{\theta}(t),\boldsymbol{u}(t)+\boldsymbol{v}(t)) \tag{11.22}$$

$$\boldsymbol{y}(t)=h(t,\boldsymbol{x}(t),\boldsymbol{\theta}(t),\boldsymbol{u}(t)+\boldsymbol{n}(t)) \tag{11.23}$$

其中，$\boldsymbol{x}(t)\in\mathbf{R}^{n_x}$ 表示健康状态向量，其长度是 n_x，$\boldsymbol{y}(t)\in\mathbf{R}^{n_y}$ 表示测量向量，其长度是 n_y，$\boldsymbol{\theta}(t)\in\mathbf{R}^{n_\theta}$ 是估计的未知参数向量，它的估计与 $\boldsymbol{x}(t)$ 估计无关，$\boldsymbol{u}(t)\in\mathbf{R}^{n_u}$ 是输入向量，$\boldsymbol{v}(t)\in\mathbf{R}^{n_x}$ 代表过程噪声，$\boldsymbol{n}(t)\in\mathbf{R}^{n_y}$ 代表测量噪声，$f(*)$和 $h(*)$分别表示状态方程和测量方程。

我们的目标是预测健康状态向量超出可接受区域的瞬时时刻。超出该区域不能保证电路性能的可靠性，表示为必要条件 $\{r_i\}_{i=1}^{n_r}$。例如，n_r 在一个系统中代表一个系统关键电路的数量，对于每个关键电路，r_i：$\mathbf{R}\to\mathcal{B}$ 表示将实际健康状态的子空间映射到布尔域 $\mathcal{B}\triangleq(0,1)$的函数。例如，假设 $\boldsymbol{x}(t)\in[0,1]$代表关键电路的健康状态，其中 $\boldsymbol{x}(t)$=1 表示电路健康，$\boldsymbol{x}(t)$=0 表示电路故障。此时，如果电路没有发生故障，则必要条件为 $r(\boldsymbol{x}(t))$=1，即 $1\geqslant\boldsymbol{x}(t)>0.05$，如果电路发生故障，则必要条件为 $r(\boldsymbol{x}(t))=0$。

独立电路的必要条件可以组合成一个单阈值函数，表示为系统 T_{EOL}：$\mathbf{R}\to\mathcal{B}$，定义为：

$$T_{\mathrm{EOL}}(\boldsymbol{x}(t))=\begin{cases}1,0\in\{r_i\}_{i=1}^{n_r}\\0,\text{其他}\end{cases} \tag{11.24}$$

其中，$T_{\text{EOL}}=1$ 表示系统中至少有一个关键电路不满足设定要求。EOL 和 RUL 定义为：

$$\text{EOL}(t_{\text{p}})\inf\{t\in\mathbf{R}:(t\geqslant t_{\text{p}})\wedge T_{\text{EOL}}(\boldsymbol{x}(t))=1\} \tag{11.25}$$

$$\text{RUL}(t_{\text{p}})=\text{EOL}(t_{\text{p}})-t_{\text{p}} \tag{11.26}$$

其中，EOL 表示从预测 t_{p} 开始到系统失效的最早时间，见式（11.25）。在实际应用中，$\boldsymbol{x}(t_0)$ 的建模、测量和初始状态选择的不确定性会导致 $(\boldsymbol{x}(t),\boldsymbol{\theta}(t))$ 的估计的不确定性。因此，我们是计算 EOL 和 RUL 的概率分布，而不是点估计。预测的目标是计算时间为 t_{p} 时的条件概率 $p(\text{RUL}(t_{\text{p}})\,|\,y(t_0:t_{\text{p}}))$，如图 11.25 所示。在图 11.25 中，“带帽”的变量和“不带帽”的变量分别表示估计值和实际值。例如，$\widehat{\text{RUL}}$ 和 RUL 分别表示估计的 RUL 和实际的 RUL 。

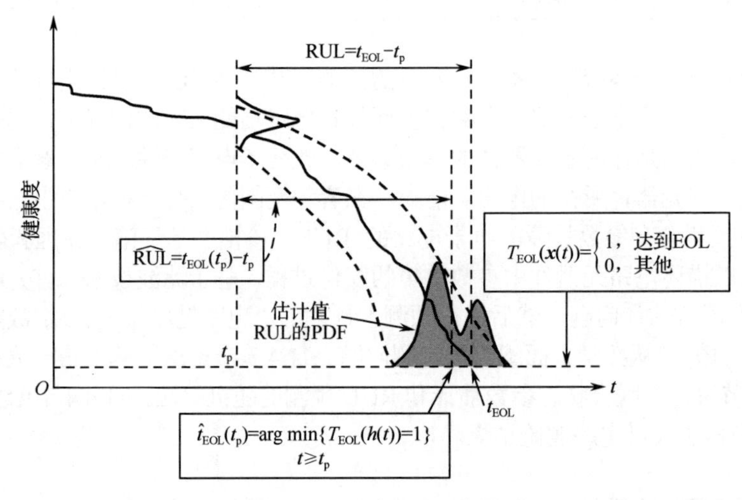

图 11.25　故障预测示意图

11.4.2　电路性能退化模型

为了实现基于模型的预测，第一步是识别或构建健康状态向量 $\boldsymbol{x}(t)$，具体描述见 11.3.2 节，其中 $\boldsymbol{y}(t)$等同于HI_t，它由基于核的健康评估器生成，$\boldsymbol{x}(t)$ 等于等同于 $\widehat{\text{HI}}_t$（即 $\boldsymbol{y}(t)$的健康状态估计值）。第二步识别参数 $\boldsymbol{\theta}(t)$和输入向量 $\boldsymbol{u}(t)$，建立状态方程 $f(*)$和测量方程 $h(*)$。

为了建立电路退化模型，假定电路性能（或健康）退化是由于一个或多个电路元器件的参数漂移造成的。因此，未来某一时刻的电路健康状态是当前电路健康状态和由电路元器件参数漂移导致的电路健康状态恶化的总和（见图 11.26），表示为：

$$\boldsymbol{x}(t+\Delta t)=\boldsymbol{x}(t)+g\left(\frac{\Delta p_1}{\Delta t},\frac{\Delta p_2}{\Delta t},\cdots,\frac{\Delta p_N}{\Delta t}\right) \tag{11.27}$$

其中，$\boldsymbol{x}(t)$为 t 时刻的健康状态，Δp_i 表示第 i 个回路分量在 Δt 处的参数漂移，N 表示电路中关键元器件的总数。p_i 可以表示任何元器件的参数漂移，如 C、等效串联电阻（ESR）、R_{CE} 等。接下来定义式（11.27）中的函数 $g(*)$。为了定义 $g(*)$的结构，假设只有一个电路组件参数为（ p_e ）的简单电路，一个电源和负载，如图 11.26 所示。

该电路的退化性能仅取决于 p_e 的参数偏差，即在 t 时刻 $\Delta p_e(t)=0$，电路的健康状态 $\boldsymbol{x}(t)$=1。同理，当 p_e 的参数偏差达到最大允许偏差（假设 $\Delta p_e(t)=\gamma_{\max}$ ）时，电路健康状态 $\boldsymbol{x}(t)$=0。因此，短时间内 Δt 的健康变化可以表示为：

$$\frac{\boldsymbol{x}(t+\Delta t)-\boldsymbol{x}(t)}{\Delta t}=\frac{-1}{|\gamma_{\max}|}\Delta p_e(t) \tag{11.28}$$

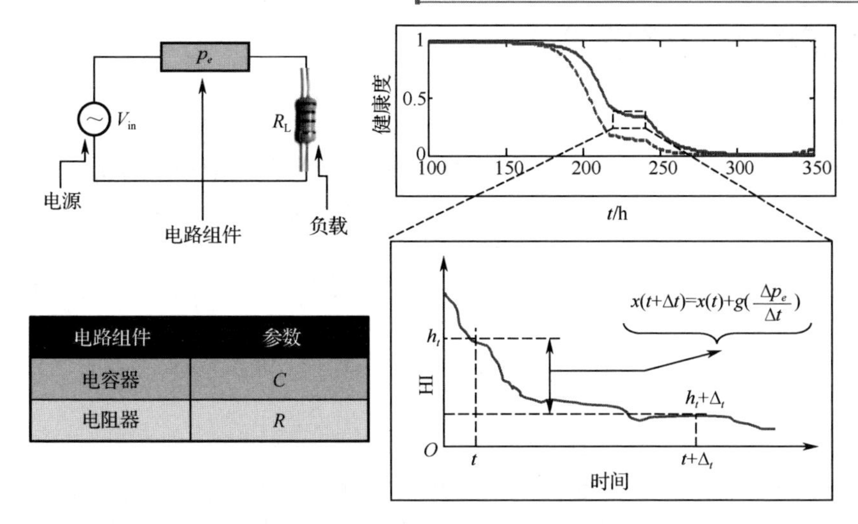

图 11.26 简单的单个元器件电路退化建模

$\gamma_{\max}$ 上的模数因为电路组件中的偏差可能增加，也可能减少。例如，在嵌入式电容中，预计 C 会随着时间的推移而降低。而在电解电容器中，ESR 随着损耗的增加而增加。模数包含这两种情况。

从式（11.28）中可以看出，电路在未来某时刻的健康状态可以表示为：

$$\boldsymbol{x}(t+\Delta t)=\boldsymbol{x}(t)+\frac{-1}{|\gamma_{\max}|}\frac{\mathrm{d}p_e}{\mathrm{d}t}\Delta t \tag{11.29}$$

式（11.28）中，$-1/|\gamma_{\max}|$ 可以理解为健康程度 x 对成分的参数 p_e、变化的敏感性，用 S_e^x 代替，表示由于参数 p_e 的偏差引起的健康敏感性，可以在模拟环境中植入故障确定 S_e^x。

式（11.29）中与组件参数偏差对应的第二项，只有在发现该组件有故障（即参数偏差大于可接受的容差范围）时才适用。因此，式（11.29）可以进一步表示为：

$$\boldsymbol{x}(t+\Delta t)=\boldsymbol{x}(t)+\left\{S_e^x\frac{\mathrm{d}p_e}{\mathrm{d}t}\Delta t\right\}_{(p_{e\in F})} \tag{11.30}$$

其中，$(p_e\in F)$ 表示这是一个指示性函数，仅当组件出错时才存在。将电路健康退化模型推广到含有多个元器件的电路中：

$$\boldsymbol{x}(t+\Delta t)=\boldsymbol{x}(t)+\sum_{i=1}^{N}\left\{S_e^x\frac{\mathrm{d}p_{e_i}}{\mathrm{d}t}\Delta t\right\}_{(e_i\in F)} \tag{11.31}$$

其中，N 为电路中关键元器件的总数，$S_{e_i}^x$ 为电路健康程度 x 对电路元器件 e_i 参数偏差的灵敏度，$\mathrm{d}p_{e_i}$ 为电路元器件 e_i 参数偏差。

式（11.31）中的电路健康退化模型可以简化为基于矩阵的状态空间模型，其过程噪声如下：

$$\boldsymbol{x}(t+\Delta t)=\boldsymbol{x}(t)+\boldsymbol{P}^{\mathrm{T}}(t)\boldsymbol{I}(t)S+\boldsymbol{v}(t) \tag{11.32}$$

其中，$\boldsymbol{P}=\left[\frac{\mathrm{d}p_{e_1}}{\mathrm{d}t},\cdots,\frac{\mathrm{d}p_{e_N}}{\mathrm{d}t}\right]$，如果第 i 个电路元器件有故障，$\boldsymbol{I}$ 是一个$[\boldsymbol{I}]_{ii}=\mathbf{1}$ 的对角故障矩阵，$\boldsymbol{S}=[S_{e_1}^x,\cdots,S_{e_N}^x]$ 为确定性敏感向量。虽然式（11.32）中的向量 $\boldsymbol{P}$ 表示关键电路元器件的参数偏差，但是由于这些元器件无法实时测量，所以这个向量未知。因此，比较式（11.32）和式（11.22），$\boldsymbol{P}$ 等同于未知的参数向量 $\boldsymbol{\theta}$，需要与状态 $\boldsymbol{x}$ 一起估计，$\boldsymbol{I}$ 等同于输入向量 $\boldsymbol{u}$，它是从故障诊断模块中得到的。

11.4.3 基于模型的故障预测方法

基于模型的故障预测方法分为两步，第一步是从有噪声的健康状态值（由基于核的学习算法估计）进行健康状态估计，估计状态向量和参数向量，即计算 $p(\boldsymbol{x}(t),\boldsymbol{\theta}(t)|\boldsymbol{y}(t_0:t))$。许多随机滤波算法，如无迹卡尔曼滤波或粒子滤波，都可以用来联合估计非线性系统模型的状态-参数向量。粒子滤波是一种非高斯噪声非线性系统状态估计方法，它不需要对状态参数向量施加约束，因而被广泛应用于预测领域。同理，本研究使用采样重要性重采样（SIR）粒子滤波器进行剩余有用性能（RUP）评估。

在粒子滤波器中，用一组离散加权样本（通常称为粒子）表示状态-参数的PDF：

$$\{(x_t^i\theta_t^i),w_t^i\}_{i=1}^M \tag{11.33}$$

其中，M 表示粒子的数量，对于每个粒子 i，x_t^i 表示健康状态估计，θ_t^i 表示参数偏差估计，w_t^i 表示在时刻 t 的权重。在每个时间步骤中，粒子滤波使用过去的估计状态参数以及实时测量来估计当前状态。首先是参数 θ_t 根据一个与状态 x_t 独立的过程，利用前一个时间步骤的参数估计值进行估计。典型的方法是使用一个随机游走过程：$\theta_t=\theta_{t-\Delta t}+\xi_{t-\Delta t}$，从一个分布如零均值高斯分布进行采样[63]。然而，在电路故障预测应用中，θ 被定义为电路元器件的参数偏差。对于许多离散元器件，存在基于第一原理的模型来描述这些参数偏差。例如，在 Kulkarni 等的论文[15]中，用线性方程描述了电解电容器的电容偏差：

$$C_t=C_{t-\Delta t}-\Theta v_e\Delta t \tag{11.34}$$

其中，C_t 为 t 时刻的电容，Θ 为依赖于电容器几何形状和材料的模型常数，v_e 为电解液的体积。Smet 等[64]、Celaya 等[14]、Patil 等都描述了类似的模型，Alam 等描述了绝缘栅双极型晶体管（IGBT）、金属氧化物半导体场效应晶体管（MOSFET）、电解电容器和嵌入式电容器的模型。这些模型可以代替随机游走过程来描述未知参数向量 $\boldsymbol{\theta}$ 的演化。因此，提出的电路故障预测方法可以利用现有的基于失效物理（PoF）的电路元器件整体电路退化模型，并将其与数据驱动的电路健康评估相结合以提供融合预测结果。

一旦更新了参数向量，就可以根据式（11.32）的系统方程估计电路的健康状态，然后使用重采样的重要性原则计算相关的权重[65]。SIR 粒子滤波单次迭代的伪代码在算法 11.2 中给出，状态估计的单次迭代粒子滤波步骤如图 11.27 所示。

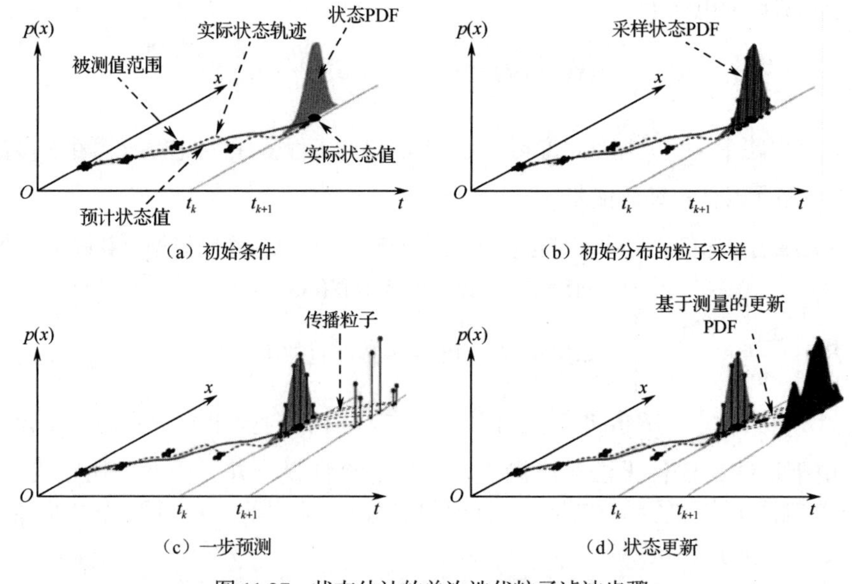

图 11.27 状态估计的单次迭代粒子滤波步骤

算法 11.2 伪代码为单次迭代的粒子滤波算法或状态估计

Input：$\{(x_{t-\Delta t}^i,\theta_{t-\Delta t}^i),w_{t-\Delta t}^i\}_{i=1}^M,u_{t-\Delta t,t},y_t$

Output：$\{(x_t^i,\theta_t^i),w_t^i\}_{i=1}^M$

Pseudo Code:

for i=1 to M do

$\theta_t^i \sim p(\theta_t \mid \theta_{t-\Delta t}^i)$

$x_t^i \sim p(x_t \mid x_{t-\Delta t}^i,\theta_{t-\Delta t}^i,u_{t-\Delta t})$

$w_t^i \sim p(y_t \mid x_t^i,\theta_t^i,u_t)$

end for

$W \leftarrow \sum_{i=1}^M w_t^i$

for i = 1 to M do

$w_t^i \leftarrow w_t^i / W$

end for

$\{(x_t^i,\theta_t^i),w_t^i\}_{i=1}^M \leftarrow \mathrm{Resample}(\{(x_t^i\theta_t^i),w_t^i\}_{i=1}^M)$

在迭代结束时，估计状态参数矢量粒子的退化情况，必要时可进行重采样。在重采样的过程中，去掉权重最小的粒子，从而使我们能够集中精力关注权重较大的粒子。退化和重采样过程可以参考 Arulampalam 等的论文[65]。

基于模型的故障预测的第二步是 RUL 预测，其目标是在 t_p 时刻使用联合状态参数估计 $(x(t_\mathrm{p}),\theta(t_\mathrm{p}) \mid y(t_0:t_\mathrm{p}))$ 时计算 $p(\mathrm{RUL}(t_\mathrm{p}) \mid y(t_0:t_\mathrm{p}))$。解决 RUL 预测问题的思路很简单，在没有贝叶斯更新的情况下，更新状态–参数向量粒子，直到每个粒子达到停止阈值条件 $T_\mathrm{EOL}(x_t^i)=1$。当 $T_\mathrm{EOL}(x_t^i)=1$ 时，给定 $\mathrm{EOL}_{t_\mathrm{p}}^i$ 预测时间 t：$t \geqslant t_\mathrm{p}$，通过式（11.26）对 $\mathrm{RUL}_{t_\mathrm{p}}^i$ 进行估计。RUL 预测方法的伪代码见算法 11.3。

算法 11.3 使用粒子滤波算法进行 RUL 预测的伪代码

Input：$\{(x_{t_\mathrm{p}}^i,\theta_{t_\mathrm{p}}^i),w_{t_\mathrm{p}}^i\}_{i=1}^M$

Output：$\{(x_t^i,\theta_t^i),w_t^i\}_{i=1}^M$

Pseudo Code:

for i=1 to M do

$t \leftarrow t_\mathrm{p}$

$\theta_t^i \leftarrow \theta_{t_\mathrm{p}}^i$

$x_t^i \leftarrow x_{t_\mathrm{p}}^i$

while $T_\mathrm{EOL}(x_t^i)=0$ do

$\theta_{t+\Delta t}^i \sim p(\theta_{t+\Delta t} \mid \theta_t^i)$

$x_{t+\Delta t}^{i} \sim p(x_{t+\Delta t} \mid x_t^i, \theta_t^i, u_t)$

$t \leftarrow t+\Delta t$

$x_t^i \leftarrow x_{t+\Delta t}^i$

$\theta_t^i \leftarrow \theta_{t+\Delta t}^i$

end while

$\text{EOL}_{t_p}^i \leftarrow t$

$\text{RUL}_{t_p}^i \leftarrow \text{EOL}_{t_p}^i - t_p$

end for

11.4.4 实验结果

本小节介绍基于模型的 DC-DC 降压变换器中两个关键电路的融合预测方法，两个关键电路是 LPF 电路（见图 11.17）和分压反馈电路（见图 11.22）。此方法主要研究关键部件退化的单故障条件下的电路故障预测。对于两个或两个以上元器件的参数漂移情况，放在后续研究中。

虽然预测结果来自模拟实验，但退化趋势是从 ALT 中提取的[4, 7]。在 2512 个陶瓷芯片电阻（300Ω）[7]上进行温度循环测试（−15～125℃，停留 10min），得到电阻退化趋势。经过纹波电流（1.63A）和 105℃恒温老化试验，在 680μF、35V 电解液电容器[4]上得到电容器的老化趋势。

LPF 电路和分压反馈电路的电路拓扑、元器件容差和故障范围、提取特征和故障条件与 11.3.3.2 节中描述的保持一致。

11.4.4.1 LPF 电路

使用 11.3.1 节总结的方法提取特征估计 LPF 电路的健康状态，作为预测模块的输入。图 11.28 展示了电解电容器故障演化导致的观察和估计的 LPF 电路健康退化情况，绘制随时间变化的 $E(x(t)|y(t_0{:}t))$图表。健康状态曲线含有噪声，可以使用 11.3 节中描述的方法进行计算。我们使用 11.4.2 节式（11.32）中的模型估计健康状态。图 11.29 所示为液体电解电容器电容的估计偏差，展示了电路元器件的估计值与真值相比，偏差超出容差（即 5%）。电解电容器中估计值与真值的偏差归因于 HI_t^A 与基于核的电路健康估计值之间的差异（见图 11.19）。

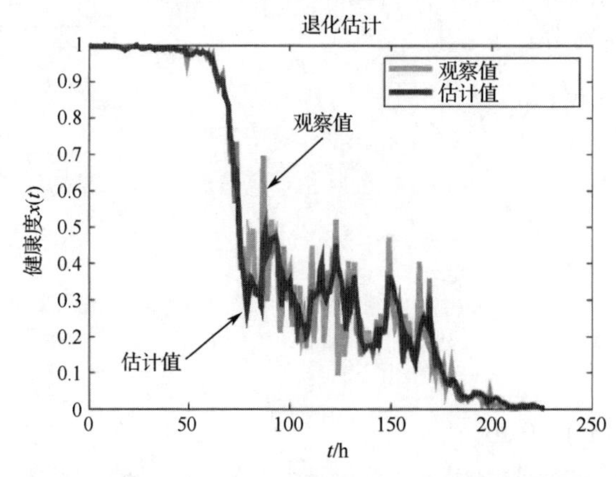

图 11.28 电解电容器故障演化导致的观察和估计的 LPF 电路健康退化情况

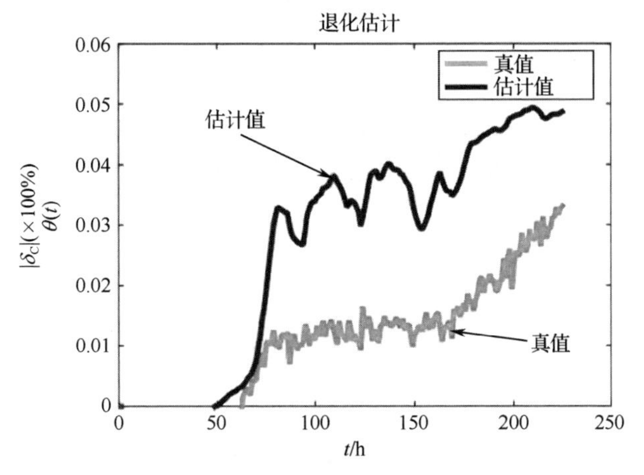

图 11.29 液体电解电容器电容的估计偏差

图 11.28 和图 11.29 中估计的健康曲线共同代表了联合状态–参数估计值。从图 11.29 中可以看出，在式（11.31）中提出的模型可以捕获组件参数实际偏差中的退化趋势，而无须单独监控组件。之前的电路诊断或预测研究从来没有论述过这种能力。

为了实现预测，必须根据健康状态定义失效阈值。根据 11.3 节的讨论，理想的失效阈值是 0。为了使 RUL 估计值更可靠，本研究使用健康值 0.05 作为失效阈值。LPF 电路在 183h 时发生故障，利用未知参数向量的动态演化模型对 LPF 电路进行故障预测：

$$\boldsymbol{\theta}_t = \boldsymbol{\theta}_{t-\Delta t} + m_1 \Delta t \tag{11.35}$$

其中，m_1 是模型常数，每次迭代时可以由曲线拟合结果进行估算。在实际应用中，给定电容器材料和几何形状，估算 m_1 效果更好。式（11.35）与 Kulkarni 等描述的液体电解电容器的 PoF 模型类似。

图 11.30 将 LPF 电路的预测结果表示为α-λ 图，这要求在给定的预测点 λ、β，预测的 RUL 分布 p 必须落在 RUP 的范围 α 内。在本研究中，α=0.30 和 β=0.5，表明在每个预测时间内，至少 50%的 RUL 分布与 30%的真实值存在误差[66]。从图 11.30 中可以看出，可接受的 RUL 估计值最早可在 149h，表明预测距离为 34h。RUL 估计值的波动（见图 11.30）可能是由于健康估计值的波动或建模中的不确定性造成的。

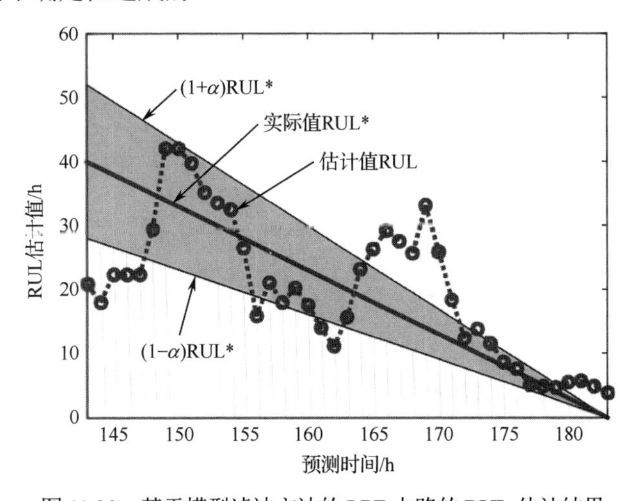

图 11.30 基于模型滤波方法的 LPF 电路的 RUL 估计结果

11.4.4.2 分压反馈电路

分压反馈电路采用阶跃电压信号（0～5V）进行仿真，每 100ms 提升 1V。由电路产生的电压响应直接作为 11.4.4.3 节中健康估计器的输入。使用以下的电阻退化模型预测电压反馈电路的未知参数向量：

$$\boldsymbol{\theta}_t = \boldsymbol{\theta}_{t-\Delta t} + m_2 \mathrm{e}^{m_3 t}[\mathrm{e}^{m_3 \Delta t} - 1] \tag{11.36}$$

其中，m_2、m_3 为每次迭代中通过曲线拟合估计的模型常数。式（11.36）中的模型类似于 Lall 等[67]提出的由于焊点退化而导致电阻增大的二次微分方程。

图 11.31 所示为 R_1 故障演化引起的分压反馈电路的健康状态退化。图 11.32 所示为分压反馈电路中 R_1 的估计偏差，展示了 R_1 的估计值增加，并超出了它的容许范围。类似于 LPF 中的电解电容器，提出的式（11.32）中退化模型能够在不监测电阻的情况下捕获参数偏差趋势。R_1 故障演化引起的分压反馈电路的 RUL 结果如图 11.33 所示。实际的电路性能故障发生在第 2310h，基于模型的滤波预测方法可以在 2000h 内提供可靠的预测。α-λ 图和故障阈值与 LPF 中的相同[66]。由于 R_3 发生退化故障的类似结果在图 11.34 至图 11.36 中给出，故障实际发生在 8950h，可靠的 RUL 估计值早在第 6000h 就预测到了。

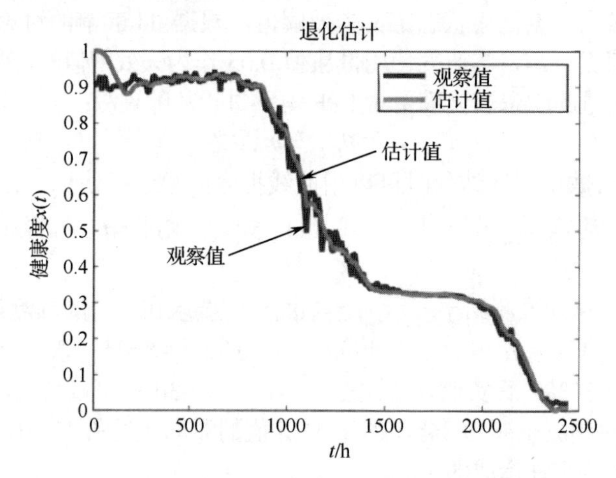

图 11.31　R_1 故障演化引起的分压反馈电路健康状态退化

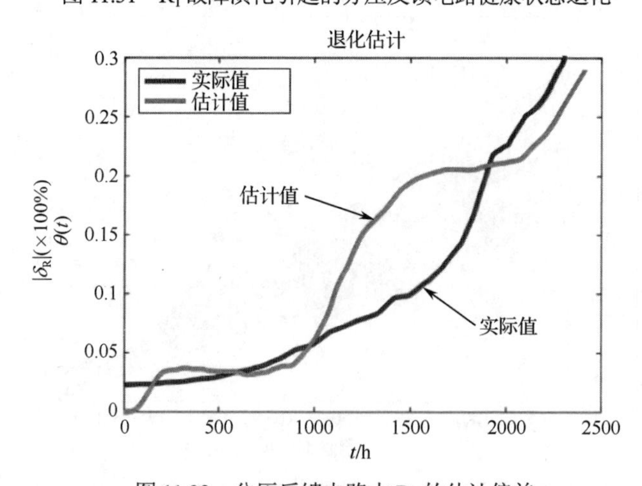

图 11.32　分压反馈电路中 R_1 的估计偏差

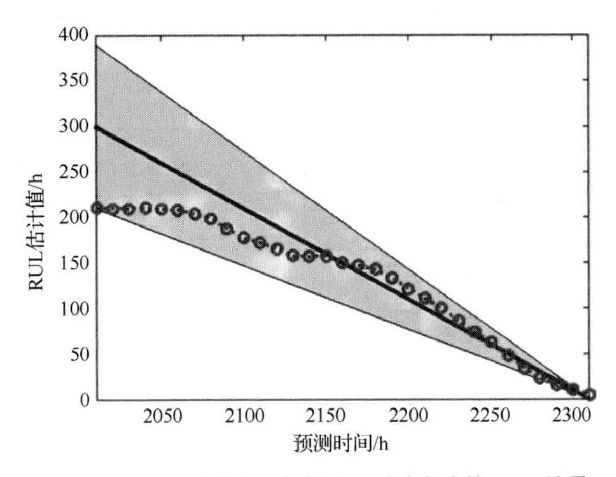

图 11.33　R_1 故障演化引起的分压反馈电路的 RUL 结果

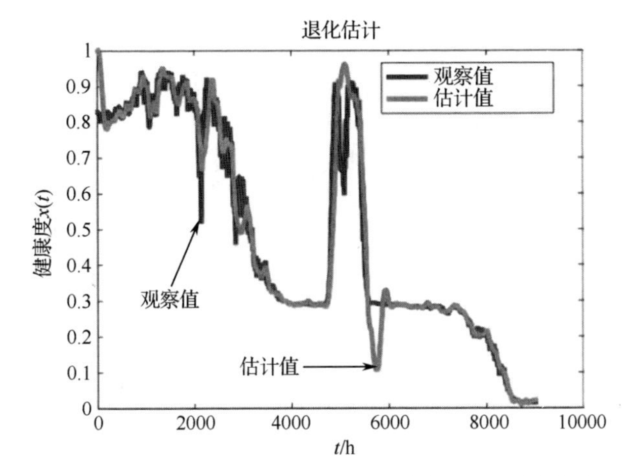

图 11.34　R_3 故障演化引起的分压反馈电路健康状态退化

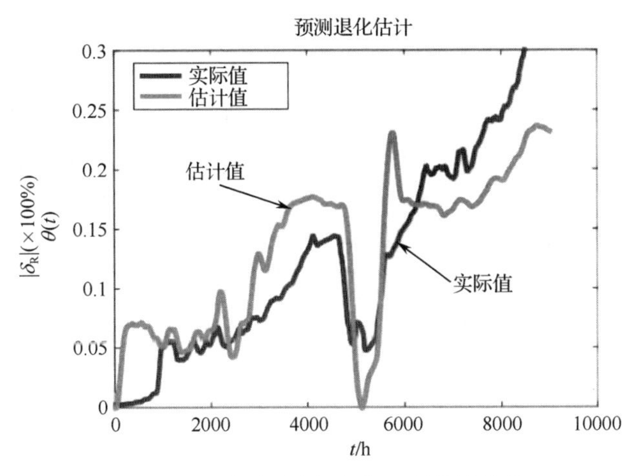

图 11.35　分压反馈电路中 R_3 的估计偏差

11.4.4.3　RUL 预测误差的来源

在图 11.30 和图 11.36 中，RUL 预测趋势与预期的 RUL 趋势线性不相关。RUL 预测误差的来源可能是估计电路健康（退化模型的输入）的波动，也可能是退化模型的不确定性。为了确定预测误差的来源，实施模拟退化试验，而不是使用实际加速寿命试验（ALT）得到的退化趋势。

在本试验中，将分压反馈电路的 R_3 设置为逐步退化，其他元器件设置为标称值。相应电路健康状态估计如图 11.37 所示。

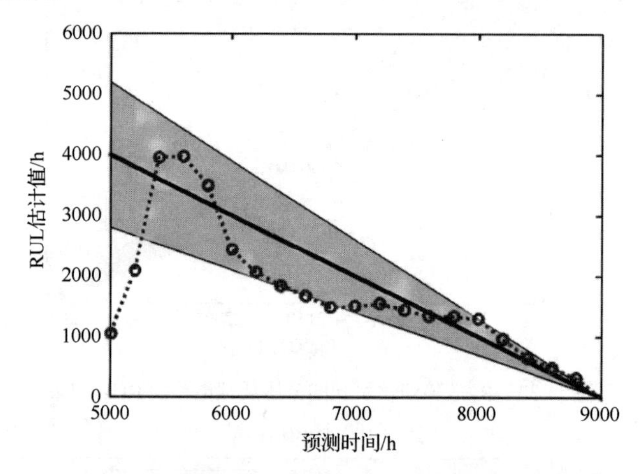

图 11.36 R_3 故障演化引起的分压反馈电路的 RUL 结果

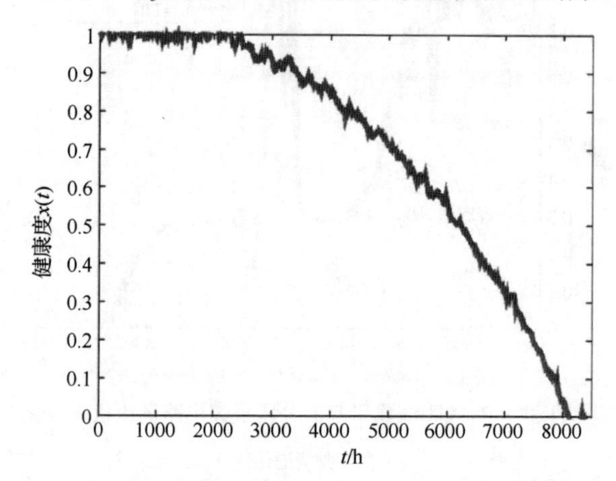

图 11.37 R_3 仿真的故障演化导致的分压反馈电路健康状态的估计

图 11.38 展示了使用式（11.36）中退化模型，估计的 R_3 的阻值不断增加并超出了其容许范围。从图 11.38 中可以看出，通过模拟退化过程，参数估计的偏差明显减小。最后，R_3 仿真的故障演化引起的分压反馈电路的 RUL 结果如图 11.39 所示。实际的电路性能故障发生在第 8050h。基于模型的滤波预测方法可以早在第 7000h 时提供可靠的预测。另外，RUL 预测趋势与预期的 RUL 趋势一致。这一结果证实了 RUL 预测误差的主要来源是退化模型输入的健康值的波动，而不是模型本身。

11.4.4.4 基于第一原理模型的影响

使用和不使用随机游走模型（或使用和不使用第一原理模型）进行对比实验，以确定使用第一原理模型可提高 θ_t 预测精度。图 11.40 分别以 θ_t 的随机游走模型和 θ_t 的第一原理模型作为 α-λ 图，给出了分压反馈电路的 RUL 预测结果。与随机游走模型的 RUL 预测相比，基于第一原理模型的 RUL 预测是可靠和稳健的。对 RUL 预测的置信度，根据失效前 100h 和 50h RUL 预测的方差可知，基于第一原理模型要优于随机游走模型，如图 11.41 所示。

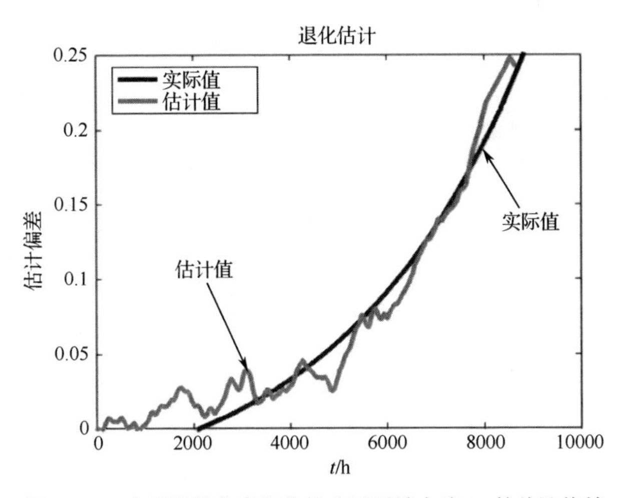

图 11.38　含元器件仿真退化的分压反馈电路 R_3 的估计偏差

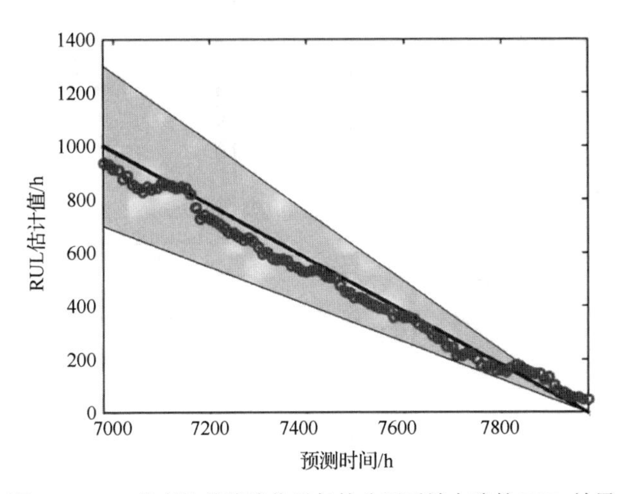

图 11.39　R_3 仿真的故障演化引起的分压反馈电路的 RUL 结果

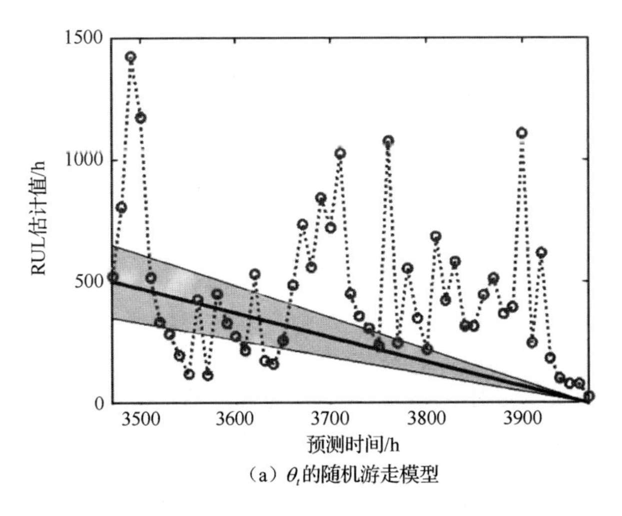

（a）θ_t的随机游走模型

图 11.40　分压反馈电路的 RUL 预测结果

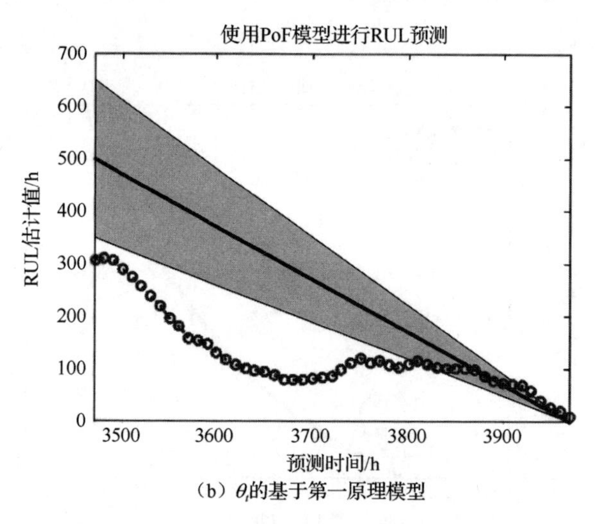

（b）θ_l的基于第一原理模型

图 11.40　分压反馈电路的 RUL 预测结果（续）

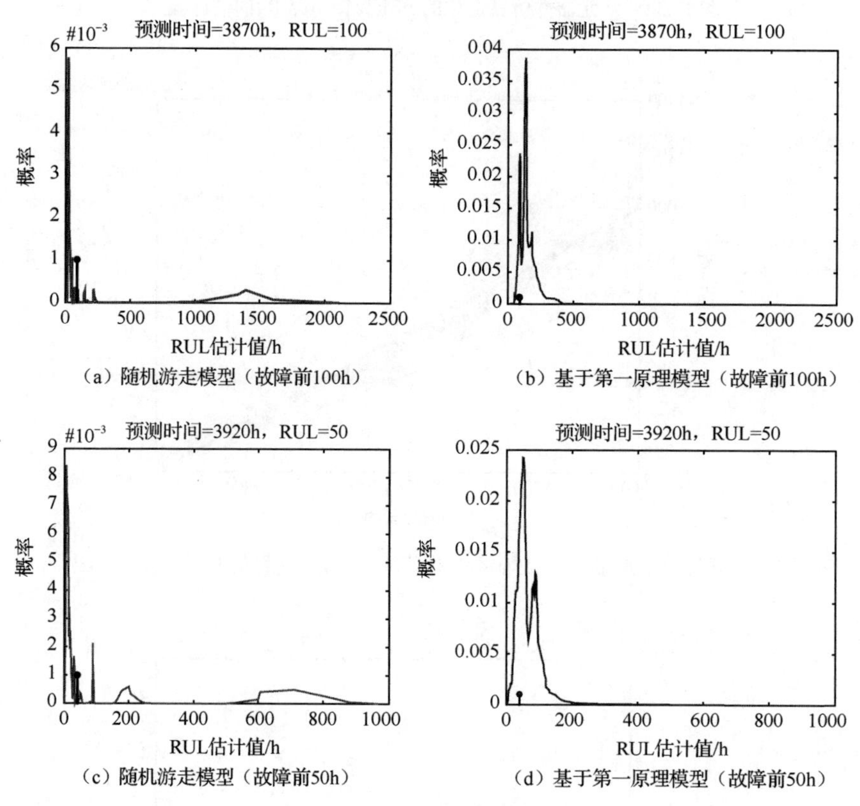

（a）随机游走模型（故障前100h）　（b）基于第一原理模型（故障前100h）

（c）随机游走模型（故障前50h）　（d）基于第一原理模型（故障前50h）

图 11.41　预测 RUL 分布

11.5 总结

面对更长服务寿命的实际应用需求，经常发生电路元器件参数故障和系统故障。在太阳能行业中，逆变器和优化器的故障是造成平衡系统停机的主要原因。能够预测由参数故障引起的电路故障的预测方法可以提高服役系统的可靠性。

现有的预测研究大多集中在利用元器件级特征预测元器件故障。由于成本和复杂性高，这些

方法无法应用在真实场景。此外，一旦元器件成为电路的一部分，大多数元器件级的参数就无法测量。为了解决这个问题，提出了一种电路预测方法预测由于离散电子元器件参数故障导致的与电路性能相关的故障。

为了便于预测，我们首先提出了一种基于核的学习技术的电路健康评估方法，并在一个基准电路和 DC-DC 降压变换器系统上进行了验证。然后，我们提出了一种基于第一原理的退化模型预测 RUL。

成熟的电路健康状态估计方法使用从电路响应中提取特征，而不直接使用元器件参数。在建立电路健康状态估计方法的过程中，提出了一种基于核的模式选择方法。另外，RUL 预测方法可以考虑单元间的变化，估计故障电路元器件的参数偏差（即参数故障严重程度）以及电路健康状态退化程度。从健康管理的角度来看，这是有意义的，因为维修人员不仅可以得到 RUL，还可以得到故障严重程度等信息。此外，如果关键元器件存在基于 PoF 的知识和模型，那么提出的基于模型的滤波方法可以生成融合预测结果。这可以提高性能，与数据驱动或 PoF 方法相比，已经证明融合预测结果是可靠且可取的。

实验结果表明，所提出的电路健康状态估计方法能够准确地反映元器件的实际退化趋势。在大多数情况下，估计的故障时间 t_F 小于实际故障时间 T_A，这表明电路健康状态估计方法在实际电路故障之前给出了早期故障警告。虽然这一属性在诊断方法中可取，但是只有 T_A 与 t_F 之间的差异保持最小才有意义，否则会浪费使用寿命。通过对 LPF 电路的参数故障进行健康估计，解决了早期故障检测的问题。将 HI 定义为后验概率，表示提取的特征集中健康类的条件概率，由于如下两个原因，会浪费有效寿命（即 HI 迅速下降到 0）。第一个原因，核希尔伯特空间中的故障类特征比正常类特征大很多，从而使条件概率值偏向于故障类。第二个原因，健康类和故障类在核希尔伯特空间中间隔较大，容易分类。后者很容易解决，方法是放宽故障阈值，并选择一个更接近于 0 的值，即理论故障极限。为解决第一个原因引起的问题，还需要进一步调查更严格的控制条件，研究对核希尔伯特空间中错误特征分布的潜在影响。

电路健康状态评估的结果取决于元器件容差的贡献。所提取特征分量的容差决定了特征在核希尔伯特空间中的分布。尽管正则化方法可以减小容差的影响，但是电路中的波动依然影响健康度估计，如 DC-DC 降压变换器系统中的 LPF 所示。进一步探讨了特定于应用程序的约束优化框架，以控制健康类特性在核希尔伯特空间的分布，从而实现更稳健的电路健康状态估计。

基于模型的 RUL 预测方法的局限性表现在，退化模型仅考虑了单一故障情况。如果两个或多个元器件出现参数故障，模型将以线性方式捕捉单个元器件故障的影响。因此，模型很可能会产生早期故障警告，从而浪费使用寿命。未来的工作需要解决电路健康元器件和一个以上的故障元器件之间的非线性关系问题。

原著参考文献

第12章

基于 PHM 的电子产品认证

Preeti S. Chauhan
美国马里兰大学帕克分校高级寿命周期工程中心

电子产品认证（简称产品认证）是产品开发周期的重要组成部分。适当的认证方法不仅对业务的原因如加快产品上市时间、提高市场份额至关重要，还会对人们的生活产生影响。传统的认证方法依赖于具有预设可靠性要求的基于标准的认证（Standards-Based Qualification，SBQ）。然而，随着市场细分和使用条件的不断变化，人们经常发现 SBQ 方法高估或低估了产品的可靠性要求。这些差距导致引入了基于知识的或基于失效物理（PoF）的方法。PoF 方法是使用关键技术属性和特定失效模式的可靠性模型来提供针对特定使用条件量身定制的认证方法。PoF 方法虽然是一种可靠的方法，但其缺点是无法考虑使用条件的可变性以及由于外部因素引起的不确定性。因此，新兴技术中使用条件的不确定性要求电子设备进行故障预测，以防止灾难性故障并进行预防性维修。本章首先在 12.1 节中讨论产品认证的重要性。然后，在 12.2 节中描述产品认证的考虑因素：设计步骤、供应链和环境法规。最后，在 12.3 节中详细说明当前的认证方法：基于标准的认证（SBQ），基于知识或 PoF 的认证以及基于故障预测与健康管理的认证。

12.1 产品认证的重要性

产品认证旨在确保产品满足特定使用条件下的预期质量和可靠性要求[1]。认证不当或不足会导致重大的经济损失，有时甚至会造成人员伤亡。以下内容列出了过去 10 年中由于认证测试的差距导致严重影响的示例，包括但不限于诉讼费用、召回、保修服务、产品重新设计和重新认证，以及声誉和市场份额损失。

2008 年，由于笔记本电脑中某些版本的多芯片处理（MCP）和图形处理单元（GPU）的芯片封装材料低于标准[2-3]，NVIDIA（英伟达公司）不得不从其收入中取出 1.5 亿至 2 亿美元的费用，以支付预期的客户保修成本，特别是维修、退货、更换，以及额外成本。该故障是由于芯片封装材料和系统热管理设计的耦合，从而导致笔记本电脑过热和蓝屏。

2010 年，丰田召回了 133 万辆汽车，原因是发动机控制微电子模块出现故障，导致车辆在行驶中失速或无法启动[4]。这些故障的根本原因是焊点裂纹引起的电子产品开路故障，该电子产品用于保护电路免受发动机控制单元印制电路板上过高电压的影响[5]。2014 年，由于点火开关组件之一故障，通用汽车强制召回超过 3000 万辆汽车。该故障导致车辆在行驶中停车，并禁用了安全功能，如动力转向、防抱死制动系统和安全气囊。这种情况导致 120 人死亡[6-7]。该公司面临几个诉讼，其中美国有 100 个集体诉讼，加拿大有 21 个。通用汽车向受影响的消费者支付了 6.25 亿美元作为补偿的一部分，并面临 12 亿美元的罚款，以了结与召回相关的联邦调查。由于

功率控制模块故障，马自达不得不召回约 5000 辆 2014 年马自达 3 和 2014—2015 年马自达 6 车型。该模块错误地认为充电系统发生了故障，从而导致加速不良、转向辅助系统故障和挡风玻璃刮水器失灵，以及发动机可能失速，从而增加了发生撞车的风险[8-9]。

2016 年，由于锂离子电池故障引发火灾，三星召回了 250 万部 Galaxy Note 7 智能手机。根本原因是电池的热管理效率低下，导致电池起火甚至爆炸。如果电池被刺穿，则电池内部的化合物也可能变得不稳定。三星的这次召回造成了 53 亿美元的损失[10]。

在 2015—2016 年之间，主要的安全气囊供应商高田（Takata）召回了来自 19 个不同汽车制造商的前部安全气囊。美国国家公路和运输安全管理局（National Highway and Transportation Safety Administration，NHTSA）表示，此次召回是“美国历史上最大、最复杂的安全召回”[11]。此次召回事件影响了 2000—2015 年安装在汽车中的安全气囊。这些安全气囊可能爆炸式展开，从而伤害甚至杀死乘员。在某些情况下，安全气囊的充气机是一个带有推进剂晶片的金属弹壳，而它是由爆炸力点燃的。万一发生撞车事故，如果充气机外壳破裂，则安全气囊中的金属碎片可能会喷洒通过乘客舱，并可能导致人员严重伤害甚至死亡。NHTSA 将此问题归因于使用不含化学干燥剂的硝酸铵基推进剂。迄今为止，已有 11 人死亡，180 人受伤。充气机召回预计影响美国超过 4200 万辆汽车，总计影响 6500 万辆至 7000 万辆[11]。高田（Takata）在美国法院承认刑事指控，并同意支付 10 亿美元。由于遭受了巨大的损失，该公司最终于 2017 年 6 月 26 日申请破产[12-13]。在针对高田气囊充气机缺陷的集体诉讼中，原告与丰田、斯巴鲁、马自达和宝马达成了价值 5.53 亿美元的和解[14]。

如上例所示，缺乏适当的产品认证可能会导致重大的现场故障。这些故障的后果包括：根本原因调查的经济成本、实施根本原因修复和重新认证、产品召回和诉讼成本、市场份额和商业信誉的损失。在罕见但可能发生的情况下，产品质量不合格也可能导致人员伤亡。

12.2 产品认证的考虑因素

产品认证不仅仅限于对最终产品进行可靠性测试，它始于产品设计阶段，并一直持续到材料和工艺的开发阶段，以满足产品的预期质量和可靠性要求。可靠性设计方法包括确定关键体系结构风险区域，评估已知失效模式（如果有），相对于以前的技术是否存在增量风险，以及识别潜在的新失效模式和通过不同的设计选项减轻其影响的方法。这些步骤之所以至关重要，是因为一旦架构被确定，任何最新的变更（尽管可以随时实施）制造成本通常是高昂的，并且可能危及上市时间以及公司的竞争优势。如图 12.1 所示，产品认证包括三个主要步骤。

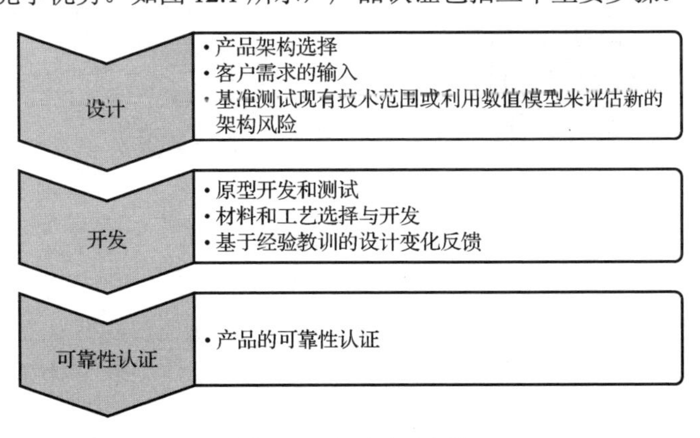

图 12.1 产品认证步骤

产品认证的第一步是设计阶段，在该阶段中选择产品架构。此阶段主要考虑的因素包括产品架构（尺寸和布局）选择，以及来自客户需求的输入以及针对当前可靠性技术的基准测试。例如，客户可能对 z 高度有特定要求，这将对整体包装厚度产生影响。另一个示例是，为了满足基于产品知识的功能性和可靠性要求，可能需要一个特定的体系结构。

数值建模在设计阶段起着关键的作用，因为它有助于根据已知功能评估新技术的可靠性要求，并为任何设计、工艺或材料变更提供建议。一旦最初的产品设计被确定，下一步就是开发，其中开发原型以评估在设计阶段确定的关键失效模式。

原型应能够密切地模拟产品，以便能够评估正确的失效模式。原型测试有助于选择产品的最终材料和工艺。需要注意的是，基于原型测试的预期不会有重大设计变化，因为这会增加产品开发成本和上市时间。尽管原型与最终产品非常相似，但预计原型会具有与产品相对的已知增量，无须对产品进行重大变化即可评估产品的增量风险。例如，通常原型基板具有的铜密度要比产品的高，这会影响水分的吸收和相关的失效模式。需要评估原型和最终产品之间的增量，期望增量不会驱动任何重要的产品体系结构、组装过程或材料变化。一旦原型评估结束，就会对最终产品架构、材料和过程选择做出决定。产品确认周期的最后一步是收集最终产品的可靠性数据。这种数据收集的目的是认证产品最终形式的可靠性能力。产品合格后，如果产品设计或组装过程和材料发生重大变化，则需要重新进行认证。根据 JEDEC 标准 JESD46C[15]，重大变化是指“导致对产品的形状、装配、功能或可靠性的影响”。管芯尺寸和结构，封装材料或晶圆的制造工艺的变化是需要在组件级别进行重新认证的重大变化的示例。

电子封装路线图目前正在快速发展解决方案，增加了新的细分市场，增加了复杂性，加快了产品上市时间，并改变了使用条件。电子封装需要根据预期的使用条件进行设计和认证，而使用条件又由市场领域支配。图 12.2 显示了电子产品市场的趋势。这些部分的使用条件和可靠性要求不同。例如，移动设备（手机、平板电脑）细分市场的使用条件存在跌落和振动，以及高功率循环的风险。另外，服务器部分已控制了周围环境，对电源循环的要求大大降低，并且在使用过程中遭受冲击和振动的风险较低。

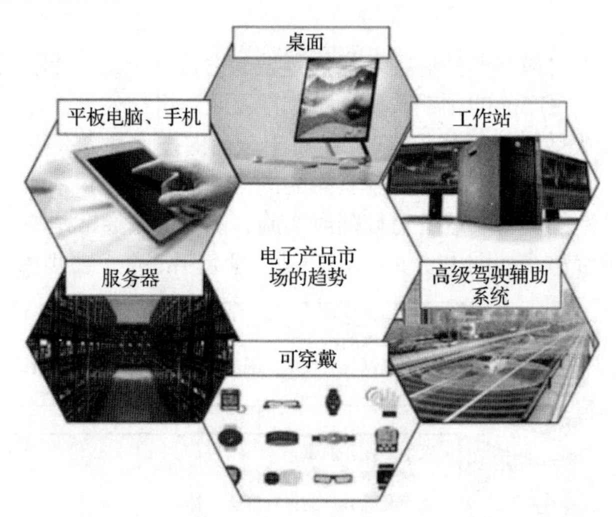

图 12.2　电子产品市场的趋势

另一个考虑因素是供应链的复杂性，多年来，电子产品供应链变得复杂、冗长，并且分布在多个国家和地区。图 12.3 显示了计算机处理器供应链的复杂性。组件制造商通常将芯片制造与外部合同制造商（如台积电和艾马克）签约。另外，AMD 之类的组件制造商可能会向如戴尔、惠普等之类的不同原始设备制造商（Original Equipment Manufacturers，OEM）提供组件，这些原始设备制造商各自具有不同的产品配置和操作条件，并且涵盖了广泛的市场领域。原始设备制造商进而利用纬创和富士康等原始装置制造商（ODM），将处理器组装成系统级配置，然后再出售给原始设备制造商。这些原始设备制造商最终将零件出售给终端用户。

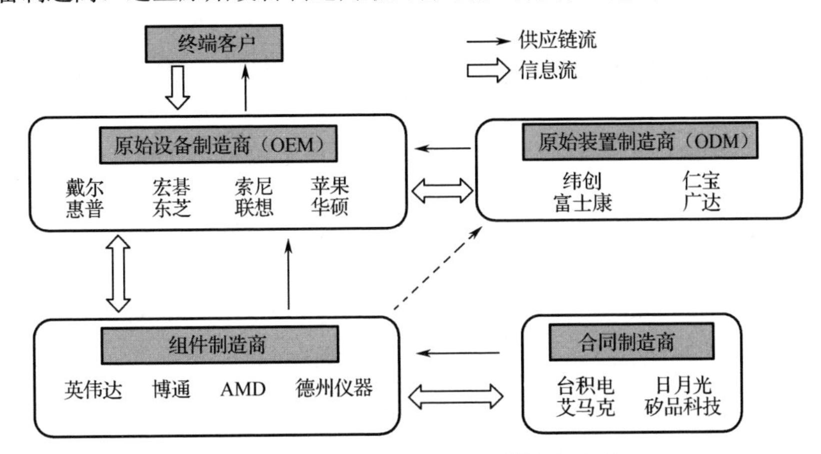

图 12.3 计算机处理器供应链[16]的复杂性

原始设备制造商与客户的互动使他们了解终端客户的状况。不直接与客户互动的合同制造商、组件制造商和原始装置制造商，对客户的使用条件不具有可见性。为了确保在组件和系统级别上都有适当的产品认证，了解客户的使用条件至关重要。

因此，组件制造商在设计认证测试时必须注意终端客户的操作条件。有时，这些终端客户条件是特定于客户的，在这种情况下，必须确定封装的使用条件并相应地设计认证测试。同时，原始设备制造商进行的系统级测试需要考虑组件到组件和组件到系统的交互，以及系统级的散热解决方案。

电子元器件所用材料的环境法规也应受到严格监控，并在认证测试中予以考虑。多年来，环境监管机构已禁止使用某些材料。虽然由于现场历史较短，替换材料预计会比原始材料更好，但最终还是依靠鉴定试验来确保这些材料能够安全地投入现场。未经鉴定而现场放行的这些材料可能会导致产品故障。例如，住友电木（Sumitomo）的含红磷阻燃剂的模具化合物于 20 世纪 90 年代问世，作为溴化物和氧化锑阻燃剂的环保（无卤）替代品。模具化合物通过了电子器件工程联合委员会（JEDEC）的资格测试；然而，带有这些模具化合物的微电子封装在进入该领域的几个月内就开始出现故障。根据仙童半导体公司进行的根本原因评估，在相邻导线之间发现红磷，形成导电路径，导致泄漏和短路故障[17]。在住友电木进行的认证测试中，这个问题被遗漏了，造成了数亿美元的损失。另一个例子是 2006 年欧盟《有害物质限制（RoHS）和废弃电子电气法规》中对锡铅焊料的使用限制。从锡铅焊料转向高熔点无铅焊料对电子公司的装配线产生了重大影响。两家公司不仅必须确定合适的候选日期来代替锡铅焊料，而且还要开发与所选焊料兼容的组装工艺和材料，并确保降低组装线中焊料混合的风险，必须针对无铅焊料进行认证测试，以满足产品质量和可靠性要求。

12.3 当前的认证方法

产品认证方法包括三个步骤：（i）确定可靠性应力条件和持续时间；（ii）确定可靠性目标；（iii）收集有关确定应力的可靠性数据，以证明达到了目标。电子行业主要遵循三种确认方法：（i）SBQ 与规定的应力条件和传递零故障或零缺陷采样（ZDS）；（ii）基于 PoF/知识的确认，应力条件是根据客户使用条件、PoF 可靠性模型和以每百万次的缺陷数（DPM）的形式向客户做出寿命终止可靠性承诺确定的；（iii）融合预测认证，结合 PoF 和数据驱动方法。下面进一步详细介绍认证方法。

12.3.1 基于标准的认证

SBQ 基于一组预定义的可靠性要求，这些要求利用了使用条件和可靠性数据的历史数据库。SBQ 旨在针对成功条件为“合格为零失效”的一系列使用条件对产品进行通用认证。多个行业标准，如 JEDEC JESD 47H[18]和基于 JESD 22 的系列[19]，提供了认证测试程序和常见认证测试的详细信息，如高温工作寿命（High-Temperature Operating Life，HTOL）、温度循环、温度/湿度/偏压（Temperature/Humidity/Bias，THB）、无偏高加速应力测试（unbiased Highly Accelerated Stress Test，uHAST）和储存烘焙测试，如表 12.1 所示。

表 12.1　JESD22 认证测试

认证测试	JEDEC 参考	外加应力
HTOL 该测试用于确定随时间推移偏置条件和温度对固态器件的影响	JESD22-A108	温度和电压
温度循环 进行此测试是为了确定组件和焊料互连承受高温和低温交替变化引起的机械应力的能力	JESD22-A104	温度和温度变化率
THB 该测试评估了非密封包装在潮湿环境中的可靠性，该潮湿环境中温度、湿度和偏压会加速水分的渗透	JESD22-110	温度、电压和湿度
uHAST 该试验方法主要适用于防潮性评价和稳健性试验，样品在非常潮湿和高温的环境中暴露弱点，如分层和金属化腐蚀	JESD22-A118	温度和湿度
储存烘焙测试 该测试评估长时间暴露在高温下包装的耐久性	JESD22-A103	温度

同样，MIL-STD-883D[20]列出了用于军事和航空航天应用的可靠性测试指南。汽车电子理事会的 AEC-Q100[21]是另一种常用的 SBQ 方法，它概述了产品认证的要求和过程。

SBQ 更适合常规技术和细分市场，因为其可预测的使用条件和寿命周期要求属于认证技术范围之内。SBQ 基于 ZDS 达到规定的要求，因此易于执行。例如，JEDEC 标准 JESD22-A104 要求在三个批次（每 25 个单位）中进行 700 个温度循环 B（TCB）。尽管 SBQ 简化并标准化了产品认证，但通常会严重高估或低估产品的使用寿命。由于增加了新的和更复杂的体系结构，细分市场不断发展和定制的应用程序，以及对缩短上市时间的要求，这种差距变得越来越大。SBQ 可能不会加速适当的失效模式，或者可能造成与使用条件无关的错误故障，从而导致可靠性要求被高估或低估的风险。

下面以电阻器认证为例进一步说明 SBQ 方法。电阻器组件是电子封装中不可或缺的无源组件。

电阻器认证的挑战之一是电阻器组件和电路板之间焊料互连的可靠性。由于环境温度变化和功率循环，在温度循环下电阻器和电路板之间的热膨胀系数（Coefficient of Thermal Expansion，CTE）不匹配，因此这些焊料互连通常最先失效。失效模式是焊点破裂，从而导致电连续性的损失。图 12.4 显示了健康和失效焊点的横截面。加速热循环测试旨在评估大量电阻器组件上这种故障模式的风险。为了进行评估，使用的热循环测试条件为-55～125℃（也称为 TCB，在较高和较低的温度下均具有 15min 的停留时间，见图 12.5）。

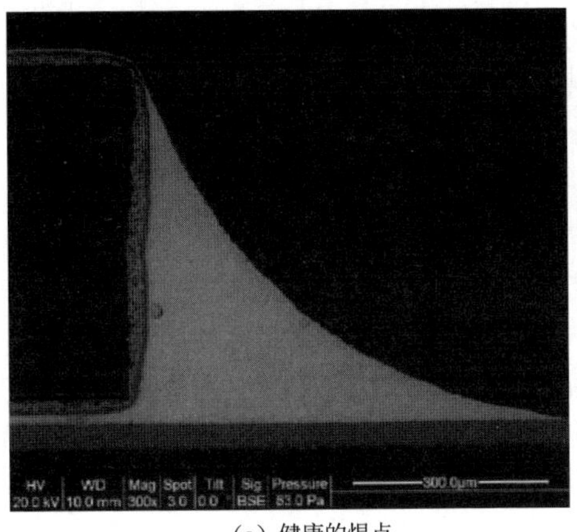

（a）健康的焊点

（b）失效的焊点

图 12.4　焊点的横截面

需要注意的是，基于 JEDEC 的 SBQ 要求是 TCB 条件下的 700 个循环。下面的示例说明了 SBQ 要求与针对焊料疲劳失效的热循环要求的产品实际使用条件的对比。必须注意的是，以下示例并非旨在视为一种规范。下面的评估需要基于预期的使用条件和从给定包装的可靠性测试中获得的可靠性模型参数进行。在此示例中，假设服务器产品的电子封装的使用寿命为 11 年，每年 4 个循环，在 24℃的受控环境温度下 100%接通。基于这些使用条件，产品在其使用寿命内总计经历了 44 个循环。

图 12.5　加速热循环测试条件

使用 Coffin-Manson 方程来提高焊点的可靠性，使用寿命的热循环要求计算如下。

Coffin-Manson 系数（n）范围为 1～32。

$$\Delta T_{\text{stress}} = 125℃ + 55℃ = 180℃$$

焊点温度=100℃

$$\Delta T_{\text{use}} = 100℃ - 24℃ = 76℃$$

加速因子（AF）：$\text{AF} = \left(\dfrac{\Delta T_{\text{use}}}{\Delta T_{\text{stress}}}\right)^{-n} = 2.4\sim13$

$$\text{Temp cycles}_{\text{stress}} = \frac{\text{Temp cycles}_{\text{use}}}{\text{AF}} < 20\text{TCB cycles}$$

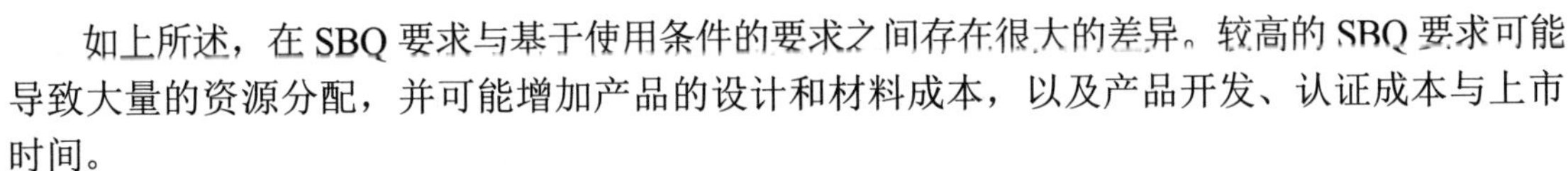

如上所述，在 SBQ 要求与基于使用条件的要求之间存在很大的差异。较高的 SBQ 要求可能导致大量的资源分配，并可能增加产品的设计和材料成本，以及产品开发、认证成本与上市时间。

基于 ZDS 的小样本量的 SBQ 可能也无法捕获低故障率，这在有限的样本量可靠性数据收集中可能无法证明。SBQ 测试的另一个缺陷是产品的功能评估通常在室温条件下进行，并且可能会错过间歇性故障，而这种间歇性故障可能会在高于室温的情况下表现出来。反之，这可能导致未发现故障（No Fault Found，NFF）或在现场[22-24]中重新测试正常情况。埃森哲在 2011 年报告称，消费电子产品制造商将其退回产品的 60%标记为 NFF。另据报道，仅减少 1%的 NFF 案件就可以每年节省 4%的退货和维修成本，这对典型的大型消费电子产品制造商来说是 2100 万美元，而对一般消费电子产品零售商来说则是 1600 万美元[25]。

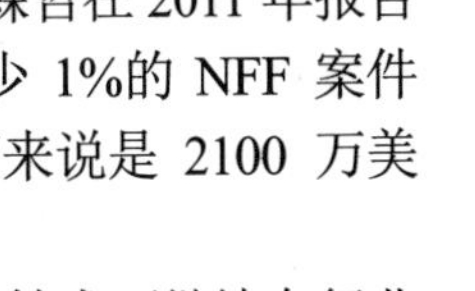

尽管 SBQ 有这些缺点，但由于其易于执行和持续适用于知名的细分市场/技术而继续在行业

中使用。与具有更可预测使用条件的细分市场的基于知识的认证（KBQ）相比，它还具有一个大型的可靠性数据历史数据库，以及更严格的涵盖性要求的优势。

12.3.2 基于知识或基于 PoF 的认证

基于知识或基于 PoF 的认证方法是使用关键技术属性和特定于失效模式的可靠性模型来提供针对特定使用条件量身定制的认证方法。这种方法的主要特点是：（i）使用加速的可靠性测试在合理的时间内模拟使用寿命；（ii）它可用于测量/计算所选应力条件下的故障率，并可选择优化应力条件的敏感度和数据传输时间（与加速应力较小相比，加速应力越大，数据传输速度越快）；（iii）在应力条件和使用条件之间建立一个加速因子（AF）；（iv）它使用 AF 来预测现场故障率，并将故障率与目标进行比较。

图 12.6 所示为使用条件失效时间与加速测试对比，说明了基于 PoF 的认证方法。与使用条件试验相比，加速测试 1 和加速测试 2 可以在更短的时间内模拟使用寿命。对于两种可靠性试验，可以通过改变应力来调节失效时间。例如，与加速测试 2 相比，加速测试 1 更快获得故障。

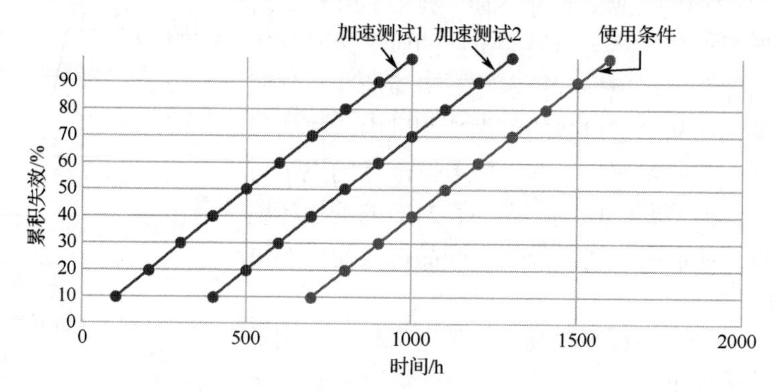

图 12.6 使用条件失效时间与加速测试对比

AF 发展了加速应力条件和使用条件之间的相关性。以基于 Coffin–Manson 的加速测试为例，AF 定义为：

$$\mathrm{AF}=\left(\frac{\Delta T_{\mathrm{use}}}{\Delta T_{\mathrm{stress}}}\right)^{-n}$$

其中，n 为幂律系数。获得的 AF 可用于获得现场/使用故障率。

$$\text{Temp cycles}_{\text{use}}=\text{Temp cycles}_{\text{stress}} * \mathrm{AF}$$

图 12.7 说明了认证测试中的 PoF 方法。产品设计、材料特性和产品操作条件等是产品失效模式、机理及影响分析（Failure Modes，Mechanisms，and Effects Analysis，FMMEA）的关键输入。FMMEA 利用预期寿命周期条件的知识来确定主要的关注失效模式。FMMEA 还有助于根据故障发生的严重程度对失效机制进行优先级排序。根据预期的使用条件，确定可检测性。随后，可靠性测试被设计为通过多次加速应力测试来开发 PoF 可靠性模型，以便确定和开发与使用条件、测试持续时间和应力相关的加速因子，用于认证测试。

PoF 方法越来越多地被用于产品合格检测[26-30]，多个行业标准都支持该方法，如 JEDEC 标准 JESD94[31]、JEP122[32]和 JEP148[33]。基于 PoF 的测试也得到了汽车行业的推广，如 AEC-Q100/Q101 标准、汽车工程师协会（SAE）的稳健性验证标准 J1879 以及 ZVEI。

Sematech 提供了用于识别给定使用条件的关键失效机制和模式的准则，并指出认证必须考虑可能遇到的最严格的使用条件。当确定新的失效模式时，需要开发与失效模式关联的可靠性模型。

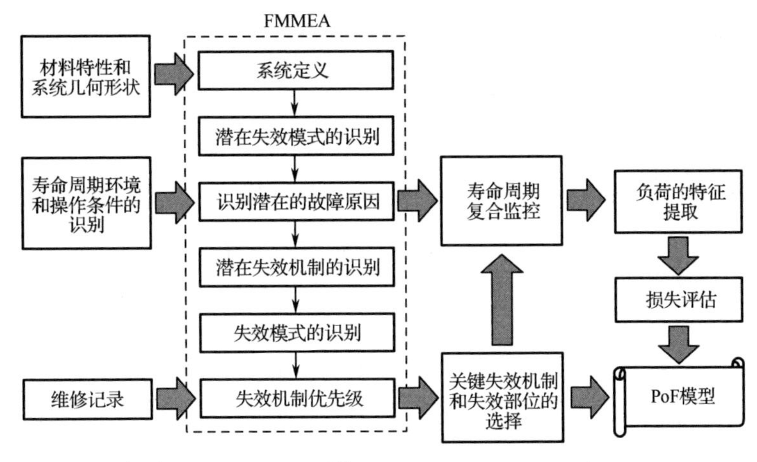

图 12.7 认证测试[26]中的 PoF 方法（见第 1 章）

继续讨论 12.3.1 节中的示例，以下案例研究演示了基于 PoF 的认证如何根据使用条件要求为不同的细分市场提供定制的认证。根据使用条件来计算汽车信息娱乐和服务器领域中电阻器的温度循环要求。与服务器细分市场相比，应用于汽车的信息娱乐电子产品具有更高的功率循环，11 年（服务器）的使用寿命为 4 循环/年，而 15 年（汽车信息娱乐）的则为 5 循环/年[31]。服务器和信息娱乐部分的最终使用周期分别为 44 和 27375 功率周期。

假设本案例与 12.3.1 节中的模型参数相同，并且环境参数也相同，在两个市场细分之间的最高温度（24℃）下，服务器细分市场的 TCB 要求少于 20 循环，而汽车信息娱乐细分市场的 TCB 要求至少为 2000 循环。

电阻器上的热循环可靠性测试表明了热循环平均失效时间（MTTF）表示的能力是 TCB 的 2123 循环[34]。在评估以上两种使用条件下的电阻器性能时，可以观察到这些电阻器可以满足服务器的使用条件，但不能满足汽车信息娱乐系统的要求。但是，在设计、材料和过程选择阶段，只有进行汽车信息娱乐系统产品开发才能满足更严格的可靠性要求。

基于 PoF 的认证提供了一个反馈回路来驱动组装过程/材料进行更改以满足客户的承诺，因为它提供了有关失效模式和机制的信息。由于这是一种定制的认证方法，因此该方法防止了认证过低和过高。基于 PoF 的认证更适合新兴市场和技术，具有复杂的体系结构和定制的用法。该方法结合了技术、产品和制造的任何新发展和变更（如设备、工艺、硅或组件制造，测试中的材料变更，封装设计/架构的变更）。最后，基于 PoF 的认证要求可以对可靠性、产品性能、成本和上市时间进行权衡分析。

尽管基于 PoF 的认证与传统的 SBQ 方法相比具有明显的优势，但它也有其自身的缺点。基于知识的认证（Knowledge-Based Qualification，KBQ）方法依赖于产品使用条件和模型参数的准确性。对于使用条件更加不可预测的细分市场，如高级驾驶员辅助系统（Advanced Driver-Assistance System，ADAS），要在不过度或低估需求的情况下提供准确的环境使用条件估算极为困难。而且，KBQ 的数据收集方法比 SBQ 更复杂，并且需要对 FMMEA、PoF 模型和产品使用条件有广泛的了解，才能将该方法正确地纳入产品认证中。

KBQ 与 SBQ 一样，也无法解决认证方法中的间歇性故障。这些差距限制了电子产品基于故障预测的认证方法的发展。

12.3.3 基于故障预测的认证

使用条件的变化和新兴技术中外部因素引起的不确定性要求电子设备故障预测以防止灾难性

故障并进行预防性维修。电子设备故障预测具有两个关键优势，有助于开发更可靠的认证方法——可以监控电子组件的退化，并且可以提供故障预警。本小节讨论基于故障预测的产品认证方法，包括使用数据驱动方法和基于融合的故障预测。

12.3.3.1 数据驱动方法

如 12.3.1 节所述，基于标准和基于 PoF 认证的主要缺点是无法捕获间歇性故障，这常常导致现场出现 NFF。数据驱动方法通过提供现场监测以弥补这一差距，通过监测有助于捕获任何间歇性故障。这些技术涉及特征提取、特征选择，以及关键产品运行和环境参数的识别。获得的数据可用于支持异常检测，识别降解的开始和预测产品健康状况的下降趋势。

数据驱动方法通常会从历史数据或训练数据中学习，以识别认证测试期间受监测参数的变化。通过将收集的现场数据与基准数据进行比较以识别任何偏差，可以进行异常检测。通过使用在批次认证测试中监控的参数对机器学习模型进行编程，然后将训练后的模型用于产品异常检测和早期故障预测。在一系列产品的使用条件下收集基线数据[35-36]。

Jaai 等[36]使用多元状态估计技术来执行序贯概率比检验（Sequential Probability Ratio Test，SPRT），以检测球栅阵列（BGA）焊点在热循环测试下的失效。在测试过程中对焊点电阻进行现场监测，并与健康的基线数据进行比较。随着热循环测试的进行，焊点开始产生疲劳引起的裂纹，从而导致电阻增加。与健康基线的比较表明，监控数据中存在异常，因此能在产品认证测试期间检测间歇性故障，因为参数是在原地进行监控的。Patil 等提出了数据驱动认证测试的另一个示例。文献[37]至[39]通过在恒定频率的功率循环期间对绝缘栅双极型晶体管（Insulated-Gate Bipolar Transistors，IGBT）进行原位监控。研究者发现，栅极氧化物的发生和管芯附着的退化会影响准静态电容电压和导通状态集电极-发射极电压（V_{CE}）的测量。然后，他们开发了一种基于 Mahalanobis 距离的异常检测方法，以检测栅极氧化物的发生和管芯附着的退化。这项工作对 V_{CE} 参数建模，并能够通过将降级模型与统计过滤器集成在一起来估算 V_{CE} 参数超过预定义阈值的时间[40]。Sutrisno 等[41]通过以下方法扩展了用于多频率功率循环的 IGBT 封装的异常检测方法，即应用 k 最近邻算法。

Zhang 等[42]开发了一种增强的预测模型，估计焊点的间歇性和硬性失效的剩余使用寿命（RUL）。该模型是通过寿命损耗监测（Life Consumption Monitoring，LCM）和数据驱动方法的组合来构建的，以预测剩余使用寿命。该模型利用焊点温度来评估焊点在使用寿命期间的退化，并且在温度循环负载下通过包含焊点互连点的试验台进行验证。

同样，Chang 等[43]用贝叶斯机器学习技术、相关向量机（RVM）开发了一个 RUL 预测框架，以捕获瞬态降级动态并同时适应单元间的变化。这项技术的主要优点是将认证时间从数千小时减少到数百小时。所开发的方法可以缩短发光二极管（LED）的上市时间。RUL 方法降低发光二极管认证时间如图 12.8 所示。官方学习数据库是由训练数据集开发的，并使用 RVM 对失效数据进行回归分析。预测过程使用训练数据集提供基于线下 RVM 曲线的 RUL 预测。测试数据集也被反馈到训练数据集，以不断开发训练数据集和 RVM 曲线。

Chauhan 等[44]展示了一种在热循环中使用插入式压敏电阻的焊点健康评估的方法，该方法使用焊点温度升高作为疲劳损伤的度量。研究人员证明，热循环次数与焊点损坏成正比。温度循环与焊点温度如图 12.9 所示，经历较多的热循环次数（4500 次）的焊点比热循环次数较少（1500 次）的焊点温度更高（接近 15℃）。如图 12.10 所示，循环次数越多，焊点的损伤越大（裂纹越多），这反过来又增加了焊点的电阻，从而增加了电流通过时的焦耳热。因此，试件的温升与试件的电阻对应，试件的电阻对应更多的损伤和更多的热循环次数。

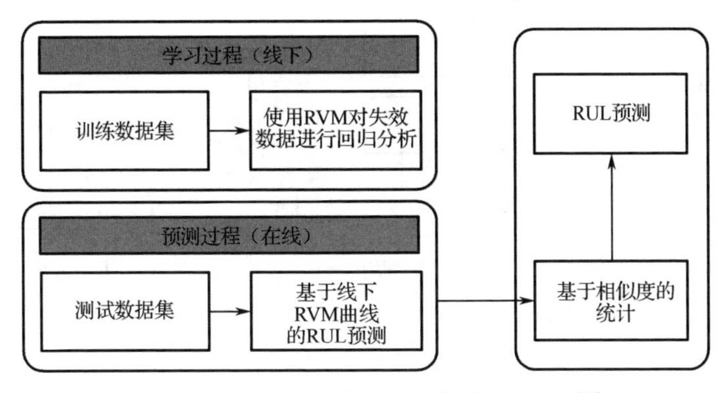

图 12.8　RUL 方法降低发光二极管认证时间[43]

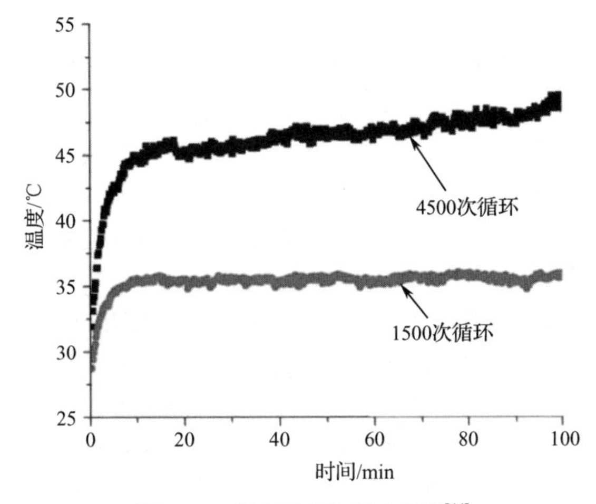

图 12.9　温度循环与焊点温度[44]

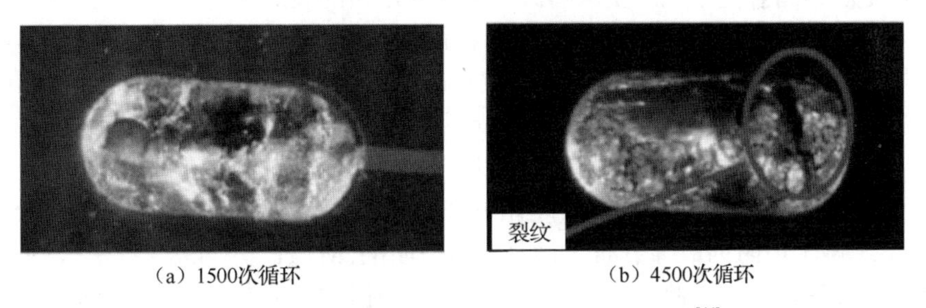

（a）1500次循环　　（b）4500次循环

图 12.10　1500 次循环和 4500 次循环后的焊点[44]

这种方法可以用作焊料互连的故障前兆，其中可以基于焊料互连两端的温度升高与焊点中的损伤/裂纹传播的相关性来预测焊料的 RUL。

如以上示例所示，数据驱动方法的主要优点之一是，认证测试时间大大减少，这是因为它不需要“测试失效”方法。该方法还可以帮助捕获间歇性故障并减少现场的 NFF。但是，该技术的成功取决于从 PoF 知识中选择合适的监视参数。这就需要一种融合方法，也称为“融合预测”，可以将最佳的数据驱动方法和 PoF 方法结合起来进行产品认证。

12.3.3.2　基于融合的故障预测

基于融合的故障预测旨在将最佳的数据驱动方法和 PoF 方法相结合，以实现更强大的产品认证方法。图 12.11 说明了基于融合的故障预测的产品认证方法。

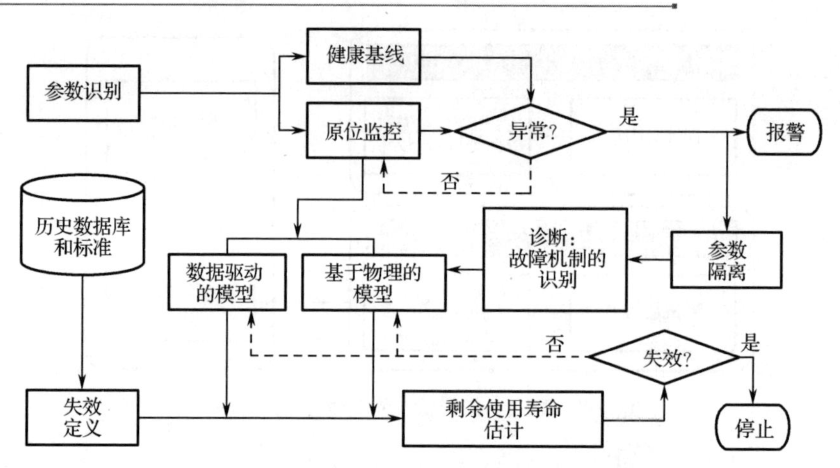

图 12.11　基于融合的故障预测的产品认证方法[18]

产品 FMMEA 和使用条件要求提供输入，以确定现场监测的关键参数，以及识别感兴趣的故障模式。在加速可靠性试验中，对已识别参数的现场监测与健康基线进行比较，以评估任何异常（诊断）。随着现场监测的进行，数据驱动技术，如机器学习，被用来确定间歇性故障的开始。一旦异常被识别出来，相关的参数将使用主成分分析、线性判别分析、基于互信息的特征选择和 SVM 等技术进行分离。

所获得的信息与数据驱动的技术一起，用于评估产品的 RUL（故障预测）。Chauhan 等[35]通过开发基于 PoF 的预警电路方法来预测热循环下陶瓷片式电阻器的失效时间，从而证明了融合预测方法。电子设备中的预警电路是用于监测目标组件的变形并预测其故障的设备。一种预警电路监视方法，其中可检测的事件是由功能故障之前的相同或相似机制驱动的，它为使用情况的广泛变化提供了一种补救措施。研究人员开发了一种由陶瓷片状电阻器组成的预警电路，其设计旨在相较于目标电阻器组件更早地产生故障。使用预警电路的失效时间可以通过调整电路板焊盘尺寸以及焊料互连区域来进行微调。图 12.12 显示了通过改变焊盘宽度而形成的目标电阻和预警电路电阻。预警电路电阻的焊盘宽度为 0.025in（1in=2.54cm），约为目标电阻的焊盘宽度（0.132in）的五分之一。研制的预警电路可以提供有关标准焊盘（目标）电阻故障的预警。预测距离（预警电路和目标组件的失效时间之间的差异）提供信息，以允许维护和物流人员修理或更新系统，从而提高系统可用性。将这两种电阻放在电路板上，并进行热循环测试（−55～125℃）。图 12.13 总结了两个电阻的故障分布。预警电路电阻的 MTTF 为 438 次循环，而标准电阻的 MTTF 则为 2214 次循环。因此，预警电路电阻的故障提供了标准电阻故障的提前警告，时间为 1776 次循环。

这种预警电路方法基于 Engelmaier 模型，是一种基于 PoF 的模型，可以估算热循环下焊料互连的失效时间[45]。

$$N_{\mathrm{f}}=\frac{1}{2}\left[\frac{L_{\mathrm{d}}\Delta\alpha\Delta T}{2\varepsilon_{\mathrm{f}}h}\right]^{\frac{1}{c}}$$

其中，N_{f} 是焊点失效的时间，L_{d} 是距中性轴的距离，h 是焊点固定高度，$\Delta\alpha$ 是组件和电路板的 CTE 之差，$\Delta T=T_{\max}-T_{\min}$，$\varepsilon_{\mathrm{f}}$ 和 c 是常数。

由于 Engelmaier 模型没有考虑焊料互连区域，因此研究人员提出了通过将应变范围方程乘以面积因子 A_2/A_1 来修改模型的方法。

$$N_{\mathrm{f}}=\frac{1}{2}\left(\frac{L_{\mathrm{d}}\Delta\alpha\Delta T}{2\varepsilon_{\mathrm{f}}h_1}\frac{A_2}{A_1}\right)^{\frac{1}{c}}$$

（a）目标电阻

（b）预警电路电阻

图 12.12　目标电阻和预警电路电阻[35]

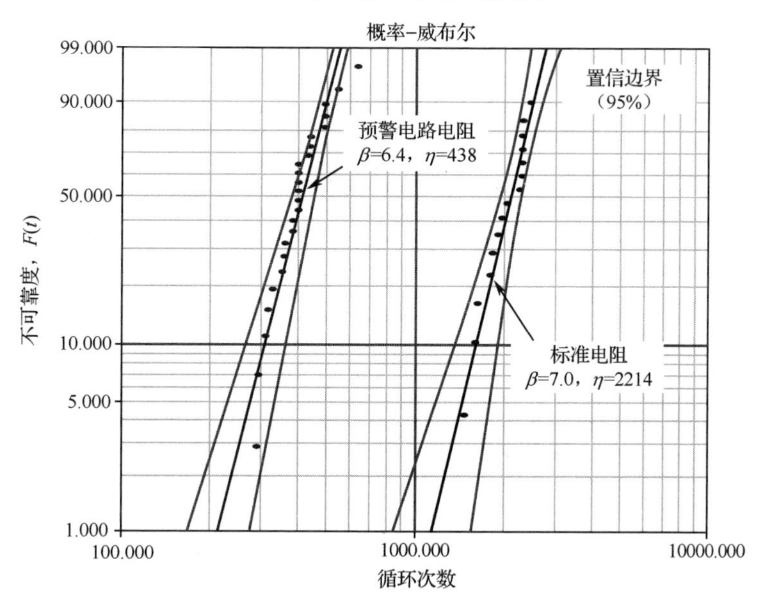

图 12.13　预警电路电阻和标准电阻的故障分布[35]

这种方法不仅为给定使用条件下的产品认证提供了基于 PoF 的模型，而且还提供了实时监控，以提前警告目标组件的故障。总之，基于故障预测的认证测试可以确定哪个故障机制导致了参数更改，并且可以进一步帮助我们确定失效模式，从而满足认证要求。它可以对产品进行现场监控，不仅可以检测间歇性故障，从而降低现场的 NFF 发生率，而且可以防止因产品合格而导致的测试失效。因此，基于融合的故障预测可以减少认证时间和产品上市时间。

12.4 结论

本章介绍了行业中当前使用的认证方法以及开发更有效的认证方法（尤其是针对新兴技术）的注意事项。由于电子行业可以满足多种使用条件和客户要求，因此“一刀切”的认证方法不再适用。传统的 SBQ 方法使用规定的应力测试、持续时间和样本量。这种方法易于执行，并且适用于已建立的细分市场。但是，它不适用于具有更多不可预测和动态使用条件的新兴技术。在这种使用条件下，SBQ 方法会严重低估或高估认证需求。

另外，KBQ 或基于 PoF 的认证方法发挥产品使用条件的知识优势，并应用基于 PoF 的可靠性模型来满足特定的客户需求。KBQ 在很大程度上取决于使用条件数据的准确性，因此它更适合新兴技术。在使用条件和/或外部环境以及高可靠性部门（如自动驾驶辅助系统）高度不确定的情况下，故障预测方法可以帮助我们设计更好的认证测试。

数据驱动方法可帮助我们解决使用条件不确定性方面的空白，因为该方法提供了现场监测并有助于捕获任何间歇性故障。这些技术涉及特征提取和选择，以及关键产品操作和环境参数的识别。获得的数据可用于支持异常检测，识别降解的开始以及预测产品健康状况的下降趋势。与基于 PoF 的认证方法结合使用时，以数据为依据的预测将形成基于融合的故障预测。基于融合的故障预测是结合了数据驱动和基于 PoF 的认证的最佳方法，以实现更强大的产品认证。其中一种技术是基于预警电路的方法，它可以实现产品鉴定以及组件的实时可靠性预测，而不依赖产品部署的使用环境。

原著参考文献

第13章

锂离子电池 PHM

Saurabh Saxena，Yinjiao Xing，Michael G. Pecht
美国马里兰大学帕克分校高级寿命周期工程中心

随着锂离子电池被用作便携式消费电子产品、国防和航天关键系统的能源，对这类电池的健康监测和预测变得非常重要。锂离子电池在使用过程中，由于各种电化学副反应和机械应力的作用而发生退化。精确的健康状态（SOH）估计对于预测这类电池的使用寿命从而在发生故障之前及时做出更换是必要的。除此之外，锂离子电池的荷电状态（SOC）估计也很关键，因为它有助于预测电池的充电结束时间。本章概述锂离子电池的故障预测与健康管理技术，用于锂离子电池状态估计以及剩余使用寿命（RUL）预测。

13.1 概述

锂离子电池技术于 1991 年首次商业化。从那时起，由于锂离子电池更高的能量密度和电压以及低维护成本的优点，所以它作为一种能量存储装置广泛应用在便携式消费电子产品、国防和航天关键系统领域。锂离子电池的示意图如图 13.1 所示，它包括五个重要的组成部分，其中有两个电极，即阴极和阳极，它们分别由碳质材料（通常是石墨）和锂金属氧化物制成。这些电极通过黏合剂附在集电器上提供导电性和实现装置的完整性。正负电极通常分别由铝和铜制成，这两个电极通过浸泡在电解液中的隔膜彼此电绝缘，隔膜通常由聚乙烯和聚丙烯等聚合物材料制成，由锂盐组成的电解液允许锂离子在两个电极之间穿梭。锂离子电池的商业包装形式多种多样，如袋形、棱柱形和圆柱形。

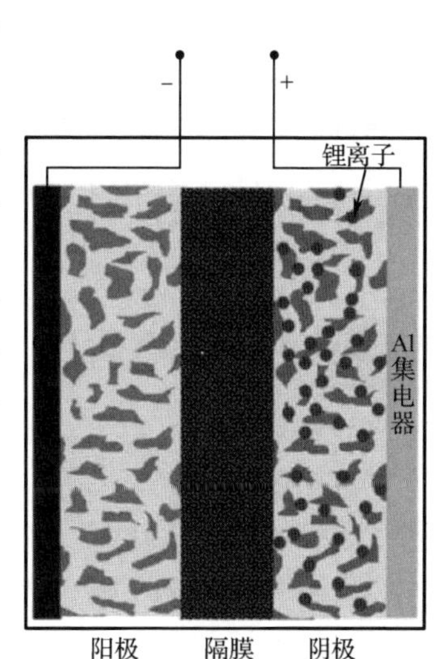

图 13.1　锂离子电池的示意图

锂离子电池是一种基于插层的可充电电池，锂离子在两个电极之间穿梭，在充放电过程中它们被安置在电极的晶格中。这种充电和放电过程可以重复多次，然而，锂离子电池可以储存和输出的最大电荷量随时间增加而减少[1]。锂离子电池是一种复杂的电化学机械系统，其退化机理多种多样。这些退化机理降低了电池在其使用寿命内储存电荷的能力，从而导致容量下降和内阻增加。其中一些重要的机理包括固体电解质相界面（SEI）膜的自然形成、电极颗粒的开裂、锂的沉积、树枝状晶体的形成和气体的生成[1-4]。上述退化机制还可能导致电池的灾难性故障，如短路、热失控和电池起火。当存在材料缺陷、滥用、极端条件下运行或在正常运行下累积损坏时，这些灾难性故障将有可能发生。

锂离子电池需要持续的监测和控制，以防止性能过早下降和灾难性故障的发生。如果没有对电池系统的运行环境进行适当的控制，则系统容易发生故障，导致爆炸、火灾、有毒气体的释放或其他对人类和环境的负面影响[1]。2016 年，智能手机巨头三星由于电池起火事件被迫永久停止 Galaxy Note 7 智能手机的生产和销售，并且建议所有客户停止使用这些手机[5]，美国联邦航空管理局（FAA）也禁止了三星 Galaxy Note 7 在美国所有航班上的使用[6]。类似地，气垫船上的电池起火导致了大规模的召回和禁止在飞机上使用这些设备[7]。据报道，在电子香烟等小型设备中也发生过电池爆炸事件，其中就存在这样一个案例，利兹购物中心一名男子口袋中电子烟的电池突然发生爆炸造成其轻伤[8]。2013 年 1 月，波音 787 梦幻客机发生两起锂离子电池事故，导致整个机队停飞[9-10]。有关锂离子电池的安全问题一直存在，特别是随着锂离子电池技术应用扩展到更大的以及对安全要求更严苛的领域，如电动汽车（EV）和航空航天应用领域[1]。

除了火灾或爆炸等灾难性故障外，锂离子电池也会发生逐渐老化的现象。锂离子电池老化会降低其可用容量，使得它不再适合当前的应用场景。利用锂离子化学性能充分发挥其潜能，可靠安全地运行这类电池，需要准确估计锂离子电池的状态，如 SOC 和 SOH。SOC 和 SOH 分别提供锂离子电池（以下简称电池）剩余电量和剩余可用容量的估计值，通过这些状态值能够控制电池的工作范围/极限，以确保其可靠和安全地运行。在大型电池组中，电池平衡也需要这些状态值。RUL 是另一个重要的性能指标，定义为更换电池之前的剩余时间。电池性能预测有助于工程师提前制定维护策略，并进行处理和更换。

在大多数电池管理系统（BMS）中，只能测量电池的电压、电流和温度。电池的 SOC 不能直接测量，只能依靠测量电压、电流和温度数据进行估计。同样，作为指示电池容量的 SOH 指标，在车辆行驶等动态负载情况下也不能直接测量。其中，电池容量是指在低放电率下，电池在整个循环（0～100%SOC）运行中放电时所提供的总安时（Ah）。然而，在大多数应用中，电池不会进行全范围的充放电（0～100%SOC）循环，这使得对总放电量进行计算非常困难。

对电池进行建模是状态估计和电池健康管理的必要条件。然而，对车载硬件实现来说，基于物理的电池模型是相当复杂的，且计算量很大[11-14]。这些基于物理的模型需要使用假设和数学进行简化。因此，研究者探索了各种数据驱动方法并用于电池状态估计和预测[15-16]。接下来的内容将通过以下几部分进行展开：13.2 节讨论了电池 SOC 估计的方法，并给出了两组实验数据的案例研究阐述这些方法；13.3 节介绍了一种使用贝叶斯框架进行 SOH 估计和 RUL 预测的方法；13.4 节给出了本章的总结。

13.2 SOC 的估计

SOC 是电池剩余电量（Ah）与其实际标称容量的比值。SOC 指示剩余电量，以及电池何时需要充电，它还为 BMS 提供信息，使电池在安全的运行范围内工作，以避免电池过载和滥用。就目前的板载传感技术，SOC 是不可以直接测量的。现给出 SOC 的计算式：

$$\mathrm{SOC}(T)=\mathrm{SOC}(0)-\frac{\eta\int_0^T i\mathrm{d}t}{C_n} \tag{13.1}$$

其中，SOC(T)和 SOC(0)分别是 T 时刻和初始时刻的 SOC，η 是库仑效率（放电 $\eta=1$，充电 $\eta<1$），i 是电流（放电为正，充电为负），C_n 是循环次数 n 的函数，被定义为标称电容。

SOC 估计方法可分为三类：库仑计数、机器学习和基于模型的估计[17]。库仑计数是估算以安时为单位累积净电荷的荷电状态的一种简单方法，见式（13.1）。库仑计数是一种开环估计法，它不能消除测量误差和不确定干扰的累积。此外，库仑计数不能确定初始 SOC，也不能解决自放电引起的初始 SOC 变化问题。在不了解初始 SOC 的情况下，这种方法会导致 SOC 估计误差的累积。考虑到这些因素，应对其定期重新校准，并广泛采用文献[18]至[21]中涉及的方法，如电池完全放电或参考开路电压（OCV）等其他测量方法①。

神经网络、基于模糊逻辑的模型和支持向量机等机器学习方法已经被应用于在线估计 SOC[22-23]。这些方法通过黑箱方法对电池进行建模，同时需要大量的训练数据进行学习。此外，对于所有可能的电池工作状态，模型的通用化仍然是一个挑战。基于模型的滤波估计方法由于其闭环特性和对各种不确定性系统建模的能力而得到了广泛的应用。电池的电化学模型和等效电路模型都是为了捕捉电池的动态行为。电化学模型通常以包含多个未知参数的偏微分方程形式表示。由于对内存和计算能力的要求很高，它们虽然精确但不实用。为了保证模型的准确性和可行性，在 BMS 中实现了等效电路模型，如文献[24]至[26]中发现的增强型自校正（ESC）模型和滞后模型，以及一阶或二阶电阻电容（RC）网络模型[24,27-30]。OCV 是上述电池等效模型中的关键参数，本质上是 SOC 的一个函数。运用 OCV-SOC 关系的前提是电池需要长时间停止工作，终端电压接近 OCV。然而，在现实生活中长时间停止工作是不可能的。为了弥补 OCV 方法的缺陷，结合库仑计数和 OCV，提出了基于状态空间模型的非线性滤波技术，以提高估算 SOC 的准确性[20]。为进一步阐述方法②，以下两小节分别介绍两个关于估算 SOC 的研究[15,17]。

13.2.1 SOC 估计案例分析 1

本小节提出了一种将基于机器学习算法（神经网络）和基于模型方法（无迹卡尔曼滤波器，UKF）[15]混合的 SOC 估计方法③。为了获取电池动力学的时间常数，将神经网络输入设置为多组电流、电压和温度测量值，将神经网络输出为 SOC。通过构造确定神经网络的输入数目和结构，优化提高神经网络的泛化能力和精度。为了减小神经网络的估计误差，提出了一种 UKF 方法滤除神经网络估计中的异常值。UKF 比扩展卡尔曼滤波器（EKF）[31-32]具有更高的精度，因为 UKF 能将任何非线性系统精确到三阶。利用动态应力测试（DST）数据对上述模型进行训练，并用 US06 公路汽车行驶记录的数据进行验证。

13.2.1.1 神经网络模型

神经网络是广泛应用于系统建模[33-34]、异常检测[35]、预测[36]和分类[37]的智能计算工具。神经网络由一组相互连接的简单处理单元组成，称为神经元，它们模拟人脑的信息处理和知识获取能力。神经网络的一些特性使其成为系统建模的具有吸引力的选择。神经网络可以用足够数量的神经元和层数拟合任何非线性函数，这使其适用于复杂系统的建模。神经网络可以学习和更新其内部结构，以适应不断变化的环境，由于其在计算上的并行性，在数据处理上是非常高效的。神经网络本质上属于数据驱动，它能够在缺乏系统详细物理信息的情况下构建系统模型[38]。

神经网络由一个输入层和一个或多个隐含层组成，其中一个或多个隐含层的节点，模拟系统输入和输出之间的非线性关系，一个输出层的节点用于表示系统输出变量。图 13.2 给出了用于 SOC 估计的前馈式神经网络的结构。神经网络的输入是电流（I）、电压（V）和温度（T），输出是电池的 SOC。相邻两层之间的节点相互连接。输入层传递含权重的输入，并在该层中不进行任何处理。隐含层和输出层是处理层，每个节点都有激活函数。双曲正切 Sigmoid 函数是隐含层

① 段落内容的引用转载自文献[17]，版权所有（2014），经 Elsevier 许可。

② 段落内容的引用转载自文献[17]，版权所有（2014），经 Elsevier 许可。

③ 13.2.1 节内容的引用和图 13-2 至图 13-5 转载自文献[15]，版权所有（2014），经 Elsevier 许可。

中常用的一种激活函数，定义如下：

$$f_{\text{tansig}}(u)=\frac{2}{1+\mathrm{e}^{-2u}}-1 \tag{13.2}$$

在输出层，线性传递函数作为回归和拟合问题的激活函数，定义如下：

$$f_{\text{lin}}(u)=u \tag{13.3}$$

在本研究中，使用反向传播（BP）算法确定网络中的权重和偏差[39]。BP 是指网络训练过程中的误差可以从输出层传播到隐含层，然后再传播到输入层，从而估计每个节点的最优神经权值。

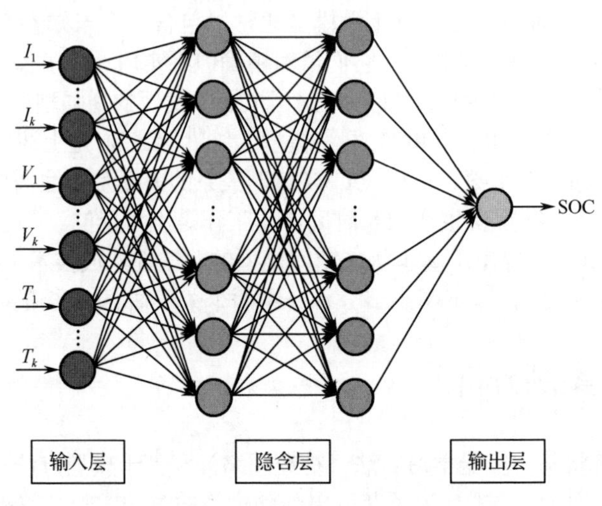

图 13.2　前馈式神经网络（NN）的结构

13.2.1.2　训练数据和测试数据

随着电动汽车电池的发展，精确的 SOC 估计变得越来越重要。然而，神经网络训练面临的问题是电动汽车的实际负载状态是复杂和不确定的，它随着路况、速度和驾驶风格而变化。因此，训练数据应尽可能覆盖 SOC 跨度、电流和电压范围以及负载变化率等实际条件。训练数据库可以使用模拟驾驶过程的电池测试进行构建。另外，在电动汽车的应用过程中收集到的数据可以用以提高神经网络的性能。如果数据库中不包含负载状态，则神经网络应具有泛化能力。

按照美国先进电池联盟（USABC）测试程序[40]规定，应使用 DST 曲线收集训练数据。DST 的电流分布如图 13.3（a）所示①。尽管 DST 由不同振幅和长度的各种电流组成，并考虑了再生充电，如图 13.3（a）中的负振幅所示，但它仍然对电池实际负载条件进行了简化。采用 DST 作为训练数据，检验在复杂负载条件下，用于 SOC 估计的神经网络精度和泛化能力。对电动汽车常用的 $LiFePO_4$ 电池进行了测试，其最大容量为 2.3Ah。将电池置于恒温箱中，测量电池的温度。使用 Arbin-BT2000 控制电池的充放电，在 0℃、10℃、20℃、30℃、40℃和 50℃下进行 DST，以构建不同温度下的训练数据集。

神经网络的测试数据应与训练数据不同。在这项研究中，测试数据是使用 US06 行车记录[41]收集的。US06 可以模拟公路行驶条件。US06 的曲线如图 13.3（b）所示，对电流变化率而言，US06 比 DST 更复杂。该模型用于检验神经网络的健壮性和泛化能力。US06 测试在 0℃、10℃、20℃、25℃、30℃、40℃和 50℃下进行，而训练数据不包括 25℃的数据。联邦城市行车记录曲线如图 13.3（c）所示。

① FUDS 概述

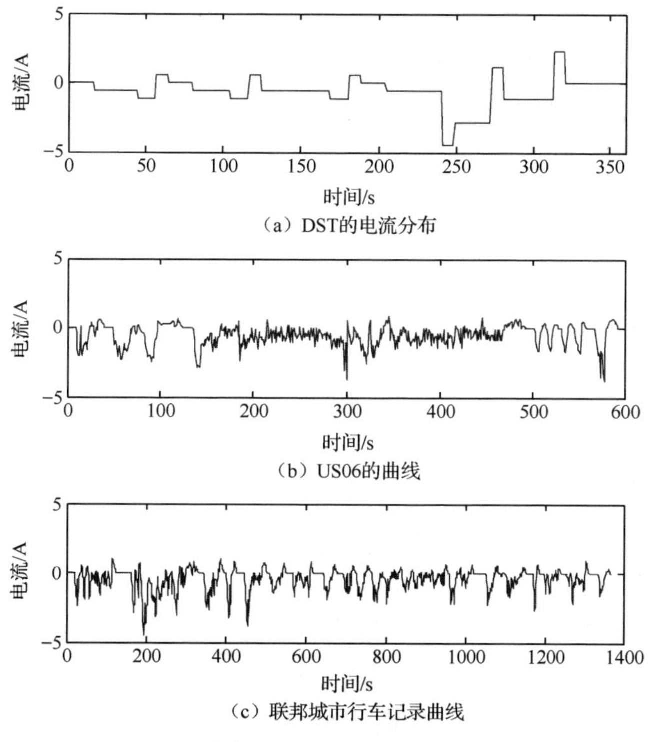

图 13.3 电池测试曲线

使用与文献[15]相同的数据，本章节的测试结果仅仅是由 US06 得出的。

通过对数据进行适当的归一化处理，可以使神经网络训练更加高效健壮。因此，在训练之前通过以下方法将输入标准化为[-1,1]：

$$\boldsymbol{x}=\frac{2\times(\boldsymbol{x}-x_{\min})}{(x_{\max}-x_{\min})}-1 \tag{13.4}$$

其中，$x_{\min}$ 和 $x_{\max}$ 是神经网络输入向量 $\boldsymbol{x}$ 中的最小值和最大值。在测试步骤中，使用训练数据中的 $x_{\min}$ 和 $x_{\max}$ 进行缩放作为测试数据。

13.2.1.3 神经网络结构的确定

在这项研究中，神经网络的输入是电流和电压的测量值。由于电池中电容电阻的作用，历史样本中的电流和电压将影响当前的电池状态。因此，历史样本的测量值也被输入到神经网络模型中。此外，为了避免神经网络的过度训练，每四个样本中选取一个样本来训练神经网络。神经网络在时间为 i 时的输入为$[I(i),I(i-4),\cdots,I(i-4k),V(i),V(i-4),\cdots,V(i-4k),T(i),T(i-4),\cdots,T(i-4k)]$，输出为 $\mathrm{SOC}(i)$，其中 k 是取决于电池系统响应时间的常数，在训练神经网络之前确定。通过优化不同参数值的训练误差，确定 k 值和隐含层神经元数 n。神经网络的参数设定为 k=30 和 n=5。

13.2.1.4 训练和测试的结果

图 13.4 给出了不同温度下 US06 测试数据的 SOC 估计结果。图中实线曲线是通过库仑计数计算的 SOC。由于电池是从 100%的 SOC 开始放电，并且由于电流传感器的良好校准性能，积分误差可以忽略不计，因此将实线曲线作为实际 SOC 进行比较。对于 US06 测试数据，均方根误差（RMSE）在 4%以内，但在某些温度下的最大误差大于 10%。由于 $LiFePO_4$ 电池放电特性曲线光滑平坦，误差主要出现在中等 SOC 范围（30%～80%）。由于神经网络存在过拟合问题，

因此通过使用更多的隐含层并将神经网络训练到较低的 RMSE 值（如 0.001）非常困难。

对于很多应用，如电动汽车，期望的 SOC 估计将围绕实际值平滑地演化，从而使得电动汽车的剩余里程预测不会突然跳变或下降，使用户感到困惑。为了提供足够精度的平滑估计，本研究采用 UKF 处理神经网络输出，并对误差进行滤波处理。

13.2.1.5 UKF 的应用

UKF 是一种典型的滤波方法，它提供基于无迹变换（UT）的递归状态估计[31]。UT 方法可以选择少量的西格玛点得到高斯分布的均值和方差，也可以将传播的西格玛点通过非线性系统后得到随机变量后验分布。UKF 在许多领域中得到了应用，因为它比 EKF[18,32]提供了更好的估计方法。此外，与 EKF 不同的是，UKF 不需要状态和测量函数的导数。因此，基于神经网络的 SOC 模型可以很容易地结合 UKF 进行估计。

为了建立 UKF 估计的状态空间模型，将神经网络的 SOC 输出视为噪声测量，然后选择 NN-SOC 模型作为测量模型，基于库仑计数导出状态模型。UKF 的目的是滤除神经网络输出噪声，以提高 SOC 估计精度。状态空间模型的公式如下：

状态函数：
$$\mathrm{SOC}(k+1)=\mathrm{SOC}(k)-\frac{I\times \mathrm{d}t}{Q_{\max}}+v \tag{13.5}$$

测量函数：
$$\mathrm{NN}(k+1)=\mathrm{SOC}(k)+w \tag{13.6}$$

其中，I 为电流，$Q_{\max}$ 为最大电荷容量，NN(k+1)是 NN 在时间为 k+1 时刻的 SOC 输出，v 和 w 分别是状态噪声和测量噪声。

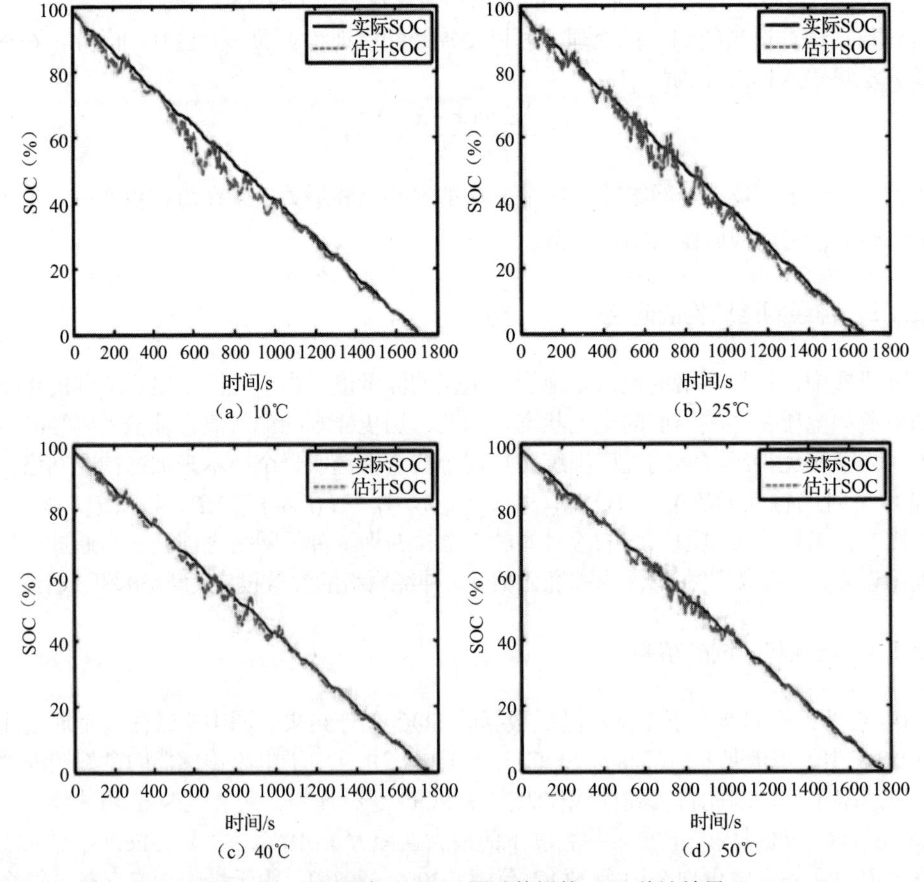

图 13.4 不同温度下 US06 测试数据的 SOC 估计结果

利用 UKF 对神经网络输出进行滤波，提高了估计精度。图 13.5 给出了 UKF 滤波后不同温度下 US06 的 SOC 估计结果。用于 UKF 估计的初始 SOC 是神经网络的输出结果。从图中可以看出，UKF 估计得到了所有温度下 SOC 的演化。在 25℃条件下，仅用神经网络方法估计 SOC，得到的 RMSE 为 3.3%，最大误差为 12.4%。UKF 降噪后，RMSE 降低到 2.5%，最大误差降低到 3.5%。因此，UKF 是减小神经网络估计误差的有效方法。在 UKF 滤波后，SOC 估计的 RMSE 在 2.5%以内，对于不同的温度，最大误差在 3.5%以内。

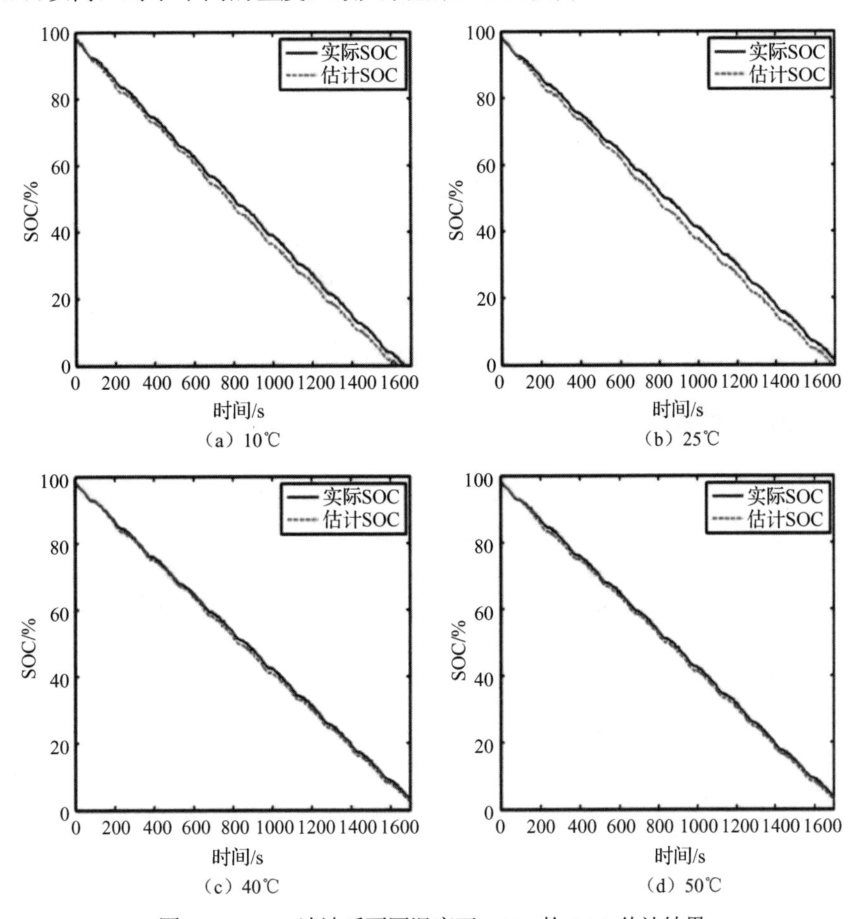

图 13.5 UKF 滤波后不同温度下 US06 的 SOC 估计结果

13.2.2 SOC 估计案例分析 2

本小节讨论结合非线性滤波方法的热敏内阻（R_{int}）电池模型[17]①。

提出该模型的目的是改进锂离子电池在不同环境温度、动态负载的 SOC 估计。在不同温度环境下进行了三次试验。DST 和联邦城市驾驶时间表（FUDS）是在不同温度下测试的两种动态负载条件，分别用于识别模型参数和验证估计性能。开路电压-电量状态-温度（OCV-SOC-T）测试的目的是在温度环境下扩展 OCV-SOC 表现的测试。由于系统的不确定性，相比于 EKF，采用基于 UKF 的 SOC 估计方法具有可达到三阶非线性拟合的优越性。本小节实验将在额定 1.1Ah 的 $LiFePO_4$ 电池上进行。

① 13.2.2 节包括节选、图 13.6 至图 13.12 和表 13.1，这些内容转载自文献[17]，版权所有（2014），经 Elsevier 许可。

13.2.2.1 OCV-SOC-T 测试

OCV 是电池 SOC 的一个函数。如果电池能够长时间停止工作，直到终端电压接近真实的 OCV，则 OCV 可以准确地推断 SOC。然而，这种方法不适用于动态 SOC 估计。为了解决这个问题，可以通过结合 OCV 的在线识别和已知的离线 OCV-SOC 表方式估计 SOC。考虑到 OCV-SOC 表随温度变化，OCV-SOC 测试在 0～50℃之间以 10℃的间隔进行。每个温度下的测试过程如图 13.6 所示。首先，使用 1C 恒定速率（1C 恒定速率意味着电池的全放电大约需要一个小时）的电流将电池的电量充满，直到电压达到 3.6V 的截止电压，此时电流为 0.01C。然后，电池以 C/20 恒定速率全放电，直到电压为 2V，这时对应的 SOC 为 0%。最后，电池以 C/20 恒定速率充满电，直到电压为 3.6V，这时对应的 SOC 为 100%。电池的端电压可认为是实际平衡电位的近似值[19,24]。如图 13.6 所示，充电过程中的平衡电位高于放电过程中的平衡电位，它展示了 OCV 在充放电过程中存在滞后现象。在本书中，OCV 曲线被定义为充放电平衡电位的平均值，忽略该滞后现象。此外，当 SOC 相对于特定电池容量被标准化时，OCV-SOC 曲线在相同测试条件下对于相同类型的电池可认为是唯一确定的，参见文献[42]。图 13.6 给出了 20℃时的 OCV 曲线，图 13.6 中的子图展示了 25%～80%的 SOC 之间 OCV 曲线的平坦斜率。

13.2.2.2 电池建模和参数辨识

对于锂离子电池，内阻（R_{int}）模型是通用的，可以直接用估计参数描述电池的动态特性。虽然参数较多的复杂模型可能会表现出较好的拟合结果，如具有多个并联 RC 网络的等效电路模型，但它也会带来过度拟合的风险，同时会引入更多在线估计的不确定性。特别是考虑到温度因素，电池建模更为复杂。因此，具有泛化能力的简单模型能达到很好的效果，比复杂模型更为实用。本研究提出基于初始内阻模型的修正模型，以平衡考虑模型复杂度和电池 SOC 估计准确度。初始内阻模型示意图如图 13.7 所示。

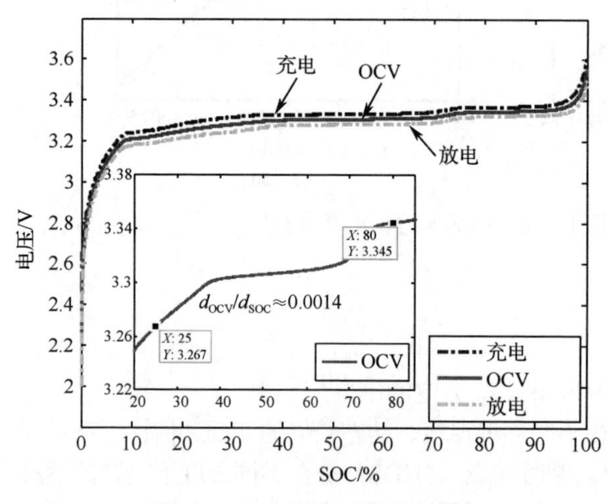

图 13.6 每个温度下的测试过程

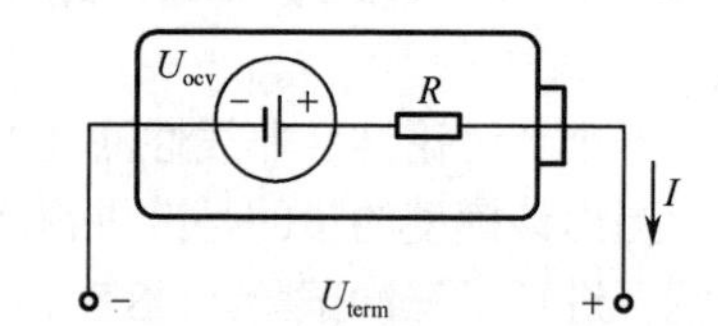

图 13.7 初始内阻模型示意图

$$U_{\text{term},k} = U_{\text{OCV}} - I_k * R \tag{13.7}$$

$$U_{\text{OCV}} = f(\text{SOC}_k) \tag{13.8}$$

式（13.7）和式（13.8）中，$U_{\text{term},k}$ 是 k 时刻电池在正常动态电流负载下测得的终端电压，I_k 是 k 时刻的动态电流。电流为正代表放电，电流为负代表充电。R 是电池简化后的总内阻。U_{OCV} 是电池 SOC 的函数，需按照 13.2.2.1 节中的程序进行测试。电池模型式（13.7）可直接根据测量的终端电压和电池电流推断出 OCV。然后，使用 f^{-1}(OCV) 估计 SOC，即 OCV-SOC 表。在 $LiFePO_4$ 电池上运行 DST，从而得出式（13.7）中的模型参数 R。以 20℃（见图 13.8）时 DST 的电流和电压分布为例，在电池试验台上，测量并记录电池从充满到耗尽的电压和电流，采样周期为 1s。从 100%SOC 开始同步计算累积电荷（实验 SOC）。参数 R 可以用电流、电压和离线 OCV-SOC 表通过最小二乘法拟合。

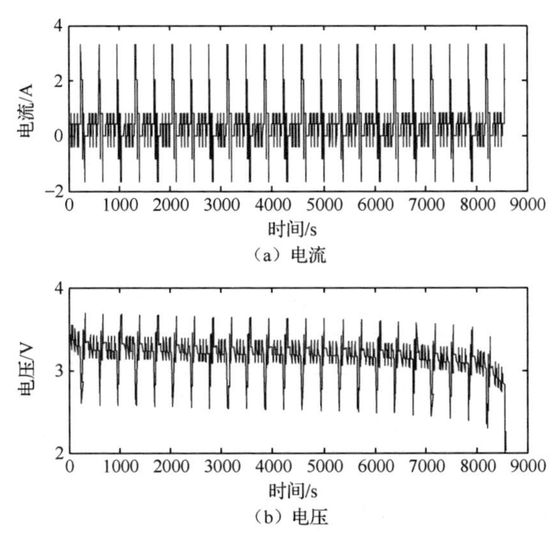

（a）电流

（b）电压

图 13.8　20℃时的 DST 曲线

13.2.2.3　OCV-SOC-T 表用于提高模型精度

如 13.2.2.1 节所述，以 10℃的间隔从 0～50℃将获得六条 OCV 曲线。图 13.9（a）给出了不同温度下 30%～80%SOC 的 OCV-SOC 曲线。可以看出，当 OCV 推断值相同时，如 3.3V，$SOC_{0℃}$ 比高温下的其他 SOC 大很多。因此，利用低温减少电量的释放是有意义的。图 13.9（b）展示了在 0℃、20℃和 40℃下，当 OCV 推断值为 3.28～3.32V 的特定值（间隔为 0.01V）时对应的 SOC。

从图 13.9（b）中可以发现，不同温度下相同的 OCV 推断值对应不同的 SOC。例如，当 OCV 为 3.30V 时，对应于 0℃和 40℃的 SOC 差值达到 22%，因此，将 OCV-SOC-T 关系添加到电池模型中将显著提高模型精度。改进后的电池模型为：

$$U_{\text{term},k} = U_{\text{OCV}}(\text{SOC}_k, T) - I_k * R(T) + C(T) \tag{13.9}$$

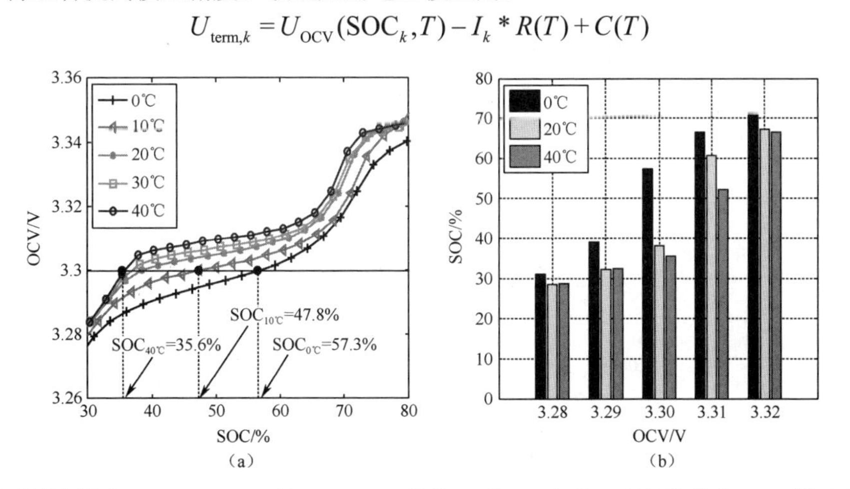

（a）　（b）

图 13.9　不同温度下 30%～80%SOC 的 OCV-SOC 曲线，0℃、20℃和 40℃下与特定 OCV 相对应的 SOC

其中，U_{OCV} 是 SOC 和环境温度（T）的函数，$C(T)$是温度的函数，有助于减少由于模型误差和环境条件引起的偏差。

从图 13.9（b）中可以看出，OCV 推断值中 0.01V 的小偏差将导致在相同温度条件下对应的 SOC 存在较大差异。这与图 13.6 所反映的问题一致。因此，如果直接从电池模型中获得 SOC 估计值，则需要精确的模型和较高的测量精度。为了解决这一问题，提高 SOC 估计的精度，将采用基于模型的 UKF 方法。

13.2.2.4 模型验证

基于式（13.9）提出的模型，应根据环境温度（此处将其视为平均值）选择特定的 OCV-SOC 表，采用最小二乘法拟合确定模型参数中的 R 和 C。拟合模型的参数及其统计指标如表 13.1 所示。

表 13.1 拟合模型的参数及其统计指标

T/℃	R/Ω	C	平均绝对误差/V	均方根建模误差	相关系数（e_k,I_k）
0	0.2780	−0.0552	0.0153	0.0188	1.36×10^{-13}
10	0.2396	−0.0436	0.0112	0.0134	8.45×10^{-14}
20	0.2249	−0.0360	0.0087	0.0105	1.09×10^{-13}
25	0.2020	−0.0326	0.0080	0.0095	1.02×10^{-13}
30	0.1838	−0.0289	0.0073	0.0085	-7.62×10^{-13}
40	0.1565	−0.0237	0.0060	0.0071	2.85×10^{-13}
50	0.1816	−0.0201	0.0099	0.0131	3.15×10^{-14}

接近于零的相关系数(e_k,I_k)表明残差和输入变量几乎没有线性关系。因此，修正后的模型可以更好地拟合动态电流负载。如图 13.10 所示，C 的值可以使用环境温度（T）作为自变量通过回归曲线进行拟合。由于电池的内部性质（即电池电阻）遵循 Arrhenius 方程，而该方程与温度呈指数关系，因此可以选择指数函数拟合温度 T 所对应的 C 值曲线（见文献[43]）。在这项研究中，取 0℃、10℃、20℃、25℃、30℃和 40℃所对应的 C 值用于曲线拟合，而 C(50℃)用于测试该指数函数的拟合性能。图 13.10 展示了基于 C 值和拟合曲线的 95%的预测范围。显然，在 50℃处，C 在 95%的预测范围内。由图 13.10 中的 $C(T)$函数可以看出，当尚未进行相关温度试验时，该函数可以用来估算 C。

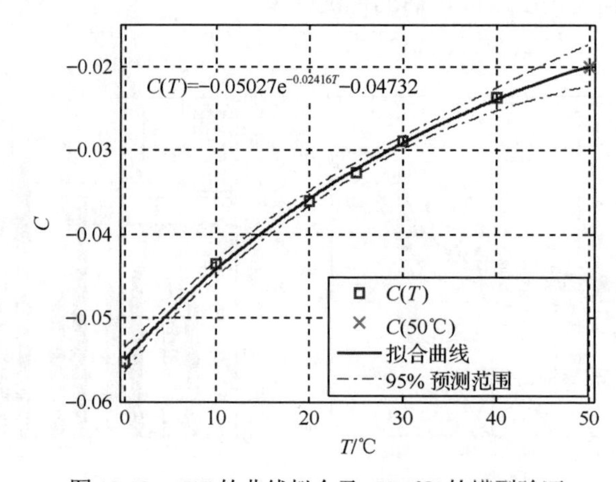

图 13.10 $C(T)$的曲线拟合及 C(50℃)的模型验证

13.2.2.5 在线 SOC 估计算法的实现

在线 SOC 估计具有强非线性，这是因为电池中 OCV 与 SOC 有着非线性关系。此外，由于模型不精确、测量噪声和运行条件造成的不确定性将导致 SOC 估计值变化很大。为了实现动态 SOC 估计，基于模型的非线性滤波方法应运而生。其目的是估计系统的隐含状态或估计系统的模型参数，或者两者兼而有之。非线性滤波方法中的基于误差反馈的 UKF 方法可通过改变系统噪声提高估计精度。

状态函数：

$$\mathrm{SOC}(k)=\mathrm{SOC}(k-1)-I(k-1)*\frac{\Delta t}{C_n}+\omega_1(k-1) \tag{13.10}$$

$$R(k)=R(k-1)+\omega_2(k-1) \tag{13.11}$$

测量函数：

$$U_{\mathrm{term}}(k)=U_{\mathrm{OCV}}(\mathrm{SOC}(k),T)-I(k)*R(k,T)+C(T)+J(k) \tag{13.12}$$

其中，$I(k)$是 k 时刻的输入电流，Δt 是采样间隔，根据采样率定为 1s，C_n 是额定容量。测试样本的额定容量为 1.1Ah。$\omega_1(k)$、$\omega_2(k)$ 和 $J(k)$ 是均值为零的白噪声随机过程。

图 13.11 给出了用于模型验证的 FUDS 曲线。FUDS 是基于符合汽车工业标准的时间-速度曲线的电动汽车动态性能测试[40]。本书将此时间-速度曲线转换为动态电流曲线，以进行电池测试和模型验证。图 13.12 将 UKF 方法从两个不同的查找表得到的 SOC 估计结果进行比较，假设原始 OCV-SOC 表是在 25℃下测试的，图 13.12 展示了在 40℃下进行动态 FUDS 测试时的估计结果。图 13.12（a）展示了基于 OCV-SOC 表和 OCV-SOC-40℃表的估计终端电压（$\hat{U}_{\mathrm{term}}$）和测量终端电压（U_{term}）之间的误差。图 13.12（b）展示了使用这两个表的 SOC 估计结果。

如图 13.12（b）所示，当选择 OCV-SOC-T 表中温度与环境温度一致时，估计值趋近实际 SOC。当使用原始的 OCV-SOC 表（无须任何温度校正）时，会与实际 SOC 存在较大偏差。

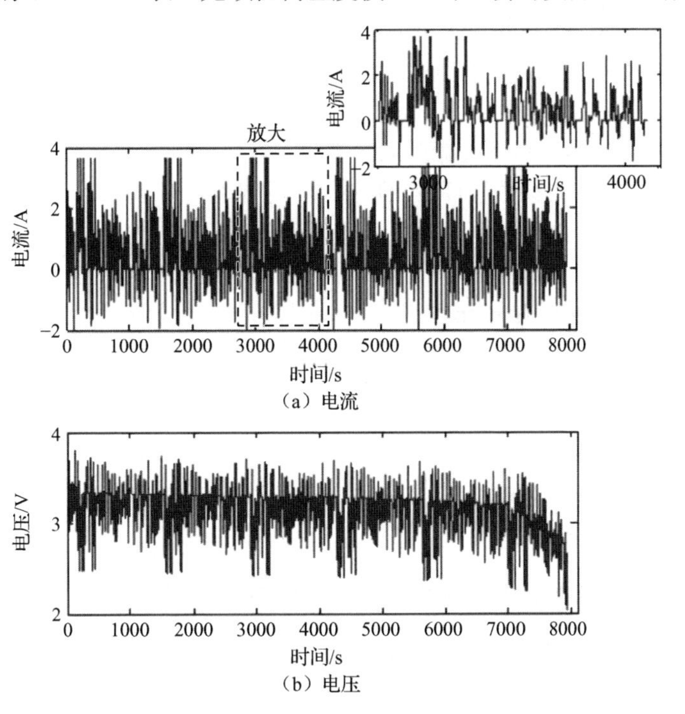

图 13.11 用于模型验证的 FUDS 曲线（20℃时）

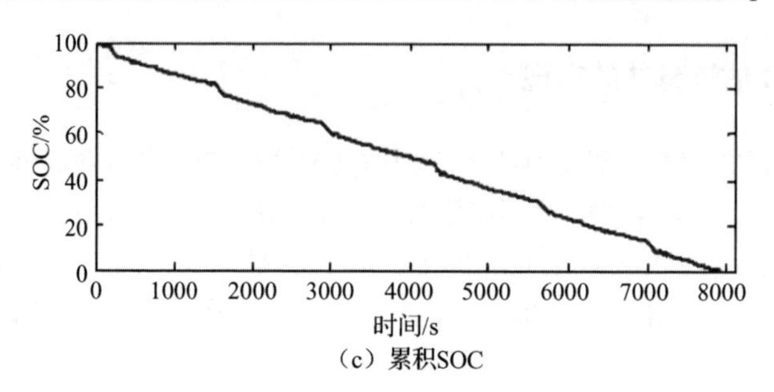

（c）累积SOC

图 13.11　用于模型验证的 FUDS 曲线（20℃时）（续）

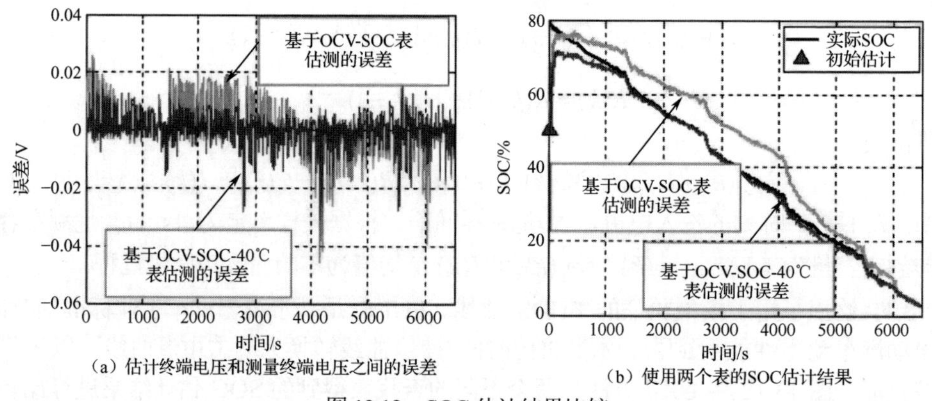

（a）估计终端电压和测量终端电压之间的误差

（b）使用两个表的SOC估计结果

图 13.12　SOC 估计结果比较

13.3 健康状态的估计与预测

电池的 SOH 是描述电池在其使用过程中健康状态下降多少的指标，通常由电池的内阻或其提供电量的能力进行评估[44]。SOH 的一般定义反映了电池的健康状态及其提供输出的能力[45]。通常，电池的标称容量用于定义电池的健康指数。当电池容量降低到初始容量的 80%时，它被定义为发生故障。相关研究已经制定了不同的规则或指标进行量化电池特性、测试设备和不同应用领域的 SOH[46]。根据电池的具体性能要求，不同的应用对应不同的 SOH 定义。通常情况下，可以通过监测电池老化的相关参数进行 SOH 评估，包括容量、功率、内阻、交流阻抗和充电时间。这些参数可以单独使用，也可以结合在一起，用以定义电池的健康指数。

除了 SOH，BMS 也能预测电池的 RUL。电池 RUL 定义为电池达到系统制造商或用户定义的故障阈值之前的剩余时间或循环充放电次数。因此，RUL 取决于电池的故障阈值和健康指数。RUL 预测是电池供电系统安全可靠运行的必要环节，其在关键任务规划、预测性维护以及智能电池健康管理中都不可或缺。RUL 预测同时采用了基于物理和数据驱动的方法，以提高预测的准确性，同时也将在线工作计算量最小化。

13.3.1 锂离子电池预测案例分析

本小节介绍了一种故障预测与系统健康管理（PHM）方法，旨在从电池寿命的早期阶段开始进行车载应用和 RUL 预测[16]①。该模型在建模精度和复杂度之间具有很好的平衡性，并且能

① 13.3.1 节包括节选、图 13.13 至图 13.16，这些内容转载自文献[16]，版权所有（2011），经 Elsevier 许可。图 13.13 是根据原始数据重新绘制的，为了更清晰，电池的循环轴进行了最小限度的更改。

够准确地得到电池容量衰减的非线性趋势。为了实现对电池寿命早期的准确预测，采用两种算法使模型参数快速适应特定的电池系统和负载条件。第一种是基于 Dempster-Shafer（DS）理论的初始模型参数选择[47-48]。DS 理论是一种有效的数据融合方法，它在传感器信息融合[49-51]、专家意见组合和分类器组合[52-54]等方面有着广泛的应用。用户可以从可用的电池数据中收集信息，以获得具有最高可信度的初始模型参数。第二种是 Bayesian Monte Carlo（BMC）方法[55-57]，它可以根据新的测量值更新模型参数。利用 BMC 方法得到的调谐参数，可以对容量衰减模型进行外推，以达到 SOH 和 RUL 预测。该电池预测方法能够在电池寿命的早期提供准确的预测，而不需要大量的训练数据，因此在车载电池 PHM 系统方面具有潜在的应用前景[16]。

13.3.1.1 容量衰减模型

随着电池的老化，其最大可用容量将减少。为了研究容量衰减，对两种商用电池进行了试验测试。采用 Arbin-BT2000 电池测试系统，在室温下进行了多次充放电试验，完成电池的完全充放电循环。A 型电池的放电电流为 0.45A，电池的充放电在制造商规定的截止电压时停止。由于进行了完全充放电循环，因此使用库仑计数法估算被测电池的容量。通过测试得到的容量数据可以用于预测电池的 SOH 和 RUL。

A 型四节电池的容量衰减趋势如图 13.13 所示。可以看出，容量衰减以接近线性的方式进行，随后显著降低。容量的损失通常是由电池电极和电解液之间发生的副反应引起的，电解液消耗锂，从而使这部分锂无法继续进行法拉第过程。固体沉淀物是这些副反应的产物，它们会附着在电极上，从而增加电池的内阻。这些反应的综合作用降低了电池储存电量的能力[2,58-59]。文献[60]和[61]利用了指数函数之和模拟 SEI 随时间增加而引起的内阻抗增加。由于电池容量衰减与内部阻抗的增加密切相关，因此容量衰减的趋势模型同样可以使用指数模型。基于实验数据的回归分析，发现以下形式的模型能够很好地描述四种不同电池（A1、A2、A3 和 A4）的容量衰减趋势，R^2 总是大于 0.95，最大 RMSE 限制为 0.0114：

$$Q = a\exp(b \cdot k) + c\exp(d \cdot k) \tag{13.13}$$

其中，Q 为电池容量，k 为充放电循环次数。

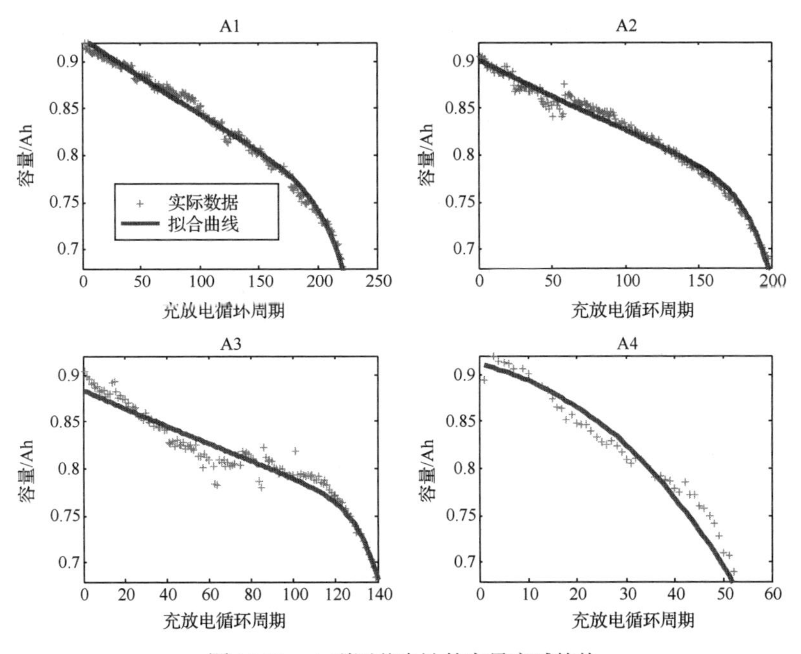

图 13.13 A 型四节电池的容量衰减趋势

13.3.1.2 电池故障预测的不确定性

如图 13.13 所示，这个模型可以很好地适应每节电池。然而，容易看出每个样品的衰减趋势存在很大差异。这些差异可能来自以下几个方面。

（1）固有系统不确定性：如图 13.13 所示，由于制造组件和材料特性的不确定性，电池可能具有不同的初始容量。每个电池可能受到杂质或缺陷的单独影响，这会导致不同的老化率。

（2）测量不确定性：测量装置的背景噪声和系统过程噪声可能产生不确定性。

（3）运行环境不确定性：容量衰减率受到使用条件的影响，如环境温度、放电电流率、放电深度和老化时间。

（4）建模不确定性：回归模型是一个近似的电池衰减模型，存在一定的建模误差。

在式（13.13）中，参数 a 和 c 表示初始容量，b 和 d 表示老化率。如果模型参数定义不准确，则在预测中会存在误差。这里需要使用不确定性管理工具说明容量估计中的噪声或误差、电池化学成分和负载条件的变化等。本研究采用 DS 理论和 BMC 方法来保证所提出的衰退模型能够适应特定的电池系统和负载条件，最终使用概率密度函数（PDF）获得 RUL 预测结果，从而评估预测的置信度。

为了在电池寿命的早期提供准确的预测，这些模型参数必须能代表电池的真实物理响应。有效的电池数据可以用于初始化这些参数。良好的初始参数组合将缩短模型对实际系统响应的收敛时间。在此基础上，利用 DS 理论的混合组合规则得到 BMC 更新的先验模型，混合组合规则可以整合每个数据集中具有可信度的数据[48]。DST 使用电池 Al、A2 和 A3 的数据初始化模型参数的详细步骤本书不再逐一介绍，感兴趣的读者可以参考文献[16]。DST 给出以下组合参数值：a=−0.00022，b=0.04772，c=0.89767，d=−0.00094。

13.3.1.3 基于贝叶斯蒙特卡罗法的模型更新

当确定了初始参数值并收集了容量数据后，就可以根据贝叶斯规则更新参数了。随着可用的容量数据越来越多，参数的估计值将逐渐收敛到其真实值。为模拟上述不确定性，假设参数 a、b、c 和 d 以及回归模型的误差服从高斯分布：

$$
\begin{aligned}
a_k &= a_{k-1} + \omega_a, \omega_a \sim N(0, \sigma_a) \\
b_k &= b_{k-1} + \omega_b, \omega_b \sim N(0, \sigma_b) \\
c_k &= c_{k-1} + \omega_c, \omega_c \sim N(0, \sigma_c) \\
d_k &= d_{k-1} + \omega_d, \omega_d \sim N(0, \sigma_d)
\end{aligned} \tag{13.14}
$$

$$
Q_k = a_k \exp(b_k \cdot k) + c_k \exp(d_x \cdot k) + \nu,\ \nu \sim N(0, \sigma_Q) \tag{13.15}
$$

其中，Q_k 是在第 k 个充放电周期测得的电池容量，$N(0,\sigma)$是均值为零且标准差（SD）为 σ 的高斯噪声。初始值 a_0、b_0、c_0 和 d_0 是从基于 DS 理论的训练数据获得的模型参数的加权和。$\boldsymbol{X}_k=[a_k,b_k,c_k,d_k]$是第 k 个周期的参数向量。在给定一系列容量测量值 $Q_{0:k}=[Q_0,Q_1,\cdots,Q_k]$的情况下，估计参数向量 $\boldsymbol{X}_k$ 的概率分布为 $P(\boldsymbol{X}_k|Q_{0:k})$。在贝叶斯框架内，后验分布 $P(\boldsymbol{X}_k|Q_{0:k})$可以通过预测和更新两个步骤递归计算。

这种后验密度的递归传播只是普遍的概念解，很难得到分布的解析解，因为它们需要计算复杂的高维积分[55]。然而，可以通过蒙特卡罗抽样[55-56]近似地得到这个贝叶斯更新的数值解，其核心方法是通过一组具有相关权重的随机样本表示 PDF，并根据这些样本和权重计算估计值，如下所示：

$$P(\boldsymbol{X}_k|Q_{0:k}) \approx \sum_{i=1}^{N} \omega_k^i \delta(\boldsymbol{X}_k - X_k^i) \tag{13.16}$$

其中，$X_k^i, i=1, 2, 3, \cdots, N$ 是从 $P(\boldsymbol{X}_k|Q_{0:k})$中抽取的一组独立随机样本，$\omega_k^i$ 是与每个样本 X_k^i 相关联的贝叶斯权重，δ 是狄拉克函数。

13.3.1.4 SOH 预测和 RUL 估计

利用 BMC 方法可以在每个周期更新参数向量。在更新过程中，使用 N 个样本近似计算后验 PDF。每个样本代表一个候选模型向量，即 X_k^i，i=1,2,3,⋯,N。因此，Q 的预测将包含 N 个具有相应权重 ω_k^i 的可能轨迹。进一步讲，可以通过以下公式计算在第 k 个充放电周期时每个轨迹的第（k+h）周期预测结果：

$$Q_{k+h}^i = a_k^i \cdot \exp(b_k^i \cdot (k+h)) + c_k^i \cdot \exp(d_k^i \cdot (k+h)) \tag{13.17}$$

通过对每个带有权重的轨迹预测可获得预测的后验 PDF 估计值：

$$P(Q_{k+h}Q_{0:k}) \approx \sum_{i=1}^{N} \omega_k^i \delta(Q_{k+h} - Q_{k+h}^i) \tag{13.18}$$

在第 k 个周期时对 h 个周期后的期望值或平均值预测如下：

$$\overline{Q}_{k+h} = \sum_{i=1}^{N} \omega_k^i \cdot Q_{k+h}^i \tag{13.19}$$

由于故障阈值被定义为额定容量的 80%，通过求解式（13.20），可以获得第 k 个周期中第 i 个轨迹的 RUL 估计值 L_k^i：

$$0.8 \cdot Q_{\text{rated}} = a_k^i \cdot \exp(b_k^i \cdot (k+L_k^i)) + c_k^i \cdot \exp(d_k^i \cdot (k+L_k^i)) \tag{13.20}$$

然后，在第 k 个周期处的 RUL 分布可以近似为：

$$P(L_k Q_{0:k}) \approx \sum_{i=1}^{N} \omega_k^i \delta(L_k - L_k^i) \tag{13.21}$$

第 k 个周期处的 RUL 预测的期望值或平均值为：

$$\overline{L_k} = \sum_{i=1}^{N} \omega_k^i \cdot L_k^i \tag{13.22}$$

基于上述描述，图 13.14 给出了电池预测流程图。首先，利用 DS 理论对现有的电池数据集进行组合，为 BMC 数据更新提供一个起点。每当监测电池的容量时，BMC 会更新模型参数，以追踪电池的退化趋势。可以通过将模型外推至故障阈值来进行 RUL 预测。

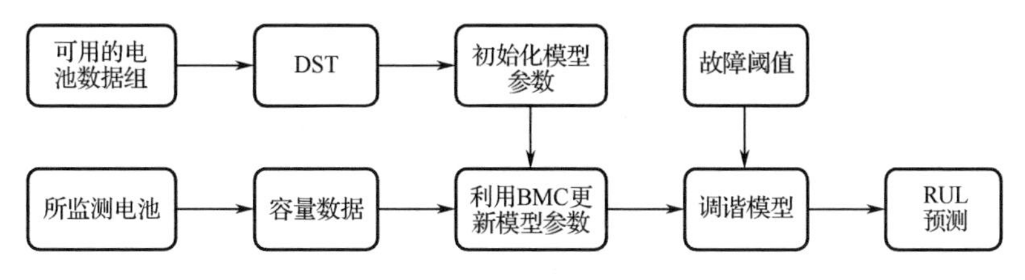

图 13.14 电池预测流程图

13.3.1.5 预测结果

利用电池组 Al、A2 和 A3 的数据，通过 DS 理论导出初始模型。以容量衰减趋势与其他三种电池差异最大的 A4 电池作为测试样本，验证算法的有效性。电池 A4 在第 18 个周期的预测结果如图 13.15 所示，其中只有前 18 个周期的数据用于更新模型。RUL 预测的均值误差为 1 个周期，SD（标准差）为 6 个周期。图 13.16 给出了电池 A4 在第 32 个周期的预测结果。由于有更多的数据可用于更新模型参数，所以预测故障周期与实际值更加接近，RUL 预测的均值精度得到提高，SD 降低到 2 个周期，这意味着预测结果有更高的置信度。

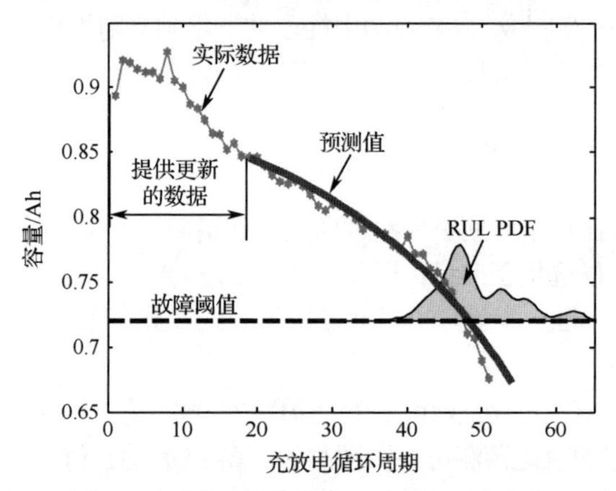

图 13.15　电池 A4 在第 18 个周期的预测结果（应用 DS 理论建立 BMC 预测模型，预测误差为 1 个周期，RUL 估计的标准差为 6 个周期）

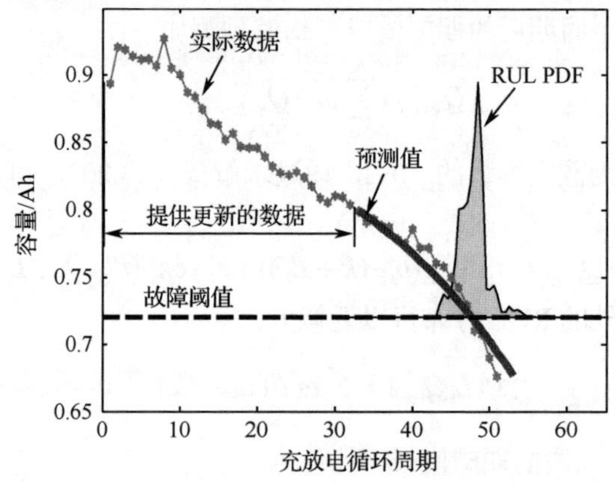

图 13.16　电池 A4 在第 32 个周期的预测结果（应用 DS 理论建立 BMC 预测模型，BMC 准确预测了故障时间，RUL 估计的标准差为 2 个周期）

13.4 总结

本章研究了锂离子电池 PHM 提高对电池的控制、管理和维护能力，保证电池系统安全可靠地运行。电池的 PHM 可以通过实时监测电池参数和应用建模技术精确估计电池 SOC、SOH 以及 RUL。本章使用三个案例介绍了目前先进的锂离子电池 PHM 方法，包括机器学习和基于模型的方法。从讨论中可以清楚地看出，电池状态估计和预测需要科研团体进行更多的科学研究，从而使得在线应用演化准确、计算简单且模型通用性强。基于 PHM 的锂离子电池决策框架可以为基于预测信息的任务规划和维护调度提供建议，并可以实时控制电池的使用，优化电池的寿命周期性能。

原著参考文献

第14章

发光二极管 PHM

Moon-Hwan Chang [1]，Jiajie Fan[2]，Cheng Qian[3]，Bo Sun[3]
1 三星显示器有限公司，韩国牙山
2 河海大学机电工程学院，中国江苏常州
3 北京航空航天大学可靠性与系统工程学院，中国北京

发光二极管（Light-Emitting Diode，LED）由于其在各种应用中的多功能性以及在诸如通用照明、汽车灯、通信设备和医疗设备等市场中不断增长的需求而备受关注。准确有效地预测LED 照明的寿命或可靠性已成为固态照明领域的关键问题之一。故障预测与系统健康管理（PHM）是一类采用多学科方法，包括物理、数学和工程学技术，以解决工程问题（如故障诊断、寿命估算和可靠性预测）的技术。本章概述了应用到 LED 的多种 PHM 方法，如用模拟优化 LED 设计，缩短合格测试时间，为 LED 系统启用基于状态的维修（Condition-Based Maintenance，CBM），以及关于进行投资回报率（Return On Investment，ROI）分析的知识。

14.1 概述

由于大功率白光 LED 的高效率、环保及长寿命，它们已被广泛应用于照明系统领域[1]。LED 在电视和商业显示器/背光、移动通信和医疗应用的未来中起着至关重要的作用[2-3]，2014年诺贝尔物理学奖得主中村修二教授是一个重要的推动者，他发明的高效率蓝光 LED 使明亮而节能的白光源成为可能。

但是，LED 的大规模应用仍然面临许多困难，如高成本、费时费钱的合格测试以及现有方法预测使用寿命的不可靠性。因此，在设计阶段准确预测高功率白光 LED 的剩余使用寿命（Remaining Useful Life，RUL）已成为推广该产品的关键问题[4]。全球越来越多的环境保护相关法律政策趋向更多地采用 LED 作为通用照明。但是，如果 LED 行业的产品不能满足客户对质量和可靠性的期望，它们将无法满足这一需求。本章所述方法将帮助行业发展 LED 评估技术并做出更明智的产品决策。

传统的电子产品可靠性预测方法，包括《电子设备可靠性预计手册》（美国军用手册，MIL-HDBK-217）中提到的可靠性信息分析中心的方法（RIAC-217Plus）、Telcordia 标准和 FIDES等。它们的准确性不足以预测实际的现场故障，如软故障和间歇故障这种在大量电子设备系统中常见的故障模式，这些方法甚至会得出极具误导性的预测[5-6]。PHM 是一种用于在实际运行条件下对产品（或系统）进行可靠性评估和预测的方法。PHM 通过包括物理、数学和算法在内的多学科方法解决了工程问题（如故障诊断、寿命估计和可靠性预测）。它采用失效物理（PoF）建模和现场监测技术来检测健康状况的误差或恶化，并且预测在现场运行下的电子产品和系统的可

靠性（和剩余寿命）。PHM 正在成为有效的系统级维修的关键因素之一[7]。

14.2 LED PHM 方法评述

本节将概述已应用于 LED 器件和 LED 系统的可用预测方法和模型。这些方法包括统计回归、静态贝叶斯网络、卡尔曼滤波（KF）、粒子滤波（PF）、人工神经网络（ANN）和基于物理的方法，并且讨论这些方法的一般概念和主要特征，应用这些方法的利弊，以及 LED 应用案例研究。

14.2.1 可用的故障预测方法概述

可将预测方法分为数据驱动（Data-Driven，DD）方法、基于物理的方法和混合/融合方法[7-13]。数据驱动方法使用先前的经验、信息和观察/监视数据作为训练数据，用来识别当前系统的可靠性状态，进一步预测趋势并预测未来的系统可靠性状态，而无须使用任何特定的物理模型[5]。数据驱动方法主要基于人工智能（Artificial Intelligence，AI）或源自机器学习（Machine Learning，ML）、模式识别技术的统计数据。对于基于物理的方法则是利用与系统故障的机理、模型以及系统寿命周期中的运行和环境条件相关的信息来评估系统的 RUL 和可靠性[5]。采用基于物理的方法可构建一个表示系统故障行为的物理模型，然后将测量/监视数据与物理模型组合在一起，从而确定模型参数并预测系统的未来故障行为。融合/混合方法结合了上述方法以提高预测性能[7]。具有不同特征和故障模式的产品/系统已广泛采用各种预测方法。选择正确有效的方法是成功应用预测技术的关键。

研究人员进行了许多研究，并应用了多种可行的方法针对高功率 LED 实施了预测，如图 14.1 所示。

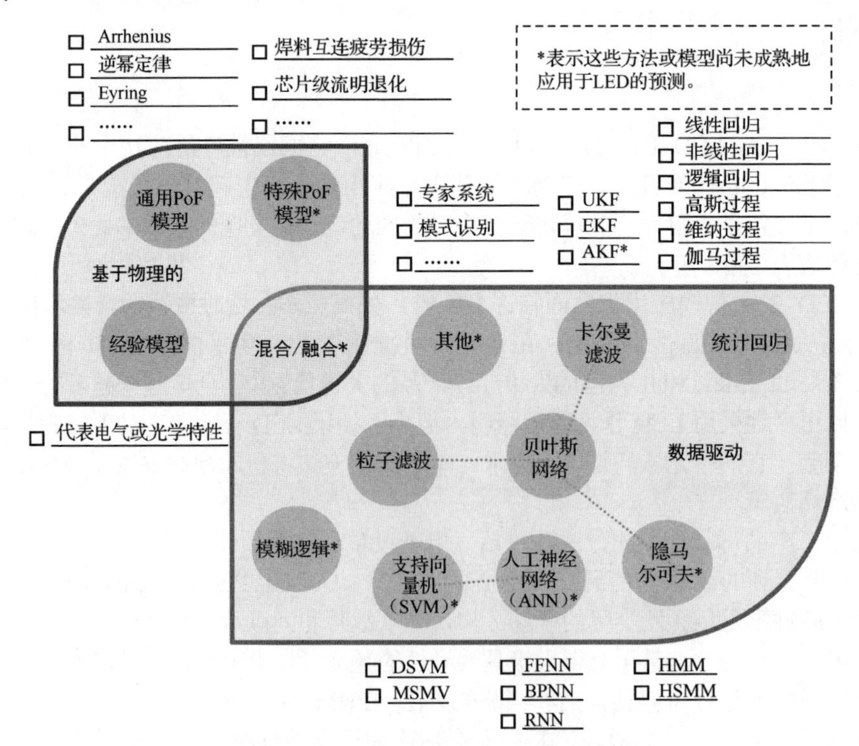

图 14.1 LED 可用的预测方法/模型及分类

14.2.2 数据驱动方法

目前，LED 预测已应用了五种类型的数据驱动方法。这些方法是统计回归、静态贝叶斯网络、卡尔曼滤波、粒子滤波和人工神经网络。以下各节将详细讨论这五个方法。

14.2.2.1 统计回归

该方法基于与寿命相关的特征参数的趋势分析/外推（或模型拟合/曲线拟合）来预测。特征参数可以是单个变量或一组变量。有时可以将多个变量进一步汇总为单个随时间变化的变量。然后实施不同类型的统计回归模型以评估组件或系统的 RUL[14-17]。在相关文献中，有许多 LED 预测的应用案例。

由于简单，统计回归通常用于工程实践中的寿命估计。这类方法通过关键绩效指标（Key Performance Indicator，KPI）来预测系统的运行状况/性能下降，然后对其趋势进行监控。通过将性能指标与预定阈值进行比较，最终可以预测 RUL。作为典型示例，IES-TM-21 标准[18]推荐了一种预测 LED 光源的长期流明维持率的统计回归方法。IES-TM-21 是 LED 行业中常用的标准，获得了北美照明工程协会（IESNA）的批准。收集的流明维持数据来自遵循 IES-LM-80 标准[19]的 6000 小时测试（或更久）。IESNA 最近发布了 IES-TM-28 标准[20]来预测在不同工作温度条件下的长期光通量维持率。同样，也可以通过使用符合相关测量标准[21-25]的方法获取所需的数据。IES-TM-21 和 IES-TM-28 采用了指数回归模型和最小二乘回归（Least-Squares Regression，LSR）方法，但是在实际应用中，IES-TM-21 和 IES-TM-28 都会由于各种类型的不确定性而产生较大的误差，如不连续的测量、运行环境以及未来的载荷等，所以上述标准是在未考虑统计特性的情况下并未提供详细的可靠性信息[26-28]。实际上，关于 LED 的寿命和 RUL 等可靠性信息对于制造商以及潜在用户都具有重要意义。因此，对这种高度可靠的电子产品进行准确的寿命预测仍然是 LED 照明市场中的关键问题。

许多标准的变体和扩展已经被开发出来，包括线性回归[26, 29-36]和非线性回归[37-39]，其中最小二乘法（LSM）和最大似然估计（Maximum Likelihood Estimation，MLE）是两种常用的用于拟合函数及估计参数的方法。例如，Sutharssan 等[31]开发了一种对 LED 封装进行 RUL 预测的数据驱动方法，其主要基于两种距离测量技术：马氏距离（Mahalanobis Distance，MD）和欧氏（欧几里得）距离（Euclidean Distance，ED）。使用 MD 和 ED 来测量 LED 的光输出的偏差或退化，然后使用线性外推模型来预测 LED 的 RUL。对于非线性回归，常用的函数形式包括指数函数[30]、逆幂定律模型[39] 、Arrhenius 模型[37]和 Weibull 函数[38]。

研究人员还通过考虑时变性能指标并使用两阶段方法[16,40-42]、逻辑回归[43-44]、近似方法[45-46]、分析方法、维纳过程（带漂移的布朗运动）[27,47-50]、高斯过程[51]和伽马过程[52-53]等来监视/测量数据或先验知识，从而开发出许多变体。例如，Fan 等[40]使用通用退化路径模型，通过三种方法（近似方法、分析方法和两阶段方法）和三种统计模型（Weibull、对数正态和正态）分析 LED 的流明维持率数据来预测 LED 的流明寿命。最终的预测结果表明，与 IES-TM-21 流明寿命估计相比，上述方法可以获得更多的可靠性信息，如平均失效时间（Time To Failure，TTF）、置信区间、可靠性函数，以及准确的预测结果。逻辑回归是广泛用于处理非线性回归问题的另一种方法，其引入了基于线性回归模型的 Sigmoid 函数。Sutharssan[33]进一步比较了数据驱动方法和模型驱动方法的性能。这项研究使用了逻辑回归模型，并确定了 LED 温度和正向电流的 Logistic 函数的关键参数。这两种方法均适用于 LED 的预测。如 Burmen[30]和 Song、Han[54]等所述，光谱功率分布（Spectral Power Distribution，SPD）的变化可能是由各个退化机理（如芯片退化、荧光粉层退化和封装材料退化）引起的。这种退化严重影响 LED 的可靠性。此外，Qian 等[55]开发了一种基于 SPD 的方法来分析和预测 LED 的可靠性，使用了指数退化模型来拟合从 LED 老化测试数据中提取和分解 SPD 的模型参数。

基本的维纳过程在退化分析中也具有广泛的应用。维纳过程 $\{Y(t),t\geqslant 0\}$ 可以表示为 $Y(t)=\lambda t+\sigma B(t)$，其中 λ 是定义的漂移参数，$\sigma>0$ 是扩散系数，$B(t)$ 是标准布朗运动。它适用于高斯噪声随时间双向变化的退化过程。使用维纳过程进行退化建模的优点之一是可以通过分析公式化确定首达时间（First Passage Time，FPT）的分布，这被称为逆高斯分布。Ye 等[48]使用 LED 作为范例，将 LED 照明的流明输出首次低于其初始流明输出水平的 70%阈值线作为寿命终点。Huang 等[27]采用了改进的维纳过程来模拟 LED 器件的退化。此方法获得了平均失效时间（Mean Time To Failure，MTTF），并显示了与 IES-TM-21 预测相当的结果，这证明了该方法的可行性。带漂移的维纳过程是由 $X(t)=x_0+\mu t+\sigma W(t)$ 给出的高斯过程，其中 $W(t)$ 表示标准布朗运动，x_0 是某个初始退化水平，μ 和 σ 分别是漂移和方差系数。例如，Goebel 等[51]比较了相关向量机（Relevance Vector Machine，RVM）、高斯过程回归（Gaussian Process Regression，GPR）和基于神经网络的方法，并将它们用于具有非常高噪声含量的相对稀疏的训练集。结果表明，尽管数据的损坏估计值不同，但所有方法都可以提供 RUL 估计。遗憾的是，尚未发现这些方法在 LED 预测中的应用。

有时，退化过程是单向变化且单调的，如 LED 的光输出退化过程。伽马过程是退化过程的自然模型，在该过程中，退化随着时间的流逝以微小的正增量逐渐发生。由于伽马分布用于伽马过程中，因此其数学上的优势在于，伽马分布的增量之和仍然是服从伽马分布的变量。基于伽马过程的方法已被证明可有效预测 LED 寿命，在这种方法中，假定其光强的性能特征受随机效应伽马过程控制[52-53]。使用伽玛过程对退化过程进行建模的另一个优点是其所包含的物理意义易于理解，并且所需的数学计算相对简单直接。总之，上述统计方法更易于工程设计和估计模型参数，因此更适合工程应用。

14.2.2.2 静态贝叶斯网络

BN 是一种通过使用有向无环图（Directed Acyclic Graph，DAG）表示一组随机变量及其条件或概率依存关系的概率图模型。BN 通常也称为贝叶斯信念网络（Bayesian Belief Network，BBN）、信念网络或因果概率网络[56-57]。BN 是一种基于观察到的随机事件来建模和预测系统行为的概率方法。它由一组节点和有向弧组成。每个节点代表一个所研究系统的属性、特征或假设的随机变量。每个有向弧代表节点之间的关系。这种关系通常是直接的因果关系，其强度可以通过条件概率来量化。与上述传统统计模型相比，BN 不区分自变量和因变量。或者说，它近似于所研究系统的整体联合概率分布。因此，BN 可以用于全向推理。例如，向前应用（即由因到果）将提供预测能力，而反向应用（即由果到因）将提供诊断能力。

开发 BN 模型包括以下步骤：（i）网络设计；（ii）网络训练；（iii）实例化新证据；（iv）证据传播；（v）更新信念；（vi）信念传播。有些研究已经通过使用静态 BN 方法对 LED 进行了预测。Lall 等[28,58-59]在飞利浦 LED 的寿命预测和故障模式分类中引入了贝叶斯概率模型。贝叶斯概率模型已用于将损坏的固态照明组件与健康的组件进行分类和分离。此外，贝叶斯回归方法还用于确定所有测试灯的 RUL。通过拟合流明维持率退化曲线，流明维持率退化已被用作系统退化的主要指标。光通量输出和相关色温（CCT）的响应变量是贝叶斯回归模型的目标变量。另外，通过结合贝叶斯更新和期望最大化（EM）算法，还出现了一种 RUL 的退化路径相关估计方法[60]。当同时使用贝叶斯更新和 EM 算法获得新观测到的数据时，将更新模型参数和 RUL 分布。

基于 BN 的预测方法有很多优点，包括（但不限于）：（i）可以得出不完整或多变量的数据；

（ii）模型简单，易于修改；（iii）有相关计算机建模软件可使用；（iv）本质上有置信度限制。但是，在使用 BN 方法预测 LED 的故障时间时，必须考虑历史和经验信息。因此，为了获得有效且经过验证的预测结果，前提是对 LED 的故障模式、原因和影响，条件概率，先验分布有全面的了解。另外，静态 BN 无法处理与时间有关的情况，因为所使用的有向弧与时间无关。因此，有向弧随时间向前流动的动态 BN 被采用。常用的动态 BN 包括卡尔曼滤波和粒子滤波（见后面的内容）。动态 BN 可用于对时间序列数据进行建模，如 LED 流明退化或色偏数据。

14.2.2.3 卡尔曼滤波

卡尔曼滤波是一种递归方法，通常用作一种优化的预测技术，通过将先验信息与测量/监测数据相结合来预测系统状态[61-63]。卡尔曼滤波器基于以下假设：每个时间步长的后验密度都是高斯分布，因此可以通过均值和协方差来进行参数化。Sutharssan 等[36]采用了卡尔曼滤波器来过滤来自逻辑回归模型的噪声输出数据。他们的结果表明，这种方法非常有效地过滤了逻辑回归模型的输出数据，并为 LED 的诊断和预测提供了更好的近似曲线。

对于具有高斯噪声的线性系统，已证明卡尔曼滤波器对于状态估计是有效的。然而，退化过程是非线性的，且相关的噪声是非高斯的，因此卡尔曼滤波器的应用受到限制。为克服这些问题，基于基本的卡尔曼滤波器开发出了许多变体，如扩展卡尔曼滤波器（Extended Kalman Filter，EKF），高斯和滤波器（Gaussian-sum Filter），无迹卡尔曼滤波器（Unscented Kalman Filter，UKF）和基于网格的滤波器。

EKF 是基本卡尔曼滤波器的非线性版本，没有任何线性假设。潜在的退化过程以及过程与测量之间的关系都不需要假定线性。通过雅可比矩阵和一阶泰勒级数展开式，可以将非线性模型转换为线性模型，然后可以通过近似解来解决非线性问题。Sakalaukus[64]使用卡尔曼滤波器和 EKF 来预测电驱动器（Electrical Driver，ED）内的铝电解电容器（Aluminum Electrolytic Capacitor，AEC）的 RUL，以作为 LED 系统故障的潜在征兆。该分析表明，选取电容（capacitance，CAP）和等效串联电阻（Equivalent Series Resistance，ESR）作为故障的主要征兆，EKF 最适合预测 AEC 的 RUL。在 Lall 和 Wei[65]以及 Padmasali 和 Kini[66]的论文中，采用 EKF 来预测 LED 的寿命周期内的流明退化、色温退化和色度漂移。基于流明退化和色度的估计状态空间参数用于将特征向量外推到未来，并预测特征向量将超过 70%流明输出的失效阈值的失效时间。RUL 是根据状态空间特征向量的进程来计算的。L70 寿命的失效分布是根据正态分布，对数正态分布和韦伯分布构造的。所提出的 EKF 算法消除了 IES-TM-21 L70 寿命估算中使用的回归方法的缺点。这种预测方法并不复杂，可以作为线性回归方法的替代方法达到更高的准确性。

当系统状态发生转换时，EKF 将引入较大的误差并且性能表现较差。作为一种改进的滤波方法，UKF 通过使用确定性采样方法来解决此问题。通过无损变换和二阶或更高阶泰勒级数展开生成几个采样点（西格玛点）。由于 UKF 开发了西格玛点采样，因此可以极大地提高准确性，并大大降低计算成本。为了提高预测准确性并克服 IES-TM-21 建议的预测方法的局限性，一种基于短期测量数据（从 IES-LM-80 测试中收集）来预测 LED 流明维持率的 UKF[67-70]被提出。与 PF 和 EKF 相比，UKF 具有许多优势，包括使估算过程更容易，提高估算准确性且降低计算成本。在文献[68]、[70]中，考虑了光通量退化，在文献[67]、[69]中，考虑了色度状态偏移。

14.2.2.4 粒子滤波

在序列蒙特卡洛模拟的基础上，PF 使用一组“粒子”来近似后验分布（概率密度）。PF 基于序列重要性采样（Sequential Important Sampling，SIS）和贝叶斯理论。从理论上讲，PF 适用于高度非线性、非高斯过程或对噪声的观测。PF 已在系统 RUL 的预测和在线（实时）估计的非线性投影中证明了其健壮性[71-75]。与 EKF 和 UKF 相似，即使没有线性或高斯噪声的假设，PF 也可以使用 BN 模型估计后验分布，尤其是当后验分布是多变量或非标准时，PF 比 EKF 和 UKF 更为有用。如果有足够多的样本，则 PF 提供的结果比 EKF 或 UKF 更准确。PF 已被用于评估 LED 的 RUL [70,76-79]。

最近，有人提出了一种基于 PF 的算法，以克服 IES-TM-21 批准的用于 L70 预测的线性回归方法的缺点[79]。将预测结果与通过 IES-TM-21 回归方法和 EKF 获得的 L70 结果进行了进一步比较，PF 是这些方法中最准确的，其次是 UKF，然后是 EKF。同时，PF 已用于评估裸 LED 的 RUL[76-78]。通过记录正向电压/正向电流曲线的变化和流明退化，建立故障模型和预测 RUL。实验是采用单个 LED 在 85℃温度和 85%相对湿度的温度-湿度混合环境中完成的。结果表明，通过 PF 预测 LED 的 RUL，其误差范围是可接受的。所提出的方法可用于预测由热应力和湿应力引起的 LED 故障。

基于 PF 的预测方法被开发出来，以提高 LED 的长期流明维持寿命的预测准确度并缩短其测试时间[79]。提出的方法旨在替代 IES-TM-21 建议的 LSR 方法。这些基于 PF 的方法将测量噪声考虑在内，可以估计预测模型参数，并在新的测量数据可用时调整这些参数。与 IES-TM-21 方法相比，基于 PF 的方法在预测 LED 寿命方面具有更高的准确性（误差小于 5%）。Lan 和 Tan[80]将 PF 用于确定 LED 驱动器的寿命。为了提高寿命估计的准确性，将 PF 与单个测试单元的非线性最小二乘法（NLS）做组合，并且与分组测试单元的非线性混合效应估计（NLME）结合使用。

然而，基于 PF 的预测模型参数初始化的不确定性对预测准确性有很大影响，从而限制了基于 PF 的方法使用，特别是对于新 LED 产品的认证。为了克服这个缺点，有必要充分利用旧产品的历史数据并进行新产品的校准测试，这是模型参数的合理初始化过程。

14.2.2.5 人工神经网络

ANN 是一种广泛用于预测的数据驱动方法[13,81]。ANN 直接或间接地从观测数据中得出的产品/系统的数学表示来计算产品/系统的 RUL 估计输出，而不是对故障过程的物理理解。ANN 的主要优点是可以在不对基本系统行为模型的功能形式进行任何假设的情况下使用它。ANN 可以有效、高效地为复杂、多维、不稳定和非线性系统建模。基于 ANN 的预测方法已被大量应用于多种不同类型的组件/系统中[82-86]。

典型的 ANN 由一层输入节点，一层或多层隐藏节点，一层输出节点和连接权重组成。网络通过重复观察输入和输出来调整其权重，从而学习未知函数。此过程通常称为 ANN 的“训练”。ANN 的输入可以包括各种类型的数据，如过程变量、状态监视参数、性能指标和关键特性。ANN 的输出内容取决于建模应用的目的和意图，如可以选取 RUL 或其他寿命/可靠性特征作为输出。特定 ANN 的主要决定因素包括网络体系结构（即节点排列）、权重和节点激活函数参数。

用于系统预测的神经网络模型包括前馈神经网络（FFNN）、反向传播神经网络（BPNN）、径向基函数神经网络（RBFNN），递归神经网络（RNN）和自组织映射（SOM）[13]。在对系统行为了解较少的情况下，通常将 ANN 用作回归方法的替代方法。Goebel 等[51]提供了 RVM、GPR 和基于 NN 的三种数据驱动方法的比较研究。结果表明，尽管数据（诊断输出）的不同损坏估计会大大改变结果，但所有方法都可以提供 RUL 估计。同样，Riad 等[87]使用多层感知器神经网络（Multilayer Perceptron Neural Network，MLP NN）克服了使用动态模型的复杂性，并表明 MLP NN 作为静态网络在很大程度上优于线性回归模型，并且不涉及动态模型的复杂性。

尽管 ANN 适用于预测模型，但在文献中很少发现与 LED 相关的应用案例。Sutharssan 等[36]开发了一种简单的神经网络，具有一个隐藏层和两个隐藏神经元，用于 LED 的预测。在这种情况下，神经网络方法只是一种初步应用，而没有全面考虑影响和反映 LED 可靠性的相关因素。这项研究似乎是 ANN 在 LED 预测中的首次应用。

因为 LED 的故障行为太复杂而无法建立确定的分析预测模型，所以神经网络在 LED 预测方面有着巨大的潜力。然而，ANN 由于无法提供故障机理的详细情况进而提出有效的设计反馈，不能从根本上提高 LED 产品的可靠性。高计算效率是 ANN 的优点之一，并行处理可以通过 ANN 多个节点计算激活函数来实现。另外，许多软件包（如 MATLAB、Mathematica、R 统计编程语言）可用于开发 ANN，从而使建模和计算过程更加简单和可操作。

14.2.3 基于物理的方法

基于物理的方法假定可以使用描述退化或损坏行为的物理模型，并将该物理模型与测量数据（寿命周期负载和运行条件）结合起来以识别模型参数并预测未来的退化或损坏行为。模型参数通常从正常或加速条件下的实验室测试中获得，或者使用实时测量数据进行估算。最终，当退化状态或累积损坏达到预定义的故障阈值时，可以估算 RUL。与数据驱动方法相比，基于物理的方法的特定算法彼此之间并没有太大差异。

有三种物理模型可用于 LED 预测，如图 14.1 左上方所示。它们是：特殊 PoF 模型（用于不同组件或位置的特殊故障机理（如芯片级流明退化和焊料互连疲劳损伤）、通用 PoF 模型（可以描述不同故障机理，如 Arrhenius、Eyring 和逆幂定律）和经验模型（代表电气和光学特性）。例如，Deshayes 等[88]报告了使用电学和光学测量商用 InGaAs / GaAs 935-nm 封装 LED 的结果与老化时间的比较，其使用了退化定律和光功率的过程分布数据计算累积故障分布。Sutharssan 等[36]通过研究 LED 的电压-电流特性提出了一个经验模型，并使用在加速寿命条件下获得的数据估算模型参数。飞利浦公司[89]对电气和光学特性的演变进行了交叉研究。

在老化测试过程中，通过电学和光学测量建立了典型的流明折旧和抗漏电折旧模型，选取光学寿命 L70 和电气寿命两者之间的最小值定义为 LED 寿命。这些经验模型主要取决于性能的电气和光学特性，而没有详细考虑 LED 的故障机理。此外，Fan 等[90]建立了基于 PoF 的大功率白光 LED 照明损坏模型。使用了失效模式、机理及影响分析（Failure Modes，Mechanisms，and Effects Analysis，FMMEA）来识别和排序设计过程中在不同级别（即芯片、封装和系统）出现的潜在故障。在这项研究中，热致发光退化和热循环引起的焊锡互连疲劳是具有最高风险程度的两个潜在失效机理。其研究仅处理简单和单一的情况，还没有考虑实际预测中存在的复杂机理相互作用和不确定性。与此同时，Shailesh 和 Savitha[91]从单个 LED 的 IES-LM-80 测试数据中获得了 Arrhenius-Weibull、广义 Eyring-Weibull 和逆幂-Weibull 模型，他们提出的模型可用于建模和预测 LED 阵列的长期流明维持率（可靠性）。Edirisinghe 和 Rathnayake[92]在确定 1-W HBLED（高亮度发光二极管）的使用寿命时，使用了 Arrhenius 加速寿命试验（ALT）模型，其中建模参数为结温，他们提出的 PoF 模型过于笼统，并且没有提供有关 LED 各种故障/劣化机理的详细信息。Zhou 等[93]通过研究三个关键组件（AEC、二极管和 MOSFET）的失效机理和退化模型，针对 LED 驱动器提出了一种基于 PoF 的 RUL 预测方法。

基于物理的方法提供了有关各种退化机理的详细信息，从而提高了对相关的故障根本原因的理解。因此，该方法可以帮助我们反馈设计出更好的 LED 产品，并且通过识别故障位置和机理来有效评估其长期可靠性。尽管基于物理的方法有很多优点，但其局限性之一是模型的建立需要对导致系统故障的物理过程有足够的了解，特别是对于复杂的系统，要建立表示潜在的多个 PoF 过程[5]的统一动态模型更加困难。更为重要的是，基于物理的方法对数据源有更高的要求，如设计参数、材料参数、过程参数、运行条件和环境条件等数据是必须用到的，但是很难获取。因此，基于物理的方法比数据驱动的方法更适合 LED 驱动器中的 LED 器件或组件以及电力电子设备，而数据驱动的方法可能更适用于 LED 系统。

14.2.4 LED 系统级故障预测

如 14.2.3 节所述，基于 LED 的照明产品本身就是一个复杂的系统。为了确保其较长的使用寿命，必须评估整个 LED 系统中每个部分的可靠性。例如，Ishizaki 等[37]针对采用五个 LED 芯片串联的高光通量 LED 模块，使用 ALT 方法和 Arrhenius 模型来估计早期开发的 LED 模块的寿命，还提出了一种评估主动冷却的基于 LED 的灯具寿命的层次模型[94]。该模型分为四个层次：LED、灯具中的光学器件、散热器和主动冷却装置。其提出的层次模型的每个子模型都是 PoF 模型，用于描述不同组件的退化机理，所以该例子需要为每种退化机理开发成熟的 PoF 模型。还有一个例子是关于塑料透镜组件的，其中使用了指数发光衰减模型和 Arrhenius 方程来预测不同时间和温度下的流明衰减[95]。

在明确了 LED 的系统结构和故障模式之后，Li 等[96]提出了一种（评估）LED 可靠性的方法。在这项研究中，LED 包括四个子系统：LED 光源、电子驱动器、机械外壳（用于散热、电子隔离和安装）和光学透镜，并且通过简单的串联模型描述了整个 LED 的可靠性。Narendran 和 Liu[97]进一步讨论了 LED 系统的寿命与 LED 封装的寿命。同时，照明设备制造商还对构成整个 LED 系统的许多其他组件的故障行为和寿命估算进行了并行研究，包括驱动器、光学器件、机械固定件和外壳。每个组件都是决定灯具寿命的因素之一[98]。

与 LED 器件相比，LED 驱动器的设计寿命通常只有 10000～30000h，这严重阻碍了 LED 在通用和公共照明行业中的进一步广泛应用。LED 制造商和潜在的最终用户期望使用寿命长（>15 年）的 LED 驱动器。前不久，Li 等[99]在相关文章中对 LED 驱动器的现状、设计挑战和选择指南做了系统回顾，其中就提到了寿命和可靠性是其中的主要挑战。针对各种不同应用电路拓扑的选择，提出了基于应用的 LED 驱动器设计流程图，该流程图可帮助设计人员做出适当的选择。另外，还有一些专家发表了关于 LED 驱动器可靠性和使用寿命的文献。例如，Han 和 Narendran[100]使用 ALT 方法预测了 LED 驱动器的使用寿命，在该方法中，电解电容器被认为是最薄弱的环节。Sun 等[101]认为 AEC 的故障是 LED 驱动器的主要故障模式之一，并研究了工作时间和温度的影响，提出了一种退化模型。Lall 等[102-104]进行了电驱动器 85%RH 和 85℃的标准湿热温度条件的加速老化测试和评估 LED 驱动器的可靠性。Lan 等[105]提出了一种伪黑盒测试方法来评估用于 LED 驱动器的集成电路的可靠性。与此类似，还有研究通过测试电解电容器[106]和稳压器[107]等关键组件来评估 LED 驱动器的可靠性或使用寿命。目前关于 LED 驱动器预测的研究[80]还不多，典型 LED 驱动器本质上是恒流开关电源（Constant-Current Switch Mode Power Supply，CC-SMPS），一些适用于 CC-SMPS 的相关预测方法可以直接应用于 LED 驱动器，包括数据驱动、基于物理学和/或融合的预测等相对成熟方法[108-111]。将来，还需要针对新兴的驱动器类型（如不带电容器转换器的驱动器或向 LED 提供脉冲电流的转换器）进一步开发更加合适的预测方法。

14.3 LED 的仿真建模和失效分析

基于 PoF 的 PHM 使用产品寿命周期载荷和故障机理的知识来设计产品和评估可靠性。该方法基于对产品潜在的故障模式、故障机理和故障部位的识别，这些故障与产品的寿命周期载荷条件有关。根据载荷条件以及产品几何形状和材料特性获得每个失效部位的压力，然后用损坏模型来确定故障的产生和传播。在这种方法中，FMMEA 用于识别所有级别（芯片、封装和系统级别）的高功率白光 LED 照明中出现的潜在故障，并开发相应的基于 PoF 损坏模型来识别高风险的故障类型，通过评估失效时间来量化可靠性，或者预测给定的一组几何形状、材料构造以及环境和运行条件下失效的可能性。

在电子设备丰富的系统中，故障模式是可识别的电（故障）征候（electrical symptom），通过该征候可观察到故障（即开路或短路）。每种模式可能是由物理、化学或机械方式驱使的一个或多个不同的故障机理引起的。失效机理可分为过应力（灾难性）失效或磨损（逐渐）失效。超过强度属性阈值的单个载荷（应力）条件会导致过应力破坏。磨损失效是由于长期施加的载荷（应力）造成的累积损坏而导致的。用于从裸片到 LED 照明系统的 FMMEA 如图 14.2 所示。上述 LED 照明系统（即 LED 灯）的故障模式可分为：（i）系统电路开路（熄灭）；（ii）照明色度变化；（iii）功率效率下降（光通量下降）[41]。与其他电子设备丰富的系统一样，大功率白光 LED 照明的故障也是由上述机理引起的。

等级	确定故障模式
0：裸芯片	 • LED灾难性故障 • 流明衰减（多种原因） 　• 有源区/欧姆接触退化 　• 电迁移导致位错 　• 电流拥挤（电流分布不均） 　• 掺杂相关的故障 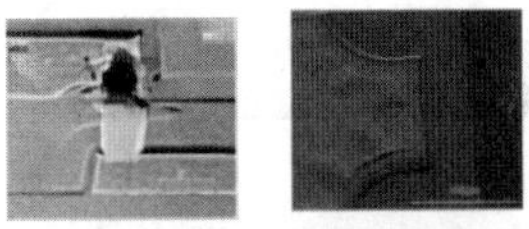
1：封装LED	 • 包装材料泛黄（退化/老化） • 静电放电（ESD） • 互连故障（焊料或芯片附着） • 裂纹（例如，锤子模具裂纹） • 分层（在任何分界处） • 焊线故障 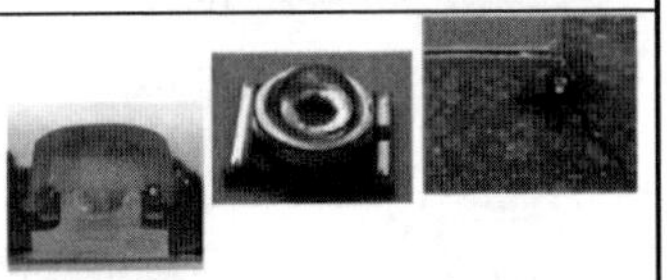
2：基板上LED	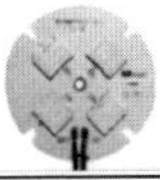 • 裂纹（例如，在陶瓷中） • 焊料疲劳 • PCB金属化问题 • 短路（例如，由于焊料桥接引起） 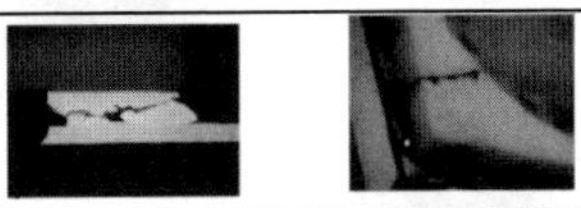
3：LED模块	 • 外壳裂纹 • 光学性能下降（褐变、裂纹，反射变化） • ESD故障 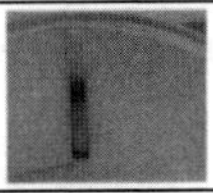
4：灯具	 • 破裂（例如，由于振动引起） • 潮湿相关的故障（例如，爆米花效应） • 驱动程序故障 • 光学器件上放气材料的沉积 
5：照明系统	 • 软件故障 • 电气兼容性问题 • 安装和调试问题 

图 14.2　用于从裸片到 LED 照明系统的 FMMEA[4]

14.3.1　LED 芯片级建模和失效分析

14.3.1.1　LED 芯片电−光仿真

LED 芯片一般由 GaN 基的 PN 结制成，这种 PN 结具有多量子阱（Multi-Quantum Well，MQW）结构。如图 14.3（a）所示，产生蓝光的 LED 芯片是通过使用金属有机化合物化学气相沉积（Metal-Organic Chemical Vapor Deposition，MOCVD）技术在 c 面蓝宝石衬底上生长 GaN 基外延层而制成的。该芯片由一个 120nm 的铟锡氧化物（Indium Tin Oxide，ITO）层，一个 240nm 掺杂镁的 P-GaN 层，一个 180nm 的 InGaN MQW 层，一个 2μm 掺杂硅的 N-GaN 层以及

一个 150μm 蓝宝石（Al_2O_3）衬底从上到下组成。另外，对 ITO 层进行了表面粗糙化处理以提高 LED 芯片的光萃取效率（Light Extraction Efficiency，LEE），并将 Ni/Au 接触电极制成宽度为 10μm 的典型对称形状被另一个宽度为 10μm 的二氧化硅绝缘层包围。之后，将晶片上的芯片切成 45mm×45mm 的正方形。一种电-光数值模拟方法被用来预测常规蓝光 LED 芯片的光强分布模式[112]。在这种方法中，通过假设 MQW 层上的电流密度和发光能量遵循相同的分布来开展 LED 芯片模型的电气和光学仿真。

图 14.4 所示为本实验的数值模拟过程，分为三个阶段。首先，使用 SolidWorks 创建了一个表示蓝色芯片的 3D 芯片模型。芯片模型电极与焊盘的圆角简化为直角，如图 14.3（b）、（c）所示。这种简化不仅可以大大降低电气仿真有限元模型的网格化复杂度，而且保证了芯片模型的准确性。

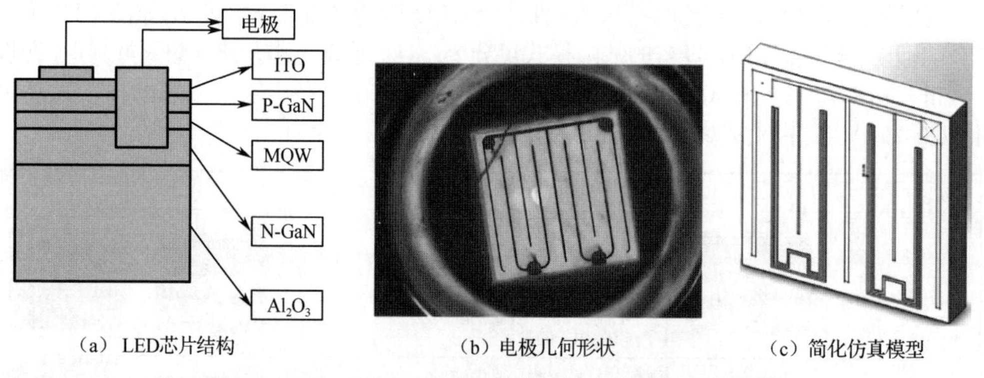

（a）LED芯片结构　（b）电极几何形状　（c）简化仿真模型

图 14.3　LED 芯片结构、电极几何形状和简化仿真模型[112]

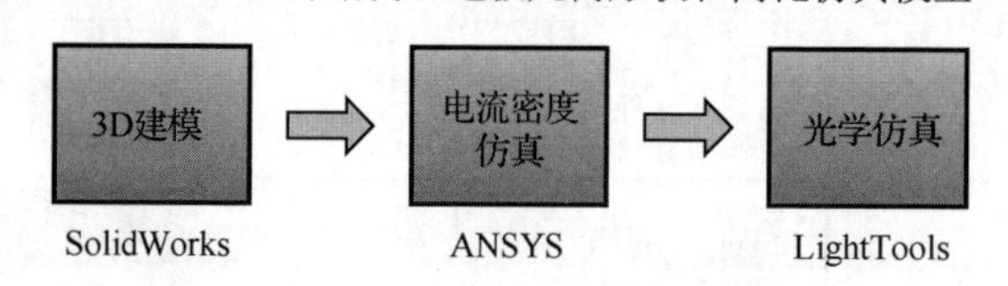

图 14.4　电-光仿真建模过程示意图。

将建立的芯片模型导入 ANSYS 多物理场软件，模拟 LED 芯片 MQW 层上的电流密度分布。利用 Solid226 单元对芯片模型进行网格划分。由于本仿真的目的仅仅是计算 MQW 层上的电流密度分布，所以有限元模型中的所有材料，包括 MQW 层中的材料，都假设为简化后的欧姆定律。表 14.1 给出了芯片模型的电阻率和导热层材料的特性。通过在芯片模型的阳极施加 350mA 的驱动电流，在阴极施加地电位，仿真得到了 MQW 层的电流密度分布。

表 14.1　芯片模型的电阻率和导热层材料的特性

材　料	电阻率/Ω·m	导热系数/［W/（m·K）］
Al_2O_3	10	25
N-GaN	0.0001	230
MQW	150	230
P-GaN	0.042	230
ITO	540	0.75
Ni/Au（电极）	2.4×10^{-8}	200
SiO_2	10^{-6}	7.6

电气仿真完成后，利用 LightTools 软件对同一芯片模型进行光学仿真。如图 14.5 所示，芯片模型被放在一个大的基板上。在光学仿真中，将光线设置为在 LED 芯片的 MQW 层顶层发射。

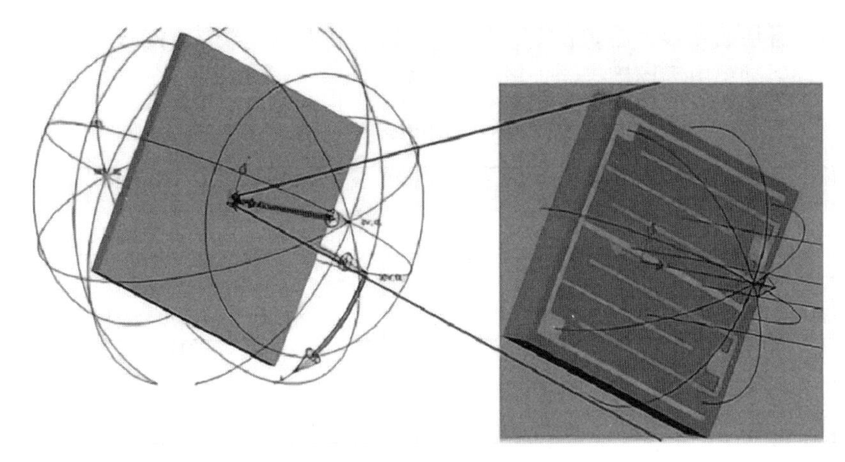

图 14.5 光学仿真示意图

式（14.1）给出了 MQW 层上的电流密度分布与发光能量之间的理论关系[113]：

$$R(x)=\frac{\gamma\eta_{\mathrm{IQE}}}{q}J(x) \tag{14.1}$$

其中，$R(x)$ 为光发射能量分布，$J(x)$ 为电流密度分布，γ 为有源层平均光子发射能量，η_{IQE} 为内部量子效率，q 为电荷。

通过假设蓝色芯片表现出统一的 η_{IQE} 来解决 MQW 层上电流密度分布与发光能量分布之间存在比例关系的问题。因此，从电子模拟中得到电流密度分布后，在光学模拟中，遵循相同的分布来施加 MQW 层顶面上的光，具体做法是将芯片模型的 MQW 层均匀离散为 20×20 网格，如图 14.6 所示。然后基于栅格单元的平均电流密度，使用空间切趾法将分布的发射光能施加到 MQW 层的顶表面上。此外，在 ITO 层的顶面上设置 50%的漫反射和 50%的近镜面反射，以模拟 ITO 散射特征；在衬底的顶面上设置 90%的反射率，以模拟 ITO 基片反射的效果。最后，构建一个球面接收器来收集芯片模型发出的光能。

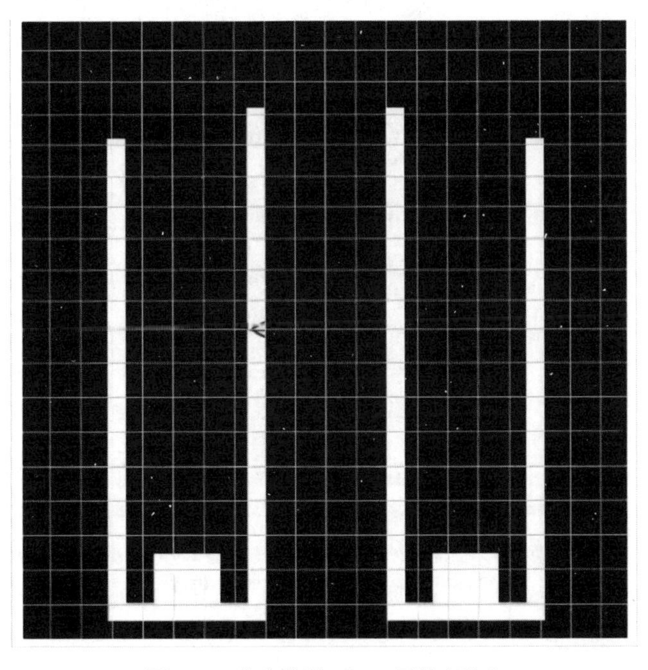

图 14.6 芯片模型 MQW 层的离散化

芯片模型中各层的光学特性如表 14.2 所示。共有 50 万束光线从 MQW 层的表层发射出来。芯片模型外的辐射功率由远场接收器采集。

表 14.2　芯片模型中各层的光学特性

材　　料	折 射 率	反 射 率	光 密 度
Al_2O_3	1.8	—	0.046
N-GaN	2.4	—	0.046
MQW	2.4	—	0.046
P-GaN	2.4	—	0.046
ITO	1.9	—	0.046
Ni/Au（电极）	—	1.5	3
SiO_2	1.5	—	0.046

MQW 层上的电流密度矢量图如图 14.7（a）所示。电流沿芯片的轴向流过 MQW 层。MQW 层上的电流密度极不均匀，为 $0\sim1.45\times10^{-6}\,A/mm^{-2}$。如图 14.7（b）所示，在阳极以下区域观察到相当高的电流密度，但在相邻区域电流密度急剧下降。

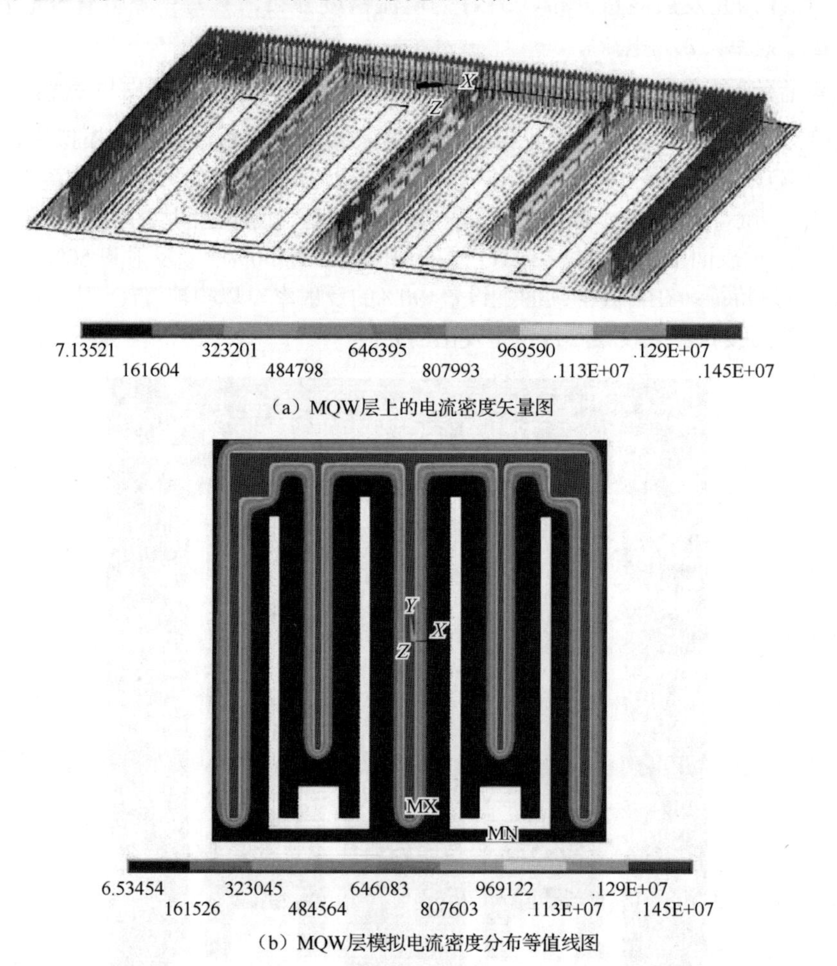

（a）MQW层上的电流密度矢量图

（b）MQW层模拟电流密度分布等值线图

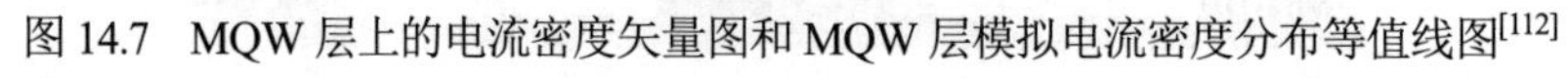

图 14.7　MQW 层上的电流密度矢量图和 MQW 层模拟电流密度分布等值线图[112]

根据电气模拟结果，通过对 MQW 层中每个网格单元上所有节点的电流密度进行平均，分别计算出其电流密度。利用这些计算得到的电流密度，进一步将光发射能量分布在 MQW 层的表层。利用蒙特卡罗光线追踪模拟，计算并记录了光强在 0°～175°方向上的分布规律，间隔增量为 5°。图 14.8（a）显示了预测 LED 芯片的 0°和 90°角光强分布。由于阳极和阴极的结构不对称，这两种预测的光强分布略有不同。为了验证光电模拟结果，将 LED 芯片粘接在 5050 LED 引线框架内，利用 SIG-400 测角系统对其光强分布进行了实验测量。综上所述，如图 14.8（b）所示，仿真的光发射分布模式与实验测量的光发射分布模式取得了很好的一致性，两者均由各方向角光强分布模式的平均值计算得到。由于在实验中引线框架的内表面阻挡了少量从 LED 芯片发出的光，所以在接近衬底表面的低角度下，测量的光强略小于预测数据。

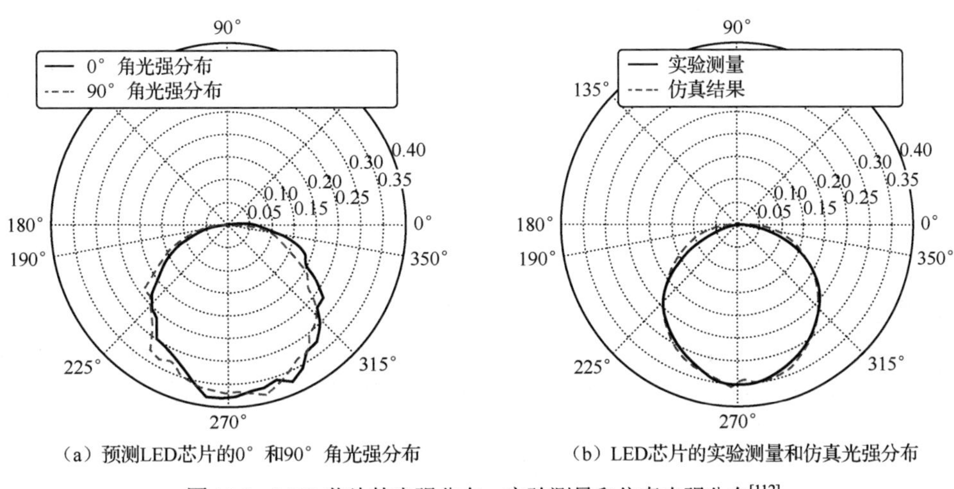

（a）预测LED芯片的0°和90°角光强分布　　（b）LED芯片的实验测量和仿真光强分布

图 14.8　LED 芯片的光强分布、实验测量和仿真光强分布[112]

14.3.1.2　LED 芯片级失效分析

研究表明，由于非辐射复合的增加降低了光输出功率和功率效率，导致了 LED 活性层的退化[114-117]。造成这种退化的因素如下。

如位错、黑线和黑点之类的缺陷都是可能导致非辐射复合增加的因素，这些非辐射复合将大部分电子-空穴复合能转化为热量[118-119]。载流子连续性方程式（14.2）已广泛用于定性表示在量子阱（Quantum Well，QW）有源区中发生的辐射、非辐射和俄歇复合（Auger recombination）以及载流子从有源层泄漏之间的竞争关系。如式（14.3）所示，以肖克利-霍尔-雷德（Shockley-Hall-Read）复合率表示非辐射复合系数，增加的阱缺陷密度 N_t 有助于非辐射复合，并且在一定的正向电流值下降低了光输出强度。通常，I/V 曲线也可能暗含着芯片级性能下降。在这些测试中，观察到了 I/V 曲线退化与功率输出损耗之间的定性关系，这主要取决于两个参数：正向偏置和温度[120]。

$$\frac{\mathrm{d}n}{\mathrm{d}t}=\frac{J}{ed}-Bn^2(t)-An(t)-Cn^3(t)-f_{\mathrm{leak}}(n) \tag{14.2}$$

$$A=N_t v_{\mathrm{th}}\sigma \tag{14.3}$$

其中，$\frac{J}{ed}$ 为电流注入速率，$Bn^2(t)$ 为自发辐射速率（或发光辐射项），$An(t)$ 为缺陷处累积的非辐射载流子。每一项中的 A、B 和 C 分别是非辐射、辐射和俄歇复合系数。$f_{\mathrm{leak}}(n)$ 表示有源层外的载流子泄漏。N_t 为阱缺陷密度，v_{th} 为载流子热速度，σ 为电子俘获截面。

导致非辐射复合发射增加的另一个因素是掺杂物或杂质在 QW 区域扩散。在老化过程中，由于氢、镁之间的相互作用，在不断升高的结温下运行会使二极管 P 侧电阻接触和半导体材料的电学性能恶化。基于氮化镓的 LED，其氮化镓外延层必须覆盖厚层的镁掺杂剂，借助镁掺杂剂的高活化能来获得足够的载体密度，但在 P 型层的高温生长期间，镁原子很容易从表面扩散到 QW 的有源区。Lee 等[121]观察到，这种扩散可以沿着任何位错缺陷的线加速，而且总有一些在光学渐进退化中能够在非常高的温度和电压下工作。

14.3.2 LED 封装级建模和失效分析

14.3.2.1 磷化白光 LED 封装的热和光仿真

由于其相对较低的能源消耗、高显色性、可靠性和环境友好性，磷转换（phosphor-converted，Pc-）白光 LED 被认为是传统的通用照明应用（如白炽灯泡和荧光灯）最合适的替代品。封装被认为是实现 LED 光源电致发光、保护 LED 芯片不受环境腐蚀乃至大规模生产的关键工艺。传统上，Pc-白光 LED 封装由 LED 芯片、荧光粉材料、硅封装、透镜、引线键合、模具附件、散热器和引线框架组成。然而，如此多的包装材料会导致更复杂的失效机理和更高的成本。当前行业对产品提出了减少封装大小、保证性能均匀性、降低包装成本、提高生产效率的要求，一种通过在蓝光 LED 芯片压印磷薄膜的芯片级封装（Chip Scale Packaging，CSP）一度成为行业寄予厚望的生产白光 LED 芯片技术，这种技术被称为“免封装的白光 LED”。为了获得具有不同 CCT 的高色彩还原白光 LED，通过选择合适的荧光粉混合物形成多色荧光粉薄膜来生产 Pc-白光 LED[122]（见图 14.9）。

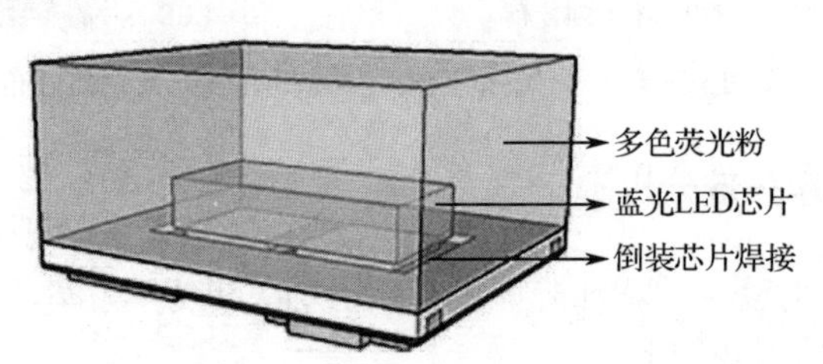

图 14.9 带有多色荧光粉的 Pc-白光 LED CSP 的结构

由于 LED 芯片的电致发光过程和荧光粉材料的光致发光过程都高度依赖热，因此人们对其热管理进行了深入研究。首先，利用红外线（Infra-Red，IR）测温技术对 Pc-白光 LED CSP 在热炉中工作时的表面热分布进行了测量。如图 14.10 所示，当环境温度为 55℃时，通过红外线测温技术获取的 Pc-白光 LED CSP 附近的外壳温度（T_s）为 80℃左右，与图 14.10（c）的热分布仿真结果相匹配。

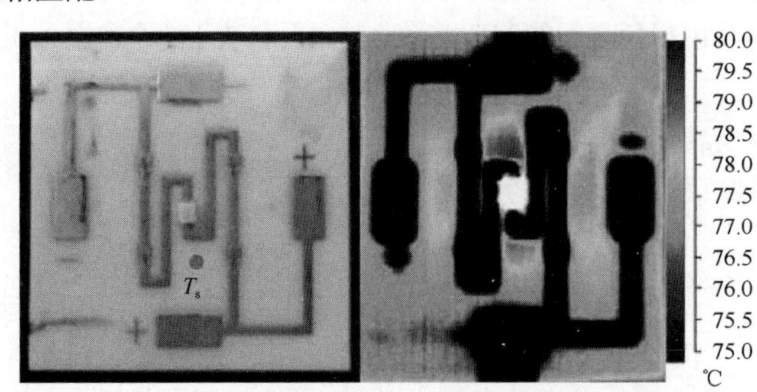

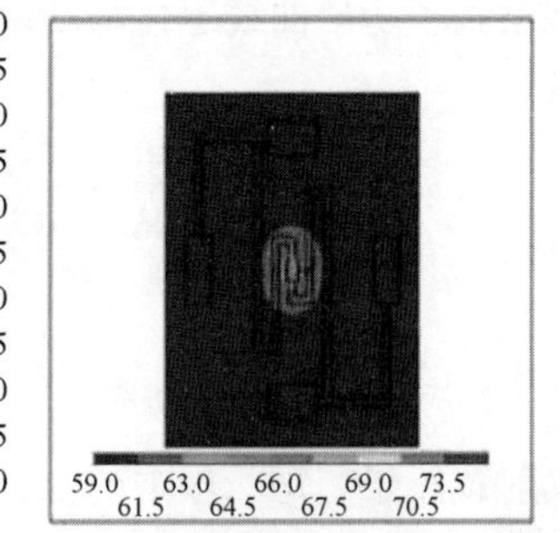

（a）一个Pc-白光LED CSP焊接在一个表面为银色的氧化铝陶瓷基板上　（b）红外摄像机测试的热分布（环境温度为55℃）　（c）热分布仿真结果

图 14.10 Pc-白光 LED CSP 的热分布[122]

Pc-白光 LED 的发光机制是蓝光或紫外 LED 芯片发出的短波长光与荧光粉发出的长波长光的混合[123]。输入光与荧光粉材料的相互作用被认为是复杂的能量转换和光学追踪过程。根据能量守恒定律，来自输入短波长光的能量的一部分转换为热，而其余部分则转换为较长波长的光。如式（14.4）所示，来自蓝光 LED 芯片的输入功率（E_{input}）可以转换为从硅树脂中传输出去的蓝色光子能量（$E_{transmitted}$），荧光粉吸收的能量用于光转换（$E_{converted}$），热量从斯托克斯位移（E_{ss}）和非辐射（E_{nonRad}）产生。

$$E_{input} = E_{transmitted} + E_{converted} + E_{ss} + E_{nonRad} \tag{14.4}$$

在光学跟踪过程中，光散射、吸收和转换通常被认为是大多数基于钇铝石榴石（Yttrium Aluminum Garnet，YAG）的黄色荧光粉模型中的主导效应[124]。用于高色彩还原白光 LED 的多色荧光粉膜一般是通过在硅树脂基质中混合两种以上的单色荧光粉来制备的，但是其光谱无法通过将每个单色荧光粉的光谱简单叠加来表示[125-126]。这种非线性可归因于荧光粉颗粒之间的发光的重吸收以及它们之间的多次转换。如图 14.11 所示，该图描述了多色荧光粉膜的发光机理，入射的蓝光射到硅树脂基板中，硅树脂基板中均匀分散着绿色（G525），橘色（O5544）和红色（R6535）荧光粉颗粒（主体无机材料分别是铝酸盐、硅酸盐和氮化物）。由于不同磷光体颗粒之间光子的多次转换，转换后的光的波长变得更长（红移）。

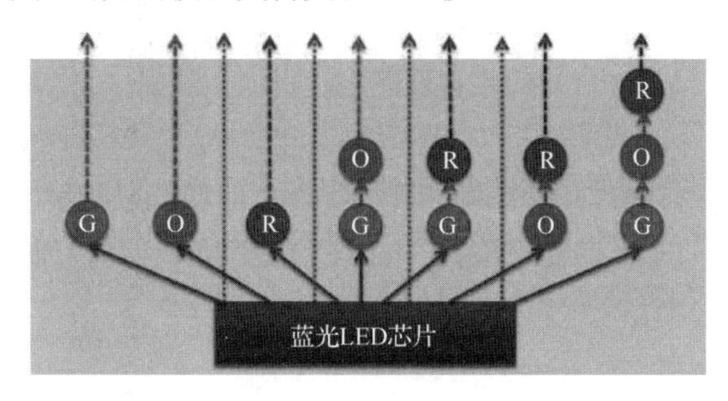

图 14.11　多色荧光粉的发光机理

使用商用光学仿真软件 LightTools，利用 Mie 理论，考虑光散射、吸收和转换效应，对两种 Pc-白光 LED CSP 的光谱功率分布进行仿真研究[127]。首先，根据图 14.9 所示的封装结构，建立由 3014 蓝光 LED 芯片、多色磷光膜和氧化铝陶瓷基板组成的 3D 基本模型。然后，将密度、粒径和单位体积密度、荧光粉的激发/发射光谱和有机硅的反射指数加入 Mie 计算中，采用光线追踪法对两种 Pc-白光 LED CSP 的 SPD 进行模拟。图 14.12 所示为将 SPD 的模拟结果与实际测量结果进行对比，得到两种 Pc-白光 LED CSP 初始谱功率分布的实验与仿真结果。

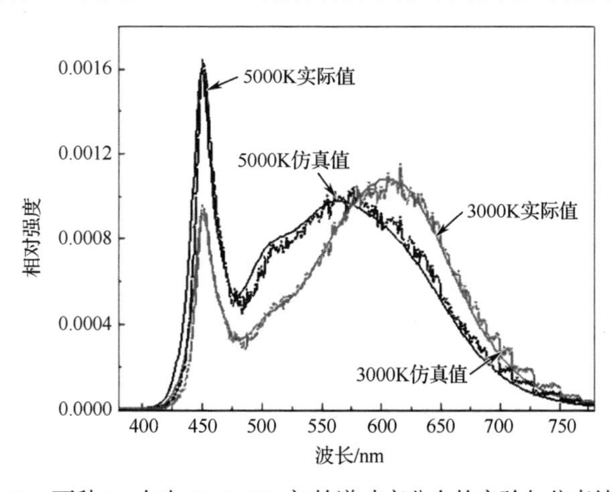

图 14.12　两种 Pc-白光 LED CSP 初始谱功率分布的实验与仿真结果[122]

14.3.2.2 LED 封装级失效分析

封装材料之间的任何退化或界面缺陷都会导致 LED 封装失效。如先前的研究结果所示[128-132]，常见的失效机理是界面分层失效、环氧树脂镜片和有机硅变黑，以及荧光粉涂层降解，详细描述如下。

界面分层失效。封装的电气和热管理可能受到界面分层故障的威胁。Hu 等[130]报道了 LED 封装中分层的机理，并比较了热-机械应力和湿-机械应力两种加速分层的失效驱动力。通过物理分析，层间热-机械应力（σ_T）来自热膨胀系数（Coefficient of Thermal Expansion，CTE）与不同材料比热的不匹配。水分膨胀系数（Coefficient of Moisture Expansion，CME）的不同也导致了湿-机械应力（σ_M）的产生。因此，总的来说，常见的分层无论是由热-机械应力驱动还是湿-机械应力驱动，都会在界面层内产生空隙。这将提高热阻，最终阻塞热通道，特别是对传统封装 LED 的主要散热路径（芯片-基板层和基板层-散热器层）。

$$\sigma_T = E\alpha(T - T_{ref}) \tag{14.5}$$

$$\sigma_M = E\beta(C - C_{ref}) \tag{14.6}$$

其中，E 为弹性模量，α、T、T_{ref} 分别为 CTE、温度、参考温度，β、C、C_{ref} 分别是 CME、湿度和相对湿度。

为了更好地证明白光 LED 封装的热管理能力，引入了热阻（R_{th}），将热阻定义为结温与周围环境之间的温度差除以输入热功率，如式（14.7）所示。R_{th} 也可以理解为热源及其周围环境之间的温度梯度。T_j 和 T_0 分别是最高结温和环境温度，而 Q 是输入热功率。这可能会引起热-机械应力，从而缩短白光 LED 封装的寿命。Tan 等[133]发现，当黏合剂中存在空隙时，位于硅基板和铜散热器之间的管芯附件的热阻会大大提高。

$$R_{th} = \frac{T_j - T_0}{Q} = \sum_i^n R_{th,i} \tag{14.7}$$

环氧树脂镜片和有机硅变黑。白光 LED 封装的色彩特性既取决于蓝光 GaN 基芯片产生的光输出的稳定性，又取决于光穿透的能力。而光穿透的能力取决于环氧树脂镜片和有机硅涂层的质量。环氧树脂镜片应用于 LED 封装，以增加向正面发射的光量[134]。由于环氧树脂镜片暴露在空气中，因此在运行过程中会经历温度和湿度循环老化，并且在老化测试中观察到一些裂纹或絮凝剂，这将降低 GaN 基芯片的光输出。在 LED 封装中引入环氧树脂镜片有机硅涂层的目的不仅在于保护和包围 LED 芯片、金球互连和键合线，还用来当作使光束准直的环氧树脂镜片。但是这种聚合物封装在高温条件或在高正向偏置老化期间是热不稳定的，可能会影响光输出和波长偏移[135]。为了延长 LED 封装中的透镜和有机硅黏合涂层的使用寿命，选择具有最佳热学、机械和化学特性的材料将是封装设计中最关键的步骤。

荧光粉涂层降解。市场上使用最广泛的白光 LED 是将蓝光 LED 芯片和黄色荧光粉（YAG: Ce^{3+}）颗粒与有机树脂混合而成的混合物[136]。根据先前的研究[137]，有两个可能的原因：一个是荧光粉由于颗粒和树脂之间的折射率失配而散射了芯片发出的光；另一个原因是聚合物树脂的热降解可能导致老化过程中聚合物基荧光粉涂层的降解。为了解决这个问题，与树脂基荧光粉相比，具有更高的量子效率、更好的湿稳性和优异的耐热性以及与 GaN 基芯片匹配的 CTE 的玻璃陶瓷荧光粉是一种未来有希望的替代品。

14.3.3 LED 系统级建模和失效分析

为了满足特殊的应用，如指示器、照明和显示器等，多个 LED 单元以阵列的形式安装在一起以增加光通量和色度数量。这种应用中的热管理是一个挑战[131]。LED 照明系统通常由安装在印制电路板上的 LED 阵列、冷却系统和电气驱动模块组成，如图 14.13（a）所示的 12W 白光 LED 筒灯。其散热模拟和 LED 模块的热分布模拟如图 14.13（b）、（c）所示。对于详细的组装技术，LED 阵列表面安装在具有高热导性的铝基板上，并引入主动冷却系统，通过对流到周围环境来保持符合规范要求的结温[94]。最后，为了稳定供电电源，在电极和主动冷却系统之间封装了一个电驱动器。为了分析整个系统的退化机理，采用层次分析法将其分为三个子系统：LED 模块（安装在铝基板上的 LED 阵列）、主动冷却系统和功率驱动电路[94]。

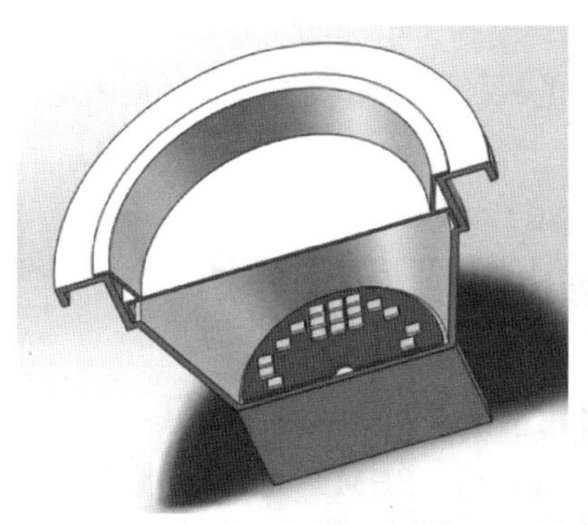

（a）12W白光LED筒灯

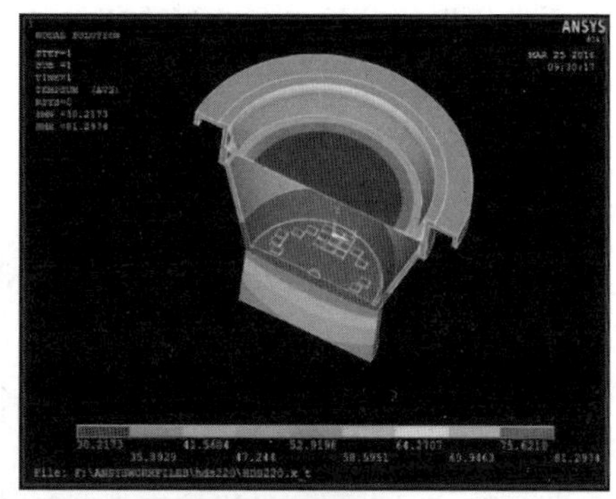

（b）散热模拟

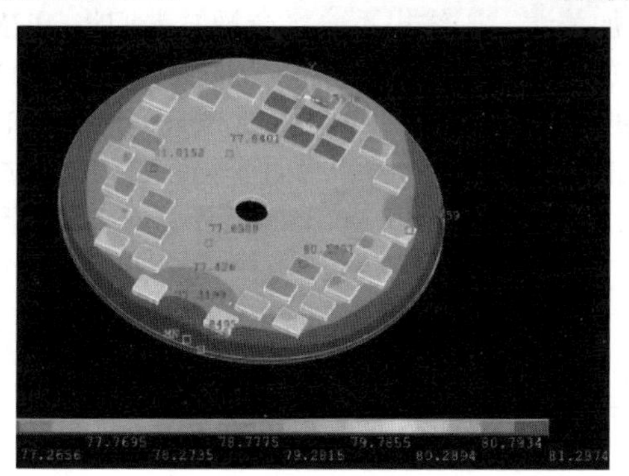

（c）LED模块的热分布模拟

图 14.13　LED 照明系统

LED 模块退化。根据光学设计，采用广泛应用的表面贴装焊接技术，将几个大功率白光 LED 单元安装在一块铝基板上。对于这个子系统，芯片级和封装级的失效机理已在上文总结，此外还可能存在的失效点是引线框架和铝基板之间的互连。焊点互连有两个用途[138]：（i）在组件和基板之间形成电气连接；（ii）建立将组件固定到基板的机械连接，充当从 LED 封装到基板的散热路径。在产品的整个寿命周期中，由于基板和 LED 封装之间的 CTE 不匹配，周期性的温度变化会导致周期性的位移，从而导致焊点互连中的热疲劳失效。热疲劳失效的主要成因有两个：疲劳裂纹的萌生以及这些裂纹在循环载荷下的传播，两者都可能突然导致断路和起火。在热和潮气循环老化下，焊点互连内部会随着时间的增长发生退化，从而导致照明系统的灾难性故障，因此，监视和预测该系统寿命不仅要关注输出光通量，还应该重点关注焊点互连。

主动冷却系统的性能下降。如 Song 等[94]的研究所述，降低 LED 芯片结温的实用方法是应用先进的主动冷却技术和主动热管理技术[139]，包括热电子技术、压电风扇、合成射流和小型风扇等。为了延长整个系统的使用寿命，冷却系统的可靠性必须大于 LED 阵列（>50000h）。考虑这一原则，Song 等[94]选择了一种更加可靠的冷却系统（合成射流），该系统包括两个薄的压电致动器，它们由一个顺应性的材料环隔开。与冷却系统老化有关的两个退化机理是：（i）压电陶瓷的去极化；（ii）顺应性橡胶的弹性模量变化。冷却系统对整个照明系统的作用在于消除 LED 模块产生的热量并降低结温。这可以定量表示为增强因子（Enhancement Factor，EF），有助于建立整个系统的热诱导 PoF 模型：

$$\mathrm{EF}(P_{\text{colling-systems}}) = \frac{Q_{\text{active}}}{Q_{\text{nc}}} \tag{14.8}$$

其中，Q_{active}、Q_{nc} 分别是主动冷却系统和自然对流排出的热量。$P_{\text{colling-systems}}$ 表示冷却系统的性能。

但是，此系统级退化分析未考虑封装级退化。它仅与热引起的芯片级故障有关，因为 Song 等[94]假设芯片直接安装在基板上。如果考虑到将来的维护和维修代价，则还应考虑 LED 模块的封装级退化。

 14.4 LED 照明系统应用健康监测的投资回报分析

PHM 作为一种先进技术可为 LED 的可靠性提供健康信息进而消除相关故障，为了减少寿命周期成本，具有系统健康监测（System Health Monitoring，SHM）的 PHM 维护方法被认为是能够提供故障早期预警、减少计划外维护事件并延长维护周期时间间隔的一种手段。然而，如果对 LED 照明系统的 ROI 多加关注，则结果不一定会激发人们将 PHM 应用于我们现实生活中的 LED 照明系统。基于不同的指数和正态故障分布，本节将比较 LED 照明系统中采用具有 SHM 的 PHM 维护方法与非计划维护方法两者的 ROI。用故障率分别为 10%、20%和 30%的三种不同的指数分布来研究 ROI 如何随着不同的故障率而变化。其中三种故障率对应的 MTTF 分别为 41000h、20500h 和 13667h。使用三个相同 MTTF 的正态分布来与指数分布进行 ROI 比较，比较结果表明，指数故障分布中采用有 SHM 的 PHM 维护方法是可以节约成本的。在正态分布的情况下，当 MTTF 少于 30000h 时，具有 SHM 的 PHM 维护方法才表现出了 ROI 效益。在基于 LED 照明系统可靠性的工业应用中，当采用计划外维护的系统的总寿命周期成本大于使用 PHM 维护方法和 SHM 的系统的总寿命周期成本时，需要考虑采用具有 SHM 的 PHM 维护方法，以最大化 ROI。

与白炽灯或荧光灯相比，LED 消耗的电能更少（每个 LED 的功率通常少于 4W），因为它的发光效率（即设备发出的总光通量与总电功率之比）更高。对于公共灯，LED 的典型发光效率（lm/W）为 100lm/W。在工业应用中，LED 的最大效率为 180～200lm/W。白炽灯泡为 15lm/W；荧光灯约为 100lm/W；Na 灯高达 180lm/W。判断 Pc-白光 LED 产生的白光质量的关键值为显色指数（CRI）和相关色温（CCT）[140-141]。LED 的 CRI 高于 90，接近白炽灯的 CRI。LED 的光谱范围从发射单色光的窄光谱带到具有不同的光强分布、光谱和阴影的白光光谱带（取决于颜色混合和封装设计）。

LED 照明系统在照明灵活控制和节能方面有别于传统照明系统。灵活的照明控制意味着 LED 照明系统可以通过使用基于 AI 的颜色和光输出控制发出人们所需要的光[142]。LED 照明系统甚至可以提供接近太阳光颜色的舒适白光，有益于人类的生理和心理[142]。除了舒适的白光，LED 照明技术的开发和利用还使得企业实现了多种技术的融合，包括信息技术、电信、消费电子和娱乐等。LED 的使用也符合有害物质的环境法规（如京都议定书、RoHS 和 WEEE）。

尽管先进且环保节能创新技术令人兴奋，但 LED 产业引用方面仍然面临着广泛的挑战。随着 LED 系统在欧洲和美国的采用，LED 行业对全球 LED 路灯市场持乐观态度，但其可靠性和寿命周期成本仍然是一个值得关注的问题。Tao[143]报告说，LED 模块（即带有电动驱动器的 LED 板）的故障包括机箱裂纹、驱动器故障和静电放电（ESD）故障[144]。灯具层面（即一个完

整的照明单元，包括一盏或几盏灯、光学器件、镇流器或驱动器、电源供应以及所有其他需要有功能照明解决方案的部件）的故障包括振动导致的断裂、与湿度有关的裂纹故障、电解电容故障、并联 LED 的电流失衡故障、水渗入导致的腐蚀，以及光学器件上出气物质的沉积。电解电容是其中一个主要的故障部件，就像冷却风扇故障对于电源供应系统的影响一样重大[145]。在设计中，电解电容作为脉冲输入功率和恒定输出功率之间的能量缓冲器，在确保不会产生闪烁的情况下应尽量选用小体积型号。在照明系统层面（即有灯具的街灯）则发现有软件故障、强风造成的损坏、镜片破损和电气兼容问题[146]。

为了确保 LED 照明系统在注重安全性或在恶劣环境下应用的正常运行，必须监测 LED 的光学退化、电流共享、开路和短路故障以及进行热跟踪，特别是对于街道照明等大功率应用场合。通俗地说，ROI 指的是花钱开发、改变或管理产品、系统而获得的货币收益。ROI 是一种常用的经济指标，用于评估投资效率或比较多种不同投资的效率。ROI 是收益与投资的比率，通常由等式给出：

$$\mathrm{ROI}=\frac{\mathrm{return}-\mathrm{investment}}{\mathrm{investment}} \tag{14.9}$$

ROI=0 表示收支平衡的情况——获得的货币价值等于投资的货币价值。ROI<0，表示会有损失，ROI>0 则表示有收益。

迄今，人们已经进行了一些研究来评估 LED 照明系统作为传统照明系统（如高压钠灯照明系统[147-149]、金属卤化物照明系统[150]、荧光灯照明[151]、水银灯照明[152]和白炽灯照明[153]）的替代品的好处。LED 照明系统的 ROI 研究假设 LED 照明系统可以成功地维护很长的寿命（如 100000 个工作小时[153]）。这些结果表明，与传统照明系统相比，LED 照明系统具有更高的经济效益。

最近对 LED 照明系统的 ROI 研究表明，通过附加无线传感器网络接口和选择更换传统照明系统的最佳年份（时间），可以最大限度地提高 ROI。Kathiresan 等[154]利用无线传感器网络实现了一个交互式 LED 照明接口，以调整单个灯具的照明水平，从而降低维护成本，并为 LED 照明系统提供更高的节能效果，每年每盏路灯节省 3 SGD（新加坡元）。Ochs 等[155]开发了一个模型来预测用 LED 照明系统替代高压钠灯（HPS）照明系统的最佳成本效益的年份，推迟购买带来了额外的经济利益，因为 LED 的成本在持续下降，而 LED 的效率则持续提高。与传统的净现值（NPV）分析方法相比，该方法将采用时间推迟了平均 6.8 年。在这些路灯表现出有正净现值的第一年，这种延迟带来了在一个 50 年的寿命周期内平均 5.37%的成本节省。

尽管先前对 LED 照明系统的 ROI 研究中得出 LED 是传统照明系统良好替代品的结论，但 LED 路灯的可靠性问题必须解决，以降低 LED 模块故障、振动引起的断裂、与水分有关的裂纹故障、电解电容故障、电流失衡故障、腐蚀以及光学器件上出气物质沉积所造成的寿命周期成本。在安装 LED 路灯时，可以采用具有 SHM 的 PHM 维护方法来提高路灯的可用性和实现成本效益。然而，很少有人研究进行 ROI 的确定，以验证用具有 SHM 的 PHM 维护方法如何提高成本效益和适用于 LED 照明行业。

先前，人们已经评估了在 LED 照明系统中实施 PHM 的 ROI[156]，但是，尚未研究假设故障率和 MTTF 不同（即不同的工作寿命）的情况下，将健康监测应用于 LED 照明系统的 ROI 评估。本节重点介绍使用具有 SHM 的 PHM 维护方法评估 LED 照明系统的 ROI，假定具有三种不同故障率的指数 TTF 分布和具有三种不同 MTTF 的正态 TTF 分布以研究 ROI 的影响。

14.4.1 ROI 方法论

系统的 ROI 是由与可靠性和运营可用性相关的成本驱动的。可用性是指服务或系统在使用或运行时的服务能力，因此，它是可靠性（即故障频率）和可维护性（即故障后恢复服务或系统的能力）的函数，包括维护、更换和库存管理[157]。维护可以是计划外维护、固定计划维护或CBM。计划外维护指的是仅在系统发生故障时才采用维护方法执行维护。固定计划维护指的是不论实际上是否需要，按固定时间表执行维护。CBM 是指基于系统的实时数据通过状态监视来确定系统的状态，仅在必要时进行维护[158]。CBM 在最大程度上减少了不必要的组件更换和避免故障。PHM 应该启用电子系统的 CBM [156]。

传统的电子系统是通过计划外维护进行管理的，系统运行直至出现故障，然后进行维修或更换。下面与计划外维护相比来衡量 PHM 在电子产品中的 ROI。应用式（14.9）来衡量相对于计划外维护的 ROI[159]：

$$\mathrm{ROI}=\frac{(C_{\mathrm{u}}-I_{\mathrm{u}})-(C_{\mathrm{PHM}}-I_{\mathrm{PHM}})}{(I_{\mathrm{PHM}}-I_{\mathrm{u}})}-1 \tag{14.10}$$

其中，C_{u} 是使用计划外维护进行管理时系统的寿命周期成本，I_{u} 是计划外维护的投资成本，C_{PHM} 是采用特定 PHM 维护方法的系统总寿命周期成本，I_{PHM} 是 PHM 维护方法的投资成本。在电子系统中，计划外维护中的投资成本定义为 I_{u}=0，即计划外维护中的投资成本定义为零。这不仅意味着执行计划外维护的成本为零，而且反映了仅依靠计划外维护的方法不会对 PHM 进行任何投资[159]。令 I_{u}=0，式（14.10）变为：

$$\mathrm{ROI}=\frac{C_{\mathrm{u}}-(C_{\mathrm{PHM}}-I_{\mathrm{PHM}})}{I_{\mathrm{PHM}}}-1 \tag{14.11}$$

化简为：

$$\mathrm{ROI}=\frac{C_{\mathrm{u}}-C_{\mathrm{PHM}}}{I_{\mathrm{PHM}}} \tag{14.12}$$

本章中的 ROI 是通过评估式（14.12）中的 C_{u}、C_{PHM} 和 I_{PHM} 来计算的。在这里我们将 LED 系统线路可更换单元（Line-Replaceable Unit，LRU）的安装位置命名为 socket，LED 灯具通过在 socket 处套接入 LED 系统中。PHM 维护方法的投资成本（I_{PHM}）包含在系统中的所有 socket 实施 PHM 的有效成本，其中包括将 PHM 集成到新系统或现有系统中所需的技术和支持。

根据活动的频率和作用，PHM 维护方法的投资成本（I_{PHM}）分为经常性、非经常性和基础设施成本：

$$I_{\mathrm{PHM}}=C_{\mathrm{NRE}}+C_{\mathrm{REC}}+C_{\mathrm{INF}} \tag{14.13}$$

其中，C_{NRE} 是 PHM 的非经常性成本，C_{REC} 是 PHM 的经常性成本，C_{INF} 是每年的 PHM 基础设施成本[159]。非经常性成本就是所有实地单位的总费用除以实地单位的数量。非经常性成本是一次性的活动，通常发生在 PHM 计划时间表的开始，尽管处置或回收非经常性成本在结束时才发生[159]。PHM 的非经常性成本是设计用于执行 PHM 的硬件和软件成本，由每个单元分摊的非经常性成本之和组成。C_{NRE} 计算为：

$$C_{\mathrm{NRE}}=C_{\mathrm{dev\_hard}}+C_{\mathrm{dev\_soft}}+C_{\mathrm{training}}+C_{\mathrm{doc}}+C_{\mathrm{int}}+C_{\mathrm{qual}} \tag{14.14}$$

其中，$C_{\mathrm{dev\_hard}}$ 是 SHM 的硬件开发成本，$C_{\mathrm{dev\_soft}}$ 是 PHM 软件开发的成本，C_{training} 是培训的成本，C_{doc} 是文档成本，C_{int} 是整合的成本，C_{qual} 是 PHM 的测试和鉴定成本。

PHM 的经常性成本（C_{REC}）与在 PHM 计划期间连续或定期发生的活动有关。C_{REC} 计算为：

$$C_{\mathrm{REC}}=C_{\mathrm{hard\_add}}+C_{\mathrm{assembly}}+C_{\mathrm{install}} \tag{14.15}$$

其中，$C_{\mathrm{hard\_add}}$ 是添加到每个 LED 灯具中的 PHM 硬件成本，C_{assembly} 是每个 LED 灯具（或 socket）中硬件的组装和安装成本，或者每个/组 socket 的 PHM 硬件的装配成本，C_{install} 是为每个 socket 安装 PHM 硬件的成本，包括原始安装以及在发生故障、维修或诊断操作后重新安装。

PHM 基础设施成本（C_{INF}）是在给定活动期内维持 PHM 所必需的支持功能和结构的成本[159-160]。与 PHM 的应用和支持相关的C_{INF}被评估为：

$$C_{INF} = C_{prognostic\ maintenance} + C_{decision} + C_{retraining} + C_{data} \tag{14.16}$$

其中，$C_{prognostic\ maintenance}$是维护预测性设备的成本，$C_{decision}$是决策支持的成本，$C_{retraining}$是培训人员使用 PHM 的再培训成本，$C_{data}$是数据管理的成本，包括数据归档、数据收集、数据分析和数据报告的成本[159-160]。

对于带有 SHM 的 LED 照明系统的 PHM，投资成本（I_{PHM}）包括系统中开发、安装和支持 PHM 方法所需的所有成本，以及因故障之前更换单位而购买额外 LRU 的可能成本；而避免的成本则是对通过使用 PHM 方法实现的量化收益。该模拟具有 LED 照明系统的独特性质，如参数选择和假设。用于评估 ROI 的方法是使用随机离散事件模拟执行的，该模拟遵循包含一个或多个 LRU 的一组 LED 照明系统的寿命周期，并确定有效的寿命周期成本和所避免的故障。为了捕获 LRU 的特性以及 PHM 方法和结构性能中的不确定性，该模拟通过对与 TTF 相关的概率分布进行采样来跟踪大量 socket，并以寿命周期成本分布的形式提供结果。仿真方面则根据文献[159]、[160]中的案例研究，采用 PHM 投资成本（见表 14.3）的值来仿真 LED 照明系统的 ROI，并对 LED 照明系统进行适当修改。

表 14.3 每个 LRU 的 PHM 投资成本（I_{SHM}）[161-162]

PHM 非经常性成本（C_{NRE}）	\$39
● C_{dev_hard}	\$10/LRU
● C_{dev_soft}	\$2/LRU
● $C_{training}$	\$15/LRU
● C_{doc}	\$1/LRU
● C_{int}	\$2/LRU
● C_{qual}	\$9/LRU
PHM 经常性成本（C_{REC}）	\$155
● C_{hard_add}	\$25/LRU
● $C_{assembly}$	\$65/LRU
● $C_{install}$	\$65/LRU
PHM 基础设施成本（C_{INF}）	\$20.3/年
● $C_{prognostic\ \ maintenance}$	\$2.7/LRU
● $C_{decision}$	\$5/LRU
● $C_{retraining}$	\$3/LRU
● C_{data}	\$9.6/LRU

14.4.2 将系统健康监测应用于 LED 照明系统的 ROI 分析

ROI 评估对象为使用 PHM 方法实现了故障诊断的 LED 照明系统（在本例中为 100000 个 LED 路灯）。LED 路灯中具有代表性的 LRU（即系统中的模块化组件，无须更换系统即可执行所有组件的维修工作，而且无须将整个系统返回维护）是 LED 灯具（即完整照明设备，包括一个或多个灯、光学器件、镇流器或驱动器、电源以及具有功能性照明解决方案所需的所有其他组件的单元），将 LED 灯具安装在灯杆顶部就组成了每个 LED 路灯。socket 被定义为 LRU[156,159] 在 LED 照明系统中的唯一实例。每个灯杆的顶部都有一个安装灯具的 socket，因此可以将更换灯具插入路灯的 socket 中。在本章中，每个 LED 照明系统的一个 socke 中安装一个 LRU（接口灯具系统）。

因此，将 LRU、socket 和接口灯具系统的数量假定为 100000 个。LED 灯具组装在用于街道照明的灯杆顶部。每年 4100 小时的运行时间假设每晚运行 11 小时，并且适用于根据客户选择的常规运行时间表每天晚上打开和关闭一次的 LED 路灯[143]。尽管 LED 路灯的预计使用寿命为 5 万小时到 10 万小时（在 4100 小时/年时为 12～29 年），但其还是需要一定程度的维护的。

假设 SHM 是根据传感器收集的实时数据执行的，该传感器收集的振动、光、颜色、电压、电流和温度数据已集成到 LED 照明系统中，以检测和隔离故障并使用 PHM 方法提供 RUL 预测。基于 SHM 的 LED 照明系统的故障诊断和预测使用光传感器、运动传感器、温度传感器以及电压和电流传感器收集数据。假定使用 MD 和 ED 检测算法进行异常检测[36]，在光输出和颜色开始减少的点识别检测阈值。此外，实时 SHM 是基于现场数据进行的，以使用预测算法预测现场 LED 照明系统的 RUL[149]。

图 14.14 显示了相对于计划外维护使用 SHM 来分析从前兆到故障 PHM 方法的 ROI 流程。第一步，确定预测的距离，该距离可最大限度地减少针对大量 socket 进行故障预测的寿命周期成本。第二步，使用计划外维护和 PHM 维护跟踪 socket 的整个寿命周期。第三步，评估 C_u、C_{PHM} 和 I_{PHM}。第四步，使用式（14.10）计算相对于 socket 的非计划维护 PHM 的 ROI。第五步，确定 socket 数量的 ROI。最后，对所有 socket 的每个部分重复这些步骤。有关该处理流程的详细说明，参见 14.4.2.1 节至 14.4.2.4 节。

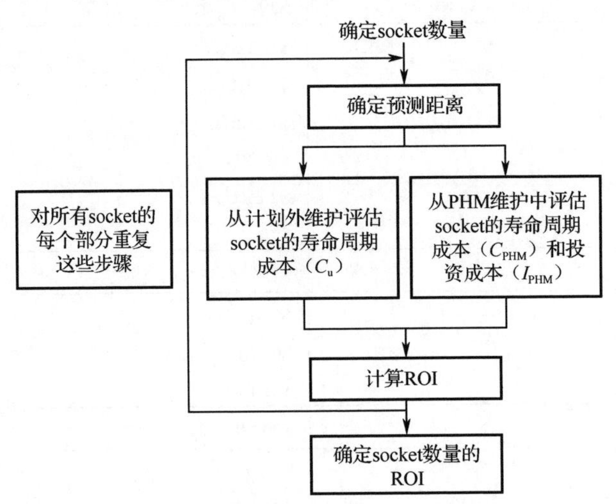

图 14.14　相对于计划外维护[159]使用 SHM 来分析从前兆至故障 PHM 方法的 ROI 流程

14.4.2.1　ROI 仿真中的故障率和失效分布

因为可以使用 Weibull 分布对各种危险率曲线进行建模，所以将三参数 Weibull 分布应用于寿命分布，以计算 LED 照明系统的寿命周期成本。该分布可以近似于其他分布，如指数分布、瑞利分布、对数正态分布和特殊或极限条件下的正态分布。Weibull 分布已用于工业可靠性测试数据或 LED 的现场测试数据的寿命分布。Weibull 分布可以根据形状（shape）参数的选择对各种数据建模。如果形状参数等于 1（即故障率恒定），则 Weibull 分布与指数分布相同。如果形状参数为 3～4，则 Weibull 分布近似为正态分布。

基于“浴缸”曲线的概念对 LED 灯具的可靠性进行建模。LED 灯具群体的寿命包括早期失效期的故障率降低（即形状参数小于 1），然后是较长的使用寿命、随机失效的故障率相对较低且相对恒定（即形状参数大约为 1，呈指数分布），并以出现故障率上升的磨损周期结束（即形状参数大于 1，呈正态分布）。所建模型主要讨论了使用寿命和磨损失效期，不涉及产品设计改进方面，假定成熟产品在设计过程中解决了设计问题。

LED 照明系统的故障分布被假定为具有不同的恒定故障率（在指数分布的情况下）和不同的 MTTF 的指数分布或正态分布，以研究如果在 LED 照明系统中选择不同的 LED 寿命，那么 ROI 会如何变化。在现实的系统中，可能需要考虑多种故障机理。实际故障率和 MTTF 可能与本研究不同，并且分布可能不是正态分布或指数分布。但是，此处介绍的应用于 LED 照明系统的 ROI 方法适用于 LED 的任何故障分布和寿命，因为 ROI 方法是通用的。

对于指数故障分布，考虑了三种不同的故障率：每年 10%、20%和 30%。每个故障率分别对应 10 年（41000 小时）、5 年（20500 小时）和 3.3 年（13667 小时）的 MTTF。使用三参数 Weibull 分布对使用指数分布的这些不同情况进行建模：TTF1（β=1，γ=0，η=41000），TTF2（β=1，γ=0，η=20500），TTF3（β=1，γ=0，η=13667），如图 14.15 所示。具有相同特征寿命的可替代正态分布（即相同的 η），因为指数分布是使用三参数 Weibull 分布建模的：TTF4（β=3.5，γ=0，η=41000），TTF5（β=3.5，γ=0，η=20500），TTF6（β=3.5，γ=0，η=13667），如图 14.16 所示。假设在两种类型的故障分布中，LED 灯具最有可能在 41000 小时、20500 小时和 13667 小时失效。LED 照明系统被认为具有 4100 的年度运行时间[163]。假设进行 ROI 模拟，LED 灯具的最大使用寿命为 82000 小时（基于 4100 小时/年可工作 20 年）。由于 LED 照明系统中的可靠性问题，这种假设可能会夸大某些 LED 灯具的寿命[164]。

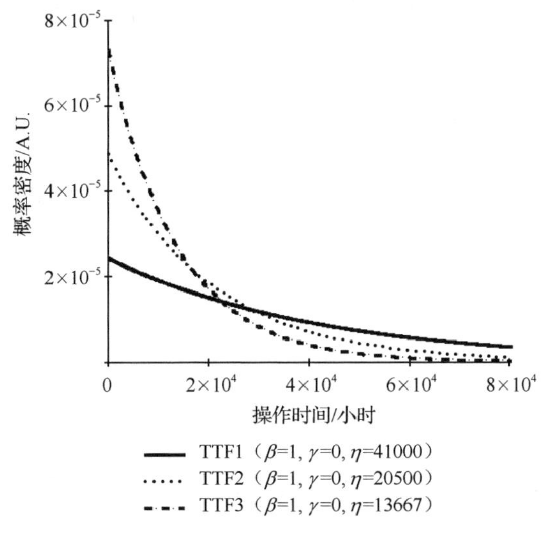

图 14.15 TTF1、TTF2 和 TTF3 的 Weibull 分布

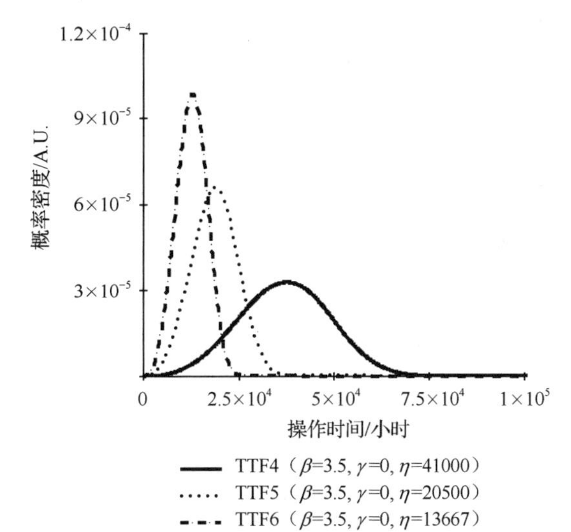

图 14.16 TTF4、TTF5 和 TTF6 的 Weibull 分布

14.4.2.2 故障预测距离的确定

计划外的维护方法和使用 SHM 的 PHM（数据驱动的 PHM）维护方法都考虑了更换或维修时间（从故障到完成维修的时间）。对于计划外的维护，时间范围为 1～30 天，具体取决于整个照明系统的大小及负责更换发生故障的 LED 灯具的工作人员[161-162]。例如，在宾夕法尼亚州的费城，路灯由三个服务提供商维护：费城街道照明部门、街道照明维护承包商和 PECO Energy [165]。街道照明维护承包商会每天更换不使用的路灯，而费城街道照明部门会在 10 天的时间内维护停用的路灯，PECO Energy 会在 20 天的时间内替换路灯。维修和更换计划外的维护时间预计为 LED 灯具故障后的 14 天。PG&E 关于 LED 维修成本分析的经济数据和方案的报告[165]，假设使用 SHM 的 PHM 维护方法的维修和更换时间间隔为 1.5 小时[165]，因为该方法提供了预

警，所以还可以减少照明设备的故障，并大大减少更换/维修时间。

预测距离是指 LRU 的实际 TTF 与 SHM 系统预测的失效时间两者之间的时间差，SHM 系统使用熔断器或运动传感器、温度传感器和电流传感器等手段对灯、光学器件、镇流器、驱动器、电源等重要部位进行监测，其预测的失效时间往往会提前于实际的 TTF。LRU TTF 概率密度函数（PDF）和 PHM TTF PDF（来自 SHM 传感器）可能具有不同的分布形状和参数。在 LRU TTF PDF 和 PHM TTF PDF 之间具有不同的形状和参数可能会增加寿命周期成本，因为需要花费停机成本来计算最佳预测距离。

停机成本是指当 LED 照明系统（如单个 LRU）由于维修、更换而关闭，或者由于等待备件或任何其他物流延迟时间而无法工作时，每小时停机所产生的价值。在本章中，通过将带有 SHM 的 PHM 维护方法应用于 LED 照明系统之前和之后的犯罪率变化来评估停机成本。文献[166]至[171]报道了一些案例，这些案例研究了美国、英国和瑞典改进的照明系统如何减少夜间和白天的犯罪和民众恐惧。改进的照明设备的故障率降低、有效照明时间加长，对犯罪嫌疑人或者窃贼起到一定的震慑作用，从某种意义上起到了遏制犯罪念头的作用。改善照明条件可以鼓励更多人在夜间行走，这等同于增加非正式监视。效果可能会根据该区域或居民的特征、区域的设计、照明的设计以及被照明的地方而有所不同。如果现有的照明条件较差，那么改进照明设备后的效果就会更显著。

上述研究表明，改进的照明系统除了在美国、英国和瑞典等地降低了犯罪率外，Painter 和 Farrington[172]还研究了基于减少犯罪的改进路灯的财务收益。在英格兰的达德利（Dudley），通过一个月内在 1500m 的道路上安装 129 台 HPS 白色路灯来改善路灯系统，犯罪发生率（每 100 户平均犯罪率）下降了 41%，盗窃率下降了 38%，外盗/故意破坏行为减少了 39%，车辆犯罪减少了 49%，个人犯罪减少了 41%[172]。达德利减少犯罪活动带来的估计节省成本按盗窃、故意破坏、车辆犯罪、自行车盗窃、抢劫/抢夺袭击和威胁分类统计。1993 年统计总净节省额为 339186 英镑。因此，每盏灯的财务收益为 2629.35 英镑。

由于通货膨胀率，该费用逐年发生变化，到 2013 年每盏灯的收益为 7739.33 美元。此值是整年计算得出的，因此，每小时的价值是每个照明单元 1.89 美元。结果表明，通过安装改进的照明系统，在试验区的犯罪率降低了 43%[172]。而且通过使用 SHM 的 PHM 维护方法增强了 LED 照明系统的可靠性，可以一直维持这种减少犯罪的状况。因此，采用有 SHM 的 PHM 维护方法的 LED 的停机成本（单个 socket 中每个 LRU 每小时停机的价值）为 1.89 美元，而无 PHM 的 LED 照明系统的非计划维护的停机成本为 4.38 美元。以上结论基于以下假设：由于使用 SHM 的 PHM 维护方法，犯罪率降低了 43%。停机成本是指 LED 灯具（即单个 LRU）停机且由于维修、更换、等待备件或任何其他物流延迟时间而无法运行时每小时停机的价值。

对于模拟仿真方面，将使用每个任务的 11.2 个工作小时以及使用 SHM 的前兆至故障 PHM 维护（1.89 美元）和计划外维护（4.38 美元）的每小时停用价值（即停机成本）来设置运行配置文件。在本章中，选择指数分布和正态分布来建模 LRU 的实际 TTF（TTF1 至 TTF6），并从 SHM 传感器中为 PHM TTF 选择对称的三角形分布以进行说明。假定三角形分布的宽度为 600 小时，在图 14.17 和图 14.18 中分别显示出了前兆至故障的 PHM 预测距离，用于三种指数分布（TTF1 至 TTF3）和三种正态分布（TTF4 至 TTF6）。指数分布和正态分布的支撑寿命（年/座）均为 20 年。每个 TTF 分布中每个 socket 的寿命周期成本（美元）表示支撑寿命中的 C_{PHM}。使用 TTF1 为 300 小时、TTF2 为 200 小时和 TTF3 为 100 小时的最小预测距离得到了整个寿命周期内的最小成本。同样，使用 TTF4、TTF5 和 TTF6 的最小预测距离则分别为 400 小时、300 小时和 300 小时。较小的预测距离会导致带有 SHM 的 PHM 漏检某些故障反而最后使得每个 socket 的寿命周期成本增加了，如表 14.4 和表 14.5 所示。较大的预测距离也增加了每个 socket 的寿命周期成本，因为保守地在 LRU 发生故障之前更换它们，造成了浪费，如图 14.17 和图 14.18 所示。

在 TTF1、TTF2 和 TTF3 指数分布的情况下，开始预测距离较小阶段就能观察到相当数量的故障，如图 14.15 所示。随着预测距离增加至 1000 小时，在早期的运行中就错过了更多的故障预测，由于指数故障分布特性，SHM 设备无法预测大量故障，因此 LED 路灯开始在时间为 0 时出现显著的失效现象。相反，在故障符合正态分布下，SHM 设备仍然捕获了许多故障，因为到达主故障时区需要时间，所以故障预测距离增加了，如图 14.16 所示。如果故障预测不成功，则执行计划外的维护活动，并且根据 socket 的失效时间更新 LRU 实例的实际 TTF。当故障事件的数量增加时，整个寿命周期成本就会增加。指数分布和正态分布的这些不同特征导致每个 socket 的寿命周期成本出现数量级差异。

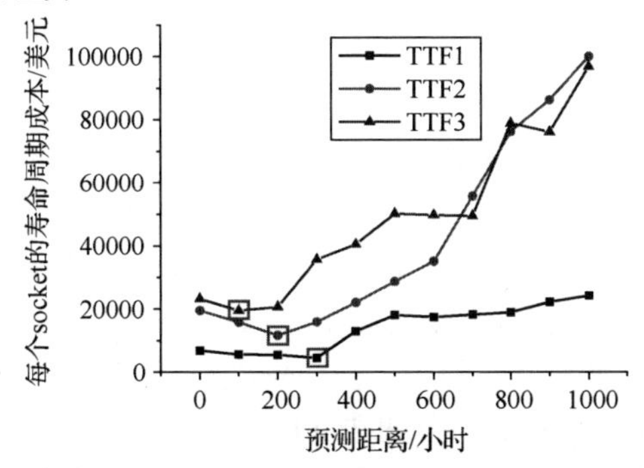

图 14.17 寿命周期成本随指数分布（TTF1 至 TTF3）的前兆至故障的 PHM 预测距离

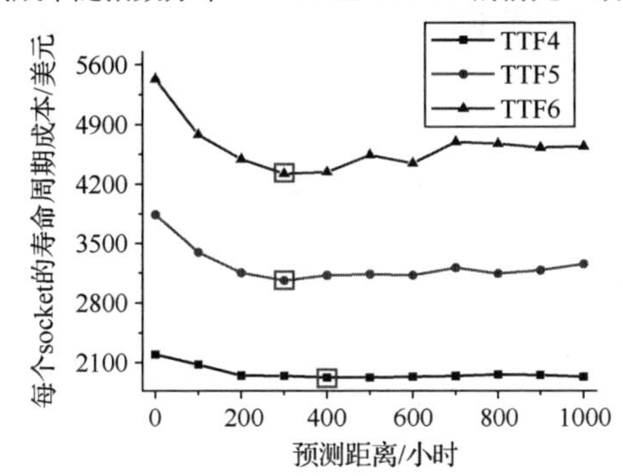

图 14.18 寿命周期成本随正态分布（TTF4 至 TTF6）的前兆至故障的 PHM 预测距离

表 14.4 LRU 级实施成本

每个 LRU 的经常性成本总额	$845
● 没有 PHM 的 LRU 的基本成本	$690/LRU
● 经常性费用（C_{REC}）	$155/LRU
每个 LRU 的非经常性成本总额	$39
● $C_{dev\_hard}+C_{dev\_soft}+C_{training}+C_{doc}+C_{int}+C_{qual}$	$39/LRU

表 14.5 系统实施成本

经常性成本	$845
● 每个接口（socket）的安装	$65/socket
● 每个接口（socket）的硬件	$25/socket
基础设施成本	$20.3
● $C_{prognostic\ maintenance}$	$2.7/年
● $C_{decision}$	$5/年
● $C_{retraining}$	$3/年
● C_{data}	$9.6/年

14.4.2.3 I_{PHM}，C_{PHM}和C_u的估计

LRU（不含 PHM）的基本成本为 690 美元，其中大型灯具成本为 675 美元，交付成本为 15 美元。美国市场的大批量灯具成本从 300 美元到 800 美元不等；选择 690 美元的成本，是因为它在市场的合理成本范围内[150]。计划外维修的人工成本（每单位维修）为 245 美元[147]，前兆至故障的 PHM 维修（即预防性维修）的人工成本为 170 美元[165]。对于计划外维修事件，考虑了 50 美元的额外人工成本，因为在 LED 灯具出现故障后，需要相对快速地向服务提供商提出服务请求。

表 14.3 列出了C_{NRE}、C_{REC}和C_{INF}的 PHM 投资成本。这些值是从文献[159]、[160]中的案例研究得出的，从而获得C_{NRE}、C_{REC}和C_{INF}的成本。具体地说，C_{NRE}是 LED 照明单元的 PHM 开发成本；C_{REC}是在 LED 照明单元中实施 PHM 的成本；C_{INF}是每年维护 LED 照明单元中 PHM 实施资源的成本。这些值都是保守值，因为这些成本面向的是更复杂且昂贵的商用飞机[159-160]。通常认为，最终用于 LED 照明系统实时 PHM 的资金少于商业飞机先前研究所提出的成本；PHM 的实际投资成本可能比这些值低得多（如 10%）。

表 14.4 列出了 LRU 级实施成本。每个 LRU 的重复成本是通过不带 PHM 的 LRU 的基本成本与 PHM 经常性成本的总和计算得出的（见表 14.3）。每个 LRU 的经常性成本总额 845 美元，每个 LRU 的非经常性成本总额 39 美元。对于系统实施成本，考虑了表 14.5 中的每个项目，以评估系统的经常性成本和基础架构成本。在本章中，假设一个 socket 在 LED 照明系统中具有一个 LRU。更换挂载新的 LRU 需要根据表 14.3 中提到的基础设施成本所需的安装成本和硬件成本来评估。

如图 14.17 和图 14.18 所示，使用 TTF1 的 300 小时、TTF2 的 200 小时、TTF3 的 100 小时、TTF4 的 400 小时、TTF5 的 300 小时以及 TTF6 的 300 小时预测距离，假设没有错误警报指示、没有存货成本和采用 0.07 的折扣率来进行离散事件模拟，对于指数分布如图 14.19 至图 14.21 所示，对于正态分布如图 14.22 至图 14.24 所示。该模拟是通过随机离散事件模拟执行的，该模拟遵循一群包含一个或多个 LRU 的 LED 照明系统的寿命历史数据，并确定有效寿命周期成本和哪些故障是所有 socket 可以避免的。为了捕获 LRU 的特性以及 PHM 方法和结构的性能中的不确定性，该模拟遵循一组 socket 并确定寿命周期成本的概率分布。在 20 年的支撑寿命中，使用 PHM 避免了 TTF1 到 TTF3 的指数故障分布以及 TTF4 到 TTF6 的正态故障分布的全部故障。相反，对于 TTF1 至 TTF3 的指数故障分布以及 TTF4 至 TTF6 的正态故障分布，使用非计划维护方法避免了 0%的故障，因为非计划维护在故障发生时更换了 LRU。

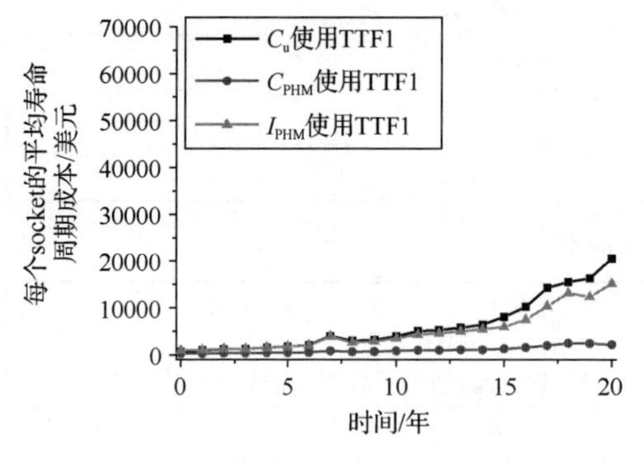

图 14.19　使用 TTF1 的每个 socket 的平均寿命周期成本

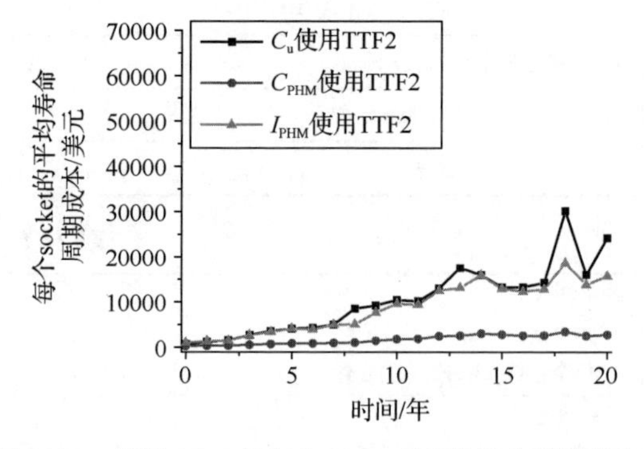

图 14.20　使用 TTF2 的每个 socket 的平均寿命周期成本

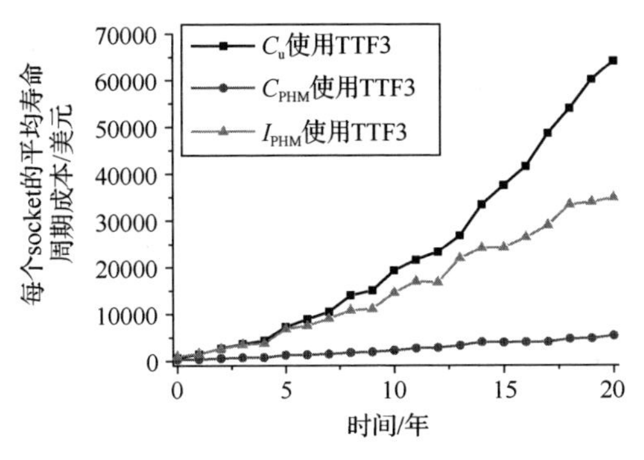

图 14.21 使用 TTF3 的每个 socket 的平均寿命周期成本

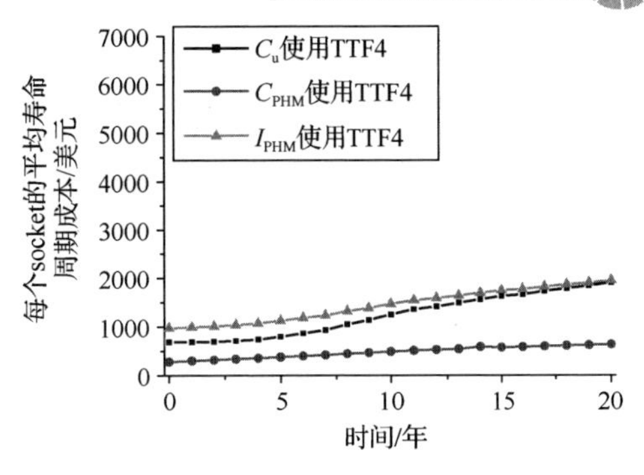

图 14.22 使用 TTF4 的每个 socket 的平均寿命周期成本

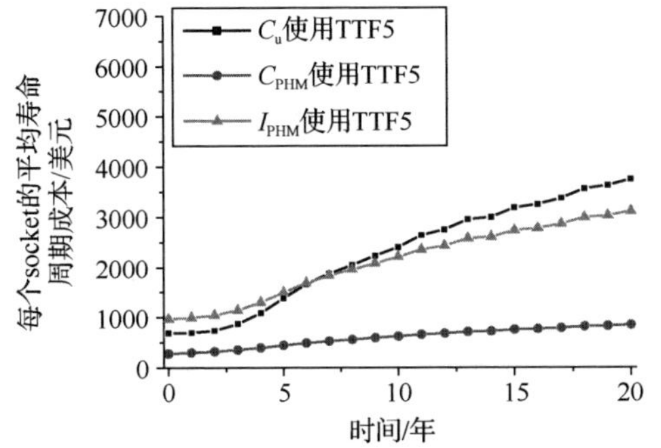

图 14.23 使用 TTF5 的每个 socket 的平均寿命周期成本

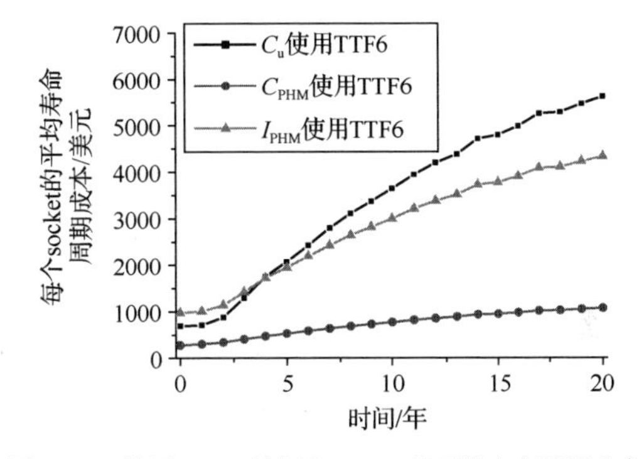

图 14.24 使用 TTF6 的每个 socket 的平均寿命周期成本

TTF1、TTF2 和 TTF3 表明，由于图 14.19 至图 14.21 中从 0 开始分散的故障分布，C_{PHM} 和 C_u 的值稳定增加。随着故障率从 10%增加到 20%和 30%，C_{PHM} 和 C_u 的值也有所增加。使用 TTF1 的每个 socket 的平均寿命周期成本为 C_u=20648 美元和 C_{PHM}=15225 美元，I_{PHM}=2232 美元代表 PHM 方法开发，支持和安装 SHM 的成本。使用 TTF2 的每个 socket 的平均寿命周期成本为 C_u=24201 美元、C_{PHM}=15703 美元、I_{PHM}=2756 美元。使用 TTF3 的每个 socket 的平均寿命周期成本为 C_u=64116 美元、C_{PHM}=34859 美元、I_{PHM}=5355 美元。使用式（14.12），PHM 的 ROI 对于 TTF1 为 2.43，对于 TTF2 为 3.08，对于 TTF3 为 5.46。根据图标中数字描绘的寿命周期成本分布的平均值，可以看出总寿命周期成本降低了（如图 14.19 中 C_u 和 C_{PHM} 从 7 年到 8 年）。

TTF4、TTF5 和 TTF6 表明，由于图 14.22 至图 14.24 中从 0 开始分散的故障分布，C_{PHM} 和 C_u 的值稳定增加。随着 MTTF 从 10 年降低到 5 年再到 3.3 年，C_u 和 C_{PHM} 的值也有增加。使用 TTF4 的每个 socket 的平均寿命周期成本为 C_u=1907 美元、C_{PHM}=1950 美元，而 I_{PHM}=636 美元代表 PHM 方法开发，支持和安装 SHM 的成本。使用 TTF5 的每个 socket 的平均寿命周期成本为 C_u=3745 美元、C_{PHM}=3112 美元、I_{PHM}=848 美元。使用 TTF6 的每个 socket 的平均寿命周期成本为 C_u=5617 美元、C_{PHM}=4330 美元、I_{PHM}=1071 美元。使用式（14.12），对于 TTF4，PHM 的 ROI 为 0.07，对于 TTF5 为 0.75，对于 TTF6 为 1.20。在 20 年的支撑时间内，假设所有的 TTF 从 TTF1 到 TTF6 都被采用，由于计划外的维护事件，LED 照明系统的可用性降低了。其结果说明了由于计划外维护的寿命周期成本增加而导致 PHM 的 ROI 随时间的增长而增加的原因（C_u）。图 14.19 至图 14.24 表明，PHM 的实施提高了所有 LED 照明系统可用性，因为通过应用 PHM 可以避免故障，其方法是在指示灯故障之前更换每个 socket 中的 LRU。

在本章中，使用指数分布和正态分布的故障分布考虑了具有不同故障分布的 LED 照明系统的可靠性。如 14.4.2.2 节所述，假设使用 SHM 进行计划外维护和 PHM 维护的修理和更换时间分别为 LED 灯具失效后的 14 天和 1.5 小时。图 14.25 显示了在假设 TTF1、TTF2 和 TTF3 的 20

年支撑期内，LED 照明系统的可用性由于计划外维护事件而降低。图 14.26 显示了在假设 TTF4、TTF5 和 TTF6 的 20 年支撑期内，由于计划外维护事件，LED 照明系统的可用性降低了。

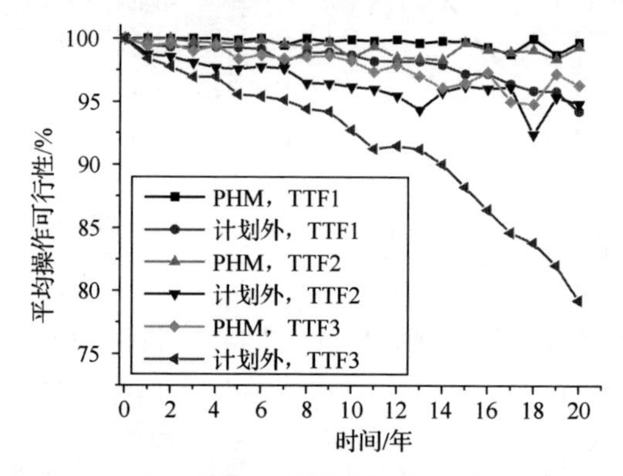

图 14.25　基于 TTF1、TTF2 和 TTF3 指数故障分布系统可用性——计划外维护方法和具有 SHM 的 PHM 维护方法（采样了 10 万个 LRU）

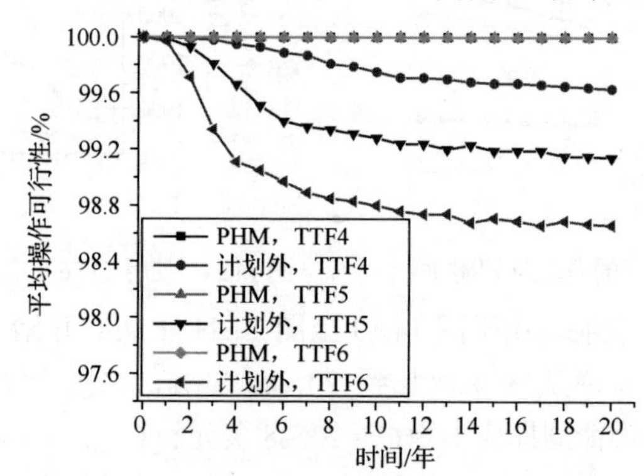

图 14.26　基于 TTF4、TTF5 和 TTF6 正态故障分布系统可用性——计划外维护方法和具有 SHM 的 PHM 维护方法（采样了 10 万个 LRU）

14.4.2.4　ROI 评估

图 14.27 至图 14.29 显示了使用 SHM 的 PHM 维护方法应用于 10 万个 LED 照明系统的 ROI 值随时间的变化。如图 14.27 至图 14.29 所示。绘制的 ROI 同样适用于系统的单个实例（即不是平均值）。计划外的维护意味着 LED 照明系统将一直运行直到出现故障（即直到没有 RUL 为止），折现率假定为 7%。ROI 在时间 0 处开始为-1；这代表了将 PHM 技术投入到无回报的 LED 照明系统中的初始投资（$C_u - C_{PHM} = -I_{PHM}$）。从时间 0 开始，ROI 开始增加。投资成本占 PHM 支出的最大部分。ROI 值最初小于零，但从第一次维护事件开始就可以节省维护成本。随着维护事件数量的增加，PHM 系统将达到收支平衡，这是因为减少了停机时间和维护成本节省了资金。

在 TTF1、TTF2 和 TTF3 的指数分布中没有无故障区间，LED 照明系统从第 1 年开始就出现故障。TTF1 案例表明，直到第 5 年，ROI 都小于 0。TTF2 早于 TTF1 达到收支平衡状态（ROI=0），因为采用 TTF2 的 SHM 的 PHM 维护方法，由于故障率达 20%，并且涉及更多的维护事件，因此可以提供更多的好处，如图 14.27 所示。从第 6 年（对于 TTF1）和第 2 年（对于 TTF2）开始，维护成本节省将大于 PHM 投资成本（ROI>0）。在指数分布中有 30%故障率的 TTF3 在第 1 年后显示 ROI 收益。第 1 年，TTF3 的 ROI 为-0.08，而在第 1 年的 TTF2 的 ROI 为-0.38。

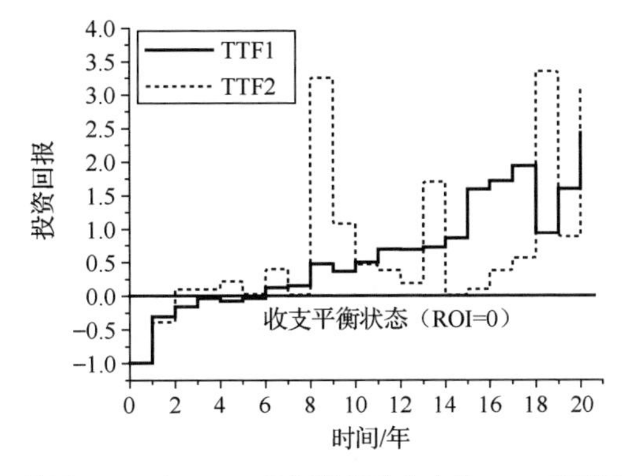

图 14.27 使用 TTF1 和 TTF2 的指数故障分布的 LED 照明系统的 ROI

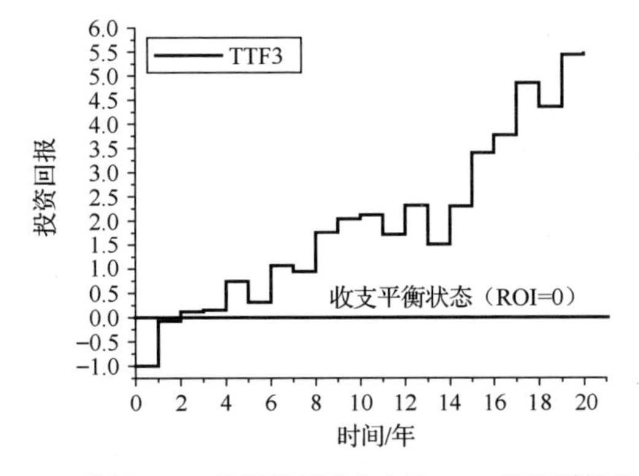

图 14.28 使用 TTF3 的指数故障分布的 LED 照明系统的 ROI

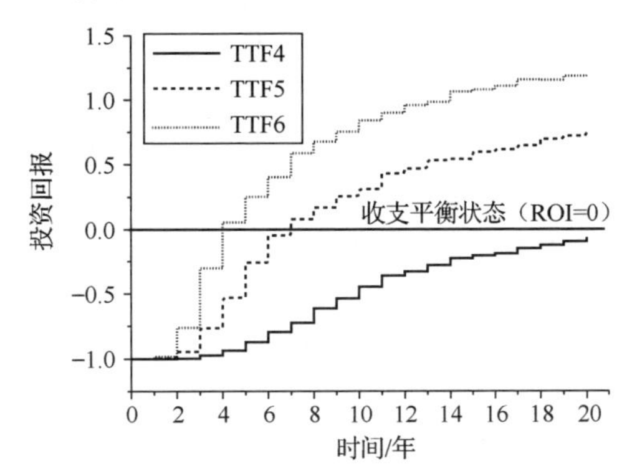

图 14.29 使用 TTF4、TTF5 和 TTF6 的指数故障分布的 LED 照明系统的 ROI

TTF4（具有 41000 小时的 MTTF）、TTF5（具有 20500 小时的 MTTF）和 TTF6（具有 13667 小时的 MTTF）的正态分布中也没有无故障区间。TTF4 的 MTTF 比 TTF5 和 TTF6 的 MTTF 长。直到支持寿命结束，TTF4 的 ROI 才能达到收支平衡点。如果 LED 照明系统具有足够长的使用寿命（在本章中为 41000 小时），则采用具有 SHM 的 PHM 维护方法不会节省成本。当 MTTF 在 TTF5 中为 20500 小时或在 TTF6 中为 13667 小时时，具有 SHM 的 PHM 维护方法显示了将 PHM 实施到 LED 照明系统中所带来的 ROI。TTF5 案例表明，在第 7 年的 ROI 大于 0。TTF6 在第 4 年达到了收支平衡状态（ROI=0），因为当 LED 灯具故障更多并涉及更多维护事件时，采用 TMF6 具有 SHM 的 PHM 维护方法带来了更多的收益。

在达到收支平衡状态之后，与使用计划外维护方法的年度总寿命周期成本相比，使用具有 SHM 的前兆到故障 PHM 方法的年度总寿命周期成本将得到降低——这是由于预警更换了故障的 LRU（使用了约 300 小时的预测距离），较短的维修或更换时间（1.5 小时对 153.7 小时），更换维护成本更低（170 美元对 245 美元），停机成本更低（单个 LRU 每小时服务成本为 1.89 美元，对 4.38 美元）。维修（或更换）时间是指维护服务事件发生之前和之中的停机时间。对于前兆到故障的使用具有 SHM 的 PHM 维护方法，维护事件仅导致 1.5 小时的停机时间，因为维护事件是在 LED 灯具仍在工作时执行的。实施 PHM 的成本将被停机时间的节省的成本和预防犯罪节省的成本所抵消。

通常，在实际系统中，多种失效机理可能与本研究中假设的指数和正态分布不一样。但是，ROI 方法是独立的，LED 照明系统的 ROI 方法可以应用到 LED 的任何故障分布和寿命预测，如 14.4.2.1 节所述。ROI 将通过应用维护系统的年度总寿命周期成本和投资成本进行评估。此外，先前的研究已经证明了，与传统照明系统（如白炽灯泡或钠蒸气照明系统）相比，LED 照明系统的 ROI 更高。但是，随着 LED 照明系统的采用，可靠性问题降低了在实际应用中的 LED 照明系统的寿命周期价值。在作者先前的研究中，对在 LED 照明系统中实施 PHM 的 ROI 进行了评估[156]，但是，尚未研究将健康监控应用于不同故障分布的 LED 照明系统的 ROI。因此，本章只着重介绍了一种评估 LED 系统的 ROI 的方法——使用具有 SHM 的 PHM 维护方法，SHM 为指数分布（具有三种不同的故障率）和正态分布（具有三种不同的 MTTF）用来研究 LED 照明系统中的故障率、MTTF，以及故障分布发生变化将导致 ROI 如何变化。

14.5 总结

PHM 可以通过评估产品偏离其预期正常运行条件的程度来预测产品的未来可靠性或确定其 RUL。因此，通过提高可靠性预测和寿命评估的准确性，优化 LED 照明系统设计，缩短检测的时间，实现 LED 照明系统的 CBM 以及提供用于 ROI 分析的信息，从而使 LED 开发人员和用户受益。为了进一步促进和扩展 LED 的应用，必须开发适当的预测方法。本章提供有关大功率白光 LED 的预测以及 LED 的物理建模和故障分析的最新信息，旨在帮助开发人员提高改善 LED 的预测方法的性能。

此外，LED 行业需要基于 LED 照明系统的可靠性，将 PHM 维护方法与 SHM 结合使用，以最大限度地提高 ROI。ROI 最初小于零，但是从第一次维护事件开始就节省了维护成本。随着维护事件数量的增加，由于减少了停机时间和维护成本而节省了资金，PHM 系统可以做到成本和收益相当，实现收支平衡。当 LED 灯具出现更多故障时，具有 SHM 的 PHM 维护方法会带来更多好处，并且在指数分布和正态分布下会涉及更多维护事件。在 LED 照明系统中实现 SHM 的 PHM 是 LED 照明行业中的新兴技术。在研究这项新技术时，利用 LED 路灯行业数据的实际 PHM 投资成本（I_{SHM}），包括 PHM 的非经常性成本（C_{NRE}）、PHM 的经常性成本（C_{REC}）和每年的 PHM 基础设施成本（C_{INF}）等来评估 PHM 应用于 LED 照明系统的 ROI 存在一定的局限性。ROI 对 LED 街道照明的进一步研究需要结合实时现场数据以及特定位置和环境条件下主要故障分布的信息。在实际的系统中，多种故障机理可能会导致故障分布与本章中使用的假定指数分布和正态分布不同。本章旨在帮助启动 LED 照明系统的 SHM 实施，以及指导如何采用与可靠性信息无关的 ROI 方法来实现 LED 照明系统的成本优势的最大化。

原著参考文献

第15章

医疗 PHM

Mary Capelli-Schellpfeffer[1]，Myeongsu Kang[2]，Michael G. Pecht[2]
1 美国伊利诺伊州芝加哥自动化损伤处理研究中心
2 美国马里兰大学帕克分校高级寿命周期工程中心

故障预测与系统健康管理（PHM）因与患者健康程度、设备可靠性和操作监控具有高度的临床相关性，并伴随着可操作的数据分析需求而在医疗保健中具有重要价值，美国是最大的医疗器械生产国，也是最大的医疗器械市场。2015 年，美国医疗器械市场价值估计超过 1500 亿美元，占全球市场近 45%[1]。美国有 6500 多家医疗设备制造商，大多是中小型企业。微电子、电信、仪器仪表、生物技术和软件研发方面的创新使美国在医疗器械工程方面具有优势。

本章介绍美国医疗保健的发展趋势，并讨论医疗器械（即可植入医疗器械和护理机器人）的独特功能和具体的安全事项，以及与医疗器械相关的临床事项。同样，本章介绍了 PHM 技术的优势，并总结了医疗器械领域对 PHM 的需求。

15.1 美国的医疗

仅在美国，预计在 2010—2050 年期间，较高年龄段的人口构成将发生巨大变化。随着婴儿潮时期出生的人进入老年群体（65 岁以上），预计 65～74 岁人口的比例将会增加。2010 年，年龄在 85 岁及以上的人口比例略高于 14%。到 2050 年，这一比例预计将增加到 21%以上。根据美国人口普查局人口司的说法，老年人口的快速增长可能会在未来 20 年给医疗保健行业带来资源和管理方面的挑战[2]。同样值得注意的是，那些年龄在 85 岁及以上需要额外护理和支持的人，将从 2010 年的 580 万增加到 2035 年的 1160 万和 2050 年的 1960 万，而且这只是拥有超过 8000 万 65 岁以上人口的美国[3]。老龄化并不是导致需要辅助护理的人口增长的唯一因素。除了老龄化外，慢性病和伤害造成的残疾可能影响所有年龄层的人，包括儿童。

2008 年，美国在医疗保健方面的支出超过 2.3 万亿美元，是 1980 年 7140 亿美元三倍多。到 2019 年，美国全国医疗保健支出达到 3.6 万亿美元[4]。尽管已发表的分析表明，从 1940 年到现在，老龄化对医疗成本的影响微乎其微，但随着婴儿潮一代达到退休年龄，老龄化对成本的影响将会增加，然而技术创新将会持续影响成本增长。要使医疗设备在医疗保健领域实现真正的价值，这些设备必须能够为老年人和慢性病患者的护理提供安全、可靠和具有成本效益的替代方式以控制医疗成本的增长。

随着美国对辅助护理的需求增加，护理专业人员和非正式护理人员的短缺是预料之中的。根据美国劳工部的数据，在 2008—2018 年期间，医疗保健行业创造出比任何其他行业都多的 320 万个新的长期和短期工作岗位，这主要是对老年人口快速增长的反应[5]。医疗设备的研究和开发

（R&D）也出现激增现象。虽然在这方面已开展大量的研究，但医疗设备行业一直停滞不前，这是因为在大多数商业应用中，操作成本和系统采购超过了效用。

15.2 医疗的考虑因素

本节主要探讨医疗设备的注意事项，如可植入医疗器械和护理机器人，并对设备的独特功能进行说明和介绍。

15.2.1 可植入医疗器械的临床应用

根据美国联邦食品、药品和化妆品（FD&C）法案第 201（h）条，医疗器械在上市前和上市后都受到监管控制。医疗设备被定义为：仪器、设备、工具、机器、装置、植入物、体外试剂或其他类似的相关产品，包括零件、组件或附件，它们是官方国家处方集、美国药典或其批准的任何产品版本；用于诊断疾病或其他病症，或者用于治疗、改善或预防人或其他动物疾病的产品；旨在改善人体或其他动物的身体功能结构的产品，并且不会通过在身体或其他动物体内或身体表面上的化学作用及新陈代谢等来达到其预期目的[6]。

为确保医疗器械的安全性和有效性以及解决这些器械对患者构成的风险所需的控制水平会影响其分类，例如：

I 类：风险最低，如压舌板、绷带和拐杖。

II 类：中间风险，如心电图仪、隐形眼镜溶液、助听器和矫形手术用钻头。

III 类：由美国食品和药物管理局（FDA）定义为最大的潜在风险，如植入式起搏器、除颤器、神经刺激器、耳蜗植入物、支架、心脏瓣膜和其他（如人类免疫缺陷病毒诊断）。

美国 FDA 对“植入式医疗器械”的定义是根据患者体内的植入时间确定的，即预期植入时间大于 30 天。根据欧盟 90/385/EEC，“主动可植入装置”的定义包括以下特征：

- 必须依靠非身体或重力提供的动力源；
- 以明确的目的和指定的方式及程序引入、留存在体内。

安全召回广泛影响患者、护理人员和制造商。例如，在 1990—2000 年期间，心脏起搏器和植入式心律转复除颤器（ICD）的安全召回影响了超过 60 万个设备[7]。最近，医疗机构在器械评估和不良事件报告中的作用也受到了审查[8-9]。表 15.1 列出了包括美国紧急医疗研究所（ECRI）导致医疗器械故障的因素类别[10]。同样，图 15.1 所示为影响可植入医疗器械可靠性的因素。

表 15.1 医疗器械事故的因素类别

因　素	例　子
设备故障	● 设备故障 ● 设计/标签错误 ● 制造误差 ● 软件缺陷 ● 随机部件故障 ● 设备干扰 ● 附件故障 ● 无效设备使用 ● 包装错误 ● 维护、测试、修理 ● 缺失进货检验

续表

因　素	例　子
用户错误	● 标签被忽略 ● 错误的设备组装 ● 不合适或“错误”的连接 ● 偶然错接 ● 不正确的临床使用 ● 不正确的控制设置 ● 错误的编程 ● 监控故障 ● 滥用 ● 泄漏 ● 未进行使用前检查 ● 维护错误
支持系统故障	● 采购前的评估差 ● 不良事件/召回系统 ● 未能扣留 ● 事故调查不力 ● 违规的培训/资格审查 ● 使用不当 ● 医院政策错误
外部因素	● 电源故障 ● 医用气体供应 ● 真空供应 ● 电磁干扰 ● 射频干扰 ● 环境管控
破坏或篡改	● 组件丢失

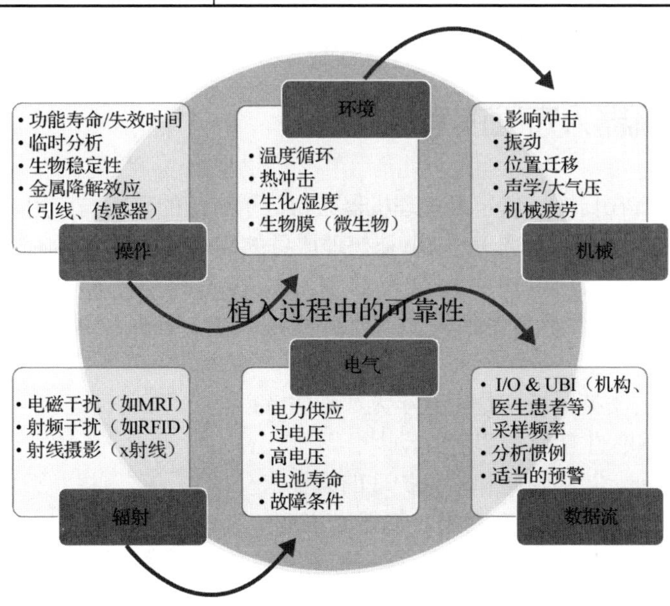

图 15.1　影响可植入医疗器械可靠性的因素

在病人护理中，可植入医疗器械的目的是对可能危及生命的情况进行临床评估、治疗和管理。如表 15.2 所示，在使用过程中，设备的植入环境存在生物力学和生化方面的挑战[11]导致设备的物理和功能性退化。在病人最需要的时候，设备的退化蕴藏着性能表现不佳的风险。

表 15.2　与植入环境有关的物理应力

应　力	例　子
电磁波谱	● 电离辐射（癌症治疗中的 x 射线） ● 磁共振成像（MRI） ● 工作电流和电压
生化/射流	● 腐蚀性的体液 ● 免疫反应（如生物膜）
热	● 低温至发热的温度通量（35～40℃）
机械	● 撞击事件（绊倒和跌倒、交通意外） ● 循环事件（呼吸、反复运动，如弯曲） ● 气压变化（潜水至爬升 300Pa～50kPa）

除了环境应力，还有设备植入时间的问题。国际电子生产商联盟（iNEMI）第一阶段报告：根据 iNEMI 工作组调查回应，可植入医疗器械[12]可靠性评估标准和测试方法对使用期限进行了说明。如图 15.2 所示，36%的受访者预计可植入医疗器械支持期为 5—10 年。

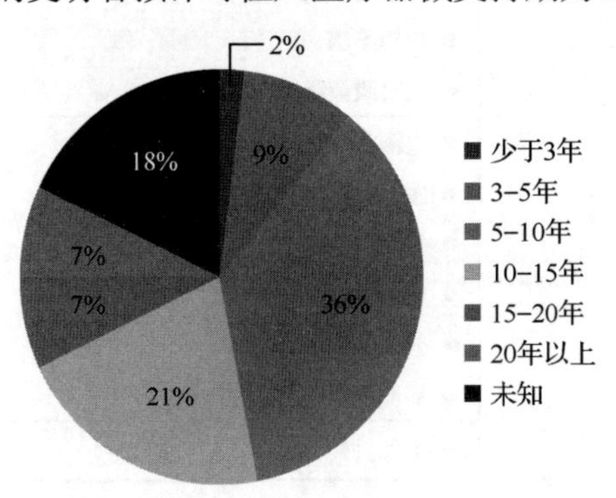

图 15.2　预期可植入医疗器械使用时间

15.2.2　在护理机器人方面的考虑

机器人产业，尤其在日本，老年人护理机器人得到了广泛的研发与应用。其目标是创造辅助类人机器人（也被称为护理机器人），以填补护理服务的需求和供应之间的缺口。护理机器人的功能包括：

（1）为有行走障碍的人士（包括失明人士或视障人士）在陌生地点的行动提供行走辅助和指引；

（2）提供情感上的支持，特别是对老年人和独居者；

（3）让医疗团队和医生能够与患者互动[13]；

（4）监测生命体征、行动障碍和紧急护理的需要。

尽管有这些扩展功能，但迄今为止，机器人产业一直受到成本的阻碍。在大多数商业应用中，系统采购和操作成本目前超过了效用。这就是护理机器人在新兴市场面临的第一个主要问题和主要限制：成本与效用的对比。

对旨在缓解未来几十年医疗行业人员短缺的移动医疗机器人来说，可接受的系统寿命周期成本必须符合该行业价值主张的预期。为护理机器人行业开发出符合预期价值的产品，机器人设计师和制造商必须能够大批量生产出高可靠性和低维护成本的护理机器人，并能在文化和情感上被老年人高度接受。这些质量属性中的任何一个，特别是成本和可靠性方面的不足，都将阻碍护理机器人行业的发展。在医疗机构环境之外，护理机器人可以用来帮助独居在家的老人。护理机器人有望为护理对象提供智能看护，能够自动跟踪被护理者，并在视觉和听觉方面像专业医疗保健人员一样提供精心的看护。这需要一个复杂的集成阵列，包括视觉和医疗传感器、车辆导航传感器、控制和数据融合软件等，所有这些都需要高可靠、完美地工作在一起以实现远程应用，如允许通过互联网或专用医疗网络监控和帮助护理接受者。简单的生命体征，如心率、血压、体温、心跳不规律数据，以及实时视频，能够联网到护理人员和医疗团队可以访问的集中式医疗信息技术系统，这样他们就可以持续地远程监控护理对象的健康状况。对移动系统、存储器和计算系统、交互系统（视觉、音频传感器）和操作设备进行嵌入式PHM监控可以确保系统可靠性，并且通过消除可靠性设计的系统冗余和预见性维护计划，将全寿命周期系统成本控制在可控范围内。

与已投入使用数十年的固定场所的工业机器人相比，护理机器人与人类环境具有很强的交互性，其使用方式与工业机器人完全不同。这种紧密的人机交互需要昂贵的安全系统，这在工业应用中并不常见。在工业领域，机器人通常与接受操作培训的工人隔离。在病人护理应用中，医院和疗养院的工作人员可能会接受正规的机器人技术培训，但病人可能没有，而且对大多数病人来说，医疗护理环境中的人机交互是他们第一次接触机器人。

医疗保健行业中使用的康复机器人能够通过持续适应患者的需求来不断提供更强化的物理和专业治疗。社会辅助机器人（SAR）是一个相对较新的医疗机器人，专注于使用机器人来解决行为治疗和物理治疗的需求。SAR 系统提供身体、认知和社交锻炼的指导和监控。除了提供身体康复方面的帮助，SAR 还可以提供个性化的监控、激励和指导。SAR 侧重于使用可穿戴传感器、摄像机或其他感知用户状态的手段获得的感官数据为SAR提供信息，使SAR以适当的方式鼓励和激励看护人，从而进行持续的恢复训练。

研究人员也在开发能够通过社交而不是物理交互来帮助用户的系统。机器人的外形是 SAR 辅助效果的核心，因为它利用了人类固有的倾向来参与逼真（但不一定是类人或类动物）的社会行为。研究发现，即使是最简单的机器人，人们也能轻易地赋予它们意图、个性和情感。SAR 利用这种参与来开发能够监视、激励、鼓励和维持用户活动并改进人类性能的机器人。因此，SAR 有可能提高大批使用者的生活质量，包括老年人、认知障碍患者、中风和其他神经运动障碍的康复者以及患有自闭症等社会发育障碍的儿童。因此，机器人可以帮助改善各种人的生活质量，不仅可以在日常生活上，而且可以通过拥抱和增强人类和机器人之间的社会和情感联系来实现这一点[14]。

日本开发的两款 SAR 护理机器人为能够给予情感支持的机器提供了实例。第一个是用于人类交互的护理机器人。它是由 OMRON 公司[15]生产的宠物护理机器人 NeCoRo。NeCoRo 是一种外形像猫的机器人，能够独立行动和移动。其中的两台借给一家老年护理机构做实验。试用期后的调查结果显示，100%的人喜欢机器猫。人与机器人之间有互动，观察到 90%的人有身体接触。

第二个例子是 Paro，这是一个治疗性的小格陵兰海豹机器人，它的设计非常可爱，对医院和疗养院的病人有镇静作用并引起他们的情绪反应。Paro 是由日本高级工业科学技术研究所（AIST）的智能系统研究中心设计的。机器人有触觉传感器，可以通过摇动尾巴、睁开和闭上眼睛来回应抚摸。它还能对声音做出反应，并能学会对一个名字做出反应。它可以表现出惊讶、快乐和愤怒等情绪。它发出的声音类似于真实的小海豹，而且（不像真实的小海豹）白天活动，晚上睡觉。Paro 已被用于阿尔茨海默病患者的治疗，并证明了与使用它的人建立真实关系的能力。

最近，麻省理工学院（MIT）报告了一项研究成果，该研究开发了一种机械臂设备，为中风患者提供机器人辅助治疗，在积极治疗完成六个月后，上肢运动功能和生活质量略有改善。这项研究旨在测试单独使用传统中风疗法和机器人疗法的对比效果。这需要开发一种传统的高强度交互物理治疗方案，提供给没有接受机器人辅助治疗的患者以用于比较两者之间的效果。然而，高强度的常规疗法通常是不可行的，而且治疗师的身体状况使它不太可能被广泛使用。如果治疗师能按照高强度治疗方案所要求的速度工作，其效果将与机器人辅助治疗方案大致相同。但是考虑到传统高强度治疗无法实用，机器人和自动化技术被认为是这种中风患者治疗的最佳选择。监督这项研究的数据安全监测委员会得出结论，让机器人治疗更实用的一个方法可能是降低成本。在已发表的研究报告中，机器人治疗每个病人平均花费 9977 美元，而强化非机器人治疗每个病人花费 8269 美元。然而，在总计 36 周的研究期间，每位患者的整体医疗成本（包括那些只接受常规治疗的患者）并没有太大的不同——机器人辅助治疗每位患者 15562 美元，强化非机器人治疗每位患者 15605 美元，常规治疗 14343 美元。因此，在本项目中没有实现成本的降低。然而，麻省理工学院机械工程系治疗机器人的首席研发科学家指出：一旦这种机器人设备可以批量生产，成本将会降低，其预计在未来 10 年内可实现[16]。

在这些和其他类似的医疗机器人开发中，没有发现无人监督的近距离人机与人类物理交互的例子，机器人故障可能危及人类。下面讨论了护理机器人的关键特性以及在此类应用中建立主动监控框架的必要性。

护理机器人的一个重要特点是它们是无人系统，能够在狭小空间内导航。这在方便护理机器人导航、保持环境不变的情况下是可能的。一旦获得了该区域的数字地图，护理机器人就可以在 *x-y* 空间内以角度方向跟踪其在数字地图中的移动。这将使护理机器人能够通过所需的路径导航到所需的位置，并转向所需的目标。但是护理机器人需要在变动、复杂的环境中安全导航，在日常活动过程中，家具和其他障碍物会移动到新的位置。这需要包括传感器等更先进的技术，使护理机器人能够检测到障碍物以及具有足够的推理能力重新计算行动轨迹以避开障碍物。护理机器人导航的自主性必须足够先进、可靠和快速响应市场的发展。

要使护理机器人的传感器能够定位和准确识别指定的目标，以便能够与其护理的人互动并履行其护理或社会职责，还需要它具备查找和跟踪人脸的能力[17]。虽然过去很少有人强调这一功能，但它将有助于为护理机器人提供方向感和身份确认。方向感将使护理机器人能够改变朝向，面向目标人或物的方向。面部感知、跟踪和识别可以帮助护理机器人成为受试者的伙伴，而其不仅仅是一台机器。通过数据库中人的信息，并通过面部跟踪和识别，护理机器人可以以个性化的方式与受试者进行交互。

考虑到智能系统和机器人技术的最新进展，在家里拥有机器人的可能性越来越大。然而，在家庭环境中成功引入机器人将需要在复杂和不断变化的环境中进行无故障导航，并对每个独特的患者做出适当和有效的响应。这些要求尤其让老年人感到担忧，他们不太熟悉技术，常常对不熟悉的电子产品感到不信任和恐惧。帮助老年人和慢性病患者的护理机器人不仅必须是用户友好的，而且还必须在复杂和不断变化的环境中以尽可能高的可靠性运行。

15.3 PHM 的优势

有效的预测能力使客户和服务提供商（如维护人员、后勤支持人员）能够监控系统的健康状态，估计系统的剩余使用寿命（RUL），并采取纠正措施以提高系统的可靠性、安全性和可用性，减少不必要的维护行动。预测可以在系统寿命周期过程的各个阶段带来效益，包括设计和研发、生产和制造、运营、后勤支持和维护、逐步淘汰和处置。本节将讨论 PHM 为医疗设备提供的运营效益。

15.3.1 安全性的提升

预测被定义为一个 RUL 估计的过程（大多带有置信区间），通过给定当前退化程度、负载历史以及预期的未来运行和环境条件来预测故障的发展。换句话说，预测者预测一个目标系统何时将不再在期望的规格范围内执行其预期的功能。RUL 是指从当前时间到系统预计不再执行其预期功能的估计时间。

图 15.3 说明了对象系统运行寿命周期中与预测事件相关的时间。PHM 设计者首先指定系统中 PHM 传感器的上、下限故障阈值，以及上、下限非标称阈值。在图 15.3 中，可以假设 t_0 在任何时候开始（如系统打开时），t_E 是偏离正常状态的事件发生的时刻，即 PHM 传感器测量到超过 PHM 设计者规定的阈值限制时，就会发生偏离事件。当 PHM 系统探测到偏离时间开始的时刻 t_D 时，PHM 系统启动。PHM 系统随后计算部件或子系统的预测故障时间及其相关的置信区间。响应时间 t_R 是 PHM 系统失效预测时间和做出可用预测时间 t_P 之和。在图 15.3 中，t_F 是系统失效的实际时间，RUL 是 t_F 和 t_P 之间的差。

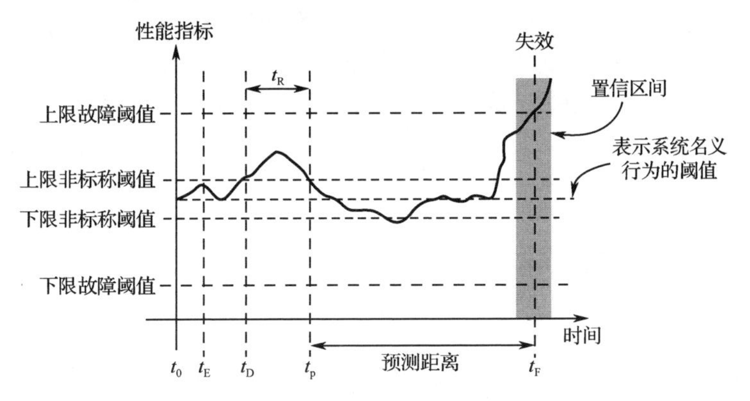

图 15.3　对象系统运行寿命周期中与预测事件相关的时间

在医疗设备中拥有 PHM 功能的主要优点是可以预测即将发生的故障，为用户提供一个预先警告，告知他们设备将不再按设计功能运行，并帮助维护人员、支持和后勤人员采取有效的行动。也就是说，拥有 PHM 功能可以实现对设备更加主动的健康管理。

所需的预测距离可以从几秒、几小时到几天，甚至几周、几年不等。例如，美国航天飞机在发射前有一个 4s 的时间将机组人员驱离。故障的预先时间哪怕几分钟都非常重要，可以提高系统安全性，特别是对于故障可能导致灾难性事故的关键任务系统。另一个例子是飞机即将发生故障的预测预警时间，这必须以允许安全着陆作为最低标准。如果预先警告需要更换设备，则可确保提前数小时，而如果预先警告需要进行腐蚀维护，则可提前数月。

15.3.2 提高使用可靠性

从用户或操作员的角度来看，任何导致系统停止执行其预期功能的事件都是故障事件。这些事件包括影响系统功能的所有与设计相关的故障，也包括维护引起的故障、未发现故障事件和其他可能超出了设计人员的责任或技术控制的异常情况。通过适当的设计和有效的生产过程控制，可以确定系统的固有可靠性。然而，在实际运行条件下，系统的环境和运行负荷可能与设计阶段考虑的不同，从而影响系统的寿命和运行可靠性。在这种情况下，一个具有很高的固有可靠性系统在使用不当的情况下，可能会导致运行可靠性极低。PHM 的监测能力使其能够根据环境和操作条件采取控制行动，以延长使用寿命。例如，为了评估地面作战车辆电池预判系统的实施情况，许多车辆都要求在“静音监视”模式下运行，在这种模式下，车辆的关键系统（即通信系统）必须消耗好几个小时的电池电量（没有发动机运转进行充电）。如果没有关于电池充电状态的准确信息，电池可能就会被耗尽，无法重新启动车辆，从而影响系统的运行可靠性[18-19]。另一个例子是汽车的突然加速，这可能是由于电子产品受到干扰造成的[20]。这些因素会影响系统的运行可靠性，而且在设计阶段不一定要考虑这些因素。在过去的 10 年里，一些主要的电子元件制造商已经停止生产军用级的元件，这些元件曾经被认为是不会过时的[21-22]。航空航天等许多行业也遇到了这个问题。当军用级的元件变得不可用时，公司不得不转向商用元件并进行技术升级[23]。升级后的元件可靠运行时间通常为 5—7 年，而飞机系统的预期寿命通常比它更长[21-22]。

15.3.3 增加任务可用性

任务可用性是指系统正常运行时间的期望值与正常运行时间期望值和停机时间期望值的总和之比。统计参数“平均修复时间”（MTTR）是评估可用性的指标。维护和/或供应问题而修复系统的时间反映了系统的可用性。有了预测技术，诊断故障资源可以大大减少，并可以有效地规划维修。例如，飞机迫停地面（AOG）事件发生在操作员无法调遣飞机并需要原始设备制造商（OEM）的支持，可能是几个原因造成的，如执行故障排除困难、缺少备件或授权指令。对于存在故障排除的 AOG 情况，预测数据的可用性对于飞机 OEM 支持工程师加速处理此类事件是非常有用的[24]。

15.3.4 延长系统的使用寿命

多年来衰老和退化一直是困扰系统正常运行的主要问题。尤其是对于飞机、火车、核电站和通信基站等长寿命的系统更是如此。这些系统中使用的组件都面临老化问题。基于 PHM，操作员可以确定剩余使用寿命并为系统及其子系统编制更换计划。下面举一个使用 PHM 进行延寿分析的例子。航天飞机远程操纵系统末端执行器电子单元（EEEU）是在 20 世纪 70 年代设计的，目标使用寿命为 20 年。尽管这些系统在近 20 年的运行中没有出现任何故障，美国国家航空航天局（NASA）还是对它们的剩余使用寿命（RUL）进行了分析。2001—2002 年，航天飞机遥控系统的制造商与高级寿命周期工程中心（CALCE）合作进行了 RUL 分析，确定 EEEU 可以延长使用到 2020 年[25]。另一个使用 PHM 延长寿命应用的例子涉及美国陆军 AN/GPN-22 和 AN/TPN-25 精密进场雷达（PAR）系统。这些 PAR 系统目前在世界各地的基地中使用，最初是在 20 世纪 70 年代后期部署的。退化的问题影响着许多 PAR 发射机的部件。这些系统现在使用一个基于微处理器的发射机管理子系统（TMS），它包含一个用于经验预测分析的预测引擎，并提供评估和帮助延长寿命的功能[26]。

15.3.5 提高维修效率

预测可以通过以下几种方式提供帮助：故障排除的改进，增强根本原因分析，并提前做好维修的准备工作。基于预测的故障排除可以准确地识别故障位置和故障部件（更好的故障检测和故障隔离），从而可以快速地更换它们。准确识别故障位置还可以减少不必要部件的移除频率，减少维护任务的持续时间。增强的根本原因分析可以帮助维修人员采取正确和有效的维修行动。系统故障预测和健康状态报告可以在潜在的故障事件发生之前传递给维护人员，以提前进行维修计划、零件采购、设备和人力准备。例如，在飞机飞行过程中将故障报告传递给地面，从而地面人员可以提前进行维修相关准备工作[27]。

15.4 可植入医疗器械的 PHM

可植入医疗器械的 PHM 可以解决高度监管和临床上对安全及降低风险的需求[28]，包括以下优先事项：预防医疗事故、电子记录中的文档记录、有效的产品召回、不良事件报告和上市后监督以及对供应链的保护（准确/及时的采购、安全、防伪、位置跟踪）。可植入医疗器械预测的例子如植入式环路记录器（ILR）等。这些设备可用于长期监测病人的病情。使用 ILR 的大多数时候，症状并不常见，需要较长时间的汇总数据。与传统的诊断技术（如心电图）相比，ILR 比传统的诊断方法在诊断中更为有效，如分析晕厥和心悸的心电图，两者均有发病快、恢复快的趋势。

然而，延长临床周期的高采样率数据收集，数据分析和结果以不同的方式分发给临床医生、医疗机构、制造商，在某些情况下，患者以及归档结果的合规性需求，使表 15.3 中建议的 PHM 信息需求复杂化。

表 15.3 PHM 信息需求

关键点	信息需求
制造商	● 从生产点识别设备（产品批次、序列号、使用寿命、位置和物流状态）
	● 设备使用（护理点或配药点）
	● 设备处置/召回日志
	● 设备相关性能：如服务日期和总结、维护/维修日期和总结、故障日期和根本原因分析
临床	● 医疗环境中的设备综合操作、维护、召回和报废管理
	● 跟踪患者中与设备相关的危险、事故和故障
	● 监测患者安全结果
	● 通过询问多个本地和分布式数据存储库，进行可互操作、简单且准确的分析

描述性和预测性分析技术将数据从可植入医疗器械转换为可操作的信息。患者及其临床医生、制造商和监管机构可能有不同的观点，但在可植入医疗器械可靠性和安全性上有着共同的目标。数据分割可以围绕临床环境中的灵敏度水平进行。在查询可植入医疗器械数据时，关键的临床问题是：

- 数据是否与正常的临床和设备性能界限一致？
- 数据是否与设备正常时在性能上有早期退化的征兆？
- 数据是否与设备正常时在性能上有显著差异，需要向患者、临床医生或其他人发出警告？
- 数据是否具有严重的潜在危害特征，需要患者、临床医生或急救人员立即采取行动？

显然，在反映具有高操作复杂性、工程应用的全天候环境经验的医疗设备领域中存在许多计算挑战。这些挑战反映在其他精心设计的具有非常高的操作复杂性的全天候环境及经验。然而，可植入医疗器械的独特之处在于：只要可植入医疗器械存在失效的可能，就有造成严重的生命后果的可能。

与安装设备或复杂电子系统上使用 PHM 的工程场合不同，在可植入医疗器械上，数据收集通常发生在“原位”与“植入患者体内手术”一致。可植入医疗器械作为数据源的物理可达性受到高度限制，设备维护可能需要具有重大医疗风险的手术干预，因此，PHM 技术必然被选择来满足患者、临床医生、制造商和监管机构的信息需求，如图 15.4 所示。

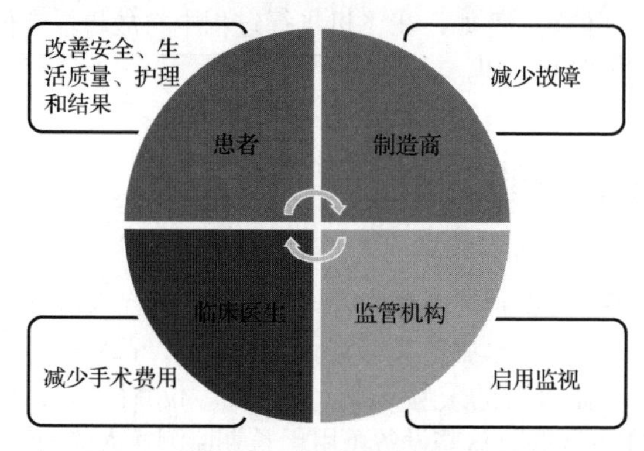

图 15.4　可植入医疗器械面临的 PHM 挑战

在可植入医疗器械中，预测的实施存在许多不确定性。图 15.5 所示为在 Sun 等人的图解中添加了医用电子学使用中的不确定性类别，突出了预测方法的复杂性[29]。失效物理（PoF）与累积损伤模型、物理和化学应力产生的寿命周期环境和运行负荷，以及受制造工艺影响的固有设备参数，都因“主机”参数而更加复杂，这些参数最好由患者的情况和临床护理环境描述。不确定性的量化直接关系到可植入医疗器械的潜在失效和剩余使用寿命的预测。关于如何解释、量化和管理预测中的不确定性的更多细节见第 8 章。

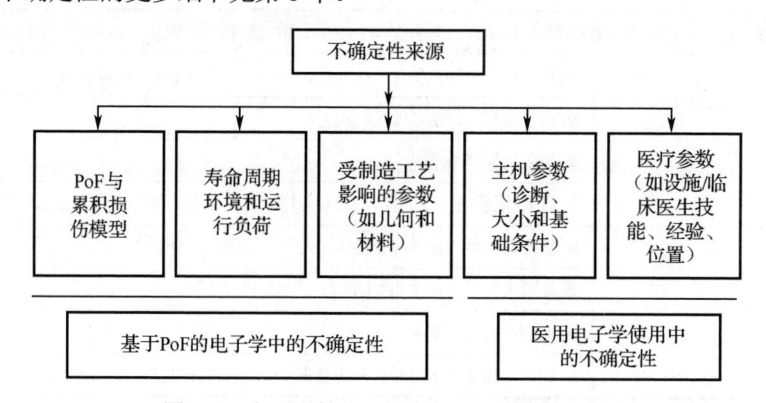

图 15.5　与医学植入电子有关的预测不确定性

15.5 护理机器人 PHM

与任何商业市场一样，当系统采购和运营成本得到解决，实用性、安全性和可靠性为医疗行业所接受时，护理机器人的市场也会得到快速发展。今天的无人系统市场由唯一能够承受目前高昂成本的移动机器人系统的军事部门主导。未来短期的非军事市场增长将与军事部门的发展速度和系统成本的降低直接挂钩。商用和军用无人系统在会计方法上的差异，使得成本降低成为一个复杂的过程，而成本降低是非军事市场的主要阻碍因素。在大批量集成生产线中生产的嵌入式 PHM 子系统将提供降低整体系统成本的低成本效益，在提供必要的可靠性的同时降低成本，从而允许将自主和轻度监督的医疗机器人集成到医疗保健领域。

PHM 系统旨在快速准确地识别故障，并帮助规划有效的维护任务[9]。这导致在最初阶段减少备件采购。如果能够在初始诊断尝试中可靠有效地识别出故障部件，则可以减少诊断测试的次数。这将减少初始备件库存采购规模和非正常停工的次数。这些因素会影响机器人系统在整个寿命周期运行过程中的维护负担。如果一次诊断测试至少失败一次，则会导致对人力资源和设施的需求增加。

系统中的诊断和预测功能将增加系统机会性维护的可能性。维护成本包括设施和损坏费用以及系统停机的费用，这将增加整个系统的成本。通过在系统中添加预测组件，可以在性能变得不可接受或最具成本效益时安排维护计划。在发现缺陷或需要维修的警告之后，下一步就是采购备件。PHM 系统诊断版的功能之一是向后勤和支持团队传达信息，在护理机器人的应用场景下相当于护理站的信息系统技术人员。当在支持站收到护理机器人中的缺陷报告时，可以通过集成供应链网络将备件提供给最近的服务站。此过程将减少停机时间。或者，如果服务站无法提供备件，则可以向护理站和护理人员发送通知，以便可以在知情的情况下决定将护理维持在期望水平所需的进一步行动。

15.6 基于“金丝雀”的医疗设备故障预测

如上所述，现场监测对于医疗器械可能导致严重人身伤害的功能退化识别非常重要。在实际寿命周期条件下一种很有前途的设备现场监测解决方案是使用“金丝雀”。“金丝雀”一词来源于最早的煤矿开采系统，用金丝雀警告危险气体的存在。因为金丝雀对有害气体比人类更敏感，金丝雀的死亡或患病预示着矿工们要离开矿井。因此，金丝雀为灾难性的后果提供了一个有效的早期预警。同样的方法也被用于医疗器械和电子设备的预测和健康监测。

医疗保健中的预兆单元包括一个电容器，对医疗设备中电子元件中微量铜的氧化引起的故障提供早期预警[30]。同样，Mishra 等[31]通过使用与实际电路位于同一芯片上的预校准单元（电路），研究了半导体级健康监测器（HM）的适用性。预兆单元方法（也叫 Sentinel Semiconductor™ 技术）已商业化，可为即将出现的设备故障提供早期预警信息[32]。对于 0.35μm、0.25μm 和 0.18μm 的 CMOS 工艺，功耗约为 600μW。在 0.25μm 工艺尺寸下，单元尺寸通常为 800μm。目前，预兆单元可用于半导体失效机理，如静电放电、热载流子、金属迁移、介质击穿和辐射效应。

文献[33]、[34]中针对直升机航空电子设备寿命周期成本的预测，研究了一种保险丝方法。在本研究中，将非定期维修和固定间隔定期维修与由故障前兆和寿命消耗监测的 PHM 方法引导的维修进行了比较，并确定了最佳安全边际和预测距离。在本研究中，将 PHM 可更换单元（LRU）相关模型定义为保险丝。HM 分布的形状和宽度表示被监测结构的概率，相对于实际故障时间，指示某一特定时间的故障前兆。在与 LRU 相关的情景下需要优化的参数是预测距离，这是一种测量系统故障前多长时间受监控结构预计指示故障的方法。

预兆单元的失效时间可以根据实际产品的失效时间预先校准。由于它们的位置相近，这些预兆单元经历了与实际产品基本相似的应力环境。导致电路退化的应力包括电压、电流、温度、湿度和辐射。由于工作应力相同，预计两个电路的故障率相同。然而，预兆单元的设计是通过扩展的方式增加结构上的应力从而更快失效。

可以通过控制预兆单元内部应力（如电流密度）来实现应力缩放。通过两个电路的电流相同时，如果减小预兆单元电流路径的横截面积，则可以获得更高的电流密度。通过提高预兆单元的电压水平，可以进一步控制电流密度。也可以将这两种技术结合使用。较高的电流密度导致较高的内部（焦耳）热量，对预兆单元造成较大的应力。当更高密度的电流通过预兆单元时，它们的失效速度预计会比实际电路快[31]。

图 15.6 显示了预兆单元和实际产品的失效概率密度分布。在相同的环境和操作负载条件

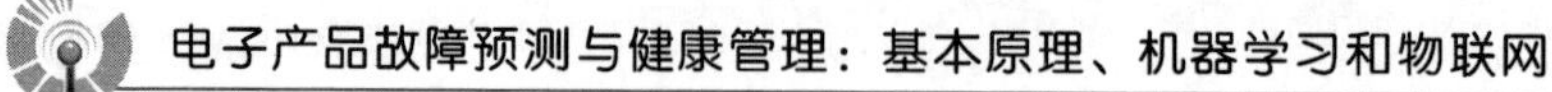

下，预兆单元健康监测器的磨损会更快，以指示实际产品即将发生故障。可以对预兆单元进行校准，以提供足够的故障预警（预测距离），以便进行适当的维护和更换活动。这一点可以调整到其他早期指示水平，还可以使用浴盆曲线上间隔的多个预兆单元提供多个触发点。

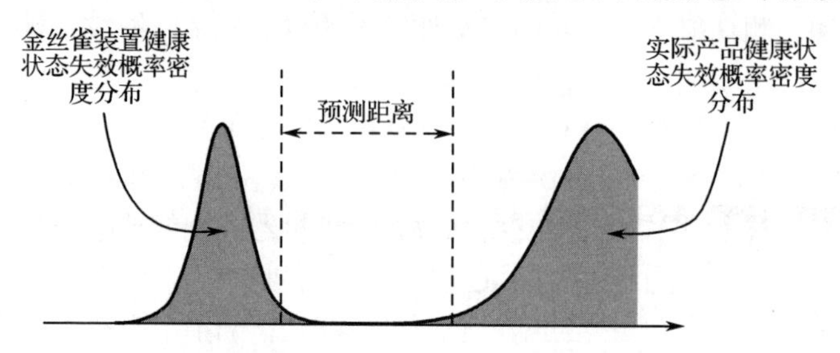

图 15.6 预兆单元和实际产品的失效概率密度分布，显示了预测距离或 RUL

Anderson 和 Wilcoxon[35]提出将这种方法扩展到板级故障，他们创建了预兆单元组件（位于同一印制电路板上），其中包括导致实际组件相同失效机理的故障。Anderson 和 Wilcoxon 确定了两种潜在的失效机制：焊点的低周疲劳，通过监测预兆单元外部和内部的焊点进行评估，以及使用易受腐蚀的电路进行腐蚀监测。使用加速试验评估这些预兆单元的环境退化，并校准退化级别，将其与主系统的实际故障水平进行关联对比。腐蚀试验装置包括易受各种腐蚀诱导机制影响的电路。阻抗谱通过测量阻抗的大小和相位角作为频率的函数来识别电路中的变化。阻抗特性的变化可以相互关联，以指示特定的退化机制。

在 PHM 中使用保险丝和预兆单元也带来了一些悬而未决的问题。例如，如果更换了监控电路的预兆单元，那么当产品重新通电时会产生什么影响？哪些保护架构适用于维修后操作？

当包含或未包含故障安全保护体系结构时，必须记录并遵循哪些维护指南？预兆单元方法也很难在已有的旧系统中实现，因为它使用预兆单元模块可能需要对整个系统进行重新鉴定。此外，保险丝、预兆单元与主机电子系统的集成可能是一个问题。最后，公司必须确保通过提高运营和维护效率来收回实施 PHM 的额外成本。

15.7 总结

医疗技术的进步提高了人均寿命。这一人口趋势很可能会对工业生产、住房、教育和医疗保健行业的人力需求产生重大影响，从而导致人力资源的总体短缺和对自动化医疗资源的需求。增强的 PHM 功能可以实现故障检测，避免灾难性故障，并防止人体和医疗设备受损。PHM 的实施贯穿医疗设备的整个工程周期，从设计、原型制作、研发、生产到测试或试验，都在制造商的控制范围内进行。在临床环境中，患者和临床护理人员依赖 PHM 来确认可植入医疗器械的正常运行功能或提醒他们注意可能影响患者安全的性能变化。对设备可靠性的临床后评估仍然是监管机构和医疗机构未来使用 PHM 的另一个关键用途。

原著参考文献

第16章

海底电缆的 PHM

David Flynn[1]，Christopher Bailey[2] ，Pushpa Rajaguru[2]，Wenshuo Tang[3]，Chunyan Yin[4]
1 英国爱丁堡赫瑞瓦特大学，微系统工程中心工程与物理科学学院
2 英国伦敦格林威治大学数学科学系计算力学与可靠性组
3 英国爱丁堡赫瑞瓦特大学工程与物理科学学院智能系统研究组
4 英国伦敦格林威治大学数学科学系

海底电缆至关重要，这体现在从海上更新可再生能源系统向陆地的电力输送，以及从陆上发电维持岛屿社区的供应。由于海底电缆在可再生和可持续能源中的关键作用，海底电缆的市场规模在全球范围内呈指数级增长。由于近海可再生能源行业的不断扩大，国家能源安全的完整性高度取决于其可靠性。最近，英国在国际海底电缆项目投资达数十亿美元，但是，最新的海底电缆监测系统无法监测或预测与主要海底电缆故障机制相关的剩余使用寿命（RUL），其中大部分是由于环境因素。目前的技术，即光纤传感和在线局部放电（PD）监测，仅专注于内部故障机理。本章介绍世界上第一个完整的寿命预测模型，该模型可以准确预测海底电缆的健康状况，这对于海底电缆资产管理和规划至关重要。该模型与传感器无关，因此适合扩展到其他数据类型。在此框架下，本章概述可用于预测海底电缆损坏和寿命的数学模型以及相关的软件工具。对于在不同海底条件和潮汐输入下定义的海底电缆布局，该模型在考虑冲刷的情况下计算海底电缆运动，并且预测随着时间的推移，海底电缆由于磨损和腐蚀而发生的磨损量。该建模方法为公共事业和电缆公司提供了预测海底电缆寿命的能力，并考虑了不同海底电缆结构和环境条件下的冲刷、腐蚀和磨损。

16.1 海底电缆市场

在全球范围内，对海上可再生能源的投资正在增加[1]。英国的海上风力发电潜力被公认是世界上最大的国家之一（已经存在 29 个海上风力发电场，装机容量为 5100MW）。英国计划最终从海上风电场获得 20000～40000MW 的电力，这相当于 800 亿～1600 亿英镑的投资[2]。

海上设施的安装依赖于各种基础设施，如安装将电力输送到岸上的海底电缆。这些电缆的可靠性决定了电力供应的可持续性和海上风力发电场的经济可行性。根据研究[3]，对于一个 300MW 的风电场，其中一条海底电缆发生故障而导致停电所造成的收入损失约为每月 540 万英镑[3]，而定位和更换一段受损的海底电缆的成本从 60 万英镑到 120 万英镑不等[4]。一条海底电缆的维修时间可能长达数月，因此海底电缆的故障可能会使公共事业公司和资产所有者失去大量收入，而维修和更换的任何延误，每额外一小时的成本可能超过 2 万欧元[5]。此外，与海上风电场有关的保险索赔中有 80%与海底电缆故障有关[6]。因此，需要一种创新的解决方案，重点用于

监测海底电缆的退化、可靠性和维护。一份报告[7]提出，此类创新的解决方案将为“减少运行维护（O&M）的支出和停机时间”提供机会。因此，海底电缆退化的故障预测与系统健康管理（PHM）解决方案可以确保当前和未来的能源资产以一种具有成本效益的方式进行维护。

16.2 海底电缆

目前，海底电缆主要有两种：高压交流（HVAC）电缆和高压直流（HVDC）电缆。HVAC电缆是采用固体绝缘［乙丙橡胶（EPR）或交联聚乙烯（XLPE）］[8]的“三相”电缆。图16.1所示为HVAC三相电缆的结构和使用的材料。三个导体由导体外层和绝缘系统（EPR或XLPE）包裹。绝缘系统的设计是为了防止局部放电和过热[9]。它们被捆扎带绑在一起，并被单层或双层钢铠装包围。该铠装层提供了拉伸和压缩稳定性和机械保护，特别是在分层操作（安装过程）和防止来自海床和岩石的外部侵蚀方面[10]。

1. 导体：铜，圆形绞合压实，通过填充密封化合物纵向防水（可选）
2. 导体外层：挤压半导体化合物
3. 绝缘：ERP材料
4. 绝缘外层：挤压半导体化合物
5. 外层：铜带
6. 填料：聚丙烯绳
7. 装订带
8. 垫板：聚丙烯绳
9. 铠装：镀锌圆钢丝，单或双层铠装
10. 外层：粗麻布胶带，沥青化合物，聚丙烯绳

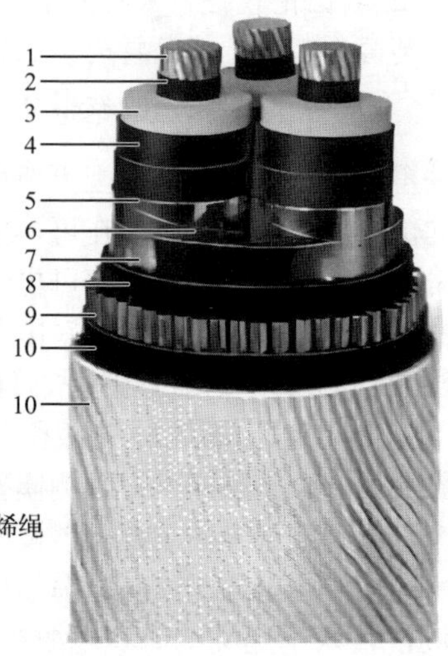

图16.1　HVAC三相电缆的结构和使用的材料[7]

保护海底电缆免受外部侵害（由渔具或船锚引起的损坏，以及由捕鱼或船舶活动引起的任何其他损坏）以致损坏的最有效的方法之一就是埋入电缆，可以在合适的海底条件下进行电缆埋设。通常将单层铠装电缆埋入地下，为已安装的电缆提供全面保护，在这种情况下，外部侵害也会影响电缆的完整性[8]。与单层铠装电缆相比，双层铠装电缆较重且柔性较低。但是它们在提供额外保护的同时，更有能力达到目标埋入深度。因此，在因拖网作业，繁忙的航线和其他第三方活动而造成高损坏风险的地区，双层铠装电缆是单层铠装电缆的重要替代产品[8]。外层为铠装层，提供了进一步的防腐保护。它通常由粗麻布胶带、沥青化合物及纱绳或聚丙烯绳组成。外层防止海水渗透，从而使内部的钢铠装处于干燥的环境中。

根据文献[8]，铜芯三相HVAC电缆是近海风力发电场的传输电缆的当代产品，单根132kV电缆的传输容量高达160MV。Ardelean和Minnebo[10]也报告说，现在运行的大多数发电厂，包括水力发电、火力发电、风能发电和潮汐能发电，都使用三相HVAC电缆。铜导体的尺寸在300～1200mm^{2}之间，并且包含嵌入在核心之间用于数据传输和通信的光纤。表16.1所示为132kV HVAC电缆的典型特征。

表 16.1 132kV HVAC 电缆的典型特性

详细信息	132kV HVAC 电缆类型				
	300mm^2	500mm^2	800mm^2	1000mm^2	1200mm^2
外径/mm	185	193	214	227	232
质量密度/（kg/m）	58	68	88	100	108
传输容量/MW（大约）	127	157	187	200	233

大直径电力电缆具有与表 16.1 所示的相同特性，并用于海上风电场。这些电力电缆用于输入或输出功率容量，例如，连接苏格兰岛和怀特岛已安装的海底电缆是大直径的电源线[8]。尽管 HVAC 电缆是最经济的海底电缆，但其长度受到限制，只能延伸到 80km[1]。HVAC 电缆的损耗较高（如在电网互连和大型风电场），HVDC 电缆更适用于较长距离的批量传输。HVDC 电缆由两根导体组成，这些导体可以同轴布置[1]分开放置或捆扎在一起。图 16.2 说明了 HVDC 电缆的典型内部结构。为了有效地传输电力，电缆的结构必须具有良好的绝缘性、磁屏蔽和强大的机械阻力。电缆的结构布局取决于制造商和环境条件。电缆的结构包括围绕导体（主要是铜）的一组层。商业市场上有两种基本的绝缘类型：纸绝缘和充液绝缘；挤塑塑料绝缘[11]。

HVDC 电缆的工作原理如下：直流电沿主导体传输，然后需要使用阳极/阴极通过另一导体或海水返回回路[11]。因此，在使用 HVDC 电缆时，必须在电缆的两端进行两次转换[12]。换句话说，交流电转换为直流电，以通过电缆传输，然后在另一端转换为交流电。当前，由于 HVDC 转换器的成本高，HVDC 电缆在经济上不可行[8]。海底电缆的直径最大可达 300mm，具体取决于传输电流和铠装保护量。根据不同类型，这些电缆的质量密度可达 140kg/m。

图 16.2 HVDC 电缆的典型内部结构

16.3 海底电缆故障

海底电缆通常是海底输电系统的主要资产。海底电缆的维修既昂贵又麻烦，因为这些电缆通常没有多余的电网备用。因此，海底电缆故障可能会导致岛屿或油气生产平台断电，并削减海上风电场收益。海底电缆故障可分为四大类：（1）内部故障；（2）早期故障；（3）外部故障；（4）环境原因导致的故障。然而，电缆运营商不愿报告电缆故障的统计信息，导致有关这些数据的文献很少。

16.3.1 内部故障

过电压和过热可能会导致海底电缆（以下非特殊说明，简称电缆）的内部损坏，从而影响输电能力。风力涡轮发电机上产生强大的电压，可能会产生过电压。对于过热，即使在传输的设计容限内也可能会产生过热。例如，海底和潮汐条件可能导致沉积物移动并覆盖电缆线路，导致热量不能快速地从电缆表面传输而发生过热现象。绝缘层功能也会由于温度、电、化学和机械应力的共同作用而退化。

16.3.2 早期故障

尽管电缆被单层或双层铠装保护着，但在初期安装阶段仍可能发生故障。安装后施加在电缆上的应力会立即或在部署多年后显现出来[1]。在安装阶段检测到的故障通常是制造故障，但其中许多情况未经证实，并不代表故障的根本原因[4]。这些故障通常可以在电缆通电时在安装过程的早期阶段检测到。电缆安装本身也可能导致某些故障，具体取决于安装的性质。例如，铺设电缆的船只可能会损坏已经铺设的海底电缆。

16.3.3 外部故障

南苏格兰电力公司（SSE）发现，除其他原因外（见表 16.2），海底电缆的主要失效模式与环境（48%）和第三方破坏（27%）有关。铠装和护套的失效是由于腐蚀和磨损之类的磨损机制造成的。第三方破坏造成的失效是由锚定和拖网之类的运输作业所引起的随机事件造成的。这些数据也得到了 Crown Estate 对海底电缆寿命周期评估研究的支持[13]。

表 16.2　海底电缆 15 年以来的故障（截至 2006 年）

故障原因		故障次数	占比/%
环境	铠装磨损	26	22.1
	铠装腐蚀	20	16.9
	护套失效	11	9.3
	总计	57	48.3
第三方破坏	捕鱼业	13	11
	抛锚	8	6.8
	船舶碰撞	11	9.3
	总计	32	27.1
错误的制作或设计	工厂	1	0.8
	绝缘	4	3.4
	护套	1	0.9
	总计	6	5.1
错误的安装	电缆故障	2	1.7
	连接出现故障	8	5.1
	总计	10	6.8
其他原因	未分类	10	8.5
	未知	5	4.2
	总计	15	12.7

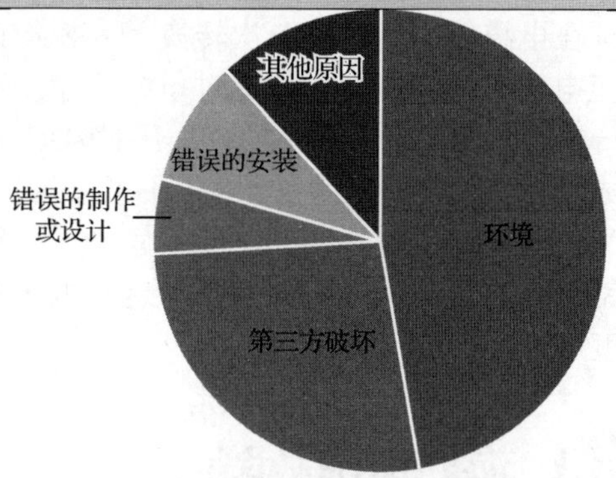

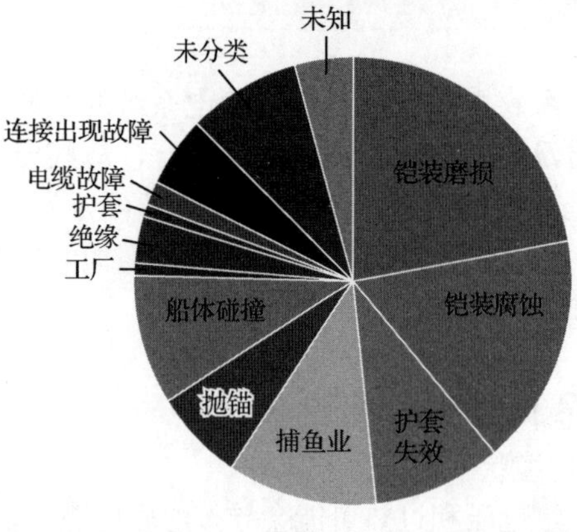

数据来源于 SSE

16.3.4 环境原因导致的故障

在安装阶段，电缆的健康状况取决于安装的性质和位置。它还取决于防护铠装的水平和用于掩埋后保护的铺设环境，例如，电缆是否被掩埋、被岩石覆盖或自由漂浮在海床上。防水护套、铠装和外护套的安装损坏会导致机械应力和内部绝缘系统的腐蚀，从而损坏电缆。防水护套、铠装和外护套的安装损坏会导致内部绝缘系统的机械应力和腐蚀，从而损坏电缆。

洋流和海浪会磨损海底电缆，使其产生应力和疲劳。强烈的潮汐流、水流变化和浅海域会导致电缆从其原始位置滑动，从而导致海床或岩石对电缆的磨损[4]。电缆暴露在海水中会导致外层和钢铠装腐蚀。

电缆在所有水深也容易受到各种自然灾害的影响，例如，海底地震、山体滑坡、海啸、风暴潮和海平面上升。像卡特里娜飓风这样的大型飓风会造成海底滑坡和强烈的海流运动侵蚀海床，从而危害海底电缆，导致地下电缆暴露[11]。

16.3.5 第三方破坏

CIGRE 的几份报告[14-15]找到了与 SSE 报告相符的证据，支持以下结论：商业捕鱼是海上电缆故障的主要原因。当海底电缆裸露并漂浮在海床上方时，捕鱼活动对电缆健康构成了特别大的风险。然而，电缆损坏的类型也取决于电缆所处的环境以及保护层的水平。例如，较浅水域的电缆比港口地区的电缆更容易受到渔具的损坏。虽然鱼咬伤对电信电缆是一种威胁，但它们不会影响电力电缆[16]。

在初始安装阶段，还有由人为活动引起的其他损害。例如，自升式船只安装涡轮机可能会损坏已铺设的电力电缆，包括最初的冲击，将铺设的电力电缆向下推入 20m 深的基板中，从而导致电力电缆故障[4]。

16.4 最先进的监测

电缆制造商会进行严格的测试，以确保电缆符合特定的预设标准。这些测试的重点包括电缆的电学、热学性能，以及其在运行过程中的机械强度[13]。电缆磨损和腐蚀速率的测量在 IEC 60229[17]里面有详细介绍。在磨损试验中，电缆经受沿电缆水平方向拖动钢角的机械地毯试验。进行该试验是为了验证电缆对安装过程造成的潜在损坏的健壮性，因此，测试结果不适用于电缆运行期间的实际表现。

然而，一旦电缆投入使用，由于陆上变电站和海上风电场之间的距离较长，电缆变得更加难以监测。商用最先进的监测系统专注于内部故障模式，包括局部放电监测和分布式应变和温度（DST）测量系统。该系统基于光纤的温度传感器，可用于监测电缆的热状况。通过分析陆上变电站 DST 的输出，操作员可以检测并确定电缆的内部光纤损坏的位置和情况。但是这些测量值并不作为故障的前兆指标，因此有必要由潜水员或遥控水下航行器（ROV）进行定期检查，以确认电缆状态和周围环境。

关于腐蚀和磨损导致的电缆磨蚀的机理报道很少。Larsen-Basse 等[18]开发了局部磨损模型，但是它只能用于电缆线路的一部分，并且不包括腐蚀和冲刷。同时，Wu[19]提出的磨损和腐蚀模型要求电缆移动作为模型的输入。Booth 和 Sandwith[20]提供了使用 Taber 磨损试验获得聚乙烯外装件的磨耗系数的详细信息。但是，还没有人在基于模型的分析中使用过来自此类测试的数据。

迄今为止，电缆用户几乎没有选择通过有效地监测和预测来评估电缆的 RUL。机械故障以及化学和电气故障都有记录。但最常见的故障模式，即环境和第三方破坏，并未得到充分调查和研究。因此，需要一个综合的电缆健康管理系统，使用环境参数和第三方破坏信息，以防止近 80%的电缆故障（参见表 16.2）。

16.5 海底电缆的评定与维护

本节回顾评定电缆的相关测试标准以及电缆的可维护性。评定是指电缆的测试方法和标准，以确保电缆达到可接受的标准。以下列出的所有测试仅涉及电缆的质量控制。电缆系统的无故障维护是电缆系统资产管理的关键步骤。以下各节概述了这些过程。

16.5.1 海底电缆的合格评定

电缆在安装和运行之前，必须经过电气和机械测试。这些测试通常称为“型式试验”。许多大型海底电缆项目需要针对特定海洋区域的特定需求进行量身定制设计。采购合同要求对电缆进行型式试验，以确保电缆状况，并在使用前证明其适用性。

型式试验旨在“使电缆系统的设计和制造符合预期应用条件”[14]。电气设备标准由国家权威机构或专业组织发布，如电气与电子工程师协会（IEEE）、AEIC、ANSI 或 CIGRE。但是，这些电气测试标准中的大多数只包含地下陆地电缆，并且某些“标准”明确排除了海底电缆[16]。例如，IEC 60502-2 明确排除海底电缆应用。因此，海底电缆可靠性的标准和基准是稀缺的。

在实际应用中，海底电缆的型式试验通常采用与具有相同绝缘设计和导体尺寸的地下电缆的标准。符合 HVAC 电缆标准的电气负载循环测试程序与地下电缆的规格相同。HVDC 电缆使用过程有一些不同，Worzyk 对此进行了详细介绍[16]。尽管 HVDC 电缆遵循专门为海底 HVDC 电缆设计了 IEC 开关脉冲测试，但 HVAC 电缆的脉冲测试还使用陆地电缆的标准。表 16.3 列出了用于海底电缆型式试验的现有标准。

表 16.3　海底电缆型式试验的现有标准

测量标准	标准出处	标题内容
Cigré	*Electra* 第 171 期，1997 年 4 月（简称 *Electra* 171）	海底电缆机械测试的建议
Cigré	*Electra* 第 189 期，2000 年 4 月，第 29 页及以后[15]（简称 *Electra* 189a）	系统电压高于 30（36）～150（170）kV 的挤压绝缘海底长电缆的测试建议
Cigré	*Electra* 第 189 期，2000 年 4 月，第 39 页及以后[14]（简称 *Electra* 189b）	额定电压高达 800kV 的输电直流电缆的测试建议（所有绝缘类型，不包括挤压型）
Cigré 技术手册 TB219	Cigré 技术手册 219，工作组 21.01，2003 年 2 月[21]	用于额定电压高达 250kV 的电力传输的直流挤压电缆系统测试建议（范围包括海底电缆）
IEC 60840		额定电压高于 30kV（U_m=36kV）至 150kV（U_m=170kV）的挤包绝缘电力电缆及其附件——试验方法和要求
IEC 62067		额定电压高于 150kV（U_m=170kV）至 500kV（U_m=550kV）的挤包绝缘电力电缆及其附件——试验方法和要求

16.5.2 机械测试

Electra 中发布的 Cigré 测试建议是目前唯一已知的描述海底电缆机械测试细节的测试标准[22]。该标准提出了一些适用于海底电缆的测试程序。首先，Cigré 建议进行绕线测试，该测试应仅在打算绕线的电缆上执行。该测试还应确认制造商给出的绕线直径，并且必须进行足够长的时间，以排除任何极端影响。其次，Cigré 建议进行拉伸弯曲测试，以证明电缆在初始安装过程中承受拉力和弯曲的能力。一条测试电缆围绕一个大滑轮放置，该滑轮模仿电缆铺设船上的铺设轮。最后，Cigré 也提供了拉力测试，但推荐的铺设深度在 100m 以下的拉力往往太小，没有任何实际意义。因此，Worzyk 认为该测试不是必需的[16]。

Cigré 特别建议进行海上试验，该试验可以预测不同铺设条件对电缆的影响。尽管这是一项昂贵的测试，但它是针对许多大型海底电力项目进行的[16]。上面未讨论的其他常规测试包括工厂验收测试（FAT）、安装后测试和高压常规测试。

标准的机械测试仅侧重于铺设和安装过程，因此，人们对电缆在操作过程中其承受磨损和腐蚀的能力知之甚少。Hopkins[23]对不同海床组件与电缆之间的相互作用进行了研究，证明在强潮汐作用下颗粒尺寸对磨损率有显着影响，潮汐导致了电缆沿海床运动。

16.5.3 海底电缆的维护

海底电缆是运行期间需要保护和监测的重要资产。各种方法被部署来使得其使用寿命最大化。保护费用占海底电缆总投资相当大的一部分。Worzyk[16]总结了电缆保护的四个步骤：找到合适的电缆路径、设计合适的电缆铠装、将电缆正确埋在海床上以及安装后的保护激活。在过去的几十年中，人们已经采用了各种材料，建立了各种方法来确保海底电缆成功、完整安装。电缆布线、铠装和埋入技术已经得到了很好的发展。不幸的是，人们对安装后的保护知之甚少。

目前最先进的内部故障监测系统使用在线局部放电监测，30%的海底电缆故障模式是由这些系统通知的。这些监测系统显示电缆是否损坏，而不是发生故障，不作为故障的前兆指标。

此外，由于埋入后电缆的大量损坏是人为活动和外部因素（如极端天气条件）引起的，因此有必要使用适当的监测系统和预测工具来评估电缆在安装后的剩余使用寿命。特别是，用于海底电缆的 PHM 系统的整体模型将提供有关磨损故障的重要信息。这样的系统必须适当地包含有关电缆铺设的环境条件、潮汐变化引起电缆可能的运动以及外层条件的数据。16.6 节将讨论开发此类 PHM 系统最重要的挑战：缺乏数据、数据采集技术以及可能的解决方案。

16.6 数据采集技术

关于海底电缆的电气特性和内部健康状况，最新的局部放电监测系统使用历史数据或通过嵌入式光纤提供的 DST 测量数据。关于海底电缆故障、电缆动力学、磨损和腐蚀的最新数据并不存在，而所有特定环境下的数据都未经证实，并且来自有限范围的环境[13]。

Flynn[13]使用了 15 年的历史数据集，确定 70%的电缆故障与外部和环境因素有关。但是，历史数据并不能预测目前海底电缆的磨损和腐蚀速率。Flynn 通过沿着测试电缆水平方向拖动一个角钢进行磨损测试，从而获得磨损率。然而，这种磨损率并不能反映电缆在工作环境中沿海床移动时的实际磨损行为。

在英国赫瑞瓦特大学进行的一个项目中，使用了仿生声呐，以将电老化或机械老化的电缆与新电缆区分开。低频声呐技术扫描电缆并尝试识别与某些电缆信号相对应的通用模式。测试步骤如下：将一根新电缆和一根由 JDR 电缆提供的经过电气老化的电缆放在水箱中与声呐扫描保持不同的距离；然后对每条电缆进行全长扫描。电缆也放置在水箱的底部以模拟铺设在海底的电缆。

从低频声呐扫描获得的信号表明，有可能使老化的电缆与新的电缆区别开来。考虑到混凝土储罐底板会干扰电缆信号，海底底板的振幅较低，在海底条件下使用声呐对电缆进行实际测试可能会产生更好的结果。但是，声呐技术只能区分电缆，而不能对任何一根电缆进行区分，而一根电缆可能会出现特定的磨损并导致电缆故障。因此，使用声呐技术收集磨损和腐蚀数据还有待进一步发展。

其他检测电缆故障的方式还包括潜水员检测和视频录像检测。但是，其需要良好的可视性、对电缆的访问以及对损坏电缆的准确位置的了解，这些都妨碍了此类方法的实际应用。具体检测案例和视频录像仅是零星案例，并且故障数据仅限于观察。此外，由于传输和可触及方面的挑战，很难将电缆的健康状况数据从放置位置传输到海岸。

16.7 测量电缆材料的磨损行为

磨损是电缆外层沿粗糙海底滑动的一种磨蚀机制。为了估算电缆层材料的磨料磨损量损失，需要确定电缆每一层的磨损系数 k：

$$V_{\text{abrasion}} = k\frac{F_{\text{cable}}d_{\text{sliding}}}{H} \tag{16.1}$$

式中，V_{abrasion} 为磨损导致的磨蚀量（m^3）；F_{cable} 为水中电缆重力（N）；d_{sliding} 为滑动距离（m）；H 为硬度（N/m^2）。由于缺乏公开报道的磨损系数数据，因此设计并进行材料测试以获得磨损系数。需要注意，海底电缆磨损测试标准是针对电缆铺设过程而定义的，这些标准不包含电缆长期可靠性评估的规范。因此，可以采用泰伯研磨机提取磨损系数，该系数可以模拟不同海底条件下电缆的相互作用。海底电缆的外层由编织聚合物（聚丙烯）和沥青制成的外层和铠装组成。由于磨损，这些外层材料的磨蚀比铠装要快得多。

平面形式的聚丙烯、沥青和钢铠装测试样品均来自电缆制造商。使用 Taber 研磨机（见图 16.3），并根据 ASTM D4060-10 标准[24]进行试验。试验中使用了三种砂轮类型，如 H10（旨在提供较粗的颗粒磨损）、H18（旨在提供中粗度的颗粒磨损）和 H38（旨在提供非常细的颗粒磨损）。试验期间的温度和相对湿度分别为（23±3）℃和 55%±5%。图 16.4 显示了每种砂轮下的不锈钢测试样品的累积体积损失（mg）与砂轮滑动距离（m）的关系。

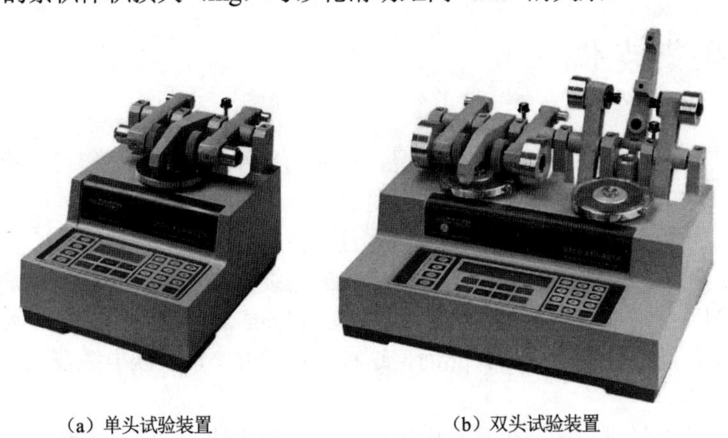

（a）单头试验装置　　（b）双头试验装置

图 16.3　Taber 研磨机

测试结果用于确定不锈钢的磨损系数 k_s，式（16.1）用于定义 k_s。转动的砂轮的行进距离是磨料磨损路径[20]中心的圆周长度。另外，对沥青和聚丙烯样品也进行了试验。表 16.4 给出了用于推导磨损系数三种材料（不锈钢、聚丙烯和沥青）的密度和硬度。表 16.5 给出了三种砂轮类型（H10、H18 和 H38）的三种材料（沥青、不锈钢和聚丙烯）的磨损系数。

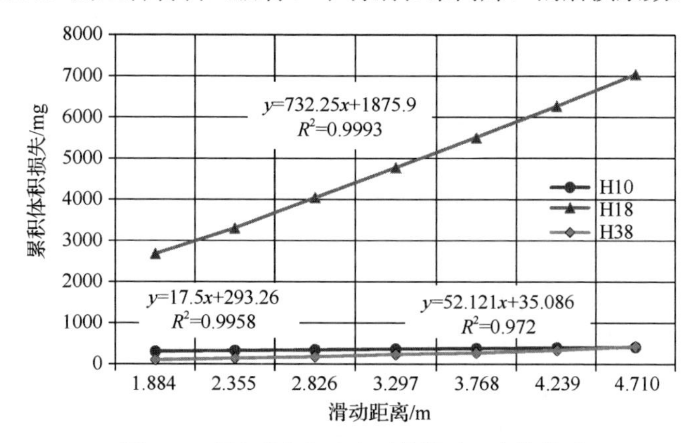

图 16.4 累积体积损失与砂轮滑动距离的关系

表 16.4 用于推导磨损系数三种材料的密度和硬度

材 料	密度/（kg/m³）	硬度/（N/mm²）
不锈钢	7850	1372
聚丙烯[25]	1050	0.47
沥青[26]	946	36～70

表 16.5 三种砂轮类型的三种材料的磨损系数

砂 轮 类 型	聚丙烯的磨损系数	沥青的磨损系数	不锈钢的磨损系数
H10	6.548×10^{-4}	4.21×10^{-5}	6.628×10^{-4}
H18	8.8308×10^{-4}	1.703×10^{-5}	2.773×10^{-2}
H38	8.35×10^{-5}	1.078×10^{-5}	1.974×10^{-3}

其中一个电缆层由复合材料（沥青浸渍聚丙烯）组成，因此复合材料的磨损系数（k_c）由逆规则推导（见 Lee 等[27]）如下：

$$k_c = \frac{1}{\left(\dfrac{V_b}{k_b} + \dfrac{V_p}{k_p}\right)} \tag{16.2}$$

式中，V_b 是沥青的体积分数；V_p 是聚丙烯的体积分数；k_b 是沥青的磨损系数；k_p 是聚丙烯的磨损系数。

16.8 预测电缆移动

电缆在海底移动的预测首先涉及电缆段的冲刷预测分析，然后是电缆段的滑动距离推导。电缆线路根据环境条件分为多个部分（或分段）。以下内容概述了电缆滑动距离推导和每个电缆段的冲刷预测。

16.8.1 滑动距离推导

电缆在潮汐作用下所受的力如图 16.5 所示。电缆沿潮汐方向受两个主要的作用力：由潮汐引起的拉力（F_{drag}）和由于海床的粗糙度和海水中的电缆重力而产生与拉力方向相反的摩擦力（F_{friction}）。

由于缺乏可用数据，以下建模方法忽略了作用在电缆上的其他非主导力，如升力和表面摩擦力[28]，但如果有可用数据，则可以包括这些力，可以使用以下公式计算拉力：

$$F_{\text{drag}} = 0.5\rho v^2 AC \tag{16.3}$$

式中，F_{drag} 是阻力；ρ 是海水的密度；v 是电缆阻力的速度（相对于海水）；A 是参考面积；C 是阻力系数。阻力系数 C 采用 1.2[29]。

可以使用以下公式计算摩擦力：

$$F_{\text{friction}} = (F_{\text{gravity}} - F_{\text{buoyancy}})\mu \tag{16.4}$$

式中，F_{buoyancy} 是浮力；F_{gravity} 是重力；μ 是摩擦系数。电缆/海底摩擦系数 μ 通常为 0.2～0.4[30]。如果拉力大于摩擦力，则电缆将开始移动，直到达到平衡位置。如果拉力 F_{drag} 小于或等于摩擦力 F_{friction}，则电缆不会移动。

给定潮汐剖面，可以使用简单的悬链线模型来预测沿电缆路径的滑动距离。电缆分成多个段或区域，每个区域有定义的环境和海底条件，如图 16.6 所示。

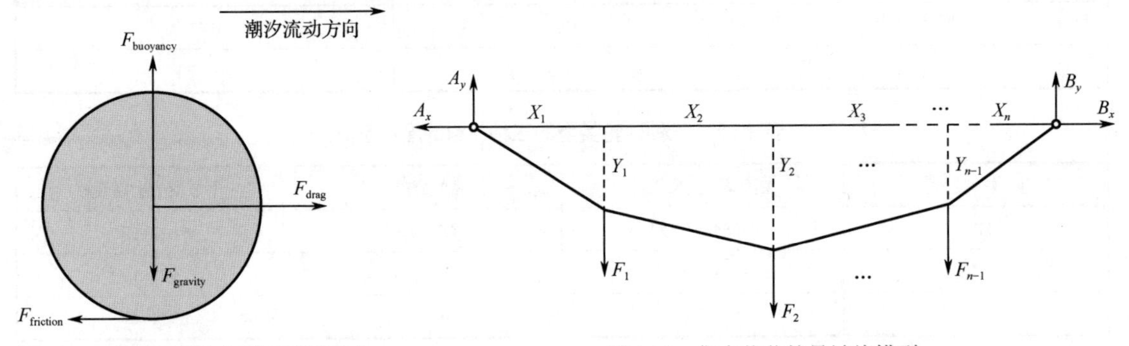

图 16.5　电缆在潮汐作用下所受的力　　　图 16.6　集中载荷的悬链线模型

电缆固定在两端（A 和 B），在这些位置的纵向和横向上的力分别为 A_x、A_y、B_x 和 B_y。每个区域中电缆的长度 $X\{i\}$（i=1,2,⋯,n）由设计者/安装者定义，这些区域受沿电缆的潮汐和海底环境条件的控制，采用力矩平衡方程[31]，可以基于以下公式预测电缆在每个电缆区域中的滑动距离 Y_{n-1}，做以下假设。

- 电缆在潮汐下的变形很小，可以忽略不计。
- 电缆在潮汐下的位移是由于电缆的松弛（非张力）引起的。路径中的电缆长度比路径两端（A 和 B）之间的直线距离略长。电缆设计工程师可以为每个电缆路径输入松弛比值。

采用力矩平衡方程式，可以得出力 A_y 和 B_y 作为每个电缆段上的力和电缆区域长度的函数。

$$A_y = \frac{\sum_{i=1}^{n-1} F_i \sum_{j=i+1}^{n} X_j}{\sum_{k=1}^{n} X_k} \tag{16.5}$$

$$B_y = \frac{\sum_{i=1}^{n-1} F_i \sum_{j=i}^{i} X_j}{\sum_{k=1}^{n} X_k} \tag{16.6}$$

此外，我们还有水平力 $A_x=B_x$ 的平衡关系。

在每个加载点，使用平衡力矩，可以获得滑动距离的一个通用推导：

$$Y_i = \frac{A_y \sum_{j=1}^{i} X_j - \sum_{k=1}^{i-1} F_k \sum_{l=k+1}^{i} X_1}{A_x} \tag{16.7}$$

由于 x%的松弛率，平衡电缆的长度等于（1+0.0x）乘以 A 点与 B 点之间的直接距离。

$$\sqrt{X_1^2 + Y_1^2} + \sum_{i=2}^{n-1} \sqrt{X_i^2 + (Y_i^2 - Y_{i-1}^2)} + \sqrt{X_n^2 + Y_{n-1}^2} = (1.0x) \sum_{j=1}^{n} x_j \tag{16.8}$$

通过将 Y_i 值［式（16.7）］代入式（16.8），可以导出未知变量 A_x 的方程。我们可以通过数值根查找算法（如 R 的 Ridder 算法或 Newton-Raphson 方法[32]）求解所得的非线性方程，然后求解近似的滑动距离（可以提取每个电缆段的$\{Y_i\}$=1,2,⋯,n−1）。

16.8.2 冲刷深度计算

海底电缆要么铺设在海床上，要么埋在海床中。将电缆铺设在海床上时，潮汐会造成电缆冲刷。这种情况通常发生在潮汐导致电缆下面的沉积物和沙子侵蚀，从而电缆悬浮在冲刷孔上方的情况。然后，电缆凹陷到冲刷孔中，随后沙子回填，最终导致电缆自行填埋。将电缆冲刷包含在电缆寿命预测模型中非常重要，这是因为与不受冲刷影响的局部冲刷区域相比，局部冲刷区域将表现出截然不同的磨损行为。

如果电缆由于冲刷而自掩埋，则它将无法滑动。在稳定水流下，可以使用公式预测临界冲刷速度（V_{critical}）（请参阅 Sumer 和 Fredoe[33]、Arya 和 Shingan[34]的文章）。

$$V_{\text{critical}} = \sqrt{0.025 g d_{\text{cable}} (1-\phi)(\text{SG}-1) e^{\sqrt{\frac{h_{\text{initial}}}{d_{\text{cable}}}}}} \tag{16.9}$$

式中，d_{cable} 是电缆的直径；h_{initial} 是电缆的初始埋深；g 是重力引起的加速度；ϕ 是海床的孔隙度；SG 是沉积物颗粒的比重。特定电缆段的冲刷开始于临界冲刷速度（V_{critical}）大于潮汐速度（V_{tidal}）的时刻，对于海底电缆，冲刷深度将增加并在其最大深度处逐渐稳定。处于平衡状态的最大冲刷深度称为平衡冲刷深度（h_{scour}），如下所示。

$$h_{\text{scour}} = 0.972 d_{\text{cable}}^2 \left(\frac{v_{\text{tidal}}^2}{2g} \right)^2 \tag{16.10}$$

16.9 电缆退化的预测

本节主要研究电缆保护层因磨损和腐蚀而退化的电缆失效机理。这些故障机理是由电缆段的环境因素和电缆在海床上的移动引起的。下面各小节概述磨损和腐蚀机理导致的电缆退化的预测方法。

16.9.1 由于磨损造成的体积损失

在建模方法中采用的磨料磨损量损失与式（16.1）中所示的滑动距离成正比。该方程对应广泛使用的 Archard 磨损模型[35]。Budinski 的文章[36]详细列出了塑料材料的不同磨料磨损模型。

16.9.2 腐蚀引起的体积损失

被广泛引用的计算腐蚀磨损[37]的公式是：

$$v_{\text{corrosion}} = C_1 A_{\text{exposed}} (t - T_{\text{coating}})^{C_2} \tag{16.11}$$

式中，$v_{\text{corrosion}}$ 是腐蚀引起的磨损量（m^3）；A_{exposed} 是材料暴露在海水中的区域；t 是电缆铺设后经过的时间；T_{coating} 是涂层的寿命（涂层分解的时间尺度），涂层起到阻挡氧气和水到达材料表面的作用；C_1 是腐蚀穿透率；C_2 通常假设为 1/3 或悲观假设为 1。腐蚀速率 c 是每天的腐蚀/点蚀深度。碳钢在海水中的腐蚀速率假定为每年 4mm（见 API RP-2SK 的文章[38]和文献[39]、[40]）。不锈钢采用 0.07mm 年平均腐蚀穿透率（参考 Francis 等的文章[41]）

基于预定义的潮汐，以上悬链线模型和冲刷模型可用于计算电缆不同部分的电缆滑动距离，见式（16.8）。使用该值以及测得的磨损系数（k）（如通过 Taber 测试），我们可以计算出随着时间的推移由磨损产生的磨蚀量（V_{abrasion}），见式（16.1）。

给定不同电缆材料的腐蚀速率，我们可以计算由于腐蚀（$v_{\text{corrosion}}$）引起的材料损失，见式（16.11）。结合对磨损和腐蚀造成的材料损失的这些预测，我们可以建立一个预测电缆寿命的模型。这种计算的环境输入是电缆每个局部的潮汐模式。图 16.7 显示了一个典型的潮汐模式，它遵循半日潮周期。半日潮周期在每一天经历两个大小相等的高潮和低潮。

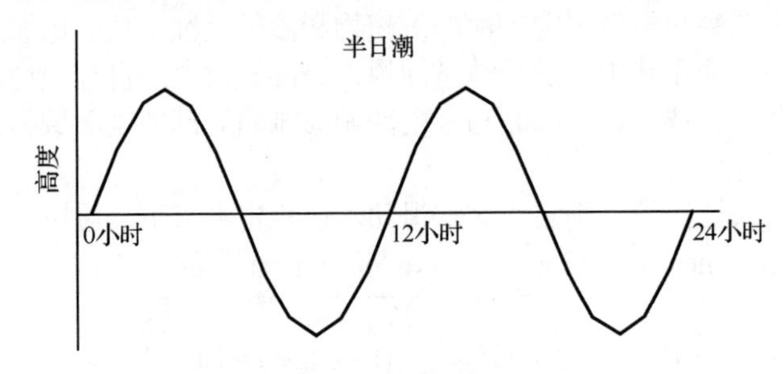

图 16.7 典型的潮汐模式

根据上述潮汐模式，将 16.8.1 节中预测的滑动距离乘以 8，以预测电缆段在一个农历日内的实际滑动距离，因为电缆因潮汐变化而前后移动 8 次至最高峰，如图 16.7 所示。

为了预测每段电缆的平均失效时间（MTTF），使用如下公式：

$$\text{Lifetime} = \frac{V_{\text{total}}}{V_{\text{abrasion}}^{\text{day}} + V_{\text{corrosion}}^{\text{day}}} \tag{16.12}$$

式中，V_{total} 是电缆保护层在故障前可以失去的总体积；$V_{\text{abrasion}}^{\text{day}}$ 是每天的磨损率；$V_{\text{corrosion}}^{\text{day}}$ 是每天的腐蚀率。

图 16.8 详细说明了预测材料损失时需要考虑的每个保护层。电缆内芯由多层保护材料保护。对于沥青类型的材料，由于在文献中没有沥青的腐蚀系数，所以可以忽略腐蚀磨损。因此，磨蚀仅由磨损决定。为了预测电缆的使用寿命，我们需要使用以下公式（忽略旋转影响）来计算每一层损失的最大体积。

第三层的体积$V_{33} = (\gamma - h_1 - h_2)^2 \dfrac{(\theta_3 - \sin(\theta_3))}{2}$，其中$\dfrac{\theta_3}{2} = \cos^{-1}\left(\dfrac{r - h_1 - h_2 - h_3}{r - h_1 - h_2}\right)$。

第三层的失效时间定义为：

$$\frac{V_{33}}{\dfrac{k_3 F_{\text{cable}} c d_{\text{sliding}}^{\text{day}}}{H_3} + C_{31} \cdot L_3 (t - T_{\text{coating}}^3)^{C_{32}}} \tag{16.13}$$

式中，$c = \dfrac{L_3}{L_1 + L_2 + L_3}$；$H_3$ 是第三层材料的硬度；k_3 是第三层材料的磨损系数；$d_{\text{sliding}}^{\text{day}}$ 是电缆每天滑动的距离；T_{coating}^3 是第三层材料的涂层时间；t 是从安装电缆后所经过的时间；C_{31} 是第三层材料每天的侵蚀/凹痕深度；V_{33} 是第三层的体积。以类似的方式，可以针对每个阶段每个层的体积（V_{32} 和 V_{31}）得出故障时间。一旦电缆的铠装层磨损，就会发生完全故障。

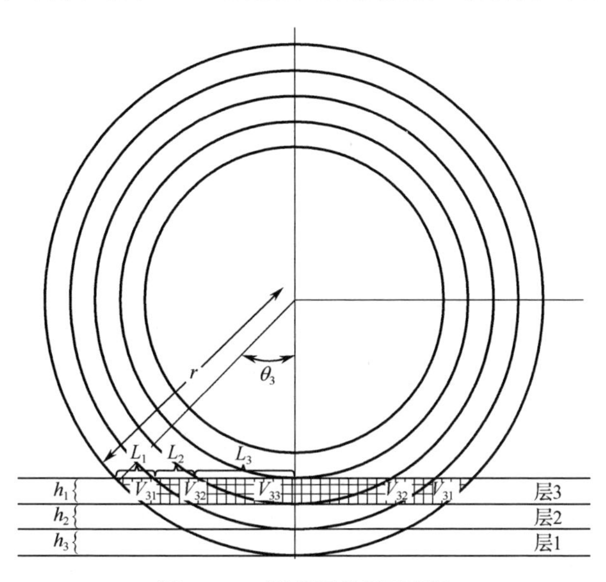

图 16.8 三阶段层体积示意图

16.10 剩余使用寿命

每个产品都有一个故障率 λ，即每个单位时间内故障的单元数。产品整个寿命期间的故障率为我们提供了熟悉的浴缸曲线，如图 16.9 所示。制造商的目标是降低“早期故障”中的故障率，这使得产品具有使用寿命，在此期间故障随机发生，并且有一个 λ 在增加的磨损期。

平均故障间隔时间（MTBF）应用于将要修复和重新投入使用的产品，其定义为故障率[42]的倒数：

$$\text{MTBF} = \frac{1}{\lambda} \tag{16.14}$$

一种预测海底电缆 RUL 的高级建模方法如图 16.10 所示。一组学者（来自英国格林威治大学和赫瑞瓦特大学）开发了一种软件工具 CableLife（见图 16.11），以预测电缆 RUL。该软件工具在 Visual Basic for Application（VBA）中进行了编码，并连接至包含不同电缆设计、布局和属性的数据库。在设计和部署的早期阶段，该工具可用于评估不同电缆布局和潮汐模式对电缆腐蚀和磨损的影响。图 16.12 详细描述了在不考虑随机故障的情况下，预测电缆寿命的建模方法。

CableLife 软件中嵌入的模型如下所述。该软件与多个数据库进行交互。数据库包含有关电缆材料、电缆规格和电缆布线的信息。此外，该软件还允许用户/设计人员创建新的电缆路线、电缆规格和材料。电缆可分为多个子部分（区域）。一旦用户填入每个区域的电缆线路环境数据，软件就评估冲刷的临界速度并将其与潮汐流速进行比较。如果潮汐流速大于冲刷临界速度，则评估平衡冲刷深度，见式（16.10）。如果平衡冲刷深度大于电缆的半径，则电缆是自埋式的。在埋入电缆的两侧形成了单独的悬链线模型。在电缆自埋的区域附近重复此过程，然后根据16.8.1 节所述，从每个接触网模型预测每个区域的滑动距离。使用滑动距离数据可以预测电缆区域的磨损。由于磨损和腐蚀磨损，可以预测每个区域的电缆寿命（RUL），并在其中计算每个保护层的总体积。

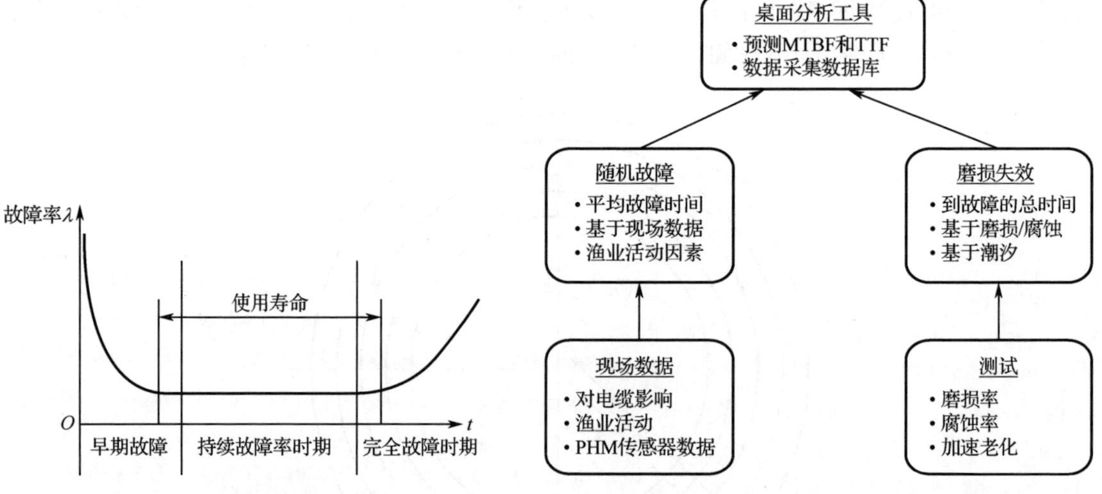

图 16.9　浴缸曲线

图 16.10　预测海底电缆 RUL 的高级建模方法

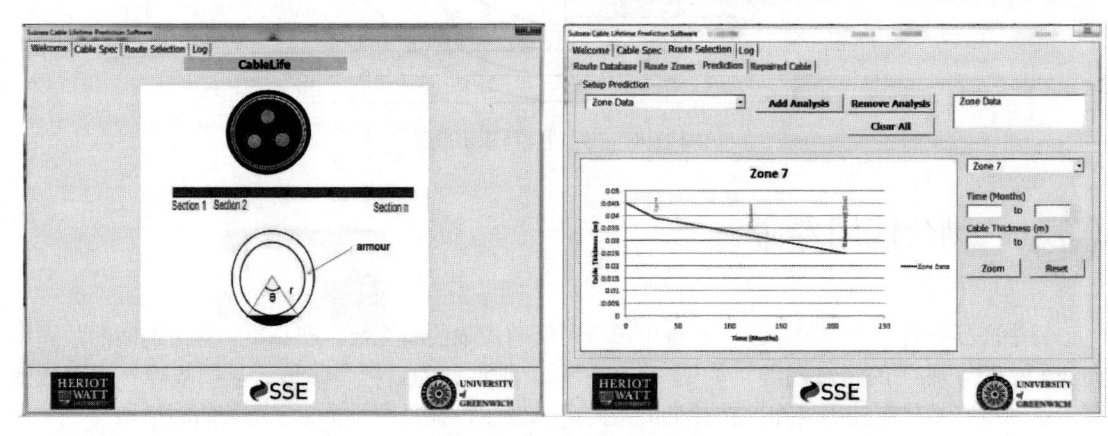

图 16.11　CableLife 软件的图形用户界面（GUI）

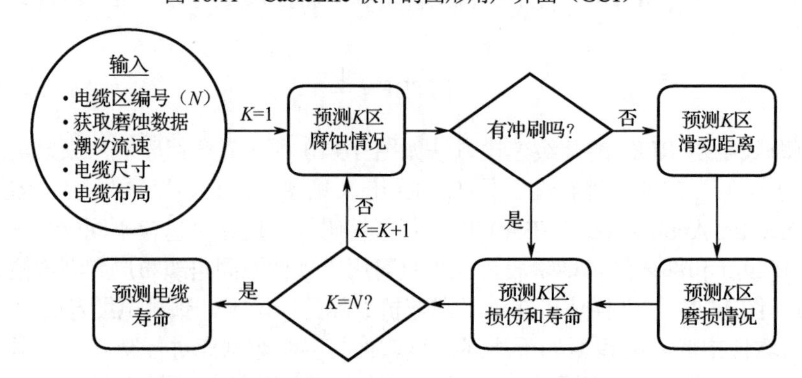

图 16.12　预测电缆寿命的建模方法（不考虑随机故障）

16.11 案例研究

电缆路径上的 CableLife 软件工具的示例和建模功能演示如下。案例研究中的数据是任意的。假设两个岛之间的路线长度为 2.1km。电缆的磨损数据是从 Taber 实验中获得的。该路线被分为 13 个区域，潮汐的变化范围为 1～2ms^{-1}。本研究中使用的电缆规格（任意数据）如下。

- 电缆的总直径：110mm。
- 水中的单位电缆质量：20kg。
- 第一外层（聚丙烯）的厚度：3mm。
- 第二外层（铠装）的厚度：6mm。

一旦电缆的保护性铠装层磨损，就可以认为电缆失效。由于区域 7 的冲刷作用，该段电缆为自埋式。因此，区域 7 中的电缆段不会滑动。从滑动距离推导得出，电缆在区域 4 中的最大滑动距离为 60.7m。每个区域的滑动距离、长度和潮汐流速的示意图如图 16.13 所示。图 16.14 所示为区域 4（最差区域）单铠装层电缆在相同环境条件下的 RUL 图。通过改变从 Taber 实验得到的电缆层材料的磨损系数值来提取曲线。铠装层加倍会增加电缆的质量和直径。因此，单铠装层电缆的滑动距离会小于双铠装层电缆的滑动距离。双铠装层电缆的 RUL 会高于单铠装层电缆的 RUL。

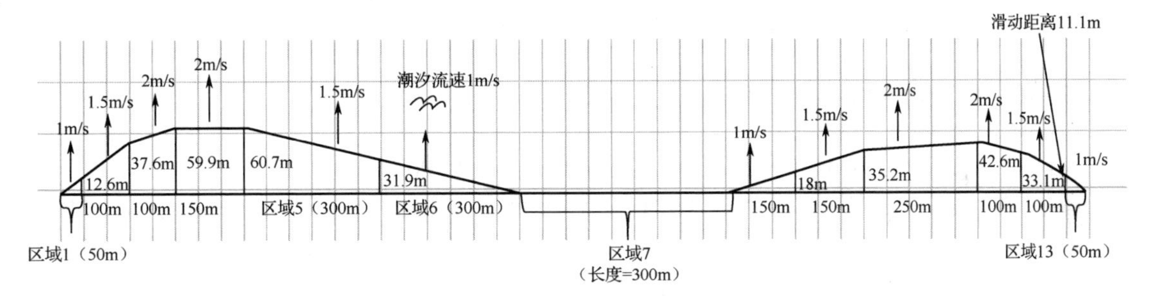

图 16.13 每个区域的滑动距离、长度和潮汐流速的示意图

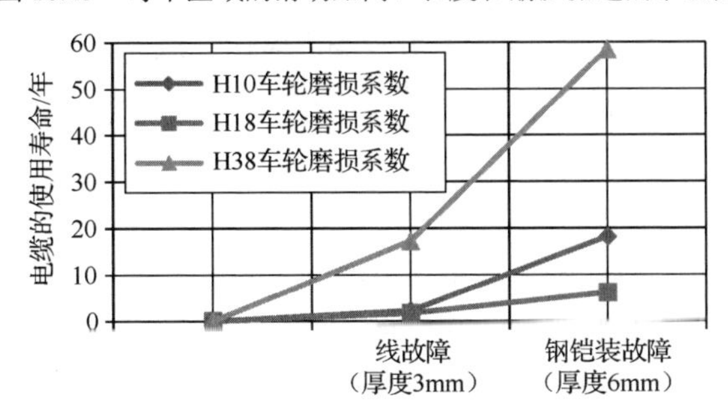

图 16.14 区域 4 单铠装层电缆在相同环境条件下的 RUL 图

16.12 未来的挑战

海底电缆 PHM 未来面临的挑战可以分为两类：（1）针对随机故障的数据驱动方法；（2）针对环境故障的模型驱动方法。下面概述与数据驱动的随机故障预测和模型驱动的环境故障预测相关的挑战。

16.12.1 随机故障的数据驱动方法

数据驱动方法的优点如下：（1）系统特定的信息不是先验的（黑匣子模型），但是数据驱动方法可以通过监测的数据（或历史数据）来学习系统的行为；（2）通过观察参数与子系统之间交互作用的相关性，可以在复杂的系统中使用数据驱动方法。但是，此方法有一些局限性，因为它需要足够的历史数据来训练模型。为了预测随机事件，需要历史故障数据来识别故障率与一些关键输入参数之间的关系。

在文献综述的基础上，确定了随机故障预测的关键输入参数为船舶经过频率和水深。一旦获得了随机事件的历史失效数据，就可以使用概率论（统计方法）或数学模型（学习方法）来构建故障率与输入参数之间的关系。在海底电缆的公共领域，随机事件的历史失效数据很难找到。

16.12.2 环境故障的模型驱动方法

基于模型驱动的方法或基于失效物理（PoF）的方法通过使用产品循环加载和失效机理的知识来评估可靠性。失效机理是由于电缆的任何物理（电气、化学、机械、热和辐射过程）或多种物理原因引起的。失效机理可以通过基于经验的损伤模型（如 Arrhenius 模型、Erying 模型、Black 模型或 Coffin-Manson 模型）来估计，这些模型在电子元器件和系统中得到了广泛的应用。然而，关于模型驱动的 PHM 海底电缆方法的文献很少。

16.12.2.1 基于数据融合的 PHM

基于数据融合的 PHM 方法结合了数据驱动方法和基于 PoF 方法的高级特征来估计 RUL。基于数据融合的 PHM 方法使用 PoF 方法来识别关键参数，识别和选择潜在的失效机理，选择适当的失效模型并根据关键参数或关键参数的功能定义失效准则。然后，该技术用数据驱动的方法从监测参数中提取特征，定义健康产品的阈值线，再将监测参数与阈值线进行比较以估算 RUL。基于数据融合的 PHM 方法在电子和航空电子领域的应用已经在许多文章中被引用，如文献[43]、[44]。但是，基于数据融合的 PHM 方法尚未应用于海底电缆 RUL 预测。因此，基于数据融合的 PHM 在海底电缆资产管理中的应用潜力很大。

16.12.2.2 传感技术

如果电缆系统发生故障，则有多种传感技术可以定位电缆故障的位置。目前，有些文献已经报道了许多故障诊断技术，每种技术都有其自身的优点和缺点。在大多数情况下，一旦发生运行故障，就可以识别出电缆故障。电缆运营商通常根据定位故障位置的能力，同时采用不同的传感技术，以加快维修工作。文献中引用的用于海底电缆系统故障位置近似定位的传感技术有局部放电（PD）测试、测绘[45]、电能质量监测[46]、分布式应变传感（DSS）[47-48]、分布式温度传感（DTS）[49-50]、瞬态接地故障（TEF）检测和监控[51-52]、时域反射计（TDR）[53]。

基于这些传感技术，学术界和工业界多年来已经开发了许多用于海底电缆的监测系统。这些系统可以实时监测海底电缆。例如，用于交流电缆的海上高压电网监测系统（OHVMS）[54]、高压直流电（HVDC）电缆状态和状态监测[55]、西门子 LIRA 电缆监测系统[56-57]、Wirescar LIRA 便携式电缆监测系统[58]、Omnisenss DITEST 电缆监测系统[59]，以及 Bandweaver 电缆安全监测系统。

目前市场上有许多先进的在线地下电缆状态监测系统[60]。这些系统可适用于海底电缆监测。然而，由于这些系统能够检测到故障，因此无法预测电缆段的RUL。

16.13 总结

为了预测海底电缆的寿命，开发了一种建模方法和相关软件工具。该模型考虑磨损和腐蚀的破坏作用，并提供了针对不同潮汐模式下预测电缆运动（包括冲刷作用）的能力。这种用于电缆寿命评估的综合建模方法得到了 Taber 试验数据的支持，这些数据用于收集不同海底条件下的磨损系数。这是电缆设计人员首次在电缆设计和部署的早期阶段使用这种统一的预测能力。开发的建模方法将成为预测软件工具的一部分，以便将来可以将当前的监测技术集成到工具中。

在电缆层材料测试样品上进行了 Taber 磨料试验。在 Taber 磨床中选择了三个具有不同粗糙度特性的旋转砂轮，以模拟海床的粗糙度（从岩石景观到细砂）。通过 Taber 测试，使用每种材料的扁平试样评估了聚丙烯、沥青和不锈钢的磨料磨损系数。

案例研究的结果与预期的一样，并且在单铠装层和双铠装层电缆中均得到了验证。目前，该模型专注于预测由于环境影响（如腐蚀和磨损）而导致的电缆损坏，因为这些影响占电缆故障的48%。未来的工作将包括考虑捕捞活动对随机破坏的影响。

未来在海底电缆监测中的研究将探索更先进的海底电缆完整性监测技术，这些技术可以集成到融合预测模型（FPM）中。FPM 是使用低频声呐进行海底管道检测的候选技术。利用低频声呐为海底电缆分析创建一种新的多层同心散射理论，将利用在不同寿命周期阶段从海底电缆样本返回的回波，从而将不同程度的铠装损耗和电介质状况与之前的模拟和分析结果进行比较。这种类型的技术还可以用于海底电缆的检测，并评估倾岩等过程对电缆完整性的影响。

原著参考文献

第17章 联网车辆的故障诊断与故障预测

Yilu Zhang，Xinyu Du
美国密歇根州沃伦通用汽车研发中心

本章描述一个通用框架——自动现场数据分析仪（AFDA），以及用于联网车辆诊断和预测（CVDP）的相关数据分析算法。故障分析结果可为产品开发工程师提供可行的设计改进建议。对24辆汽车两年的电池失效数据进行了分析，验证了该框架的有效性。

17.1 引言

车载诊断（OBD）已在汽车工业中使用了30多年。OBD允许车主或汽车经销商的技术人员观察车辆部件的运行情况，并在故障发生时确定导致故障的根本原因。在1996年，OBD-II成为在美国所有汽车生产的强制性规范。从那时起，车辆诊断和预测学就迅速发展起来。特别是车载网络技术的快速发展，使得在车辆使用寿命的时间内，能够从大量的道路车辆上进行高效的测量和数据采集[1]。这促使人们努力去开发远程车辆诊断技术[2-3]和CVDP[4]。当大规模采集联网车辆的数据并将其存入数据库系统时，可以利用数据分析，提取有用的信息，生成诊断和预测结果，监测车辆的状况，并最终向产品团队提供有用的反馈意见。这项工作对于提高汽车制造业的产品质量和可靠性尤为重要，因为在汽车制造业中，新的车辆子系统不断被引入，而且日益复杂。

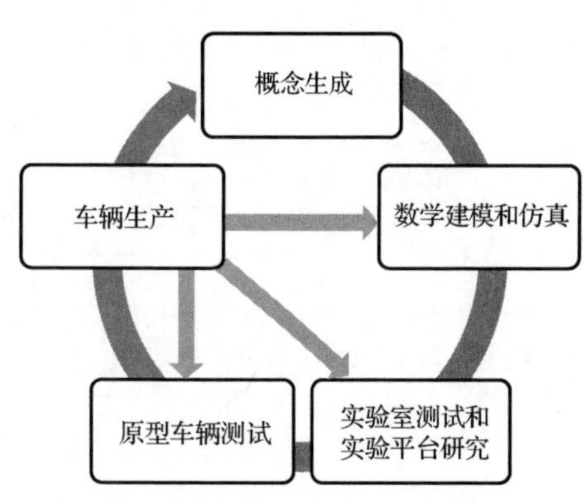

图17.1　车辆工程设计过程（为了清晰可见，并不是所有的反馈循环都有说明）

典型的车辆工程设计过程如图17.1所示。这个过程从概念生成开始，经过数学建模和仿真、实验室测试和实验平台研究、原型车辆测试，最终在路上得到最终的产品。每一步都有反馈，在不同的操作环境下分析车辆系统、评估性能，并更改设计。由于上路的汽车会在真实而且多样的环境中使用，所以，上路的汽车的反馈最有利于帮助提高车辆设计。与许多其他制造业相似，汽车行业依靠保修的数据分析来确定实际应用中的问题，并改进下一代车辆的设计[5]。

随着车辆系统的日益复杂以及产品上市时间压力的增加，保修反馈的效益性受到挑战，其原因至少有以下几点。首先，当故障或故障已经存在时，保修报告是延迟的反馈。其次，许多车辆故障具有随机性，这是任何复杂系统的共同特征。这些随机性故障可能是由电气或机械连接松动、环境变化、不同子系统之间的相互作用或者各种驱动的模式所引起的。因此，相当多的车辆保修报告都是“客户关注的问题未复现”，没有提供具体的设计改进信

息。最后，尽管保修报告是车辆历史的快照，但是并没有提供对提升系统质量关键的故障信息。在联网车辆寿命周期大数据的帮助下，CVDP 提供了一种解决方案，可以实现一个效率更高的闭环车辆设计流程。典型的 CVDP 概念如图 17.2 所示，通过车对车（V2V）或车对设备（V2I）网络收集车辆的数据，并在后台处理数据。尽管这一概念非常有前景，但仍需做一系列的研究以及解决一系列实现这一概念引发的问题，从车载电子控制单元的设计、车辆网络、高性能计算能力的后台，到理论知识的发现。

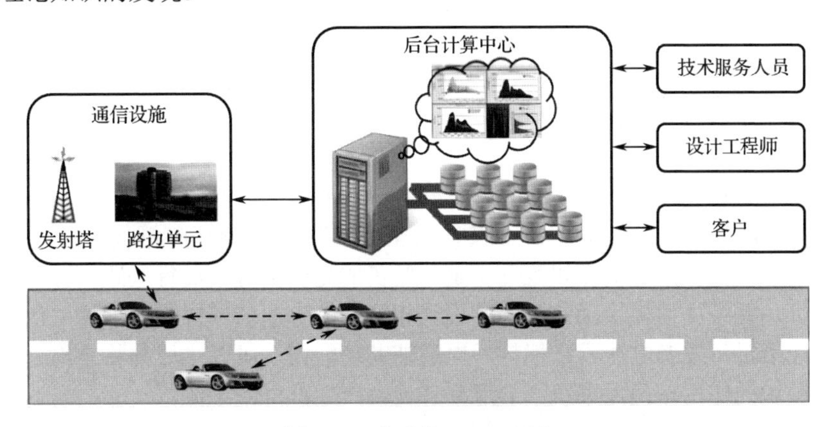

图 17.2　典型的 CVDP 概念

本章的重点是探索知识的部分。具体地说，开发一个 AFDA 框架，是为了用于分析大量的道路车辆数据，自动识别造成故障的根本原因，并最终提供可操作的改进设计的建议。

17.2 自动现场数据分析仪设计

在过去，缺乏数据是解决复杂问题的主要因素。在解决新出现的领域的问题时，缺乏数据的问题尤为突出。工程师必须依靠多年积累的经验来确定造成故障的根本原因，这个过程不仅昂贵、耗时，还容易出错。最近，随着现场数据收集的成本效益越来越好，如何将大量的数据转化为可操作的信息成为主要问题。AFDA 可以帮助工程师应对这一新问题。开发框架的主要目的是在分析大量现场数据时减少必要的人工干预，从而揭示导致问题出现的根本原因。

AFDA 的概要图如图 17.3 所示。它由三部分组成，即数据采集子系统、信息抽象子系统和根本原因分析子系统。

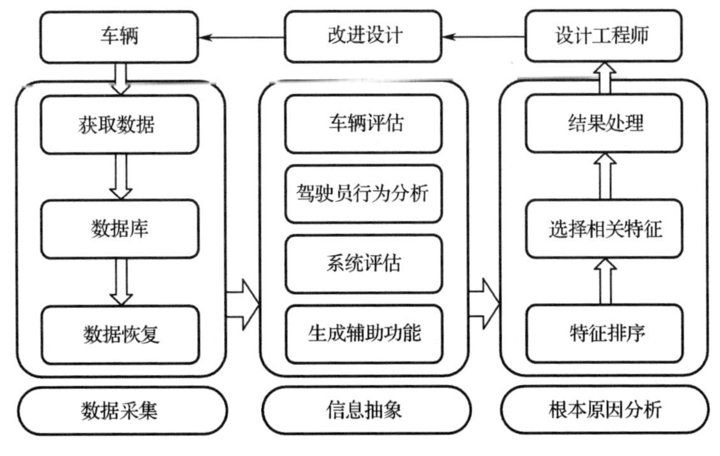

图 17.3　AFDA 的概要图

17.2.1 数据采集子系统

数据采集子系统首先采集车辆数据。原始数据先被压缩并存储在车辆上，然后通过无线通信传输到服务器或数据中心的数据库中。实现无线通信的现有方案有通用汽车安吉星公司使用的蜂窝网络。在未来，技术成熟的车载自组网[1,6]可能在进一步降低成本的同时进一步增加通信带宽。在服务器或数据中心有了功能强大的计算机后，所有数据都可以解压缩并以时间序列还原，以供进一步分析。

17.2.2 信息抽象子系统

信息抽象子系统由四个模块组成。车辆评估模块使用已定义的工程术语如电池的健康状态（SOH）来评估每辆车的组件健康状态。其他三个模块生成的特征向量代表不同的故障根本原因。具体地说，驾驶员行为分析模块表征特定驾驶员的驾驶情况，如行驶距离、交通状况、用电负荷等驾驶特征。系统评估模块确定与原始设计相背离的诊断值或控制值。这些例子包括荷电状态（SOC）估计不足，或者电池异常损耗。生成辅助功能模块可以生成与特定组件可能不明显相关的特征，此模块的作用是确保系统不会遗漏任何会产生意外的根源。

17.2.3 根本原因分析子系统

根本原因分析子系统负责解读由信息抽象子系统提取的信息。一般来说，这一过程是通过将系统性能与代表由不同根本原因造成故障的特征向量相关联来完成的，例如，系统寄生漏电可能导致 SOC 电量过低的故障。具体地说，所有的特征都根据它们与所选行为的相关性进行排序，并将最相关的特征集呈现给设计工程师。所选特征的类别（与驱动程序行为或系统故障相关）暗示潜在导致故障的根本原因。这是可能的：确定的功能落在功能类别，与电池行为没有一个直观的关系。即使在这种情况下，这个子系统也可以帮助设计工程师将调查的重点放在选定的数据上，而不是大量的原始数据。

根本原因分析子系统直接与设计工程师交互，反馈电池相关故障的根本原因，并为提高车辆性能提出建议。这个子系统包括三个模块。

17.2.3.1 特征排序模块

不同的故障性质意味着不同的故障特征。这些故障信号隐藏在多个传感器通道的高维时间序列数据中。对设计工程师来说，手动筛选数百个通道和数百万个数据点是不现实的，特别是在处理紧急领域问题时。信息抽象子系统为去除冗余的机制或去除不相关信息提供有效方法。时间序列形式的原始数据具有极高的维数，因此直接分析非常困难，这是众所周知的维数“诅咒”问题。因此，各种技术被提出并用于实现降低时间序列数据的维数[7]。例如，奇异值分解[8]、分段常数的近似[9]、基于模型的降维[10]、特征排序和选择技术[11-13]、统计标准[11]、要素分析[14]、独立分量分析[15]、多维定标[16]、神经网络[17]和图形嵌入[18]。值得注意的是，具体技术的选择取决于具体的应用。

常用的特征排序方法分为两类：封装法和滤波法[19]。封装法根据性能分类对特征进行排序，分类器由一个或多个学习算法构成。学习算法可以是任何监督生产的方法或判别的方法，如贝叶斯决策、神经网络和支持向量机。另外，滤波法通过特征数据的一些内在属性来评估特征。例如，主成分分析（PCA）获取特征数据（主成分）的最大方差方向，将原始特征数据映射到主

成分上，并将映射的数据作为最优特征。通常，封装法产生的特征具有比滤波法更好的分类精度，但计算成本更高。这是因为在我们的应用中，每个可能的特征集都需要分类器的训练/测试过程。我们倾向于使用封装法，因为它可以达到较高的精确度，而且通常数据中心有足够的能力来计算。

作为一个例子，本章使用了基于支持向量机（kernel-SVM）的封装法。支持向量机[20-22]将特征数据 $x \in \mathbf{R}^n$（其中 n 为特征数据维数）映射到高维空间 $\mathcal{H}$，即 $x \mapsto \boldsymbol{\phi}(x) \in \mathcal{H}$，然后在 $\mathcal{H}$ 空间中构造一个最大边缘超平面作为最优决策边界。由于使用映射 $\boldsymbol{\phi}(\cdot)$，在 $\mathcal{H}$ 空间中超平面的决策边界对应于在原始特征空间一个非线性的决策边界。原始特征空间中的决策函数为：

$$f(x) = \boldsymbol{w} \cdot \boldsymbol{\phi}(x) + b \tag{17.1}$$

式中，$\boldsymbol{w}$ 和 b 是在 $\mathcal{H}$ 空间中构造最大边缘超平面来求解优化问题得到的参数：

$$\min_{\boldsymbol{w},b,\xi} \frac{1}{2} \boldsymbol{w}^{\mathrm{T}} \boldsymbol{w} + C \sum_{i=1}^{l} \xi_i \tag{17.2}$$

约束条件：$y_i(\boldsymbol{w}^{\mathrm{T}} \boldsymbol{\phi}(x_i) + b) \geqslant 1 - \xi_i$，$\xi_i \geqslant 0$，$i = 1, \cdots, l$。

式中，C 为控制分类错误的惩罚系数；ξ 是松弛变量，即 x_i 与超平面之间的距离；y_i 是关于 x_i 的函数；l 是特征数据的个数。

选择内核支持向量机而不是线性支持向量机是基于以下考虑的。可以理解，某些特征函数（如平方函数）可能比特征本身具有更好的预测能力。内核函数提供了一种方法去探索各种可以提高预测能力的原始特征的函数。例如，m 多项式的内核，从 x 到 x^m 映射特征数据。选择一个合适的内核 $\phi(\cdot)$，对相关的特征进行排序是有利的。

所有具有相应标签的特征数据，如“SOC 增加”或“SOC 减少”，都被分为两组：训练数据集和测试数据集。训练数据集用于训练内核支持向量机，测试数据集用于评价内核支持向量机的性能。众所周知，将多个预测能力较低的特征组合在一起，可以得到较好的分类结果。因此，为了得到一个全面的排序结果，我们需要评估不同的特征组合。前向或后向是两个可能来处理特征集的方向[11]。前向模式首先用每个个体的特征评估数据集，然后每次添加正确率最高的特征，直到添加完所有特征为止。特征的加入顺序代表了特征的高低排序。后向模式从所有特征开始，并在每次迭代中减少对分类贡献最小的一个特征，直到所有特征都被选择为止。去除序列反映了特征的上行预测能力。一般来说，在计算上，前向选择比后向特征消除更有效。然而，后向消除通常产生一个比前向选择具有更强预测能力的特征子集，因为特征的重要性是在其他特征中进行评估的[11]。在我们的工作中，采用后向模式。后向特征消除过程的伪代码如下所示。

输入：

$S = \{F(i) \mid i = 1, \cdots, n\}$，其中 $F(i)$ 是第 i 个利益特征，n 是特征的总数；

D_train={训练数据集}；

D_test={测试数据集}；

输出：

$S(i) = \{F(i, j) \mid j = 1, \cdots, i\}$，其中 $F(i, j)$ 是在第 i 次消除后保留下来的特征，$i = 1, \cdots, n$；

程序：

S(1)=*S*;

For *i*=1 to |*S*|−1;

For *j*=1 to |*S*(*i*)|

S_test(*j*)=*S*(*i*)*F*(*i*,*j*);//从 *S*(*i*)中删除特征 *F*(*i*,*j*)

在 D_train 上用 S_test(*j*)来训练内核支持向量机；

在 D_test 上测试内核支持向量机；

计算正确率 $P(j)$；

End

J=argmax$\{P(j)|j=1,\cdots,i|S(i)|\}$；

$S(i+1)=S(i)\backslash F(i,j)$; //从 S 中删除特征 $F(i,j)$

End

17.2.3.2 选择相关特征模块

后向特征消除处理过程会产生一系列特征数量递减的特征集，也可以得到各特征集的预测性能。下一步是选择具有适当数量特征的特征集，其两个目标是最大化预测性能和最小化所选特征的数量。

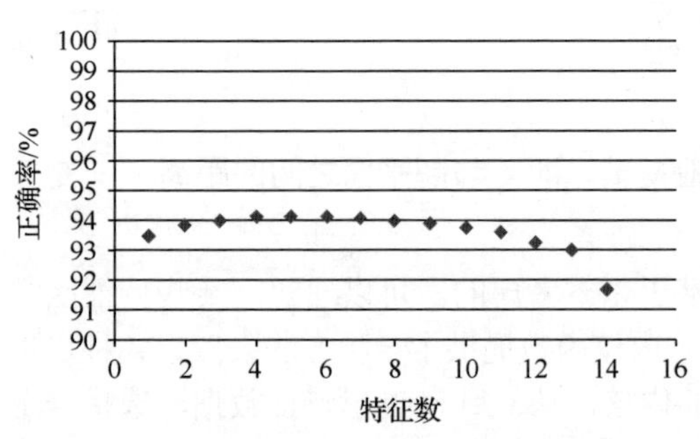

图 17.4　在特征消除过程中预测性能变化的说明

选择过程基于以下考虑。一般情况下，如果消除的特征是不相关的，那么预测结果不会有显著的变化。换句话说，如果没有观察到预测结果的显著下降，则消除过程可以继续进行。但是，如果预测结果显著下降，如图 17.4 所示，则说明最后删除的特征对预测有明显的帮助，因此应该将其保留在最终的特征集中。

性能变化的测试属于一个经过深入研究的称之为“顺序变化点检测”的统计问题[23]。虽然人们提出了许多复杂的算法，但我们采用了格拉布斯的离群点检测方法[24]。我们假设预测性能服从高斯分布①，即$\{p(k)\,|\,k=1,\cdots,n\}\sim N(\mu,\sigma)$，其中 k 是在特征消除过程中特征集的系数，n 是原始特征集中总特征数。在特征消除过程中的一些点，预测结果不再服从高斯分布，最后预测结果是个例外。因此，在特征消除过程的每一步中，都要检验以下假设。

H_0： $p(k)$ 不是一个低值异常值； H_1： $p(k)$ 是一个低值异常值。

相对应的格拉布斯检测统计量可以定义为：

$$G=\frac{\overline{p^{(k-1)}}-p(k)}{s^{(k-1)}} \tag{17.3}$$

式中， $\overline{p^{(k-1)}}$ 以及 $s^{(k-1)}$ 分别是样品均值和直到 k-1 级的预测结果的样品标准差。两者可以分别表示为：

$$\overline{p^{(k-1)}}=\frac{1}{k-1}\sum_{i=1}^{k-1}p(i) \tag{17.4}$$

和

$$s^{(k-1)}=\sqrt{\frac{1}{k-2}\sum_{i=1}^{k-1}[p(i)-\overline{p^{(k-1)}}]^2} \tag{17.5}$$

若 G 大于临界值，则在显著性 a 拒绝原假设：

① 预测结果的准确统计模型是很难建立的。高斯分布是在一个直观事实下的假设，这个事实是只要不排除最相关的特征，预测结果应该是以某个值为中心的。实验结果表明，这一假设在实际应用中是合理的。

$$G > \frac{k-2}{\sqrt{k-1}}\sqrt{\frac{t^2_{\frac{a}{k-1},k-3}}{k-3+t^2_{\frac{a}{k-1},k-3}}} \quad (17.6)$$

式中，$t^2_{\frac{a}{k-1},k-3}$ 是具有 k–3 自由度的 t 分布的上临界值。

17.2.3.3 结果处理模块

即使在机器智能所能达到的最先进水平下，指望机器来解释引起特定故障的根本原因是不现实的。如何解释最终结果还是取决于了解系统物理原理的人类用户。机器可以为用户在这个过程中提供一些帮助。在建议的 AFDA 中，我们首先塑造一个基于已识别的相关特征的分类器，然后在断层彩色编码的相关特征数据图中给出决策边界。此描绘过程可视化了故障是如何与相关特征相关联的。此外，AFDA 以时间序列的形式为个别故障案例提供了相关特征。这些情况让用户深入研究故障案例，而且不会被无关的信息分散注意力。

17.3 案例研究：车载电池用 CVDP

17.3.1 车载电池简介

我们选择了车载电池而不是其他车辆部件作为研究目标，是因为它在车辆运行中起到关键作用。所提出的基于数据的方案和方法可以很容易推广并应用于其他车辆部件。这里使用的车载电池是 12V 的启动照明点火（SLI）电池（以下简称电池）。该电池的主要功能是驱动启动电机、启动发动机、启动车辆。当电池失效时，车辆无法启动。此外，当发动机处于工作状态时，电池会作为发电机的备用电源。当需求超过交流发电机的最大输出时，它为负载供电。当发动机熄灭时，电池是运行时钟和防盗系统等电气附件的唯一电源。

尽管事实上大多数电池都是在 150 多年前就已经发明的铅酸电池，但电池故障是一个长期困扰整个汽车行业的问题。电池主要有两种故障类型：低 SOC 和低 SOH。电池 SOC 用百分比的形式反映电池的充电水平。SOH 根据电池的最大容量或启动功率来评估电池的健康状况。低 SOC 通常是由于某些驾驶情况导致的，如长时间停车、无意识增加的负载（如前照灯在发动机关闭时仍亮着）或充电控制方式不当。低 SOC 通常会导致启动失败。通过充分充电，电池通常可以从低电状态中恢复。

低 SOH 意味着电池由于剩余容量低或启动能力弱而达到其寿命的极限。低 SOH 的电池必须更换，以避免车辆发生故障。多种的电池内部机理可能会导致低 SOH，其中一些机理如下所述。读者可以参考文献[25]来获得更全面的探讨内容。栅极腐蚀是常见的电池故障之一。由于腐蚀，电极栅极被转换成不同结构复杂的铅氧化物，从而导致更高的电阻和活性物质的损失。酸浓度升高、电池温度过高或过充都会增加腐蚀速率，缩短电池寿命。硫化也是一种常见的电池故障。在放电过程中，硫酸铅晶体是在正负板上产生的。在充电过程中，晶体被转换为活性物质。当电池长时间保持在低电状态时，硫酸铅晶体的体积可能会增大到一个可以减缓甚至抑制可逆的电化学反应的大小，这一过程被称为“不可逆硫化”或“硫酸盐化”。硫酸盐会永久性地损害电池的性能。活性物质从电极上脱落是另一种常见的电池故障。由于栅极和硫酸铅之间的体积变化，活性物质会从电极上脱落。脱落会永久降低电池容量，并且脱落可能是由过度循环（即大量充放电）引起的。

为了避免低 SOC 或低 SOH，延长电池寿命，以及降低油耗，许多车辆都配备了电池管理系统（BMS）[4,26-27]。BMS 是一种车载控制系统，可以收集电池电压、电流、温度和其他的车辆信号，估算电池 SOC 和 SOH，并且通过调整充电过程或控制车辆的用电负荷来维持最佳的电池工作点。BMS 的有效性受到很多因素的影响。首先，尽管有很多已经发表的研究工作[28-34]，但由于电池 SOC 或 SOH 指标与电池的使用和工作环境高度相关，在线并不容易估算电池 SOC 或 SOH。不准确的估计会对控制性能产生负面影响，进而可能导致电池处于不利的状态，如低 SOC 和低 SOH。其次，低 SOC 与低 SOH 是相互关联的。长时间保持电池在低电状态下会加速恶化电池 SOH。另外，低 SOH 的电池可能不能充电或保持充电状态，因此很容易陷入低 SOC 的状态。最后，多种不同的显性因素导致电池故障。例如，在驾驶员行为的范畴中，短途旅行可能没有足够的时间给电池充电，这会逐渐导致低 SOC。在环境带来的压力方面，高温加速了腐蚀，因此在炎热气候中行驶的车辆往往会过早地失灵。此外，高端汽车与许多先进的功能通常有高于平均的电流消耗期间点火关闭，这也容易导致低 SOC 的问题。

综上所述，电池故障是一个受多种复杂因素影响的车辆性能问题。

17.3.2 将 AFDA 应用于车辆电池

对于信息抽象子系统，健康评估模块以预先定义的工程术语来评估每辆车的电池系统性能，如电池处于低 SOC 或高 SOC 级别。分析电池状态的统计特性（如平均值和方差），包括 SOC 和 SOH，并将每辆车或每段驾驶期的电池状态标记为好或坏。注意，标记的质量可能会影响系统的性能。评价结果将作为用于特征排序的客观数据或从数据库中选择候选车辆的标准。例如，为了研究电池 SOC 相关问题，直接选择 SOC 通道中的时序数据。每个车辆的低 SOC 或高 SOC 是根据一个驾驶时段的电池状态数据的平均值来分配的。行业专家会确定“低”或“高”的阈值。为了探究低 SOC 和高 SOC 的原因，行业专家还将每个驾驶时段的 SOC 增加和 SOC 减少状态赋值，其中增加或减少是通过比较两个连续驾驶时段的电池状态值得到的。

驾驶员行为分析模块是根据驾驶员的驾驶行为特征来表征驾驶员的行为。表 17.1 列出了一些由行业专家预先定义的原始数据信道示例和相应的驾驶行为特征。例如，如果驾驶员不经常使用车辆，可以从数据中观察到发动机不工作时间的平均值很高。因此，这个司机的行为可以被描述为“长时间停车”，而用相应的数据信号“发动机工作活跃程度”来量化这种行为。类似地，可以识别每个驾驶员的其他行为，如“大量使用本地交通”和“加速和刹车的次数高于平均水平”。

表 17.1　原始数据信道示例和相应的驾驶行为特征

原始数据信道示例	特　征	驾驶行为的特征
在工作的发动机	总的不工作时间	峰值时间
在工作的发动机	总的工作时间	旅行时间
刹车	频率	当地交通的驾驶情况
车速	正导数均值	加速
车速	负导数均值	减速
引擎的转矩	在引擎工作期间的平均值	汽车负载
倾角计	绝对值均值	道路坡度
电池电压	平均值	电负载使用
里程表	一段旅途的最大值-最小值	旅途路程

系统评估模块监视 BMS 的诊断和控制模式的输出值，以确定是否发生了 BMS 故障。例如，在实验车辆中使用了两种 SOC 估计方法。计算两者之间的差异作为 SOC 估计故障的特征。特别是，当用第一种方法测量电池电压时，引擎是不工作的。由于静态电流很小，所以该电压可以认为是电池开路电压（OCV）。联合预校准的 SOC-OCV-温度表（缩写为 OCV 表），可以估算电池 SOC（表示为SOC_{ocv}）。该方法相对准确，可以作为 SOC 估算的依据。而该方法的缺点是，当发动机处于工作状态时，不能估计 SOC，这是因为电池在一个闭环电路内。因此，其不能用于电池的充电控制。电池 SOC 估计的第二种方法是集成了电池电流的库仑计数或安培小时计数[35]。也就是说：

$$SOC_{intergration} = SOC_0 + \frac{\eta}{C_R}\int_{t_0}^{t} I\mathrm{d}t \tag{17.7}$$

式中，C_R 是电池额定电容；η 是充电或用电的效率；I 是电池电流；SOC_0 是初始SOC；t_0 是初始时间。该方法可用于发动机处于工作状态时的电池充电控制。该方法的缺点是积分可能会随着时间积累误差，降低估计精度。

类似地，还可以生成其他与 BMS 异常相关的特征，在表 17.2 中列出了一些例子。该表是由行业专家预先定义的，可以根据需要进行裁剪。

表 17.2 对车辆电池诊断的 BMS 评估特征

原始数据信道	特　征	BMS 异常
电池充电电压	1，如果电压高	电池充电故障（充电过度）
电池开路电压	1，如果 OCV 在熄火后快速减少	存在不在计划内的不工作的负载
SOC	两种估计方法的区别	SOC 估计错误

17.3.3 实验结果

在通用汽车内部项目中，AFDA 框架和算法已应用于数据收集。实验数据集包含了 24 辆雪佛兰探界者车辆的数据，这些车辆是在大约两年的时间里，由选定的零售客户驾驶的。为了多样化，这些车辆被分配到美国不同的地点和不同的车主，他们的年龄从 30 岁到 70 岁不等。

车辆数据是通过装载在每一辆车上，一个可以连接到控制器局域网（CAN）总线的数据记录器收集的，包括车速、发动机转速、电池电压、电池电流、温度和车灯工作情况等 76 个数据被传输记录。在数据记录器中，时间序列数据被转换成时间历史（CTH）格式，并存储在一个安全数字（Secure Digital，SD）卡中。每 100 天左右，一个新的 SD 卡被送给每个客户。客户更换车上的 SD 卡并将存满数据的旧 SD 卡送回数据中心。所有数据都导入到 MySQL 中，它是一个开源的关系数据库管理系统。在两年的时间里，受试车组以 CTH 格式积累了大约 50GB 的数据，有超过 2.4 万亿条记录。数据样本如图 17.5 所示。

实验的时间序列数据示例包含了内布拉斯加州一辆汽车的 SOC、电压、温度和电流的数据。SOC、电压、温度和电流的单位是%、V、℃和 A。

在这个案例研究中，我们对导致电池低 SOC 的根本原因感兴趣。为此，将 24 辆车的时间序列数据划分为 10469 个行驶时段，在剔除一些由于明显的记录错误而产生的异常值之后，每个时段对应一个“SOC 下降”或一个“SOC 不下降”的状态。每段驾驶时间从一天到一周不等。

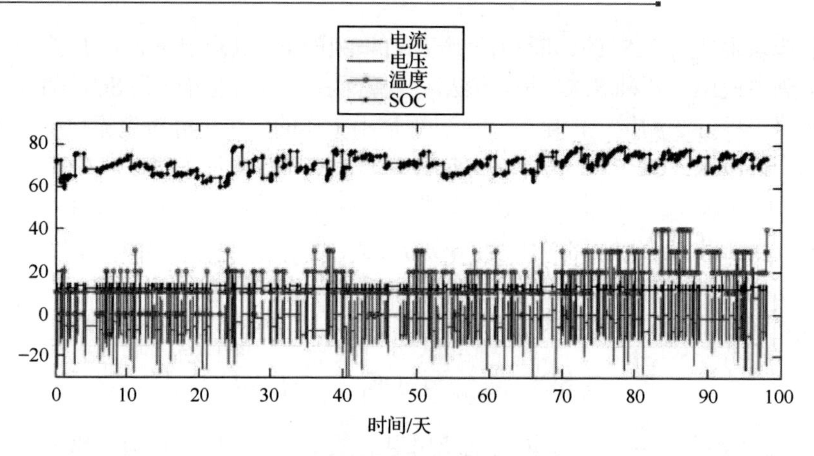

图 17.5　数据样本

17.3.3.1　信息抽象

我们选择了 6 个可能与 SOC 变化相关的数据通道进行后续研究。它们分别是电池 SOC、电压、电流、环境空气温度、发动机工作状态和制动状态。选择的数据通道生成 14 个特征，如表 17.3 所示。其中，前 5 个是与驾驶员行为相关的，后 2 个是与 BMS 异常相关的，其余是补充的特征。例如，发动机的工作时间（特征 4）和发动机的非工作时间（特征 5）直接表征了驾驶员的驾驶行为，属于“驾驶员行为相关”的范畴。特征 12 是特征 4 与特征 5 的比值，特征 5 没有单位，属于补充特征类。所有特征数据归一化为[0,1]。数据集共有 10469 个数据点，每个数据点都有 14 个特征以及“SOC 减少”或“SOC 不减少”的标签。

表 17.3　通过电池 SOC 案例研究得出的特征

特 征 系 数	特 征 名 称	特征所属的范畴
1	电压均值（使用用电负载）	
2	温度均值（驾驶环境温度）	
3	刹车频率（当地/高速公路交通）	与驾驶员行为相关
4	发动机的工作时间（车途时长）	
5	发动机的非工作时间（停车时长）	
6	SOC 估计误差（$SOC_{OCV}-SOC_{intergration}$）	BMS 异常相关
7	电池充电故障	
8	电压变化	
9	电流均值	
10	电流变化	
11	温度变化	
12	发动机的工作时间与非工作时间之比	补充特征
13	刹车方式的变化	
14	刹车频率的均值	

17.3.3.2　特征排序

采用 17.2.3.1 节所述的基于核 SVM 的特征排序方法对 14 个特征进行排序①。在比较了不同

① 内核支持向量机方法的部分代码来自 Deng，C.（2010）。

的内核之后，我们选择了径向基函数（RBF）：

$$K(x_i,x_j)=\boldsymbol{\phi}^{\mathrm{T}}(x_i)\boldsymbol{\phi}(x_j)=\mathrm{e}^{-\gamma\|x_i-x_j\|^2} \tag{17.8}$$

当内核参数$\gamma=1$时，SVM 成本参数$C=100$。

采用 10 倍交叉验证过程。我们将所有 10469 个数据点分成 10 组。对于每个排序过程，我们使用 9 个数据集作为训练数据集，一个数据集作为测试数据集。重复排序 10 次后，平均预测精度如表 17.4 所示，其中每一列对应在第 17.2.3.1 节所述的后向特征消除的特征排序方法中的一轮评估。在每一轮评估后，一个特征被消除。预测精度定义为：

$$P=\frac{n_{\text{corr}}}{n_{\text{total}}}\times 100\% \tag{17.9}$$

式中，n_{corr}是经过训练的内核支持向量机正确分类的数据个数；n_{total}是测试模块中的总数据量。

表 17.4 基于内核支持向量机特征排序方法的预测精度（第一次迭代）

循环次数	1	2	3	4	5	6	7	8	9	10	11	12	13	14
平均预测精度/%	93.4	93.8	94.0	94.1	94.2	94.1	94.1	94.0	93.9	93.8	93.6	93.3	93.0	91.7
G 统计量	n/a	n/a	n/a	−0.89	−0.95	−0.57	−0.52	−0.15	0.23	0.60	1.27	1.92	2.16	2.94
临界值	n/a	n/a	n/a	1.15	1.46	1.67	1.82	1.94	2.03	2.11	2.18	2.23	2.29	2.33

所有特征数据的第一次迭代。

表 17.4 还给出了预测性能的 *G* 统计量和 5%显著水平下的临界值，如 17.2.3.2 节所述。这表明在消除过程中第 14 轮拒绝了原假设。因此，所选的特征集应该包括最后两轮评估中剩下的特征。图 17.6（a）是这些特征的直方图，从该图中我们可以清楚地看到，主要的特征是特征 6 和特征 4。根据表 17.3，我们知道这些特征是 SOC 估计误差和发动机的工作时间，我们可以得出结论，这些特征与 SOC 的变化最相关。

为了确定其他特征是否相关，我们再次对除了特征 6 和特征 4 进行了排序。与第一次迭代相似，表 17.5 给出了第二次迭代的平均预测精度、*G* 统计量和临界值。这一次，在第 12 轮中拒绝原假设，最后两个特征应该包含在选择的特征集中。图 17.6（b）给出了这些特征的直方图，从该图中可以看出特征 12 是主要的。特性 1、5、8 在图 17.6（b）中并列第二。仔细观察特征消除序列可以发现，特征 5 比特征 1 和特征 8 更容易在最后一轮消除中保留下来。因此，将特征 5 与特征 12 一起提交到相关的特征集。

排除特征 4、5、6、12 后进行第三次迭代，结果如表 17.6 所示。由于平均预测精度下降到 60%左右，因此所提出的框架认为剩余的特征与 SOC 变化并不密切相关。

作为比较，我们还应用了 17.2.3.1 节中讨论的“滤波法”特征排序。采用多元降维的方法，包括主成分分析（PCA）、核主成分分析（kPCA）[36]、线性判别分析（LDA）[37-39]、局部保持映射（LPP）[40]、监督局部保持映射（SLPP）[41]①。注意，除了 kPCA 外，每个“滤波法”识别的最相关的特征是原始特征的线性组合。根据线性组合中的权重，我们可以对原始特征的贡献度进行排序，并将排序结果与所提出的特征排序方法的排序结果进行比较。图 17.6（c）至（f）是“滤波法”确定的最相关的特征。可以看出，它们与基于内核支持向量机的特征选择方法所选择的特征不同，如图 17.6（a）、（b）所示。

图 17.6 中，（a）内核支持向量机封装器方法，第一次迭代；（b）内核支持向量机封装器方法，第二次迭代，排除特征 4 和特征 6，基于 10 次交叉验证的高排名特征的直方图；（c）LDA

① 降维技术的部分代码来自张志忠和林志仁（2010），“LIBSVM”。

方法；（d）PCA 方法；（e）SLPP 方法；（f）LPP 方法。

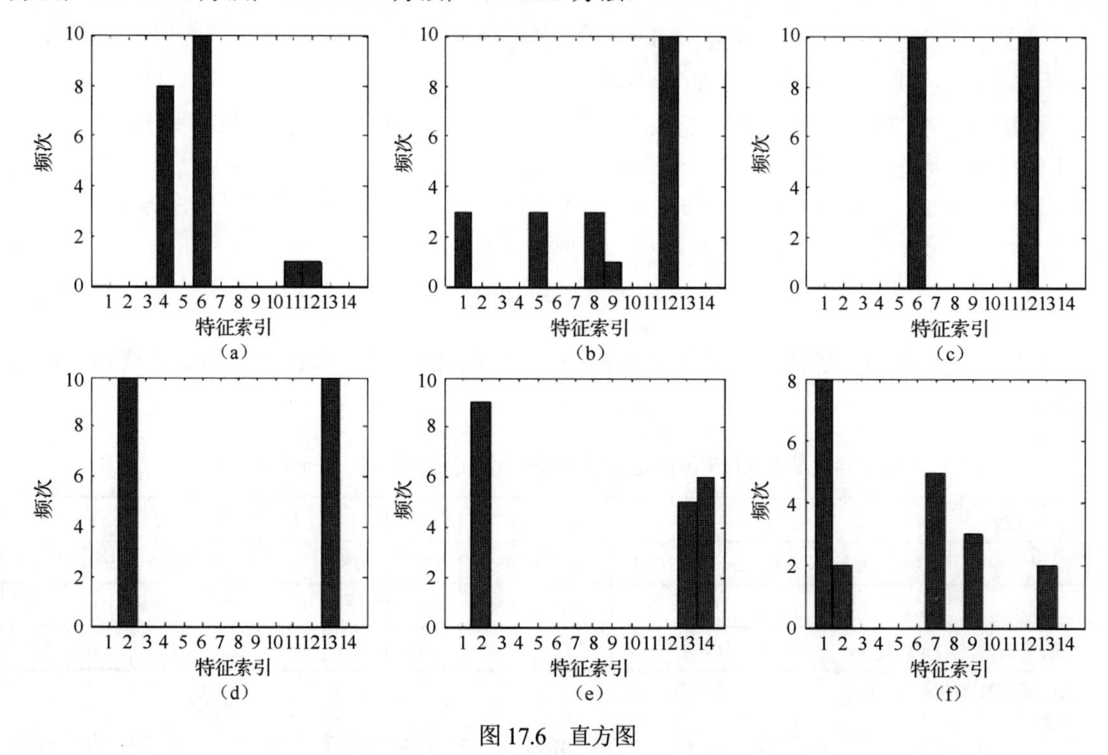

图 17.6 直方图

表 17.5 基于内核支持向量机特征排序方法的预测精度（第二次迭代）

循环次数	1	2	3	4	5	6	7	8	9	10	11	12
平均预测精度/%	71.5	72.8	73.6	74.1	74.3	74.4	74.4	73.9	73.6	72.8	71.7	67.8
G 统计量	n/a	n/a	n/a	−0.97	−0.91	−0.85	−0.75	−0.27	−0.02	−0.80	1.61	2.7
临界值	n/a	n/a	n/a	1.15	1.46	1.67	1.82	1.94	2.03	2.11	2.18	2.23

排除特征 4 和特征 6 的第二次迭代。

表 17.6 基于内核支持向量机征特征排序方法的预测精度（第三次迭代）

循环次数	1	2	3	4	5	6	7	8	9	10
平均预测精度/%	61.4	61.9	62.0	61.9	61.9	61.6	61.4	61.0	60.4	59.9

排除特征 4、5、6、12 后的第三次迭代。

为了比较识别不同特征的预测能力，我们通过使用“滤波法”识别出来的主要特征，经过 10 倍交叉验证过程对内核支持向量机分类器进行了训练和测试，结果见表 17.7。除了 LDA 也将特征 6 识别为主要相关的特征外，使用基于内核支持向量机特征排序方法选择的主要特征的预测精度要远远低于使用特征 6 的预测精度（表 17.4 最后一列）。换句话说，被“滤波法”排序较高的特征具有较弱的预测能力，因此不可取。造成这种差异的原因是 PCA/kPCA 寻求的是最大的方差方向，LPP/SLPP 寻求的是保持局部性的内在流形，两者都没有将分类性能作为选择特征的标准。由于 LDA 是一种监督式学习方法，并在降维过程中融合了分类性能，因此 LDA 的预测结果与使用基于内核支持向量机的“封装器”方法得到的预测结果几乎相同。然而，由于其线性映射特性，LDA 在处理非线性决策边界时会有困难。

表 17.7 “滤波法”的精度 单位：%

	PCA	kPCA	LDA	LPP	SLPP
1 倍	64.5	64.5	92.8	64.4	64.5
2 倍	64.6	64.6	91.8	64.6	64.6
3 倍	55.1	55.1	91.8	55.1	55.4
4 倍	53.3	53.3	91.4	53.3	53.3
5 倍	55.7	55.7	88.5	55.7	55.9
6 倍	64.5	64.3	92.5	64.5	64.5
7 倍	57.2	57.2	90.7	57.2	57.2
8 倍	57.4	57.4	93	57.4	57.4
9 倍	59.1	59.1	90.9	59.1	59.1
10 倍	59.6	59.6	91.7	59.6	59.6
平均值	59.1	59.1	91.5	59.1	59.1
标准差	4.17	4.14	1.30	4.16	4.12

17.3.3.3 结果的解释

前面的步骤产生两组相关的特性集。第一组包括特征 4（发动机的工作时间）和特征 6（SOC 估计误差）。第二组包括特征 5（发动机的非工作时间）和特征 12（发动机的工作时间与非工作时间之比）。可以看出，特征 4、5、12 密切相关，然而特征 6 属于 BMS 异常相关范畴，如表 17.3 所示。

回顾第一次迭代的特征消除过程的结果表明，在每次验证测试中，特征 6 都能通过整个消除过程，仅该特征的平均预测精度就达到了 91.7%。因此，特征 6 是迄今为止最相关的功能。首先对特征 6 进行进一步分析，如下所述。

利用特征 6 进行内核支持向量机的分类后，分类结果如图 17.7 所示，表明当归一化的 SOC 估计误差较大时，SOC 有增大的趋势。注意，对于归一化的 SOC 估计误差，低值表示 SOC 估计误差为负，高值表示 SOC 估计误差为正。因此，对图 17.7 的直观解释是，当 SOC 估计误差为负时，SOC 趋于减小，反之亦然。

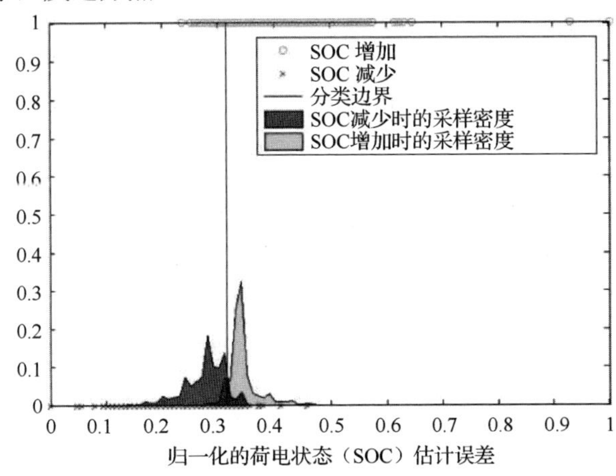

图 17.7 采用内核支持向量机类函数作为分类器，特征 6 作为输入特征的所有数据样本的分类结果（y 轴表示 SOC 的样品密度）

SOC 估计误差与 SOC 变化之间的因果关系可以进一步描述为： 一般来说，BMS 试图将电池 SOC 维持在最佳水平。在 SOC 非常低的情况下，电池的健康将受到负面影响，如 17.3.1 节所述。在 SOC 非常高的情况下，电池的充电效率会降低，因此不应该为了提高车辆的燃油经济性而对电池进行进一步充电。最优充电方式是在电池 SOC 估计的基础上改变发电机输出电压，而不是改变车载 BMS 所不知道的电池实际的 SOC。如果电池 SOC 估计过高，则会降低发电机的输出电压以避免电池充电，反之亦然。电池负 SOC 估计是指估计的 SOC 高于实际的 SOC。根据它的电压幅度，BMS 往往会避免电池充电，这最终会导致电池 SOC 下降。

通过以下实验数据的例子可以验证以上的解释。图 17.8 显示了一段实验数据，其中开始时真实的 SOC（基于 OCV 的 SOC_{OCV}）相对较低，约为 70%，SOC 估计误差定义为 $SOC_{OCV} - SOC_{intergration}$，相对较小（<5%）。该图放大后显示，为了增加电池 SOC，BMS 控制器大部分时间在输出高电压（14V）。如图 17.8 所示，在这部分接近尾声时，SOC 确实增加到了一个足够高的水平。这是一个期待可以控制的行为。图 17.9 显示了另一段实验数据，其中开始时的真实 SOC 相对较高，约为 90%。由于 SOC 估计误差在开始时很小，所以真实 SOC 与估计 SOC（基于集成的$SOC_{intergration}$）之间的差异很小。所以，估计的 SOC 也是高的。随着时间的流逝，估计的 SOC 仍然很高，因此 BMS 继续命令发电机输出降低的电压，如图 17.9 中的放大图所示。因此，真实的 SOC 降低到一个较低的水平是在结束部分的时刻。需要注意的是，在本例中，估计的 SOC 与末尾的真实 SOC 之间存在显著的差异，这意味着估计误差随着时间的推移而增加。如果估计误差较小，则 BMS 将更好地控制发电机，以避免电池 SOC 降低到如此低的水平。

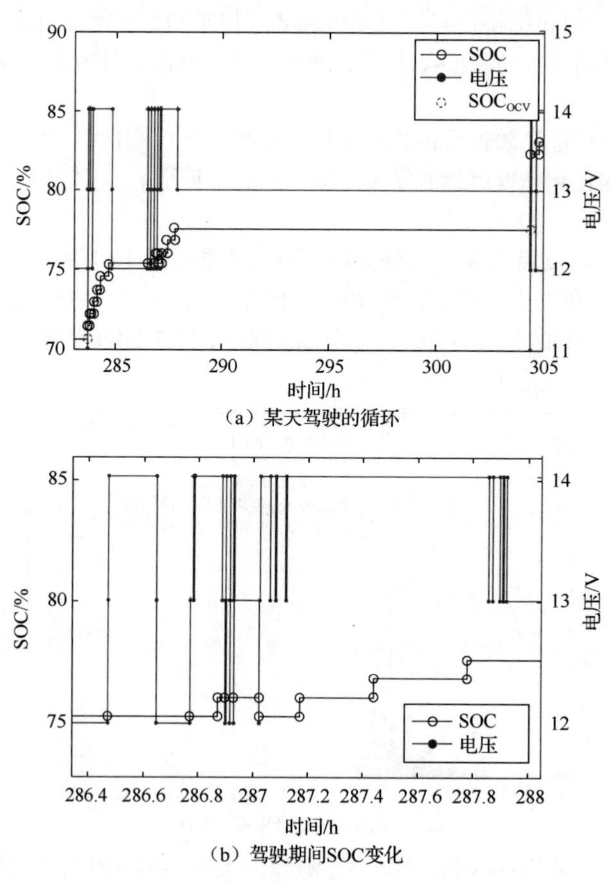

图 17.8　SOC 正确估计的实验数据

应用基于内核支持向量机的分类方法对特征 4、特征 5 和特征 12 进行分析，我们将重点放在被特征 6 误分类的 10%的数据上。图 17.10 为特征 4（发动机工作时间）和特征 5（发动机非工作间）平面上投影的数据点和决策边界，以及样本密度函数。可以看出，当发动机非工作时间相对较短时，决策边界的曲线几乎垂直于发动机活动时间轴。这意味着在发动机非活动时间相对较短的情况下，发动机的活动时间占主导地位。具体地说，发动机的工作时间越长，发电机充电的时间越长，电池的 SOC 越好，而发动机的工作时间越短，电池的 SOC 越低。这与研究这方面专题的专家的想法一致，长途旅行往往会给电池充电，而短途旅行则会由于发动机的转动和关机的负荷（如收音机、冷却剂风扇等）而剥夺电池充电的机会。

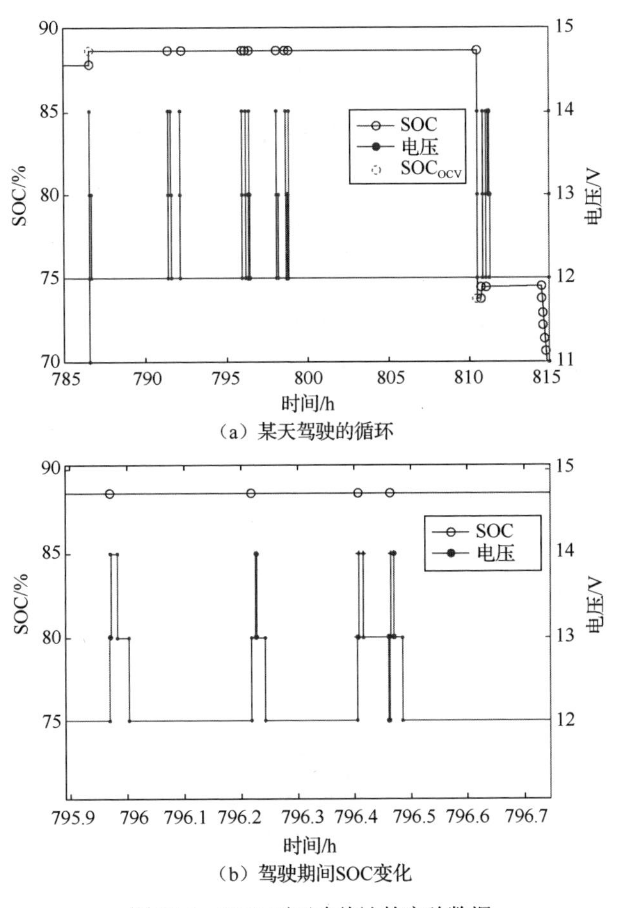

（a）某天驾驶的循环

（b）驾驶期间SOC变化

图 17.9 SOC 不正确估计的实验数据

图 17.10 还显示，随着发动机非工作时间的增加，决策边界的曲线几乎垂直于发动机失活时间轴。这意味着两件事。第一，发动机不工作的时间越长，电池的 SOC 越低，这也是与研究这方面专题的专家的认识相一致的，即静止负载会在较长的停车时间内放电。第二，发动机非工作时间越长，非工作时间对 SOC 变化的影响越明显。

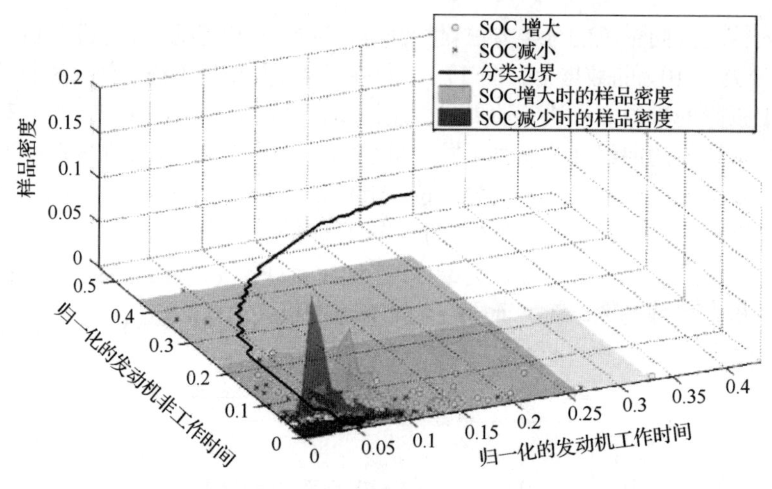

图 17.10　在特征 4 和特征 5 上对所有基于内核支持向量机（kernel-SVM）的方法的数据样本分类结果

17.4 总结

针对复杂的汽车系统，本章提出了一种现场数据自动分析框架和相关算法。该框架已成功地应用于 BMS，并利用 24 辆车两年内的数据进行了验证，而且通过交叉验证来保证预测结果的稳定性。有趣的是，该框架发现的导致故障的根本原因与电池行业专家多年经验积累的知识是一致的。虽然这证明了所提框架的有效性，但需要指出的是，所提框架能够自动高效地得出导致故障的根本原因。这一优势对汽车制造业尤为重要，因为在汽车制造业中，随着系统复杂性的增加，新的汽车子系统会被迅速引入。

应当指出，所提框架是一个一般性的框架。目前正在进行研究，以将所提框架扩展到分析导致其他车辆子系统故障的根本原因。这些研究的结果将进一步评价所提框架的灵敏性。

原著参考文献

第18章

PHM 在商业航空公司中的作用

Rhonda Walthall[1]，Ravi Rajamani[2]
1 美国北卡罗来纳州夏洛特联合技术航空系统公司
2 美国 drR^{2}咨询有限责任公司

故障预测与系统健康管理（PHM）在商业航空公司的应用起源于定期维护的发展，用于提高飞机的可用性、降低维护成本和提高操作安全性。PHM 最先在飞机的发动机上实现。随着技术的进步，容量越来越大，传感器也越来越多，机载数据存储变得越来越廉价，使得 PHM 能够逐渐扩展应用到整个飞机的其他部件上。通常在降低维护成本和提高飞机可用性方面，商业航空公司作为终端用户从 PHM 应用中受益最大，但其他利益相关方，如飞机制造商、引擎制造商、系统和部件供应商，以及维护、修理、大修（MRO）机构，也将 PHM 视为能增加收入的潜在方式。这种利益相关方的分立局面导致了相互之间的竞争，在数据权限和数据访问上产生了分歧，因而拖缓了 PHM 发展的进程。本章主要讨论航空维修的发展历程、各利益相关方对 PHM 的期望，以及 PHM 的部署和应用。

18.1 航空维修的发展历程

航空维修的发展可以追溯到工业时代之前，那时人类创造了工具，然后学会在工具出现故障时修理它们，而不是用新工具替换它们。随着飞机等复杂机械的引入，这些机械需要安装安全装置来避免灾难性故障，这便使得清洁和润滑等基本维护成为常态。如果许多飞机部件同时维修或检修，则不仅造成飞机停机时间过长，而且造成过度维修的不良后果。

在航空业发展早期，飞行员和飞机拥有者凭借自己的个人知识和经验来维护他们的飞机，很少使用分析方法来确定应以何种频率执行何种维护。随着航空业发展成为一个以运送乘客为商业目的的行业，对维护常规化的需求变得显而易见。每个航空公司开发了自己的维护程序来对他们的机群提供支持。这样的维护程序因航空公司而异，也因机修工人而异，缺乏一致性，造成的后果是，因维护不当导致的飞机事故数量很多。在 20 世纪 60 年代，21%的致命事故都是由于维护不当造成的[1]。

随着越来越多的商业航空公司投入服务，对满足维护要求的常规操作需求愈发明显，提供可靠和安全的飞机成为头等大事。波音公司和道格拉斯公司等飞机制造商开始为 B707 和 DC-8 等大型运输机开展定期预防性维修。这种预防性维修给飞机部件带来了严格的时间限制，要求在达到特定的阈值（如飞行周期或飞行时间）时拆除和检修所有部件[2]。这种预防性维修的做法，造成航空公司过高的成本，然而这并不能保证飞机变得更安全、更可靠。Nowlan 的研究发现[3]，许多部件出现故障的概率并不会随着使用年限的增长而增加，因此，大多数的定期维修对提高飞机的可靠性没有影响。

747-100 是为了满足增加长途旅行载客量的需求而生产的。这种“巨型喷气式客机”比现有的飞机大得多，也更复杂，这使得波音公司要在飞机投入服役之前，寻求更可靠和经济可行的维护程序。1968 年，美国联邦航空管理局（FAA）成立了一个工作组，专门制定 747-100 飞机的维护程序，工作组成员包括美国航空运输协会（ATA），各大航空公司诸如美国联合航空公司、波音公司以及供应商。维护程序的雏形是由美国联合航空公司的一项技术衍生而来的，并记录在《维修评审和大纲制定》手册中，该手册后来被称为 MSG-1[2]。维护程序包括确保操作安全和识别隐藏功能故障的过程。这些过程包括根据严格的时间限制在指定的时间间隔内执行的特定维护任务，以及在条件检查表明部件或系统已经超过指定的物理标准时执行的任务。

1970 年，美国联邦航空管理局成立了一个新的工作组来更新 MSG-1 文件中的工序，包括要加入对 L-1011 和 DC-10 飞机的维修操作。新成立的工作组 MSG-2 编写了一份题为《航空公司/制造商维修大纲》的指导文件。MSG-2 的目标是制定新的工序以确保这些飞机能够以最低的成本达到最高的安全性和可靠性。该文件除了包括硬性时间限制和视情维修检查，还引入了可以利用这些飞机运行数据的状态监测任务。只有当数据表明存在故障情况时才执行状态监测任务。虽然这还不是预防性维修，但它后来被称为发动机状态监测（ECM）或发动机健康监测（EHM）的雏形，最终演变为 PHM。MSG-2 中工序的缺点是它遵循了一种自下而上的方法，即在组件级执行任务。组件级的任务跟踪使 MSG-2 中的工序无以为继[2]，因此它的确不是一种经济的维护方法。

1979 年，MSG-3 工作组成立，为下一代飞机（包括 B757 和 B767）制定维修程序。维护方法改为自上而下的方法，在这种方法中，维护任务是在系统级层面进行评估的，而不是在组件级层面（如 MSG-2 中的工序）。因此，在系统级层面上，如果系统的功能故障对运行安全没有影响，且经济影响很小，则不进行定期维修。这种更智能的维修方法的结果是，维修任务更少，飞机的安全性和可靠性更高。MSG-3 编写的指导文件名为《操作人员/制造商定期维修大纲》。维护工序包括硬性时间限制、视情检查和区域检查。1988 年阿罗哈航空公司 243 次航班事故发生后，美国联邦航空管理局要求所有航空公司在其 MSG-3 工序中纳入腐蚀预防和控制程序（CPCP）。

图 18.1 展示了商业航空公司维修任务从 MSG-1 到 MSG-3 的发展历程。当前，MSG-3 方法是适航当局唯一认可的维修方法，在美国联邦航空管理局关于商用飞机的 121-22A 咨询通告中有明确规定[2]。所有商业航空公司都必须有一个持续分析和监视（CASS）程序，其中包括一个经批准的连续适航性维修程序（CAMP）。

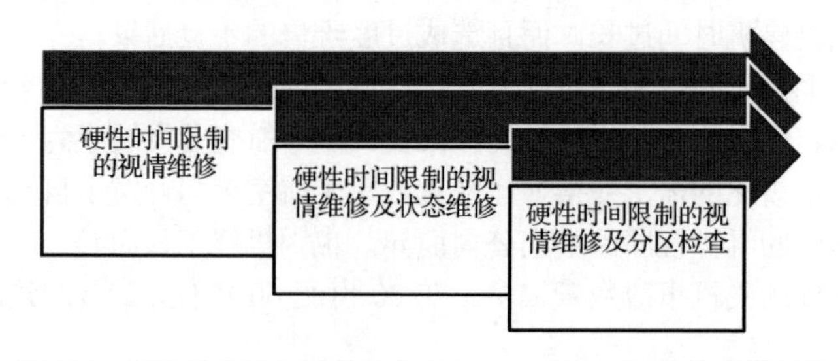

图 18.1　商业航空公司维修任务从 MSG-1 到 MSG-3 的发展历程

航空维修的下一步发展方向是预测性维修，即当来自部件或系统的数据表明故障情况迫在眉睫时，执行维修任务，目标是能在部件或系统损坏达到规定水平或其故障风险不可被接受的时间点之前执行维修，以满足各相关利益方的需求。估计维修的最佳时间点称为剩余使用寿命（RUL）预测，PHM 的目标是细化 RUL 估计以满足各自利益相关者的需求。

航空维修的下一个发展方向是规范性维修，这将通过使用“大数据”和物联网（IoT）成为可能。通过规范性维修，飞机将成为维修任务的源头，并且会在需要维修时通知维修人员和操作人员。商业航空公司的维修规划系统和物流规划系统将因此被整合，使指定的维修任务能够在基于安全和经济考虑的最佳时间执行。飞机将自动订购零部件，供应链和资产管理系统及时将零部件交付到指定的维修站。

图 18.2 展示了与 PHM 相关的飞机维修发展历程。预防性维修是指在组件发生故障之前或从传感器数据中检测到组件即将发生故障或有退化趋势时，移除和更换组件。复杂的数据采集系统能够记录、存储和传输大量的传感器数据以提供支持。预测性维修是指，在用于监测传感器数据的分析表明即将发生部件故障时，移除和更换组件。复杂分析被用于检测组件的早期故障和预测 RUL。更智能的传感器，如“智能传感器”和支持 PHM 的组件，能够使维修不仅是预防性的而且是具有预测性的。规范性维修是指根据 RUL 预测、库存可用性和航空公司运营情况，在最佳时间拆卸和更换部件。大数据和物联网的应用，将使飞机和部件的数据能够与维修规划系统和物流规划系统集成，从而计算出最经济、最安全的维修方式和时机。

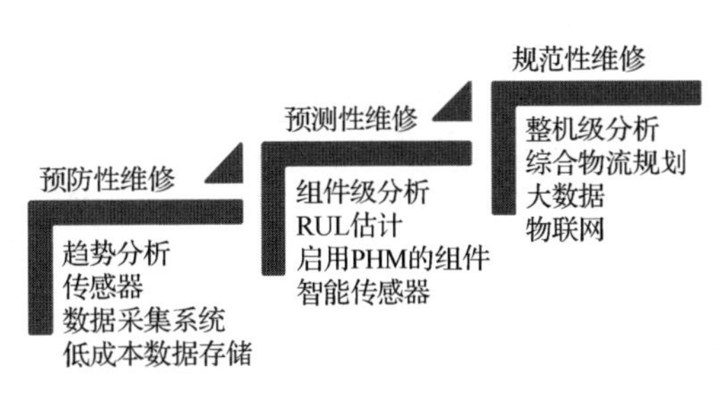

图 18.2 与 PHM 相关的飞机维修发展历程

18.2 各利益相关方对 PHM 的期望

不同利益相关方对商业航空公司 PHM 的期望是不同的。利益相关方包括乘客、航空公司/运营商/飞机所有者、飞机制造商、发动机制造商、系统和部件供应商以及 MRO 机构。以下各小节描述了每个利益相关方的不同期望。

18.2.1 乘客的期望

虽然乘客可能还不了解 PHM，但每个乘客都希望能顺利到达机场、顺利登机、准时出发、准时或提前到达，并能顺利取回行李并离开机场。乘客希望支付一个合理的价格，并被视为尊贵的客户。虽然乘客能预计到偶尔的天气会导致航班的延误，但当延误是由机械故障或机组人员失误引起时，他们会感到沮丧或害怕。理想情况下，PHM 的目标是消除所有可以被预测或被预防的机械故障。PHM 应在机械故障发生前提供足够的可靠信息，以便航空公司能够安排必要的维修，从而避免服务中断。

18.2.2 航空公司/运营商/飞机所有者的期望

航空公司/运营商/飞机所有者的期望基本上使用 PHM 来创造收入、提高安全性和可用性，并降低成本。在美国，商业航空公司的收益率一直比国内企业低得多。根据美国航空协会（A4A，以前是 ATA）的调查，从 1970 年到 1990 年，航空公司的收益率徘徊在+5%。到 2000 年，航空公司的收益率达到 10%，但在 2007 年的经济衰退中急剧下降到-25%。同期，企业效益保持在 10%～15%之间，在 2007 年经济衰退期间达到 18%左右的峰值。到 2016 年，两者的收益率差距开始缩小，航空公司的收益率达到 12.8%，而企业效益为 15.8%[4]。

航空公司收益率的增加有几个原因，包括：燃料费用降低；旧的、低效的飞机退役；引进更新的、高效的、高产的飞机；维修成本降低；员工花销和债务的重组。

PHM 能够提高乘客满意度，以此创造收入，从而达成这三个期望中的第一个。因为飞机更准时地到达和离开，以及出色的安全性和运营记录，客户满意度会很高。飞机随时可供调度（即没有任何机械故障阻止其投入使用），将有助于确保达到准时起飞的目标。一次顺利的航空旅行体验，期间没有发生服务中断或飞行事故（如发动机起火或机舱内冒烟），总会给客户带来愉快的体验。如果满足了乘客的期望，甚至超过乘客的期望，他们更有可能成为回头客。

PHM 可以提高航空旅途的安全性，旨在实现零事故，从而达成这三个期望中的第二个。尽管飞机和航空本质上是安全的，但 PHM 仍能通过在飞机投入使用前预测、预防部件和系统故障，来提高飞机的安全性。PHM 能够在故障发生之前准确地感知故障，从而在故障风险不可接受时执行纠正性维修措施。例如，发动机健康管理（EHM）程序是 PHM 应用最广泛的地方，已经被日常检验证明能够在发动机发生故障之前预测和预防其故障，从而避免起飞中断、飞行中的发动机停机、无法控制的故障和飞行中改道。一个合理的推断是，如果 PHM 能被很好应用，则应该可以阻止多次飞机失事，以及乘客和机组人员的生命损失。出于同样的考虑，EHM 技术应可以阻止 1993 年在爱荷华州苏城的美国联合航空公司 232 航班上因不受控的发动机故障造成的液压和飞行控制系统瘫痪。PHM 也应该可以检测到导致 1996 年在纽约长岛的 TWA 800 航班失火和 1998 年在新斯科舍的瑞士 111 航班失火的电线老化故障。无损检测（NDT）是一种在维修设施中，检查结构材料以暴露其中可能导致运行期间故障的方法，与无损检测不同，结构健康管理（SHM）是一种在飞行期间连续监测结构以检测结构故障的方法。如果在飞机上安装了这样一个系统，就可以阻止 1988 年阿洛哈航空公司 243 航班因机身疲劳失效导致的空难。由于航空事故引起全世界的关注，航空公司迫切需要任何能提高安全性和降低事故风险的技术。欧盟委员会的“Flightpath 2050”计划的目标是让每 1000 万次商业航空航班中发生的事故少于一次。PHM 可能是确保实现该目标的唯一手段。

PHM 可以通过降低维护成本、减少航班延误或取消，以及降低运营费用来降低飞机所有者的成本，从而达成这三个期望中的第三个。有许多不同的方法可以用来降低维护成本。

- 通过使用 PHM 来确定故障的确切原因，以减少故障排除的时间和成本，从而减少未发现故障（NFF）事件和不必要的部件拆卸。
- 通过使用 PHM 识别即将发生的故障，在飞机不需要运行时，规划和安排其到维修站进行维修，来降低飞机停用时（特别是当其在远程站时）产生的规划外维修成本。
- 通过使用 PHM 预测不健康组件的老化状态，降低当另一个组件发生故障时对健康组件造成的二次或间接损坏的成本。二次损坏的一个例子是，当发动机螺旋桨叶片发生故障时，会从发动机中射出碎片，从而对其他叶片造成相当大的损坏。
- 通过使用 PHM 获得“维修积分”，“维修积分”允许运营商延长基于时间的维修活动，延长某些特定部件之间大修的时间间隔，并根据实际使用情况（而不是硬性时限）更改其维修程序，从而降低定期维修任务的成本。
- 为了减少诸如航班延迟、取消、中止和中途回程等服务中断所带来的成本，可以使用 PHM 来预测可能导致这些事件的故障条件。
- 通过使用 PHM 量化在硬着陆、结构过载事件和鸟撞击时手动飞行限制导致的偏差，降低不必要维护的成本。如果没有 PHM，飞机则可能会因检查和维修时间延长而停用。
- 通过使用 PHM 确保飞机配置正确且符合适航要求，以降低监管罚款所带来的成本。

PHM 对降低航班延误和取消的次数有直接影响。根据美国联邦航空管理局空中交通组织的数据[5]，2016 年美国所有航空公司延误和取消航班的总成本为 251 亿美元。其中，航空公司的成本为 70 亿美元，用于增加机组人员、燃料和维修费用。乘客因失去航班时间表缓冲、错过转机、航班延误和航班取消而损失 132 亿美元。对于选择不乘飞机旅行的乘客来说，需求损失的成

本为 17 亿美元。间接成本为 32 亿美元，主要损失是生产力下降。A4A 时交通统计局的分析显示，2016 年 46%的航班延误和取消是航空公司可控制的（维修和机组人员问题、飞机清洁、行李装载和加油）。因此，仅在 2016 年，本来可以避免的延误和取消的总成本就高达 115 亿美元。如果当时使用 PHM 技术，进一步分析还可以找出更多本可以预防的特定事件。先前的估计表明，高达 25%的服务中断是可预测的，70%的机械延误和取消是由线路可更换单元（LRU）故障引起的。如果将这些数字扩展到全球的机群，成本规避的潜力是惊人的。因此，大多数 PHM 服务都是围绕着减少航班延误和取消而提供的。

PHM 可以直接降低燃料和机组人员费用等运营成本。虽然许多国内航线可能受到空域管制的限制，但较长的航线，如跨洋飞行，有可能针对燃料消耗和避免天气影响进行优化。例如，PHM 功能可以根据出发点和到达目的地、飞行环境条件（温度、气压和风速）和飞机配置（发动机性能、飞机质量、燃油质量、襟翼/缝翼位置）来计算最佳航线（高度、速度和航向），以实现最有效的燃油使用。此外，当在机群级别使用时，PHM 可用于提前检测变化剧烈的天气状况，以便机组人员能够避开沿途的这些点（这样做同时提高了客户满意度）。PHM 通过避免服务中断而降低了机组人员的费用，而服务中断往往会导致机组人员服务 “超时”，并且在飞机可用时不再被允许飞行（这也会带来更高的客户满意度）。

18.2.3 飞机制造商的期望

飞机制造商的期望是利用 PHM 产生更多的收入，改进产品设计，并且降低保修成本。飞机制造商通过销售技术更先进、燃油效率更高、支持 PHM 的飞机，销售与其 PHM 产品相关的维护服务，以及利用从 PHM 获得的业务数据来优化部件库存，从而创造更多的收入。

随着运营商试图更换老化的飞机机队，他们要求拥有更高效的飞机，使得在飞机的寿命周期内拥有更低的成本。如前所述，PHM 是降低成本的重要因素，因此航空公司期望新飞机具有支持 PHM 的部件和系统。飞机制造商与系统供应商、组件供应商一起，提升每一代新飞机上的 PHM 技术。在 20 世纪 70 年代，从飞机上只可以获得少量参数，而且主要是从发动机上获得的。当 777 型飞机在 20 世纪 90 年代中期投入使用时，每次飞行产生的数据超过 1MB。当 787 于 2012 年投入使用时，在每次飞行中可传输 28MB 的数据，地面则可传输 500GB 的数据。当 737-MAX 在 2017 年投入使用时，据说每次航班会产生 240TB 的数据。

如今，所有飞机制造商都提供自己的 PHM 功能。例如，波音公司提供飞机健康管理系统（AHM），空中客车公司提供智慧天空（SkyWise）和实时健康监测系统（AiRTHM），巴西航空工业公司提供 AHED-PRO 系统，庞巴迪公司提供 SmartLink 系统，湾流宇航公司提供飞机连接和趋势监控系统（THM）。每种产品的收入模式因制造商和运营商而异。一种常见的方法是，在规定的时间内免费向运营方提供服务。一旦超过免费时长，服务将要么按每架飞机固定价格、每单位飞行时长固定价格结算，要么按每项维修协议的固定价格结算。目标是确保飞机制造商有稳定的收入来源，同时通过降低维护成本、减少延误和航班取消，以及降低运营费等来降低运营商的成本。

飞机制造商从他们的平台中获取 PHM 数据，并从这些数据中挖掘出有价值的信息而大大受益。这些信息可以改进下一代飞机的产品设计，获得从产品改进和改装中获利的机会，并改进受控文件的程序，如飞机维修手册（AMM）、故障隔离手册（FIM）和故障排除手册（TSM）。

飞机制造商还可以使用 PHM，通过改进使用过程的跟踪来降低保修成本。一架在恶劣环境中运行的或经历了大量硬着陆的飞机将不会受到与小心呵护飞机相同的保修索赔。

18.2.4 发动机制造商的期望

发动机制造商的期望与飞机制造商的期望基本相同：利用 PHM 创造更多收入、改进产品设计、降低保修成本。发动机制造商通过销售具有 PHM 功能的可靠性高、燃油效率高的发动机，销售与其 PHM 产品搭配的维护服务，以及利用从 PHM 获得的业务数据优化部件库存，从而产生更多收入。

随着运营商寻求降低燃油费用和提高机队调度的可靠性，他们要求更高效的发动机，即拥有成本更低、可靠性更高、燃油效率更高的发动机。EHM 是最早的 PHM 功能雏形，可追溯到 20 世纪 70 年代，有关 EHM 的更多信息请参阅 18.4.1 节。

当前，所有的发动机制造商都提供他们自己的 EHM 服务。例如，劳斯莱斯公司提供 EHM 和 TotalCare。根据 TotalCare 协议，该公司管理运营商的发动机机队，运营商按发动机飞行小时支付服务费用，也称为“按小时计费”。通用电气航空公司也提供类似服务，如 Predix、ADEPT、ECM 和 PHM。普惠公司提供 ENGINE WISE™和“高级诊断与发动机监控”（ADEM™）。普惠加拿大公司提供 WebECTM™和 HECTM。MTU 提供 MTU^{PLUS} 引擎趋势监测。霍尼韦尔公司提供健康和使用监控（HUMS）和 Zing。EHM 服务的收入模型通常以分层服务的形式提供。例如，EHM 可以免费提供给航空公司，而发动机制造商在售后市场上赚取收入。在这种情况下，航空公司承担了为其发动机及其部件的修理和大修买单的所有风险。另外，可以把 EHM 以发动机飞行小时协议的形式提供，即“按小时计费”。在后一种方式中，发动机制造商可以确保稳定的收入来源，但要承担修理和大修的费用。在这两种服务方式中，发动机制造商通常要求航空公司共享其发动机数据，以保持可靠性和质量保障。

与飞机制造商一样，发动机制造商也可以通过从他们的发动机机群中获取 EHM 数据并提炼信息来获利。这些信息可以改进下一代发动机的产品设计，并从效率和可靠性改进中获得收益。在发动机机队寿命周期的某个时刻，可能会出现一种在发动机投入使用时未被预测或不常见的故障模式。拥有 EHM 数据使发动机制造商能够更快地开发一种技术来检测和缓解这种故障模式，然后将解决方案部署到现场。

发动机制造商也可以利用 EHM 技术，通过使用过程的跟踪来降低保修成本。例如，在发动机操作极限（最大推力、排气温度、油温或振动）之外的条件下操作的发动机，其所受到的保修索赔与在操作极限内操作的发动机不同。

18.2.5 系统和部件供应商的期望

系统和部件供应商的期望正在不断变化。几十年来，飞机系统和部件的数据一直没有提供给设计和制造这些部件的制造商们。一个部件经过制造和测试，然后交付给飞机或航空公司，在飞机上安装并投入使用。一段时间后，部件被移除并处理，要么返回给第三方进行维修，要么返回给供应商进行维修。即使将部件退还给供应商，也很少或根本没有提供该部件的数据来解释为什么要拆卸该部件，该部件运行了多少小时或周期，或该部件在运行中是如何使用的。在新一代飞机上，供应商设计了“更智能”的部件：部件向机载控制器报告感测参数及其健康或故障状态。尽管如此，获取这些数据仍然是一项挑战，因为利益相关者，特别是飞机制造商和航空公司在数据权问题上存在分歧。如今，供应商要么在设计部件时考虑到已有的 PHM，要求航空公司或飞机制造商向他们提供数据，要么他们就开发自己的 PHM 服务。

与飞机和发动机制造商一样，供应商希望利用 PHM 创造更多的收入，改进产品设计，并降低保修成本。供应商通过销售支持 PHM 的高可靠性部件，销售与这些部件和产品相搭配的维修服务，以及使用从 PHM 获得的业务解析来优化部件库存，从而寻求更多的收入。

当运营商试图降低航班延误和取消的成本，提高其机队的调度可靠性时，他们就会要求更可靠的线路可更换单元（LRU）。从传统意义上讲，供应商历来是 PHM 的推动者，而不是 PHM 服务的提供商。例如，Rockwell Collins、Safran、Honeywell 和 Teledyne Controls 等公司都为 PHM 的机载数据记录提供了多种航空电子解决方案。Rockwell Collins 的 FOMAX 将把 A320 飞机上可用的监控参数从 400 个增加到 24000 个。在 A330 飞机上，FOMAX 改装后，记录的参数数量将从 1500 个增加到 40000 个。其他 LRU（如空中管理系统部件、着陆系统部件和电力系统部件）的供应商正利用这些促成因素从其部件中获取数据。一些主要供应商正在开发自己的 PHM 设备和服务。例如，联合技术航空航天系统公司（UTC Aerospace Systems）最近宣布其新的 PHM 产品 Ascentia™，作为其飞机系统健康管理产品（ASHM）的后续。这些 PHM 产品的收入模式将以分层服务的形式提供，类似于发动机制造商。

与发动机制造商一样，供应商将从其系统和部件中获取 PHM 数据，并从中提炼信息来获利。这些信息可以改进下一代组件或系统的产品设计，并通过改进可靠性来产生收入。在部件寿命周期的某个时刻，可能会出现一种在部件投入使用时未被预测或了解的故障模式。拥有 PHM 数据将使供应商能够更快地开发出一种方法来检测并确定故障模式，然后将该解决方案部署到现场。

供应商也可以利用 PHM 技术，通过跟踪使用记录来降低其保修成本。例如，暴露在恶劣环境中或受到污染的部件，将不会受到与未暴露在这些条件下的部件相同的保修索赔。

18.2.6 MRO 机构的期望

MRO 机构的期望很简单：利用 PHM 创造更多收入。几十年来，小型运营商将飞机维修外包给 MRO 供应商，作为发展和维持自身内部维修程序的替代方案。拥有更大机队和既定维修程序的运营商倾向于自行维修，在引进新的飞机平台时根据需要更新其程序和手册。随着越来越多的运营商选择将维修外包给 MRO 机构或指定大修设施（DOF）合作伙伴，这种模式已经逐渐发生了转变。

PHM 的收入模式因不同的供应商和不同的运营商而有所不同，但通常是以每架飞机每单位运行时长的固定价格为基础的。该模式确保了 MRO 供应商的稳定收入来源，同时通过启用预防性维护，降低了运营商的成本，从而降低了维修成本，减少了航班延迟、取消以及运营的费用。此外，由于 MRO 负责库存而不是运营商，PHM 使 MRO 供应商能够基于预测受监控组件的需求是增加还是减少来优化其库存。

许多 MRO 组织与飞机制造商合作，而不是单独开发自己的 PHM 产品。例如，AARAeroman、中国航空公司和 Etihad Engineering Services，都与空客公司结成了合作伙伴。已经开发了自己服务的 MRO 组织包括拥有 AVIATAR 的汉莎航空技术公司和拥有 PROGNOS 的法国航空、荷兰皇家航空公司。这些公司往往缺乏系统和组件专业知识，无法为组件开发精确的预测分析，因此他们通过与供应商合作来提供这种能力。

18.3 PHM 的部署

PHM 的部署有两种不同的形式：机载部署和非机载部署。以下各小节将介绍 PHM 的关键要素，以及如何在机载和非机载情况下处理这些要素。

18.3.1 SATAA

在飞机层面考虑 PHM 时，有五个阶段被广泛接受为定义 PHM 流程所必需的阶段。这些阶段是：感知、采集、传输、分析和执行[6]。请注意，这个过程阶段与 IEEE 1856—2017 不同，后者将这些步骤描述为感知、采集、分析、建议和执行[7]。这两种定义之间的区别是必要的，以强调机载和非机载中传输阶段的重要性。

感知阶段主要是一个机载要素，包括低电压信号调节和放大，以及将传感器信号转换为对被测物体的数字或模拟表征。飞机上的传感器主要是为了飞机的控制和安全操作而存在的。传统上，为故障诊断和预测而添加的传感器仅限于飞行关键部件和系统，如发动机。通常，传感器的可靠性还不如它们要监控的组件。因此，可用传感器的匮乏阻碍了 PHM 在航空领域的应用。幸运的是，传感器技术已经取得巨大的突破，体积小、质量轻、高可靠性的传感器现在已经被证明可以在飞机上使用。如今，供应商正在设计带有嵌入式传感器的组件，以便检测组件的运行状况，在某些情况下还可以将运行状况报告给更高级别的组件。据报道，A380 安装了 25000 个传感器，A380-1000 在每个机翼上安装了 10000 个传感器。据报道，A350 有 6000 个传感器，A350-900 有 18000 个传感器[8]。波音 787 有 10000 个传感器[9]。越来越多的传感器使 SATAA 过程的下一阶段变得更加关键，甚至有时成为瓶颈。

采集阶段既有机载要素，也有非机载要素。机载要素是指从传感器收集、存储和处理数字化数据。数据采集可以是连续的，如以 1Hz、250ms 的采样率等，这通常被称为“全飞行数据”。数据采集可以在预定义的稳态或瞬态条件下进行，如在爬升顶点的峰值处，以及达到稳态巡航后的一分钟，这通常被称为“快照数据”。数据采集可以是在一个预定义的触发事件下进行的，如发动机在飞行中关机或检测到故障时，通常称之为“时间序列数据”。采集过程通常涉及一台或多台航空电子设备。控制器将在传感器附近执行数据采集，然后将数据转发到飞机上的另一台设备中。例如，控制器将收集来自辅助动力单元（APU）传感器的数据，然后将该数据转发到飞机上的数据集中器或中央数据采集系统中。每个航空电子设备可以处理或分析数据，并在将数据转发到下一个设备之前执行合理性检查或压缩。每个设备都有其自身的限制，包括内存和吞吐量的处理速度。在旧飞机上，当存储容量存满数据时，要么新获取的数据覆盖设备上的旧数据，要么停止获取新数据，直到更换记录设备（假设存储介质是可拆卸的）为止，或者数据已从飞机上下载。随着科技的进步，存储容量和处理速度都有了显著提高，使得“大数据”技术优势可以为 PHM 所用。

采集阶段的非机载要素是指从非机载源收集数据等，如运行数据或维修数据等，可用于分析阶段。运行数据可以包括飞行路线信息，或者在飞行时、始发站、到达站记录的天气数据。维修数据包括部件拆卸记录和上次维修部件时的车间调查报告。可靠性数据和机队统计数据也被当作为 PHM 分析而收集的支持数据。

传输阶段是发展最快的阶段，有许多模式可用于在机载各阶段之间的数据传输，以及从非机载阶段传输数据以供进一步分析。数据从机载传感器（有线和无线）传输至控制器，然后传输至数据总线，再从飞机上传输出去。非机载传输模式可以是自动或手动的。手动过程通常要求机械师从飞机上移除数据记录设备，将该设备插入传输数据的计算机中，然后在飞机上重装一个“干净”的设备。今天服役的许多飞机都使用了可拆卸的存储介质，来获取完整的飞行数据。1978 年，航空无线电公司（Aeronautical Radio，Inc.，ARINC）推出了一种数字数据链路协议，用于将短信息从飞机传送到地面。该协议被称为飞机通信寻址和报告系统（Aircraft Communications Addressing and Reporting System，ACARS），用于通过无线电或卫星使用气带传送信息。ACARS 单元是由 Teledyne Controls 公司构建的，用于记录 OOOI 时间（出闸、离地、在地和进闸，Out of gate，Off the ground，On the ground，and Into the gate，OOOI）。到 1980 年，ACARS 被商业

航空公司广泛用于自动记录机组成员的飞行时间，因为机组成员只有在飞机起飞后才能得到报酬。ACARS 的功能迅速扩展，其中包括以“报告”和故障消息的形式传输快照数据和时间序列数据。由于 ACARS 消息的大小受限，而且数据传输的成本很高，消息最初仅限于短数据块，用于传达重要的“需要知道”的事件，如起飞时的发动机性能或飞行时的发动机宕机。随着时间的推移，这些限制逐渐减弱，如文件大小的限制被放开和传输成本的降低。然而在今天，使用 ACARS 传输大数据文件、大量短数据文件或全飞行数据仍然被认为在经济或技术上是不可行的。目前，传输大数据文件的方法主要是 Wi-Fi 和蜂窝网络。对于 Wi-Fi 传输，数据是在飞行结束时从降落到地面的飞机上下载的。对于蜂窝网络传输，数据可以在飞行时通过卫星传输，或者在飞行结束时在地面上使用蜂窝信道传输。电信供应商们如 AWN（Advanced Wireless Network）公司，正在竞争成为下一个“大数据”航空服务提供商。特别地，AWN 公司的目标是引领飞机互联的时代，把每架飞机都变成无线空地宽带网络上的一个节点。这个新时代也带来了一个新的问题：网络安全。

分析阶段包括一个机载要素和一个非机载要素。机载要素由新式飞机上的众多电子控制器控制，摆脱了旧式飞机上的机械控制。随着对更安全飞机的需求，以及飞机和发动机的复杂性的增长，对故障的快速检测和容纳的需求成为必要。因此，这些控制器会对其控制的组件健康状态进行初步评估。当检测到故障时，控制器通知故障，并根据故障的严重程度，通过组件的保护性关闭、将组件置于“故障-安全”模式或通过选择冗余源并重新配置来容纳该故障，直到可以执行维修。虽然电子控制器往往具有很高的可靠性，但它们往往是在检测到故障时第一个拆卸和更换的部件。也就是说，为了使飞机在投入使用时可以避免延误或取消，故障排除的第一步经常是更换报告故障的单元。如果此次维修没有纠正故障，则故障排除将在下一个站点或下一次维修时继续进行。这种做法可以解决电子元器件大量的未发现故障，以及可避免服务中断。

分析阶段的非机载因素是所有阶段中竞争最激烈的，因为没有直接的飞机维修、飞机系统和部件及航空法规知识的公司已经开始向飞机制造商、发动机制造商，以及预测分析开发领域的供应商提出挑战。发动机制造商在准确有效地预测分析其发动机上具有公认的优势，因为他们拥有发动机模型的知识产权、测试和开发数据以及详细说明文件。当然，飞机制造商也很少会质疑这种优势。最近，大数据公司聘请了很多数据科学家，正在使用机器学习和深度学习等方法，挑战发动机制造商数十年来所拥有的优势。此外，大数据公司还向组件供应商发起挑战，这些组件供应商在组件模型、测试数据以及详细说明上拥有优势。然而，该供应商在数据收集和 PHM 分析方面的历史并不比发动机制造商长。另外，当发动机在使用中出现故障时，一定存在明显的安全隐患。而当一个组件在运行中出现故障时，可能根本就没有安全或调度功能上的隐患。因此，对大数据公司而言，在预测分析开发上挑战供应商会更容易。

在商业航空中，分析阶段主要通过非机载形式进行。在未来，更多的分析将以机载的形式，在“前线”直接进行。分析阶段包括使用飞机和组件数据来检测组件的当前健康状态，预测组件何时将无法在可接受的风险范围内执行其预期功能，然后提供足够的信息做计划并采取行动。在所有机器上进行状态检测的方法是相似的：旋转的、非旋转的、电子的或机械的。航空业与其他行业的区别在于，航空业需要进行彻底的系统安全评估和建模。例如，美国联邦航空管理局要求每架需要认证的飞机或设备必须完成系统安全分析和功能危害评估，其中可能包括故障树分析、事件树分析和概率风险分析。作为 MSG-2 的一个分支，以可靠性为中心的维修（RCM）推动了可靠性评估和建模，如失效模式及影响分析（FMEA）和失效模式、影响及危害度分析（FMECA）。这些方法展示了可能的故障模式是什么、故障可能发生的频率以及如何识别故障模式，这些方法均可以被用于诊断评估。

诊断评估包括故障检测和推理，以隔离故障成因。诊断算法应被设计为在可接受的错误检测率范围内，尽早、尽可能准确地检测早期故障。因此，目标是准确地检测异常情况，同时最小化假阴性（未满足故障条件）和假阳性（错误地警告故障）的数量。典型的诊断算法包括阈值法、神经网络分类法、基于模型的方法和数据驱动方法。推理技术应能够在可接受的准确度范围内，将故障原因与一组模糊的潜在原因隔离。例如，在 99.9%的准确率内，故障原因是组件 A。一些常用的推理技术有静态预计算二叉决策树和基于数据结构的动态因果推理，如因果图、D 矩阵、因果图上的贝叶斯推理或形式逻辑推理。

分析阶段最终对故障组件的 RUL 进行预测估计（见图 18.3）。一旦检测到故障并将其隔离，就可以使用预测算法来估计剩余的时间，直到该组件无法再执行其预期功能为止。RUL 将具有统计不确定性，称为概率密度函数（PDF），通常以工作小时或运行周期为单位进行测量。如果故障风险会导致安全隐患，如发动机故障，则应在 RUL 不确定度评估之前安排并执行维护。如果故障风险较低，则可在方便的时间安排维修，这可能在 RUL 评估时间段外进行。

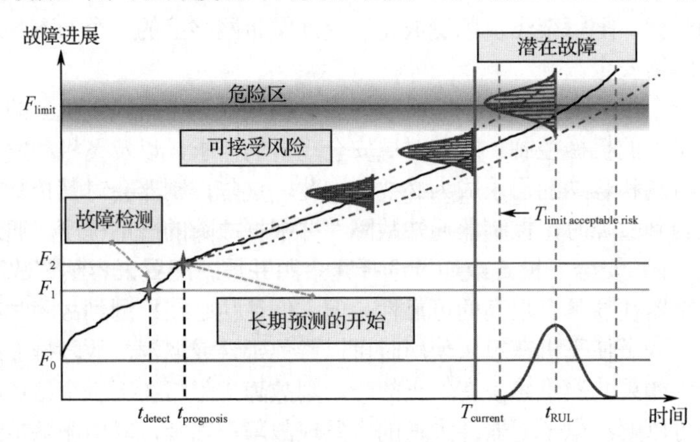

图 18.3　RUL 预测[12]

包括深度学习在内的机器学习技术在识别数据特征时非常有用，这些特征表明存在早期故障。建模和数据驱动技术在估计未来的老化或故障状态方面非常有用。统计技术有助于给出此评估的风险。最终，运营商需要确定可接受的风险水平。如果一个不工作的部件被列在最低设备清单（MEL）上，并且操作员采取了与之相应的适当缓解措施，则带有此不工作部件的飞机可以安全地投入使用。

最后是执行阶段，是指向操作人员提供及时且可执行信息的过程，以及为纠正故障状况或使部件、系统恢复到可接受的功能状态而进行的维修活动。对于机载元器件，该过程可以由电子控制器自动调节或重新配置，也可以由机组人员手动调节。对于非机载元器件，该操作可能由工程和维护人员执行。如果提供的信息不及时，则故障情况可能会导致飞机迫停地面（AOG）的情况，即在采取纠正措施之前，飞机无法派出。使这一问题更加复杂的是零件和维修专业知识的可用性。如果预测评估不能提供足够的时间来提前订购零件或将飞机安排到维修基地，那么故障部件可能导致远程站的 AOG。在这种情况下，在允许飞机载客之前，可能需要将零件和熟练的机械师分配到远程站以解决问题。或者，可以将飞机运送（无乘客飞行）到维修基地，以便采取纠正措施。在任何一种情况下，航空公司都可能仅仅因为单一故障部件而导致一次或多次航班延误或取消。可操作的信息必须包括如何隔离故障状态的明确说明，以及应遵循什么程序（根据运营商批准的维护计划）将飞机恢复到可用状态。

18.4 PHM 的应用

以下各小节介绍目前 PHM 在商业航空公司等领域及应用，以及将来如何使用 PHM 来实现

各方利益的最大化。

18.4.1 发动机健康管理（EHM）

PHM 是民用航空行业飞机发动机售后需求管理的重要组成部分。自从燃气轮机成为飞机上的主要推进和辅助动力系统以来，先进的 EHM 也成为整个 PHM 领域的关键部分。

EHM 作为一门学科在 20 世纪 70 年代开始形成，当时航空公司客户开始要求发动机原始设备制造商（OEM）为他们提供跟踪发动机数据并预测其飞行趋势的方法，以此来解决一些研发设计问题。参数趋势分析将从多个航班获得的信息综合来进一步了解发动机的状况。诊断和预测可分为组件级和系统级的功能。无论哪种情况，目标都是降低操作和维护成本。EHM 功能是通过在系统问题变得严重之前捕获它们来降低维护成本的，从而消除计划外的取消或延迟。通过将故障隔离到正确的子系统，可缩短维修周转时间，通过更准确地预测故障来节省运营和物流成本，从而有助于以最优化的方式安排维修行动。

18.4.1.1 EHM 的历史

从 20 世纪 50 年代前为大多数飞机提供动力的内燃机（IC）径向发动机，到 10 年后开始的喷气推进，航空公司相关机构看到了长期监测发动机数据的益处，因此状态监测的重要性也逐渐得到重视。传感器的增加也推动了这一趋势的发展。与内燃机相比，燃气轮机需要更多的传感器来控制它们，主要是因为发动机内关键区域的温度和压力需要加以限制，以避免结构损坏并使发动机寿命最大化。所有控制传感器也可用于监测系统的状态。

除了控制功能所需的传感器，还增加了一些额外的传感器，用于监测发动机的特定区域，这些区域的故障可能对任务影响极大。其中较重要的是润滑系统，除了提供润滑外，该系统的一个重要功能是带走轴承中的热量并保持其冷却。因此，这个系统的任何故障都可能是灾难性的。传统上，即使使用内燃机，机油压力和温度也可以被感知并传送到驾驶舱供机组人员进行监控。另一个关键领域是转子不平衡，即一个需要被感知和监控的问题。使用加速度计监测发动机振动已成为民用飞机发动机的标准。

军用发动机最初不如民用发动机先进。事实上，在一些较老的发动机上，民用版本可能有振动传感器，但军用版本则没有。然而，像 F35 或欧洲战斗机这种飞机上的现代喷气式发动机比商用发动机拥有更先进的 EHM 传感器[10]。

电子控制在 20 世纪 80 年代开始进入喷气发动机领域，由于数据可以数字化并更容易进行通信，电子控制为 EHM 功能带来了更多的进步。20 世纪 70 年代末，ACARS 的出现对数据通信起到了推动作用。最初，ACARS 只是记录各种关键飞行阶段的时间实例的一种方法，如从登机口返回、起飞和着陆。然而，航空公司意识到，由于 ACARS 允许飞机在飞行过程中与地面通信，因此它提供了一种方便的手段，可以下载有限的发动机监测数据，在地面站进行一些高级趋势分析。

大约在 20 世纪 70 年代末，以燃气轮机性能趋势跟踪的系统级诊断开始流行起来。这被称为气路分析（GPA），由汉密尔顿标准公司[11]的工程师 Lou Urban 首创。大多数发动机原始设备制造商开始向他们的客户提供 GPA 程序，作为监控其发动机机队的一项服务。从运行在大型机上的程序，到可以加载到台式机上的程序，再到如今基于网络和云计算的程序，正在逐步缓慢发展。

在民用航空领域，除了在复杂性外，组件监控领域并没有比半个世纪前的技术进步多少。例如，加速度计已经变得更精确、更耐高温、更可靠，同样，现在也正在向数字传感器转变。其中一个值得注意的例外是油污监测。许多像通用电气 GE90 和普惠 GTF 的新发动机，现在都在其润滑回路中安装了电子碎片监测系统。例如，多年来有人试图将叶片温度的高温测量纳入其中，但这尚未成为民航业的标准做法。在军事领域中则情况大不相同，例如，F135（F35 上的发动机）上的高级 EHM 传感器数量就证明了这一点。

18.4.1.2 EHM 基础设施

EHM 成功的一个关键要素是数据的收集、传输、检索和分析的简便性。很明显，随着全球机群中先进发动机数量的增加，生成的数据量也会增加。飞机机体专家们经过广泛讨论后得出结论，估计当今先进的飞机（如波音 B787 或空客 A350）每小时可生成大约 100MB 的数据，发动机构成了该数据流的一部分。随着现代化的飞机逐步开始取代世界航空公司机队中的老旧飞机，数据处理的成本也在下降，数据的体量呈指数级增长。事实上，我们看到许多新的参与者，如微软、IBM 和 AT&T 进入航空业，帮助他们的客户处理数据。一个重要的新增长领域是基于云的维护数据服务。通用电气的 Predix 平台、IBM 的 IBM Cloud 以及微软的 Azure 都在竞相向业界提供基于云的服务。其中的一个例子是，微软和劳斯莱斯在 EHM 领域的合作[12]。由于分析工具的发展跟不上数据收集能力的发展，数据爆炸将成为行业的一个问题。其部分原因在于，与数据相关的技术是由消费行业推动的，而消费行业对数据的生成和使用几乎没有规定，这导致了大数据和数据分析的快速增长。由于航空业监管严格，要将这一理念应用到航空业还需要做大量工作。

航空业受到高度监管，因为飞行公众的安全起着至关重要的作用，这引发了一系列的设计要求。任何会影响到资产的实际运作或维护的，关于大范围数据生成、传输、存储和分析的计划，都必须得到当局的批准。虽然已经为实物资产认证制定了许多标准，但整个行业并没有在飞机运营的“软”方面花费那么多时间或精力。目前，这种情况正处于不断变化中，很多组织成立了技术委员会来处理这些方面的问题，如航空航天领域主要标准制定实体中的 SAE International。其中一个委员会是数字和数据指导小组（DDSG），其职责主要是调查该行业并找出所有与数据生成和使用有关的技术及法规方面的差距，并帮助行业制定标准以减小这些差距。DDSG 紧随 SAE 内类似团体如综合车辆健康管理指导小组（IVHMSG）的脚步，该小组对其他相关技术履行相同的职能。

不管这些工作将带来什么结果，对于 EHM 基础设施目前如何存在以及它将如何发展似乎是相当确定的。如 18.3.1 节所述，EHM 系统具有机载和非机载元器件。SATAA 模型是 SAE E-32（推进系统健康管理）和 HM-1（IVHM）技术委员会在所有标准文件中使用的标准。E-32 成立于 1975 年，是最早编写和出版有关 EHM 各方面文件的组织之一。

安全的数据传输是这个难题的重要组成部分。如今安装的 ACARS 只能传输非常有限的数据。在陆地上，ACARS 与地面站直接连接，而在水面上，则使用卫星连接。在未来，这类数据的主要传输路径将是后者。但是，高带宽系统数据所需的宽带连接仍然非常昂贵。为了降低成本，当飞机着陆时，现在安装的系统可以选择连接到 Wi-Fi 和蜂窝调制解调器系统。由于这些网络的普遍性，卫星、Wi-Fi 和蜂窝调制解调器的组合将成为未来 EHM 数据的首选通信形式，而不是 ACARS，尤其是非关键数据。任何轻量关键系统数据都将通过卫星链路实时发送，而更详细的备份数据则可以在飞机到达登机口后下载。在任何情况下，数据安全在所有场景中都扮演着关键角色。由于数据会影响飞机的持续适航性，因此应注意确保不会恶意或无意地操纵，此类安全功能相关的标准仍在起草和制定中。

18.4.1.3 与 EHM 相关的技术

涡轮风扇发动机是商用飞机（包括支线飞机）的主要喷气发动机。涡轮轴发动机是第二大流行的发动机，它为小型通勤飞机的螺旋桨和旋翼飞机的转子提供动力。许多载客量不足四人的通用航空飞机都是由往复式发动机提供动力的。商用喷气式飞机的发展趋势是采用具有越来越高的涵道比的燃气轮机。通过风扇的空气量与通过机芯的空气量之比称为涵道比，许多现代商用发动机，如 GTF，其涵道比接近 12[13]。

所有发动机上都会提供一些 EHM 功能。这个过程通常从安装在发动机上的传感器的测量开始。美国联邦航空管理局要求在动力装置使用个别专门的传感器以确保安全。一份完整的清单可以在他们的电子版联邦法规 （CFR）网站上找到，具体在第 25.1305 部分，标题为“动力装置”[14]。所有这些传感器都可以用于诊断问题，但许多发动机都有额外的传感器，用于控制和 EHM 功能。通用传感器用于测量入口温度和压力（T_2 和 P_2）、阀芯速度（N_1 和 N_2）、排气温度和压力（T_5/T_{50} 和 P_5/P_{50}）、燃料流量（W_f）、燃烧室入口条件（T_3/T_{30} 和 P_{s3}/P_{s30}）以及内部模块的条件（T_{25}、P_{25} 和 T_{45}），如图 18.4 所示。一些军用发动机使用高温计测量涡轮入口温度（T_{40}），并且至少有一种商用发动机引入了这种测量方法，但在这种情况下，这种技术似乎不足够可靠地用于发动机控制，更别提用于 EHM 了。对 EHM 来说，有两个测量机油压力和温度的传感器，而且还有两个测量发动机主轴承附近振动的加速计[14]。

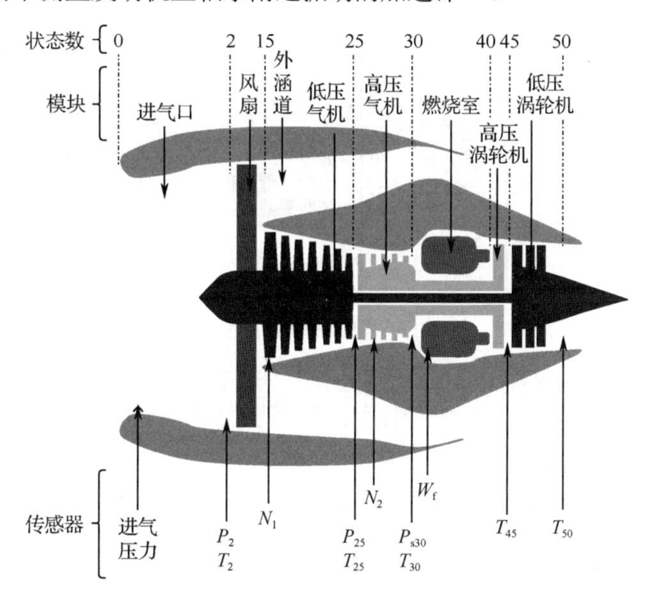

图 18.4 双轴高旁路飞机发动机[15] 的主要部件和站号

由于润滑系统是发动机的关键部件，因此机油碎屑监控一直是维护理念的关键部分。在机油系统的清除管路上安装了一组磁性塞，可以捕获机油中的铁磁性碎屑。定期检查这些塞子可以让维修人员评估轴承的健康状况。任何从轴承点蚀和剥落中释放出来的材料都可以被捕获和检测到。如今，这个系统已经发展成为电子芯片探测器，当主设备捕获足够数量的碎屑时会关闭电路并触发警报。现在甚至有更复杂的系统可以自动计算芯片的数量并将它们分类。在其至少一个系统中也可以检测到非磁性金属颗粒[16]。

加速度计检测旋转系统中的不平衡量，并在振动级的振幅超过不同阈值时发出警告。根据不平衡的程度，发动机可以在有限的时间内恢复使用，或者进行维修以重新平衡。翼上再平衡算法现在可以指导这里的最后一步，而不必运行单独的测试[14]。对现代商用发动机来说，油屑和振动传感系统构成了一套预警指标，可以防止重大问题的发生。普华永道齿轮传动的涡扇发动机更依赖这种先进的 EHM 系统，由于它有一个内联变速箱来降低风扇转速，这就对发动机的机油系统提出了额外的润滑要求。

先进的军用发动机有更多的 EHM 传感器，如叶片运行状况传感器、进气和排气气流碎片监测器、叶片温度高温计和机油状况监测器。这些传感器有时也安装在陆基发电设备和海上驱动装置上，但不安装在商用喷气发动机上。

气路传感器套件通过 GPA 过程进行系统级诊断和预测，GPA 现已成为利用发动机性能检测的成熟技术。GPA 是基于通过 ACARS 传输到地面的稳态测量数据，然后将其标准化并校正为标准天气状况[17]。这样做的原因是，当环境和装载条件完全不同时，能够比较不同航班的性能参数。比较原始测量值是没有意义的。发动机的一个关键 EHM 功能是计算和监测起飞 EGT（排气温度）裕度。这是用非稳态参数进行的主要计算，所有其他 GPA 计算都用稳态数据进行。这种 EGT 测量是在起飞过程中进行的，并进行了校正，以使不同的裕度具有可比性。EGT 裕度是用于指导维修最重要的单一性能指标。当这一裕度为零时，就该用水清洗发动机了。由于气流表面结垢，EGT 裕度通常会降低，从而降低机器的热力循环效率，GPA 超出了 EGT 裕度。GPA 背后的基本原理是，发动机部件的任何退化，以及发动机导叶的错误安装等故障都会导致某些性能参数的变化，如流量和效率。这反过来又改变了传感器的观测值，观察到的测量值和估计的健康参数之间的差异可以计算性能参数的偏移，从而计算出问题的根源（见图 18.5）。由于这是一个困难的反问题，这些算法的设计对于保证有一个良好的检测率，同时仍然保持虚警率是非常关键的[18]。

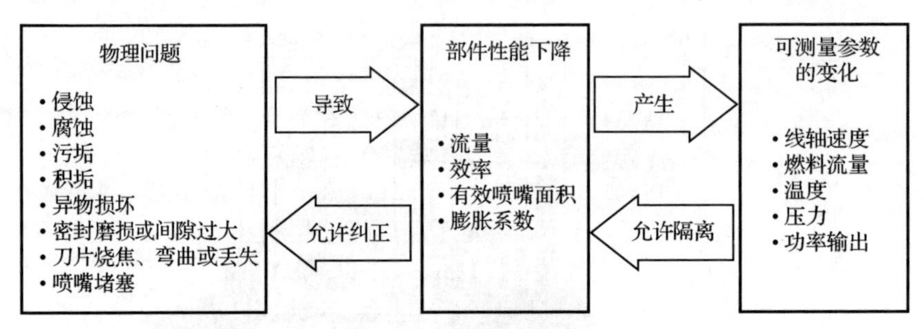

图 18.5 发动机诊断信息流[18]

瞬态数据有助于提高这些算法的有效性，但由于可用数据量大，且缺乏良好的发动机瞬态模型，这方面才刚刚起步。研究表明，混合模型（如基于物理和数据驱动的融合）在诊断方面比单一瞬态模型做得更好[19]。

基于模型的分析比 GPA 做得更多。许多发动机零件的使用寿命有限，一旦到了它们的使用寿命，就必须报废。但由于这些寿命数字是用保守的载荷和环境条件计算出来的，而且由于大多数飞行条件都是良性的，因此许多寿命有限部分（LLP）即使它们实际还能使用也被白白扔掉了。为了更好地评估实际寿命损失，运营商可以利用基于利用状况的使用寿命（UBL）算法来估计每个航班的实际寿命损失。这样，LLP 将到达其寿命极限，还能被飞机使用更多次。也就是当它被废弃时，RUL 更小。由于 LLP 是飞机中最昂贵的部件之一，因此充分利用其“使用寿命”非常具有经济效益。军事运营商已经在他们的许多现代平台上执行了这一理念，如 Gripen、Tornado、Eurofighter、F22 和 F119。这还没有大规模地应用于商用飞机。这种 UBL 的一种变体叫作减额起飞，在一定的条件下（如载荷、位置等），飞行员可以决定使用减小推力的设置起飞，这将导致整个飞行周期的一小部分寿命减少，从而延长所有 LLP 的飞行寿命。这不是自动计算，却是唯一得到当局批准的计算。为了建立类似于军事运营商所做的 UBL 实践，必须与监管机构一起启动更广泛的适航计划，以获得 UBL 的批准。

18.4.1.4 展望

具有 EHM 功能的新传感器一直在不断地发明和测试。例如，在军用发动机上已批准在发动机入口和排气处使用碎屑监测来检测外来物损伤（FOD），这种方法可能会以某种形式用于探测

直升机发动机在恶劣环境中沙粒的存在，但是没有人考虑在商用喷气式飞机上使用它。

虽然结构健康管理（SHM）是飞机结构领域一个非常流行的话题，但是在发动机界并没有引起人们太多的兴趣。这种情况也可能随着发动机结构安全边际的减小以使其更轻而发生改变。在这种情况下，SHM 可以成为安全保障的一种方式。光纤传感器和压电传感器可以用来提供这种 SHM 功能。在 MSG-3 的机身维护中，SHM 正在慢慢地发挥其作用，运营商开始用安装的 SHM 功能取代某些 NDT 操作。

如上所述，UBL 是另一种正在商业界中走向应用的分析技术。事实上，在不久的将来，EHM 最大的进步将是分析技术。在发动机上安装和批准应用一种新型传感器是一项艰巨的任务，基于先进的分析方法来对现有的数据进行分析更容易获取 EHM 信息。随着数据存储和传输技术的进步，阻碍分析技术广泛应用的一大障碍正在被消除。瞬态 GPA 和其他方法已经在探索和研究中，预计应在 2025 年前准备就绪[20]。

卫生管理和控制的协调工作也即将开展。随着 EHM 的出现，利用系统的健康信息来修改控制操作这个和控制本身一样古老的想法将成为现实。这将使发动机具有能够为了某些任务而部署的能力，并且如果在途中发生什么事情还能以降额模式（如果你愿意的话，可采用“一瘸一拐”的模式）运行。这显然对军用发动机更实用，对商用发动机也有一定的益处。

最后，EHM 的基本目标是降低与售后服务企业和 MRO 价值链相关的成本。这一目标是通过在问题发生前预测来实现的，如可以消除或减少空中停机（IFSD）和计划外发动机拆卸（UER）等问题。即使在出现故障的情况下，如果 EHM 系统能够隔离问题，这种诊断也有助于降低维修的成本和工作量，从而减少维修车间的周转时间。为了支持这一切，维修设施有充足的非常昂贵的备件库存，如果工程变更使其过时，那么这些备件将会毫无用处。健康管理系统和企业资源规划系统之间协调良好的配合有助于降低备件库存水平。来自 EHM 系统的预测信息有助于减少 RUL 预测的不确定性。另外，这将允许运营商可以及时订购备件而不用库存备件。研究表明，这会对 MRO 企业的总体成本产生巨大影响[21-22]。

18.4.2 辅助动力单元的健康管理

对辅助动力单元（APU）进行健康管理在当今商业航空公司已非常普遍。在引入扩展操作（ETOPS）之前，APU 故障的影响是划算的。可在 MEL 上放置一个失效的 APU，从而允许立即派遣飞机，没有延迟。APU 功能的丧失通常意味着飞机在登机口处的电力需要由外部电源提供。此外，启动第一台主发动机需要使用气动地面动力装置。随着从有三个或四个发动机到只有两个发动机的远程飞机设计的转变，这些飞机和发动机的认证要求及类型也发生了变化。未经 ETOPS 认证（型号认证）的飞机必须遵循一条飞行路线，以确保在单个发动机故障的情况下，在 60 分钟飞行时间内到达备用机场。通过 ETOPS 认证的飞机已经证明，该飞机可以在单发动机下安全运行更长的时间，如 120 分钟或 180 分钟。经 ETOPS 认证的飞机的维护程序与非 ETOPS 认证的飞机明显不同。ETOPS 认证的飞机的要求之一是 APU 必须能够启动飞行，并且 APU 能够为飞行中的飞机提供备用电源。因此，APU 必须在 ETOPS 航班起飞前运行，并且操作员还必须保证 APU 在按计划飞行时能成功启动。为了确保 APU 能够在飞行中启动，需要进行油耗监测。PHM 可以监控油耗，也可以监控 APU 的飞行启动。PHM 还使操作员能够监控 APU 的运行状况，以便能够检测和评估早期故障和性能下降，并允许在 APU 失效前进行维护，从而避免 ETOPS 航班的延误或取消[23]。

一些可以使用 PHM 监视的 APU 故障在文献[24]中有介绍。

- 阻止 APU 启动的点火系统故障，如点火器故障、励磁机故障或其他启动系统部件故障。
- 阻止 APU 启动或加速的燃油系统故障，如燃油控制单元（FCU）故障、燃油泵故障、燃油管路结冰或滤清器堵塞。

- 阻止 APU 从飞机上传送电力负荷的 APU 机械性能退化。
- 阻止 APU 从飞机上传送气动负载的 APU 机械性能退化。
- 由于 FOD 或 DOD 等因素而阻止 APU 保持指令速度的机械性能退化。
- 阻止 APU 启动的 APU 老化，如涡轮叶片老化、转子弯曲或叶片错位。
- 导致 APU 停机的 APU 老化，如油温高、滤油器堵塞、燃烧室故障、涡轮故障、压缩机故障、EGT 过高和高频振动。

18.4.3　环境控制系统和空气分配系统的健康监测

环境控制系统（ECS）的健康监测是商业航空公司最新的 PHM 应用。ECS 控制和调节整个机身的温度和压力。典型 ECS 的主要元素称为包，通常由空气循环机、冷凝器、热交换器，以及测量压力、温度、流量和速度的传感器和用于控制、调节与关闭的多个阀门组成。图 18.6 展示了一个典型的 ECS 包①。

客舱、驾驶舱、航空电子设备舱和货舱的温度要求不同。机身容器的增压段由一系列进出口阀与 ECS 配合控制。分布在整个飞机上的传感器驱动机组提供所需温度和压力的压缩空气，以满足飞机各个区域的要求。这些传感器可用于单个 ECS 部件和整个系统的诊断和预测评估。

空气分配系统由多个电机控制的风扇组成（见图 18.7），用于将空气分配到整个机身并提供通风和排气。对于变速风扇，可以通过 PHM 技术监测每个速度范围内运行的时间（使用量），以预测风扇寿命，还可以监测电机温度和任何相关的过滤器，以评估风扇的整体性能和运行状况。

图 18.6　ECS 包

图 18.7　风扇

18.4.4　着陆系统的健康监测

着陆系统的健康监测已普遍应用于商业航空公司中，通常被称为车轮及刹车（WB）监测。WB 监测包括起落架部件的诊断和预测评估，通常侧重于监测刹车驱动故障、热刹车、剩余刹车磨损（碳盘磨损）、轮胎压力、因故障维修导致的支柱故障以及因重着陆和硬着陆导致的支柱疲劳（见 18.4.10 节）。老式飞机的刹车系统使用液压驱动。波音 787 配备全电动制动系统，以及电

① 图 18.6 至图 18.9 所示的所有图像均由 UTC 航空航天系统提供。

气驱动装置，并配有专用于车轮齿轮的电子控制器。商用飞机的轮式制动器如图 18.8 所示。

图 18.8　商用飞机的轮式制动器

18.4.5　液体冷却系统的健康监测

液体冷却液，如丙二醇水（PGW），用于带走高压电气面板、ECS 部件和电机控制器的热量。温度、压力、流量、液位、泵速和阀门位置的传感器可获取有用的数据来监测冷却系统的有效性，检测流体泄漏以及检测、防止液位过低。

18.4.6　制氮系统的健康监测

制氮系统（NGS）也称为机载惰制氮（OBIGGS）或燃料箱惰化。NGS 的作用是产生并向油箱供应富氮空气（NEA），从而通过降低氧气含量来降低油箱中蒸气的可燃性。当燃料在飞行过程中消耗，油箱中的燃料液位降低时，剩余的氧气被 NEA 替代。在 TWA 800 航班事故中，油箱在飞机起飞后不久因短路导致燃油量系统产生电弧而爆炸，此后，监管机构要求所有商用飞机都必须配备燃油惰化系统。PHM 可用于监测 NEA 比率、氧浓度、压力和温度以获得最佳性能，并预测何时需要维护以确保 NGS 的全部功能。燃料惰化系统如图 18.9 所示。

图 18.9　燃料惰化系统

18.4.7　油耗监测

燃油是商业航空公司每年都面临的单笔最大开支。自 2000 年以来，航空公司积极以新型的、省油的飞机如波音 787 来淘汰老式的、不经济的飞机，虽然航空公司总体上使用的燃油量减少了，但由于每加仑燃油价格的大幅增加，燃油的成本急剧增加。图 18.10 显示了 2000 年、2016 年美国航空公司燃油成本增加带来的影响[25]。将预测分析获取的信息提供给飞行员和调度员，使他们能够根据风速和天气条件以及飞机和发动机的燃油效率选择最佳飞行路线，从而减少飞行期间消耗的燃油量。在拥挤的航线上，如美国东部沿海地区，航线优化的可能性不大。然而，在远程飞行中，燃料优化有可能显著降低燃料费用，因此，所有 PHM 解决方案供应商都在积极追求燃料优化。

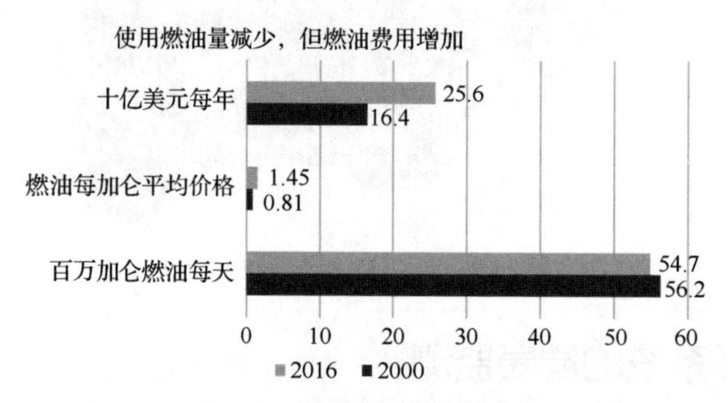

图 18.10　燃料高成本的影响

18.4.8　飞行控制驱动系统的健康监测

对商业航空公司来说，飞行控制驱动系统的 PHM 是一个相对较新的领域。虽说已经在机电飞行控制驱动上进行了一些预测分析开发，但电液压伺服机构（EHSA）上的 PHM 仍是一项新兴技术。机电机构（EMA）具有导致机械堵塞的单点故障模式，因此，出于安全处于首位的考虑，EMA 不用于商用飞机的主要飞行控制。EHSA 现在安装在大多数遥控自动驾驶商用飞机上，以及正在开发的新飞机上。PHM 可用于诊断和预测因密封故障导致的驱动老化，密封故障包括进水、驱动润滑剂污染和过滤器堵塞、扭矩电机老化、伺服阀喷嘴堵塞、伺服阀阀芯间隙减小和摩擦、弹簧部分非弹性形变、轴承摩擦和位置传感器敏感。使用 PHM 最终的目标是来预测执行器何时会阻塞或颤振。图 18.11①显示了飞机缝翼驱动和襟翼驱动。

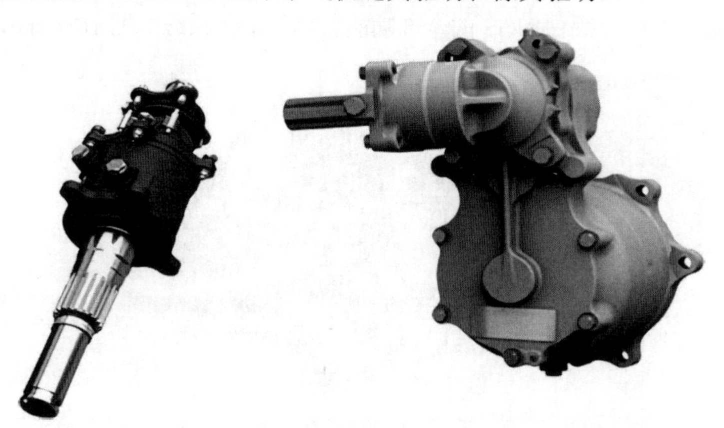

图 18.11　飞机缝翼驱动（左）和襟翼驱动（右）

① 图 18.11 至图 18.14 所示的所有图均由 UTC 航空航天系统提供。

18.4.9 电力系统的健康监测

飞机上的电力系统一般是指发电部件和配电系统。根据设计、安装位置和预期用途，发电机可称为恒速驱动器（CSD）、集成驱动发电机（IDG）、变频启动发电机（VFSG）或APU启动发电机（ASG）。安装在发动机/APU上的启动发电机（图18.12）用于电动启动发动机/APU，然后更改模式为飞机总线供电。发电机的PHM通常包括监测机油温度和压力、输出频率、电压和电流、机油滤清器中的碎屑和发动机转速。如果传感器可测量所需参数，则可以检测和预测许多发电机的故障模式；然而，通常情况下，这些传感器如今还未安装在商用飞机上。随着飞机电力系统的发展，PHM功能方面的传感器无疑将逐渐安装。

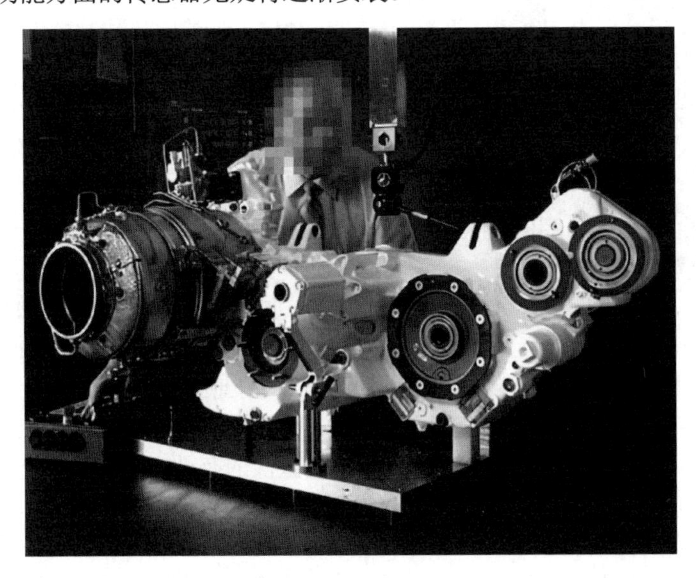

图18.12 启动发电机

商用飞机上的配电系统包括电动机和电动机控制器、发电机控制单元、总线控制单元、高压直流电（HVDC）面板、自耦变压器单元（ATU）、布线、电动压缩机（MDC）、主配电盘和二级配电盘（配电箱见图18.13）、电池（见18.4.11节）。如其他章节所述，这些组件的PHM类似。问题在于，这些组件往往提供关于其驱动的组件的有用信息，而非有关其自身运行状况的有用信息。由于飞机上对外传输的可进行有效分析的数据量有限，所以导致板级或子组件级的PHM目前尚未在商用飞机上得到应用。

图18.13 配电箱

18.4.10 结构健康监测

图 18.14 商用飞机的起落架

在商业航空公司中，已知的结构健康管理（SHM）首次实施是在达美航空公司 737 机队中的几架飞机上。该公司为这些飞机配备了新的数据管理单元（DMU），比前一代 DMU 记录更多的参数。达美航空公司随后在飞机上某些容易出现裂缝的区域安装了对比真空传感器。传感器只能在地面使用专用测试设备读取。这些飞机每 90 天被送到维修基地，在那里可以读取传感器数据并监测裂纹扩展。随着无线、轻量化、能量收集传感器的普及，SHM 将扩展应用到更多的飞机中。

目前一种用于起落架的 SHM 正在商业航空公司中得到广泛应用，如图 18.14 所示。其目的是检测在超重或硬着陆、高阻力或侧载着陆、跑道漂移或尾部撞击期间，起落架上的实际加速度载荷。在其中任一事件发生之后，飞机起落架可能需要检查并分析飞机加速度计，然后才允许飞机恢复使用。如果飞机配备了机载数据采集系统，则会记录加速度计的测量值，并可以快速分析。此外，这些相同的加速计也可以用来预测着陆时收杆抬头的频率。在着陆过程中没有收杆抬头可能导致高下沉率，这有可能会损坏前起落架，可以使用 PHM 方法对该操作趋势和前起落架损伤进行预测。

业界已经认识到，SHM 是一种持续监测结构完整性的有效方法，一些 SHM 规范已被纳入标准维修方法；2009 年版本的 MSG-3 引用了一种更具约束性的 SHM 形式，称为计划 SHM（S-SHM）。MSG-3 认为，如果能够证明 S-SHM 的有效性，则作业者可能会希望用它来替代 NDT。从术语上看，这是一种安装的 SHM 形式，可以在需要时进行调度。更先进的 SHM 形式，可以连续监测结构（称为自动 SHM），但尚未被纳入维修标准，但负责 MSG 标准的委员会正在对此进行评估[26]。

18.4.11 电池健康管理

在波音 787 客机发生事故后，飞机电池中的 PHM 正成为一种普遍应用。运输机需要安装电池来帮助其处理紧急情况。通常，飞机上安装有两块电池：主电池和应急电池。第一块电池用于向飞机提供所需的 28V 直流电，并在出现 IFSD 的情况下帮助重新启动发动机。第二块电池比主电池的功率小，用于在紧急情况下为仪器供电。最初，飞机使用铅酸电池，但由于镍镉（Ni-Cd）电池更轻，所以开始替换铅酸电池。然而，该行业仍在售的大部分电池是旧的铅酸电池。新飞机开始使用锂离子（Li-ion）技术，与铅酸电池相比，锂离子电池的比能量高出近一个数量级。在航空航天应用中使用的典型锂二次（充电）电池的比能量为 200～230Wh/kg；铅酸电池的最高比能量为 35Wh/kg。在航空领域，质量的影响极大，这种差异使得锂离子电池非常有吸引力。镍镉电池是一种较轻的铅酸电池替代品，在许多项目中都有使用。但锂离子电池的安全问题仍需继续投入资金，在未来锂离子电池将占据市场的主导地位。

在现代商业平台中，波音 787 客机最为著名的是它对新技术的应用，尽管该系统出现了一些非常明显的故障。波音公司已经纠正了最初的电池问题，并改变了飞机的设计，以防止锂离子电池遇到热失控事件而导致火灾。因此，锂离子电池已成为商用航空的新标准。就连空客在 A350

上也改变了最初的设计，不愿使用旧式电池，开始使用锂离子电池。如今大多数现代军事项目都使用锂离子电池。

波音 787 客机事件证明，锂离子化学存在一些固有的问题。电池的充放电必须以非常谨慎的方式进行管理。电池充电过量会导致电池内部短路引起热失控，甚至会着火。波音公司的这一系统使用的是二氧化锂钴化合物，它的比能量高于其他锂化合物（如磷酸铁锂），但如果管理不当，它更容易燃烧[27]。二次锂离子电池通常有一个复杂的电池管理系统（BMS）来控制其运行，以避免这种危险的发生。该系统确保电池以平衡的方式充电和放电。BMS 有许多电压、电流和温度传感器，并由软件来调整电池系统的荷电状态（SOC）和健康状态（SOH）。BMS 具有足够的内存和计算能力，可以对系统进行连续监控，甚至存储数据以供将来分析。因此，现代锂离子电池系统是 PHM 的理想选择。美国联邦航空管理局规定，在每次飞行前，BMS 必须显示电池中有足够的剩余电量，以便在飞行过程中根据需要调整电池的功能。这意味着 BMS 必须能够连续计算和报告 SOC。对于 PHM 更有价值的指标是 SOH 估计。SOC 测量的是电池在这个特定循环中剩余的电量，而 SOH 测量的是电池在紧急情况下保持足够电量以发挥其功能的能力。这些计算可能会变得相当复杂，已经有许多现代方法可以准确地估计这些指标，这一领域的研究正在积极进行中，许多基于物理和数据驱动的模型已经被提出用来估计 SOH。卡尔曼滤波和粒子滤波是用来解决这个问题的观测技术。与 SOH 密切相关的概念是 RUL。基于粒子滤波的 RUL 估计方法在锂离子电池系统中尤其有效[28]。这种方法比传统的定期测量电池阻抗并与新的阻抗进行比较的方法要好得多。

随着电力推进技术的出现，锂离子电池的使用只会逐步增加。汽车工业对锂离子电池的需求将推动供应的增加，从而降低其价格。由于 BMS 是电池系统设计和运行的重要组成部分，所以该体系结构可以非常便捷地支持高级电池 PHM 算法，这预示着 PHM 在未来电池系统中的应用前景非常明朗。

18.5 总结

随着提高可靠性、可用性和安全性需求的增加，以及降低维护成本、延迟和取消航班压力的增加，PHM 在商业航空公司的作用也在不断增大。随着技术的不断进步，PHM 在航空公司中将转变为新的角色，并通过新的创新方式确保所有利益相关者——从乘客到运营商，从制造商到供应商再到维修机构都能获得最佳的结果。由于需要保障航空旅行的安全性，航空制造、运营和维护实践将持续受到严格管制。因此，技术创新需要更长的时间才能得到普遍应用。此外，标准正变得越来越普遍，在某些领域往往是当局所要求的。尤其是 PHM 技术，无论是从成本角度还是从质量的角度，PHM 的每一个要素都必须是合理的，因此需要更长的时间才能确立为标准实践，与硬件系统相比，分析方法在将 PHM 功能引入航空部门方面变得更加重要。先进的基于模型的故障诊断和预测、机器学习技术和 UBL 在航空 PHM 的各个层次上都取得进展。自 20 世纪 70 年代以来，发动机是商用飞机上最早使用 PHM 技术来支持操作的系统之一。如今，PHM 功能正在扩展到其他飞机系统和部件中。随着飞机数据变得越来越丰富，这一趋势无疑将继续下去。

原著参考文献

第19章

电子产品 PHM 软件

NoelJordanJameson[1]，MyeongsuKang[2]，JingTian[3]
1 美国马里兰州盖瑟斯堡国家标准和技术研究所
2 美国马里兰大学帕克分校高级寿命周期工程中心
3 美国马里兰州巴尔的摩 DEI 集团

故障预测与系统健康管理（Prognostics and systems Health Management，PHM）是用于保护系统完整性，避免可能导致任务性能缺陷、退化和对任务安全不利影响的意外运行问题的一种综合方法。为了实现 PHM，人们对失效物理（Physics-of-Failure，PoF）和数据驱动方法进行了研究。基于 PoF 的方法涉及应用第一原理模型来理解各种失效机理，从而预测电子系统/部件的剩余使用寿命（Remaining Useful Life，RUL）和可靠性。

目前，基于数据驱动的 PHM 主要是采用诸如 MATLAB、Python 和 R. Learning 等编程语言来实现的，学习这些编程语言需要付出很大的努力，而且 PHM 算法的实现可能会非常耗时。微软 Azure 和亚马逊 AWS 等云平台提供了可用于 PHM 的算法，但它们是通用的机器学习工具，没有针对 PHM 应用进行优化，用户需要熟悉这些平台和 PHM 才能使用它们。PHM Technology 和 Impact Technologies 等公司为特定的 PHM 任务和相关的咨询服务提供了一些工具，但它们并不专门提供通用 PHM 软件。PHM 实施者需要通用、易用、方便优化的 PHM 软件，而高级寿命周期工程中心（Center for Advanced Life Cycle Engineering，CALCE）的 PHM 软件满足了这一需求，我们会在本章中讨论这个软件。

19.1 PHM 软件：CALCE 仿真辅助可靠性评估

CALCE 基于 PoF 的故障预测方法如图 19.1 所示。第一步涉及虚拟寿命评估，其中设计数据、预期寿命周期，以及失效模式、机理和影响分析（Failure Modes，Mechanisms，and Effects Analysis，FMMEA）和 PoF 模型是可靠性（虚拟寿命）评估的输入。需要注意的是，PoF 模型有时在新的设计中不可用，因为其没有实施可靠性的预先设计，而 PoF 模型往往是针对特定故障机理的。基于虚拟寿命评估，可以对关键故障模式和机理进行优先排序。此外，现有的传感器数据、内置测试（Built-In-Test，BIT）结果、维修及检查记录以及质保数据可用于识别可能的故障情况。在这些信息的基础上，可以确定 PHM 的监测参数和传感器位置。

根据收集到的运行数据和环境数据，可以评估系统的健康状态。用 PoF 模型也可以进行损伤监测，进而得到剩余寿命。PHM 信息可以用于预测性维修和决策，从而使寿命周期成本最小化，可用性最大化。基于 PoF 的故障预测方法的主要优点是可以通过使用系统的材料和几何形状的知识，以及整个寿命周期的载荷条件（如热、机械、电、化学等应力），将基于工程的产品理解纳入 PHM。

FMMEA 过程提供了一种方法来识别故障机理和模型，并且对产品的故障进行排序。当故障模型可以用来识别产品的故障机理时，这些模型可用于估计产品的预期寿命，而这个过程可以在搭建物理样机之前的产品设计阶段完成。通过故障模型对产品的寿命估计，可以确定产品是否满足其寿命要求。因此，可以在生产实物产品之前确保产品的可靠性。这种使用仿真来确定产品是否符合其使用寿命要求的过程称为虚拟认证。

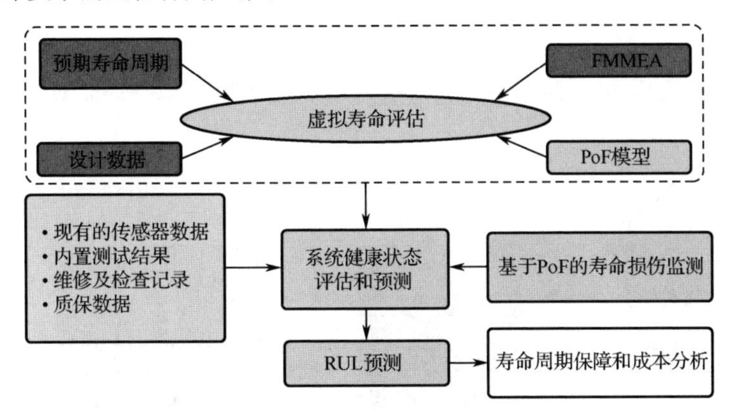

图 19.1 CALCE 基于 PoF 的故障预测方法

虽然虚拟认证可以用来确定产品是否满足其使用寿命的要求，但上述模拟过程也可以用来确定产品在物理测试条件下的表现。当载荷条件从寿命条件转换为试验条件时，基于模拟的预测过程被称为虚拟试验。虚拟试验在确定试验预期值和确定试验时间需求上非常重要。当它与物理试验相结合时，虚拟试验方法有助于确保虚拟认证过程有效。

如上所述，FMMEA 过程适用于任何类型的产品，不管是电子产品还是机械产品。虽然电子产品可以展现出各种各样的功能，但其组成部分通常是相同的。这些组成部分包含一种覆铜的印制电路板，覆铜用于在分立封装的电子元器件之间提供连接。封装的电子元器件采用标准化的格式，旨在保护元器件并提供可以连接到印制电路板上覆铜的引脚。随着电子封装技术的发展以及新型结构的引进，电子产品的失效机理逐步得到了研究，电子产品结构的失效模型也逐步得到了记录。通过收集失效模型，可以建立模拟电子产品的仿真环境。

CALCE 开发的仿真辅助可靠性评估（Simulation Assisted Reliability Assessment，SARA）软件是一个用于电子产品虚拟认证和试验的仿真环境案例。CALCE 的 SARA 软件提供了一个不断丰富的电子产品结构失效模型集合。通过失效模型的实施，确定失效模型所需要输入的几何、材料和环境载荷参数。通过分配特定设计的参数值，可以用相关的失效模型来确定单个失效机理作用下的失效时间。除计算机实现的单个失效模型外，CALCE 的 SARA 软件还提供了创建印制电路板组件（电子产品常见组件）的计算机模型的功能。

图 19.2 是 CALCE 的 SARA 板级组装工具的分析管理器屏幕截图。印制电路板的计算机模型由不断丰富的失效模型集合提供信息。作为模型创建的一部分，该软件提供了一种功能，用于分配寿命周期在使用或试验时预期的载荷条件。图 19.3 是 CALCE 的 SARA 失效时间图。由于物理位置不同，组装元器件间的环境载荷参数往往不同，CALCE 的 SARA 软件创建了印制电路板的组装模型，可以评估组装元器件温度，以及由机械应力（如振动和冲击）导致的位移和应变水平。该软件通过使用指定的寿命周期载荷条件，执行一个虚拟的 FMMEA 并对识别出的失效模型进行评估，从而提供各个组装元器件的失效时间排序。通过上述方式，CALCE 的 SARA 软件可以用来执行虚拟认证和虚拟试验。

CALCE 的 SARA 软件包括：

- calcePWA：calcePWA 用于执行基于模拟的印制电路板组件的失效评估。它包括热分析、振动分析和失效评估功能。
- calceFAST：calceFAST 为电子封装相关的失效和工程分析提供了一个易于使用的解决方案。
- calceWhiskerRiskCalculator：calceWhiskerRiskCalculator 允许用户通过一组锡或锡基无铅导体来评估晶须失效风险。该软件利用测量的晶须生长特性来实现随机，并在有必要时，根据测量的生长趋势做进一步推断。

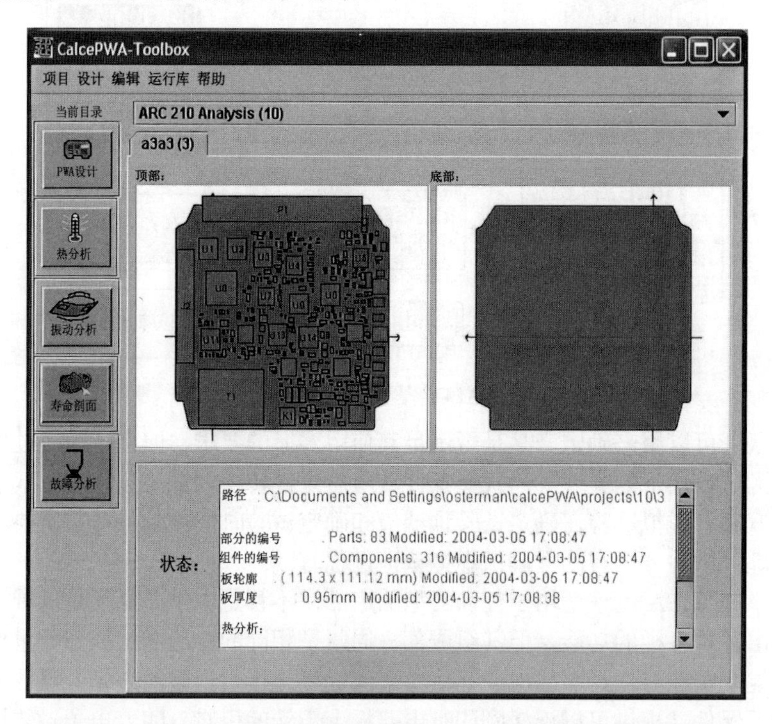

图 19.2 CALCE 的 SARA 板级组装工具的分析管理器屏幕截图

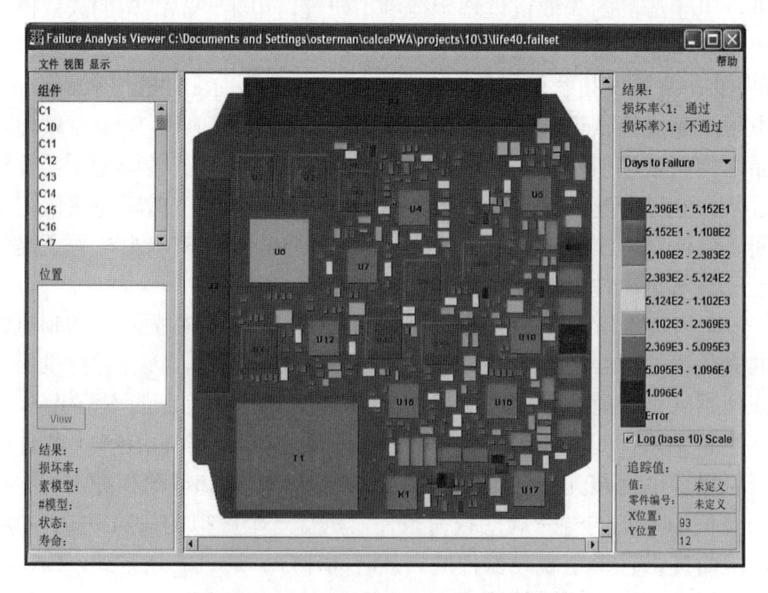

图 19.3 CALCE 的 SARA 失效时间图

calcePWA 可以创建印制电路板组件的计算机模型。通过表单驱动的接口以及创建材料和零

件数据的可重复使用数据库的能力来简化建模。利用 calcePWA 热分析模块，可以确定单个印制电路板层和元器件的稳态温度。calcePWA 可以模拟热传导、自然热对流（垂直和水平）、热辐射、强制对流和风冷的散热片。图 19.4 显示了 calcePWA 提供的热分析示例。

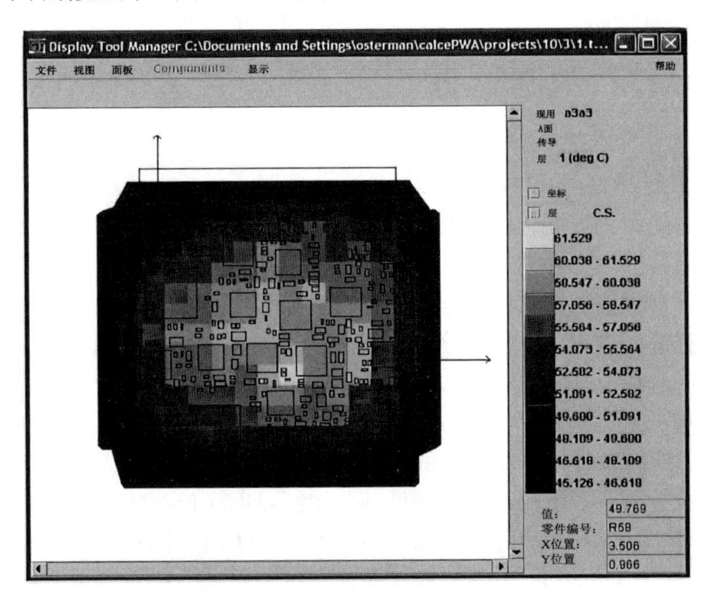

图 19.4　calcePWA 提供的热分析示例

通过 calcePWA 振动分析模块，可以获得包含最多六个基频和振型的印制电路板组件的动态特性。它提供随机振动或冲击的响应评估，并确定印制电路板的曲率和平面外位移。振动模块为简单的、夹紧的、转动的和平动的弹簧边界条件提供支撑，采用改进的板单元的有限元建模方法进行振动分析。图 19.5 所示是 calcePWA 软件热分析的屏幕截图。

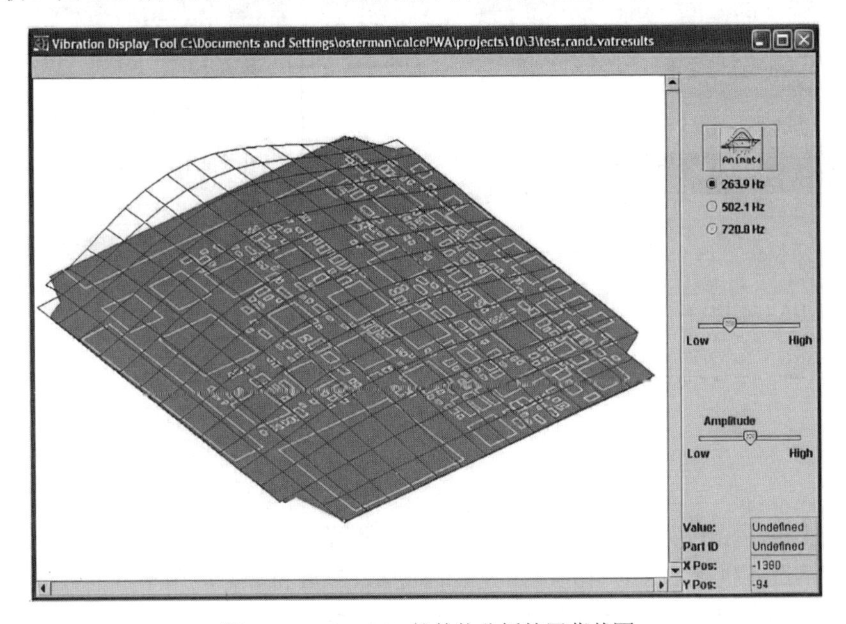

图 19.5　calcePWA 软件热分析的屏幕截图

失效评估是在定义的印制电路板组件和定义的寿命周期载荷条件下进行的。根据硬件和载荷条件，识别出不同的失效点，并估计出失效时间（见图 19.3）。此评估是基于定义的一组可以从设计和载荷数据中提取规定输入要求的失效机理模型进行的。

失效机理模型包括：

- 由于温度循环、振动和冲击导致封装到板上的互连焊点失效；
- 由于温度循环的镀通孔（Plated Through Hole，PTH）失效。

19.2 PHM 软件：数据驱动

通常，PHM 包括传感、异常检测、故障诊断、预测和决策支持。传感器收集与时间相关的系统测量或环境应力的历史数据，以监测系统的健康状态，然后通过识别与系统正常健康行为的偏差来检测系统的异常行为。异常检测的结果可以提供故障预警，称之为故障预兆。故障诊断能够从系统健康状态异常引起的传感器数据中提取与故障相关的信息，如故障模式和故障机理。预测是用来预测系统在适当置信区间的剩余使用寿命。在这些预测的基础上，决策者被告知 PHM 所提供的潜在成本规避和投资回报率，即 PHM 使合适的决策成为可能。这种做法的目的是：防止系统的灾难性故障；通过减少停机时间来增加系统可用性；延长维修周期；及时采取维修措施；通过减少检查和维修来降低寿命周期成本；完善系统鉴定认证、设计和后勤保障。

进行 PHM 分析需要许多步骤：数据预处理、特征发现（包括特征提取、特征选择和特征学习）、异常检测（或状况评估）、故障诊断和故障预测。CALCE 的 PHM 软件涵盖了 PHM 分析所需的所有步骤。此外，CALCE 的 PHM 软件允许在每个步骤中探索给定数据集的各种算法的有效性，如图 19.6 所示。CALCE 的 PHM 软件之所以在 PHM 分析的每个步骤中都支持各种算法，是因为没有系统的方法来确定特定的（机器学习）算法是否可以很好地处理目标问题。也就是说，尽管已经研究了许多用于异常检测、故障诊断和预测的算法，但仍然需要探索各种算法的适用性，以选择用于对应问题最合适的算法。

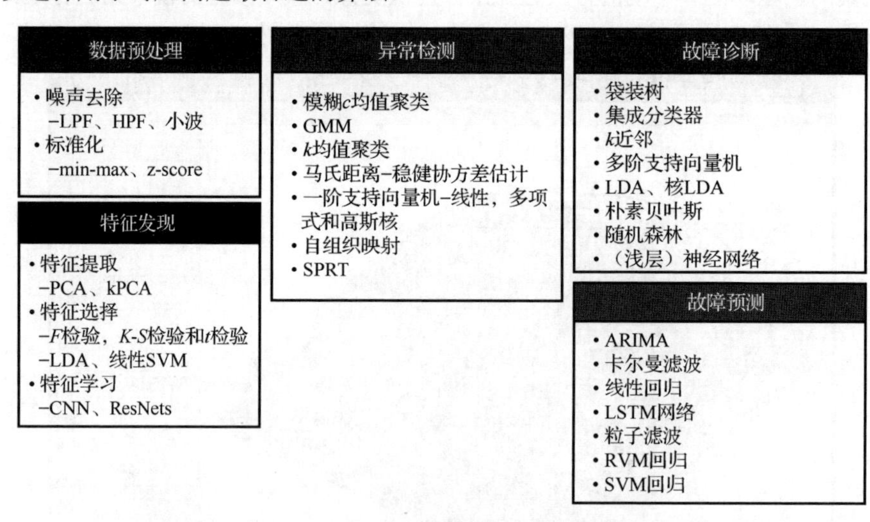

图 19.6　CALCE 的 PHM 软件在 PHM 分析中可用的算法

在 CALCE 的 PHM 软件中，一些算法能够在执行操作之前将健康类数据与其他数据分离。这需要在许多情况下执行，因为首先检查健康的数据，然后将分析应用于其他数据的做法是有利的。例如，错误的数据通常是均值漂移的，或者与正常数据的方差不同。在这种情况下，如果健康数据是 z-score 标准化的，那么其余数据会用健康数据的均值和方差来进行 z-score 标准化，否则可能会出现未知的分离。类似地，在做主成分分析（Principal Components Analysis，PCA）时，最好先获取健康数据的主成分，然后使用那些健康的主成分作为其余数据的基础。在软件中，这种功能由标准化、PCA 和核 PCA 提供。

19.2.1 数据流

在设计软件的过程中，一个需要重点考虑的是数据流向，这个数据流向定义了哪些算法会在其他算法之前执行。例如，若用户对其数据进行标准化，则可以选择在构建分类模型之前对数据进行标准化。因此，该软件将这些算法分为五大类：数据预处理、特征发现、异常检测、故障诊断/分类和故障预测/建模。在这些类别中，每一类都是 PHM 分析的单个“步骤”，数据一步一步地流动，每一步由用户决定。

如图 19.7 所示，用户可以选择在数据流中加入或省略一个步骤。在该图中，输入数据采用第一条封闭路径，然后根据“连接”的步骤从左到右进行处理。例如，用户可以决定先对“数据预处理”进行标准化，然后将标准化的数据传递给“特征发现”步骤，再对“特征发现”步骤的输出数据进行“异常检测”。或者用户可以在“数据预处理”步骤中过滤数据，然后直接在“预测/建模”步骤中对数据建模。通过这种方式，只需一个动作就可以对数据执行一系列的数据分析和机器学习运算。

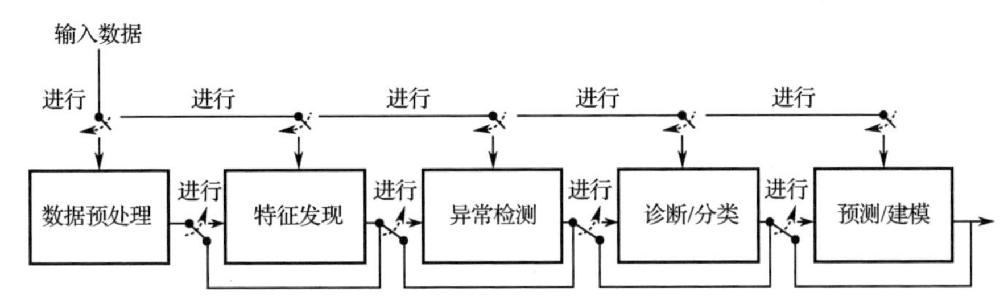

图 19.7 CALCE 的 PHM 软件数据流（通过上面的路径将数据流输入到第一个连接的步骤，然后数据要么通过步骤上面的路径，要么通过步骤下面的路径）

19.2.2 主要选项

在开始操作之前，必须建立数据的布局。软件中的算法是多种多样的，每个算法都能够处理特定的数据布局。然而，更重要的是，需要向软件提供必要的信息，以便正确地处理数据。由于用户提供数据的格式不同，因此必须以产生所需结果的方式导入和组织数据。CALCE 的 PHM 软件总体布局如图 19.8 所示，提供了以下选项来处理数据。

- 功能。用户可以选择“Training”或“Testing”，以便构建或使用模型分析新数据。
- 第一列是否为时间索引。对于许多应用程序，第一列是一个时间索引，用于跟踪一个或多个随时间变化的量。但是，大多数应用程序都没有使用时间索引，因此有必要了解第一列是否包含时间索引信息，以便正确地分析其他数据。
- 指定行/列以开始导入数据。此选项适用于数据文件的标题或列不作为分析部分的用户。对于.txt 和.csv 文件，文本框允许用户指定要启动导入的行和列。对于.xlsx 文件，文本框允许用户在其文件中的一个矩形区域（如 A2：C5）内指定数据。对于.xls 文件，没有指定要导入的区域的功能，因此算法只导入文件中的所有数值数据。默认从左上角开始，然后导入文件中的所有内容。
- 指定标签列。最常见的做法是在数据的最后一列中为数据提供类标签。但是，在某些情况下，标签被放在其他地方，因此软件允许用户指定包含类标签的列。如果将该选项设置为“0”或“无”，或者留空，则假定数据中没有标签；如果输入的是“end”，则获取最后一列，这是默认设置。

- 健康标签。健康标签为“1”或“0”是很常见的。因为这可能会引起混淆，此输入用于指定健康标签。
- 加载数据。这个按钮用于加载数据，当按下它时，会提示用户在其计算机（或本地网络）上查找文件，然后安排绘图选项以反映数据结构。
- 评估。此按钮触发后开始分析，并执行用户选择的算法序列。
- 保存结果。这个按钮提示软件从每个选择的算法中输出数据文件。

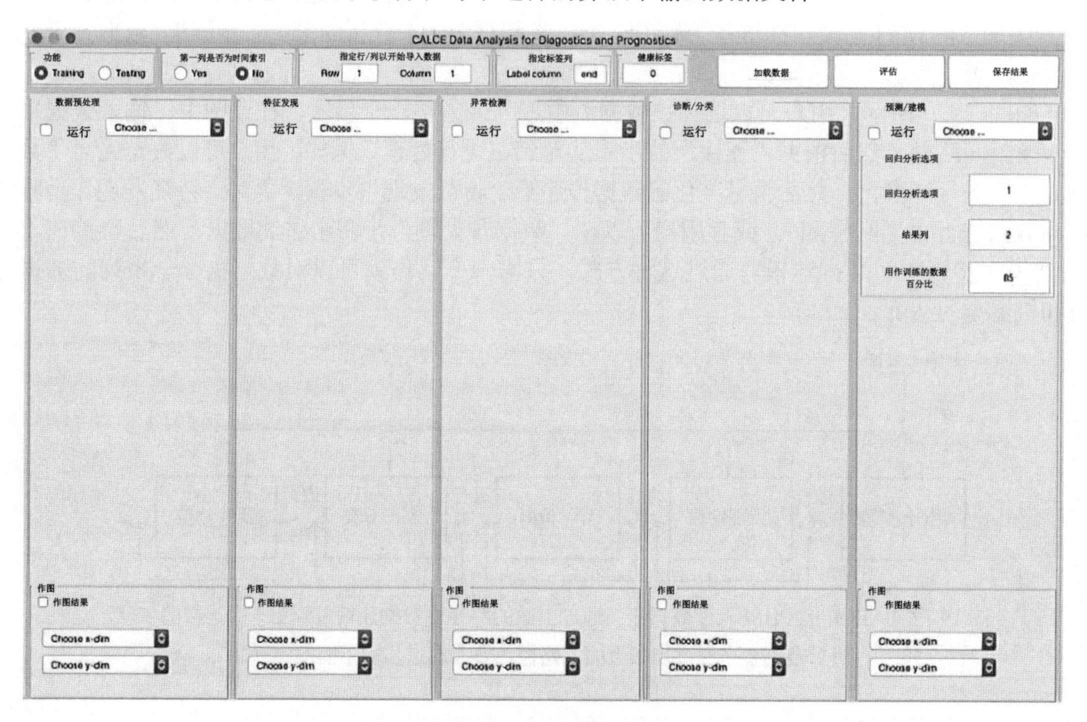

图 19.8 CALCE 的 PHM 软件总体布局

19.2.3 数据预处理

数据预处理执行用于在提取特征或建立模型之前处理数据的算法。这一步骤包含两种处理过程：滤波和标准化。滤波的主要目的是通过利用低通滤波器（Low-Pass Filter，LPF）和高通滤波器（High-Pass Filter，HPF）限制输入数据的频率范围。同样，可以使用 z-score 或 min-max 对数据进行标准化，并且可以参照健康的数据类别对数据进行标准化。数据预处理的布局如图 19.9 所示。

滤波用于去除数据中的噪声。如果有用信息位于低频带，则 LPF 可以在保留有用信息的同时去除高频噪声，从而提高信噪比。另一方面，如果有用的信息位于高频带，则可以应用 HPF。对于滤波选项，用户必须输入截止频率（LPF 允许的最高频率或 HPF 允许的最低频率）、模型阶次和采样频率。截止频率表示为奈奎斯特频率（采样频率的一半），在给定采样频率的情况下，可以测量的最高频率。例如，若给定数据集的采样频率为 1kHz（每 0.001s 一次），则可以测量的最高频率为 500Hz。因此，对于截止频率为 250Hz 的 LPF，用户将在截止频率框中输入 0.5。模型阶次是指有限脉冲响应滤波器的阶次，采样频率以赫兹为输入单位。如果选中“数据已标记”复选框，则在筛选数据之前删除标签列。过滤完成后，标签被重新附加到数据上。

许多算法都需要对数据进行标准化处理，以避免不同变量间尺度差异造成的估计偏差。标准化选项允许用户在 z-score 标准化和 min-max 标准化之间进行选择。如果选择 min-max 标准化，那么用户可以输入数据应该限制的最小值和最大值。如果勾选“数据已标记”复选框，则会显示第二组选项，允许用户仅对健康数据（“只使用健康数据”）或所有数据（“使用全部数据”）执行标准化。如果只使用健康数据，则该算法使用健康数据的标准化参数，并将其应用于所有数据。例如，在 z-score 标准化中，先减去平均值，然后除以标准差。因此，如果只使用健康数据，则使用健康数据各维度的均值和标准差对所有数据进行标准化。类似地，使用 min-max 标准化时，应用健康数据各维度的最小值和最大值对所有数据进行归一化处理，可能会导致非健康数据中的某些值大于或小于指定的最小值或最大值。

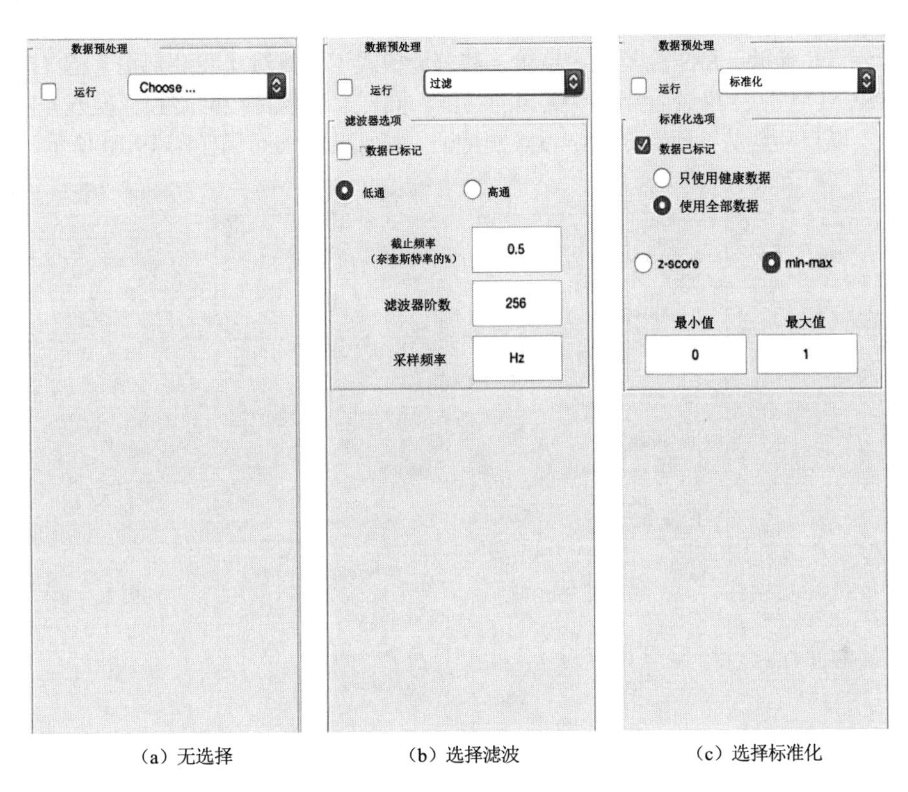

（a）无选择　　（b）选择滤波　　（c）选择标准化

图 19.9　数据预处理的布局

19.2.4　特征发现

特征发现执行以特征提取为目标的算法，其目的是发现能够有效实现数据处理目标和/或降低数据维数的特征。

当有用信息嵌入到非线性相关变量时，核主成分分析（kernel PCA，kPCA）比主成分分析（PCA）更合适。选择 PCA 时，有几个可用的选项。首先，用户可以在保留主成分的两种规则之间进行选择：解释的方差百分比或主成分数。在执行主成分分析时，主成分是沿着数据的方差方向计算的。因此，每个主成分包含原始数据方差的百分比。第一个主成分包含最大的方差，第二个主成分包含次大的方差，以此类推。因此，将每个连续主成分解释的方差相加，就得到了主成分解释的方差的累积量，用户选择并输入的正是该解释的累积方差。此外，用户可以简单地输入所需的主成分数量，然后以上述的累积方式选择这些成分，即如果一个人决定保留两个主成分，则保留前两个主成分。其次，用户可以选择只使用健康数据构造主成分，然后将所有数据投影到这些主成分上。在此选项中，只有标记为健康的数据才能被使用来构造主成分，然后将所有数据投影到这些主成分上。最后，用户可以选择使用稳健协方差估计来构建主成分。主成分是数据协方差矩阵的特征值，因此，如果协方差矩阵是用含有异常值的数据计算的，那么主成分就会向异常值倾斜。通过使用该功能，用户可以决定改用稳健协方差估计。但是，这样会增加计算时间。稳健协方差矩阵的计算方法有三种：最小协方差行列式法、最小体积椭球法和逐次差分法。

当选择 kPCA（即 PCA 的核版本）时，用户必须首先选择要使用的核心方程。在这里，用户有两个选择：高斯和多项式。每个内核都有一个必须由用户输入的内核参数。其他两个选项遵循与 PCA 中保留的主成分和标记数据相同的原则。使用稳健协方差估计选项不适用于 kPCA。

统计特征选择试图根据类标签找到对数据分离最敏感的数据特征（即数据中的列）。因此，该算法确实需要标记数据。关于这一点，使用“特性”表示提供的数据的维度。本质上，该算法使用统计检验（F 检验、K-S 检验或 t 检验）和统计模式识别算法［线性判别分析（LDA）和支持向量机（SVM）］来寻找最适合分离数据的特征。同样，卷积神经网络和深度残差网络可以用于特征学习，以自动地从诊断数据中学习鉴别特征。特征发现的布局如图 19.10 所示。

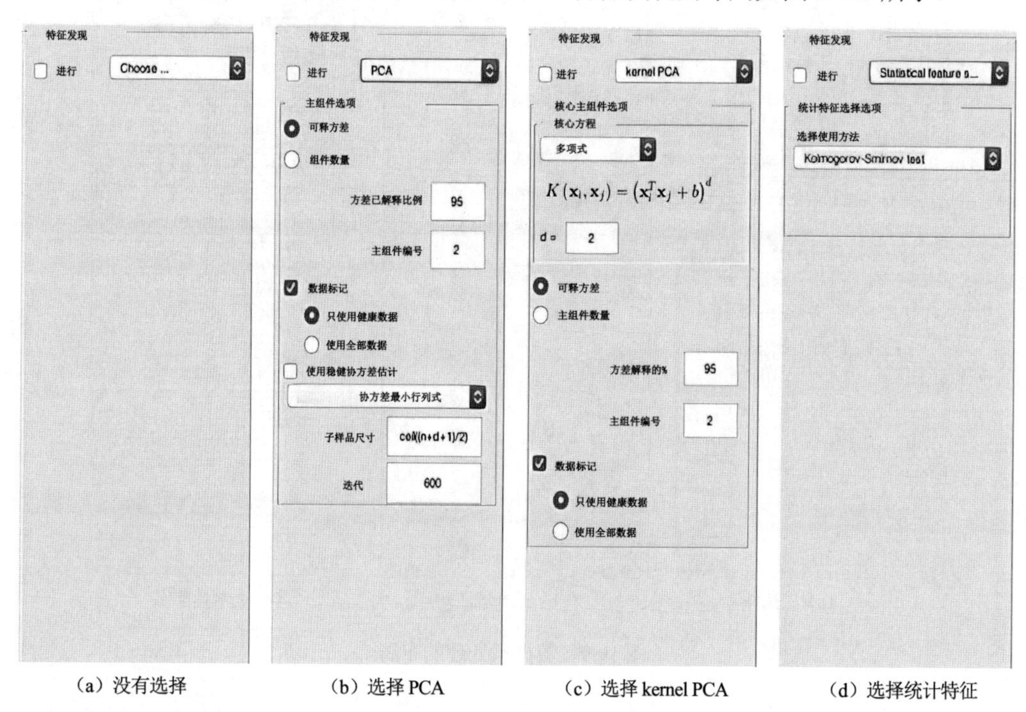

（a）没有选择　（b）选择 PCA　（c）选择 kernel PCA　（d）选择统计特征

图 19.10　特征发现的布局

19.2.5　异常检测

异常检测是检测与“标称”数据不符合的过程。为了进行数学异常检测，必须建立一个标称数据模型。在软件异常检测模块，设计有 7 种算法以实现这个功能。在每种算法下，围绕训练数据构建特定的模型，然后根据该模型评估测试数据。

k 均值聚类算法与模糊 c 均值聚类算法相似，只是 k 均值聚类算法的输出是将一个点赋值给一个特定的聚类，而模糊 c 均值聚类算法的输出是每个点属于一个特定聚类的概率。数据点属于特定聚类的概率，本质上就是该点到聚类质心的欧氏距离，通过对每个聚类质心的距离之和进行归一化。对于这些算法的异常检测功能，用户必须输入所需的聚类数目和检测阈值。检测阈值是距离的上百分位，超过该值的数据点应归为异常。

马氏距离异常检测方法需要检测阈值 $1-\alpha$ 的输入，$1-\alpha$ 是概率密度函数中超过 α%的位置。如果用户知道数据是高斯分布（或近似高斯分布）的，则距离阈值是一个具有 d 自由度（数据维数）和百分比 $1-\alpha$ 的逆 χ^2 分布。如果用户认为数据不是正态分布的，那么就简单地将阈值作为

距离的上部 α%。由于马氏距离是使用数据协方差计算的度量，因此提供了使用稳健协方差的选项。在这种情况下，首先计算稳健协方差矩阵，然后利用稳健协方差矩阵计算每个点的马氏距离。

高斯混合模型（Gaussian Mixture Model，GMM）是一种聚类算法，它假设 k 个聚类，然后通过期望极大化（Expectation Maximization，EM），求出最适合数据的 k 个高斯分布的最佳加权和。用户输入聚类的数量，然后执行 EM 算法，直到满足用户定义的终止条件。终止条件可以是 EM 算法迭代次数的整数，也可以是最小对数似然差。EM 算法的设计是这样的：在每个迭代中，都要采取一个“步骤”来最大化对数似然值。因此，当连续步骤之间的差值很小时，很可能已达到最大对数似然。异常是通过使用用户定义的检测阈值来检测的。当向算法提供一个测试数据点时，根据每个高斯分布计算马氏距离（因为所有的聚类分布都假定为高斯分布的），如果超出阈值，数据点就是异常点。对于高斯分布，阈值自由度为 d，$1-\alpha$ 的逆 χ^2 分布。

一阶支持向量机（One-Class Support Vector Machine，OC-SVM）利用支持向量机（SVM）算法在给定数据周围构造决策边界。有三个核函数可用于数据建模：线性、高斯和多项式。一个额外的用户输入是“异常分数”，即给定数据中被归类为异常值的数据点的分数。本质上，这是对给定数据周围的决策边界有多紧的度量，较大的异常分数导致决策边界围绕数据收缩，较小的离群值导致决策边界围绕数据展开。

自组织映射（Self-Organizing Map，SOM）将多维数据投影到二维（特征）映射中，使模式相似的数据与相同的神经元（即最佳匹配单元）或其邻居相关联，从而用于异常检测。基于 SOM 异常检测方法的基本思想是使用（测试）数据点与从健康参考数据点获得的最佳匹配单元之间的距离作为健康指标。

序贯概率比检验（Sequential Probability Ratio Test，SPRT）是在给定输入数据序列的情况下，判断两个相互竞争的假设哪个正确的一种方法。当使用 SPRT 时，有假阳性比率（数据正常，但被归类为异常）和假阴性比率（数据异常，但被归类为正常）的输入，以及使用方法的选择（平均值或方差）。假阳性比率和假阴性比率的值是根据用户对异常检测的容忍度来选择的。较高的假阳性比率意味着 SPRT 算法将更多的标称数据归类为异常数据，而较高的假阴性比率意味着更多的异常数据归类为标称数据。异常检测布局如图 19.11 所示。

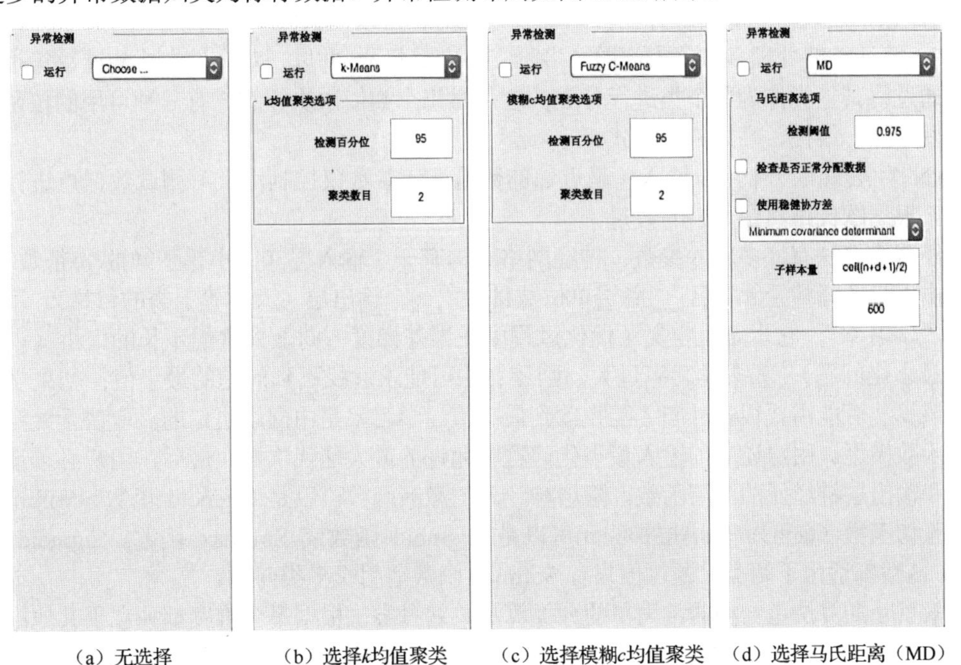

（a）无选择　（b）选择k均值聚类　（c）选择模糊c均值聚类　（d）选择马氏距离（MD）

图 19.11　异常检测布局

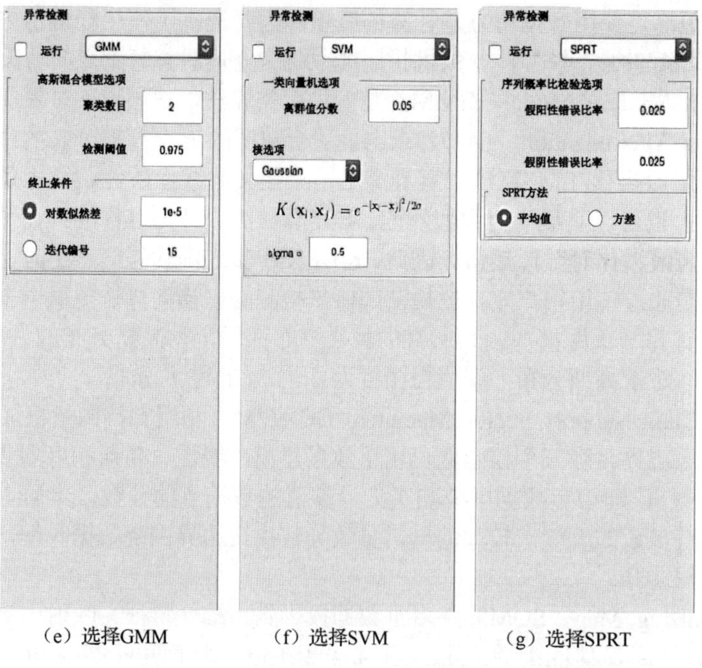

（e）选择GMM　　（f）选择SVM　　（g）选择SPRT

图 19.11　异常检测布局（续）

19.2.6　诊断/分类

用机器学习的说法，诊断本质上是一个分类问题。这是根据以下假设得出的：每种故障模式都呈现出某种数据特征，可用于将其与其他故障模式区分开。或者更广泛地说，无论什么故障模式，健康数据都可以与错误数据区分开。软件的诊断/分类功能中有六种算法：支持向量机（SVM）、*k* 近邻（*k*-NN）、神经网络、朴素贝叶斯、线性判别分析（LDA）和核线性判别分析（kLDA），包括袋装树和随机森林在内的集成分类器也可以在软件中使用。

SVM 算法能够处理多阶分类问题（多阶支持向量机），并以一对全的方式构造决策边界，其中一类通过将其他类作为单个类进行分类；这是对每个类依次执行的。有三种可用的核函数来处理非线性数据：线性、高斯和多项式。

k-NN 算法只有一个用户输入：最近邻的数量。该参数仅控制用于对测试数据点进行分类的最近邻（根据欧氏距离定义）的数量。

神经网络算法有许多输入参数。神经网络结构有一个输入层（大小等于维数/特征数），一个隐层（由用户选择神经元数目："隐层单位数目"），一个输出层（大小等于类的数目）。用户还可以选择"学习率"，它本质上定义了优化过程中在误差梯度方向上采取的步长的大小（训练神经网络是最小化问题）。如果学习率过大，则该算法可能永远找不到问题的最小值；如果学习率过小，则该算法可能需要很长时间才能收敛到最小值。学习率是由问题决定的，取决于给定数据集的误差函数模型。用户还必须输入最小化问题中允许的最大迭代次数。最后，用户必须选择隐层神经元和输出层神经元的激活函数。隐层神经元的激活函数可以是 Sigmoid 函数、Softmax 函数或双曲正切函数（tanh）。输出层神经元可以是 Sigmoid 函数或 Softmax 函数。Sigmoid 函数和 Softmax 函数都适用于两类问题，但只有 Softmax 函数适用于多类问题。

朴素贝叶斯算法是一种非常简单的分类算法，它只尝试根据每个维度都独立于其他维度的假设对数据点进行分类。用户选择一个分布，然后将每个类的每个维度拟合到所选的分布。因此，每个类都有 d 个分布，其中 d 是数据的维数。对分类而言，计算每个类的数据点的每个维度的概率，也就能计算数据点属于特定类的概率。概率最大的类被认为是数据点的类。该软件提供了四种概率分布供用户选择：高斯分布、对数正态分布、双参数威布尔分布和非参数分布。

线性差别分析（Linear Discriminant Analysis，LDA）算法很容易使用，因为没有用户输入。在给定一组带标签的数据的情况下，假设每个类都是正态分布的，该算法给出了类之间的决策边界。kLDA 算法也很容易使用，但在这种情况下，用户必须选择核函数并输入必要的核参数。可用的核函数有高斯核和多项式核。

下面以一个示例数据集为例，其前五行数据如表 19.1 所示。每一列都是一个数据变量，最后一列显示每个数据点的标签。注意导入数据时必须忽略标题，这意味着数据的导入从第 2 行、第 1 列开始。健康数据的标签为 0，故障数据的标签为 1。因此，数据被标记（必须选择此选项的每个实例），标签在最后一列（在标签列的主选项中输入“end”或“15”），健康标签必须输入为 0。第一列不是时间索引，因此将此选项选择为“No”。

表 19.1　数据集示例

V1	V2	V3	V4	V5	V6	V7	V8	V9	V10	标签
4.62E+00	7.54E+00	9.70E+01	6.23E+00	7.42E+01	2.31E+00	4.31E+00	1.94E+01	1.14E+02	1.80E-02	1
3.83E+00	5.23E+00	9.13E+01	5.08E+00	6.77E+01	1.91E+00	3.70E+00	3.36E+01	2.93E+02	1.50E-02	1
5.98E+00	5.41E+00	1.10E+02	4.42E+00	1.03E+02	2.99E+00	6.03E+00	8.71E+01	1.33E+03	2.34E-02	0
2.91E+00	4.42E+00	9.43E+01	6.54E+00	7.39E+01	1.46E+00	2.74E+00	2.47E+01	1.68E+02	1.14E-02	1
4.48E+00	4.53E+00	9.83E+01	3.99E+00	9.29E+01	2.24E+00	5.20E+00	3.98E+01	4.31E+02	1.75E-02	1

该数据集的一个重要观察结果是不同变量（或维度）之间的数量级差异，因此，必须首先对这些数据进行标准化。在本例中，z-score 标准化是使用健康数据作为标准化的参考（见图 19.12）。标准化有助于减少大值变量对结果的过度影响。下一步，计算数据的主成分（见图 19.13）。最后，使用高斯函数核的 SVM 对数据进行分类（见图 19.14 和图 19.15）。

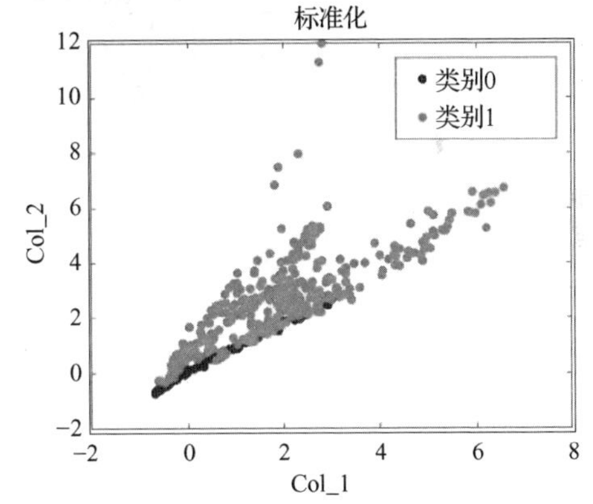

图 19.12　使用健康数据作为 z-score 标准化参考

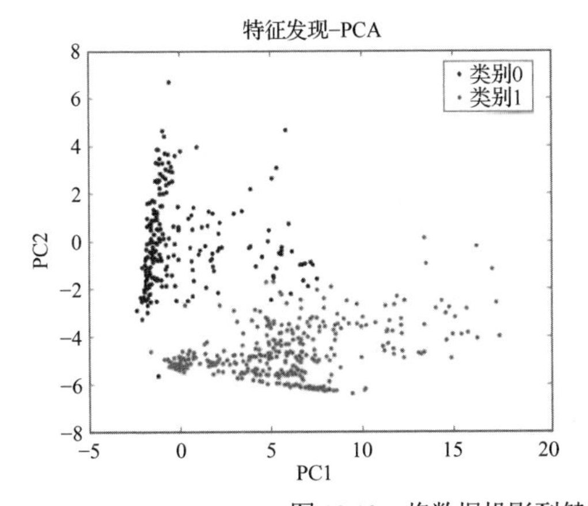

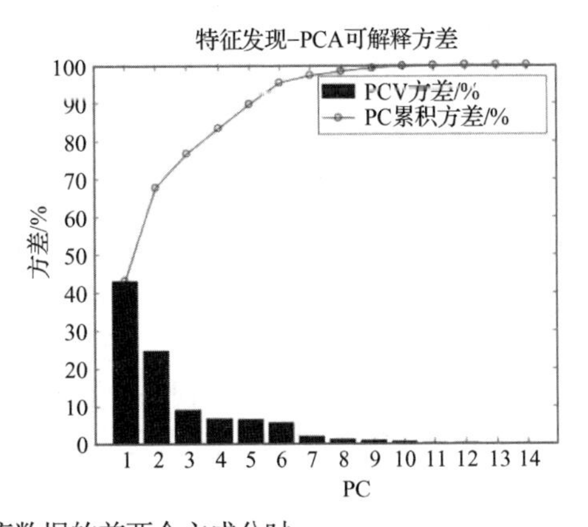

图 19.13　将数据投影到健康数据的前两个主成分时

第一次 z-score 标准化后的数据（左图）和健康数据各主成分的方差（右图）

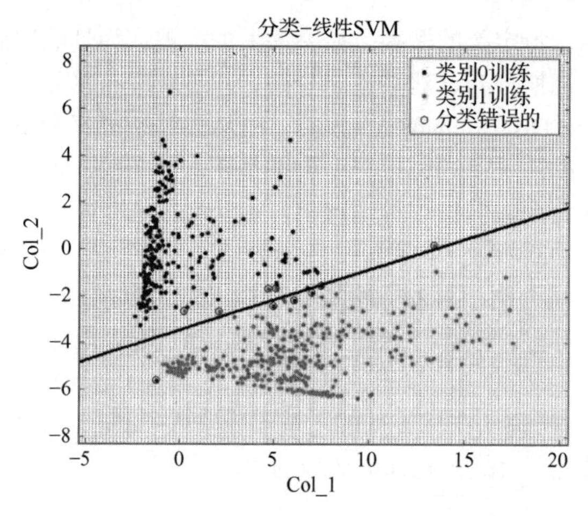

图 19.14　使用高斯函数核的 SVM 对数据进行分类

（首先对数据进行 z-score 标准化，然后将数据投影到健康数据的前两个主成分上）

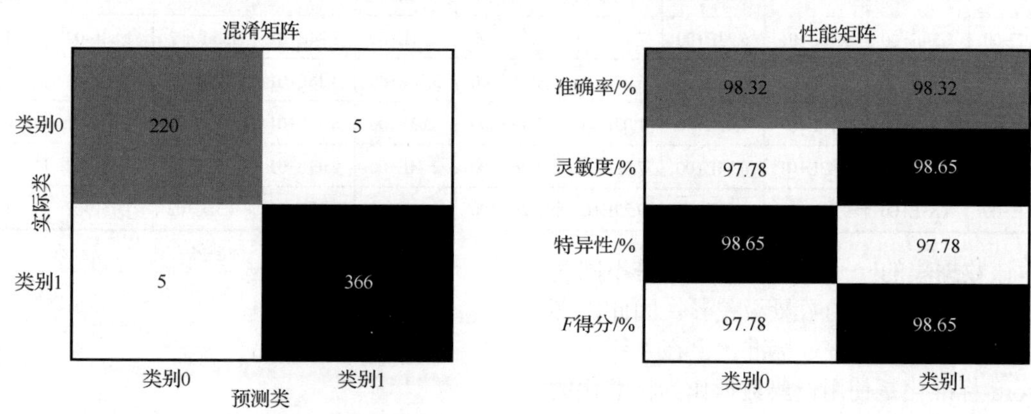

图 19.15　支持向量机分类（图 19.14）的混淆矩阵（左图）和性能矩阵（右图）

19.2.7　预测/建模

预测/建模模块配备了三种算法来生成数据的数学模型，并及时优化该模型。预测/建模面板有四个通用的用户输入。在建模选项组中，有回归列、结果列和数据百分比的条目可用于训练。回归列是输入到模型的数据中的列，结果列是模型的输出，作为训练使用的数据百分比允许用户使用数据的初始百分比来构建模型，并以剩余的数据对已知数据模型进行测试。每个算法输出两个图：一个显示输入数据时模型的性能；另一个显示模型和数据的残差。在预测选项组中，在 RUL 估计和模型预测之间有一个选择。RUL 估计是在时间序列跨越故障阈值之前估计时间长度的过程，故障阈值由用户定义。模型预测按用户定义的步数及时进行。

自回归综合移动平均（Auto-Regressive Integrated Moving Average，ARIMA）模型使用三个参数：p、d 和 q。p 表示模型自回归部分的阶，d 表示数据减去过去数据的次数（作为一种使数据平稳的方法），q 表示模型移动平均部分的阶。ARIMA 算法需要输入上述每个常量，因此软件首先显示一些自相关函数和偏自相关函数，以从用户处获取输入。输入模型参数后，模型即完成构造，并给出相应的图。由于自回归的大小和移动平均项的存在，模型的构建可能比较耗时。ARIMA 只做预测，因此，对于用户定义用作训练的数据百分比之前的数据，不显示模型输出。

线性最小二乘法是构造模型最简单的方法之一，其计算量小。第一个输出图显示了在整个数

据中绘制的最小二乘法线及其95%置信区间。第二个输出图显示了模型预测数据的残差。

支持向量回归（SVR）使用与支持向量机相同的数学框架，结合数据构建最佳拟合线。用户必须选择核函数并输入核参数。第一个输出图显示在训练数据和用户选择用作测试的剩余数据的模型。第二个输出图显示数据和模型预测之间的残差。

以锂离子电池的时间序列数据为例（见表 19.2）。这些数据测量的是电池在循环过程中电池容量的损耗（本质上是电池可以储存的电量）。数据第一列是循环次数（时间的一种度量），第二列是标准化的电池容量，其中测量值为 1 或略大于 1 表明电池并没有容量损耗，而测量值为 0.7 则意味着测量电池寿命终结。

表 19.2　锂离子电池的时间序列数据

循 环 次 数	电 池 容 量
1	1.0001
2	0.9998
3	0.9997
⋮	⋮
1430	0.7000

对于这些数据，第一列是时间参数，因此必须从主选项中选择该选项。如果数据是没有时间标记的，则没有标签列（显示为“0”或空出标签列的空间）。对于本例，我们只考虑平滑数据（移动平均），而频率内容不那么重要，因此采样频率设置为 1。低通滤波器的截止频率设置为 0.025，模型阶数为 32，结果如图 19.16 所示。滤波算法还输出原始数据和滤波后数据的频域响应和功率谱密度，但本文中不做显示。

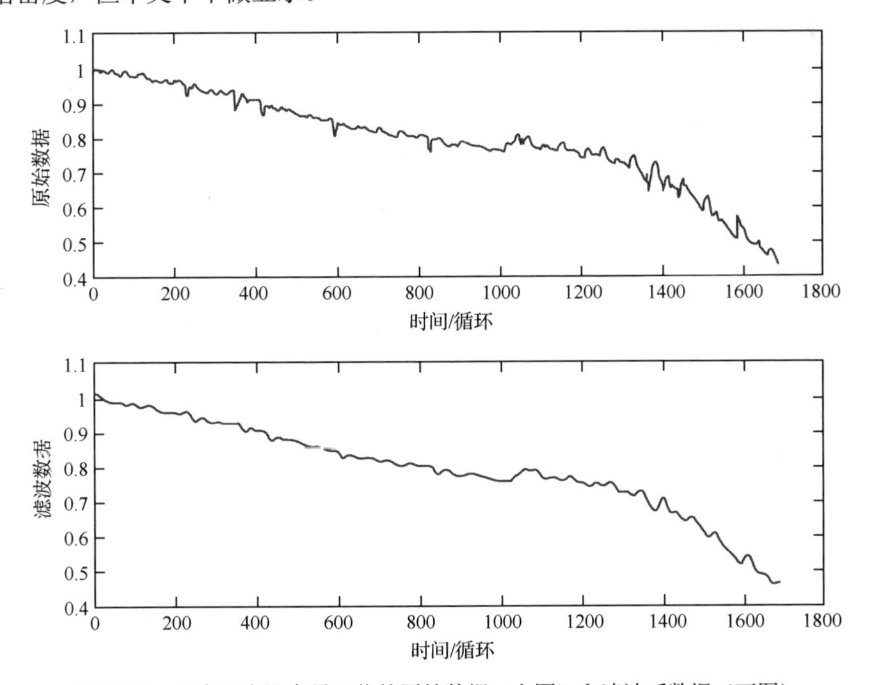

图 19.16　锂离子电池容量退化的原始数据（上图）和滤波后数据（下图）

滤波后的数据可以传递到预测/建模面板。本例使用了带有高斯核的 SVR 算法。当为高斯核的 δ 赋值时，一个好的规律是，赋值越高，曲线拟合越“僵硬”。图 19.17 为高斯核函数和三种不同核参数下的 SVR 结果。

使用设置为 0.4 的故障阈值，可以及时预测、估算出剩余使用寿命。这总是根据输入数据的最终时间值来执行的。因此，剩余使用寿命是输入数据的最终时间值到模型越过故障阈值时刻的时间估计值。锂离子电池 SVR 的结果如图 19.18 所示。

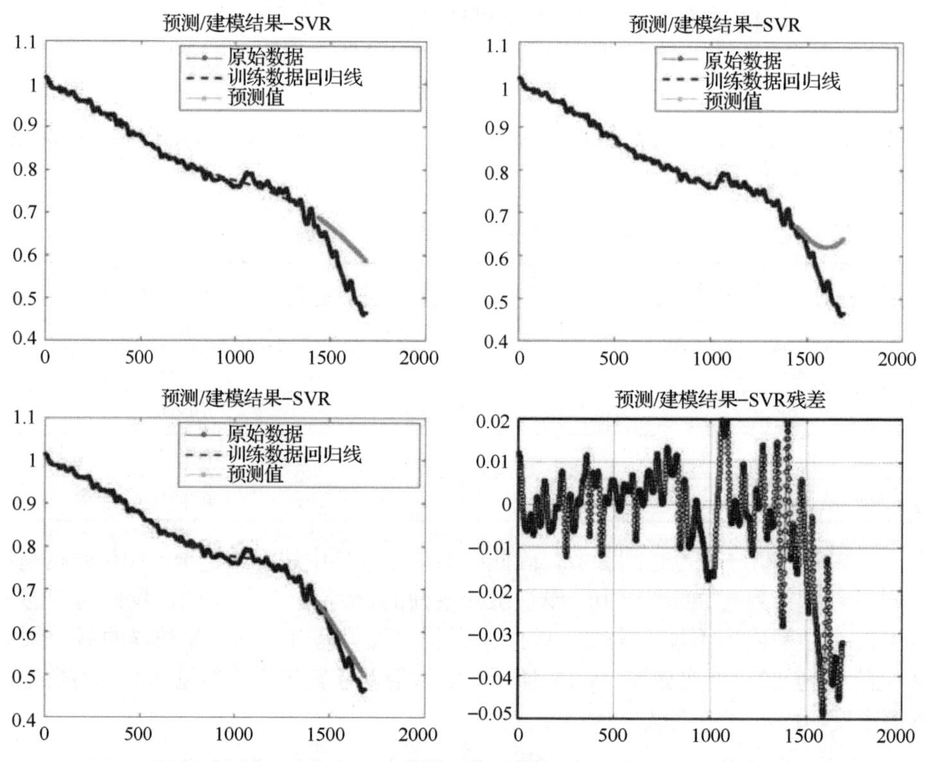

图 19.17 支持向量回归（SVR）结果，核参数分别为 3.5（左上图）、0.75（右上图）、1.9（左下图），δ 为 1.9 时的残差（右下图）

19.2.8 数据驱动 PHM 软件发展面临的挑战

本章所示的软件演示了一种将多个算法集成在一起，来解决故障预测与系统健康管理（PHM）中的数据处理问题的方法。以 PHM 为目的的机器学习和数据处理与不以 PHM 为目的的机器学习和数据处理的应用是不同的。在 PHM 领域，通常最重要的是区分健康的和故障的类，这与其他许多使用机器学习和数据处理技术的学科不同。因此，本软件在设计时考虑了 PHM 应用，例如，仅使用健康数据构建主成分。

要为那些试图在他们的组件和系统中实现 PHM 的科学家和工程师提供一个全面的软件，这里仍然存在一些挑战。第一，需要实现额外的算法。例如，可以通过计算额外的统计、频域和时频域特征来扩展特征提取。然而，在实现这些算法时，它们的构造方式必须能够接受来自各种系统的数据。第二，用户必须能够实时实现算法，这意味着来自对象系统或组件的数据是流动的。这将极大地增强在工业和制造业环境中利用 PHM 的能力。第三，软件需要可扩展以处理“大数据”，即非数字类型的数据，包括字符串或图像。通常用字符串而不是数字来标记观察值的类。可以提供运行状态，但要以字符串格式提供，如飞机运行的多个阶段。随着视频和图像容量的增大，图像的使用越来越多，在偏远地区放置摄像头也变得更加容易。因此，软件必须能够处理这些图像并将它们应用于 PHM。

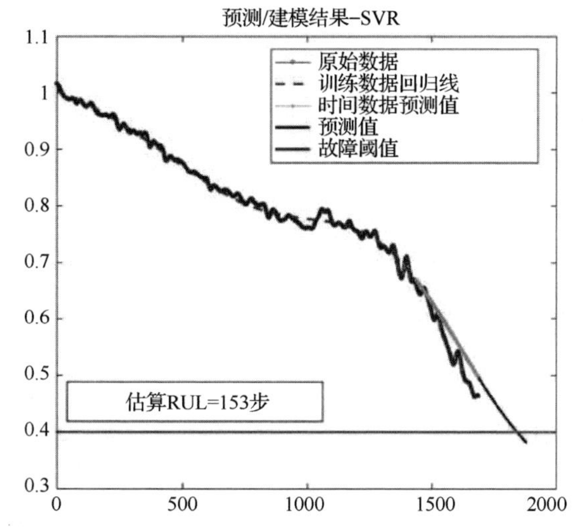

图 19.18 锂离子电池 SVR 的结果，假设故障阈值 0.4，估算出 RUL 是 153 步，即 153 次电池循环

19.3 总结

CALCE 的 SARA 软件是促进基于 PoF 预测方法发展的关键因素。该软件可用于评估电子产品硬件在预期寿命周期载荷条件以及在加速应力试验条件下的期望寿命。预期寿命周期载荷条件下的预期寿命评估称为虚拟认证过程。

同样，数据驱动的 PHM 软件除了用于数据清洗，还可以用于故障诊断和故障预测。该软件中实现的算法是众所周知的，可以针对不同类型的数据和数据结构进行定制，并且，该软件的设计考虑了 PHM 应用。介绍该软件的一个主要目的是使用户能够在其故障诊断和故障预测工作中使用数据分析技术。该软件使用户能够探索不同算法对其数据的可用性，并快速发现哪种算法和方法效果最好。

原著参考文献

第20章

电子维修

Pamir Karim，Phillip Tretten，Uday Kumar
瑞典卢勒科技大学运维工程部

电子维修解决方案将计算、信息和通信技术（ICT）与维修决策的故障预测与系统健康管理（PHM）相结合。PHM 提供状态信息，而电子维修解决方案提供信息后勤，以帮助维修决策人员进行分析和可视化。电子维修可以简单地定义为通过计算管理和执行的维修。在处理复杂的技术系统时，需要一种结构化的方法来改进信息提取和知识发现，因此电子维修技术得到了发展（如发电厂的长寿命设备）。电子维修解决方案已经成为大型维修机构的必要工具。

与维修相关的信息可用于产品支持以及产品的设计、生产和回收阶段。在一个更具描述性的层面上，电子维修被定义为一个"基于维修和通信技术的多学科领域，确保电子维修服务在整个产品寿命周期内符合利益相关者和供应商的需求与业务要求"[1]。

电子维修也可以被认为是一种维修策略，其中维修任务通过电子方式管理，使用实时项目数据来协助决策过程。它也可以被认为是一个系统或框架，通过 ICT 来辅助 PHM，并通过提供监测和预测功能来提高维修活动的效率。这个观点可以看作维修的一种技术方法，其中使用 Web 服务集成与维修相关的内容源，以协助维修。

20.1 从被动维修到主动维修

工业上的一个主要需求是避免故障，这通常会给操作者带来很高的直接和间接成本。为了避免或尽量减少故障的发生，维修的主要任务之一是对设备进行监控，并估计部件的剩余使用寿命（RUL）。通常采取传感器的设备监测与基于数学建模、机器学习的数据驱动方法相结合。

从被动到主动维修的发展是一个动态的过程。基于云的维修方法通常能够对机器、工厂甚至专家进行网络维修。这种方法有助于制造商为其国际客户提供更好的维修服务，而这些客户也将从改进的维修中受益。集中的数据和信息管理为维修相关知识和服务的生成提供了新的解决方案。例如，可以通过合并来自不同系统和联合仿真工具的数据和信息，获得一个新的用于 RUL 预测的质量指标，并可以集成最复杂的评估模型。为此，还可以根据需要轻松地集成和实现特定问题的第三方专家知识系统。

这种合作维修方式可以为机器和工厂制造商建立新的面向服务的业务模型。基于需求定义模型的系统数据信息访问，保证了客户对系统数据信息访问的可靠性。此外，其他产品服务的商业途径，如"按使用付费"或"按性能付费"，可以从基于云的维修中受益，通过预测性维修增强可靠性和降低成本并有助于减小工业系统供应商的经济风险。

20.2 电子维修的第一步

维修是多学科的，涉及多种角色，如管理者、流程负责人、维修技术人员、维修计划人员和物流经理。维修过程旨在维持系统的预期功能，通常包括管理、支持计划、准备、执行、评估和改进阶段[2]。因此，维修过程只有与操作、修理过程水平对照，并与外部利益相关者的要求垂直对照，才能变得高效，这些要求可在电子维修框架中实现。

维修过程中的参与者需要得到支持才能执行其活动，这就是电子维修的第一步。电子维修可以被视为一个框架，即通过监控技术系统提供服务的能力、记录问题以分析、使用纠正、自适应、完善和预防等措施来确认恢复的能力进行辅助 PHM，包括文件、人员、支持设备、材料、备件、设施、信息和信息系统。因此，电子维修的目标是在正确的时间以正确的质量向正确的人提供正确的信息[3]。除此之外，还有一个动态和全面的信息环境，与核电厂或水力发电厂等长寿命周期复杂技术系统的维修有关，其状态更新需要适当的物流信息。

提供维修和维修支持也是确保系统在整个寿命周期内可靠性的先决条件之一。在处理复杂的工业技术系统时，维修对系统的可靠性、安全性和寿命周期成本（LCC）有着重要的影响。这种影响可能是由于维修工作不足或错误导致质量下降甚至事故。为了达到最佳效果，在复杂技术系统寿命周期的设计和开发阶段，必须考虑产品/系统的维修。此外，系统的可靠性意味着可用性能及其内在因素：可靠性能、维修性能和维修支持性能[4]（见图 20.1）。

维修支持是指在给定的维修概念和维修策略指导下，维修一个项目所需的所有资源[2]，如文档、人员、支持设备、材料、备件、设施、信息和信息系统。

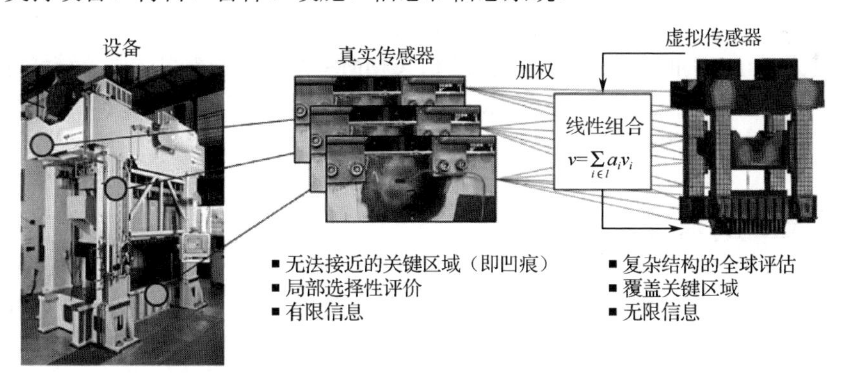

图 20.1 用于评估设备状况的物理和虚拟传感器的描述

20.3 维修管理系统

维修过程的目的是维持系统的能力，包括外部利益相关者的要求。维修管理可以理解为一个过程，该过程监控技术系统交付服务的能力；记录问题以进行分析、纠正、自适应、完善并采取预防措施；确认恢复的能力。数据库中的知识发现（KDD）和维修决策支持框架如图 20.2 所示。维修过程涵盖管理、支持策划、准备、执行、评估和改进维修所需的一系列活动。该过程描述强调了维修中的持续改进。它定义了一个关于组织中维修的总体透视图的框架，该框架对维修发生的时间、方式和地点有影响。

维修通常在技术人员的支持下进行管理和维修。多年来，维修管理中的相关技术和作用在不断发展，首先是手动系统，然后是计算机化维修管理系统（CMMS）和电子维修管理系统（EMMS）。目前仍在使用的手动系统包括手动数据收集、分析和存储，由维修技术人员负责。CMMS 实施始于 20 世纪 80 年代，由传感器和计算机组成，这些计算机协助数据收集和存储，并为决策支持提供数据分析。维修专家和软件技术人员都参与系统的操作和维修，以确保正确的数据质量。

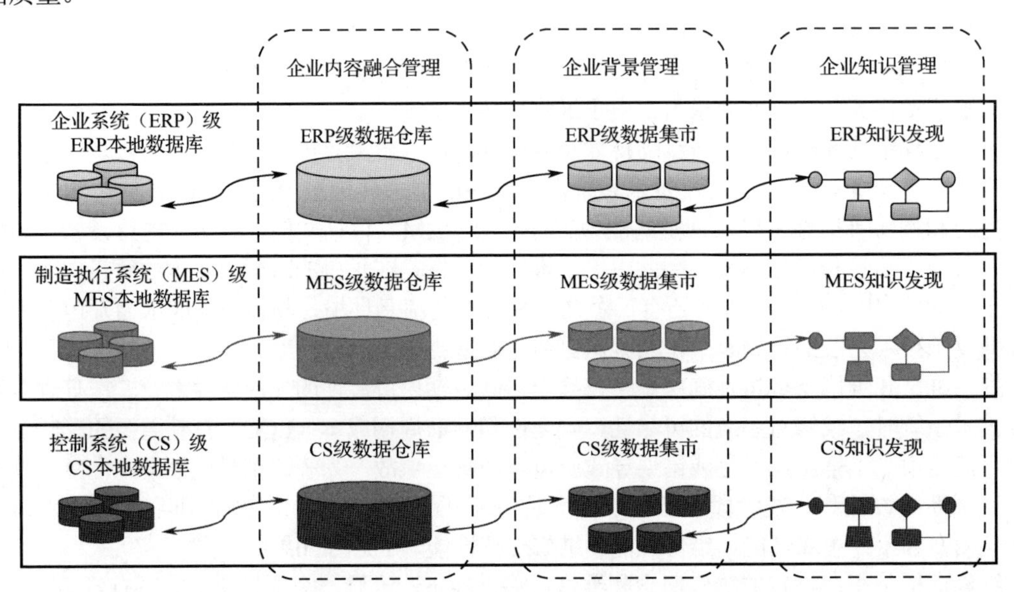

图 20.2　数据库中的知识发现（KDD）和维修决策支持框架[5]

EMMS 是一个可以保障维修支持、了解设备的状态和辅助决策能够顺利高效地进行的系统。EMMS 开发始于 20 世纪 90 年代，由 ICT、CMMS 和其他系统组成并为维修行动提供决策支持，还有一个额外的价值就是将电子设备、传感器、数据、知识管理系统、专家系统以及全球的专家能力等通过互联网联合起来进行分析和维修决策支持。

20.3.1　寿命周期管理

维修支持解决方案旨在维持设备的寿命周期，这需要了解所进行的操作和利益相关者的核心业务。这就是为什么这些支持解决方案将增强利益相关者在技术系统方面的行为的原因。分类支持解决方案的一种方法是考虑服务要支持的对象。从这个角度出发，考虑了两个主要的支持解决方案类别：对产品的支持和对利益相关者的支持。后勤保障（LS）是所有重要考虑因素的组合，在系统的整个寿命周期内为其提供有效和经济的保障。综合后勤保障（ILS）可以定义为管理和技术活动中的一种规范的、统一的、迭代的方法，可以表示为定义保障、设计保障、获取保障、提供保障[6]。因此，ILS 可以看作一种管理功能，旨在确保系统在寿命周期内满足系统用户（最终用户）的需求和期望。这一要求的实现不仅与性能相关，还与有效性和经济性相关[7]。

这导致要提供有效且必要的后勤支持，以便在支持解决方案中达到并保持所需的满意度和绩效水平[7]。ILS 是一种由所有需要的后勤支持服务组成的结构化方法，像是在处理复杂的技术系统（如维修）时就会用到。与长寿命复杂技术系统维修相关的动态综合信息环境强调了适当的信息物流的重要性。信息物流的主要目的是向特定用户及时提供特定信息，并在过程中优化信息供应链（即在适当的时间和地点提供适当的信息）[5]。这些解决方案涉及：（i）时间管理，“何时交付”；（ii）内容管理，“交付什么”；（iii）通信管理，“如何交付”；（iv）上下文管理，“交付地点和原因”[8-9]。

然而，维修对于建立合适的信息物流是一个巨大的挑战。这个挑战就是，在为其他目的而设计的数据库中，在不同的地方，以不同的格式，在很长一段时间内，会产生大量隐藏在数据库中的数据[10]。同时，数据和信息量的增加会导致数据过载和信息孤岛，这两种情况都会导致与维修相关的无用后果，如产品质量下降、事件和事故。产生这些后果的一个原因是，数据过载可能会导致决策过程中由于无法获得正确的信息而出现问题。同时，信息孤岛阻止组织中信息的集成，如在操作、维修和业务流程中生成或存储的信息无法集成。

应从系统寿命周期和后勤的角度来理解维修相关的解决方案和维修支持信息服务。为了向系统提供经济支持，必须将支持元素与系统的其他部分集成。系统的寿命周期，包括在系统寿命周期的每个阶段与系统相关的活动，如规划、分析、测试、生产、分发和支持，维修信息物流概念模型如图 20.3 所示。系统寿命周期是一个利益系统从概念到系统退役的演化过程。系统寿命周期的支持阶段始于在其运行和使用期间，主要作用是为所关注的系统提供主要维修、后勤和其他支持。目的是通过提供后勤、维修和支持服务，实现持续运营和可持续服务[11]。后勤保障的成本是产品寿命周期成本的主要贡献者。然而，ILS 包括客户所需的所有后勤保障服务，这些服务可以结构化地结合在一起，并与产品协调一致，以改进产品及其支持服务，并将寿命周期成本降至最低。ILS 的应用承诺通过以下方式为客户和供应商带来好处：满足客户需求；更好地了解支持成本；提高客户满意度；降低客户支持成本；提高产品可用性和减少产品修改[12]。在处理复杂的技术系统时，维修是 ILS 解决方案的重要组成部分。

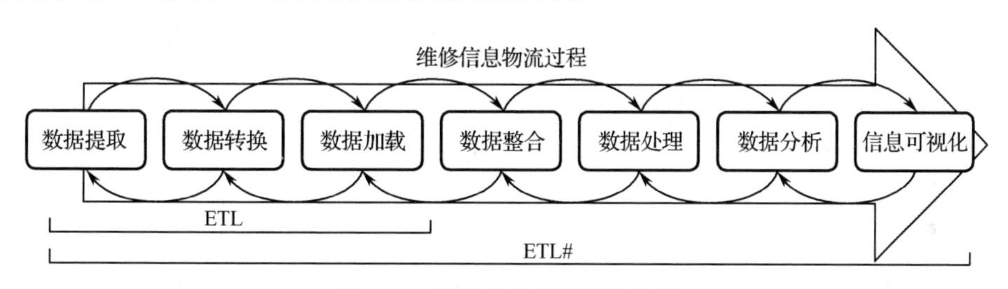

图 20.3 维修信息物流概念模型

20.3.2 电子维修系统

电子维修系统需要适当的软件架构。软件架构包括对软件系统固有元素的描述、元素之间的交互、它们的模式引导组合，以及在数据库、客户机服务器和 Web 服务方法中像 Alireza 等[13]所描述的对这些模式的约束。这里的数据库要求是一种通用数据库，也就是说，数据提供了支持战略、战术和操作决策所需的灵活性。客户机-服务器方法建立于：维修中心，涉及与维修相关领域的合作；本地维修，涉及维修中心操作的维修系统。Web 服务方法构建在一个分层的平台上，该平台利用 Web 服务技术和维修应用程序来集成数据并提供解决方案，例如，面向服务的体系结构（SOA）。

20.4 传感器系统

传感器系统对 CMMS（计算机化维修管理系统）的要求取决于具体应用，包括待测参数、传感器系统的性能需求、传感器系统的电气和物理属性、可靠性、成本和可用性。PHM 的实现可以根据它们的安全性、导致灾难性故障的可能性、对任务完成的重要性或导致长时间停机的可能性来选择要监控的参数。选择也基于以往经验和类似产品的现场故障数据以及通过鉴定试验确定的关键参数的知识。更系统的方法，如失效模式、机理及影响分析（FMMEA），可用于确定需要监测的参数。这种健康监测是一项重要的任务，它有助于规划维修。例如，MEMS（微机电系统）传感器用于齿轮、轴承、电机中检测和测量轴承振动。

位于设备中的传感器用于提供自主级别和较长的使用寿命的预定义。这是用电池和无线同步技术完成的。标准通信协议（如 Modbus）和嵌入式服务器可以用来同步设备并为机器学习算法提供数据。这些维修系统旨在通过故障检测减少故障。因此，修理和更换可以在实际故障发生或引起其他更高耗费的问题之前进行。状态监测使机器和系统更可靠和可预测，因为在故障前可以进行正确的维修：从最佳意义上说，建立一个全球监测系统支持设施的管理，以获得具有成本效益的解决方案。

电子维修方法旨在获取材料性能和部件服役寿命的深层知识，这也反映在仪表、能源和状态监测（ECEM）的广泛策略中。模型的开发是为了处理不同数量和类型的数据，以支持不同的接口，并处理与集成传感器和工业通信协议一起被监测的各种物理过程参数。

20.4.1 PHM 传感器技术

总的来说，传感器技术正朝着微型化、无线网络、超低功耗和无电池供电的方向发展。随着 MEMS 或纳米机电系统（NEMS）和智能材料技术走向成熟，MEMS 传感器或纳米传感器逐渐应用于感知和测量设备。为了使传感器在软件架构的环境中发挥最佳性能，正在使用 SOA。SOA 代表了一个模型，其中维修和业务逻辑被分解为更小的元素，这些元素可以自主和单独分布[14]。一个优点是，它们可以是自治的和分布广泛的，同时仍然是统一的。这是为了减少对底层技术的依赖，并专注于特定的任务。与 SOA 相关的研究可以分为四类：商务、工程、运营和整合。

与其中一些需求相关的工作分为两类：（1）通用工作，这些工作并非专门针对维修，而是可能用于维修的目的；（2）专门针对维修的工作。通用工作的例子有：Proteus 平台；实时移动维修系统的概念（SMMART 项目），重点是智能标签和无线通信；远程维修平台（TELMA 项目）；新维修概念的技术和工艺（在 TATEM 项目中），重点是监视与航空相关的技术；Maintenix（MXI 技术）；IFS 应用程序；SAP 业务套件中的 SAP 服务和资产管理。其中一些工作从业务流程的角度考虑提供解决方案，而另一些工作则侧重于提供技术支持。然而，为了通过适当的信息服务加强与维修支持相关的信息物流，这些业务流程和相关技术都需要无缝连接和协调。本文从不同的角度探讨了电子维修的发展，这些努力是相辅相成的，有助于实现与维修相关的面向服务的信息物流。

20.5 数据分析

传感器与设备连接，以发送及接收与物理传感器和数量、能量流、消耗相关的信号，并与机器控制系统进行通信。传感器和设备通常由一台工业应用的计算机组成，称之为可编程逻辑控制器（PLC）。数据以多域数据流的形式从可编程逻辑控制器传输到一个或多个数据库，并在设备的整个工作周期连续采集。在数据库中进行数据分析，如监测设备状态及数据集的趋势。物理传感器信号的子集也用于执行实时仿真状态监视。基于实际传感器数据和仿真数据，采用虚拟传感器对真实传感器信号进行统一处理。来自真实和虚拟传感器的连续数据流经过一系列算法处理，导出特征参数和统计数据可大幅降低数据速率和数据量（见图 20.1）。正如云解决方案所显示，通过使用分布式计算平台和用户连接的机制、接口，将状态监视嵌入到云环境中，是电子维修系统和体系结构的核心部分。通过云接口，可以实现分布式信息源（如生产计划或长期数据历史）

的集成和智能组合。此外，它允许扩展后使用设计数据知识支持机器操作，并显著提高设备的可靠性。

20.6 预测性维修

预测性维修是为了在部件、机器或工厂发生故障之前，尽早发现故障。有了这些知识，公司可以通过将维修活动与生产计划潜在地联系起来，更有效地计划何时需要维修活动或何时必须更换部件。然而，这种前瞻性的规划需要大量的信息和专家知识，而这些信息和知识在技术上或经济上无法通过传统的本地监测系统和远程访问来合理实现。目前，预测性维修是基于设备中各种传感器数据获取的故障信息进而增加维修相关知识库。换句话说，即使它们位于公司的不同生产现场也能够进行单独的机器学习。

考虑到机器部件的高度个性化和维修任务的高度多样性，通常使用基于云的协作策略来实现预测性维修。这是一种模块化的方法，可提供多个客户端参与状态监视过程的机制和服务。然后，当需要任何特定的专家知识时（如特殊传感器、建模或 RUL 算法），可以根据任务的需要将其包括在内。这样做是为了实现关于系统健康的智能决策，以及战略和业务案例的决策。

随着电子设备越来越复杂，高效并经济地进行 PHM 变得越来越重要。因此，基于数据驱动的预测技术可以利用可用的和历史的信息从统计和概率上得出关于电子系统的健康和可靠性的决策、估计及预测，并在更大的范围内得到应用。监测系统健康的实践需要了解或学习健康与不健康的系统行为。预测未来的行为与学习过去的能力密切相关，在这方面，机器学习适用于基于数据驱动的 PHM。

PHM 方法提供的输出可用于：（1）提供故障预警；（2）尽量减少计划外维修，延长维修周期，并通过及时维修保持有效性；（3）通过降低检查成本、停机时间和库存来降低设备的寿命周期成本；（4）完善资质、协助设计和后勤支持现场及未来的系统[15]。PHM 可用于在维修决策过程中提供故障预测，进而减少停机时间以降低成本，进行检查、管理库存、延长维修操作之间的间隔并提高系统的操作可用性。PHM 还可以在产品设计和开发过程中收集使用信息并为后代产品提供反馈。

20.7 维修分析

维修分析（MA）旨在帮助维修和决策能够顺利高效地进行。这是一个技术革命的时代，物联网（IoT）、工业互联网和智能工厂现在能够提供整个工厂的数据与信息。这使人们认识到，在信息提取和知识发现方面，必须以结构化的方式处理这一问题。MA 的概念[5]从方法学和技术的角度论述了基于四个相互关联阶段的维修分析，通过加强对数据和信息的理解促进维修行动。MA 阶段包括：（1）维修描述分析；（2）维修诊断分析；（3）维修预测分析；（4）维修规范分析（见图 20.4）。

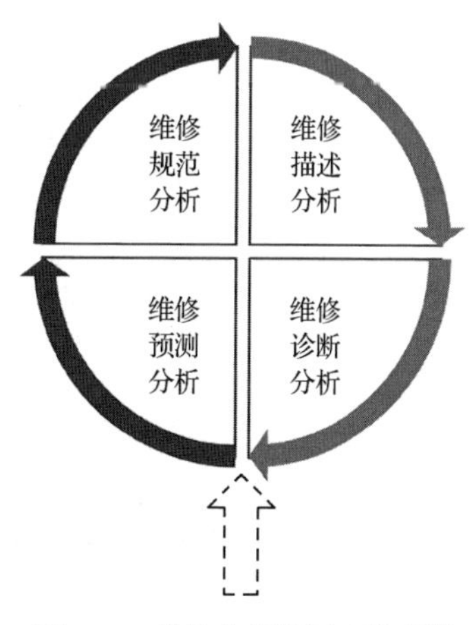

图 20.4 维修分析的四个阶段[5]

理解故障和并处理故障的过程对维修决策至关重要。故障和故障之间的关系可以描述为：故障是相关故障（事件）的结果（状态）[4]。然而，为了在系统条件下处理事件及状态，提出的 MA 阶段按照一个与时间相关的顺序来考虑。

20.7.1 维修分析的四个阶段

维修描述分析：MA 的维修描述分析阶段旨在回答这样一个问题："发生了什么？"在这一阶段，系统运行、系统状况和预期状况有关的访问数据至关重要。为了理解描述性分析过程中事件和状态之间的关系，我们需要考虑事件发生的时间以及与事件的每个特定日志关联的时间范围。此外，事件和状态需要与当时的系统配置相关联，这意味着时间同步成为支持 MA 的一个重要部分。然而，为了在系统条件下处理事件和状态，所提出的 MA 各阶段需要以时间相关的方式进行排序。

维修诊断分析：MA 的这一阶段旨在回答这样一个问题："为什么会发生？"维修描述分析的结果用于构建分析框架。在这一阶段，除了在描述阶段使用的数据外，可靠性数据的可用性也是必要的。

维修预测分析：MA 的这一阶段使用维修描述性分析的结果，旨在回答这样一个问题："未来会发生什么？"。此外，在这一阶段，除了在维修描述阶段使用的数据外，可靠性数据和可维修性数据的可用性也是必要的。而且，为了预测即将发生的失效和故障，需要在此阶段提供计划操作和维修等业务数据。

维修规范分析：MA 的维修规范分析阶段通过使用维修诊断分析和维修预测分析的结果，旨在回答这样一个问题："需要做什么？"此外，需要提供资源规划数据和业务数据，以预测即将发生的失效和故障。

20.7.2 维修分析和电子维修

如图 20.5 所示，在处理 MA 时，提供适当的信息是必不可少的，因此，支持 MA 概念的电子维修解决方案是一种综合了数据、知识和上下文建模的总体方法。此外，在处理信息集成时，需要考虑以下问题：（1）句法问题，即内容的格式和结构；（2）语义问题，即内容的意义。对于应用、维修领域，有必要应用本体，本体是一个共享域的表示词汇表，它包括类、关系、函数和其他对象的定义。

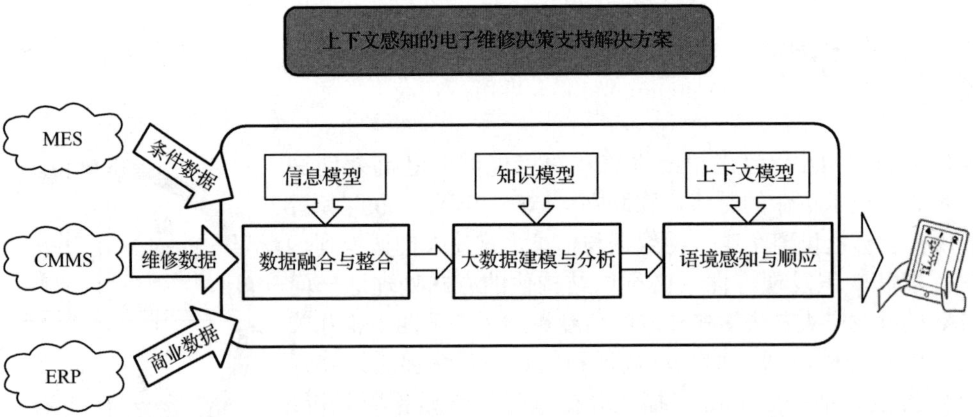

图 20.5 维修分析的电子维修解决方案[5]

20.7.3 维修分析和大数据

如图 20.5 所述，移动应用的固有阶段高度依赖各种数据源（通常称为"大数据"）的大量数据的可用性。“大数据”是一个术语，用于说明与以下五个概念有关的复杂数据集：体积、速度、变化、准确性和价值[16-17]。由于分析是基于理解生成知识的过程，因此通常认为 MA 是用于维修的大数据分析。从技术角度看，MA 关注云化、面向服务、面向过程、分布式计算、模块化、上下文适应和可用性。

资产管理中产生的数据挖掘和知识发现数据可以用以上五个概念来描述。加速度计或声学传感器等传感器的数据可以以每秒数万个采样点的速度获取，这些成百上千的点会产生大量的数据。有些与维修相关的数据是结构化的，而有些则不是，如用于执行维修操作或故障报告的文本注释。此外，来自不同系统的数据有不同的格式，代表了大数据中的各种数据。当数据在资产管理中得到正确应用时，数据具有潜在的价值，但为了实现价值，需要处理数据的准确性问题，即降低数据的不确定性。最后，必须了解数据的价值，即如何利用数据提高维修管理中的效率和效益，例如，改进决策并选择成本效益最高的方法来处理数据。对大量有价值的数据进行数据挖掘可以发现新模式和关系方面的知识，而这些新模式和关系不是一目了然的。大数据方法可以将背景信息集成到维修决策支持系统中。

可以使用知识发现来获取有用信息（如故障发生的根本原因）。这些信息可以为设计改进和更准确的维修计划提供输入。一些研究人员正在使用数据库中的知识发现（KDD）。KDD 是指在庞大的组织数据库环境中，从模式识别、机器学习和数据库技术中汲取数据挖掘方法的研究领域。实际上，KDD 指的是一个具有高度的交互性和互动性的多步骤过程，具体如下。

- 数据的选择、清洗、转换和投影。
- 数据挖掘并提取模式特征和合适的模型。
- 评估和解释提取的模式特征，以确定什么构成“知识边缘”。
- 巩固知识并解决与先前提取知识的冲突。
- 使知识可供系统内感兴趣的人员使用[18-19]。

人工智能方法具有先进的知识管理技术，包括知识获取、知识库、知识发现和知识分发。知识获取是指从领域专家那里获取隐性和显性知识，而知识库则是将知识获取的结果形式化，并在分布式企业环境中集成知识。知识发现和挖掘方法指的是探索知识库中的关系和趋势，以创建新知识[20]。

20.8 知识发现

资产通常由许多包含固有失效组件的复杂系统组成。为了避免这种情况，系统的存在必须能够有效地检测和确定相关缺陷和故障，并产生维修解决方案，同时尽量减少对人工干预的需求。资产越复杂，收集和分析整个系统的难度就越大。因此，综合所有信息对于准确的健康评估是必要的。除此之外，数据通常来自许多分散、独立的系统，这些系统很难访问、分析和聚合。与资产管理相关的数据包含在不同的互联网技术（IT）系统中，并在不同的层次上进行处理。如今的挑战是提供可以通过信息和通信技术（ICT）主动监测和管理资产（机器、工厂、产品等）的智能工具，这需要重点关注健康退化监测和预测，而不仅仅是故障检测和诊断[5]。

一些关键性能指标包括可靠性、可用性、可维修性和可保障性（RAMS）以及 LCC，这些指标正在不断发展以改善并提升与维修活动相关的整个系统。多个利益相关者的维修决策在很大程度上依赖于维修故障数据、RAMS 和 LCC 数据分析以估计 RUL，从而支持基于知识发现的有效维修决策过程。知识发现过程（见图 20.6）包括：数据采集以获取相关数据并管理其内容；对收集的数据进行数据转换和通信；数据融合以收集不同来源的数据和信息；数据分析以提取信息和知识；信息可视化以支持维修决策[5]。

数据融合是将来自多传感器系统的数据与来自其他来源的信息进行集成，从而获取推论[21]。当涉及不同来源或多个传感器的数据时，数据融合是必要的。知识发现是指将数据应用于维修决策支持环境中：用于数据集成和知识发现的电子维修概念。

工业应用电子维修解决方案或框架的开发面临许多组织、架构、基础设施、电子信息以及环境和集成方面的挑战。

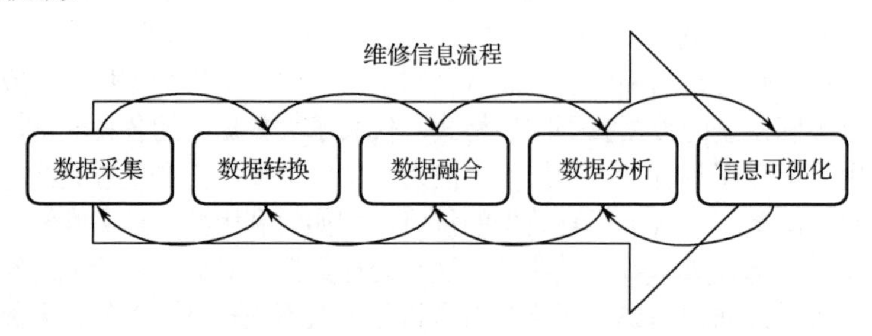

图 20.6　知识发现过程

各机构的挑战主要在于企业的资源管理。例如，参与电子维修的机构重组、资源规划、信息管理、知识管理和异构组织管理。

架构挑战涉及电子维修解决方案的总体架构。其中一些挑战是：电子维修框架的开发，分散数据处理和分析模型的开发，分散数据分析服务模型的开发，基于模型的预测工具的开发，用于支持人机交互的数据和信息可视化模型的开发，以及用于分布式数据存储能力模型的开发。

基础设施方面的挑战涉及必要的技术和工具的保障，这些技术和工具是在企业中开发、实施和管理服务时满足需求和要求所必需的。这些挑战的例子有：网络基础设施（如有线和无线）、服务和用户的认证、服务和用户的授权、安全保障机制、电子维修服务的可维修性、可用性性能管理、追踪和跟踪机制，以及提供文件和归档机制方面的挑战。

电子信息和环境的挑战主要涉及通过电子维修服务提供的数据和信息。其中的一些挑战是：提供适当的本体论，可以顺利、无缝地集成来自不同数据源（如过程数据、产品数据、状态监控数据和业务数据）的数据；提供质量保证机制，确保所需的数据质量得到满足和可视化（以便提高决策质量）；感知用户当前情况以使信息适应用户的背景环境；提供描述各种背景环境的机制；管理数据集中不确定性的机制以及提供模式识别的机制。

20.9　综合知识发现

通过提供一个元级模型，可以澄清和/或集成一系列概念、模型、技术和方法，有助于建立维修决策支持的 KDD 机制。因此，图 20.2 展示了一个支持维修用 KDD 开发的框架。该框架是基于系统功能特性对系统级别进行的分类。这些类别级别为控制系统、制造执行系统、企业系统。为了促进无缝集成，实现数据融合，优化数据转换，提高环境适应能力，减少各系统之间的依赖，实现分布式数据处理，并增强 KDD 的内容（数据和信息）管理，该框架提出了一种基于各系统级别内容（即数据和信息）、规则（即模型和逻辑）的隔离和封装方法[5]。

- 企业内容融合管理架构在每个特定系统级别建立一个通用数据仓库。数据仓库旨在存储来自同一级别的一个或多个系统的数据。它还可以为数据过滤、数据聚合和数据分析提供通用函数。
- 企业业务管理架构在每个特定的系统等级建立了专用业务的数据中心。数据中心被视为数据仓库的子集存储，是为了适应业务流程及环境的高级复杂数据处理。它还可以为数据过滤、数据集成、数据分析等提供特定级别和业务流程的功能。

- 企业知识管理架构在每个特定系统等级建立了规则管理机制。这些机制旨在提供可应用于数据仓库和数据中心以及系统级别之间的模型和逻辑的管理。此外，知识管理支持内容和业务体系结构之间的垂直集成。

20.10 人机交互的决策支持

为了使所有维修系统（如 EMMS）按预期运行，需要在正确的时间向正确的人提供正确的信息。由于系统与许多数据源耦合，因此该数据的展示面临着人为因素的挑战。系统的设计必须考虑用户和相关的用户场景，以避免增加人为错误。需要设计清晰简洁的信息、菜单、警告、消息，包括信息的输入，以便用户能够在不同的情况下做出正确的响应。由于用户会发生变化，便捷、易操作是至关重要的。系统还应该有一个清晰的“易于导航”的结构以避免迷路，并且在使用过程中进行纠正。

20.11 电子维修的应用

20.11.1 铁路电子维修

铁路云或 E365 分析，是一套决策支持服务，旨在实现行业的卓越业务。E365 分析是建立在边缘技术的信息和通信供应。E365 分析为整个决策过程提供服务，如数据提取、数据转换、数据整合与集成、数据处理、数据分析、上下文适应和信息可视化。其概念模型参考图 20.3。E365 分析提供了一组相互连接、松散耦合的服务，可以对这些服务进行编排，以满足涉众对决策支持的需求。这些服务建立在大数据、文本分析、数据分析、上下文感知、传感器融合、云计算和群计算等技术之上。

20.11.1.1 铁路云：瑞典铁路数据

E365 分析本身并不生成任何与系统相关的技术数据，因此，为了在瑞典铁路系统中提供维修决策支持，它依赖于相关数据的获取和该过程的自动化。E365 分析获取并管理瑞典铁路网的所有类型的维修数据、业务数据和状态数据。收集业务和维修数据结构这些大多与特定利益持有者相关，这是由于利益相关者的性质不同，以及涉及众多的利益相关者和 IT 战略。瑞典交通管理局作为基础设施所有者，为铁路上的所有运营商提供了一些状态监测服务。瑞典交通管理局作为基础设施所有者为瑞典铁路网配备了数百个固定探测器和测量站，这些探测器根据一系列参数来监测通过的列车，具体包括车厢和车轮温度、力和车轮轮廓。已安装由欧洲车辆编号（EVN）组成的射频识别（RFID）标签车辆的运营商可从瑞典交通管理局获取此状态数据。除了来自固定探测器的状态数据，还包括移动系统的数据。这些系统包括监控基础设施的可拆卸系统，通过训练车载系统以传送车辆信息。考虑到每个类中有大量不同类型的数据，从利益相关者收集数据所需的各种交互，以及数据量的跨度（从少量数据流到大数据问题），且这些数据服务的收集和处理必须针对利益相关者，铁路云在与利益相关者和用户的交互中具有高度可扩展性、灵活性。

20.11.1.2 铁路云：服务架构

图 20.3 显示，构建 E365 分析是为了填补数据生成和决策之间的差距。将生成的原始数据转换为与决策者相关信息的过程可以在更高层次上分为五个步骤：数据提取、数据处理、数据集成、数据分析和信息可视化。数据提取，指的是数据的检索和结构化过程。数据提取可以从所有类型的来源中进行，这使利益相关者有机会包括任何格式的所有相关数据。数据处理是处理和验证采集数据的步骤。此步骤确保数据质量，并要求了解信息模型以及将数据源视为个体，可以集成多个源或多个数据类型。通过集成相同数据类型的多个源，可以比较参数并获得数据质量的指示。通过数据集成，可以使用数据类型与其行为之间的关系进行更彻底的数据分析。最后一步，信息可视化，是用户和云之间的接口，它包括来自用户的任何交互。如前所述，由于利益相关者及其用户的不同特征，此任务非常复杂。可视化的信息和信息的相关性会因利益相关者的特征和用户操作级别的差异而大不相同。为了实现灵活性，在 Web 界面中使用模块化架构，如图 20.7 所示。

通过使用这种体系架构，可以开发小型应用程序（App），这些应用程序只为目标用户提供易于使用的信息和相关数据。然后可以为每个利益相关者选择一组适合利益相关者需求的应用程序。

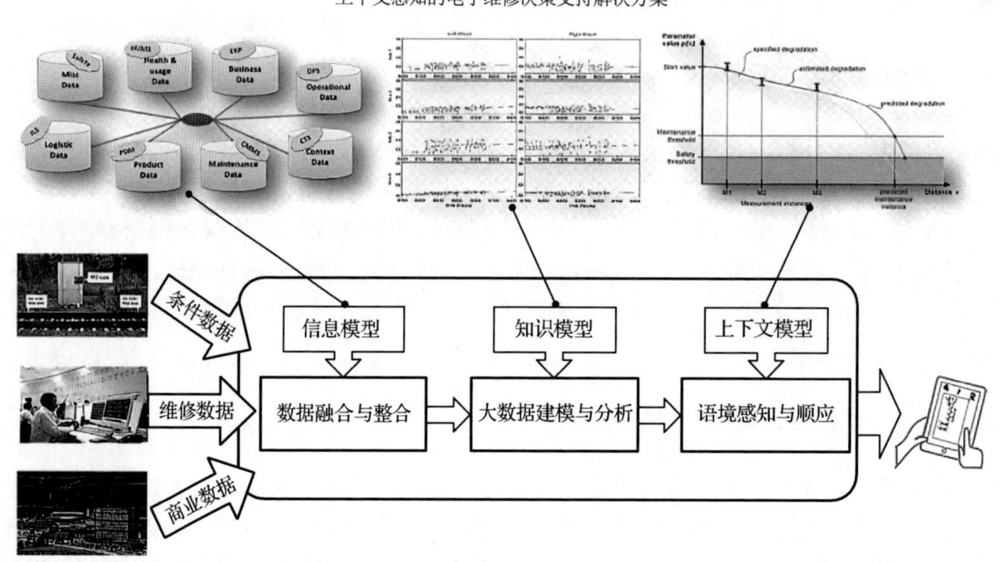

图 20.7　在 Web 界面中使用模块化架构[5]

20.11.1.3 铁路云：使用场景

从用户的角度来看，与数据的交互是通过一个包含一组铁路应用程序的 Web 平台完成的。铁路应用程序可分为三大类：机车车辆、基础设施和工具。机车车辆应用程序将车辆作为维修实体，使用户能够监控所有车辆总体、车辆子集或单个车辆的状况。图 20.8 显示了车辆设置应用程序，在该应用程序中，用户可以参考同一类中的所有车辆监控车辆子集。

基础设施应用针对的是对固定资产更感兴趣的用户。焦点不是从轨道向上聚焦，而是向下移动到轨道。感兴趣的资产可能是铁路、探测器、测量站、侧线或其他密切相关的实体。工具类别的存在是为了在分析方面不限制用户。通过这些工具应用程序，用户可以比较分布，查看季节变化，并分析时间序列的数据。图 20.9 给出了如何运用时间序列分析工具比较车辆一侧四个车轮轮缘高度的示例。

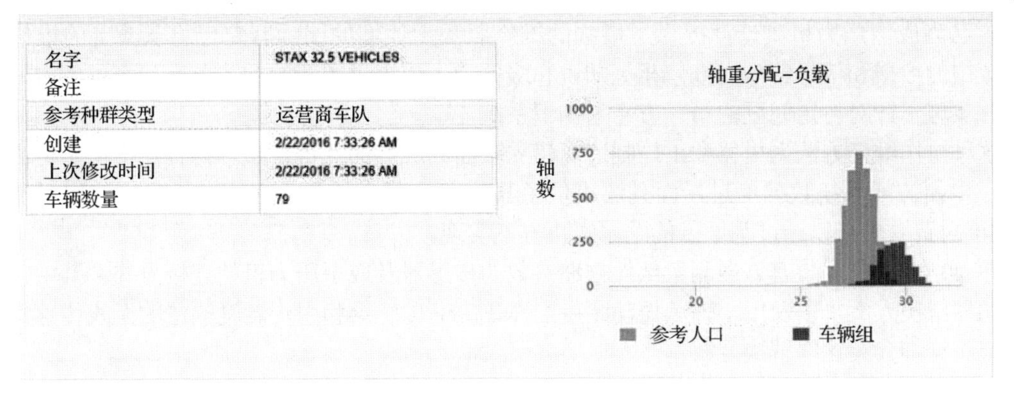

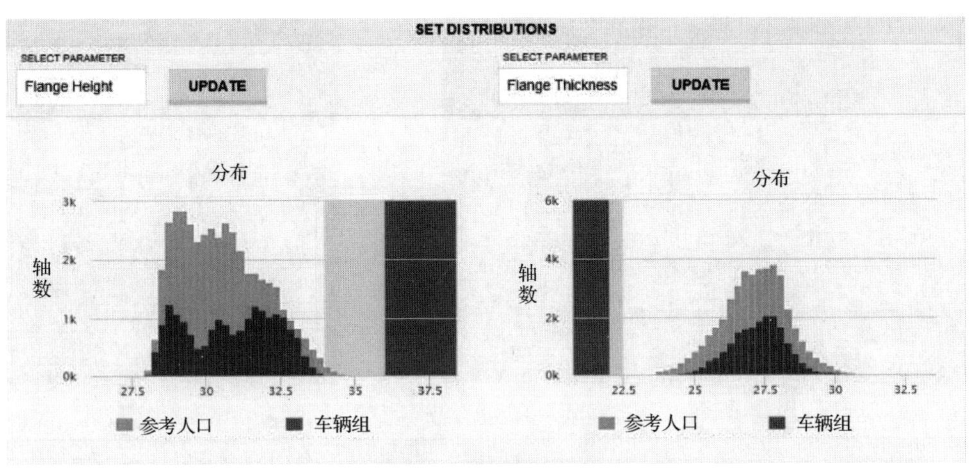

图 20.8　车辆设置应用程序

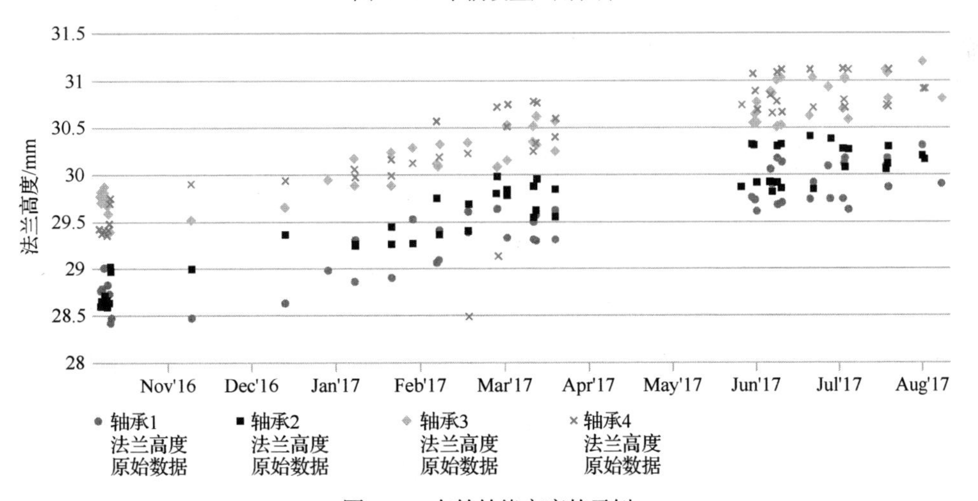

图 20.9　车轮轮缘高度的示例

20.11.2　制造业中的电子维修

为了应对制造挑战并满足生产目标，一个用于制造业维修支持的电子维修系统应运而生。本例来自 iMAIN 项目，在该项目中开发实现了成型工艺的状态监测解决方案。在成型工艺领域，状态监测是很难实现的，因此使用 EMMS 解决方案进行预测性维修是一大进步。除了将成型压力机连接到 EMMS，还使用了云维修的方法将其他机器和工厂连接在一起，以进行维修决策。

这种方法为成型压力机制造商提供了增强的维修服务，他们的国际客户也将从改善的维修中受益。集中的数据和信息管理为维修相关知识和服务的生成提供了新的解决方案。在本例中，甚至整合并实施了针对特定问题的第三方专家知识系统。

这种协作维修方法为机器和工厂制造商建立了面向服务的业务模型。为客户提供了更高的可靠性，以便访问系统数据信息，而且还提供了其他产品服务和业务方法，如“按使用付费”或“按性能付费”也可以通过基于云的维修解决方案实现。

图 20.10 展示了装有许多测量部件物理参数的传感器及成型压力机的连接方式。其中包括传统传感器解决方案，以及用于轴承振动测量的 MEMS 传感器和用于温度测量的无线传感器。以下各节将详细介绍这些解决方案。

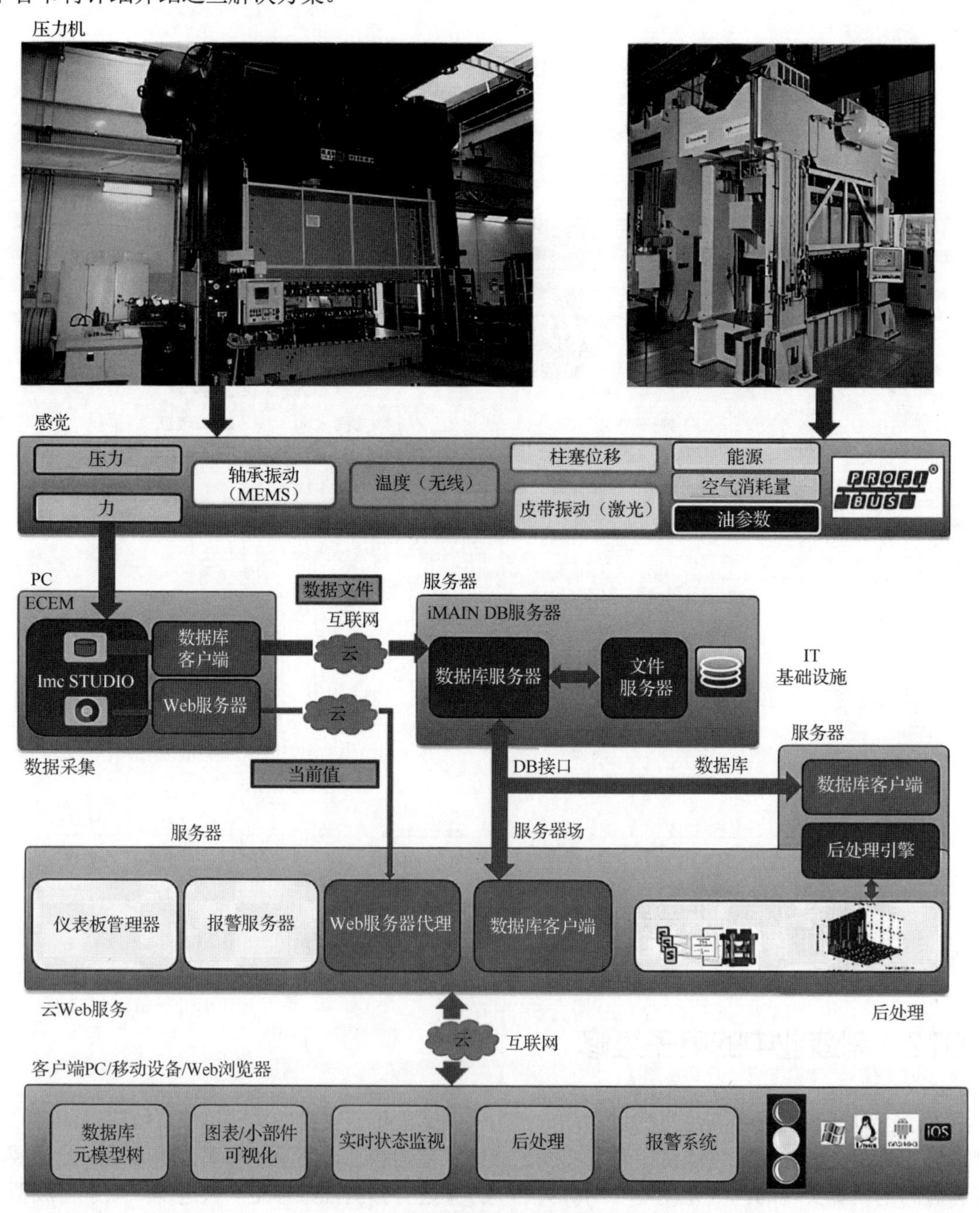

图 20.10　传感器及成型压力机的连接方式

20.11.3 用于轴承振动测量的 MEMS 传感器

为了检测和测量轴承振动，我们安装了五个 MEMS 振动传感器（见图 20.11）。对于磨损或超载引起的压力机轴承损伤，维修需要花费很多时间和成本，测量滚柱轴承的振动以对其状态监测是至关重要的。因此，监测轴承的健康状况是使维修更具计划性的一项重要任务。

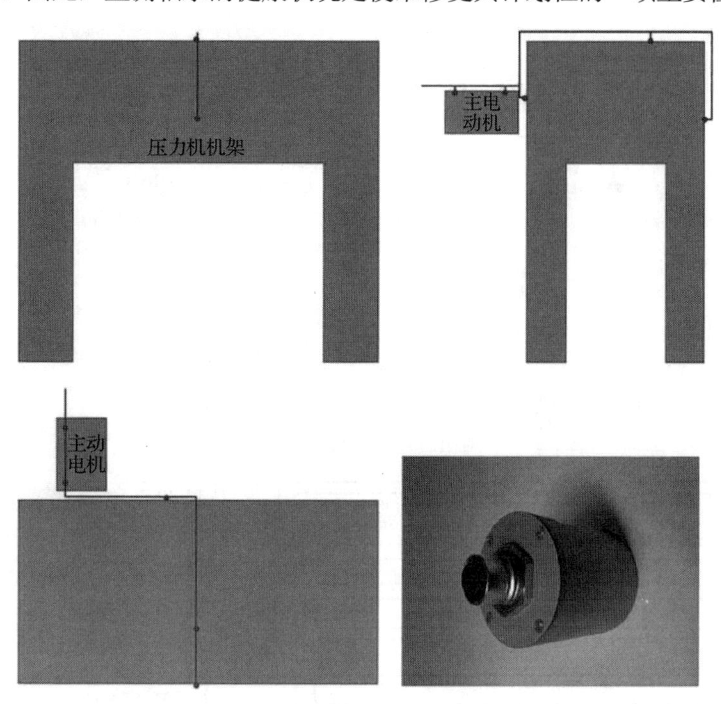

图 20.11 MEMS 振动传感器

20.11.4 用于温度测量的无线传感器

无线传感器用于监测过载或润滑系统故障引起的温度变化，这种温度变化将导致高磨损率。由于温度传感器安装在移动部件上，因此必须采用无线解决方案以避免布线。

温度监测系统（见图 20.12）能够从传感器收集信息，并提供半自动的无线同步技术。它还包括标准通信协议如 Modbus 以及带有 Concordia 平台的嵌入式服务器，以便给设备同步并以 1Hz 频率提供环境和压力温度。有了这样一个系统，可以在故障一开始就检测到问题以减少故障的发生，并且可以在实际故障发生之前进行修理和更换。

20.11.5 监控系统

相关人员提出了一种多域数据处理方法，这种处理方法支持不同的接口，处理所监测的各种物理过程参数，以及集成传感器和工业通信协议。新型自主嵌入式 ECEM 系统要执行的基本任务与数据采集、模拟、预处理和接口有关（见图 20.13）。

连接压力机上的传感器与设备会传递物理传感和数量相关信息、能量流、功耗等信号，并接收相关信号，以及与机器控制系统进行通信。这些多域数据流必须由 ECEM 系统连续采集，并覆盖机器的整个活动工作周期。这些物理传感器信号中尤其是应变计测量信号，可用于对虚拟传

感器进行实时仿真。真实和虚拟传感器的连续数据流都要经过一系列的预处理算法，以获得特征参数和统计数据，同时大幅降低数据速率和数据量。ECEM 系统提供了与分布式云环境连接的接口机制。

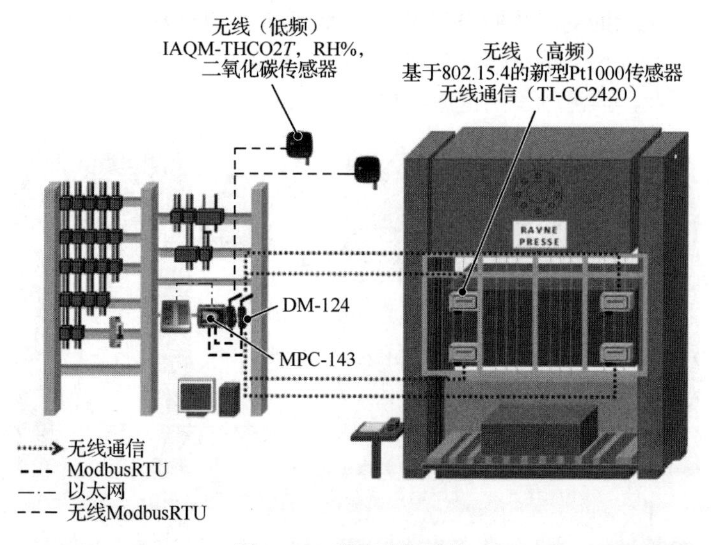

图 20.12　温度监测系统

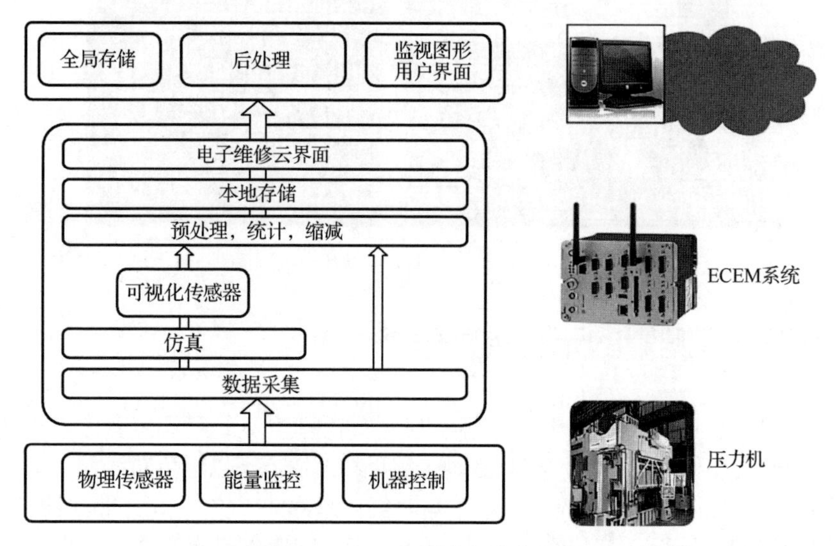

图 20.13　ECEM 系统的基本任务

20.11.6　电子维修云和服务器

正如 EMMS 云所描述的，与分布式计算平台和用户的连接需要相应的机制和接口。在这样的云环境中嵌入状态监测是 iMAIN 项目的重要组成部分，因此云接口是 ECEM 系统概念和架构的核心部分。从一般功能的角度来看，四种不同类型的实体通过云进行交互（见图 20.14）。

第一类实体是数据采集，由其中一个或多个 ECEM 系统生成预处理数据，并将这些数据提供给存储和管理数据库的全球云服务器。两者之间的互动和交流是由两个接口组件完成的，它们必须是 ECEM 的一部分。根据要交换的数据实体，这些接口可以是数据库接口或 Web/服务器接口。

第二类实体是云服务器，它充当电子维修云的中心。它拥有三个主要功能：云数据库、Web 服务、Web 前端。

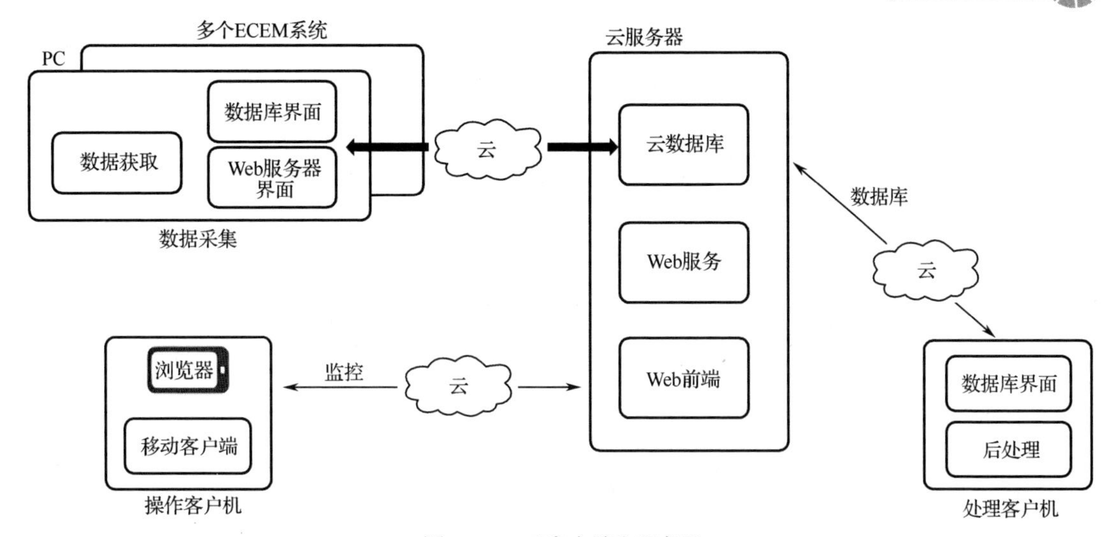

图 20.14 云客户端和服务器

操作客户机是第三类实体，这些客户机通常是以某种交互工作流形式使用服务的人工操作员。监控、监督、分析、模型改进等都是此类任务的典型动作和目标。

最后，处理客户机是第四类实体，这些客户机提供后处理服务。在提供此类服务时，它们充当云服务器。而对访问云数据库以交换相关数据而言，它们是客户机。因此，它们的主处理引擎需要一个合适的数据库接口。

20.11.7 仪表板

仪表板服务负责基于 Web 用户界面的数据查询和可视化配置。在用户界面中，测量数据和聚合值可以在用户自定义的仪表板中可视化。仪表板是一个基于 Web 的应用程序，它可以访问存储了仪表板配置及相关数据的后端仪表板服务器组件，以便连接到数据库管理、搜索数据库和报警服务器。它使用配置从各种源检索数据，并向桌面浏览器或移动设备提供它们的可视化表示。此外，它还管理一个图表组件库，供用户定义自己的仪表板的图表。仪表板使用的图表组件库可以通过特殊的小部件进行扩展，以对机器行为中典型图表难以表达的方面进行可视化转换。例如，为了使用户能够更好地可视化数据，在示范点对压力机的冲头倾斜进行可视化是必要的。

20.11.8 报警管理系统

EMMS 云提供的报警服务生成报警通知和消息，并将它们发送给目标收件人。在“电子维修云”中生成的后处理数据报警可以直接以电子邮件报警发送给移动运营商，也可以显示在“电子维修报警查看器”Web 应用程序中。电子维修报警查看器是一个基于 Web 的界面，它将帮助操作员查看传输的报警消息和事件日志。事件日志是一个集中式服务，它负责报告“电子维修云”获取数据时发生的特定事件，或者监控诸如故障方位等事件。因此，报警管理系统由报警数据库服务器（根据测量的过程状态和条件生成报警消息）和电子维修报警查看器组成。该报警管理系统还将用作事件日志，以分析导致程序进入当前状态和条件的事件。

电子维修报警查看器结构（见图 20.15）基于 SOA，从其他软件中收集数据并发送到专用数据库进行报警管理。然后，这些数据被发送到中央电子维修报警数据库，以便在电子维修报警查看器中进行分析和表示。一旦数据在云中的报警数据库中可用，那么在该报警查看器的帮助下，将从云中的后处理数据生成报警。这些报警可以直接作为电子邮件报警发送给移动运营商，也可以显示在用户仪表板中的电子维修报警查看器 Web 应用程序上（见图 20.16）。这里有三种颜色用于直观表示组件上的三种报警值：绿色（无报警）、橙色（警告：超出阈值 1）和红色（故障：超出阈值 2）。

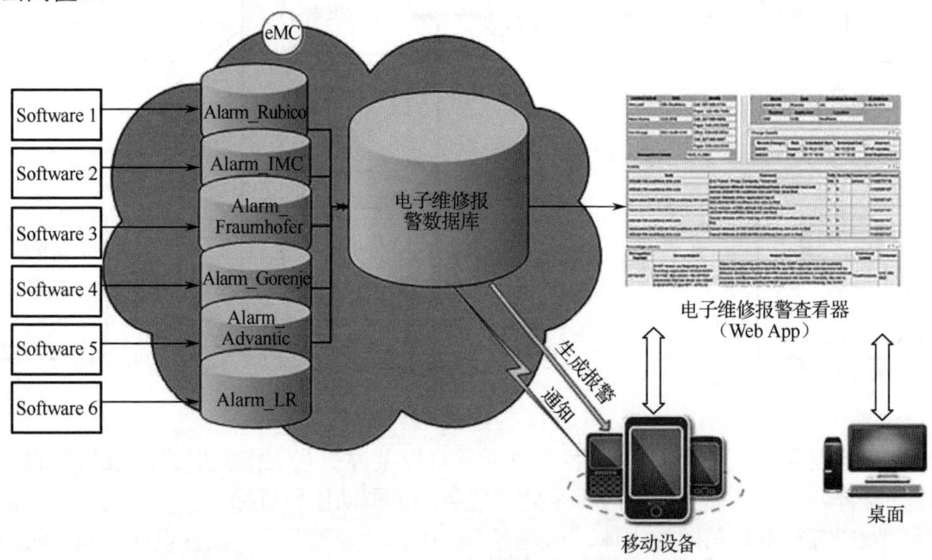

图 20.15　电子维修报警查看器结构

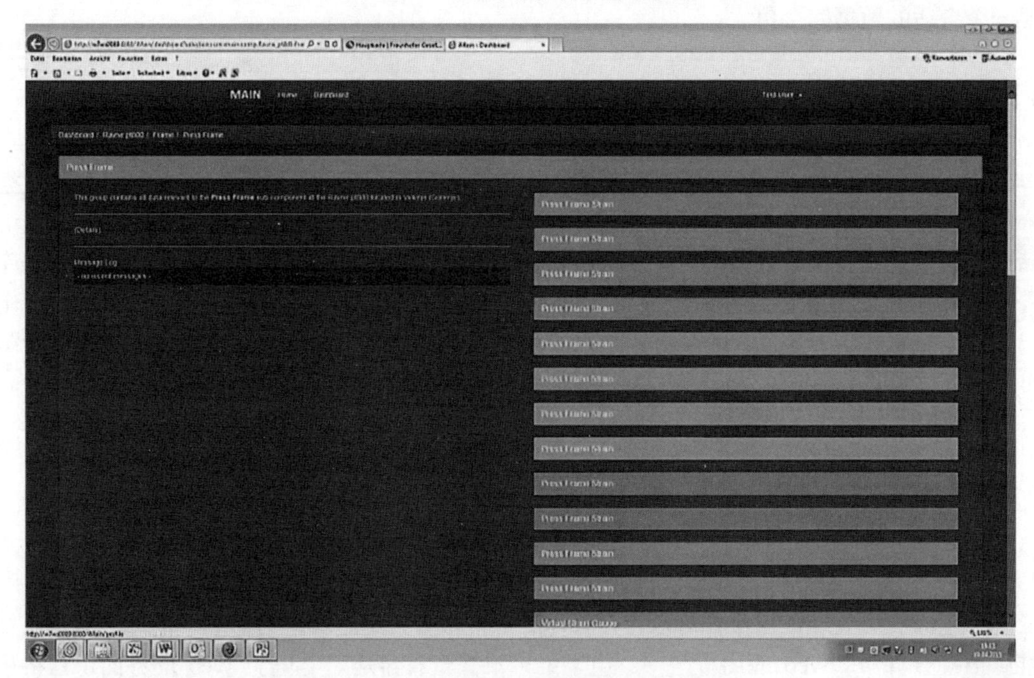

图 20.16　用于帧组件 RUL 估计的报警管理系统

20.11.9　云服务

云托管服务器为许多分布式和独立的客户机提供许多不同的服务。这些服务包括数据库管理、进一步分析的后处理、RUL 估计和模型验证相关的全局存储。第三类主要的云任务包括提供给客户的服务，允许其通过独立于平台的技术进行交互式监视、分析、数据库检索和可视化（见图 20.17）。在 RUL 估计中采用了人工神经网络（ANN）的人工智能云方法，还通过向云提供处理后的数据来提升整个解决方案。开发人员和研究人员也使用同样的方法来研究、开发和改进处理算法，这些算法能够从云的传感器数据中提取有意义的信息，并将其输出给云用户。

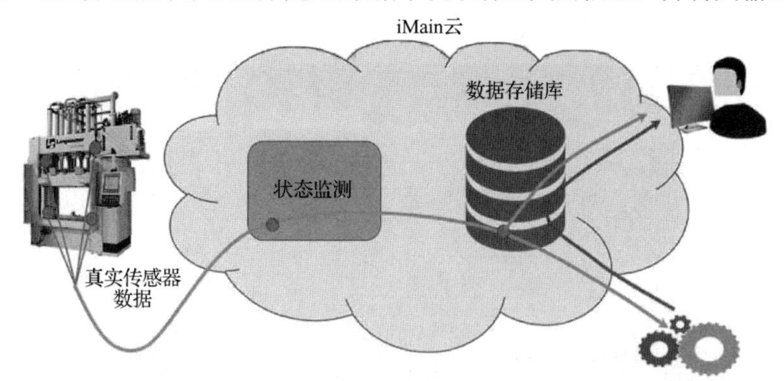

图 20.17　虚拟传感器作为云服务的实现

内置的解决方案含有一个强大且灵活的引擎，能够处理不同组的人工神经网络，从而获得不同机器的虚拟传感器的测量数据。引擎由可扩展标记语言（XML）文件配置，这些文件包含要使用的不同 ANN 定义、要使用的输入和要生成的输出，从而进行神经网络体系结构的设计、训练和实现。神经网络体系由 18 个多层神经网络组成，每个网络有 14 个输入（即实际传感器）和 1 个输出（每个网络一个虚拟传感器）。这个结构被重复 5 次以处理每个指标（因此，构成由 90 个多层“子网”组成的总体结构，即每个指标有 18 个网络）。

20.11.10　图形用户界面

iMAIN 的图形用户界面（GUI）适用于触摸屏电脑和手持触摸屏设备。GUI 从登录屏幕开始，根据用户需要了解的信息类型，每种类型的用户在登录后都会看到不同的启动屏幕。登录后，第二层提供三种选择：查找系统中的压力机、压力机的总体统计数据和系统中给定的阈值限制（用户还可以选择新的阈值限制，以查看系统在不同情况下的运行情况）。“查找压力机”有几个快速选择和一个特定的搜索窗口。统计数据包括所有压力机、所有传感器、参数和条件数据。用户可以通过搜索功能选择查看这些数据，而不必查看整个视图。用户还可以调整阈值限制以进行更详细的搜索和测试。最后，用户可以访问报警管理工具和报警查看器。仪表板示例见图 20.18。

图 20.18　仪表板示例

图 20.19 显示了第四级（传感器级）单个应变/应力传感器的仪表板屏幕截图。实际上，它作为一个关键绩效指标（KPI），在这一水平上达到了最大应变值。该图显示了长期的最大应变值和单次应变值，以及累积的最大应力值。

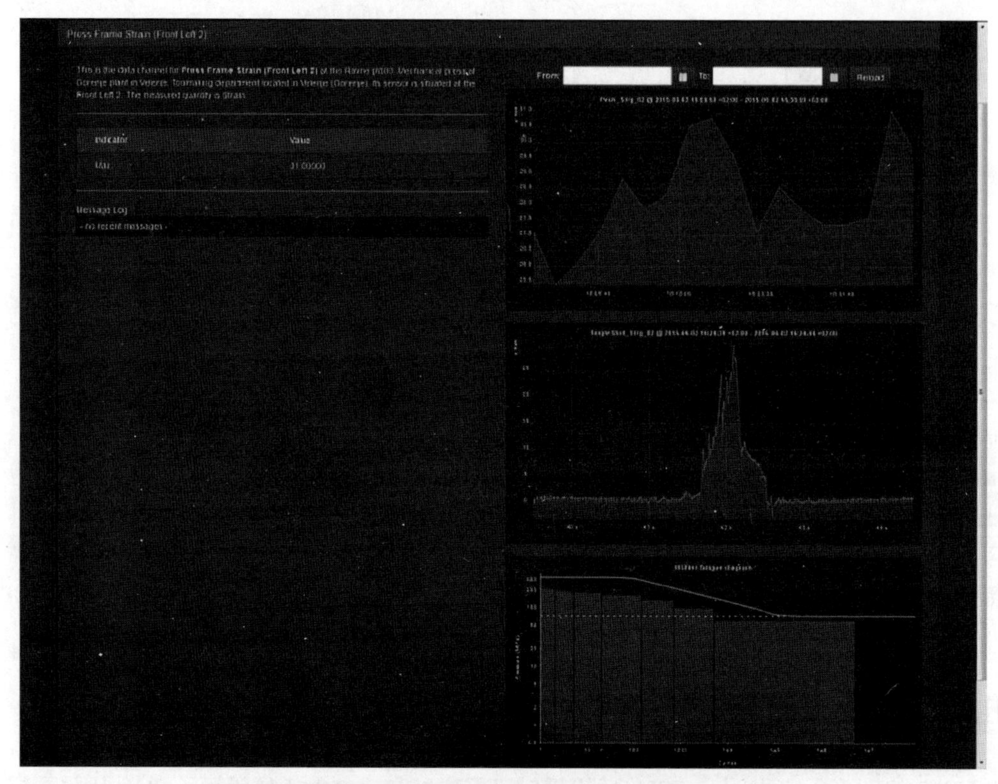

图 20.19　第四级单个应变/应力传感器的仪表板屏幕截图

为了实现目标并考虑到机器组件的高度个性化和各种维修任务，相关人员开发了一种基于云的协作方法（其结构见图 20.20），这种可持续和模块化的方法提供了允许多个客户参与状态监测过程的机制和服务。因此可以根据任务的需要，加入所需的任何特殊专业知识（如特殊感官建模或 RUL 算法）。

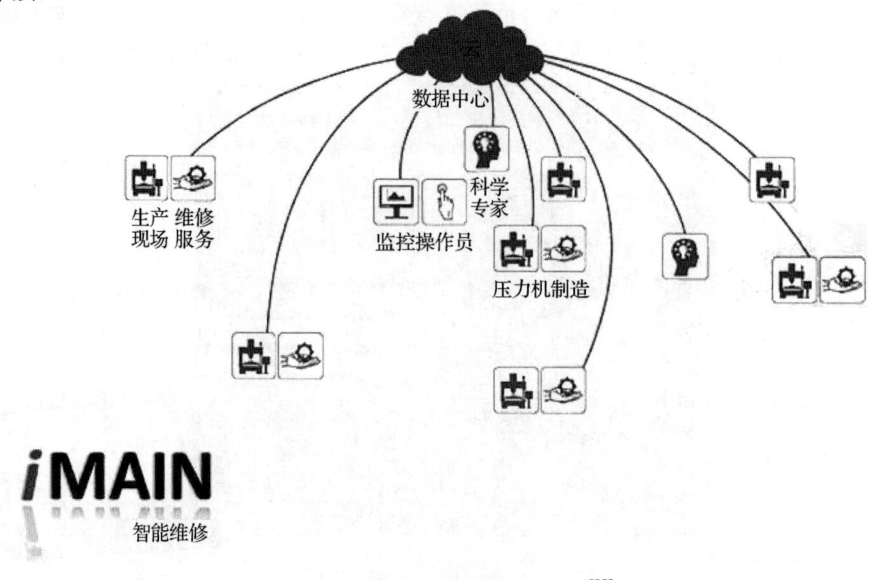

图 20.20　基于云的项目总体结构[22]

20.12 互联网技术与优化技术

电子维修解决方案正在从描述性和预测性分析转变为辅助维修决策和预测性。就像 20.11 节中的两个实际例子所展示的，电子维修的目标是能够涵盖从运营数据到财务数据、备件和物流信息等各个业务，以便根据整个供应链的现状和设备的状况给出操作建议，并通过优化运营以降低故障风险及改善工业可持续发展。

为了实现工业可持续发展，需要将 IT 解决方案与优化技术（OT）解决方案融合起来。如前所述，IT 解决方案包括工厂中的物联网解决方案，使用互联网访问其他数据源、数据库、诊断和预测的分析解决方案。目前的 OT 解决方案是数据驱动的，并使用机器学习来优化维修决策的预测。下一步是通过生产操作辅助来协助特定的生产过程，使用状态监测数据和均匀顺序数据来优化生产，并减少所有利益相关者的环境足迹。在某些情况下，这可能意味着生产水平的提高或降低，它取决于可用的资源以及单个机器部件在制造网络中的表现。

当这种趋同实现时，将得到一个可以改变整个行业的变革性技术解决方案。为了实现这一目标，需要进一步发展工业 4.0 和工业物联网（IIoT）。如前所述，相关测量的传感器以及必要的数据驱动模型仍在开发中。所以，虽然维修技术可能不是一项颠覆性的技术，但机器人是一项可以改变运行和维修的新兴技术。人类的组成部分——人类如何在这个系统内运行并与之交互——是未来的研究挑战。当人类进一步离开系统时，人为错误的风险将增加。如今，训练有素的操作人员和维修技术人员通过不断培训和实际的现场工作以保持其敏锐度。自动化水平的提高将导致无聊程度的增加和精神敏感度的下降，从长远来看，这将对人类的表现产生负面影响。尽管机器人和自动化将减少琐碎的工作，但它们不能解决所有的问题。因此，对于高度专业化的任务，仍然需要人类专家。解决这个问题的一种方法是通过 IIoT 解决方案，让专家们积极地解决世界范围内的问题，无论他们在哪里，都可以向当地的技术人员提供帮助。

原著参考文献

第21章

物联网时代的预测性维修

Rashmi B. Shetty
美国加州旧金山湾区物联网预测性维修和SAP服务组

预测性维修是一种监测机器的健康状况，并应用预测性建模技术来预测机器故障的可能性和可能发生时间的维修方法。这与传统的预防性或计划性维修技术不同。传统的预防性或计划性维修技术采用预定的操作间隔或周期进行维修，而不考虑机器的实际健康状况。

物联网（IoT）时代下的预测性维修可以概括为一种维修方法，它将机器学习和流式传感器数据的能力结合起来，在机器发生故障之前对其进行维修，并优化资源，从而减少计划外停机时间。设计良好的预测性维修计划不仅可以增加正常运行时间和减少冗余的预防性维修活动，而且可以授权企业提供维修服务，从而将企业的成本中心转变为利润中心。本章介绍预测性维修的基本概念及其在物联网爆发过程中对机器的适用性。本章将进一步研究机器学习算法在预测性维修中的应用、挑战、最佳的应用实践和风险。

21.1 背景

“维修”被定义为一种保持现有状态（如修复、效率或有效性）并防止故障或效率下降的活动。在应用于设备维修时，维修旨在防止降级或即将发生的任务故障。尽管如此，美国能源部2010 年 8 月的一项研究表明，在一般设施的维修资源和活动中，超过 55%的维修仍处于被动状态[1]。被动性维修等于机器发生故障后进行的维修。研究还发现，31%的维修资源集中在预防性维修上，只有 12%的维修资源集中在预测性维修上[1]。

预防性维修包括基于运行时间或周期的间隔性任务。这些任务试图通过控制劣化来保持系统或其组件的状态，从而延长其使用寿命。研究表明，通过这些任务能够节省平均 12%～18%的成本。

预测性维修是指通过评估系统当前和未来的健康状态，在故障前自动检测退化或恶化的维修方法，从而提供通过采取预防措施来调查并消除潜在故障隐患的机会。通过过去的研究估计，一个正常运行的预测性维修计划可以比单独使用预防性维修计划节省 8%～12%的费用[1]。预防性维修计划和预测性维修计划的根本区别在于，预测性维修计划基于对系统实际健康状况的评估，而不是依赖统计平均值来确定维修间隔，是在需要控制维修成本而不影响系统可用性的情况下进行的研究。

维修成本占了大多数制造厂的大部分运营成本。1979 年美国的维修费用估计为 2000 亿美元，到 1989 年增加到了 6000 亿美元[2]。本章研究维修中的一些传统挑战，以及在物联网时代应用于流数据的预测性维修技术如何应对这些挑战。

21.1.1 维修计划的挑战

随着机械和工艺的日益复杂，维修计划的成功不仅取决于根据商业和经济因素评估的绩效，还需要考虑环境和社会的影响。技术挑战需要确保设备的可用性，同时通过降低成本来衡量经济性能。

维修计划需要解决各种日益增长的挑战性的问题。以下示例提供了维修计划需要解决的一系列挑战性的问题。

1988 年 7 月，北海派珀阿尔法石油钻井平台发生爆炸，造成 167 人死亡，损失达 17 亿英镑。根据卡伦的调查，爆炸的根本原因在于缺乏经验和不正确的维修程序造成的维修失误。研究表明，20%的飞机停机可追溯到维修失误[3]。根据 1998 年的一份报告[4]，15%的航空公司事故是由于维修失误造成的，美国航空业每年的维修费用超过 10 亿美元。2013 年 5 月，英国航空公司的一架空客 A319 客机在起飞后不久返回伦敦机场，其中一个引擎冒出滚滚浓烟。调查发现，这是因为维修失误导致两台发动机上的风扇罩在飞机上按计划通宵工作后未上锁。这是一个维修场景，其中的挑战是克服预防性维修期间可能出现的损坏。

21.1.2 维修模式的演化

维修模式已经从被动的“运行到故障”模式演变为预先预测的“在正确的时间修复”模式。

被动式维修是指在机器发生故障之前不采取任何措施，在其发生故障后在最快的时间内进行维修。在这种情况下，故障是不可预测的，这意味着在事件发生时，必须以最高优先级处理它，使资产恢复到可用状态。而使用这种方法，会使成本增加许多倍。除了明显的生产损失外，由于看不见的停工时间，考虑到任务的优先性，可能需要额外工作，劳动力成本也会上升。这也不是对人力和物力资源的有效利用，因为工作人员经常需要停止他们目前正在做的工作来解决这一问题，而为了尽快启动和运行系统，可能需要进行部分拼修。由于不可预见的故障造成的附带损害和安全危害增加的风险进一步加剧了这些不利因素。

预防性维修是指定期进行减少设备故障的活动。在这些活动中，零件通常会根据平均寿命和已知故障可能性等统计数据进行更换，而不是根据实际磨损情况进行更换。预防性或计划性维修可以基于日历时间、设备运行时间或周期（如启动次数、飞行器着陆、发射子弹或行驶千米数）。预防性维修可以是计划性的，也可以是非计划性的；也就是说，预防性维修是基于预定的时间间隔开始的，或者是在检测到可能导致功能失效或退化的情况后触发的。在设计维修间隔时，应考虑设备的使用寿命和使用年限。

预测性维修可分为诊断性维修和预后维修。诊断性维修识别即将发生的故障，而预后维修增加了预测设备剩余寿命的能力。了解剩余寿命显然有助于实现任务的最优和维修计划。

维修模式的演变遵循生产过程的演变（见图 21.1）。生产过程已经从工艺生产发展到个性化生产。工艺生产，也称为手艺人生产，利用高技能的劳动力来生产小批量产品。该阶段的维修实践本质上是纠正性的。高昂的产品成本证明了非计划故障导致的生产停工是合理的。这一阶段之后是大规模生产，其中涉及制造产品的技术使用周期短，满足了高生产吞吐量，但减少了产品品种。这一阶段的标志是使用可互换的零件和装配线。然而，在这几十年中，维修模式没有重大变化。在该阶段的最后时期，从运行到失效的模式转变为基于计划的系统。随后的生产阶段是大规模定制，也被称为柔性生产。在制造业的这一阶段，计算机和机器人技术在使用自动化生产方面发生了革命。在这一阶段，还出现了一个在质量和数量之间取得平衡的主题。因此，只有在故障发生后，人们才继续将注意力转移到资产上，并进行持续的预防性维修。在这一阶段的最后时期，由于生产线能够使用状态监测系统，维修工作向基于预测的方向转变。这使得在确定生产线中资产的状况后，能够在最佳时间修理机器。随着市场波动和全球化的需要，制造商需要在不影响产品多样性的前提下生产更小批量的产品。个性化生产阶段由此而来。这几十年来，由于物联网启用资产的爆发式增长，以及 21.4 节所述的计算和存储成本的降低，预防性维修越来越多地转向预测性维修。尽管维修方法从反应式发展到预测式，但今天的大多数维修仍然是反应式的。

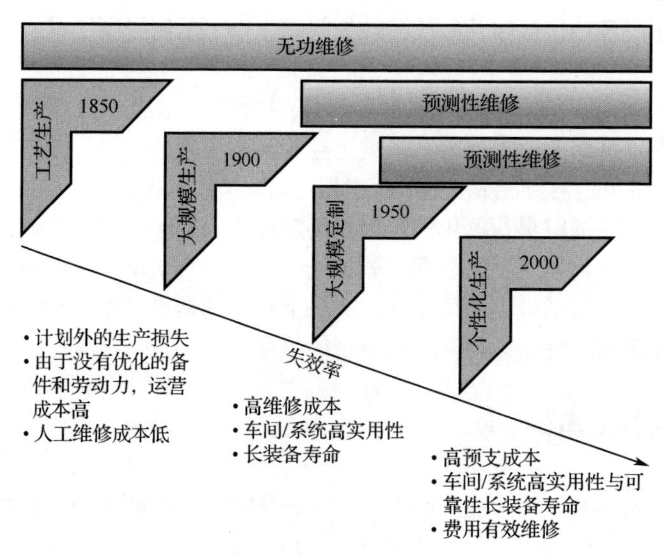

图 21.1　维修模式的演变

21.1.3　预防性维修与预测性维修的比较

如 21.1.2 节所述，预测性维修和预防性维修的主要区别在于，预防性维修使用资产类别的平均寿命统计来确定维修周期，而预测性维修则使用资产的实际状况来评估最佳维修时间。

21.1.4　P-F 曲线

P-F 曲线是表示资产接近失效/寿命结束时寿命行为的有用方法。P-F 曲线的目的是能够识别潜在故障（P），指示在检测到故障开始的最早点和实际功能故障（F）发生之前的可检测状态。这两种状态之间的持续时间是 P-F 间隔。有效维修的关键是最大限度地缩短 P-F 间隔时间，从而增加做出明智决定和行动的时间。

使用机器学习的预测性维修（PdM）有助于提前移动曲线中的 P，如图 21.2 所示。

预防性维修可恢复资产并消除使用平均寿命统计评估的劣化。预防性维修任务的目标是阻止资产劣化，并将其恢复到与新资产相同的状态。这种方法提出了一个基本假设，即随着设备老化，任何一件设备发生故障的可能性都会逐渐增加。

尽管预防性维修程序看起来很简单，但它可能会在几个方面出错。对预防性维修间隔的不准确估计（即不考虑资产的成本和资产的特征寿命）不仅会由于过度维修/维修不足而导致成本增加，而且由于任务的侵入性，在不当操作时会引入新的缺陷。

预测性维修是一种非侵入性活动，其目的是评估资产的状况或健康状况。单纯的预测性任务不会改变资产。预测性维修的目标是向利益相关者提供关于资产的信息，这些信息对他们的决策过程有帮助，即维修资产、替换资产或使其不受影响。预测性维修试图通过找到最佳的时间/使用点来做出维修决策，从而在成本和风险之间取得平衡。

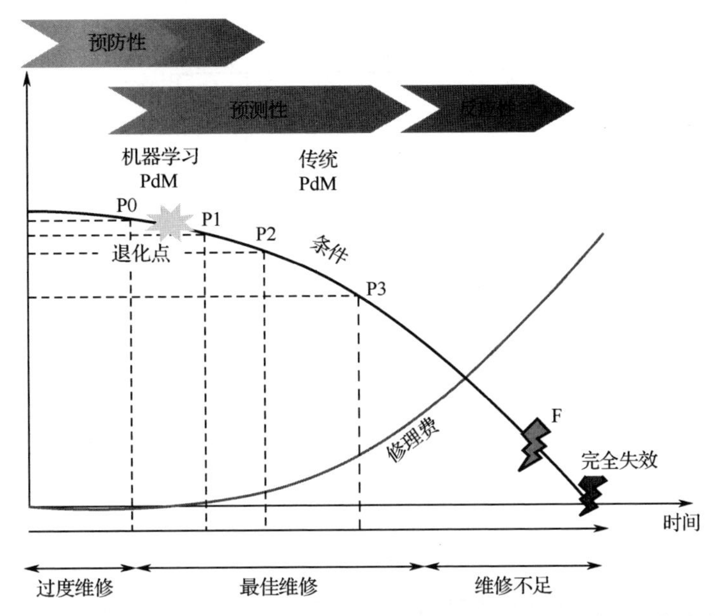

图 21.2 增强 P-F 曲线，适用于通过预测性维修在曲线早期检测潜在故障

表 21.1 所示为预测性维修计划和预防性维修计划的优缺点。

表 21.1 预测性维修计划和预防性维修计划的优缺点

特　征	预防性维修计划	预测性维修计划
优点		
● 低资本成本	×	
● 灵活的维修周期	×	
● 寿命周期增加	×	×
● 优化维修活动和成本		×
● 减少停机时间		×
● 减少零件和劳动力成本		×
● 优化备件		×
缺点		
● 侵入性（造成附带损害）	×	
● 增加对诊断设备的投资		×
● 劳动密集型	×	

21.1.5 浴盆曲线

预防性维修通常使用浴盆曲线进行描述（见图 21.3）。浴盆曲线表示组件的故障概率，从而说明组件总体的寿命和可靠性。可靠性是指系统或部件在规定条件、规定时间内运行的能力[5]。

组件总体的寿命可分为三个时期，如图 21.3 所示。在第一个区域，即“早期失效区”或“老化区”，可靠性随着时间的推移而增加，特别是对于新产品。在第二个区域，即随机失效区（正常使用寿命），故障率是恒定的。在第三个区域，即磨损区，产品的可靠性随着时间的推移而降低。

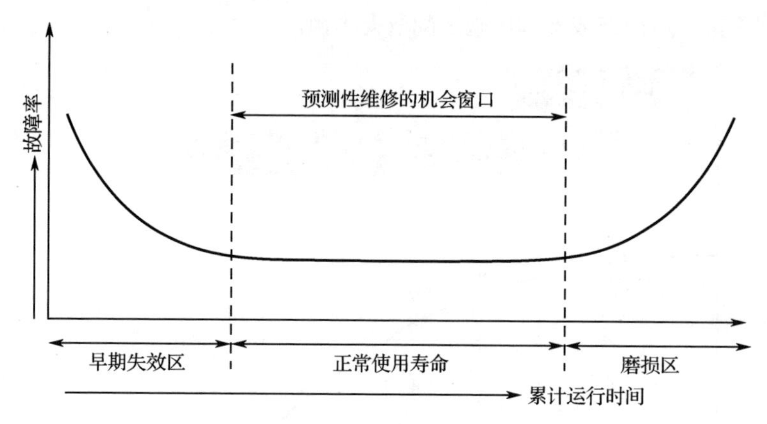

图 21.3　浴盆曲线

正如前面章节所述，预防性浴盆曲线和预测性浴盆曲线的区别在于，后者基于资产的实际状况。

从技术上讲，预防性维修意味着执行任务是为了降低故障的可能性。然而，在现实中，这样的程序是基于预定的间隔来实现的。从浴盆曲线中可以看出，这个过程需要注意，对于一个随机故障，由于故障率确实是随机的，因而任何基于间隔的预防性维修都不会降低故障的可能性。如果不了解资产的实际状况，就无法确定何时会发生故障，从而使预防性维修任务变得不必要甚至有害。

21.2 预测性项目收益

根据麦肯锡全球研究院在 2015 年的报告[6]，到 2025 年，通过使用物联网实施预测性维修预计可节省约 6200 亿美元。使用物联网进行预测性维修有可能将设备停机时间减少 50%，并通过延长机器的使用寿命减少 3%～5%的资本投资。

由于减少了机器故障，成功的预测性维修项目收益包括但不限于以下内容。

- 提高生产力。由于维修任务是由预测性维修活动确定的特定任务，因此维修时间大大缩短。由于 P-F 间隔增加，所以有足够的时间来安排若干维修活动，从而减少生产损失。
- 最大化运行时间。可以协调维修活动以减少系统停机的时间。
- 节省材料和劳动力成本。反应性维修意味着，由于系统的严重故障，可能需要更换整个设备。然而，预测性维修使企业能够提前检测零件故障，从而提前完成零件采购和最大化劳动管理时间，从而降低成本。此外，修复的频率和“关键标注”的数量也会减少。
- 提高客户满意度。减少与产品质量和可靠性相关的问题，从而达到或超过客户服务水平协议。
- 风险缓解。预测性维修允许在灾难性故障发生之前发现潜在问题，从而最大限度地减少或防止潜在的工作环境危害。
- 增加收入。随着停机时间的减少，产量增加，从而增加了收入。把维修作为服务，可以将成本中心转换为利润中心。
- 库存优化。假设预测模型能够在给定的时间范围内检测出故障，那么通过采购和储备适当的组件可以改进库存管理。
- 风险与收益分析。通过进行风险与效益分析，可以证明及时维修与预防性维修是合理的。

通过预测潜在故障，可以量化基于预测性维修项目的部件维修所节省的成本与将资产运行到故障的成本之比。

净节余=（生产损失+品牌价值的货币等价损失+其他故障相关成本）×（故障总数）−（维修成本×（预测真阳性+预测假阳性）

如果故障成本和维修成本之间的差异较大，则模型精度变得微不足道。当推论是正确的时，这意味着如果差异很小，那么模型需要高度精确才能使财务上有意义。

21.3 面向预测性维修的故障预测模型选择

预测性维修包括对资产的监控，以确定机器的状况，并预测可能发生什么故障，什么时候会发生故障。这与基于时间间隔的维修相反，在这种维修中，时间间隔是根据运行的时间/周期来更改的；然而，维修任务保持不变。这种方法也决定了需要修复或维修什么。

预测性维修的主要前提是通过评估机器的健康状态或检测即将发生的特定故障类型来检测任何新出现的故障。这个过程被称为“预测”。ISO 13381 将预测定义为确定剩余使用寿命的技术过程。预测基本上是对未来健康状况的预测性评估。

有几种方法（见图 21.4）可用于预测。证明预测性维修建模有效性的最常见预测方法包括基于物理的模型、数据驱动模型、基于知识的模型和混合模型[7]。

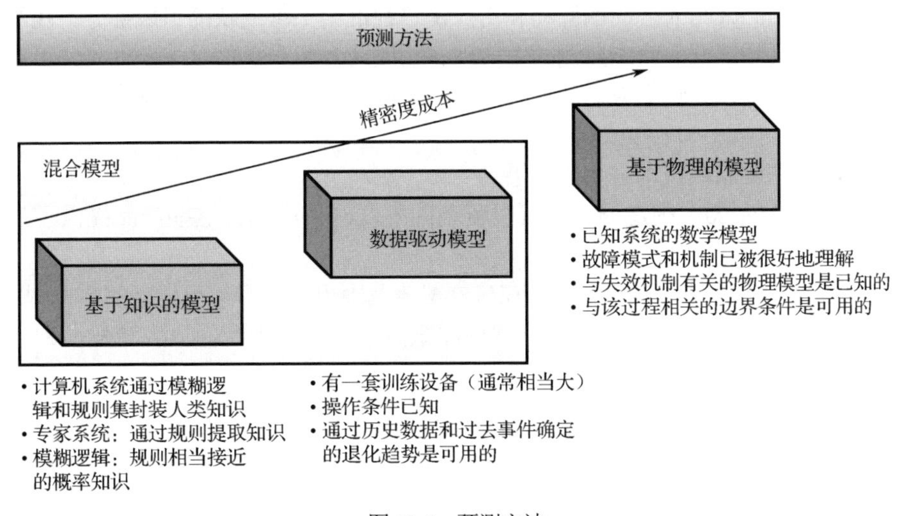

图 21.4 预测方法

- 基于模型（也称为基于物理的模型），即基于相关系统的数学表示来设计物理模型。这种模型需要广泛的领域知识和技能，这些知识和技能与给定实际系统的物理过程建模有关。此类模型是在产品设计阶段开发的。对系统建模后，必须使用大量数据来验证所得模型，以验证正确的行为。利用统计技术来确定模型的边界条件，以识别失效或故障。模型参数识别是通过估算算法（如卡尔曼滤波器[8]或贝叶斯模型[9]）完成的。行为模型的描述是通过微分方程、状态空间方法或模拟进行的。鉴于这些模型是基于对现实世界系统的物理或确定性理解，因此它们极其复杂。物理模型是高度专业的，这意味着它们不能通用于其他组件类型。通常，所讨论的监视系统的真实表示几乎不可能实现，因为影响真实系统的所有参数都无法准确监视。但是，高度复杂的模型往往更准确。
- 基于知识的模型。基于知识的模型结合了经验和计算智能技术，这些技术与领域专家存储的信息和用于解释的规则集合有关[10]。基于经验的技术用于估计可靠性参数，以收集信息来了解设备的运行，不涉及数学模型。专家和模糊技术已被用来设计这种模型。利用基于专家判断的部件寿命退化经验，通过 IF 条件，然后根据结果规则集，建立了一个专家系统来进行预测。模糊逻辑采用概率手段得出模型。

- 数据驱动模型。数据驱动模型涉及应用于历史状态监控的系统数据的机器学习和模式识别，这些历史数据包括但不限于系统配置、使用条件和运行失效数据。维修决策通常由定义明确的故障阈值决定。数据驱动模型通常具有双重目的，即它们需要评估资产的当前运行状况或状态并预测剩余使用寿命。数据驱动模型将原始的传感器历史数据与事件进行组合，然后将其用于构建行为模型以执行预测。数据驱动模型在复杂性和精度之间提供了合理的权衡。当存在可靠的传感器数据时，此方法非常理想，因为它比数学行为模型更容易构造。
- 混合模型。混合模型是一种或多种技术的组合，使用多种技术的组合进行估计，以提高精度。混合模型使用参数和非参数数据进行估计并提高精度。数据质量和完整性对于数据驱动模型来说是不够的，这是因为它们需要历史知识。

21.4 物联网

物联网指的是由相互连接的物体或事物组成的网络[11]。这些对象的物理位置无关紧要，因为它们能够相互通信。人与人之间的互动和用户是这种框架不可或缺的组成部分。在维修领域，这些对象通过嵌入式传感器的状态监测技术实现。物联网为用户提供了一个框架，可以与他们监视的所有组件和系统连接并收集数据。这种框架的实施产生了大量实时数据流，从而可以进行广泛的分析和决策。

物联网是四个主要领域技术进步的结果。

- 互联设备和传感器。制造商正在开发复杂的互联网关产品。这些产品提供了与传感器世界对话的标准化方法。
- 无所不在的数据网络。电信公司正在建立覆盖范围更广、价格更便宜的数据网络。
- 云计算。云计算的兴起和从企业到软件即服务（SaaS）平台的巨大转变，为各种规模的组织提供了方便的设备支持。
- 大数据技术。大量的数据可以用标准化的方式处理。

有了物联网，每个“东西”都可以连接起来，并可以将其状态传递给软件平台。根据麦肯锡全球研究所 2015 年的一份报告[6]，到 2025 年，物联网每年将产生 3.9 万亿至 11.1 万亿美元的潜在经济影响。Gartner[12]估计，到 2020 年，可能会有 200 亿个关联事物（目前无确切的数据）。

TCS 全球趋势 2015 年的研究[13]关注了在世界 4 个地区和 13 个行业中如何使用物联网技术的结果。在接受调查的企业中，有 79%的企业编制了物联网计划以更好地了解客户和产品，与客户开展业务的地点或供应链；45%的企业使用物联网技术来监控生产和分销运营；40%的企业通过物联网计划发展其服务业务。制造商统计，物联网举措在 2018 年之前平均推动收入增长 27.1%。在全球范围内，企业将使用物联网举措在 2015 年至 2018 年之间实现收入增长 16.3%，而北美公司则平均收入增长 18.1%。

21.4.1 工业物联网

今天的工业系统正变得越来越复杂，通过传感器不断监测机器和环境参数，如压力、振动、速度、温度和湿度，从而实时生成 PB 级的数据。使用这种互联设备的概念，企业越来越有能力

在监控数据流的基础上利用这些数据做出近乎实时的维修决策。

2020 年，工业物联网市场规模达到 1510.1 亿美元，2015—2020 年复合年增长率为 8.03%[14]。它使得向基于状态的连续监测和预测性维修的转变变得非常容易和经济。

在当今世界形势下，物联网的普遍存在可以归因于以下因素和趋势。

- 由于智能手机革命，工业传感器的成本正在下降。在撰写本章时，其单价已从 2004 年的 1.30 美元降至 0.60 美元。
- 在撰写本章时，带宽成本在过去 10 年中下降为原来的 1/40。在当今的工业中，连接不必通过有线来保持。蜂窝和无线连接已经变得便宜且足够有效，可以处理 PB 级的流数据。
- 由于云计算的普及性、耐用性、安全性和廉价性，数据处理的成本显著降低。无论其规模如何，工业都可以在不事先投资于计算和存储的情况下，迅速赶上工业物联网的潮流。
- 机器学习和数据科学不再是局限于研究领域的小众领域。它们现在被应用到生产中的主流用例中，从而帮助区域/数据专家通过预测模型做出更准确的维修决策。

可以使用机器学习解决的一些工业物联网用例如下。

- 预测未来一段时间内制造厂的需求，并将其与该段时间内的预计产量进行比较。
- 显示异常资产并将其与基线健康资产进行比较。
- 预测资产或其组件的故障发生。
- 通过相关性分析，协助调查进行根因分析。
- 提出建议措施，优化流程。

在创建物联网解决方案时，重要的是首先确定要监视和分析的工业系统、如何使用数据以及可能推动转型工作的业务用例。

21.5 基于 IoT 的预测性维修

传统的预测性维修技术使用无损监测，如振动分析、热成像、超声波分析和油液分析。其中，振动分析之类的独立方法是有益的，但不能全面评估资产的健康状况，这类似于通过研究所述病原体来创建特定疾病的诊断报告，而不考虑其他条件参数，如有助于病原体茁壮成长的宿主环境。资产必须在其运行过程的实际背景环境中进行查看和分析。过程中的退化或劣化可以通过所述资产在问题中的上游或下游的过程偏差来检测，并且这种早期检测对于防止完全资产故障至关重要。实现这一目标的方法是创建一个模型，该模型保留资产通过流程参数运行的背景。在提供框架中的所有数据以进行有意义的评估方面，工业物联网可以提供帮助。

在物联网时代，对来自物联网框架的大量数据使用预测建模技术来驱动维修，被称为"预测性维修"。利用连接的设备和过程中的信息，可以通过检测过程参数和信号签名的偏差并快速识别可能表明潜在故障的任何模式来预测资产可能遇到的故障时间和类型。组织正在使用机器学习来检测指示故障的此类异常或模式，并计划维修干预措施。可以评估代表资产运行状况的定量指标，从而提供确定与运营成本和故障风险的关联关系的能力。故障的早期预警对于优化维修并减少故障和降低成本至关重要。

随着物联网应用程序的兴起、数据采集和处理技术的成熟，可以批量或者实时生成、传输、存储和分析各种数据，预测性维修已在业界引起越来越多的关注。此类技术可以轻松地通过高级分析解决方案轻松开发和部署端到端的解决方案，而预测性维修解决方案无疑提供了最大的益处。

21.6 预测性维修应用案例

在预测维修领域需要解决的业务挑战包括需要降低灾难性故障造成的风险，以及克服对故障的根本原因缺乏认识等。一些典型的业务挑战被分解为特定的预测场景。这些场景可能包括理解失效的根本原因并提出后续操作建议。他们可以了解资产的剩余使用寿命，或者相反，了解设备在不久的将来发生故障的概率。

21.2 节概述了应用预测性维修计划的好处。表 21.2 概述了与物联网相关的一些预测性维修应用案例。

表 21.2　与物联网相关的一些预测性维修应用案例

工　业	应 用 案 例
汽车	● 互联汽车产生并传输大量与汽车性能相关的参数数据。 ● 汽车制造商/经销商现在可以根据车辆的实际情况提醒客户任何即将进行的维修，而不是使用传统的基于里程/时间的维修间隔。 ● 保修预测基于历史故障代码和传感器数据
制造业	● 智能工厂能够从车间收集传感器数据，根据这些数据可以运行机器学习算法来检测故障的早期警告
	● 根据物流事件和传感器数据，识别机器故障模式并确定产品改进的优先级
公用事业	● 根据历史数据和停机预测资产健康状况
石油和天然气	● 收益率预测基于历史收益率和当前资产状况
	● 基于机器学习模型的以可靠性为中心的维修被用来估计预期寿命
交通运输	● 优化的维修计划将常见的维修任务与预测的维修任务结合起来

21.7 基于数据驱动的预测性维修的机器学习技术

机器学习是统计技术在一系列有序步骤中的应用（也称为算法）。这组统计技术学习了决定目标值或类别的基本函数的表示。此过程不需要为学习过程进行显式编程。

机器学习分为训练和评分两个阶段。

训练机器学习模型的过程需要向算法提供历史数据，通常称为“训练数据”，以供学习。与人类通过认知从过去经验中学习不同，机器学习中的训练过程使用适应性（见图 21.5）。评分通常被称为“预测”，是根据系统的学习行为确定输出值的过程，封装在训练模型中，给出新的输入数据。分数可以是对代表未来价值的连续变量的预测，也可以是对类别变量的预测，从而表示类别或结果的可能性。

在预测性维修及物联网中应用机器学习技术要解决几个挑战。首先，需要考虑罕见事件的建模。关键故障在历史数据中很少见，但是预测模型必须能够预测此类事件。其次，故障或异常检测需要实时应用于大量数据流。最后，应用于预测性维修场景的机器学习在高维度的空间中运行，那里有成千上万的传感器类型可以测量资产状况。分析所有传感器类型的输出具有挑战性。考虑到资产上传感器类型的异质性，需要应用精心设计的降维策略。降维有几种技术，这些技术是通过机器学习和手动调整的组合来驱动的。与此类机器学习模型相关的另一挑战是，人们不能忽略在建模过程中包含业务/领域输入的情况。

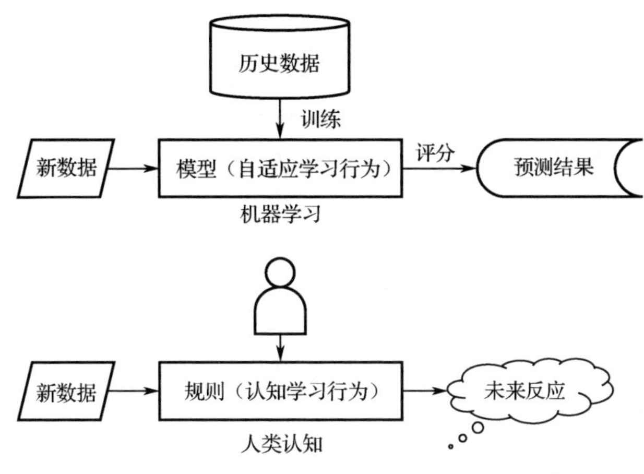

图 21.5　适应性机器学习过程与人类认知思维

预测性维修的主要数据是时间序列数据，包括时间戳、与时间戳同时收集的一组传感器读数和设备标识符。预测性维修的主要目标是在时间 t 时刻，利用当时的数据预测设备在不久的将来是否会发生故障。

机器学习技术可以大致分为监督学习和无监督学习两类。

21.7.1　监督学习

监督学习是一种任务驱动的预测建模技术，其中建模算法确定输入（也称为“预测”）变量和输出变量（也称为“响应”）之间的映射函数。预测维修空间中的预测或评分是通过学习历史资产性能与工艺参数和故障事件之间的相关性来实现的。

21.7.2　无监督学习

无监督学习是一种数据驱动的描述性建模技术，其中建模算法学习数据的模式或行为。没有可用的类别或标签。这些类型的算法旨在挖掘规则和模式，以获得有意义的见解，帮助领域专家/数据分析师可以更好地理解数据。

有多种建模策略（有监督和无监督）可应用于预测性维修领域。

- 异常检测模型检测系统/组件的异常行为。
- 分类模型预测给定时间窗内的故障。
- 回归模型预测剩余使用寿命（RUL）。
- 生存模型预测随着时间推移的失效概率。

21.7.3　异常检测

使用监督方法的机器学习意味着需要资产正常状态和故障状态的许多示例。然而，这一要求与预测性维修的前提相矛盾，预测性维修通常应用于故障可能是灾难性的任务关键型资产。因此，此类资产的故障数据是有限的。在这种情况下，识别故障前预警信号的最佳方法是应用异常检测技术来识别正常趋势的变化。

这种方法的一个核心点是可以定义什么是“正常”行为，而当前行为和“正常”行为之间的差异与故障退化有关。尽管之前没有任何关于它们的知识，模型也应该能够检测出任何异常行为。然而，并非所有的异常都会导致故障。该模型既不知道这些信息，也不知道检测到的模式和即将发生的故障之间的时间窗口，这使得响应时间至关重要。

由于缺乏标记数据，使得异常检测模型的评估具有挑战性。这种建模技术将从用户对模型的反馈中受益。如果没有可用的标记数据，通常会提供该模型，并且领域专家会提供有关其异常标记功能质量的反馈。

21.7.4 多类别和二元分类模型

创建一个能够准确预测剩余使用寿命和一般使用寿命的模型是具有挑战性的。然而，在现实中，知道某项资产很快就会失效通常足以促使人们采取必要的行动，而不是去了解可能是遥远未来的确切寿命。此类决策通常是二元的，其中考虑了时间窗口，并且模型需要确定此窗口中是否会出现故障。

分类方法可能是有益的，因为它可以做出更好的二元决策。二元分类模型用于预测未来一段时间内的故障，这可能导致较低的安全裕度和更准确的实际预测。

多类别分类模型可用于预测未来一段时间内特定类别/类别的故障。分类模型的假设与回归模型的假设相似。它们的主要区别如下。

- 由于故障是在一个时间窗口内而不是在一个准确的时间内定义的，所以降级过程本身并不十分重要。因此，降级曲线不必平滑。
- 分类模型可以处理多种类型的故障，只要它们被界定为一个多类问题。例如，类=0 对应未来 n 天内没有失效，类=1 对应未来 n 天内的失效类型 1，类=2 对应未来 n 天内的失效类型 2，以此类推。
- 需要注意，这种方法不能处理不平衡的数据集，这意味着需要有足够的例子进行训练。每个故障类型都有好的（健康资产状态）和坏的（失效资产状态）。然而，在罕见的事件场景中，要获得一个平衡的数据集是一件难事。

通常，回归模型和分类模型是建立过程和评估参数（特征）与系统失效状态或降级路径之间的映射方程。这就是说，如果将该模型应用于一个系统，而该系统在训练数据中没有出现不同类型的故障，则该模型将无法对其进行预测。

21.7.5 回归模型

回归模型用于预测剩余使用寿命，即下一次故障前的时间量，或者在用资产在故障前的持续时间。这里的方法基于一个或多个预测变量来预测响应变量。

这些模型是建立在系统静态历史行为的基础上的。剩余使用寿命可根据其在时间 t 时的表现进行预测。该建模技术要求静态和历史数据可用，且退化过程平稳。此分析中的另一个先决条件是，每个模型只能考虑一种故障类型或故障路径。这样的分析需要标记的数据可用，并且必须在资产寿命周期的不同时间点进行观察。

剩余使用寿命（RUL）预测是非常理想的，但只有在预测非常准确且差值很低的情况下才能安全地应用。否则，如果必须使模型结果可操作，则需要采用非常宽的安全裕度，这将减少预测窗口，从而降低使用此类分析的收益。

因此，必须对模型进行调整，以减少实际 RUL 和预测 RUL 之间的误差。

均方根误差可以用来衡量精度，因为它会消减大误差，这将迫使算法尽可能准确预测 RUL。

21.7.6 生存模型

上述方法侧重于预测，从而在未能执行适当的维修/干预之前给出提前期。然而，组织对其资产的寿命周期很感兴趣，因此通常需要了解降级过程和失效的概率。

在这些情况下可采用生存模型。生存分析试图回答诸如“在特定时间发生故障事件的可能性有多大”，以及“我的资产的平均生存期是多少”。

生存分析是一种统计技术，在给定静态特征的情况下，估计机器的故障概率。这种技术对于分析某些特征对寿命的影响很有用，它提供了一组具有类似特性的机器的估计值。这种类型的模型用来分析任何事件发生之前的预期持续时间。顺序数据包含有关事件和事件发生时间的信息。在资产健康管理应用程序中，当资产发生故障时会发生事件。序列数据测量与资产运行或状况相关的随时间变化的任何信号。

假设在特定状态下花费的时间遵循一个分布。对于制造业的资产，数据通常符合威布尔分布。

21.8 最优做法

用于生产预测维修程序的机器学习流水线遵循一种稍作修改的传统数据科学过程模型CRISP-DM（跨行业数据挖掘标准流程），如图 21.6 所示。以下内容是设计机器学习流程的一些行业最优做法，建议用于实施预测性维修计划。

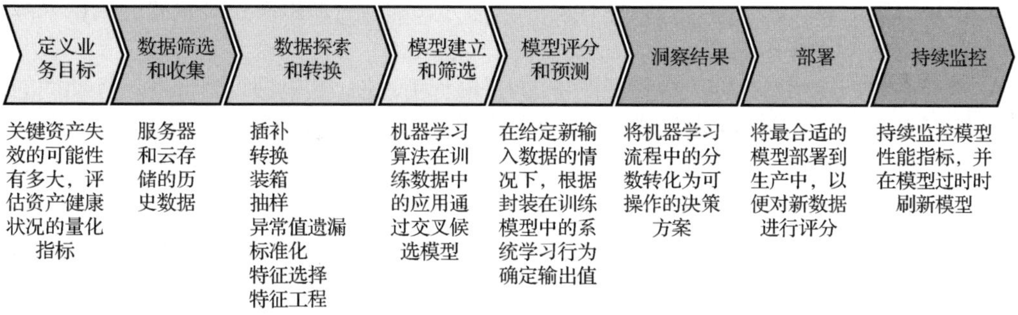

定义业务目标	数据筛选和收集	数据探索和转换	模型建立和筛选	模型评分和预测	洞察结果	部署	持续监控
关键资产失效的可能性有多大，评估资产健康状况的量化指标	服务器和云存储的历史数据	插补 转换 装箱 抽样 异常值遗漏 标准化 特征选择 特征工程	机器学习算法在训练数据中的应用通过交叉候选模型	在给定新输入数据的情况下，根据封装在训练模型中的系统学习行为确定输出值	将机器学习流程中的分数转化为可操作的决策方案	将最合适的模型部署到生产中，以便对新数据进行评分	持续监控模型性能指标，并在模型过时时刷新模型

图 21.6 预测性维修程序的机器学习流程

21.8.1 商业问题和量化指标的定义

针对独特问题的预测性维修使用案例需要由组织解决，必须评估一个优化生产和操作同时最小化风险的解决方案。第一个任务是量化业务的优先级指标，并将重点放在实现指标目标的改进方面。改进只能针对量化的目标进行规划。

在设计满足组织目标的预测性维修计划时，需要定义的一些指标如下。

- 关键资产失效的可能性有多大？
- 预测性维修的有效性如何？通常用预测性维修确定的纠正工作小时数除以预测性维修检查所花费的小时数来衡量。
- 停机成本与运营成本之比是多少？
- 评估资产健康状况的可量化指标是什么？另一个重要的资格标准是，是否有一条定义明确的路径，将预测模型中的执行结果转化为改进业务的明确行动。

21.8.2 资产和数据源的识别

预测性维修项目的主要任务之一是确定所要包含的正确资产，为达到此目的，有以下几种技术，并且可能有助于确定预测性维修项目候选资产的一些问题如下。

- 资产是否具有关键的运营功能？关键性排名考虑了基于健康、安全和财务影响的故障可能性和故障后果。
- 在发生故障后，是否存在与修复资产相关的重大成本？
- 资产是否非冗余？
- 是否存在与资产故障相关的安全风险？
- 对资产进行预防性维修是否产生重大成本？
- 能否通过监测和预测模型以成本效益高的方式预测故障？

另外，需要以下数据集来制定预测性维修的解决方案。

- 历史性失效事件。鉴于预测性维修解决方案适用于关键资产，因此很少发生故障事件。预测故障的算法是通过区分正常工作条件和故障条件来实现的。训练数据必须有足够的样本，这意味着它们必须包括良好的失效例子。故障事件通常记录在维修系统中，或者通过专家确定为故障的异常情况来记录。
- 资产主数据。资产的安装日期、型号和层次结构等特征是对资产进行聚类、了解其使用年限等所必需的重要数据源。
- 工艺流程。了解流程和相关的上游和下游组件有助于分析流程背景下的结果。
- 修复历史记录。作为纠正性维修行动的一部分，部件更换信息也是重要的数据来源。寿命曲线包含这些信息。
- 资产参数。传感器数据应包括资产中的时间行为变化。这里假设资产在运行期间的健康状况会随着时间的推移而下降。这种老化模式可以通过传感器捕捉到的时变特征来解释。故障事件之前的降级模式提供了与降级相关的重要信息。这通常使用半参数模型，如使用 Cox 比例风险模型来确定。
- 运行条件。资产参数不能提供资产功能的完整信息。例如，天气和运行高度之类的运行条件可以更全面地了解过程及其运行条件。

21.8.3 数据采集和转换

如 21.8.2 节所述，预测性维修所需的相关数据位于不同的位置。它们可以位于边缘、存档、跨网络的服务器中，也可以托管在云中。一个高效的预测性维修解决方案应该能够从多个来源接收数据，并以无缝的方式整理、聚合、处理，以实现持续的学习和评分。

预测性维修模型成功与否取决于所使用的训练/评分数据的质量。数据仓库研究所（TDWI）称，脏数据（包含错误的数据库记录）的不可使用性，每年给组织带来高达 6000 亿美元的损失[15]。表 21.3 概述了预测性维修空间中的一些常见样本数据准备任务。

表 21.3 样本数据准备任务

数据准备任务	说 明
插补	物联网数据是出了名的混乱，缺失值是经常发生的事情。该任务包括使用特征的平均值/中值/模式值填充缺失值。要么删除缺失值的数据集，要么删除包含大量缺失值的列/功能

续表

数据准备任务	说　明
异常值遗漏	如果离群值存在于数据集中，那么它们会显著影响分析，因此需要消除
标准化	标准化数据可减少噪声。比较变量是以“中性”或“标准”规模进行的，可以通过计算 z-score 来进行缩放
转换	数据离散化，这意味着将连续属性转换为分类属性以便于使用
装箱	装箱指的是将连续变量列表分组到容器中。如果不进行离散化，则连续变量中的模式很难解释，这会导致信息丢失和能量损失。一旦创建了容器，信息就会被压缩成组，会影响最终的模型。因此，建议在开始时创建较小的容器
抽样	抽样是统计实践的一部分，涉及在个体群体中选择一个无偏或随机的个体观察子集，目的是获得有关群体的一些知识，特别是为了根据统计推断做出预测
文本清理	文本数据通常非常嘈杂。对文本进行广泛的预处理，如删除常用的禁用词、俚语、非正式交流等，是从中获得见解的必要条件
特征工程	数据的转换、构造新字段的添加和干扰字段的移除都是在了解表示模型如何工作的情况下完成的，这个过程叫作特征工程
居中	通过计算特征中所有值的平均值，然后从每个单独的值中减去该值，将特征居中。生成的转换特征的平均值为零
序列数据对齐	时间序列数据必须与相应的资产相连接

21.8.4 模型建立

模型建立是指在输入数据上创建规范的过程。根据需要处理的业务问题，应用不同的机器学习算法。

21.8.5 模型选择

建模过程本质上是迭代的。建立几个模型，并在验证后最终选择了一个候选模型（见图 21.7）。一种流行的验证方法是“交叉验证”，它包括将训练集随机划分为若干相等的数据行子集。一个子集被称为“Fold（折叠）”，然后在除了一个子集外的所有子集上训练一个模型。没有以训练的集合作为验证集合，用于检查训练模型的错误率。

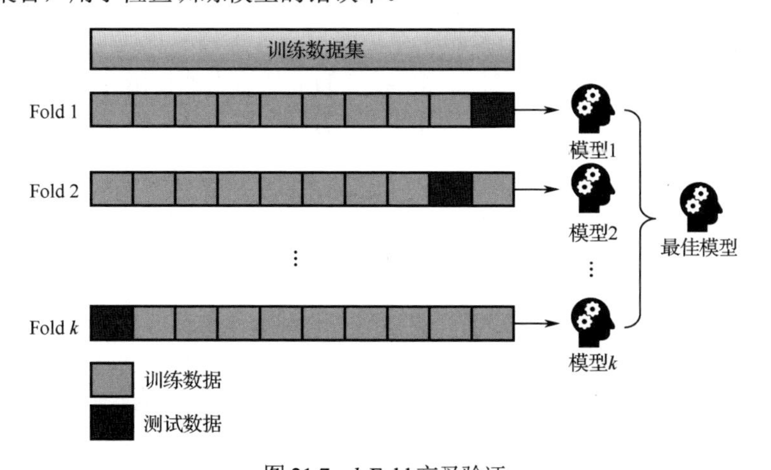

图 21.7　*k*-Fold 交叉验证

然后对除了一个子集外的所有子集训练另一个模型。在其他折叠上训练的模型，保持的折叠用于检查在其他折叠上训练的模型的预测误差。这样继续下去，每一个折叠都被精确地保持一次，所有数据都用于训练和验证。得到的模型集将各自运行自己的预测，结果的平均值将作为输出。

10 折是最常用的数量，但这个数字是按惯例设定的，而不是按具体数字 10 来设定的。10 折交叉验证是用于描述该模型的典型术语。使用同一组训练数据模拟了各种数据集，这是使用交叉验证的优点。即使训练数据有限，也增加了所得模型能够很好地泛化并得到可靠的验证过程的概率。

最优做法是找出训练模型的最优版本，并比较多种训练优化算法。因为每种算法都有优缺点，因此只选择一种会具有局限性。考虑到正在解决的特定问题，应该选择一些可能成长为良好训练模型的算法，以便相互比较。

21.8.6 预测结果并转化为流程见解

一旦建立了模型，它就可以用来在实时数据中评分。最近有一篇综述[16]总结了可解释模型的特性：在充分理解算法（“算法透明性”）的情况下，人类可以重复（“可模拟性”）计算过程，模型的每个单独部分都有直观的解释（“可分解性”）。

机器学习流程中的分数需要转化为可执行操作流程，从而产生可评估的业务影响。例如，RUL 预测的输出可以用作优化维修计划的输入。

21.8.7 实施和部署

实施一个模型实质上是实现一个机器学习流程，它包括一个用于数据获取、转换、存储、模型训练、评分和将分数作为相关结果部署到现实世界的框架。所有这些进程都以半自动化的方式使用真实数据，并且具有低延迟性质。

机器学习设计的实用性取决于过程的操作化程度。机器学习流程应包含模型验证、数据质量检查和异常处理，以确保机器学习过程准备就绪。

部署模型需要一个最佳拟合模型，其中超参数的优化方式是在偏差和方差之间进行权衡的，并将其移植到生产中，以便能够实时或接近实时地对新数据进行评分。机器学习早期的模型部署包括在生产中重新编码学习的模型。随着对进一步自动化的需求，部署策略也随之发展，最普遍的是使用评价标准来表示预测模型，即预测性维修标记语言（PMML）。然而，有些机器学习模型包含的数据转换和特征工程是特定的，从而不能使用 PMML 规范化。因此，通过云上的 RESTful API 发布一个经过训练的模型的模式正在发生越来越大的转变，之后就可以在生产中使用了。

21.8.8 连续监测

预测模型往往随着时间的推移而发展，需要不断监测退化情况，并进行更新和再训练。该过程包括测量和跟踪生产中的模型质量，并在模型过时或性能下降时进行再训练（见图 21.8）。有几种技术可用于评估生产中的模型稳定性或退化。再训练模型时，需要考虑一些简单的指标，如模型的最后发布日期或训练数据的年龄。其他实时度量，如给定模型的实际目标值和预测值之间的差异，也可以用于刷新模型。

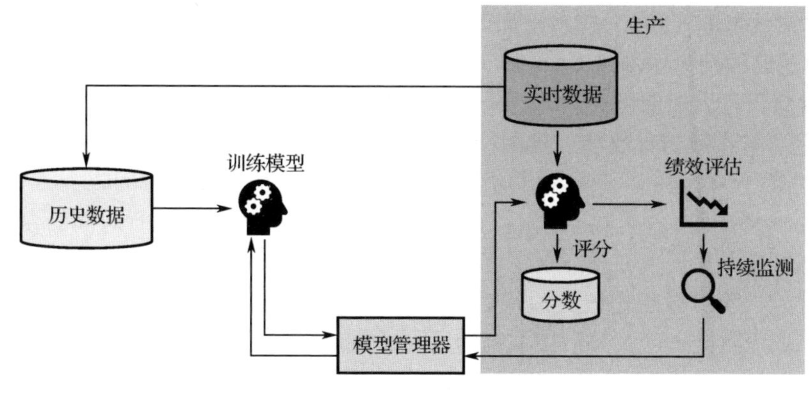

图 21.8　生产中预测模型的连续监测

21.9 成功的预测性维修的挑战

预测性维修计划的主要挑战是对需要用传感器监控的资产进行检测。虽然新产品的设计将考虑物联网需求，但需要将预测性维修计划中包括的现有资产与传感器一起进行翻新。由于多种原因，这并不是一项简单的任务。

有关资产的技术知识可能有限，这意味着对此类资产进行工具化有可能是次优的。选择合适的数据采集设备是一项具有挑战性的任务，需要广泛的领域知识。设备监控不是从头开始设计的。用传感器改造资产并设计基于 IT/云的服务来传输数据是一种事后的想法。在将资产用于生产之前，对其进行改造和监测会导致停机。

远程定位的资产或在非常恶劣的环境中运行的资产在连接基于云的服务时可能会带来挑战。例如，在地下数百千米处作业的深海石油钻井设备。因此，必须为此类应用设计和实施特殊的连接解决方案。

预测性维修计划的成功还取决于良好数据的可用性。大量的数据不一定能解决预测性维修场景的所有挑战。为了从这样一个项目中收集反馈，需要从工业资产中获得高质量、有标签的数据。另一个挑战是在这些数据上建立模型，为用户提供相关的、可操作的维修建议。收集大量未标记的原始数据相对容易，但在构建模型时，算法的好坏取决于数据的质量。

在这种实现中，访问标记数据和平衡数据集是面临的首要挑战。许多数据质量挑战将通过新的、深度学习算法来解决，这些算法模拟人脑的学习能力，可用于建立更精确的预测模型。这些深度学习模型将能够将以前标记的数据中的规律应用到新的未标记数据中，因此随着时间的推移，预测性分析和规范性分析都将变得更加准确。

将传感器数据与实际维修事件相结合的能力是预测性维修计划的另一个关键基石。由于工业维修软件平台、传感器和操作目前分布在异构系统中，因此将传感器数据与实际事件或维修任务相融合是一项具有挑战性的工作。

在建模过程中，利用人工输入作为输入，不仅有助于使模型更精确，而且更具可操作性。

21.9.1 预测性维修管理成功的关键性能指标

在开始预测性维修计划之前，需要对与该计划的特定基线目标相关的度量标准进行基线的理解。限制度量的数量来评估预测性维修计划的成功也是明智的，因为这将确保该计划不会变得过于复杂。

这些关键绩效指标（KPI）应自上而下地制定，并与公司目标保持一致。一些代表预测性维修计划可操作建议的指标示例如下。

- 资产健康。可以根据机器学习评分输出指定的阈值定义资产运行状况评分。
- 预测性维修计划的有效性。预测性维修计划的有效性可以量化为正常运行时间，计算为资产运行总小时数的百分比，即资产总的正常运行时间和停机时间。
- 预测性维修计划的效率。预测性维修计划的效率可以表示为运行时间的百分比。人工成本是维修成本的最大部分。这也可以表示为实际维修成本与估计成本。
- 风险评分。资产风险得分是故障后果和基于条件的故障概率的函数。精心设计的预测性维修计划应降低资产及其后续系统的风险评分。
- 资产可靠性。平均修复时间（MTTR）和平均失效时间（MTTF）等指标量化了预测性维修计划的成功程度。平均故障间隔时间是指资产的非计划停机间隔时间。当从预防性维修策略转变为预测性维修策略时，这是一个成功的指标。

通过对绩效参数进行基准测试，组织可以不断改进。基准通常是在 KPI 可以清楚地测量并且符合组织目标时创建的。

21.10 总结

本章总结了各种维修实践的发展状况，并深入探讨了基于物联网的预测性维修技术。比较了预测性维修方案与传统预防性维修方案的优缺点，并且探讨了预测性维修空间中常用的机器学习技术。最后回顾了为预测性维修计划设计机器学习流程的一些最佳做法，以及可能用于衡量此类计划成功与否的 KPI 样例。

原著参考文献

第22章

电子产品 PHM 专利分析

Zhenbao Liu[1]，Zhen Jia[2]，Chi-Man Vong[3]，Shihui Bu[1]，and Michael G. Pecht[4]

1 中国西安西北工业大学航空学院

2 中国西安西北工业大学交通工具应用工程

3 中国澳门澳门大学计算机与信息科学系

4 美国马里兰大学帕克分校高级寿命周期工程中心

在产品设计、制造和运行中，可靠性评估和预测的应用是一个渐进的过程。在过去几十年里，基于物理的建模与故障定位、故障模式和故障机理的根因分析已被证明能有效地预防和检测产品故障。不过，现在大量的书籍、文章和专利表明，故障预测与系统健康管理（PHM）是近期研究的焦点。本章旨在从电子系统 PHM、机械系统 PHM 和一般 PHM 方法三个方面全面概述 PHM 专利。基于 2000—2015 年的美国专利，回顾了工业领域 PHM 研究的历史和现状，讨论了 PHM 在各行业设备的设计、制造和部署中的应用，并侧重于过去十年报告的结果提出了一些有待解决的关键研究问题，从 7 种类别的角度，对 114 项电子系统 PHM 专利进行了综合评述。通过对 2000—2015 年美国 PHM 专利的调查，总结了几个现象。针对系统的 PHM 专利的增长比例远高于针对器件/组件的 PHM 专利。与单个传感器相比，传感器网络实现了更多的应用，从而可以更加全面、准确地监测对象。此外，基于板上解决方案的在线评估正在逐步取代使用下载数据的产品离线评估，以实现实时监控和故障排除。

22.1 概述

随着相关技术的不断发展，产品及其系统变得越来越复杂。因此，系统可靠性问题变得更加迫切，特别是考虑近期在不同领域发生的事故已造成严重的损害。例如，电气短路导致美国导弹系统[1-3]、雷达系统[4]、Galaxy IV 和 VII 卫星[5]的任务失败；2006 年，一个 600kW 风力涡轮机的变速箱故障导致包括材料、人工、接入和停机时间在内的费用损失超过 15 万美元[6]；2013 年，17 架波音 787 飞机因两次电池故障停飞，仅全日航空（All Nippon Airways，ANA）一家航空公司每天的损失就超过了 110 万美元[7]；2016 年三星 Galaxy Note 7 的电池爆炸迫使全球召回所有 Galaxy Note 7，导致这款旗舰手机“死亡”，损失 170 亿美元[8]。灾难性事故的后果是严重的，不仅严重影响经济，而且影响人们的日常生活。电动汽车电池组故障导致一辆出租车起火，造成三名乘客死亡[9]；一些关键传感器的失灵导致法航 447 航班失事，造成 228 人死亡[10]。这些事故的原因与系统可靠性有关，而系统可靠性与系统的可用性（A_o）是分不开的。

可用性是产品系统设计中不可缺少的标准技术指标。在系统工程中，A_o 被定义为一个系统的已使用时间与应使用时间的比率。它是一个综合参数，与可靠性[11]、维修性和保障性相关。

在另一种观点中，A_0 是系统/设备在所需的运行时间内的任何时刻，在规定的条件下，令人满意地运行的概率，所考虑的时间包括运行、纠正和预防性维修、管理和保障延误时间。A_0 是系统设计特点、运行任务及维修方案的函数。实际上，A_0 是由平均故障间隔时间（MTBF，仅适用于可修复产品）与平均修复时间（MTTR）和平均物流延迟时间（MLDT）三者之和的比值来衡量的。从这个意义上说，增加 MTBF 或减少 MTTR 与 MLDT 可以实现更好的可用性。准确的剩余使用寿命（RUL）预测、早期故障预警和预防性维修可以增加 MTBF，这意味着降低了故障频率或避免频繁故障。

MTTR 或 MLDT 的减少意味着从故障发生到故障排除的时间间隔缩短了。例如，利用传感器能及时有效地传递信息。此外，在产品整个寿命周期的许多方面，包括产品设计、维修、客户服务和技术支持，以及维修技术的进步和维修措施简化，都有助于降低 MTTR，从而使可用性更好、维修成本更低。预测提供关于诊断组件或系统是否能够按预期执行其功能的信息，包括确定组件的 RUL 或正常运行的时长。系统以当前状态为起点，对后续的故障状态及时提供预警，使用户能够及时采取措施避免故障。准确的产品寿命预测可以帮助用户提前维修或更换旧产品，防止意外故障造成的损失，提高产品的可用性。简而言之，快速准确的故障诊断、维修和预测是提升产品可用性的主要途径。

传统的系统可用性评估技术采用基于手册的方法，用固定故障率模型对现场故障数据进行拟合。一些例子包括美军 217 手册（Military Handbook-27，简称 MIL-HDBK-217）[12]、Telcordia[13]、PRISM[14]、FIDES[15]和其他几个不同的被视为 MIL-HDBK-217 衍生的版本。然而，人们早就知道这些方法从根本上是有缺陷的。系统故障率恒定的假设早在 1961 年就被证实是不正确的[16-17]。从那时起，这种方法经常被证明要么过于乐观，要么严重低估了可靠性[18-21]。事实上，一些研究表明，MIL-HDBK-217 的多个衍生版本甚至在预计结果上互相不一致[22-25]。

另一种评估产品可靠性的方法是加速退化试验（ADT）。对 ADT 的研究始于 20 世纪 80 年代，Lu 等[26]首先指出利用性能退化数据评估产品的可靠性，并提出了一个简单的线性模型。ADT 是基于应力条件下的退化数据来评估产品在正常条件下的可靠性信息。ADT 研究主要集中在统计分析、退化数据建模、加速退化试验设计与优化、故障模式与机理的识别等方面。产品退化或退化相关参数被作为时间的函数（该函数通常称为“退化轨迹”）。与基于手册的固定故障率模型相比，Cox 的比例风险（PH）模型[27]是一种半参数 ADT 模型。它可以用来分析各种因素（如运行和载荷条件）对产品退化的影响。因此，PH 模型在 ADT 研究中得到了广泛的应用。然而，ADT 的缺点是过于依赖性能参数和故障判据的选择。

退化路径的建立有两种方法：第一种，如前文所述，可以直接建立数据的曲线拟合模型，这是一种基于经验的方法；第二种，可以使用失效物理（PoF）分析来确定产品由于监测到的载荷所引起的各种故障机理造成的累积损伤。在找出故障机理的基础上，提出了相应的对策，以排除和避免故障，提高产品的可靠性。因此，PoF 是 PHM 的重要组成部分。PoF 利用对导致故障的过程和机理的知识和理解来预测可靠性和提高产品性能。当使用 PoF 时，以下步骤[28]是必要的：（1）监控关键产品参数，包括环境应力参数（如振动、湿度）和工况参数（如温度、电压、功率）；（2）简化数据，使传感器数据符合 PoF 模型要求；（3）进行 PoF 分析，确定每个载荷剖面的失效时间（或周期）和产品全寿命周期内所有载荷剖面的累积损伤。

自 2002 年以来，随着传感和通信技术的快速发展，PHM 已经成为一门能够在实际的寿命周期条件下评估产品可靠性的技术和方法。PHM 的目的是判断故障的发生、减轻系统风险，并触发早期维修任务[29]。此外，在可靠性评估和预测中，PHM 还结合环境、工况和性能相关参数的传感、记录和解释，以提高可用性为目标[30-33]帮助用户避免故障，最大限度地减少剩余寿命损失，提高修复效率，减少冗余。

PHM 通过降低故障造成的损失，减少不便（PHM 出现后引起两个方面的变化：从常规维修

到基于状态维修；从只检测故障到确定故障位置）和/或增加安全性，使目标系统受益。不同的应用根据自己的需求和关切为这些利益分配价值。挑战在于开发分析，使 PHM 能够“以自己的方式”进入特定系统。尽管如此，还是有成功的案例。美国国家航空航天局（NASA）[34]报告称，在飞机上实施 PHM 后，假设维修需求降低 35%，三年的投资回报率（ROI）可能高达 0.58。轻型装甲车（LAV）和斯特赖克旅战斗队（SBCT）使用的电池中实施 PHM 的 ROI 估计分别为 0.84 和 4.61[35]。Goodman 等[36]估计，在一个欧洲战斗机的电子系统实施 PHM 的 ROI 可以高达 12.75，接近一架客机的 ROI。Feldman 和 Jazouli[37]计算出波音 737 上实施 PHM 的 ROI 大于 3.17，其置信度为 80%。

本章的目的如下。

（1）与主要研究某一学科前沿的学术论文相比，专利文献与工业应用关系密切。通过对专利的综述和分析，帮助读者了解相关技术在实际行业中的应用，从而促进相关学科和行业应用的发展。

（2）目前与 PHM 相关的综述论文几乎都是基于学术的论文。本章可以填补 PHM 专利综述方面的知识空白。

22.2 电子产品 PHM 专利分析

22.2.1 PHM 专利的出处

专利是由一个监督机构授予发明者或受让人在一段时间内的一套独有权利，以换取详细公开发明的资格。发明是解决特定技术问题的产品或过程，专利是知识产权的一种形式。在美国专利法中，发明人是指对授权专利的发明做出贡献的人或团体，专利受让人是对专利享有所有权的人、团体或实体，而专利的受让人不一定是专利的发明人。

本综述中选择的专利是从美国专利商标局（USPTO）官网下载的授权专利。它们主要分布在 USPTO 合作专利分类（CPC）系统的四个部分：B.执行操作；F.机械工程；H.电；Y.新技术发展的一般标记。由于 PHM 没有特定的专利类别，所以通过关键词检索到有三种 PHM 专利。获取目标专利由下面两个步骤组成。

步骤 1：关键词搜索，关键词包括“发布日期”，如 2000 年 1 月 1 日至 2015 年 12 月 31 日，“摘要”包括“故障”“失效”“健康管理”“寿命预测”“故障诊断”“健康监测”；然后大量的专利被检索出来。

步骤 2：手动筛选与 PHM 有关的电气系统、机械系统和方法学专利，以确保本综述中数据的完整性。

22.2.2 PHM 专利分析

从 2000 年到 2015 年，PHM 专利数量增加了 20 多倍（见图 22.1）。2002 年以前，科学技术的落后制约了数据采集装置（传感器等）、数据处理和传输装置（计算机、有线网络、无线网络等）、可视化装置等设备的发展。因此，由商业公司进行的 PHM 研究在很大程度上是有限的。此外，当时用于 PHM 的设备（如微控制器、微型传感器和无线连接）过于昂贵，不能安装在所有飞机上。麦克唐纳·道格拉斯公司、波音公司、雷神公司和诺斯罗普·格鲁曼公司主导了 PHM 专利，占 34 项专利中的 21 项（约占总专利的 62%）。这四家与军事有关的公司为关键应用申请了 PHM 专利，其中超过 70%的是飞机和发动机。在 2002 年之前，共有 12 家公司获得了 PHM 专利，其中包括罗克韦尔公司、霍尼韦尔公司和洛克希德·马丁公司在内的 8 家公司拥有其中的 8 项专利。2002 年以前的 PHM 专利主要涉及机械零部件和系统。

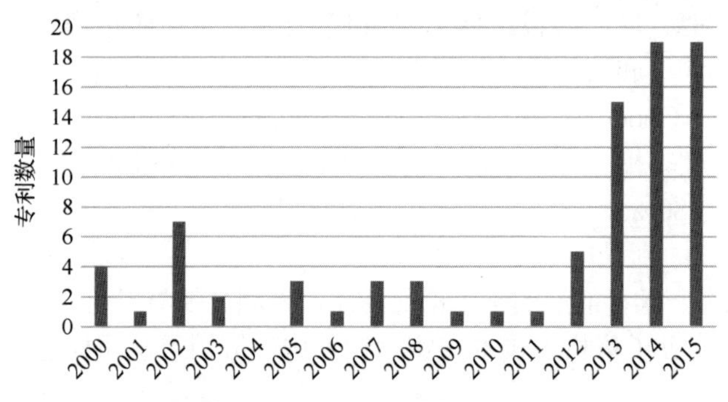

图 22.1　每年的 PHM 专利数量

然而，2015 年，在电子系统领域拥有 PHM 专利最多的 4 家公司，即通用汽车公司、通用电气公司、霍尼韦尔公司和罗伯特·博世公司，在 84 项专利中只拥有 32 项，占比从 60%以上下降到 38%。2015 年之前，共有 33 家公司获得了专利，其中 29 家公司共有 34 项专利。这一数字表明，自 2002 年以来，越来越多的公司开展了 PHM 研究。PHM 刚开始得到研究时，PHM 专利的受让人主要分布在与军事相关的公司，重点关注在机械零部件和系统上。中小企业在 PHM 专利受让人中的比例逐渐增加。从图 22.1 中可以看到，PHM 专利的数量自 2012 年以来迅速增长，这表明 PHM 的好处被行业公认，PHM 的研究已经成功地吸引了更多的关注。

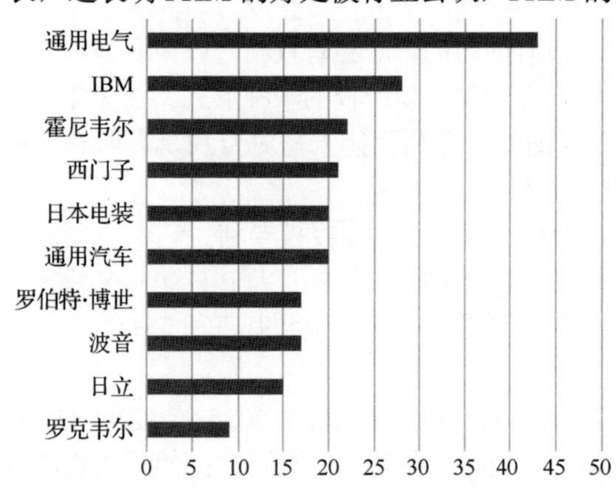

图 22.2　2000—2015 年 PHM 专利持有者前 10 名

2000—2015 年 PHM 专利持有数量最多的 10 家公司如图 22.2 所示。它们都是《财富》500 强企业。通用汽车公司、通用电气公司、霍尼韦尔公司、罗伯特·博世公司和 IBM 等拥有较多的 PHM 相关专利。例如，通用电气公司提供广泛的从飞机引擎到风力涡轮机的多样化产品，拥有最多的 PHM 专利。通用电气公司一直在努力将 PHM 技术与之前的技术相结合，以提供具有健康监测功能的可靠产品。通用电气公司的远程监测和诊断软件，即告警专家（EOA），于 1998 年首次发布并部署在 200 辆机车上。2005 年，EOA 已在 5000 多辆机车上使用，并将维修人员从 150 人减少到 2 人，因为它增加了正常运行时间，减少了道路故障，提高了车间生产率。通用电气公司还使用名为 PulsePOINT 的异常检测算法将其 PHM 技术扩展到风力发电场，扩展到具有全权限数字电子控制（FADEC）系统[38]的 GEnx 发动机，以及使用防喷器（BOP）、远程监测和诊断（RM&D）[39]的海上钻井设施中。霍尼韦尔公司拥有数量第三的 PHM 专利，进行了大量的 PHM 研究并将 PHM 技术和其产品结合在一起，如旋翼飞机平台的腐蚀和腐蚀性监测系统（C2MS）、远征军车辆（EFV）、船舶/汽车传动系预测系统（DTPS）和用于机械设备（如发动机、发电机及水冷系统）视情维修和故障预测的机械预测系统（MPROS）

在电子系统的 PHM 方面，通用电气公司、IBM、霍尼韦尔公司和西门子公司拥有强大的专利组合。在 PHM 专利受让人中排名第四的西门子公司拥有最多的医疗保健 PHM 专利，其中大部分涉及医学图像处理和确定癌症存活率、心脏病发作率和组织检测的分类器。在这类专利中，半导体元器件、计算机及其配件（如硬盘驱动器、存储器和主板）的 PHM 专利占电子系统

PHM 专利的 60%以上。此外，截至 2015 年，电池 PHM 专利占电子系统专利的比例不到 10%。然而，由于混合动力/电动汽车和智能电网行业，电池监测和预测的专利数量预计将会增加，他们认为安全、智能和经济的电池是不可或缺的能量储存元器件，它彻底改变了人们使用能源的方式。因此，需要加强对电池 PHM 的研究。

对健康监测、诊断和使用寿命预测需求的日益增长，这使得更多的公司开始使用 PHM 方法和应用。许多公司已经确定了专利的价值，并将目标对准了知识产权（IP）专利利用和内部使用。虽然美国和欧洲的公司主导了 PHM 的研究，但自 2007 年以来，亚洲公司也加强了这方面的研究。三星已进入受让人排名前 20，富士通、丰田和台积电也已开始申请专利。有趣的是，所有这些亚洲公司都是汽车和半导体行业的，这表明亚洲公司在这两个行业获得了很大的市场份额。更多的亚洲公司，尤其是中国公司，有望加入专利数量排名，这是由于制造业向中国转移和企业转型升级，以满足对产品更高可靠性的要求。

22.3 电子系统 PHM 发展趋势

电子系统几乎存在于我们日常生活和工业的所有领域。由于这类系统在现场运行期间可能发生意外的电气故障，从而造成严重的影响，因此，必须确保其安全性和可靠性。电子系统的退化通常是由复杂的故障机理引起的，如焊接接头问题、人为操作不当、系统元器件老化、环境条件等。随之而来的功能损失，通常被称为“失效”，可能会导致灾难性的结果（即开路或短路）。为了解决这些问题，人们开发了各种方法来检测电路故障情况，隔离故障位置，甚至预测电子系统的剩余使用寿命（RUL）。电子系统和机械系统的 PHM 主要区别是，几乎每一个机械系统需要额外传感器来将机械参数（如轴的旋转速度）转换为可以监测和处理的电参数（如电压或电流），而电子系统通常有电参数输出以用于健康监测。从消费类电子产品到航空航天，各行各业的公司都在研究电子系统的 PHM，以监测运行状态、检测性能退化和预测 RUL。本节将讨论特定电子系统、电子设备或设备零件的 PHM 实现方法、算法和设备。如图 22.3 所示，这些类别是：半导体产品和计算机、电池、电动机、电路与系统、汽车和飞机的电气设备、网络和通信设施等。

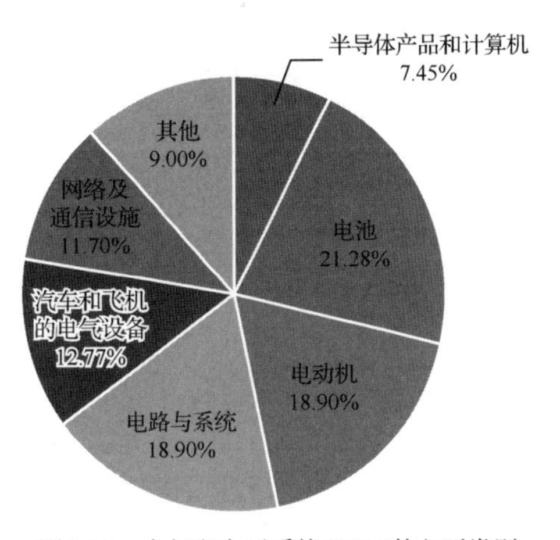

图 22.3 电气和电子系统 PHM 的主要类别

22.3.1 半导体产品和计算机

半导体元器件、计算机及其配件（如硬盘驱动器、存储器和主板）的 PHM 专利占电子系统 PHM 专利的 50%以上，这表明许多公司正在着力投资这些产品，以提高其可靠性。太阳微系统公司和富士电机公司拥有与计算机微处理器有关的大部分专利。半导体是计算机系统的重要组成部分，半导体集成电路是目前计算机中最基本的硬件组成。功率半导体（如 PIN 二极管、晶闸管、功率 MOSFET、IGBT、栅极关断晶闸管等）广泛应用于变换器电路和控制器中。如今，很多大企业（互联网公司、金融公司等）都有自己的服务器，用于公司的日常运营。此外，越来越多的企业开始涉足电子商务领域。可见，计算机在现代企业中起着尤为重要的作用，当它们故障时，可能会造成巨大的损失。因此，对半导体产品和计算机的 PHM 需求很大，如表 22.1 所示。

表 22.1 半导体产品和计算机典型专利的数据分布

受 让 人	2000—2005 年	2006—2010 年	2011—2015 年
Maxsp 公司			文献[40]（D）
太阳微系统公司	文献[41]（D）	文献[42]（D）	
东芝	文献[43]（D）		
IBM			文献[44]（DP）
闪迪（Sandisk）		文献[45]（P）	
高通		文献[46]（P）	
英特尔		文献[47]（P）	
富士电机			文献[48]（D）
个人专利			文献[49]（D）

注：D 代表诊断、P 代表预测、DP 代表诊断和预测，后同。

鉴于当前计算机硬件和软件的复杂性和互操作性，新安装的程序将不可避免地影响原有的程序。为了克服这个困难，Keith[40]提出了一种用于计算机软硬件诊断和报告系统的专家系统和 Agent 应用程序。Agent 应用程序首先安装在用户的系统上，然后，Agent 应用程序从与用户操作环境相关的专家系统库中检索问题数据。当发现问题时，Agent 应用程序利用离散脚本将数据发送到知识库，使知识库能够利用人工智能生成新的离散脚本，并将其发送到专家系统库。因此，用户的系统得到了更好的保护。

太阳微系统公司发明了一种用于计算机的动态性能分析仪[42]，该分析仪中使用了提高计算机系统可靠性和可用性的技术。它利用三维遥测脉冲响应指纹（3D TIRF）表面，结合二维序贯概率比检验（2D SPRT），主动监测发生故障的计算机系统组件。太阳微系统公司还公布了另一项发明[41]，它可以检测计算机系统中的热异常。在运行过程中，系统推导出计算机系统中热传感器的估计信号，其中估计信号由计算机系统中其他仪器信号做相关性推导而来。每一个估计信号都是通过对信号的实际测量值应用预先确定的与其他信号的相关性而产生的。然后，系统将来自热传感器的实际信号与估计信号进行比较，以确定计算机系统中是否存在热异常。如果存在热异常，则系统会发出警报。

东芝公司提出了一种用于客户端-服务器计算机的系统故障诊断方案[43]。在这个方案中，当计算机执行各自的进程时，若在多台计算机（构成一个客户端-服务器计算机系统）中有一台计算机发生故障，则将被检测出来。该方案不判断检测出故障的计算机是否是服务器。

IBM 公司发明了一款基于异常驱动的用于捕获和自动处理闪存异常响应的软件[44]，该软件可以确定闪存的寿命结束阶段，从而预测闪存的剩余使用寿命（RUL）。软件中的计数器与闪存的寿命周期事件（闪存的读周期或写周期）相关联，根据计数器，确定寿命周期事件的总次数。闪存的 RUL 是根据事件总数是否超过预设的阈值来确定的，然后通知用户闪存的寿命周期状态。

闪迪（Sandisk）公司用于估计非易失性存储系统寿命结束的 PHM 方法是基于每个块的平均擦除次数[45]。平台提供存储装置（如 Flash 存储卡）的 RUL 信息。例如，用户可以看到存储卡的预期剩余寿命的实时单位（如小时或天）或估计初始寿命的百分比。如果预期的剩余寿命低于某一水平，或者备用块的数量低于安全水平，则发出寿命终止警报。

高通公司公开了一种用于无线移动通信设备的具有故障抑制功能的统一内存部分[46]。统一内存部分可以保护自身免于由有害信息导致的运行故障和损害。另外，英特尔公司提出了一种复合金属氧化物半导体（CMOS）技术[47]来解决存储元器件的故障。

富士电机公司发明了一种具有半导体开关元器件故障检测单元的栅极驱动电路[48]。一些半

导体开关元器件串联在栅极驱动电路中，当 OFF 命令信号给出时，栅极驱动电路可以通过检测串联电路（如二极管和电阻）的电流来判断半导体开关元器件的短路故障。富士电机公司提出了一种半导体元器件故障定位的新方法[49]。他们为故障位置指示装置设计了平台，通过该平台可以锁定碳化硅（SiC）半导体元器件的故障位置。该故障位置分析方法通过利用激光束扫描并照射半导体元器件和电路，以加热元器件和电路。为了分析故障位置，在加热过程中对元器件和电路施加电流，以检测电阻随电流水平的变化。

在故障检测和故障定位技术出现之前，操作员很难知道在何处、多久检查一次问题或故障状况，以及在发现状况时如何纠正。故障检测和位置检测技术已经取得了很大的进步。然而，有些诊断方法仍然非常传统，例如，文献[44]、[45]中的 PHM 方法依赖于计数，而计数实际上并不能准确地反映对象的健康状态。半导体和计算机行业有一种趋势，即实时评估健康状态，动态预测故障，并在实际故障发生之前隔离错误。未来由于半导体的使用将从现有的计算机系统和电路系统扩展到其他产品，半导体的 PHM 将会持续得到发展。

22.3.2 电池

从小型便携装置到大型工业设备，包括汽车、航空航天、电网和其他移动应用，电池是这些产品中不可或缺的一部分。作为电池供电系统的核心部件，其健康状况对整个系统的性能有着巨大的影响。电池退化和老化会导致产品的早期故障、起火，甚至爆炸，导致高昂的费用。因此，必须对电池或电池组进行监测和管理。电池监控包括测量和报告单个电池的剩余电量、充放电速率、温度和工作状态。电池管理主要是指通过连接/断开电池来估算电池的充电状态和健康状态（SOH）。作为 PHM 的一部分，对电池 RUL 的准确预测为电池何时进行维修提供了有益的参考，有助于在电池寿命终止（EOL）前进行预警，从而及时更换即将失效的电池。通用汽车公司和 Lapis 半导体公司拥有电池领域大部分与 PHM 相关的专利。PHM 在这方面的专利有两种主要的应用类型：车辆和电子设备。表 22.2 列出了电池领域典型专利分布情况。

表 22.2 电池领域典型专利分布情况

受 让 人	2000—2005 年	2006—2010 年	2011—2015 年
华霆动力技术			文献[50]（D）
本田汽车			文献[51]（D）
比亚迪			文献[52]（D），文献[53]（D）
特斯拉			文献[54]（D），文献[55]（D）
LaunchPoint Energy and Power			文献[56]（D）
NASA			文献[57]（D）
通用汽车			文献[58]（D），文献[59]（D）
Lapis 半导体			文献[60]（D），文献[61]（D）
松下电动汽车能源			文献[62]（D）
索尼爱立信移动通信		文献[63]（D）	
日立汽车系统			文献[64]（D）
NSK			文献[65]（D）
JTT 电子			文献[66]（D）
通用汽车			文献[67]（DP）

续表

受 让 人	2000—2005 年	2006—2010 年	2011—2015 年
黑莓			文献[68]（D）
联想企业解决方案公司			文献[69]（D）
瑞萨电子			文献[70]（D）
三星			文献[71]（D）
戴尔			文献[72]（D）
美敦力（Medtronic MiniMed）			文献[73]（DP）
电装（Denso）			文献[74]（D）
霍尼韦尔（Honeywell）		文献[75]（D）	
松下			文献[76]（D）
戴姆勒股份公司		文献[77]（P）	
个人专利			文献[78]（D），文献[79]（P）

与传统汽车相比，电动汽车的优势在于可充电电池。电动汽车本质上效率更高，这意味着与传统的内燃机相比，更多的能量被用于汽车运行，而不是热量损失。此外，电动汽车不产生废气。然而，电动汽车的使用面临技术挑战，主要是电池或模块化电池的健康管理。目前，预测电池 RUL 的两种主要方法（即基于 PoF 模型的方法和基于机器学习的确定性回归方法）都面临着具有挑战性的问题[80]。华霆动力技术公司公开了一种处理电动汽车电池组故障的方法[50]，该方法介绍了一种通过故障总线从电池管理系统（BMS）传输的心跳信号。电池模块向车辆的高压电路提供电压，如果电池模块出现关键问题（如电池芯过充或过放电、隔离故障、短路、过流、过热或过功率），电池模块就会终止心跳信号，从而阻止 BMS 接收更多信号。当没有收到心跳信号时，BMS 会自动关闭高压电路，此过程不需要任何软件或复杂的操作系统。

本田汽车公司还为一款汽车电池电路的故障检测系统申请了专利[51]。一辆汽车的电气系统包括一个发电机，其设置为有选择地为汽车的电力负载提供电力并为电池充电。故障检测系统检测接地电路中的开路或高阻故障。故障检测系统中的控制器控制发电机的输出电压，以在指定的测试期间，限制或增加发电机对电池的充电。

在一个电池系统中通常有多个电池组，用于储存电能并为车辆提供电能。比亚迪公司至少在部分电池芯之间的电气连接中确定了一个可分离特征[52]。当冲击力超过预定大小，或者处于过电流、过温状态时，可以在可分离特征处局部断开电气连接。此外，比亚迪还发布了用于检测充放电状态下内部电池异常的方法和系统[53]。

特斯拉公司提出了一种基于模式识别的电池组过流短路检测方法[54]。通过将串联元器件的电压模式与串联元器件最后一次已知的平衡状态进行比较，确定内部短路的风险。如果一个或多个相邻串联元器件的负载电压或静息电压一致地从先前已知的状态均匀下降，下降量与过流状态一致，则表示发生内部过流短路故障。此外，特斯拉公司还发明了电池模组综合热管理系统[55]。

LaunchPoint Energy and Power 公司也发布了一个应用于电动汽车的容错 BMS [56]。美国国家航空航天局（NASA）为混合动力汽车和航空航天或宇宙飞船应用申请了 BMS[57]专利，该专利使用具有多个电池芯的电池互连的多个变压器。变压器的绕组由一个激励波形驱动，然后检测到响应信号，指示电池的健康状况。通用汽车公司发布了一种用于电动汽车的电池芯故障模式并联旁路电路的电池容错架构[58]，以及电池芯故障模式串联旁路电路的电池容错架构[59]，他们还公开了一种与基于监测信号的诊断方法不同的容错模块 BMS[78]。电池管理控制模块被安排在一个冗余的拓扑中，这样，如果任何一个组件发生故障，则其他组件将恢复故障组件的功能。

Lapis 半导体公司为基于类似原理的电池芯监控系统诊断工具包申请了专利[60]，该工具包提供了一个半导体电路，其中包含用于比较放电电压与阈值电压的比较器部分。该公司后来发布了一种电池监测系统[61]，该系统可对与混合动力或电动汽车的电机驱动器的电压测量单元相连的电池进行适当的自我诊断。松下电动汽车能源公司公开了一种工具包[62]，用于控制可充电电池的输出，以确保在发动机启动的同时，防止可充电电池的寿命被缩短。当指示可充电电池的充电状态的指标满足放电结束条件时，安装在汽车上的控制器可以指示汽车电子控制单元（ECU）停止可充电电池放电过程。索尼爱立信移动通信公司发明了一种动态电池顾问[63]，它可以提供一个建议，指示电池的可用功率是否足以使功能电路执行指定的功能。

日立汽车系统公司公开了一种用于控制电池芯和汽车电源系统的集成电路[64]。该电池芯控制装置包括测量电池芯端电压的测量电路和针对电池芯控制装置中任何异常的异常诊断电路。NSK 公司为一个能够诊断汽车电源状态的电源状态诊断工具箱申请了专利。该工具箱由一个电气控制系统和一个由矢量控制方法控制的电机组成。JTT 电子公司发布了一种电池监控系统[66]，该系统包括电池控制单元（BCU）、可连接到电池模组的多个模块控制单元（MCU）和向 BCU 控制器提供故障信号的接地故障检测单元。此外，它还公开了一种装置，该装置包含一个电阻测量单元，用于确定电池液电阻和电荷转移电阻[79]，在放电容量达到下限之前，它执行一个过程来估计剩余的充放电循环数。通用汽车公司发布了一种电池 SOH 监测和预测方法[67]，该方法包括训练离线奇偶关系参数，该参数是在电池放电期间提取的电池电压和电流信号之间的数据。

与便携式设备和计算机等电子设备中的电池有关的多项 PHM 专利包含在电池 PHM 专利中。黑莓公司发布了一种用于在无线设备上显示电池故障通知的方法和专用设备[68]。联想企业解决方案公司为一种用于在电力系统组件的冗余电源模块中动态配置均流和故障监控的方法申请了专利[69]。瑞萨电子公司推出了一种用于控制目标电路电源电压的半导体集成电路装置[70]。三星为一种用于报告电力储能系统电池故障信息的装置申请了专利[71]，该装置包括一个用于从电力储能系统的 BMS 接收电池状态信息的接收部分、根据接收的状态信息为电池产生故障信息的控制器，以及显示由控制器产生的故障信息的显示器。

随着信息的价值不断增加，个人和企业都在寻找其他方法处理和存储信息。用户可以选择的一个选项是信息处理系统。戴尔公司发布了一种用于电池的信息处理系统[72]，该系统具有检测和处理指定故障的保护电路。Medtronic MiniMed 公司公开了一项便携式电子装置（如输液器）的 PHM 专利[73]，该装置由一次电池和二次电池供电。该装置还可以产生一个智能电池寿命指示器，该指示器通过具有专利授权的功率控制技术来精确显示一次电源的剩余寿命。日本电装公司为一种工业用电池的故障检测装置申请了专利[74]。电池故障检测装置监测电池芯并产生监测结果的输出信号。霍尼韦尔公司公开了一种基于电池开路电压的锂离子电池故障预测方法[75]。该方法还可以跟踪电池电量随时间的变化，并对该变化趋势进行分析，从而预测电池的 EOL。此外，松下公司[76]和戴姆勒公司[77]都发布了一套预测电池电压和 RUL 的工具包。

混合动力和电动汽车电池监测及预测的专利数量正在暴增，这些专利都提到电池是一种不可或缺的能量储存元器件，彻底改变了人们使用能源的方式。虽然相关专利中提出的技术不断更新，但是针对电池 PHM 的研究还需要化学工程、材料科学、电气工程、机械工程、可靠性工程、计算机科学等不同背景的专家共同加强。具体来说，需要建立一个电化学模型，通过将内部的化学反应与外部的电压和电流测量联系起来，以实现更准确的 SOH 估计和预测。此外，应该开发一种能够通过考虑电池动态，特别是当系统处于变化负载时，可以提高电池健康状态评估准确性的自适应估计系统。本小节讨论的一些内容涉及容错 BMS[56,58,59,78]的建立。超过三分之二的专利建立了电池监测和诊断的 PHM 装置或系统，其中有必要尝试使用目前流行的机器学习算法来观察诊断的准确性。

22.3.3 电动机

在工业生产过程（如发电系统和电动汽车）中使用的电动机，需要在不同的环境条件下正常工作。电动机故障引起的生产停机会明显降低生产率和利润率。同时，电动机故障会产生异常的振动和噪声，从而对环境造成噪声污染，对人体造成严重的危害。电动机是工业设备的重要组成部分，必须密切监测电动机的健康和工作状态，以预测和预防可能导致费用高昂的非计划停机故障。使用传感器和与控制算法分离的诊断算法的无源监测和健康评估方法应用广泛。几乎所有的电动机 PHM 专利都是基于电流的测量，因为它与电动机的运行状态密切相关。也有用于识别故障状况的基于电压的测量方法被公开。所介绍的这些专利是根据两种不同的监测方法引入的：电流和电压的测量。罗克韦尔公司和 GE 公司拥有电动机领域的大部分专利。表 22.3 列出了电动机典型专利的分布情况。

表 22.3 电动机典型专利的分布情况

受 让 人	2000—2005 年	2006—2010 年	2011—2015 年
丹佛斯			文献[81]（D）
罗克韦尔	文献[82]（D），文献[83]（D）	文献[84]（D）	
博世			文献[85]（D）
韩国电子部品研究院			文献[86]（D）
THK		文献[87]（D）	
伊顿		文献[88]（D）	
通用汽车			文献[89]（D）
国际整流器		文献[90]（D）	
汉胜（Hamilton Sundstrand）			文献[91]（D），文献[92]（D），文献[93]（D），文献[94]（D）
迪尔			文献[95]（D）
通用电气		文献[96]（P），文献[97]（P）	
杜尔			文献[98]（D）
发那科		文献[99]（D）	
个人专利		文献[100]（D），文献[101]（P）	

丹佛斯公司提出了一种检测电动机控制器接地故障的方法[81]。该方法涉及确定电动机控制器是否接地故障。电动机控制器中包括高压侧和低压侧直流（DC）链路以及高侧压或低压侧开关元器件，可以根据直流链路的电流测量值大小检测接地故障。

罗克韦尔公司公开了一种用于检测异步电动机定子绕组故障的方法[82]，该方法基于对电动机的瞬时信号采样，然后推导出瞬时信号的总负序电流分量。该方法根据某些序列分量计算期望负序电流，然后从总负序电流中减去期望负序电流，得到可以表示故障的故障负序电流。罗克韦尔公司还发布了一个用于控制、诊断和预测机动系统健康状况的工具包[84]。该诊断系统和预测系统采用神经网络、专家系统和数据融合组件，根据一个或多个相关属性来评估和预测机动系统的健康状况。

博世公司公开了一种用于识别电动机故障的方法，该电动机由机动车的逆变器控制[85]。该方法中测量了电动机的相电流。如果有至少一个相电流超过预定义的上限值，就可以识别相电流

过流故障。然后将脉冲控制逆变器切换到安全状态，以防止可能对元器件造成的损坏。

韩国电子部品研究院公开了一种用于检测永磁电动机定子线圈绕组短路故障的系统[86]。该方法包括：根据预先设定的电流参考值驱动并联绕组式电动机，检测电动机相电流矢量，根据相电流矢量计算电流补偿值以去除电动机负序分量。

THK 公司为一个能够监测电动机的供电电流并检测电流波形异常的诊断系统申请了专利[87]。该系统采用一个异常检测单元监测线性电动机的供电电流，然后根据供电电流的波形检测线性运动装置的异常。线性运动装置的异常可以在早期准确检测到。

罗克韦尔公司为一种用于监控电力变换器的装置申请了专利[83]，该变换器用于电动机驱动（控制提供给电动机的电能）。它由五个用以指示电流方向的电流传感器组成，控制器分析这五种信号，以检测电力变换器何时发生故障。

伊顿公司公布了一种用于主动检测电动机潜在故障预兆的系统和方法，该系统包括多个用于监测电动机运行的传感器[88]。配置在机壳内的处理器按照特定分析程序确定电动机的故障指数。通用汽车公司为一种电动机相绕组故障检测方法和装置申请了专利[89]。它测量机器的反馈信号，包括每个相电流，并为每个相产生参考相电压。国际整流器公司发明了一种通过一个比较器装置检测多个过流阈值的工具箱[90]。该发明仅使用一个比较器装置，代替多个比较器装置为电动机驱动系统提供系统保护。

Hamilton Sundstrand 公司发明了一种步进电动机相位故障检测系统[91]。该系统包括一个步进电动机和一个控制器，其中控制器用于测量与该步进电动机电流相关的参数。然后系统在步进连接指令后测量参数。最后，系统通过比较测量结果来确定步进电动机是否存在故障。此外，Hamilton Sundstrand 还为一种检测变频发电系统过流故障的方法申请了专利[92]。

Hamilton Sundstrand 公司发布了一种基于硬件的发电机系统［包括一个发电机和一个发电机控制单元（GCU）］冗余过电压保护方法[93]。GCU 的连接是为了监测和调节发电机的输出电压。GCU 包括一个保护信号处理器，该信号处理器接收被监测发电机的电压并执行一个程序来检测过电压情况。GCU 还包括一个快速过电压检测电路，当所测得的峰值电压大于阈值时，电路产生过电压故障信号。Hamilton Sundstrand 公司还公开了一种用于飞机发电系统的过电压预防方法[94]。

迪尔公司为一种带有故障检测的电动机控制器及方法申请了专利[95]，其中采用了测量电路来测量控制器的每个半导体开关管的集电极-发射极电压或漏极-源极电压。当某个半导体开关管的电压测量值低于最低阈值时，数据处理器将判定该半导体开关存在短路。此外，驱动器同时激活耦合到电动机的其他相位绕组的对应开关管，以保护电动机免受与非对称电流相关的潜在损害。Nidec Motor 发明了一个电动机系统[102]，该系统具有基本独立的基于硬件和软件的通路，用于检测和启动对故障状况（如过流状况）的响应。每一个通路都涉及将一个电压（代表流向电动机的电流）与一个预定的最大电压进行比较，如果前者大于后者，则使用硬件或软件关闭电动机。当一个通路检测到故障状态时，可能会通知其他通路，而被通知的通路可能会关闭电动机。

通用电气公司披露了一个监测系统[96-97]，该系统通过获取电动机的历史数据（如历史维修信息）和传感器监测的运行参数数据，基于与电动机系统历史故障原因的预定子群体相对应的可靠性概率分布组合进行故障分析，执行综合因果网络和可靠性分析，从而预测电动机的故障模式和剩余使用寿命，而不是简单地分析运行参数数据。杜尔公司发明了一种用于驱动高压发电机的具有改进监测和诊断功能的高压控制器[98]。一种通过测定电动机中的剩磁检测定子和转子异常的工具箱[100]获得了专利。发那科公司公布了一个用于电线实际分离之前预测电动机驱动系统中的电线分离的单元，以避免电动机驱动系统的运行故障[99]。此外，文献[101]中发布了一种通过确定燃油发动机的运行和循环时间来预测故障的燃油发动机诊断装置，通过处理来自监控设备的数据，可以提前通知潜在故障。

电动机是应用系统的核心部件，大规模、复杂的应用需要具有高功率输出的电动机。电动机是应用系统中容易发生故障的装置，因此必须对电动机的健康状况进行监测。本小节从电动机相关的电流和电压两个方面的监测介绍了上述专利。这两种方法都是在比较测量值和阈值的基础上提出的。然而，由于电动机日益复杂，其故障诊断也变得更加复杂和困难。需要进一步研究电动机系统中比传统 PHM 技术具有更多优点的智能 PHM 技术，以实现对电动机系统的实时监测、及时的故障排除和寿命预测。

22.3.4 电路与系统

电路与系统在工业应用中起着至关重要的作用。电气系统的功能丧失是不可避免的，因为系统组件和元器件一旦投入使用就会经历不可逆的退化。例如，滤波电路（如 Sallen-Key 带通滤波器和双二阶低通滤波器）中电解电容的退化导致模拟电子滤波电路故障[103-104]。驱动电路、激励电路、开关电路、配电电路和发射电路等广泛应用于工业电子设备，如控制器、电网、能量转换系统和运输工具，以及高度重要的军事和航空航天系统。自 20 世纪 80 年代开始，就有电路系统（如保护系统、非接地电气系统和配电系统）的 PHM 专利公开发布了。波音公司和富士电机公司拥有大部分电路和系统领域的专利。表 22.4 列出了电路与系统典型专利的分布。

下面将综述不同功能电路的 PHM 专利[105-112,119-121]。罗克韦尔公司公开了一种用于电动机驱动器中的错误诊断和预测的自动化网络[105]。波音公司公开了一种容错同步整流器 PWM（脉冲宽度调制）调节系统[106]。在该系统中，强制换向同步整流器可用于耦合到电气母线，系统中的熔断器可以响应电气母线故障而断开。此外，由于担心系统中的电源状况异常，波音公司为一种可在各种负载和配电设备下保护飞机电气总线的故障隔离器装置申请了专利[107]。一种针对电弧闪光的电路保护系统[120]也获得了专利，该保护系统可以在检测到电路故障时为上游断路器提供动态延时，经过动态延时后，最近的断路器有机会清除故障。LG 化学公司公开了两种诊断方法[108-109]，用于确定电动汽车的电压驱动器在不同场合下何时短路到接地电压。霍尼韦尔公司发布了一种用于功率转换和负载管理的电气系统[110]，可为系统的容错运行提供控制时序、PHM 和诊断。此外，锐拓公司提出了一个可预测集成电路失效的预测单元[111]。

英特尔公司发布了一种用于诊断逻辑电路中开路缺陷的方法[112]。该方法利用一对故障诊断模型和相关算法来自动确定导致互连开路或逻辑上高阻态的缺陷。故障诊断模型用于预测逻辑电路存在开路缺陷时输出的潜在逻辑错误。将与逻辑电路相对应的诊断特征集与预测误差相结合，然后使用对电路中是否存在开路缺陷进行排序的诊断匹配算法，将诊断特征集与测试期间观察到的错误集进行比较。此外，该公司还公开了用于监测模数转换器电路的诊断电路[121]和用于飞机辅助电源单元的排故系统[119]。

表 22.4 电路与系统典型专利的分布

受 让 人	2000—2005 年	2006—2010 年	2011—2015 年
罗克韦尔			文献[105]（DP）
波音			文献[106]（D），文献[107]（D）
LG 化学			文献[108]（D），文献[109]（D）
霍尼韦尔		文献[110]（D）	
锐拓		文献[111]（D）	
英特尔		文献[112]（D）	
伊顿			文献[113]（D）

续表

受 让 人	2000—2005年	2006—2010年	2011—2015年
西门子			文献[114]（D）
日立			文献[115]（D）
通用电气			文献[116]（D）
福特			文献[117]（D）
Hamilton Sundstrand			文献[118]（D）
个人专利	文献[119]（D）	文献[120]（D）	文献[121]（D），文献[117]（D）

接地故障是输电线路常见的典型故障类型，相应的接地故障处理装置和方法得到了不断研究。伊顿公司为一种提供中性点接地保护的电路断路器申请了专利[113]，该电路断路器包含接地故障检测电路，用于检测通过电路断路器中两个导体之间的电流差异，并基于差异输出信号。西门子公司[114]为接地故障检测设备的监控电路申请了专利，该工具箱用于接地故障检测装置的自检。日立公司公开了一种用于检测有源元器件耦合器中的层短路故障的电磁负载电路故障诊断装置[115]。该装置的工作原理是将高压侧开关元器件的斩波开关操作次数与预先设定的“故障诊断阈值”进行比较。

从 2010 年开始，已经有几个电路系统的 PHM 专利被公开了。直流系统广泛应用于自动传输系统、直流微网、船舶系统等领域。在这些领域中，直流系统通常将电压加到并联的多个负载中。然而，由于直流母线、直流电容器和电源转换器中的大电流，由短路状况引起的过流故障可能会导致负载级联故障。过流故障保护是直流系统面临的一个重要挑战。通常提供一个保护系统来检测故障情况并运行一个或多个保护装置来隔离故障区域。通用电气公司公开了一种用于直流系统故障保护的工具箱[116]。此外，它还为一种用于非接地电气系统的接地故障检测和定位的工具箱申请了专利[117]。配电的 PHM 专利[79,122]也涉及其中。福特全球技术公司为一种配电电路诊断系统申请了专利[122]。该诊断系统中的两个传感器分别检测线路与中性点间的电气参数和中性点与地之间的电气参数。因此，根据观察到的电气参数，可以确定线路或中性点的故障状态。在许多飞机系统中，电能质量对飞行控制和电动液压泵至关重要。在这些飞行关键系统中，内部故障会导致功率损耗或不可接受的电能质量下降。Hamilton Sundstrand 公司提出了一种检测和隔离功率变换和配电系统内部故障的方法[118]，包括发电机电路、功率变换电路和配电电路。该方法采用一个系统控制器来监控三个电路中的任意两个之间的差分电流和功率。电流损耗故障基于差分电流监测，而串联电弧故障基于差分功率监测。

短路故障和接地故障[108-109,113-115]在上述专利中频频出现，而开路故障却少有提及。因此，必须全面介绍这三种故障类型。故障诊断、隔离和预测电路或设备通常用于对电路和系统进行 PHM，这不可避免地会增加系统硬件和软件的负担。建立电路系统的自动化网络，实现对系统数据的全面监控，及时发现系统异常，排除故障，这些都是有意义的研究目标。

22.3.5　汽车和飞机中的电气设备

随着工业的发展，汽车和飞机中的电气系统变得越来越复杂。汽车和飞机电气设备的 PHM 专利不断被提出。汽车电气系统主要由电源、电线、防抱死制动系统（Antilock Brake System，ABS）、开关、传感器、执行机构和控制单元组成。飞机电气系统包括飞机供电系统和各种电气设备，如飞行控制、发动机控制、航空电子设备、燃油泵、油泵、生命维持系统、照明和信号、防结冰和加热系统等。通用汽车公司拥有汽车和飞机电气设备的大部分专利。下面分别介绍汽车和飞机中电气设备的 PHM 专利。表 22.5 列出了汽车、飞机电气设备典型专利的分布情况。

表 22.5　汽车、飞机电气设备典型专利的分布情况

受　让　人	2000—2005 年	2006—2010 年	2011—2015 年
博世			文献[123]（D）
东芝			文献[124]（D）
通用电气		文献[125]（D）	文献[126]（D），文献[127]（D），文献[128]（D
电装			文献[129]（D
福特			文献[130]（D）
松下			文献[131]（D）
Hamilton Sundstrand			文献[132]（D），文献[133]（D）
波音			文献[134]（D）
个人专利			文献[135]（D）

博世公司公布了一种检测机动车电气网络故障的方法[123]，以保护电气网络中的组件，特别是脉冲控制逆变器。该方法根据数学模型比较电池电压的大小来检测电气故障，其中电池用作与脉冲控制逆变器相关联的电动机的电压源，或者作为发电机在发电运行模式下的储能器。东芝公司为具有电子控制单元（ECU）的汽车的电压检测电路申请了专利[124]。该专利采用一种带有电压检测电路的车载驱动器检测来自电源的意外短路故障，以保护由 ECU 控制的电路单元免受电源短路的影响。当一个电池或电池组发生短路时，检测端电压会变高，因为检测端输入电流随着检测端电压的增大而增大，从而产生检测端输入电流。此外，一旦检测端电压达到预定电压或更高，并且超过检测比较器的击穿电压，检测比较器就会退化或中断。

通用汽车公司为一种电动汽车诊断系统申请了专利[126]，用于诊断一种使用冷却剂对可充电储能系统（RESS）进行冷却的主动冷却系统的性能。该公司还发明了一种含有全球定位系统（GPS）接收器和诊断模块的控制模块[127]，该模块可以诊断汽车的各种部件以及驾驶员接触设备（如油门踏板）和传感器（如歧管温度传感器）的故障。GPS 接收器确定汽车的位置，该模块对汽车部件进行故障诊断，诊断数据包括与诊断出的故障相关的预先设定的故障代码和故障时的车辆定位。该公司还提出了一种适用于汽车控制器的参考电压诊断方法[125]。

近年来，一些车载辅助单元的逆变器已经直接与牵引装置的电源相连接。然而，如果连接到电源的单元数量增加，则电源和车身之间的杂散电容会增大，或者绝缘电阻会减小。在这种情况下，绝缘故障诊断的准确性将会降低。日本电装公司公开了一种装置[129]，用于在汽车车体和牵引单元的电源连接路径之间进行绝缘故障诊断。该装置中有一个诊断单元，单元内部含有用于存储绝缘故障阈值的存储器。阈值是通过测量连接路径的电状态量（取决于杂散电容）获得的。

福特全球技术公司为一种用于检测汽车中移动电话使用情况的系统申请了专利[130]。检测模块生成一个输出，指示检测到的状况。汽车中配备有用于接收输出并根据检测到的状况对汽车进行控制的控制器。通用汽车公司提出了一种方法，用于监测插电式混合动力汽车车载诊断系统的使用性能比率[128]。松下公司提出了一种外部存储设备的功率管理方法[131]。电源状态由媒体控制部分是否可以执行数据访问操作来决定。

飞机上的电气系统架构正变得越来越复杂，它必须向任意方向传输（即分配）电力。通常，一架飞机可能有三个甚至更多的发电机。Good 等[135]提出了一种具有内部故障保护功能的供电系统。飞机上的用户从交流母线接收电力，交流电由发电机发出。各个交流母线由搭连汇流条连接，第一个电源向为第一组用户供电的第一交流母线供电。电源电流传感器位于电源和相应的交流母线之间。搭连汇流条的输出端传感器检测从交流母线传输到搭连汇流条的功率。多个用户端

输出电流传感器检测传输到多个用户的电流。控制装置用于比较电源电流传感器中的感应电流，并将搭连汇流条输出端传感器和多个用户输出端传感器中的电流相加。如果输出端传感器电流检测值之和与电源端传感器检测到的电流相差超过预定量，则控制系统识别到故障。然后从搭连汇流条断开此交流母线。Hamilton Sundstrand 公司公开了一种故障检测电路[132]，用于自动检测 Hold-up 式电力储能设备（通常在多种应用中，用以在电力中断时保持一个单元或设备在一定时间内正常工作）的故障。故障检测电路含有一个与 Hold-up 式电力储能设备的输出监测相连接的监测电路。监测电路测量 Hold-up 式电力储能设备在断电时提供足够功率的持续时间，并根据测量到的持续时间检测故障。

电气系统，如飞机上的电气系统，容易受到过电压的影响。Vandergrift 的方案[133]涉及过电压检测，尤其是一种可控过电压检测的系统和方法。当施加到负载上的电压大于负载额定电压时，就会出现过电压的状况。这些状况可能会因为雷击等而发生。如果电压足够大或持续时间足够长，则系统可能遭受永久性的损害。因此，有必要检测过电压状况，以便在任何电路损坏之前对其进行处理。波音公司披露了一种电力负荷管理系统[134]。数据库模块存储电气系统的配置和需求，分析模块根据配置确定其性能特征。配置管理模块管理电气系统配置的改变，而且它还将性能特征与系统需求进行比较，以实现最佳性能并提供合规信息。

汽车和飞机电气设备的 PHM 目前还不够先进，无法避免汽车和飞机电气系统发生任何事故。未来，随着计算机、电子等技术的不断发展，汽车和飞机电气设备的 PHM 将会有新的突破，相关的理论和方法将会被提出[136]。总的来说，PHM 在这方面的发展趋向于网络和智能、多功能和专家系统。将微型计算机及其网络作为一个工具来组织和综合各种特殊的分析仪器，实现资源共享。

22.3.6 网络和通信设施

网络和通信（尤其是无线通信）技术已被工业界广泛采用，成为我们的日常生活和工作中不可或缺的一部分。网络由多种设备组成，如服务器、路由器、主机、交换机、中继器、集线器、加密设备和备份设备（如媒体库）。由于网络涉及用户设备（UE）端、网络端和有线网络端，所以网络故障复杂多样。例如，可能发生在 UE 端的网络适配器硬件故障、驱动程序不一致、未经授权的 Internet 协议、空链接或严重的数据包丢失；可能出现在网络端的信号干扰、信号覆盖问题或网络参数配置错误；可能发生在有线网络端的有源以太网供电（POE）交换机端口故障、有线承载网络故障或有线承载网络带宽不足。核心企业环境中的网络管理非常重要，因为存在许多挑战，如识别并保护网络免受各种复杂攻击（分布式拒绝服务攻击、蠕虫、端口扫描等），以及动态响应这些事件，因此，网络对于操作和维修的要求很高。例如，快速定位网络故障，在故障诊断中准确分析，及时发现潜在的网络故障。网络异常是网络中与实体（如网络提供商、网络用户、网络运营商或执法机构）相关的异常事件。网络异常可能是由于正常的网络流量状况（如网络资源崩溃）无意引起的，也可能是由试图破坏网络或损害网络性能的黑客发起的恶意攻击引起的。表 22.6 列出了网络和通信设施的典型专利分布情况。

表 22.6 网络和通信设施的典型专利分布情况

受 让 人	2000—2005 年	2006—2010 年	2011—2015 年
思科			文献[137]（D）
北电网络		文献[138]（D）	
高通			文献[139]（D）
华为			文献[140]（D）

续表

受 让 人	2000—2005 年	2006—2010 年	2011—2015 年
惠普			文献[141]（D）
IBM			文献[142]（D）
个人专利			文献[143]（D），文献[144]（D），文献[145]（D）

连接可靠性对无线网络的整体健康状况至关重要。思科公司发布了一种用于解决无线网络中的无线连接特性问题的工具箱[137]。诊断请求程序可以通过响应一个或多个事件的诊断链接建立到诊断管理器的链接，然后诊断请求程序生成并向诊断管理器发送问题报告。问题报告启动诊断管理器和诊断请求者之间的故障排除协议。北电网络公司公布了一种通过存储有关网络的两个或多个配置状态的管理信息来管理通信网络的工具包[138]，它可以根据过去的状态信息预测网络的未来状态。高通公司提出了支持通信系统容错的技术[139]，该技术可以最大限度地减少关键网络节点故障后的服务中断，提高整个系统的健壮性和弹性。

无数的设备，如 UE 及相关软件和固件应用程序，都会影响无线网络的性能。因此，电信运营商通常监视此类设备的运行，并通过多个关键绩效指标（KPI）评估性能。Rahman 提出的工具包通过由可用于无线设备的替代无线网络提供的替代通信信道来诊断无线设备或无线网络的性能问题[143]。华为公司提出了一种无线网络故障诊断工具箱，可以对无线网络故障进行完整诊断，并采取相应的措施[140]。网络管理服务器根据每个区域对应的统计信息，进行基于区域的无线网络故障诊断，而不是针对单个 UE 的单点故障诊断。UE 的故障趋势可以被完全感知，并以此针对无线网络故障采取相应措施，有效提高用户体验的质量。

Adams 等[144]公开了一种被称作电子通信故障表的在管理网络服务系统中处理故障警报和故障单的方法和系统。在传统的网络监控环境中，网络监控工程师接收来自电信网络的警报，然后手动处理这些警报。因此，许多组织和企业不得不依靠自己的力量来解决网络监控和维修这一艰巨而昂贵的任务。Adams 等的发明提供了一种支持自动故障隔离和恢复的方法。当接收到指示客户网络故障的警报时，工作流中的事件被触发以响应警报，其中工作流的一部分是生成新的故障单。接下来，执行与故障管理系统的通信，以将警报与现有故障单关联。

惠普公司为一种用于网络异常自主诊断和抑制的网络异常启发式实时检测方法申请了专利[141]。该方法通过在企业网络范围内主动监测大量特定管理员可配置的网络参数，并快速定位有问题的参数，实时诊断和防御网络异常。为了提高当前高速通信网络的可靠性，波士顿大学的受托人提出了一种基于自适应统计方法的智能系统[145]。该系统学习网络的正常行为，当检测到偏离标准的情况时，将信息合并。因此，该系统能够检测未知或未发现的故障。这种方法可以检测到故障发生前的异常行为，从而使网络管理系统（人工或自动）有能力避免潜在的严重问题。系统地分析从多个网络资源（即网络链路、路由器等）收集的数据是这个发明的一个关键特征。通过利用全网络数据，该方法能够诊断较大范围的异常，包括那些可能跨越整个网络的异常。诊断允许识别异常出现的时间、异常在网络中的位置和异常类型。

网络用于在多个网络设备之间传输数据。在许多情况下，网络用于将电源的电能传输到多个网络设备中的一个或多个。IBM 为用于网络计算机和计算机外围设备的网络电源故障检测方法申请了专利[142]。此外，IBM 还提出了一种用于识别多路通信系统中交换机故障单元的专家系统[146]，其中描述了一种用于检测和分析通信系统错误的方法。该方法利用专家系统技术来隔离特定现场可替换单元的故障，并提供详细的信息来指导操作员解决问题。

虽然 PHM 技术已经成熟，但目前网络和通信设施的 PHM 专利仍然不足[147]。网络和通信行业的主要兴趣可能不是 PHM。然而，鉴于异常检测可以用于监控网络和通信设施的健康状态，将会有大量的专利聚焦于异常检测或安全入侵检测。因此，PHM 技术中包含网络和通信领域的

知识对于 PHM 技术在网络和通信行业中的应用具有重要意义。此外，目前网络和通信设施在各个行业中的普及程度和重要性将使得对 PHM 技术的要求更加严格[148]。因此，网络故障诊断是企业和学者研究的一个潜在方向。

22.3.7 其他

2000—2015 年，除上述专利外，电气系统的其他 PHM 专利占 PHM 专利总数的 10%。这些专利包括照明系统[149-151]、制冷机[152]、柜员机[153]、医疗设备[79,154]、磁场传感器[155]、制动器[156]、光伏（PV）装置[157]和安全气囊[158]。虽然监控系统是多种多样的，从飞轮到铸模机，但是除了从传感器输入的数据外，这些专利中公开的 PHM 过程和方法基本上是相似的。PHM 的应用将扩展到电气系统的更多领域。表 22.7 列出了其他子系统典型的专利分布情况。

表 22.7　其他子系统典型的专利分布情况

受 让 人	2000—2005 年	2006—2010 年	2011—2015 年
Acuity Brands		文献[149]（D）	
CIMCON Lighting			文献[150]（D）
霍尼韦尔			文献[151]（D）
Field Diagnostic Services	文献[152]（D）		
Proteus Digital Health			文献[154]（D）
Allegro Microsystems			文献[155]（D）
施耐德电气			文献[156]（D）
东芝			文献[157]（D）
飞思卡尔半导体			文献[158]（D）
美敦力			文献[159]（D）
个人专利	文献[153]（D）		

Acuity Brands 公司发布了一个使用网络化智能照明装置管理器的照明管理系统的网络运营中心[149]。多个联网的照明装置管理器，每个管理器与各自的照明装置放在一起，监控各自照明装置的状态。照明装置管理器包括用于将各自照明装置和第三方设备的状态信息发送至网络服务器的发射器。网络服务器将所接收的照明装置管理器的状态信息转发给多个照明装置所有者和第三方用户的计算机。照明装置管理器相互通信，形成一个网络。

类似地，CIMCON Lighting 公司为一种路灯故障管理方法申请了专利[150]，该方法包括接收代表网络化路灯位置和状态的信息。根据接收的状态信息检测网络化路灯的任何故障状态。霍尼韦尔公司披露了一种用于出于安全目的照亮区域或标记机场跑道、滑行道和通道的发光二极管（LED）的健康监测方法[151]。该方法基于 LED 的结温、当前环境温度以及与 LED 相关的驱动电流等信息，确定 LED 的性能和 RUL。

Field Diagnostics Services 公司公开了一种方法，用于在现场条件下运行的制冷、空调或热泵系统的故障检测和诊断[152]。它通过测量每个蒸汽压缩循环中至少 5 个、最多 9 个系统参数，并根据测量参数计算系统性能变量来检测和诊断故障。一旦确定了系统的性能变量，这种方法就能提供故障检测，以帮助服务技术人员定位特定的问题。该方法还提供了维修技术员所实施步骤的效果验证，这些最终将导致及时维修，提高制冷循环的效率。

自动柜员机现在被广泛使用，消费者使用的一种常见的自动柜员机是 ATM。Trelawney 等发明了一种用于自动柜员机的诊断服务器软件组件[153]。诊断服务器可以定期从机器的非易失性存储器中检索诊断消息，并将诊断消息存储在机器的硬盘上，然后将存储的诊断消息发送至外部计算设备。该软件还能够与机器的终端控制软件进行周期性通信，使终端控制软件能够从非易失性存储器中检索诊断信息。

大多数医疗设备不能很好地用电工作。Bi 等为一种能够对植入式医疗装置（包括心脏起搏器、除颤器和心脏再同步设备）进行稳健、可靠控制的设备申请了专利[154]。他们还提供了一种稳定外部阻抗的方法以及用于植入式医疗装置故障检测和故障恢复的系统。使用磁场传感元器件的磁场传感器[155]，被用于各种应用中，例如，感应载流导体所载电流产生的磁场电流传感器、感应铁磁性或磁性物体接近度的磁开关、感应通过铁磁性物体的旋转检测器，以及感应磁场密度的磁场传感器。此外，一些用于监测植入式医疗装置电源寿命的方法也获得了专利[79,159]。

Chelloug[156]提出了一种诊断设备，它是一种简单、经济、高效的执行器，包括一个线圈及其电源控制装置。该设备可以检测线圈绕组是否中断或短路，控制电路是否正常。东芝公司为光伏发电系统的故障检测装置和方法申请了专利[157]，该装置利用几个存储单元存储不同的参数值，如通信单元的输出值，输出模型表示日照条件和电力输出之间的关系，利用修正单元校准日照条件，利用检测单元根据校准后的光照条件和输出模型计算每个模块预期的电气输出并检测模块中存在的故障。Edwards 和 Gray[158]提出了一种含有自诊断电路的安全气囊控制电路，这种安全气囊控制电路被安装到车辆上后，控制电路允许安全气囊测试自身在需要起爆时是否有足够的点火电流。

从本小节所分析的专利来看，除了上述几种在电气系统方面主要的应用类型外，PHM 还在非主流的电气应用领域占有一席之地。未来，PHM 有望在更多的电气领域中得到应用，以确保对象的安全运行。

22.4 总结

PHM 是一种替代传统方法来提高产品可靠性的产物。本章的目的是填补学术界和产业界在 PHM 学科的知识空白。通过对电气系统 PHM 专利的讨论，从以下几个方面对 PHM 进行了综述：PHM 的研究现状；工业应用；实施过程中面临的挑战和机遇。本章确定了 PHM 方法和实现的几个趋势，包括以下几点：从单个组件到系统；从单个传感器的实现到网络化传感器；从线下数据分析到线上数据分析；从使用阶段的产品监控到全寿命周期的监控。在电气系统 PHM 专利的未来发展中，需要注意以下三个问题。

（1）随着分布式结构和无线通信网络在工业系统中的广泛应用，网络化和分布式故障诊断技术及其应用将得到进一步的发展。相应地，网络化传感系统正在取代单传感器测量，因为它们可以从不同单元的不同测量位置向目标系统提供 PHM 算法的详细信息。

（2）数据驱动技术将得到更多的应用，因为工业自动化系统中安装了数据采集系统和智能电表来帮助监测设备的健康状况，这将产生大量的可用数据。

（3）与非侵入式诊断方法相比，主动故障诊断方法还远远不够成熟，因为传感器和无线连接的增加会损害监测系统的健壮性，因此，需要进一步进行相关科学研究。

原著参考文献

第23章

电子密集型系统的 PHM 技术路径图

Michael G. Pecht
美国马里兰大学帕克分校高级寿命周期工程研究中心

故障预测与系统健康管理（PHM）是一种赋能技术，在解决设计、制造、测试和维护相关的复杂可靠性问题方面具有巨大潜力。PHM 为以下问题提供解决方案：改善供应链的选择和管理；材料、组件和产品的可靠性；预测维护计划；更有效的任务执行。本章是 2008 年版本专著的更新，目标是对电子产品 PHM 的实践状态和技术水平进行评估，识别关键研发（R&D）目前存在的机会和挑战，以便更有效地分配资源。

23.1 概述

在评估 PHM 发展路线图的现状和趋势时，必须认识电子产品 PHM 和机械结构 PHM 之间的差异。与大多数机械系统相比，电子产品往往更复杂，组件密度明显更高，供应链更加复杂多样，并且可变性更高。此外，为了加强在全球市场的竞争力，制造商要求其供应商不断降低成本，通常为每年降低 10%。将这种复杂性和降低成本的趋势与很高的未发现故障（NFF）故障率相结合，表明当前的可靠性实践需要创新才能满足新产品及其客户的需求。例如，军用飞机可能有 50%的故障率为无法诊断的情况，而航空电子、汽车和计算机中的电子设备的故障率高达 70%。

在关键任务和高可靠产品类别中，客户降低维护成本和提高可用性的需求驱动着 PHM 的应用。对于需要维护和维修支持的系统，这些问题在军事、航空航天、工业及某些医疗应用中变得非常严重。

PHM 的实施对国防具有重要意义，因为它可以改善舰队维护情况，降低成本，提高安全性并促进战备动员。这些方法以及后勤支援的变化决定新的战争方法，迫使人们对支援技术有新的认识。此外，由于减少武器平台人员配备和延长部署时间的影响，要求更高可靠性的故障预警和故障预测能力。但是，在空军联合攻击战斗机（JSF）等国防应用中，PHM 的实施在某种程度上之所以失败，不是因为 PHM 模型和方法，而是因为供应链管理和责任方面的问题，以及公司和空军缺乏专业知识（请参阅文献[1]）。同样，国防工业协会（NDIA）在电子系统 PHM 方面的一项重要发现表明，人们担忧 PHM 部署在旧平台或新平台上的技术成熟度。也有人怀疑，如果没有专门的资金进行开发验证和确认（V&V）并将其集成到系统工程环境中，那么新技术是否会发展。尽管在某些军事和航空航天应用中确实存在上述问题，包括戴尔、通用电气、通用汽车和斯伦贝谢在内的很多公司的案例已表明 PHM 可以快速实施，它们通过使用常规传感器和常规产品中的其他控制结构实施 PHM。虽然这些公司所采用的方法要求对电子组件进行审慎的配置控制，但是这些投资增加了其产品的可靠性、可用性和安全性。

除了军事和航空航天业外，全球性的竞争还推动了电子行业降低成本并提高了客户满意度。PHM 提供了完成这两个目标的解决方案。研究机构、PHM 采用者和标准委员会面临的挑战是使电子产品的 PHM 可实现，并发展新的应用领域促进该技术的更多应用。

随着 PHM 的实施，新的业务模型获得了发展，包括基于 PHM 的设备租赁、服务租赁、外包服务以及带有服务条款的原始设备制造商（OEM）合同。从基于状态和预测的维修方法到基于状态的选项，在这些模式中，客户将为产品的可用性和所消费产品的寿命付费，以作为购买产品的替代方案，从而有望实现更多的商业模式创新。本文作者还预期了基于预测的保修。

电子产品 PHM 也面临一些挑战：相关技术的研发将为电子行业带来急需的创新，随着创新相关技术的应用，业务、设计、开发、制造和维护模型也将受到影响。接下来的路线图和讨论旨在为相关公司和机构指明实施 PHM 可预期的收益和变化，以及需要应对的挑战。

23.2 技术路线分类

有许多方法可以对 PHM 相关的活动进行归纳和分类。例如，按开发过程（设计、制造、测试、维护）划分；按组件、产品、系统或系统体系划分；按目标应用程序划分；按 PHM 方法（失效物理、数据驱动、融合方法）划分；按研发需求、后勤和实施基础设施要求划分。在组件级别，本章评估了集成电路（IC）和门器件、大功率开关电子设备、机电和光电组件、互连和电路卡组件。在系统级别，本章对在用系统、环境和运行监视、线路可更换单元（LRU）级别、软件及动态重构的机会进行了评估。系统体系任务从电源管理、后勤，以及将 PHM 用于知识基础设施的角度进行了分析；讨论了 PHM 在可靠性领域中的新应用，包括用于管理供应链组件和产品维护；讨论了 PHM 算法设计及其训练，以及验证和确认方面的挑战；最后展望了采用 PHM 的非技术性障碍。

23.2.1 元器件级 PHM

PHM 技术的关键特征功能之一是能够获得系统运行状况的全貌，以及隔离、关注组件特定的可靠性和安全性相关问题。这对于诊断、供应链选择以及与保修、召回和诉讼相关的问题也至关重要。复杂的电子设备需要自动故障隔离功能，50%～80%的 NFF 率表明，当前的诊断方法不足以在组件级别解决这些问题。

未来的研究必须将数据驱动的系统级 PHM 与基于 PoF 的故障模式和失效机理模型融合在一起。关键组件相关的任务如表 23.1 所示。第 1 列介绍了与 PHM 相关的任务，而第 2～5 列则显示了基础研究、应用研究、先进技术开发和先进组件开发的预期时间。

表 23.1　关键组件相关的任务

时间（以年为单位）				
任　务	基础研究	应用研究	先进技术开发	先进组件开发
用于 IC，模拟和无源元器件的 PoF 模型	2014—2020	2016—2023	2016—2025	2016—2026
大功率开关电子的电子学预测	2012—2020	2016—2023	2016—2025	2016—2026

续表

时间（以年为单位）				
任　务	基 础 研 究	应 用 研 究	先进技术开发	先进组件开发
设备和电路板的内置预测	2012—2020	2016—2023	2016—2025	2016—2026
金丝雀和熔断器的方法	2010—2020	2016—2023	2016—2025	2016—2026
战术传感器系统的电子/光电预测	2013—2020	2016—2023	2016—2025	2016—2026
互连预测技术	2008—2020	2016—2023	2016—2025	—
电子互连预测设计工具	2008—2020	2016—2023	2016—2025	—
锡晶须检测	2014—2020	2016—2023	—	—
可靠性加速试验	2009—2020	2016—2023	2016—2025	2016—2026
伪造/篡改部件检测	2009—2020	2016—2023	2016—2025	2016—2026

23.2.1.1　集成电路 PHM

电子系统的基础是集成电路，包括计算（如 MCU、FPGA）、处理（如微控制器）、存储和通信的电子元器件。这些集成电路可以从 PHM 技术中受益，尤其是当硅技术发展使得门电路的尺寸低于 20nm 时，电流密度增加，可靠性风险进一步加剧。诸如热载流子退化、栅极氧化层击穿、电迁移、闩锁和单粒子翻转等失效机理可能更容易发生，因此需要在技术实施层面上加以解决。此外，可能还会出现新的失效机理。

电子元器件实施 PHM 的基本目标是监视和报告其自身的健康状况。例如，英特尔 MCU 可以在过热时通过降频降低其输出功率。如果电子元器件可以自我验证其健康状况，那么就有机会实施剩余使用时间预测，并可能实现自我修复的微电路。面临的挑战取决于 IC 供应商在采用建模的数据、识别损伤性能以及实际执行自检或监视功能方面的协作，因为这些项目会增加成本，并在某些情况下降低元器件的功能密度。也就是说，在技术层面上实现可靠性常常与将硅产品推向市场所涉及的性能和业务压力相冲突。芯片设计师专注于元器件功能和实施进度。PHM 的设计实施需要来自系统、封装、互连和设备级别的大量跨学科技术，没有足够的工具研发支撑将成为 PHM 应用的障碍。

研究过程中需要开发硅器件的方法论和工具集，需要考虑硅器件和系统级设计两方面。在传统可靠性技术无法识别的故障预测方面，采用数据驱动技术和 PoF 模型的 PHM 融合方法具有巨大潜力。例如，静态随机存取存储器（SRAM）组件的高频运行导致的随机位错误故障。在设备级别跟踪位错误损坏的 PHM 融合方法可以优化这些设备的冗余电路，或者对故障发生进行预警。需要进一步研究参数性故障趋势和 PoF 模型与故障预测输出的融合。

23.2.1.2　大功率开关电子元器件

大功率开关电子元器件的发展趋势是增加功率密度和降低成本。推动这一趋势的技术进步包括功率半导体和功率电容器等组件的改进，以及新型控制技术和控制电子元器件的发展。从机车和混合动力汽车到大功率开关电源，在关键应用中越来越多地使用大功率开关电子元器件。在这些应用中实施 PHM 可以从减少系统停机时间和提高安全性方面节省大量成本。

PHM 的实施涉及识别系统中可能导致故障的关键元器件。大功率开关电子元器件中的这些关键元器件通常是功率晶体管、整流二极管和输出滤波电容器。已经发现，电解电容器和绝缘栅双极型晶体管（IGBT）极易发生故障。对于元器件，应根据寿命周期剖面确定关键的失效模式和失效机理。严重失效机理的示例包括功率晶体管中的闩锁和栅极氧化物击穿，以及电容器中的电介质击穿。我们需要确定关键失效机理的前兆参量。PHM 的实施涉及传感器的选择和部署，以监控应用中的前兆参量，使用合适的数据驱动算法和 PoF 模型检测异常并估计剩余使用寿命。

Patil 等[2-11]在一系列的研究中分析了各种类型 IGBT 的故障预测方法。他们认为可以监测其退化趋势并预测寿命，目标是帮助 IGBT 和模块的制造商以及电力系统中的 IGBT 用户构建必要的电路和传感器，监控已识别的前兆参数。他们认为未来的 IGBT 模块可以包括传感器和板载处理算法，用于异常阈值的个性化评估和预测算法参数的估计。

23.2.1.3 元器件和电路板的内建自测试

元器件和电路板级别的 PHM 可利用诊断和现场通信的现有技术，包括现有的总线体系架构，如联合测试行动小组（JTAG）、集成电路（I^2C）总线，以及控制器局域网（CAN）总线，这些技术已被证明是行之有效且成本低廉的。例如，用于将热传感器连接到风扇控制器以进行热调节的 I^2C 总线可适用于 PHM，这样对系统的侵扰最少。

需要制作案例研究和最佳实践文档，以及改编软件用于数据收集。实施内置式的故障预测需要设计指南、确定元器件特性以及适用于早期损坏检测和故障预测的技术。

早在 20 世纪 80 年代，利用电路级数据检测故障的电路元器件就已经被报道[12-14]。这些文章采用以电路为中心的方法检测故障的电路元器件，其中一个或多个特征参数（如电阻、电容、阈值电压）与其标称值相差超过 20%。以电路为中心的方法依赖于以下原理：出现参数故障会改变电路特性，并且随着故障幅度的增加，电路性能会下降，最终导致电路故障。

例如，电容器和晶体管之类的电子元器件有随着退化会出现参数漂移的迹象，这将引起电路性能下降，最终导致电路故障。预测此类电路故障将有助于改善电子系统的可靠性和可用性。在过去的五年中，有许多基础研究文章被报道，将扩展以电路为中心的方法以促进故障预测。其中，一些文章讨论了从电路级数据中提取特征的方法[15-16]，而另一些文章则提供了对健康状况的下降进行量化和建模的方法[17-19]。

由于存在组件公差，同一电路上电子组件的相互依赖以及失效机理的复杂性，使得电子电路的健康状况估计充满挑战。由于这些因素的存在，基于简单电路方程的方法不能充分捕捉组件故障发展过程中电路特性的变化。上述方法都依赖于电路方程和机器学习算法的组合，以一定的置信度提取特征并估计健康状况。因此，需要进一步应用研究评估，以实时 PHM 为目的而实施这些电路故障预测方法的可行性。

此外，上述研究中用于电路故障预测的退化模型完全是经验性的，并未能描述电路组件中参数故障的实际过程。众所周知，基于第一原理的模型利用已知领域知识捕获退化背后的物理规律，可以得出可靠的预测结果。迄今为止，只有一项研究[20]展示了可以利用现有的元器件 PoF 模型建模电路健康状况退化过程的方法。该融合的预测模型的局限性在于，它仅考虑单个故障情况。如果两个或更多元器件出现参数故障，则该模型将以线性方式捕获单个元器件故障的影响。结果是，融合的预测模型大概率会过早发出故障警告，导致使用寿命的浪费。因此，需要进一步研究以解决电路健康与一个以上元器件故障之间的非线性关系。

利用预警电路和融合设备的 PHM 可以在子组件和系统级别实现。通常，这些设备会在系统中出现类似关键故障特征之前显示或检测故障前兆，从而提供对初期损坏的早期检测。使用预警装置的内置预测可以很简单，如只是在电路板的“退化”裕度内设计一个测试电路，这个测试电路将在电路板上的常规组件损坏之前出现参数变化或损坏。

需要研究以确定预警装置具有与关键特征对象相同的失效模式和失效机理，在统计上具有显著性与目标特征不同。相关研究还必须更好地识别特定参数，以便设备、工具和技术评估这些预

测特征的置信度，此外，还必须开发用于获得预测输出结果的分析技术。

将 PHM 技术结合到传统熔断器中的机会也可能是系统监控的一种方法，其在异常或中断开始时会发出警报。自愈式熔断器可以提供双重功能，并且可以作为损坏累加器抵消过压趋势。由于熔断电路也是安全机制的要求，因此将 PHM 合并到熔断电路中可能是另一个以最小的开销提供 PHM 功能的机会。具有 PHM 增强功能以实现双重功能的常规产品（如熔断器）可能会非常畅销。

23.2.1.4 光电元器件故障预测

可以从 PHM 中大大受益的光电元器件包括发光二极管（LED）、激光器、雷达、红外设备和战术传感器。这些设备中大多数的故障模式都可以表现为多个随机输出和非平稳随机过程，并且由于它们是传感器组件，这些故障模式可能会产生容易令人误解的虚假数据和偏差。异常检测技术在确保来自组件的数据正确方面可能具有重大优势。为了实现早期故障报警和剩余使用寿命（RUL）的预测，需要对光电元器件的 PHM 集成进行研究，进一步评估的任务是确定感测的关键预测和诊断参数、实现正常使用条件的覆盖范围所需的激发水平，以及异常检测方法。由于这些类别的元器件基本上是传感器，因此面临的挑战是将固有参数整合到模型中以进行异常检测。

LED 是一种发光半导体，由于注入式电致发光效应而发光。美国能源部曾预测，在未来二十年内改用 LED 照明可以为美国节省 2500 亿美元的能源成本，将照明用电量减少近一半，并避免 18 亿吨的碳排放[21-22]。LED 越来越多地用于许多应用中，如显示器背光、通信、医疗服务、广告牌和普通照明。尽管在技术进步和生态/节能问题的推动下，LED 行业取得了令人兴奋的成绩，但在吸引更多应用方面仍然面临挑战。其主要的问题是缺乏相关的信息和置信度相关的可靠性引起的顾虑。具体来说，客户希望 LED 制造商保证其 LED 产品的使用寿命。客户的这种需求，加上逐步淘汰白炽灯泡将出现的巨大市场缺口，为 LED 制造商创造了潜在的竞争优势，即哪家公司可以保证其产品在最广泛应用场景中的可靠性，就可以最快地将其产品推向市场。

根据产品的应用场景，LED 的可靠性从三个月到 50000 小时或 70000 小时不等。LED 的失效机理，如密封剂泛黄、磷光体热淬灭和静电放电等，包括电气和颜色变化以及亮度退化[23]。但是，光学测量不能隔离这些失效机理，因为所有故障都会影响光学性能下降。基于预测的鉴定过程允许在其实际寿命周期条件下评估产品的可靠性，以评估 LED 的退化[24]，确定故障的来临[25]并通过利用与使用条件相关的多参数故障定义评估 RUL[26]，从而监控电光性能下降，而不必仅依赖于故障的通过/失效模式[27]。一些常见的 PHM 方法，如统计回归[28]、静态贝叶斯网络[29]、卡尔曼滤波[30]、粒子滤波[31]、人工神经网络[32]和基于物理学的方法[33]，已用于 LED 的异常检测和寿命估计。这些方法利用了包括传感器技术在内的预测方法的进步，还包括数据收集、存储和分发，多参数数据分析，以及对失效机理的理解，以减少合格认证时间，并为确定现场可靠性提供更多信息[34]。PHM 方法依赖于所有故障前兆（包括 LED 的颜色、热和电参数），以比传统方法更准确、更快速的方式检测所有可能的故障模式。这种实时可靠性评估将现场确定这些参数与流明退化或色偏之间的关系，从而克服现场使用条件下大量样品光学测量的困难。通过采用开发的方法，可以减少测试时间和成本，从而为 LED 制造商提供了一种有价值的工具，提高了其产品在各种应用中的可靠性。

通常，PHM 将同时使 LED 行业和用户在以下几个方面受益：（1）提供故障预警，并提高可靠性预测和使用寿命评估的准确性；（2）优化 LED 设计，缩短合格测试时间，对 LED 进行基于状态的维修（CBM），并提供数据以进行投资回报率（ROI）分析[35]；（3）最大限度地减少计划外的维修，延长维修周期，并通过及时的维修措施保持有效性；（4）通过减少检查成本、停机时间和库存降低设备的寿命周期成本；（5）提高资质，并协助当前和未来产品的设计及后勤支持。

23.2.1.5　互连和线路的故障预测

应该进一步开展 PHM 技术研究，以评估焊料、线路、光学和无线互连中的互连退化。由于互连是将元器件与电路板桥和系统级功能桥接的关键连接，因此该级别的集成健康状态监视可以提供整体监控架构。互连也很可能在间歇模式下失效，这使它们成为传统诊断技术难以捉摸的目标。鉴于此，需要开发和验证新的异常检测及故障隔离技术。

例如，腐蚀、晶须、导电路径形成、电介质击穿和电迁移等失效机理的互连预测对于提高产品可靠性具有重大潜力。使用常规的非破坏性分析和可靠性技术研究线路互连也会遇到一些难题，如腐蚀前兆和导线擦伤。

对于电子元器件密集的系统，基于高频信号分析的互连故障预测方法已得到很多研究。Kwon 等[36]开发了一种使用射频（RF）阻抗分析的互连故障检测方法。由于趋肤效应，即高频信号传播集中在导体外围附近的现象，RF 阻抗对互连表面的物理退化（如蠕变和腐蚀）表现出更高的敏感性，并且已经实现了多种应用，包括裂纹检测和硅通孔（TSV）可靠性分析[37-39]。通过将 RF 阻抗用于互连的故障预测，可以在互连失效（即开路）之前无损地指示退化进展，从而开辟了重要的 PHM 研究新领域。Yoon 和 Kwon[40]演示了基于 RF 阻抗分析和粒子滤波的互连故障预测技术，该技术使用了与互连失效机理相关的 PoF 模型[4]。Kwon 等[41]提出了一种使用高斯过程回归的数据驱动的互连故障预测方法。

基于阻抗的方法已经扩展到基于数字信号的预测，以实现无须外部传感设备的自我健康监控功能。在线健康监控是 PHM 的第一步，自我健康监控功能可在不中断产品运行的情况下持续了解产品健康状况。高速数字信号在电子设备内连续生成和传输，可用于互连的自我感知。Lee 和 Kwon[42-43]引入了一种基于眼图的互连自感知方法，该方法可以定量分析由于传输线的物理退化而导致的数字信号变化。

时域反射计（TDR）是一种基于阻抗的互连方法，已广泛用于传输线系统诊断[44-45]。TDR 将高频信号应用到相关阻抗控制电路，并监视电路内阻抗不连续引起的反射信号。Lee 和 Kwon[46]对退化状态下的传输线系统进行了眼图分析，并展示了发展自主健康认知的传输线系统的可能性。

PHM 技术为检测线束的损坏前兆及其如何在互连系统中的实现提供了新的视角。结合 PoF 模型和数据驱动技术可以发展为连接系统的低成本自检测功能，尤其是可以有效缓解这些系统中的间歇性故障的线束。随着 PHM 在连接线中的实施提高了系统性能，具有减少线路冗余和质量的潜力，这将为许多产品的设计和降低成本提供机会。

23.2.2　系统级 PHM

系统级 PHM 专注于运行可用性的提高，该可用性既具有可靠性又具有可维修性成分。对于可靠性，传统方法结合了系统冗余以改善可靠性部分。PHM 通过改善整体后勤和与可维修性相关的成本增加了运行可用性，通过预测何时需要维修以及在发生故障之前确定系统中特定的退化部分。这种方法具有优势，因为冗余是以一定的成本（如财务、质量、大小）为代价的。此外，电子产品中存在许多共模故障，如辐射损坏、焊接疲劳和导电细丝形成，冗余组件的使用难以减少这些故障的发生。

表 23.2 详细列出了为系统级 PHM 确定的任务。第 1 列显示了与系统级 PHM 相关的任务，而第 2～5 列分别显示了每个任务的基础研究、先进技术研究、先进技术开发和高级应用开发的预期时间。

表 23.2　为系统级 PHM 确定的任务

任　务	时间（以年为单位）			
	基础研究	先进技术研究	先进技术开发	高级应用开发
电子故障诊断的环境/运行参数监视模块	—	2016—2023	2016—2025	—
维修模式/故障诊断交互设计工具	2014—2020	2016—2023	2016—2025	—
电子互连故障诊断工具	2014—2020	2016—2023	2016—2025	—
应对 PHM 的物流工具	—	2016—2023	2016—2025	—
冗余电子系统故障诊断	—	2016—2023	2016—2025	—
环保电子产品的电子预测设计工具	—	2016—2023	—	—
电子产品寿命评估和故障诊断（e-plus）	—	2016—2023	—	—
数据企业系统模块，可通过 LRU 跟踪电子故障诊断	—	2016—2023	2016—2025	2016—2026
电子故障诊断推理机引擎可通过系统应用于设备	2014—2020	2016—2023	2016—2025	2016—2026
电子系统级故障诊断和剩余寿命评估（RLA）工具集	2014—2020	2016—2023	2016—2025	2016—2026
电源和转换器的故障诊断	2014—2020	2016—2023	2016—2025	2016—2026
用于管理产品数据的知识工具集	2014—2020	2016—2023	2016—2025	2016—2026
使用 PHM 进行资源管理	2014—2020	2016—2023	2016—2025	2016—2026

23.2.2.1　在用系统

电子设备变化很快，现在的新技术和新组件每年都在变化，并且组件的使用寿命通常不超过几年。这使得陈旧的在用系统的管理和维修成本巨大。如果不具有良好的退化趋势知识和预测故障的能力，电子密集型的在用系统维修成本将随着使用时间的增长而显著增加。此外，很多案例表明，由于在用系统的管理不善，假冒元器件进入了系统，包括军事武器和商用飞机。

将系统已有部分参数用于非侵入式 PHM 技术，这对在用系统最为有利，因为这种翻新成本通常保持在最低水平。通过将用丁监视系统参数的数据驱动技术与用于部件退化的 PoF 模型相结合，混合 PHM 方法可以做出重要的贡献。需要将可用寿命评估和置信度区间一同开展研究，以评估这些方法。自主环境和使用监控可以通过非侵入式实施，这在解决在用系统预期寿命问题方面具有市场潜力。

23.2.2.2　环境和运行监控

健康监控和确定基准使用条件以评估系统健康是进行系统故障预测的基础。这里的挑战是为定义健康状况的算法开发有效的“训练”程序。另一个挑战是确定基准所要考虑的使用情况和环境条件。对于环境监控，射频识别（RFID）和可编程传感器套件的自主标签提供了一种非侵入式解决方案。这些标签设备可以连接一系列环境监控器，用于监控污染、腐蚀、电降解等。另外，需要进一步研究开发用于故障预测的标签。

在开发耐环境电子产品时，也可以考虑进行环境和运行监控。可以将现场试验中获得的环境和使用条件输入设计工具，以模拟未来的设备和设计是否可以承受这些条件。仿真技术、工具和自主传感器都是研发领域的机会。

23.2.2.3 LRU 到设备级别

异常检测已成为系统或 LRU 级别的一种预测方法，研究如何隔离导致异常的参数并获得故障检测、隔离和预测结果。当前阶段，PHM 对电子产品的最大挑战是：如何深入分析设备级别的故障和提供剩余使用寿命估计。实现自主故障预测和隔离的能力将为电子行业带来巨大效益，同时它在供应链管理和解决 NFF 问题方面具有潜力。

23.2.2.4 动态重构技术

动态重构技术可以使用预测的视野执行故障转移，如性能延迟。这些动态重配置系统的关键是传感器阵列，这些传感器阵列还使电路能够实时重配置“绕道”，以回避故障的部分，并寻求替代手段完成任务。

重配置并不一定意味着冗余，但是也建议对缺陷零件进行自我修复。对于内存系统，这可能意味着禁用双列直插式内存模块（DIMM）卡上出现了过多随机位错误的芯片，并使存储数据流绕过该芯片，通过其他芯片执行存储功能。可以识别并隔离故障单元，并且同一芯片上的备用单元可以通过重配置替代其工作。随着半导体性能的增强以及多线程和多核技术的发展，在半导体级别实现自愈的系统已成为可能。其挑战在于 PHM 功能的设计以及实现自我修复系统所需的动态重构能力。

23.2.2.5 电源管理和 PHM

电源管理将是 IT 行业面临的重要基础问题。2002 年，每个数据中心机架的平均电源需求为 1～3kW。自 2008 年以来，高密度刀片服务器技术已将每个机架的电源需求提高到 24～30kW。随着电子元器件容量的增加，能源成本也在增加，并且电源管理问题已经成为所有行业的普遍问题。

PHM 不仅可以提高电源系统的可用性，还可以在电源和资源管理中发挥重要作用，例如，可以通过 PHM 设备基于状态的监控进行分配制冷需求，资源可以更有效地配置。太阳微系统公司正在通过实时电源保护工具（RTPH）研究这种资源管理的可能性，其中实时监测风扇速度变化、负载变化和动态重构事件时每个系统的动态热通量（瓦数与时间）。然后可以根据数据中心的热通量将其制定出来，并可以监控其使用情况和分配情况。IBM 的电源管理方法包括使用传感器系统检测其数据中心内的温度、湿度和空气流速。从这些检测中得出温度图，以识别局部热岛和冷却效率低下的位置。之后，该信息将用于调节数据中心内的空气流动，从而提高冷却效率。

英特尔公司开发了可与其 Xeon 5500 服务器芯片配合使用的电源管理工具。这些工具监视数据中心服务器的功耗，并根据使用级别调整电源分配。通过监视每个机架中的功耗，可以减少分配功率给消耗功率少的机架，为运行在其功率容量上限的机架分配更多的功率。另外，需要进一步研究 PHM 技术在能源系统、失控故障管理、供应故障预测、资源管理和在高可靠性系统中减少能源供应冗余的应用。

23.2.2.6 PHM 作为系统开发的知识基础

PHM 的一个显著优势是能够在系统之间以及整个产品寿命周期中记录、传递知识和经验。此功能是从现场监视以及将信息编码到与 PHM 相关的训练集和方法中发展而来的。基于知识的工具可以帮助设计企业从可靠性测试，失效模式、机理及影响分析（FMMEA）过程，供应商选择，客户体验和过去的产品中收集先验和后验知识，有助于开发 PHM 训练集和方法以及制定缓解措施。作为连接设计中心及其产品和客户的知识主干，PHM 提供了完全不同的产品开发视角；系统开发人员可以深入了解客户如何使用他们的产品，从而有效降低成本。

23.2.2.7 软件的预测

硬件退化是电子产品可靠性问题的一部分，另一部分则是软件退化。尽管在软件可靠性方面已取得了长足的进步，但与电子系统有关的内存泄漏和软件老化可能是实施 PHM 的机会。需要研究、开发和应用数据驱动的方法来评估 PHM，利用可以支持完成故障预测的软件服务变量。

PHM 技术软件应用程序的优势在于，许多软件套件和工具集最终都开放源代码。例如，DTrace 这样的跟踪框架可实时进行健康状况管理和系统问题排查的软件，最初是 Solaris 10 的专有功能。2005 年，DTrace 开源了，此后已在 Linux 和 Mac OS X 10.5 中实现，软件社区在这个过程中做出了进一步的创新。DTrace 提供了一种在运行系统级实施健康状况管理的低成本方法，并允许客户体验实时故障诊断的优势。适应于 DTrace 的预测性应用是可预见的，并可能以新的方式发展 PHM 技术。

随着物联网（IoT）应用的兴起，数据收集和处理技术逐渐成熟，可以分批或实时生成、传输、存储和分析各种数据，预测性维修在业界日益受到关注。借助先进的分析解决方案，此类技术可以轻松开发和部署端到端解决方案，而预测性维修解决方案无疑可以带来最大的收益。在预测性分析的推动下，预测性维修软件解决方案（如 IBM 预测性维修和质量以及 Microsoft Azure IoT 套件预测性维修）甚至可以检测到微小的异常和故障模式，从而确定存在最大风险的问题或故障的资产及操作流程。早期识别潜在问题有助于相关组织更经济高效地部署有限的资源，最大化设备的正常运行时间，提高质量和优化供应链流程，最终提高客户满意度。那么挑战呢？当前，大多数组织都没有能力处理来自持有资产的大量数据，并且疲于应对有效地收集、管理和分析整个物联网生态系统中的数据。如果没有正确的组织结构和流程，则难以从这些数据中收集有用的信息。

23.2.2.8 用于降低可靠性和安全风险的 PHM

PHM 技术评估从系统级到组件级产品的能力产生了一些新颖的可靠性解决方案。特别是，系统级 PHM 技术非常有潜力进一步提高故障检测和隔离能力。

锡和锌晶须是现代电子产品的一个痛点，因为它们没有可靠性屏蔽可以自动防止故障。业界大多数关注点在于了解无铅焊料中锡晶须的生长过程。PHM 技术可以通过检测锡晶须的早期生长，并将其与使用情况和环境条件关联来解决这个问题。

PHM 技术在实施与集成可靠性测试方面也具有巨大的潜力。与传统技术相比，PHM 技术可以提供更快的“小故障检测”，这是高速元器件加速测试迫切需要的技术。需要研究如何将 PHM 纳入可靠性测试，以及如何将这些信息用于算法训练。可以将 PHM 数据驱动技术集成到加速测试中，以对系统可靠性进行全面评估，而不仅仅是对系统健壮性进行评估。

PHM 技术与传统的可靠性技术相结合，为解决复杂的可靠性和非破坏性测试问题提供了一种新的革命性方法。需要进一步开展研究，将根本原因分析和故障前兆与失效物理模型联系起来，该模型可以根据组件行为自动预测失效机理。

23.2.2.9 在供应链管理和产品维修中的PHM

产品的供应链管理可以发生在两端，并且供应链管理在产品寿命周期的两端都可以起到潜在作用。系统集成商实现产品的过程，将创建一个供应商系统，并且子系统和组件的完整性需要受到监控。在使用产品期间，产品制造商需要从现场获取有关产品性能的反馈，以确保客户满意度并采取反映实地产品性能的维修和支持政策。基于预测的评估可以从供应链的两端及时提供具有成本效益和可验证的信息。

持续满足产品要求的主要障碍之一是系统制造商无法识别子系统或组件何时发生了变化。对于许多更改，产品更改通知（PCN）不公开，系统制造商可能也未能收到，并且无法检测此类更改对产品性能和可靠性的影响。通过参数监控对输入产品和子系统进行评估，与相同产品的基准进行比较，有助于检测由于所有可能原因（包括无法通过监视 PCN 进行评估的原因）导致输入产品的偏差。这些情况包括由于过程控制问题，供应链中未发现的材料和过程变化或由于伪造或翻新零件等故意篡改而导致的产品变化。

一般情况下，经过费力的检测工作和故障分析之后才能检测到伪造的成分。PHM 技术可用于开发一种对高风险组件进行输入检查环节的监视过程。此检查中将已知良好组件的结果用作基准，并将根据该基准评估其他组件。对于高价值元器件和其他关键元器件，可以将已经用于库存控制的各种被动和主动身份验证技术开发为解决方案，以解决一系列伪造和篡改问题。

对于在使用中的系统，PHM 技术在供应链管理和产品维修中可以提高效率和降低成本。对于在广大地域上销售的产品，由于环境的变化，产品的退化率和最终故障通常会因使用区域而异。当实施产品监控并对此类监控的记录进行区域隔离分析时，有关支持基础架构的决策将更具成本效益。基于此反馈，可以使用相同的数据确定将来针对世界不同地区发布不同设计的产品是否更具成本效益。

如果可靠性问题达到很高的水平，则可以使用基于产品实际情况实施产品召回。使用 PHM 进行产品召回的任务可以在前兆和剩余使用寿命估计的基础上进行，而不是使用日期代码和部件号进行现场产品隔离的常规流程，召回整个产品群的费用非常高。

减少物流足迹考虑了 PHM 的实施，可替换的零件和备件可以在“及时”的基础上进行分配，而不是在全球范围内进行备货。PHM 可以进一步用于自我诊断，其中内置的算法可以建议客户需要更换零件以及尚存的更换时长。PHM 在供应链和产品维护方面的优势已广为人知，并且可能是推动 PHM 研发的引人注目的应用。一些小公司已经看到了这一点，使用了群体映射和追踪技术，再加上用于零件和系统可用性管理的 PHM 算法。PHM 也在保修确认方面得以应用，其中设备公司已将其实施于验证对新产品或备件的保修要求。显然这还需要进一步研究，以确定供应和后勤实施、保修方法中使用 PHM 的新业务模式。

23.3 PHM 方法论开发

PHM 方法论包括实施故障预测的原理、实例和步骤。故障预测是健康管理的重要附加值，可以提高任务成功率。其需求是通过在不同的系统级别设置预测需求来制定实施预测的行为准则；根本需求是设置实施故障预测的行为规范，在不同的系统级别设置预测需求；需要相关的指南来验证组件、程序、产品和系统是否符合故障预测的需求，从而使系统集成变得顺畅；需要一

种标准化的技术或规则，定义跨平台的统一格式来确保监控数据的质量。

实施 PHM 所需要数据处理方法包括数据存储、健康评估和决策。准确有效的健康评估是 PHM 系统成功的关键需求之一，PHM 系统致力于实现故障检测、故障隔离和故障预测。可用于健康评估的方法包括失效物理和数据驱动，但这些方法各有其局限性[47]。基于失效物理（PoF）的方法假定所有的产品样品都是相同的，并且不考虑几何结构、材料特性的变化以及缺乏与这些特性相关的不确定性评估。数据驱动技术无法区分不同的失效模式或机理。

为了克服这些缺点，需要制定一项指导准则，说明如何适当利用这两种方法以获得更好的结果。因此，应该制定相应的标准和量度确定这些方法的有效性。故障预测中最大的挑战之一是给出投资回报率的数值，因为如果故障预测方法奏效，人们就不容易确定实际节省的成本。

纯数据驱动的 PHM 方法缺乏将产品改进降低到组件级别所需的诊断细节。许多数据驱动技术需要大量的训练数据，以提高诊断产品行为的准确率。工程判断可能对验证数据驱动技术的输出是有必要的，这样可以减少虚警。尽管数据驱动技术已被证明在实时故障检测方面是成功的，但它们需要包括失效信息在内的完整的产品参数历史知识，从而准确地预测剩余使用寿命。这对于使用数据驱动技术实现 PHM 是一种阻碍，因为历史数据集不总是可用的。用于故障检测的数据驱动技术的实现不总是需要产品的特性信息或对组件的物理理解。

近年来，从基于平均故障间隔时间（MTBF）的平均统计寿命估计方法向基于 PoF 的元器件可靠性方法转变后，电子产品可靠性得到了极大的提高。PoF 方法是可靠性工程中的标准实践，对设计和制造方面的改进产生了重大影响，并为电子元器件的失效机理和模型建立了巨大的知识库，这个知识库现在可以应用于 PHM 系统中。PoF 模型利用环境载荷、几何和材料信息预测元器件的剩余寿命。PoF 方法对于使用预测性失效模型估计电子元器件剩余寿命，可以说是非常理想的，但该方法缺乏故障检测能力。因此，该方法将无法捕获间歇性产品故障。

融合数据驱动和 PoF 方法的 PHM 方法[48]可以突破单一方法的局限性，并结合两种方法的优点。该融合方法利用数据驱动技术进行系统级监控和健康评估，采用 PoF 方法隔离关键因素，以及确定失效阈值和故障状态。一系列的数据驱动技术可以先应用于实时诊断，然后使用 PoF 方法隔离导致产品退化的参数，这降低了问题的复杂性。PoF 方法可以进一步帮助确定失效模式和元器件失效行为的建模，使得剩余寿命估计成为可能。失效阈值和失效状态可从 PoF 方法中获得，该方法可用于创建剩余寿命估计的数据驱动模型。这种融合方法也有可能通过将系统级输出水平减少到更易于管理的元器件输出水平，并且该水平可以在实验室条件下进行模拟，从而帮助 PHM 实施的确认和验证任务。

23.3.1 最优算法

总的来说，PHM 需要算法、模型、方法和验证技术。PHM 需要 PoF 模型，这些模型为 PHM 的设计实现提供了重要的机会。设计确认和验证方法是开发用以量化 PHM 方法的度量标准所必需的。除此之外，PHM 还需要维护过程评估和系统集成方法验证 PHM 的实施。

实现 PHM 的最优算法取决于问题领域。例如，太阳微系统（现在的 Oracle）公司演示了多元状态估计技术（MSET）/序贯概率比检验（SPRT）在其服务器产品的适用性。然而，像戴尔这样的计算机公司正在使用他们自己专有的一套算法集，而包括通用电气和通用汽车在内的公司仍有其他一套可用于其自己领域应用的算法集。

选择的算法应该与领域考虑和期望结果相适应。对于某些产品，异常检测可能是合适的，特别是当提前预测到的故障时间太短的时候。例如，美国国家航空航天局（NASA）对某些安全性至关重要的电子系统提前几秒预测故障很感兴趣。在航空电子系统中，任务关键性和有限的计算量将运行那些能够优化剩余的使用寿命并适合于内联应用的算法。对于消费类产品，自主诊断可能更为合适，通过自主诊断可以检测和隔离故障以实现自我维修。因此，不仅需要研究以确定“最优通用算法”，而且还需要找到分类算法的方法，该方法可根据最适合的问题类型对算法和方法进行分类。

不确定性是在任何估计过程中始终都要考虑的因素。如何在方法论、验证方法中管理不确定性，以及如何采取缓解措施并保证可信度，在这些方面都存在许多机会。除此之外，我们还需要研究解决不确定性需求、权衡的类型和程度，以及各种估计技术和置信水平方法的平台或问题效益。

高等级生命周期工程中心（CALCE）提供一套 PoF 软件，用于在预期的寿命周期负载条件和加速应力试验条件下评估电子硬件的寿命，解释与现场寿命有关的加速试验结果、剩余寿命评估（RLA），以及故障预测的发展。例如，calceSARA[49-57]软件使用基于 PoF 的原理，根据材料、几何结构和运行特性进行寿命评估，包括 calcePWA、calceFAST、calceWhiskerRiskCalculator 和 calceEP。

calcePWA 软件[58]用于对具有热分析、振动分析和故障评估功能的印刷线路组件进行基于模拟的故障评估。采用有限差分法和卷积控制理论进行模拟热传导分析、自然对流、辐射、强制对流和气冷式冷却板。振动分析采用有限元建模方法，用改进的板单元对随机振动或冲击输入进行响应评估，并确定电路板的曲率和平面垂直方向的位移。在规定的寿命周期负载条件下，对规定的印刷线路组件进行故障评估。根据硬件和负载条件，识别单个故障集并估计故障时间。该评估基于一组确定的失效机理模型进行，这些模型具有从设计和负载数据中提取的规定输入要求。失效机理模型包括温度循环、振动和冲击引起的封装-板互连失效和温度循环引起的过孔沉金失效。calceFAST 软件[59]主要用于电子封装相关的失效和工程分析。calceWhiskerRiskCalculator 软件[60]允许用户评估一组锡或锡基无铅导体所呈现的晶须失效风险，并且使用测量的晶须生长特性随机分析方法，必要时根据测量的生长趋势进行外推。calceEP[61]是 calceSARA 软件的一部分，用于进行部件级故障评估。

CALCE 还提供了一组数据驱动的 PHM 软件，其类别为：特征发现、异常检测（或状态评估）、诊断和预测。CALCE 的 PHM 软件能够探索各种数据驱动算法的有效性，因为没有系统的方法确定一个特定的数据驱动算法是否能够很好地解决目标问题。特征发现的目的是通过对传感器数据进行时域、频域、时频域分析构造（或识别）特征，通过特征提取或特征选择降低特征的维数，从原始数据中自动学习特征检测或诊断所需的一组良好特征。特征提取和特征选择的主要区别在于，特征提取是通过变换来降低特征的维数（这会导致测量结果丧失物理意义），而特征选择是选择一个特征的最优子集进行异常检测、诊断，以及预测。表 23.3 给出了数据驱动的特征发现方法。

表 23.3　数据驱动的特征发现方法

类　别	数据驱动的方法
特征建立	时域分析[62]、谱峭度分析[63-64]、小波分析[65]、经验模态分解[66]
特征提取	增量式局部线性嵌入[67]、独立成分分析[68]、主成分分析[3]、迹比线性判别分析[69]
特征选择	层次特征选择[70]、混合特征选择[71]
特征学习	卷积神经网络[72]、深度置信网络[73]、深度残差网络[74]

在 PHM 中，异常检测是为了识别系统健康行为的偏差，传统的异常检测方法分为基于距离的方法、基于近邻的方法、基于统计的方法和基于分类的方法。一种具有代表性的基于距离的方法是基于马氏距离，这种异常检测方法[2,75-76]通过确定测试数据点与系统健康参考数据的分布之间的距离是否大于预定义阈值进行异常检测。基于近邻的方法利用远离正常数据的异常性质。因

此，基于近邻的方法通常使用基于距离的度量[77]。基于统计的方法利用异常情况的统计特性。最著名的基于统计的方法之一是序贯概率比检验（SPRT）[78]。此外，使用监督学习（如神经网络和单分类支持向量机）的基于分类的方法可以通过一个调查测试数据点是否落入健康参考数据的决策边界进行异常检测[79]。

如第 7 章所述，由于诊断的目的是确定故障的性质或退化的类型（如失效模式和失效机理），可将其称为分类问题。因此，有监督的机器学习算法，如支持向量机[80-81]、神经网络[82-84]和随机森林[85]，已经被用于故障诊断应用软件。此外，预测主要通过退化趋势分析方法完成，如回归（自回归模型[86]、高斯过程回归[41]、相关支持向量回归[87-88]）和状态估计（卡尔曼滤波器[89-91]、贝叶斯方法[92]和粒子滤波器[93-97]），它旨在评估系统未来的健康状态，并在可用资源和运行需求的框架内整合系统健康状况。

方法论研究的一个障碍是案例研究和真实数据集的可用性用于算法开发和验证。PHM 的利益相关者，如 CALCE 和 NASA，已经开始提供数据集，并希望其他组织、行业团体和标准委员会能够在这些实例上取得进展。例如，CALCE 提供对其电池数据库的开放访问权限，其中包含锂离子电池长期充放电循环和存储试验的数据。这些数据可用于电池状态（充电状态和健康状态）评估、剩余使用寿命预测和电池退化建模。相关的例子包括使用神经网络建模和基于无迹卡尔曼滤波的误差消除的电荷状态估计[89]、使用开路电压的充电状态在线估计[98]、锂离子电池的剩余有用性能预测[99]，以及锂离子电池在不同充电量下的寿命周期建模[100]。数据库描述了电池类型、额定值和测试条件，并提供了从测试设备下载原始数据（电压、电流、温度和阻抗）的链接。

锂离子电池技术已经到了电池可以实现数千次循环的地步。这对消费者来说是一种福音，但对研究人员来说是一个麻烦，因为故障测试可能需要几个月或几年的时间才能完成。因此，CALCE 的电池数据库为研究人员进行锂离子电池 PHM 的开发和验证提供了研究价值。

23.3.1.1 训练方法

监督学习是训练各种 PHM 算法的有效方法。然而，这需要大量的数据和一系列预期和非预期的运行和环境条件。某些高性能电子设备的独特之处在于，“能级”会随着运行模式的不同而变化，而目前还不清楚训练数据是否可以激活或需要激活所有这些模式以达到有效的结果。目前需要研究如何更有效地训练电子系统的 PHM 算法。另外，由于大多数电子系统已通过仿真验证，因此出于训练和参数隔离的目的，考虑行为级或电路级仿真似乎是合理的。

人们还需要进一步研究数据预处理技术。参数的方法和非参数的方法都需要能够确认正确的分析参数和合适的分析技术。这些步骤对于所有的数据驱动方法至关重要，它们可以优化训练过程和算法的准确性。

在无监督学习是唯一选择的情况下，必须开发和验证随机方法[101-102]和方法学。粒子滤波[96]过程已经展示出巨大的潜力，需要进一步研究和验证。

23.3.1.2 无标签数据的主动学习

各种具有标签数据的监督学习方法已经应用于故障诊断和故障预测。然而，在实际的工业应用中，很难对即将用于监督学习方法的建模数据进行标记，因为这需要目标系统的专业知识。另外，存在大量无标签的数据可用。因此，利用无标签的数据研究诊断和预测方法一直是一个挑战。主动学习[103]是半监督机器学习的一种特殊情况，在这种情况下，学习算法从无标签的数据中选择信息量最大的样本（或观察量），并从用户（或另一信息源）中查询该样本的标签。在故障诊断和故障预测方法的开发过程中，主动学习因其能解决数据不平衡引起的问题而越来越受到人们的欢迎。

23.3.1.3 不平衡数据的采样技术和代价敏感性学习

涉及诊断问题的分类问题时，如果某一类的样例（或观察量）多于另一类，则可以称之为数据不平衡。如果一个类的数据少于 10%，则表示数据是不平衡的，称为少数类。在大多数情况下，当一个类与其他类相比表现严重不足时，如只占数据点的 0.001%，便可以找到不平衡的数据集。在 PHM 中，由于资产的寿命周期中通常很少发生故障，因此类不平衡是一个具有挑战性的问题。

在类不平衡的情况下，大多数标准学习算法的性能会受到影响，因为它们的目标是最小化总体错误率。例如，对于包含 99%负例和 1%正例的数据集，只需将所有实例标记为负，就可以获得 99%的精度。然而，这种方法错误地分类了所有的正例子，尽管精度指标非常高，但该算法不实用。因此，在不平衡学习的例子中，传统的评估指标，如错误率的总体准确性，是不能满足要求的。在数据集不平衡的情况下，使用其他指标，如精度、召回率、F1 分数、成本调整接收者操作特性（ROC）曲线等进行评估。

然而，有些方法有助于解决类不平衡问题，如抽样技术和代价敏感学习[104]。在 PHM 中，构成少数类产生的失效比一般的例子更令人值得注意，因此，需要重点关注算法在失效时的性能。这通常被称为不同类别错误分类元素的不等损失或非对称成本。其中，错误地将一个正例预测为一个负例可能比相反的情况所付出的代价要高的多。理想的算法应该能够在少数类上提供高的预测精度，而不会严重影响大多数类的精度。有几种方法可以实现这一点，如通过给少数类的错误分类分配较高的代价，并试图使总体代价最小化，可以有效地解决不平等损失问题。某些机器学习算法本质上都使用了这一思想，如支持向量机，在训练期间可以合并正负例子的代价。类似地，增强型法通常在数据不平衡的情况下展示出良好的性能，如增强型决策树算法。

23.3.1.4 知识迁移的转移学习

如果异常检测或诊断的机器学习算法是在特定运行和环境条件下从系统获得的数据集上训练的，那么在相同或非常相似的条件下可能检测出同类系统中的异常。然而，在实际的工业应用中，许多系统在各种环境条件下运行。以一个建立在数据集上的异常检测算法为例，该数据集是在晴天以大约 50 英里/小时（1 英里约为 1.61 千米）的速度行驶的汽车上获得的。该算法在相似的运行和环境条件下（晴天约 50 英里/小时）可能会检测出同类汽车的异常情况。然而，该算法可能不会检测到雨天以 70 英里/小时左右的速度行驶的不同类汽车的异常情况。雨天以 70 英里/小时的速度行驶的不同类汽车可能需要更多的数据，以便重建（或重新训练）模型进行异常检测。因此，该算法可能会检测出在晴天或雨天行驶速度不同的汽车的异常情况，但代价高昂且耗时。转移学习[105]侧重于存储解决问题时获得的知识，并将其应用于其他相关问题，这是解决上述问题的有效办法。

23.3.1.5 物联网和大数据分析

物联网（IoT）的定义是将联网的计算设备嵌入到日常物品中，使它们能够发送和接收数据。物联网使 PHM 能够应用于所有部门的所有类型资产，从而创造了一种范式转变，带来了新的商业机会。Kwon 等[106]介绍了 PHM 的概念，讨论了物联网提供的机会，并提供了来自制造业、消费品和基础设施的创新实例。他们还提出了数据分析、安全、物联网平台、传感器能量采集、物联网商业模式和授权许可等方面的挑战。

在一个基于 IoT 的 PHM 环境中，传感器和网络的不断增长使用导致连续生成大容量、高速率和多样性的数据，也称为“大数据”。根据 2015 年的一项调查[107]，大数据分析被定义为利用分析算法挖掘大数据中隐藏信息的过程，优先应用于航空、配电、发电、汽车等各个行业。此外，这些行业中常见的大数据分析任务包括关联分析、模式建立和数据趋势评估，这些分析任务导致制造业质量保证故障、产品改进时早期识别新问题、故障预测、根本原因分析、优化维护时间表，以及客户保修案例、生产问题和故障机器之间的相互关系。在实践中，这些任务需要大规模的数据处理以实现高效的数据存储和分析。

数据存储涉及大规模数据集的连续存储和管理，数据存储系统一般由硬件基础架构和数据管理两部分组成。由于大数据分析系统必须处理现在和将来创建的大型数据集，因此硬件基础设施应具有“可伸缩性”。这意味着硬件基础设施必须能够向上和向外扩展，以处理不断增长的数据集。然后，将数据管理软件部署在硬件基础结构的顶层，以有效地维护数据集。同样，数据管理软件支持数据预处理，用于处理缺失值和离群值、冗余减少和数据压缩，而不会破坏潜在值。数据分析利用分析方法或工具通过对数据进行检查、转换和建模以提取数值。为了分析大数据，使用了各种机器学习算法。具体地说，使用了无监督学习算法进行异常检测（如 k 均值聚类[108]和自组织映射[109]）和特征学习（如受限的 Boltzmann 机器[110]和自动编码器[111]），而监督学习算法已经被应用于特征学习（如卷积神经网络[112]）、分类（如支持向量机[113-114]、决策树[115-116]和随机森林[117]）和时间序列预测（如递归神经网络）。因此，大数据分析方法已经取得了进展，但这些方法仍然需要在线学习及其模型需要适应不断变化的现实。

根据处理时间要求，大数据分析可分为以下两种模式[118]：流式处理和批处理。在流式处理范式中，约定数据的潜在价值取决于数据的新鲜度，这很好地应用于 PHM 中，尤其从安全关键系统的健康行为中识别偏差。也就是说，数据到达一个流中，只有一小部分流存储在有限的存储器中，并且对其连续分析以达到异常检测的目的。目前可用于流式处理的典型开源系统包括 Storm 和 Kafka[119]。在批处理范式中，数据可以先存储在数据服务器中，然后再进行分析。Apache Hadoop 是一个开源的软件生态系统，用于存储和处理非常庞大的数据集，它已经成为批处理的主流[120]。Apache Hadoop 中的关键组件是 Hadoop 分布式文件系统（HDFS）和 MapReduce，其中，HDFS 是一种有弹性的且高吞吐量的集群存储系统，而 MapReduce 是一种可以并行处理大量数据的软件框架。具体地说，在 MapReduce 框架中，数据被分成小块，并以并行和分布式的方式进行处理以生成中间结果，这些中间结果将进行聚合从而获得最终结果。近年来，Spark 作为 Hadoop 中最新一代的数据处理架构，在数据处理方面比 MapReduce 提高了 10～100 倍的速度，被广泛应用于流处理和批处理中[121]。

23.3.2 验证和确认

在实际应用中开发 PHM 技术之前，必须对这些技术进行验证和确认，这一点至关重要。验证关系到如何回答“我们是否正确构建了它？”问题的过程，而确认则指出回答“我们构建的是正确的东西吗？”问题的过程。直观地说，验证是一个质量控制过程，用于评估一个对象、产品或系统是否符合要求所施加的测试约束，而确认是一个质量保证过程，用于评估一个产品或系统在部署到目标应用程序领域时能否实现其预期功能。

电子产品验证与确认的实践是基于案例的冗余方法。当触发预测报警时，系统重新配置为冗余单元，而原始系统继续运行至故障。随着运行更多的案例，预测距离的置信度得到了提高，故障转移技术也得到到了改进。此方法成本高昂，不适用于任务关键型或安全相关系统。将验证和确认方法与可靠性测试结合起来可能是另一种选择。

为了验证和确认 PHM 性能，需要一套标准化的数学度量标准，用于严格评估 PHM 技术的性能和有效性。此外，这种评估过程需要覆盖检测、诊断和预测故障进展方面的能力，可用的指标包括准确性、可靠性、敏感性、稳定性、风险、经济成本/效益等。具体地说，性能指标的设计必须能够量化技术在检测异常、隔离根本原因故障、故障模式、预测给定故障/故障条件的时间方面对正常运行中变化的响应程度。同样，预测指标应根据 RUL 或系统退化水平评估预测时间的准确性。由诊断和预测模块组成的 PHM 系统的总体性能可对性能指标以及成本/效益分析考虑因素进行加权评估。

23.3.3 长期的 PHM 研究

结构健康管理（SHM）的研究人员已经注意到，大多数 SHM 项目的资助期为三年，几乎没有项目在研究中部署。这些研究局限无法证明 SHM 的长期性能，在这种情况下，此类系统的成本效益与结构寿命、现场老化直接相关。目前面临的困难是，由于缺乏现实世界的示范，对 SHM 的投资是有限的，然而需要进行长期的 SHM 研究，以引导未来资金和政策实施的影响。

电子产品的 PHM 也受到研究局限性以及在产品寿命周期内缺乏真实案例研究的影响。自主的 PHM 结构是解决产品老化问题的一种方法，它是非侵入的且有成本效益的。另一种方法是使用加速试验以及产品鉴定研究帮助 PHM 开发。

23.3.4 用于储存的 PHM

由于使用加速储存试验复制储存导致故障的不确定性，以及在实际储存条件下观察到的退化需要很长时间，电子元器件的储存可靠性通常由零件制造商推荐的保质期值或行业中与储存相关的标准决定。这些保质期值是针对不同的保质期定义、建议的储存条件，以及一个或多个可能不明确的假定失效机理而确定的。考虑到保质期“时间表”的可变性、实际储存条件及储存期间或之后采取的措施，这些数字对零件的实际储存可靠性提供的价值非常有限。

由于其复杂性和多样性，电子系统储存 PHM 的一个挑战是确定限制储存可靠性的主要原因。虽然系统的现场可靠性经常受到连接线疲劳或过应力的限制，但组装部件的固有退化对于系统的储存可靠性影响更为关键，尤其是在具有失效机理的部件中，这些失效机理可以通过某些程序使其作为松动部件“逆转”，令这些部件在组装时变得不切实际。根据实际储存条件和储存之后的“所需健康状态”，采取 PHM 检测前兆，达到预定的可接受退化水平，这样可以对储存可靠性进行定制估计。对于部件，可以估计基于物理特性或数据驱动的储存可靠性，而不是基于其日期代码的典型零件报废或退回程序，其中还可以处理任何零件间的变化。对系统而言，关键元器件和整个系统的健康状态可以在储存期间或之后展示出来，这有助于做出更明智的决定，如修理和更换零件，以恢复储存的可靠性。

与直接退化监测相比，使用 PoF 或数据驱动的储存状态监测方法可以更实际地储存成本较低的零件或数量较大的零件，并且可以作为退化监控的补充，因为它有助于识别仓库之间储存条件的变化以及储存期间的意外事件，如断电。这些不一致性会缩短相同失效机理下的储存寿命，甚至导致意外的失效机理，而这些失效机理可能无法被预期失效机理设计的传感器所捕获。

与在使用条件下采用 PHM 相比，节能数据采集、存储和传输系统，尤其是长期存储，也可以考虑使用 PHM。出于同样的原因，所实施的 PHM 系统的可靠性应排除降级 PHM 系统造成数据污染的可能性。由于储存过程中的退化程度可能远低于运行过程中的退化程度，因此可以考虑使用更灵敏的传感器检测储存过程中发生的较小幅度退化引起的异常。

关键故障点的识别通常使用 FMMEA 进行。由于储存诱发故障的数据有限，因此故障机理列表可能是基于理论的。由于缺乏储存引发故障的数据，对此类故障机理的优先级排序也充满困难。特别是在将 PHM 用于系统级组件时，因为错误识别故障点或针对无关紧要的故障机理设计

和制造传感器，会导致资源浪费和意外故障。应通过行业开发、共享组件和系统的储存诱发故障数据库以及储存条件，尽量减少错误诊断出现的机会。PHM 目前正被应用于储存可靠性至关重要的领域中，如导弹，在部署中一次性使用占了它的大部分寿命。从 PHM 中受益最大的其他应用是处于休眠状态的备用单元，如汽车的安全气囊、火灾报警系统、地震警报系统、核电站的辐射警报系统和备用电源。

23.3.5 无故障发现/间歇故障的 PHM

如果产品在预期使用寿命内未在应用程序环境中执行其预期功能，则认为该产品已发生故障。通过确定失效模式（可见的失效结果）和失效机理（如化学反应、机械应力或电浪涌），可以识别并防止故障再次发生。在某些情况下，如发生故障并只在有限的时间内存在，然后系统慢慢恢复到正常状态，故障既不可见也不可重复，因此不能归因于任何机理和位置，这些故障称为间歇性故障或失灵，也称为未发现故障（NFF）、无问题发现（NTF）、未识别故障（TNI）、无法复制（CND）和重新测试正常（RTOK）故障。

虽然 NFF 在电子产品中被广泛注意，在现场和实验室试验中也有报道，但是很少有系统地分析研究 NFF 的性质。例如，CALCE 分析了电子产品（如印制电路板、互连和组件）、汽车和航空电子设备中 NFF 的可能原因和影响。Williams 等[122]对军事和航空航天系统中的 CND 故障进行了调查，而 Qi 等[123]将该研究扩展到评估电子产品中的间歇性和 CND 故障。Thomas 等[124]重点研究汽车电子中的间歇性和 TNI 现象。Pecht[125]研究了无故障发现但明显失效时保修与可靠性之间的关系。Bakhshi 等[126]研究了硬件和软件系统中的间歇性故障。

在 PHM 方法和解决方案方面，Zhang 等[127]提出了用 PHM 研究数字电子系统中的间歇性故障，Pecht[128]提出了一个使用英伟达图形处理单元（GPU）故障的 PHM 实例。此外，CALCE 还开发了预测剩余使用寿命的增强预测模型，该模型基于两种基线预测算法：寿命损耗监测（LCM）和不确定性调整预测（UAP）。LCM 使用基于 PoF 的模型评估产品在其寿命周期条件下的寿命消耗和剩余寿命。UAP 是 CALCE 为解决预测不确定性而开发的一种新方法，它使用现场测量作为输入捕捉故障演化，然后使用融合技术将这两种算法集成起来，以评估“硬”故障和 NFF。CALCE 已经开发了一种基于机器学习的资格鉴定方法检测和分析 NFF。基于机器学习的方法涉及对运行和环境参数的现场监测、关联和分类，以提供异常检测、识别产品中退化的起点和趋势。

23.3.6 产品在不确定运行条件下的 PHM

一个产品在使用中会受到环境条件（温度、湿度、辐射等）和运行本身（功率、电流、电压、转速、速度等）的综合作用而产生负荷（应力）。这些负荷通常被称为运行条件或应用条件。例如，滚动轴承的运行条件包括转速、扭矩和温度，这些运行条件影响产品的行为方式，因此，当运行条件发生变化时，即使健康条件保持不变，从产品的健康监测中收集的数据仍然具有不同的模式。由于产品健康状况的变化，这些模式经常与变化的模式混淆，导致误检出故障。

大多数产品的运行条件普遍存在变化。应对这一挑战的常见工业实例是制定规则，以不同的运行条件应对不同的运行状态。也就是说，每个运行状态都有相应的健康模型和失效准则。然而，制定规则以确定不同运行条件的状态通常是根据工程师对产品的经验得出的。最近的一种方法是使用运行条件规范健康监测数据，从而减少运行条件变化的影响。例如，Randall 和 Antoni[129]使用的顺序跟踪技术，该技术使用转速规范振动信号，以便进行轴承故障诊断。该方法对运行状态监测有很高的要求，同时也必须对运行状态与健康监测数据之间的关系有一定的了解。

运行条件通常是不确定的，因为其性质未知，或者相关数据没有收集。现在研究者们发现机器学习技术能应对上述提出的挑战。当所有健康状态的数据已知且它们是在所有运行状态下收集的，我们就可以应用有监督的机器学习。Jin 等[69]提出了一种跟踪比线性判别分析方法，用于轴承故障分类。文献[83]提出了一种混合分类器，用于在运行条件不确定时诊断轴承故障。Kang 等改进了 k 近邻分类器[130]，在未知运行条件下进行故障诊断。通常只有健康产品的数据可用，在这种情况下，半监督学习可用于不确定运行条件下的 PHM。Sotiris 等[131]提出了一种支持向量机方法检测不在健康数据边界内的异常。当健康数据的分布不适合用参数分布建模时，Tian 等[63]使用 k 近邻距离度量与健康状态的偏差，这同样属于不确定运行条件的情况。文献[132]使用改进的自组织图表征不确定运行条件下的健康数据以检测异常。在某些情况下，除了对运行条件缺乏了解外，还没有健康数据可以利用。为了解决这一问题，研究者提出了无监督学习方法。文献[133]假设健康系统的数据是稠密且规则的，故障系统的数据是稀疏且不规则的，进而使用基于密度的聚类方法对其进行识别。

23.4 非技术障碍

实施 PHM 的投资一直存在障碍，但是对 PHM 的投资必须与没有 PHM 相关利益的潜在成本相平衡。如果不加以解决，那么成本方面也是 PHM 面临的威胁。非技术性障碍使研究人员、开发人员、实施者汇集专业知识发展和建立一种合作与支持文化，促进 PHM 的应用，包括部署 PHM 基础设施和解决实施成本问题所需的跨学科技能。

23.4.1 投资成本、投资回报和商业案例开发

PHM 本质上需要跨学科统筹设计，使得机会和回报最大化。跨功能实现面临的一个问题是将适当的资源组合在一起的成本。在系统层面，PHM 需要自上而下的指导，需要客户和领导了解 PHM 范例对产品运作和持续性保障的长期益处。

ROI 分析是 PHM 商业案例开发的关键输入。在后勤和供应链管理方面，还需要对各种 PHM 方法进行成本效益分析和比较。自主诊断和预测可以提高产品的可持续效率，例如，仿真和分析工具可以使重组工程方法在供应链运作的维护程序中获得更好的效率。PHM 方法学还可以为供应商提供从产品引进到产品淘汰的总体持有成本。

ROI 分析要求能够了解 PHM 的实施和运营成本，并将 PHM 的预期收益货币化。Sandborn 和 Wilkinson[134]对电子系统中的 PHM 实施进行了详细的成本分析。PHM 有很多不同的好处，如避免将来的维护成本包括保修成本、减少产品责任、减少错误警报和减少冗余。大多数现有 PHM 的 ROI 分析侧重于减少未来维护的费用。Feldman 等[135]对商用飞机的航空电子系统实施 PHM 的 ROI 分析，确定了支持 PHM 系统实施所允许的年度最大基础设施费用。Lei 和 Sandborn[136]及 Haddad 等[137]介绍了维修选项的概念，并将其用于在 RUL 指标下价值的最大化。从 Lei 和 Sandborn 的研究[136]中可以看出，PHM 已经被应用于单个风机的维护优化。

人们通常认为 PHM 只适用于高端产品，但考虑到消费品，有缺陷的产品不仅会产生责任成本，而且也不利于维持品牌认可度和顾客满意度。对微软和 XBOX 产品来说尤其如此，微软投资 10 亿美元收回 XBOX 品牌并为其产品提供三年保修服务。

从 XBOX 的案例中，我们可以观察到另一种客户行为，即他们希望及时了解自己所遇到的

故障的根本原因。客户不接受微软关于产品非常复杂的解释，博主同时也发布自己的问题诊断。对掌握即时信息的高要求的客户来说，如果现代产品涉及的 PHM 具有自主预测和诊断的能力，将可能成为产品质量和制造商性能的一个必需的特征和区分因素。

物联网和 PHM 的结合可能需要新的业务模型支持其有效实施，主要考虑的因素如下。

- 决策速度。收集合适的有关资产健康状况实时数据可以更快地对不断变化的资产状况做出响应。然而，对于更快、更大程度基于风险的决策，内部业务流程仍是必要的。目前，预测决策主要还是由经验丰富的工程师做出的，他们需要通过指挥系统传递警报和建议，然而这种流程会减慢响应时间。此外，当前维护机构的性能指标结构是基于进度符合性百分比和计划维护性百分比等指标。遵守这些指标的目标值意味着负责实现这些绩效指标目标值的管理者将不欢迎“计划破坏者”，如这些来自 PHM 的需要快速响应的行动。
- 信任和问责。目前，对大多数组织来说，健康数据的分析要么是内部进行的，要么是由值得信赖的顾问进行的。未来的数据分析将由云端的模型实现，决策建议将基于这些模型，并由远程运行中心的分析师进行审查。在这一系列过程中存在着各种各样的问题，例如，谁在这个过程中起决策性作用、如何在本地资产运营商与可能并不了解实际的资产或运营的远程分析师之间建立信任。此外，这些分析师可以受雇于该公司、OEM，甚至可能是第三方。
- 员工能力。基于物联网的 PHM 过程将需要一套新的技能，而当前的劳动力不一定具备这些技能。许多目前参与传统 CBM 角色的工人将不再需要。数据将由传感器而非数据采集器收集，分析将由模型而非人工完成，决策将由具有专业建模和工程技能的分析师做出。这些分析师很可能为第三方工作，从而使目前的现场工作人员变得多余。为员工和第三方供应商配套整合新的基于 PHM 的物联网技能可能需要对当前组织结构进行适当的更改。

23.4.2 责任和诉讼

诊断分析可以确定故障以及故障的所有权和责任，与诊断分析不同的是，预测输出的所有权和与这些输出相关的操作可能是模糊不清的。例如，如果漏报或误报，会导致什么过错？系统和组件是否产生错误数据？算法灵敏度水平调整是否不当？如果漏报会带来灾难性的后果，那么责任是由实施者承担，还是追责到代码或算法的开发人员？其他领域也有类似的情况，因此需要对方法和结构进行研究，以提供指导和平衡。

责任问题可能迫使 PHM 技术的实施方式发生变化。下面介绍一些值得注意的问题。

23.4.2.1 程序框架：专属的还是开放的

责任问题会影响 PHM 代码架构的选择。专属架构可能会更安全，然而，如果体系结构中存在基本缺陷，则责任将转移到代码开发人员。另一种选择是利用标准化架构，这些架构由具有代码维护功能的已建立的委员会管理。有许多组织正在评估 PHM 开放架构的结构以及其他结构，如解决与代码实现和调试相关责任问题的结构。

23.4.2.2 程序维护和更新

人们必须考虑代码升级和维护的需求。PHM 代码升级和维护过程中的结构化实践和方法必须有相关的确认和验证模型，这是委员会和相关团体推动标准化和制定指导方针的又一次机会。

23.4.2.3 虚警、漏警和生命安全意义

PHM 为安全产品早期预警的能力方面提供了潜力，与生命安全相关的错报和漏报导致的严重后果将困扰整个行业，直到它们得到有效解决。PHM 行业团体和标准委员会需要带头为 PHM 相关的确认和验证提供指导方针，以便尽可能地缓解这些情况。确认和验证方法是必需的，这些方法的有效性需要在会议上进行讨论，然后产生最佳实践指南，以及相关的测试套件，供应用程序开发人员测试其产品。那些考虑 PHM 的人员可以用机器学习和统计分析的方法评估类似的情况，看看这些问题是如何解决的。

23.4.2.4 担保重组

在产品中实施 PHM 会影响产品保修。一些公司建议使用 PHM 以验证产品是否在保修规定的运行条件（如温度）内使用。对于那些向用户表明即将发生故障的系统，是否需要修改保修规定？当 PHM 指示系统的剩余使用寿命时，产品的用户应该承担哪些责任？

23.4.3 维护文化

在许多高度发达维护组织的系统中，PHM 实施的一个非常现实的问题是，现有的维护文化将抵制采用 PHM。例如，即使开展了关于 PHM 的教育和训练，飞机、核电站和其他安全关键系统的维护人员也可能抵制改变他们管理系统的方式。对于安全和任务关键型系统，已经培养了系统所有权文化，要求维护人员信任 PHM 方法，即何时以及如何维护系统短时间内难以发生。

23.4.4 合同结构

用于采购和支持复杂系统的合同结构正在发生变化。产品服务系统（PSS）已经成为一个商业焦点，为了满足客户需求，它从设计和销售实体产品转变为通过持续的客户-供应商关系销售由产品和服务组成的“系统”。面向 PSS 的合同可以采取多种形式呈现，同时被称为基于结果的合同，在这种合同下，客户购买结果而不是购买产品。PHM 影响基于结果的合同中所涉及的需求的制定方式，以及响应 RUL 而采取的维持系统最佳行动的内容和时间。Lei 和 Sandborn[138]根据 RUL 对风电场进行了优化维护，该风电场由多个涡轮风机组成，并根据购电协议（基于能源的 PSS）进行管理。Jazouli 等[139-140]确定了供应链约束和系统可靠性，无论是否加入 PHM，该系统均满足可用性合同规定的可用性要求。

23.4.5 标准组织作用

随着物联网相关的高科技公司参与到推动 PHM 需求，将 PHM 应用到设计基础设施中可以作为竞争优势以及产品差异化。标准组织、供应商和研究小组需要建立一种通用知识库，为 PHM 提供坚实的基础，并提供最好的现场解决方案。严格要求是至关重要的，必须由相关团体强制执行，以便审查 PHM 方法和开发技术的完整性。标准委员会，如印刷电路学会（IPC）、电气和电子工程师学会（IEEE）—航空航天、IEEE 可靠性、电子工业联盟（EIA）、半导体工业协会（SIA）和其他组织必须在其指南和要求中定义这些 PHM 要求。

23.4.5.1 IEEE 可靠性协会和 PHM 工作

IEEE 可靠性协会一直是可靠性出版物和与可靠性方法相关的会议的领导者，包括 PHM 的一般规程。IEEE 标准 1856 命名为"电子系统故障预测与健康管理的标准框架"，旨在为电子系统 PHM 的实施提供信息，它描述了一类规范性框架，涉及对 PHM 进行分类的能力以及电子系统或产品的 PHM 开发规划。本标准可供制造商和最终用户用于规划适当的 PHM 技术，以实现相关系统的寿命周期运行。

23.4.5.2 SAE PHM 标准

汽车工程师协会（SAE）最初命名为 SAEs，它是一个由航空航天、汽车和商用车辆行业的技术专家组成的全球协会，他们自愿为移动行业制定通用标准。如今 SAE 的产品线包括了由 240 多个 SAE 技术标准委员会创建的 10000 多个标准文件。这些文件由委员会、小组委员会和任务工作组授权、修订以及维护。

飞行器综合健康管理（IVHM）指导小组为确定新出现的问题进行战略监督，并协调各技术委员会进行标准化活动，支持在顶级系统、子系统和组件级别的 PHM 以及基础设施。IVHM 指导小组定义了支持和推进 PHM 开发认证和运营的标准化环境。如下三个技术委员会致力于制定 PHM 标准。

（1）推进系统健康管理的 E-32 委员会。

E-32 委员会负责与商用航空运输推进系统、军用航空飞行器系统、小型飞行器涡轮发动机相关的标准工作，包括直升机发动机、辅助动力单元、变速箱/变速器和旋翼飞行器动力传动装置。该委员会处理固定翼和旋转翼推进力中涉及系统的效率和退化的所有方面，包括其使用寿命。关于该委员会的更多信息和已发表文件清单，见文献[141]。

（2）作用于 IVHM 的 HM-1 委员会。

HM-1 委员会负责民用固定翼和旋转翼飞行器、军用固定翼和旋转翼飞行器、无人固定翼和旋转翼飞行器、数据处理设备、系统和软件，以及飞行器维修平台的相关标准工作。该委员会向论坛提供所收集、开发、记录和发布的 IVHM 学科专家信息。下面列出了部分最相关的委员会文件。

- ARD6888 基于微型连接器的健康监测功能规范。
- ARP6803 IVHM 概念、技术和实施概述。
- JA6268 基于设计和运行程序信息交换的健康就绪元器件。

关于该委员会的更多信息和已发表文件清单，见文献[142]。

（3）航空航天工业结构健康管理指导委员会（AISC-SHM）。

AISC-SHM 负责民用固定翼和旋转翼飞行器、军用固定翼和旋转翼飞行器以及无人固定翼和旋转翼飞行器的相关标准工作。该委员会解决航空航天系统 SHM 集成和认证要求的标准化问题，包括系统成熟度、维护、可保障性、升级和扩展。关于该委员会的更多信息和已发表文件清单，见文献[143]。

23.4.5.3 PHM 协会

故障预测与系统健康管理协会（PHM 协会）是一个致力于将 PHM 作为一门工程学科进行推动发展的非营利性组织。PHM 协会于 2009 年在纽约成立。PHM 协会的标志性活动是 PHM 协会年会。PHM 协会建立在以下三个基本原则之上。

（1）提供免费且不受限制的PHM知识。

PHM 协会的基本原则之一是能够及时和自由地传播与 PHM 研究和应用相关的研究成果、文章、意见、新闻和通知。与其他大多数技术组织不同，PHM 协会采用了一种知识共享许可政策，允许作者保留版权，同时允许协会通过现代媒体广泛传播他们的作品。

PHM 的标志性出版物是一本名为《国际故障预测与健康管理杂志》的开放的在线杂志，该杂志建立了一个快速而严格的同行评议政策。该杂志打算在首次投稿后 8～12 周内发表原创论文，这比传统印刷媒体发表速度快更多。传播研究成果的另一个途径是每年秋季举行的 PHM 协会年会，该会议寻求高质量的原创成果，并保持严格的同行评议政策。

（2）促进PHM的跨学科和国际合作。

PHM 协会通过组织会议和研讨会等类似活动实现其国际和跨学科合作目标。此外，PHM 协会通过其官网，利用论坛、维基、博客和其他 Web 2.0 功能，为社区协作提供平台。PHM 协会网站面向整个用户群，没有任何限制、费用或会员的要求。

（3）引领PHM工程学科的发展。

PHM 协会的第三条原则是引导 PHM 作为一门工程学科发展。为此，该协会致力于制定和采用 PHM 的国际标准、研究方法、教学课程和指标。PHM 社区教育是支持这一原则的另一个目标。PHM 协会通过辅导、研讨会、PHM 数据分析竞赛和会议期间的实践培训课程以实现其教育目标。

23.4.6 许可和授权管理

许可和授权管理提供了“锁定”能力，使得制造商能够确保嵌入式软件知识产权（IP）在连接的智能设备上运行。越来越大的全球竞争压力使制造商降低制造成本，利用互联网连接产品创造的价值以增加收入。然而，制造商需要保护其应用程序中包含的 IP 并从中赚取利润，这些均可以通过许可和授权平台实现，互联网连接设备的访问、功能和特性均受这些平台的控制。这些许可和授权平台将支持动态定价、功能的定制捆绑和近乎实时的软件升级等功能。这些功能可以通过加快新产品、新功能组合和产品增强功能的上市速度来帮助制造商提高竞争力。

原著参考文献

附录A

用于 PHM 的商业传感器系统

A.1 智能按钮——ACR Systems

公司信息

名称：ACR Systems

简介：ACR Systems 生产多种数据记录器，可以测量和记录温度、相对湿度、电流、压力、处理信号、脉冲频率、电能质量等

主要工作领域：数据记录器

主要用户：供暖、通风、空调（HVAC）、制药、运输、过程控制公司案例研究及刊物（PHM 领域）：N/A

产品信息

所涉及产品：智能按钮

简介：微型温度传感器

是否为特定目的设计的产品：可应用于不同用途的温度记录

潜在的应用领域：食品加工验证、药品储存、实验室、温度敏感产品的运输、设备运行时间、HVAC 系统测试和平衡；预测维护监控、平衡等

功率

便携式电源：3V 锂电池（10 年寿命）

非常规电源（如果有）：N/A

额定功率：N/A

电源管理能力：N/A

物理特性

尺寸（含电池）：17mm×6mm

质量（含电池）：4g

通信技术

与主机的通信接口：有

接口类型：RS232 串行/ACR 智能按钮接口

---

① *Progmostics and Health Management of Electronics*：*Fundamentals Machine Learning and the Internet of Things* 第一版。由 Michael G Pecht 和 Myeongsu Kang 编辑。

无线协议：无
无线采集模式：连续（先进先出），充满后停止
射频范围：N/A
能否与其他便携式设备通信：否
传感器
通道数：1
通道配置：1 个内部通道用于环境温度
可以连接的传感器类型：温度传感器（范围是-40～85℃）
通道输入：一个用于温度传感器
能否连接外部传感器：否
采样率：用户可选的 1～255min
机载内存
内存类型：N/A
大小：2KB（可储存 2048 个读数）
机载处理
机载处理器的可用性：N/A
主要功能：N/A
用于机载计算的嵌入式代码：N/A
软件
可用的主机软件：用于智能按钮的 TrendReader
用于高效监控的硬件配置的软件功能：图形和表格格式数据、日期和时间戳、警报阈值设置、用户可选的采样率
其他对健康状况监控有用的软件功能：数据导出到 Excel 以进一步进行数据处理
其他详情
外壳细节：不锈钢
安装细节：用户可选（磁性背衬，塑料板安装或蓝色硬塑料角形）
工作温度：-40～85℃
费用：59 美元

产品照片（由 ACR Systems 提供）

 A.2 OWL 400——ACR Systems

公司信息（请参考 A.1）
产品信息
所涉及产品：OWL 400

是否为特定目的设计的产品：OWL 400 数据记录仪是一款坚固耐用的多功能数据记录仪，可轻松便捷地记录直流电压

潜在的应用领域：监视压力、风速、电池电压、流量、油箱盖等

功率

便携式电源：3.6V 锂电池（正常使用 10 年）

非常规电源（如果有）：N/A

电源管理功能：N/A

物理特性

尺寸（不含电池）：60mm×48mm×19mm

质量（不含电池）：54g

通信技术

与主机的通信接口：有

接口类型：光数据传输；数据可以通过最大 25mm 的玻璃或透明介质传输

无线协议：无

无线采集模式：连续（先进先出），充满后停止（先填充后停止）

射频范围：N/A

能否与其他便携式设备通信：否

传感器

通道数：1

通道配置：1 个外部直流电压通道

可以连接的传感器类型：N/A

通道输入：0～38.4V DC（32 个软件可选范围，0～121mV、0～39V），大于 100kΩ

能否连接外部传感器：可以

采样率：用户可选择的速率，从每秒 5 次到每 12 小时 1 次

机载内存

内存类型：N/A

大小：32KB（可储存多达 32767 个读数）

机载处理

机载处理器的可用性：N/A

主要功能：N/A

用于机载计算的嵌入式代码：N/A

软件

可用的主机软件：TrendReader 2，兼容 Windows XP、Windows Vista、Windows 7、Windows 8 和 Windows 10

用于高效监控的硬件配置的软件功能：在 ACR 的 TrendReader 2 软件中使用简单的方程编辑器可以将所有电压信号转换为自定义的工程单位

其他对健康状况监控有用的软件功能：N/A

其他详情

外壳细节：Nory 塑料

安装细节：磁性衬板或锁眼

工作温度：-40～70℃和 0%～95%RH（非冷凝）

费用：360 美元

Picture of product (courtesy of ACR Systems).

产品图片（由 ACR Systems 提供）

A.3 SAVER ™ 3X90——Lansmont Instruments

公司信息

名称：Lansmont Instruments

简介：该公司产品广泛应用于从基本包装材料到大宗商品以及高度复杂的电子和医疗设备的行业

主要工作领域：测试设备和测试服务

主要用户：N/A

案例研究及刊物（PHM 领域）：N/A

产品信息

所涉及产品：SAVER 3X90

简介：SAVER 3X90 可用作数据记录器、震动记录器、振动记录器、温度记录器、湿度记录器或落差记录器

是否为特定目的设计的产品：N/ A

潜在的应用领域：N/A

功率

便携式电源：2 个锂电池（90 天寿命）或碱性 9V 电池（45 天寿命）

非常规电源（如果有）：N/A

额定功率：N/A

电源管理功能：N/A

物理特性

尺寸（含电池）95mm×74mm×43mm

质量（含电池）：473g

通信技术

与主机的通信接口：N/A

接口类型：兼容 USB 1.1（数据速率：典型值为每秒 400KB）

无线协议：N/A

无线采集模式：N/A

射频范围：N/A

射频收发器载波：N/A

能否与其他便携式设备通信：N/A

传感器

通道数：3

通道配置：内置三轴加速度计，内置温度和相对湿度传感器

可以连接的传感器类型：N/A
通道输入：N/A
能否连接外部传感器：N/A
采样率：每通道每秒 50～5000 个采样
机载内存
内存类型：标准非易失性闪存
大小：128MB
机载处理
机载处理器的可用性：N/A
主要功能：不适用
用于机载计算的嵌入式代码：N/A
软件
可用的主机软件：SaverXware
用于高效监控的硬件配置的软件功能：N/A
其他对健康状况监控有用的软件功能：N/A
其他详情
外壳细节：6061-T6 铝（耐候，防风雨）
安装细节：4 个 6 号螺钉孔，建议使用安装杆
工作温度：使用锂电池时为-40～60℃；使用碱性电池时为-20～54℃
费用：5999.99 美元

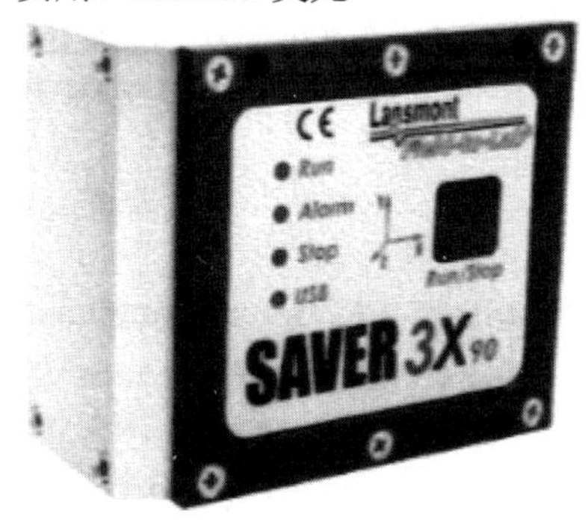

产品图片（由 Lansmont Instruments 提供）

A.4 G-Link-LXRS——LORD MicroStrain Sensing Systems

公司信息
名称：LORD MicroStrain Sensing Systems
简介：该公司生产智能、无线、微小位移、方向和应变传感器
主要工作领域：微型传感器
主要用户：航空航天、军事、汽车、土木工程、制造、生物力学和机器人
案例研究及刊物（PHM 领域）：N/A
产品信息
所涉及产品：G-Link-LXRS
简介：高速三轴 MEMS 加速度计和微数据记录收发器

是否为特定目的设计的产品：设计为作为集成无线传感器网络系统的一部分运行

潜在的应用领域：倾角和振动测试，无线传感器网络支持的安全系统，带有“智能包装”的装配线测试，无线传感器网络，智能机器，智能结构和智能材料的基于条件的维护

功率

便携式电源：可充电 3.6V 锂离子，200mAh 容量

非常规电源（如果有）：用客户还可以使用 3.2～9V 的外部电源

额定功率：实时流 25mA，数据记录 25mA，休眠 0.5mA

电源管理功能：两位置内部电源开关，即默认位置允许节点仅使用内部电池电源运行，同时允许通过充电/电源连接器为电池充电，旁路位置允许节点仅在通过充电/电源连接器提供的电源上运行

物理特性

尺寸（不含电池）：43mm×75mm×37mm 带天线

质量（不含电池）：46g（假设无电池）

通信技术

与主机的通信接口：无线

接口类型：N/A

无线协议：IEEE 802.15.4，开放式通信体系结构

无线采集模式：模式 1，从基站发送命令，发送持续时间为 100～65500 次扫描，或连续；模式 2，从基站登录命令；模式 3，自动触发，用户可通过指定的特定阈值电压来指定渠道

射频范围：视线 70m，可选高增益天线，最大 300m

射频收发器载波：2.4GHz，直接序列扩频，全球免许可证（2.450～2.490GHz，16 个通道）

能否与其他便携式设备通信：N/A

传感器

通道数：3

通道配置：N/A

可以连接的传感器类型：三轴 MEMS 加速度计，模拟设备 ADXL202 或 ADXL210

通道输入：N/A

能否连接外部传感器：N/A

采样率：可编程，32～2048 扫描/秒

机载内存

内存类型：闪存

大小：2MB（约 10^5 个数据点）

机载处理

机载处理器的可用性：N/A

主要功能：N/A

用于机载计算的嵌入式代码：N/A

软件

可用的主机软件：Agile-Link（与 Windows XP 兼容）

用于高效监控的硬件配置的软件功能：N/A

其他对健康状况监控有用的软件功能：N/A

其他详情

外壳细节：ABS 塑料

安装细节：螺钉

工作温度：-20～60℃（带标准内部电池和外壳），扩展温度范围可选（带定制电池和外壳），-40～85℃（仅电子产品）

费用：1995美元（入门套件包括2个节点，1个基站，软件和充电器）

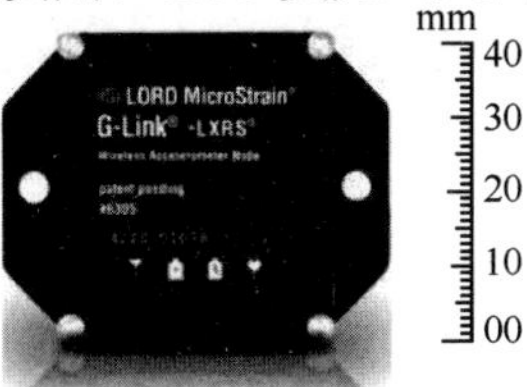

产品图片（由MicroStrain，Inc.提供）

A.5 V-Link-LXRS——LORD MicroStrain Sensing Systems

公司信息（请参考A.4）

产品信息

所涉及产品：V-Link-LXRS

简介：设计作为集成无线传感器网络系统的一部分运行

是否为特定目的设计的产品：V-Link 与各种模拟传感器兼容，包括应变仪、位移传感器、称重传感器、扭矩传感器、压力传感器、加速度计、地震检波器、温度传感器、倾角仪等

潜在的应用领域：基于条件的机器监视，民用结构和车辆的健康监视，智能结构和材料，实验测试和测量，机器人技术和机器自动化，振动和声学噪声测试，运动表现和运动医学分析

功率

外部传感器：350Ω 应变计 8mA，1000Ω 应变计 3mA（在上面加上传感器消耗以计算总功耗）寿命为55天（含4个1000Ω应变计）

便携式电源：3.7V 锂离子可充电电池，容量为600mAh

非常规电源（如果有）：客户可以使用3.2～9V的外部电源

额定功率：仅V-Link节点，实时流25mA，数据记录25mA，休眠0.5mA

电源管理功能：两位置内部电源开关，即默认位置允许节点仅使用内部电池电源运行，同时允许通过充电/电源连接器为电池充电，旁路位置允许节点仅在通过充电/电源连接器提供的电源上运行

不同的模式：睡眠模式、空闲模式、数据记录模式；可编程的采样率

物理特性

尺寸（不含电池）：仅88mm×72mm×26mm、72mm×65mm×24mm

质量（含电池）：97g

通信技术

与主机的通信接口：无线

接口类型：N/A

无线协议：IEEE 802.15.4，开放式通信体系架构

无线采集模式：模式1，从基站发送命令，发送持续时间为100～65500次扫描，或连续；模式2，从基站登录命令；模式3，自动触发，用户通过指定的特定阈值电压来指定渠道

射频范围：视线70m，可选高增益天线，最大300m

射频收发器载波：2.4GHz，直接序列扩频，全球免许可证（2.450～2.490GHz，16个通道）

能否与其他便携式设备通信：能

传感器

通道数：8

通道配置：最多 8 个输入通道，包括 4 个全差分，350Ω 或更高的电阻（由具有可选的桥接总成），3 个单端输入（0～3V）和内部温度传感器

可以连接的传感器类型：V-Link 与各种模拟传感器兼容，包括应变仪、位移传感器、称重传感器、扭矩传感器、压力传感器、加速度计、地震检波器、温度传感器、倾角仪等

通道输入：4 个全差分，350Ω 或更高的电阻（由具有可选的桥接总成），3 个单端输入（0～3V）

能否连接外部传感器：V-Link 与各种模拟传感器兼容，包括应变仪、位移传感器、称重传感器、扭矩传感器、压力传感器、加速度计、地震检波器、温度传感器、倾角仪等

采样率：以 32～2048Hz（8min）记录多达 10^6 个数据点（100～65500 个样本或连续的）

机载内存

内存类型：闪存

大小：2MB（大约 10^6 个数据点）

机载处理

机载处理器的可用性：否

主要功能：N/A

用于机载计算的嵌入式代码：N/A

软件

可用的主机软件：Agile-Link（与 Windows XP 兼容）

用于高效监控的硬件配置的软件功能：N/A

其他对健康状况监控有用的软件功能：N/A

其他详情

外壳细节：ABS 塑料

安装细节：螺钉

工作温度：−20～60℃（带标准内部电池和外壳），扩展温度范围可选（带定制电池和外壳），−40～85℃（仅电子产品）

费用：1800 美元（入门套件）

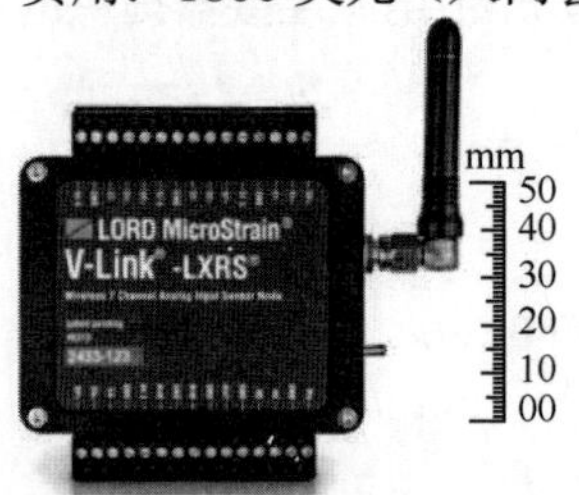

产品图片（由 MicroStrain，Inc.提供）

 A.6 3DM-GX4-25——LORD MicroStrain Sensing Systems

公司信息（请参考 A.4）

产品信息

所涉及产品：3DM-GX4-25

简介：带有集成磁力计的微型工业级姿态航向和参考系统（AHRS），具有高抗噪性和出色的性能

是否为特定目的设计的产品：高性能集成 MEMS 传感器技术，小封装，可提供直接惯性测量以及计算出的姿态和航向输出

潜在的应用领域：无人驾驶车辆导航，平台稳定，人工地平线以及车辆的健康和使用情况监控

功率

便携式电源：N/A

非常规电源（如果有）：3.2～36V DC

额定功率：100mA（典型值），120mA（最大值）（V_{pri}=3.2～5.5V DC），550mW（典型值），800mW（最大值），V_{aux}=5.2～36V DC

电源管理功能：N/A

物理特性

尺寸（不含电池）：36.0mm×24.4mm×36.6mm

质量（不含电池）：16.5g

通信技术

与主机的通信接口：有

接口类型：USB 2.0（全速），RS232（9600～921600bps，默认 115200bps）

无线协议：N/A

无线采集模式：N/A

射频范围：N/A

射频收发器载波：N/A

能否与其他便携式设备通信：跨 3DM-GX3、GX4、RQ1、GQ1 和 GX5 产品系列的协议兼容性

传感器

通道数：5

通道配置：N/A

可以连接的传感器类型：三轴加速度计、三轴陀螺仪、三轴磁力仪、温度传感器和压力高度计

通道输入：N/A

能否连接外部传感器：N/A

采样率：500Hz

机载内存

内存类型：N/A

大小：N/A

机载处理

机载处理器的可用性：可用

主要功能：双机载处理器运行复杂的自适应卡尔曼滤波器（AKF），以实现出色的静态和动态姿态估计以及惯性测量

用于机载计算的嵌入式代码：自适应卡尔曼滤波器（AKF），互补滤波器（CF）

软件

可用的主机软件：MIPTM Monitor，MIP 硬铁和软铁校准，与 Windows XP/Vista/7/8 兼容

用于高效监控的硬件配置的软件功能：MIP Monitor 软件可用于设备配置，实时数据监控和记录；另外，MIP 数据通信协议可用于开发自定义界面和轻松进行 OEM 集成

其他对健康状况监控有用的软件功能：N/A

其他详情

外壳细节：铝

安装细节：N/A

工作温度：-40～85℃

费用：N/A

产品图片（由 MicroStrain，Inc.提供）

 A.7 IEPE-LinkL-XRS——LORD MicroStrain Sensing Systems

公司信息（请参考 A.4）

产品信息

所涉及产品：IEPE-Link-LXRS

简介：适合挑战性应用（如关键结构和机器健康监控）中的振动传感

是否专为特定目的设计的产品：专为集成电子压电（IEPE）和集成电路压电（ICP）加速度计的高速、高分辨率周期性突发采样而设计

潜在的应用领域：基于状态的监视，旋转组件、轴承、飞机、结构和车辆的健康监视，模态分析，振动监视和产品测试

功率

便携式电源：3.7V DC，650mAh 可充电源

非常规电源（如果有）：3.2～9V DC

额定功率：1 脉冲/10min 为 2.9373mA（10.57mW），1 脉冲/h 为 0.6957mA（2.50mW），1 脉冲/4h 为 0.2875mA（1.04mW），1 脉冲/24h 为 0.1738mA（0.63mW）

电源管理功能：N/A

物理特性

尺寸（不含电池）：94mm×79mm×21mm

质量（不含电池）：114g

通信技术

与主机的通信接口：有

接口类型：无线

无线协议：IEEE 802.15.4

无线采集模式：N/A

射频范围：室外/视线，2km（理想），800m（典型）；室内/障碍物，50m（典型）

射频收发器载波：在 14 个信道上的 2.405～2.470GHz 直接序列扩展频谱，全球免许可证，辐射功率可编程范围为 0dBm（1mW）至 16dBm（39mW）；可在美国以外使用的低功率选件，限制为 10dBm（10mW）

能否与其他便携式设备通信：N/A

传感器

通道数：1

通道配置：IEPE 加速度计

可以连接的传感器类型：IEPE 型传感器，在节点输入规格范围内工作，输出在±5V DC 范围内

通道输入：N/A

能否连接外部传感器：N/A

采样率：1～104kHz

机载内存

内存类型：N/A

大小：N/A

机载处理

机载处理器的可用性：可用

主要功能：用户可选的低通滤波

用于机载计算的嵌入式代码：N/A

软件

可用的主机软件：SensorCloud、SensorConnec、NodeCommander、WSDA 数据下载器、Live Connect，与 Windows XP/Vista/7 兼容

用于高效监控的硬件配置的软件功能：可选的基于 Web 的 SensorCloud 界面可优化数据存储、查看、警报和分析

其他对健康状况监控有用的软件功能：N/A

其他详情

外壳细节：铝

安装细节：N/A

工作温度：−20～60℃

费用：N/A

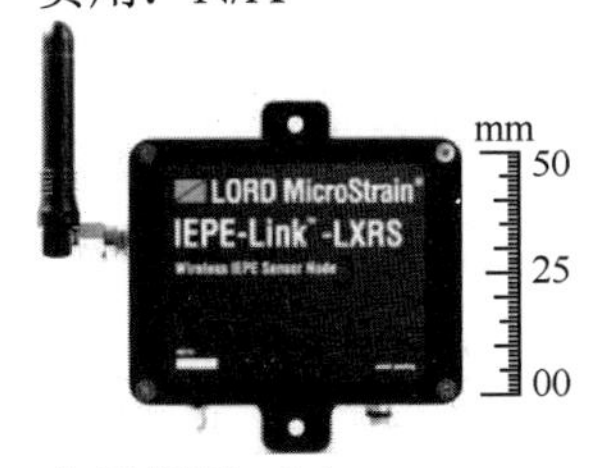

产品图片（由 MicroStrain，Inc.提供）

A.8 ICHM 20/20——Oceana Sensor

公司信息

名称：Dceana Sensor

简介：OEM 振动传感器和智能无线传感系统的制造商，适用于各种应用，包括机械健康监测

主要工作领域：传感器系统

主要用户：N/A

案例研究及刊物（PHM 领域）：N/A

产品信息

所涉及产品：Intelligent Component Health Monitor（ICHM）20/20

简介：这是一个数据采集和处理模块，旨在用于任何类型的监视应用程序

是否为特定目的设计的产品：N/A

潜在的应用领域：发电和纸浆/造纸工业中的机械监控，用于美国海军核航空母舰（USS Carl Vinson）上的智能通风监控系统

功率

便携式电源：N/A

非常规电源（如果有）：由 12V DC 供电

额定功率：N/A

电源管理功能：N/A

物理特性

尺寸（不含电池）：119.88mm×55.88mm×80.26mm

质量：N/A

通信技术

与主机的通信接口：无线

接口类型：蓝牙

无线协议：IEEE 802.15

无线采集模式：N/A

射频范围：N/A

能否与其他便携式设备通信：可以与 PC/笔记本电脑通信

传感器

通道数：6

通道配置：2 个 24 位分辨率的动态通道和 4 个 12 位分辨率的静态通道

可以连接的传感器类型：ICP 传感器，0～5V DC，使用在线信号调节接口模块可容纳其他各种传感器

通道输入：3.3V AC 峰峰值，0～5V DC，ICP

能否连接外部传感器：N/A

采样率：高达 96 kHz

机载内存

内存类型：N/A

大小：N/A

机载处理

机载处理器的可用性：可用

主要功能：FFT（快速傅里叶变换）和频带分析，在无线传输之前提供原始数据的特征提取

用于机载计算的嵌入式代码：每个机载 DSP 固有功能的各种信号处理

软件

可用的主机软件：ICHM Monitor 软件

用于高效监控的硬件配置的软件功能：块大小、频率范围、采样率、窗口类型、平均、触发、频带监视、动态时间序列和频谱数据（1 个或 2 个通道）的显示和存储、静态通道数据的显示和存储、时间历史/趋势图、文件导入/导出功能

其他对健康状况监控有用的软件功能：N/A

其他详情

外壳细节：NEMA 4 外壳

安装细节：N/A

工作温度：N/A

费用：825 美元

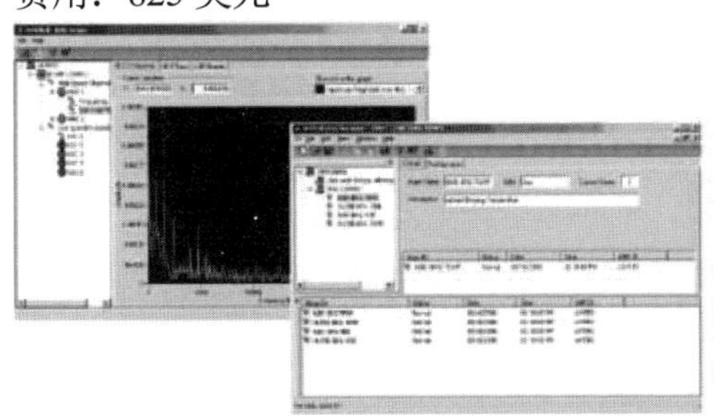

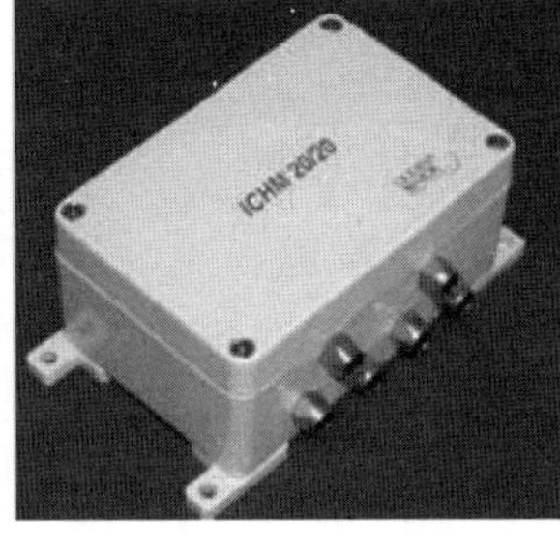

产品图片（由 Oceana Sensor，Inc.提供）

A.9 环境监测系统 200——Upsite Technologies

公司信息

名称：Upsite Technologies，Inc.

简介：该公司已迅速确立自己在快速增长的高可用性数据中心解决方案市场中的领导者的地位，特别是专注于热点和能源效率问题

主要工作领域：无线传感器网络系统

主要用户：N/A

案例研究及刊物（PHM 领域）：N/A

产品信息

所涉及产品：环境监测系统 200

简介：带有内置温度和湿度传感器的无线收发器

是否为特定目的设计的产品：监视和报告温度、湿度的实时读数

潜在的应用领域：数据中心监控（服务器）、冰箱监控（医院、实验室、零售商店）、室内精密区域监控

功率

便携式电源：2-AA 碱性电池组（3 年寿命）

非常规电源（如果有）：5V DC，最大 500mA；110/240V AC，50/60 Hz

额定功率：15dBm（输出功率）

电源管理功能：自动低电量监控报告

物理特性

尺寸（不含电池）：143mm×25mm×67mm

质量：287g

通信技术

与主机的通信接口：N/A

接口类型：N/A

无线协议：符合 IEEE 802.15.4、2.4GHz 分布式扩频

无线采集模式：N/A
射频范围：212m（室外）、70m（室内）
能否与其他便携式设备通信：N/A

传感器

通道数：N/A
通道配置：N/A
可以连接的传感器类型：温度和湿度
通道输入：N/A
能否连接外部传感器：N/A
采样率：N/A

机载内存

内存类型：无
大小：N/A

机载处理

机载处理器的可用性：无
主要功能：N/A
用于机载计算的嵌入式代码：N/A

软件

可用的主机软件：EMS 管理应用软件
用于高效监控的硬件配置的软件功能：N/A
其他对健康状况监控有用的软件功能：N/A

其他详情

外壳细节：不适用
安装细节：一或两个螺钉或双面胶带
工作温度：-40～123.8℃
费用：2999 美元（入门包）

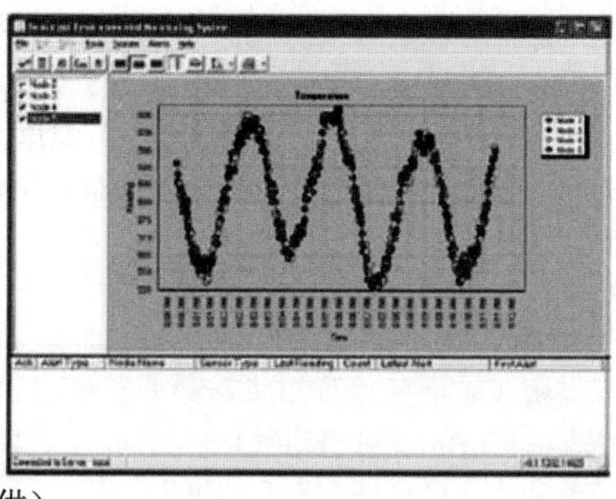

产品图片（由 Upsite Techologies，Inc.提供）

A.10 S2NAP——RLW Inc.

公司信息

名称：RLW Inc.
简介：为基于状态的维修（CBM）应用程序开发软件、设备和系统

主要工作领域：基于条件的维修

主要用户：圣地亚哥 NASSCO 造船厂、NGSS 英格尔斯造船厂和朴茨茅斯海军造船厂

案例研究及刊物（PHM 领域）：N/A

产品信息

所涉及产品：S2NAP

简介：S2NAP 是一种无线设备，可传输从各种模拟传感器收集的机械运行状况数据，包括振动、压力、温度、水平、电流和电压

是否为特定目的设计的产品：造船起重机和其他移动式和固定式造船设备

潜在的应用领域：陆军和海军陆战队车辆及所有在役飞机

功率

便携式电源：提供电源

非常规电源（如果有）：N/A

额定功率：输入电压为 12～30V 直流稳压

输入功率：最大 5W

电源管理功能：S2NAP 为传感器提供稳压电源

物理特性

尺寸：N/A

质量：N/A

通信技术

与主机的通信接口：无线

接口类型：N/A

无线协议：IEEE 802.11b，蜂窝或有线以太网

无线采集模式：N/A

射频范围：N/A

能否与其他便携式设备通信：N/A

传感器

通道数：8 通道（差分或单端，交流或直流）

通道配置：8 通道，模拟输入

可以连接的传感器类型：加速度计（ICP），各种压力，力和扭矩（ICP），应变计电桥传感器，4～20mA 回路变送器，接近度探针，磨损传感器，任何±10V DC 的电压输出传感器

通道输入：N/A

能否连接外部传感器：8 个模拟输入，1 个转速表输入

采样率：N/A

机载内存

内存类型：N/A

大小：N/A

机载处理

机载处理器的可用性：可用

主要功能："有条件的"测量，仅根据重大事件的发生在适当的时间记录数据；同步测量，从并发的正交振动测量中获取相位信息，同步测量结果与旋转机械的转速表输出同步

用于机载计算的嵌入式代码：增强的 FFT 分辨率，100～5000Hz，400～1600 行

软件

可用的主机软件：XML 配置文件

用于高效监控的硬件配置的软件功能：SHARC DSP 信号处理和数据处理功能

其他对健康状况监控有用的软件功能：RLW Inc.可容纳其他组织的算法、传感器和 RF 设备

其他详情

外壳细节：NEMA 4（外壳防护标准）外壳

安装细节：N/A

工作温度：-20～60℃

费用：N/A

产品图片（由 RLW Inc.提供）

A.11 SR1 应变计指示器——Advance Instrument Inc.

公司信息

名称：Advance Instrument Inc.

简介：该公司一直在物理测量技术、软件工程、精密机械工程、自动化工程、测量仪表工程、恶劣条件工程和课程教育系统方面进行独立研究

主要工作领域：无线应变和疲劳传感器

主要用户：电子、光学、机械、车辆、船舶、医疗、航空航天

案例研究及刊物（PHM 领域）：与洛克希德·马丁航空公司进行裂纹前疲劳检测和监测技术的测试

产品信息

所涉及产品：SR1 应变计指示器

是否为特定目的设计的产品：应变和疲劳测量与监控

潜在的应用领域：应变和疲劳监测，健康监测

功率

便携式电源：N/A

非常规电源（如果有）：通过开关转化 110/220V AC，50/60Hz，0.5A

电源管理功能：N/A

物理特性

尺寸（不含电池）：160mm×160mm×60mm

质量（不含电池）：1.2g

通信技术

与主机的通信接口：量具和读数仪之间可通过无线连接

接口类型：无线

无线协议：激光识别

无线采集模式：N/A
射频范围：N/A
能否与其他便携式设备通信：有线或无线可连接 PDA、笔记本电脑、互联网以及远程访问

传感器

通道数：一个输入通道
通道配置：N/A
可以连接的传感器类型：N/A
通道输入：N/A
能否连接外部传感器：N/A
采样率：N/A

机载内存

内存类型：N/A
大小：N/A

机载处理

机载处理器的可用性：可用
主要功能：使用第三方软件进行后期处理、分析、演示
用于机载计算的嵌入式代码：不适用

软件

可用的主机软件：DMI SR-1 接口，版本 2.0.1，Windows XP Tablet System 2.0.1
用于高效监控的硬件配置的软件功能：应变测量数据的后处理、分析和呈现
其他对健康状况监控有用的软件功能：不适用

其他详情

外壳细节：塑料
安装细节：N/A
工作温度：-10～60℃
费用：N/A

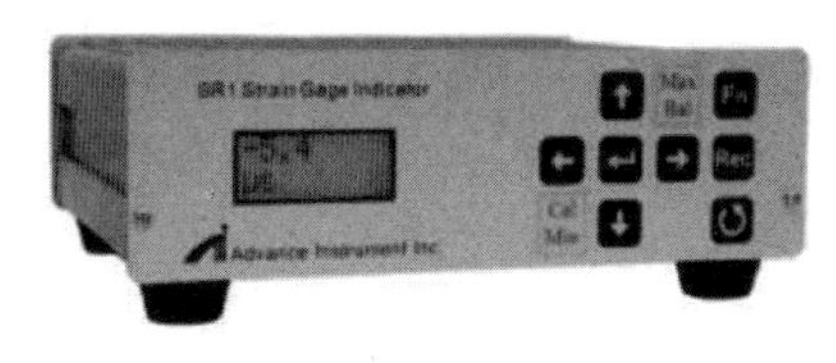

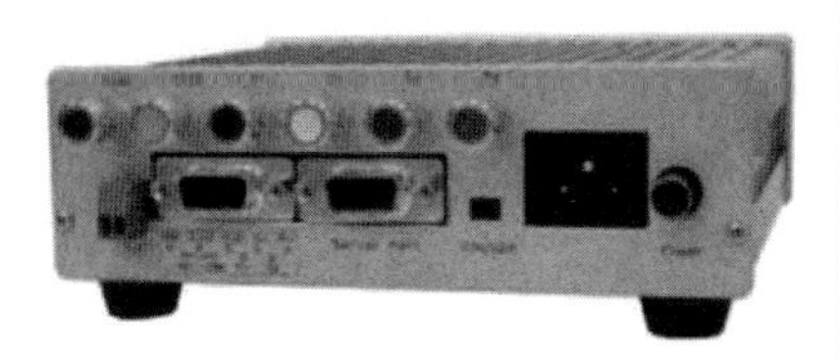

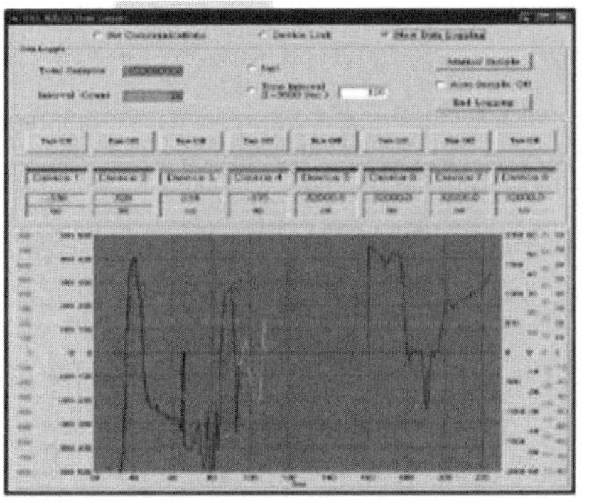

产品图片（由 Advance Instrument Inc.提供）

A.12 P3 应变指示器和记录仪——微测量

公司信息

名称：微测量，Vishay Precision Group（VPG）Inc.

简介：该公司是一家国际知名的电阻箔技术、传感器和基于传感器的系统设计、制造和销售公司

主要工作领域：箔组件、传感器和基于传感器的系统，具有最高的精度、质量和服务，提供测量力（重力、压力、扭矩、加速度）和电流的服务

主要用户：医疗、农业、运输、工业、航空电子、军事和太空

案例研究及刊物（PHM 领域）：N/A

产品信息

所涉及产品：P3 应变指示器和记录仪

简介：P3 用作电桥放大器，静态应变指示器和数字数据记录仪

是否为特定目的设计的产品：专为各种物理测试和测量应用而设计

潜在的应用领域：N/A

功率

便携式电源：内部电池组使用两个 D 型电池，电池寿命长达 600 小时（单通道，正常模式）

非常规电源（如果有）：USB 或外部电池或其他 6～15V DC 电源

额定功率：N/A

电源管理功能：N/A

物理特性

尺寸（不含电池）：N/A

质量（不含电池）：N/A

通信技术

与主机的通信接口：有

接口类型：具有 B 型连接器的通用串行总线，用于传输存储的数据和固件

无线协议：N/A

无线采集模式：N/A

射频范围：N/A

能否与其他便携式设备通信：协议兼容 3DM-GX3、GX4、RQ1、GQl 和 GX5 产品系列

传感器

通道数：4 个输入通道

通道配置：四分之一、半桥和全桥电路，提供 120Ω、350Ω 和 1000Ω 四分之一桥、60～2000Ω 半桥或全桥的内桥完工

可以连接的传感器类型：偏心杆释放接线板最多可接受 4 个独立的电桥输入

通道输入：N/A

能否连接外部传感器：N/A

采样率：每 1～3600 秒读取 1 次，每个通道可单独选择

机载内存

内存类型：N/A

大小：2GB

机载处理

机载处理器的可用性：可用

主要功能：机载数据存储，自动零平衡和校准

用于机载计算的嵌入式代码：每个虚拟电阻上的并联校准可模拟 5000 微应变（±0.1%），通过输入端子块上可访问的开关触点支持远程校准

软件

可用的主机软件：N/A

用于高效监控的硬件配置的软件功能：N/A

其他对健康状况监控有用的其他软件功能：N/A

其他详情

外壳细节：不适用

安装细节：不适用

工作温度：0～50℃，相对湿度高达 90%

费用：2758 美元

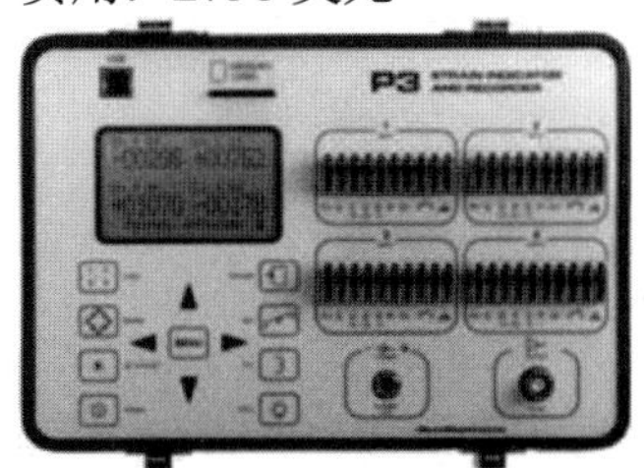

产品图片（由 Micro-Measurements 提供）

A.13 基于空气悬浮的称重系统——VPG Inc.

公司信息（请参考 A.12）

产品信息

所涉及产品：基于空气悬浮的称重系统

简介：该系统通过监测空气悬架的气压，并将其转换成重量，从而提供车辆的总重量或净重

是否为特定目的设计的产品：设计方便操作，制造精确、可靠、耐用，广泛的自诊断可以方便地识别故障和快速恢复

潜在的应用领域：林业/伐木、垃圾、散装运输、集料、自卸车、滚装船、农业、拖车

功率

便携式电源：N/A

非常规电源（如果有）：10.5～32V DC

额定功率：N/A

电源管理功能：N/A

物理特性

尺寸（不含电池）：160mm×85mm×25mm

质量（不含电池）：N/A

通信技术

与主机的通信接口：有

接口类型：RS232、USB、CAN

无线协议：N/A

无线采集模式：蓝牙适配器，用于智能手机远程控制

射频范围：N/A

射频收发器载波：N/A

能否与其他便携式设备通信：N/A

传感器

通道数：32

通道配置：IEPE 加速度计

可以连接的传感器类型：IEPE 型传感器，在节点输入规格范围内工作，输出在±5V DC 范围内

通道输入：N/A

能否连接外部传感器：对传感器、硬件和通信的广泛诊断

采样率：1kHz

机载内存

内存类型：N/A

大小：N/A

机载处理

机载处理器的可用性：可用

主要功能：无驾驶员交互时显示的毛重/净重和轴重，广泛的自诊断功能，轻松的两步校准以及后校准

用于机载计算的嵌入式代码：广泛的自我诊断功能可轻松识别故障并快速恢复，可使用免费的智能手机应用程序进行远程显示

软件

可用的主机软件：N/A

用于高效监控的硬件配置的软件功能：N/A

其他对健康状况监控有用的软件功能：N/A

其他详情

外壳细节：铝合金

安装细节：N/A

工作温度：-20～70℃，最大相对湿度 85%

费用：N/A

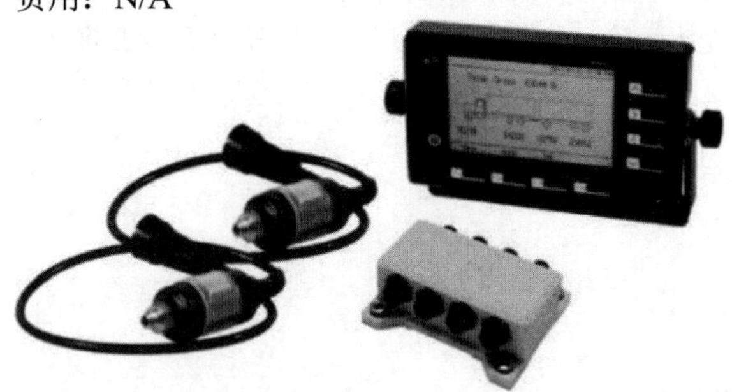

产品图片（由 VPG Inc.提供）

A.14 Radio Microlog——Transmission Dynamics

公司信息

名称：Transmission Dynamics

简介：Transmission Dynamics 为全球的蓝筹科技公司提供服务，包括可再生能源、采矿、海运、国防、汽车和铁路领域的用户

主要工作领域：设计和制造一系列无线遥测和数据采集系统，专注于低功耗、极低噪声和无与伦比的性能，用于从最苛刻的环境中恢复在用负载信息

主要用户：小型家用电器变速箱、铁路变速箱、汽车定时系统、水泥、煤炭、发电和船舶工业用大型工业变速箱

案例研究及刊物（PHM 领域）：N/A

产品信息

所涉及产品：Radio Microlog

简介：Radio Microlog 是同类产品中最小、最先进的数据记录器，用于长期、无人值守的现场数据采集

是否为特定目的设计的产品：设计用于应变计（全桥、半桥和四分之一桥兼容），它可以与大多数标准的传感器接口，产生电气输出

潜在的应用领域：动态加载系统和结构的载荷与应力监测，产品和部件的耐久性与疲劳寿命估计

功率

便携式电源：3.7～12V

非常规电源（如果有）：3.7～12V

额定功率：N/A

电源管理功能：N/A

物理特性

尺寸（含电池）：50mm×34mm×15mm

质量（含电池）：35g

通信技术

与主机的通信接口：有

接口类型：与 PC 无线通信

无线协议：N/A

无线采集模式：N/A

射频范围：N/A

能否与其他便携式设备通信：数据通过 USB 连接（本地模式收发器）或通过流传输到 PC 上的控制软件，用于无人值守应用的 GPRS/GSM 网络（远程收发器）（可选）

传感器

通道数：2 个输入通道

通道配置：2 个通道应变仪信号调节，可容纳全桥、半桥和四分之一桥仪器或其他传感器

可以连接的传感器类型：苛刻的工业应用中的应变、温度和加速度

通道输入：N/A

能否连接外部传感器：N/A

采样率：每个通道 4kHz

机载内存

内存类型：随机存取存储器（RAM），非易失性闪存

大小：4MB，256KB

机载处理

机载处理器的可用性：可用

主要功能：全面的数据处理和存储，包括

（1）雨水流量计数（64×32）和时间的级别

（2）时域数据短脉冲

（3）时域记录了 100 个最高事件，包括准确的时间点

用于机载计算的嵌入式代码：N/A

软件

可用的主机软件：一般可用

用于高效监控的硬件配置的软件功能：与 Microlog 捆绑在一起的 PC 应用程序软件可将硬件配置、并联校准、实时流模式（遥测）、数据记录配置、数据下载和分析整合到一个简单的软件包中

其他对健康状况监控有用的其他软件功能：N/A

其他详情

外壳细节：N/A

安装细节：N/A

工作温度：-40～85℃

费用：N/A

产品图片（由 Transmission Dynamics 提供）

附录B

与 PHM 相关的期刊和会议记

故障预测与系统健康管理（PHM）领域涉及传感器、信号处理工具、应力和损伤模型、统计方法、机器学习技术，以及有监督和无监督的预测方法、各种维护和后勤方法的集成。为了方便读者查阅，我们整理了一份发表 PHM 相关文章的期刊和会议清单。该清单涵盖以下领域的方法和应用：民用和机械结构、航空电子设备、机械和电子产品、预测算法和模型、传感器、传感器应用、健康监控、基于预测的维护和后勤。

B.1 期刊

- *Aerospace Science and Technology*
- *Applied Soft Computing Journal*
- *Artificial Intelligence for Engineering Design, Analysis and Manufacturing*
- *ASCE Journal of Structural Engineering*
- *Automatica*
- *Computational and Ambient Intelligence*
- *IEEE Transactions on Automation Science and Engineering*
- *IEEE Aerospace and Electronic Systems Magazine*
- *IEEE Transactions on Control Systems Technology*
- *IEEE Transactions on Industrial Electronics*
- *IEEE Transactions on Reliability*
- *IEEE Intelligent Systems*
- *IEEE Industrial Electronics Magazine*
- *INSIGHT–Non-Destructive Testing and Condition Monitoring*（*Journal of the British Institute of Non-Destructive Testing*）
- *International Journal of Advanced Manufacturing Technology*
- *International Journal of COMADEM*
- *International Journal for Computation and Mathematics in Electrical and Electronic Engineering*

---

① *Progmostics and Health Management of Electronics*：*Fundamentals Machine Learning and the Internet of Things* 第一版。由 Michael G. Pecht 和 Myeongsu Kang 编辑。

- *International Journal of Fatigue*
- *International Journal of Machine Tools & Manufacture*
- *International Journal of Performability Engineering*
- *International Journal of Prognostics and Health Management*
- *International Journal on Quality and Reliability Engineering*
- *International Journal of Structural Health Monitoring*
- *Journal of the Acoustical Society of America*
- *Journal of Intelligent Material Systems and Structures*
- *Journal of Failure Analysis and Prevention*
- *Journal of Materials*
- *Journal of Optical Diagnostics in Engineering*
- *Journal of Risk and Reliability*
- *Journal of Sound and Vibration*
- *Journal of Structural Control and Health Monitoring*
- *Journal of Testing and Evaluation*
- *Knowledge and Information System*
- *Maintenance Journal*
- *Measurement Science & Technology*
- *Mechanical Systems and Signal Processing*
- *Microelectronics Reliability*
- *NDT & E International*
- *Nuclear Technology*
- *Quality and Reliability Engineering International*
- *Reliability Engineering and Safety Systems*
- *Signal Processing*
- *Sensors and Actuators*
- *Smart Materials and Structures*
- *Structural Engineering and Mechanics*
- *Transactions of the ASME-Journal of Vibration and Acoustics*

B.2 会议记录

- *AAAI Symposium on Artificial Intelligence for Prognostics*
- *IEEE/AIAA Digital Avionics Systems Conference（DASC）*
- *AIAA Infotech@Aerospace Conference*
- *Aircraft Airborne Condition Monitoring Conference*
- *American Society of Civil Engineers-Structural Health Monitoring Division*
- *American Control Conference*
- *Annual Conference of the PHM society*
- *Annual Forum Proceedings-American Helicopter Society*
- *Annual Reliability and Maintainability Symposium*

- *COMADEM International Congress on Condition Monitoring and Diagnostics Engineering Management*
- *DSTO International Conference on Health & Usage Monitoring*
- *ESC Division Mini-Conference*
- *IEEE Aerospace Applications Conference*
- *IEEE Aerospace Conference*
- *IEEE Autotestcon Conference*
- *IEEE Control Theory and Applications Conference*
- *IEEE Instrumentation and Measurement Technology Conference*
- *IEEE International Conference on Prognostics and Health Management*
- *IFToMM International Conference on Rotor Dynamics*
- *International Conference on Machine Learning*
- *Government Microcircuit Applications and Critical Technology Conference*
- *Annual Conference of the Prognostics and Health Management Society*
- *Machinery Failure Prevention Technology（MFPT）*
- *ACMSIGKDD Workshop on Machine Learning for Prognostics and Health Management（ML for PHM）*

附录 C

术语和定义词汇表

附录 C 的目的是提供与故障预测与系统健康管理（PHM）相关的术语和定义词汇表，可以在 IEEE 标准在线词典中找到。

加速寿命试验：对产品进行超出其正常使用参数的条件（应力、应变、温度、电压、振动频率、压力等）的试验，以便在较短的时间内发现故障和潜在的失效模式。

异常：与目标系统要求的、期望的或所需性能的任何偏差。

行为：状态的时间演化。

大数据：大容量、高速率、高多样性和/或高精确性的信息资产，需要成本效益高、创新的信息处理形式，以增强数据洞察决策能力。容量指的是数据的数量，其中大数据经常被定义为海量数据集（如 PB 级和 ZB 级）；速率是指数据从源（如机器和网络）流入的加快速度；多样性是指需要管理和分析的数据来源和类型日益多样化；精确性是指产生的数据中的偏差、噪声和异常。

预警设备：一个独立的组件，它在对象系统发生故障之前就发生故障，从而为即将发生的故障提供早期预警。虽然预警设备应该与对象系统具有相同的故障机理，但只要预警设备的故障机理与对象系统的故障机理之间存在清晰和定量的映射，那么预警设备可能会因不同的故障机理导致失效。

基于状态的维修：基于系统在任何特定时间的健康状态的主动修复活动。

置信区间：与真实总体的样本估计值（如平均值）相关的不确定度。

修复性维修：对退化或故障进行纠正以使系统恢复到正常运行状态的修复活动。

成本规避：为了维持一个系统，减少未来必须支付的成本。

持有成本：持有产品、系统或服务的总成本。所有权成本包括产品、系统或服务价格传递给所有者或用户的寿命周期成本，以及所有者或用户承担的基础设施和业务流程成本。这些额外费用可能包括保险、责任、安装、运行费用和保修期外的维修费用，也包括在所有权或使用寿命结束时的剩余价值（剩余或残值）。

数据融合：对从多个来源信息（可能在不同位置或不同类型传感器）的获取、处理和协同组合。

数据管理：控制数据的获取、分析、存储、检索和分发的功能。

决策时间：在给定一组诊断或预后输入的情况下，衡量做出响应决策的速度。

退化：设备或材料中应力或老化的累积效应，导致预期功能性能下降。

检测精度：对正确检测到的故障案例数量的量化，通常表示为正确分类的案例数与总案例数的比率。

检测时间：从被监控的物理行为显示失效、降级或异常行为开始，多快检测出和测量出非正常状态的度量。

诊断时间：在给定一组故障和异常检测输入的情况下，对故障隔离和（如果需要）识别的速度的度量。

诊断：从当前和过去的条件中识别故障或失效的过程，包括两个步骤，即故障隔离和故障识别。首先，确定故障的位置（故障隔离）。然后，识别故障类型（故障识别）。

寿命终止：组件或系统未能在预期的规格范围内执行其预期功能的时刻。寿命的结束相当于使用寿命的结束。

失效：缺失预期功能的可接受性能。失效是由于在特性上的偏差超过了规定的限度，如导致所需功能的不可接受性能的减少。

失效检测：确定失效存在的过程。

失效机理：可导致失效的物理、化学、电气、机械或其他过程。

失效模式：观察到失效发生的效果。

失效前兆：系统参数在失效发生前的变化。

失效恢复：在失效发生后，为恢复必要的功能以实现现有的或重新定义的系统目标而采取的行动。

失效响应：为应对失效所采取的行动，从而尝试保留或重新获得控制系统状态能力。

失效点：系统中出现失效的物理位置。

失效阈值：可接受的极限，超过该极限值的变化即意味着功能性能是不可接受的。

虚警：在没有故障存在的情况下指示故障存在。

漏警：将确实存在的某种状况被判定为不存在。

误警：将实际中不存在的某种状况被判定为存在，与“虚警”同义。

故障：解释失效的系统内部的物理或逻辑原因。故障是一种可能导致对象系统失效，但不一定导致故障的异常情况。故障的出现和失效之间通常有一个时间间隔。

故障遏制：防止故障引起进一步的失效。

故障识别：确定故障可能的严重程度和时间范围（暂时的、永久的或间断的）的过程。

故障隔离：根据定义的粒度级别确定假设故障的位置。

故障容错：系统在存在独立故障的情况下，执行其预期功能而不引起系统故障的能力。

特征：被观察到现象的可测量的特性或特征。

功能：将输入状态转换为预期的输出状态（也可以是将输入转换为输出以达到预期的目的）。

目标/目的：一个或多个预期功能的目的，或者一个系统、系统的一部分被设计用来实现的预期目的。

健康：偏离或降低到预期正常状态的程度。

健康管理：根据健康监测得出的健康状况估计和对系统未来使用的预期，进行决策和实施行动的过程。

健康监测：测量和记录偏离正常工作状态的程度和退化程度的过程。

间歇故障：失去一些功能或性能特征的产品或系统在有限的时间和随后的复苏功能，从而导致在产品和系统中出现无故障发现（或者称为无问题发现、问题不确定、故障不能复现，以及重检合格）。

物联网：一种连接物理设备和其他物品的网络，嵌入电子、软件、传感器，使这些物体能够连接和交换数据。

隔离精度：将故障分类为特定组件类型或故障模式的准确度的量化。

寿命周期：一个系统从产生到消亡的不同阶段。

寿命周期成本：在一个系统或服务的整个寿命周期中，所有经常性和非经常性成本的总和。

外场可更换单元：一种支持设备或部件，可以在部件级别上拆卸和替换，以使目标系统恢复到可运行的就绪状态。系统和子系统可以包含多个外场可更换单元，典型的有电路板、密封轴承和驱动电机。

载荷：应用和/或环境条件（如电、热、机械、化学），可能导致失效机理。

物流：对货物、信息和其他资源（包括能源和人力）在产地和消费地之间的流动进行管理，以满足客户的需求。

机器学习：人工智能的一种应用，它使系统（如计算机）具有自动学习和从经验中改进的能力，而不需要显式编程。

平均故障间隔时间：系统或组件中连续故障之间的预期或观察时间。

平均修复时间：系统恢复正常运行所需的平均时间。它应该反映负责维护人员的能力、识别和定位故障所需的时间、备件的可用性、重新组装和检验时间。

漏报：因在故障存在的地方漏报和识别故障而引起的警报。

模型：对现实世界过程、概念或系统所选定的结构、行为、运行或其他特征方面的近似、表示或理想化。

建模：利用对整个或部分系统的数学或物理理想化进行系统分析和设计的技术。模型的完整性和现实性取决于要回答的问题、系统的知识状态及其环境。

目标系统：故障预测与健康管理活动主体的系统（或子系统）。

运行可用性：设备或系统在需要时能够正常运行的程度（表示为 0 到 1 之间的小数，或者等效的百分比）。

运行条件：有助于定义运行场景或环境因素，包括天气、人工操作、外部系统交互等。

超应力失效：由于单一载荷（应力）条件超过材料强度或类似阈值而引起的失效。

基于绩效的物流：系统支持的一组策略（和契约机制），在这些策略和机制中，承包商不承包货物和服务，而是根据系统的绩效指标来交付绩效结果。

失效物理：一种理解失效模式和机理的方法，其基础是构件的材料属性和几何形状对对象系统中寿命周期加载条件的响应。

预测性维修：一种维修策略，它决定了在役设备的状况，以便预测何时应该进行维修。

预防性维修：对未发生故障的系统进行维修和服务的策略，目的是在故障导致停机之前将其维持在令人满意的运行状态。

预测精度：预测第一次达到预期性能（准确性、精度和/或置信度）的时间与系统预估失效时间之间的时间间隔。

预测系统精度：对被监测部件/系统的预期寿命和观察寿命之间的误差进行定量度量。

预测时间：在实际的故障事件发生之前，多早对一个预测系统产生一个准确的（由准确性指标定义的）终止寿命进行预测的时间。

预测：通过评估系统偏离或退化的程度来预测目标系统未来可靠性的过程。

可靠性：在规定的条件下，目标系统在规定的时间间隔内执行其预定功能的概率。

剩余使用寿命：系统（或产品）从当前时间到其在规定内不再表现出预期功能的估计时间之间的长度。

弹性：对影响系统实现目标能力的内部和外部不确定性和干扰的健壮性。

响应时间：度量响应执行的速度，从响应启动到响应完成。

投资回报率：把钱花在开发、更改或管理系统上所获得的金钱收益。

根因：最基本的原因或因素，如果纠正或消除，则将防止事件的重现。

定期维修：以日历时间、千米数、运行时间或其他相关使用指标度量的定期维修活动（检查和/或服务）。

半监督学习：利用未标记数据进行训练的一类监督学习任务和技术，训练数据集包含大量未标记数据和少量标记数据。

传感器：产生与目标系统或目标系统环境中的状态相对应的输出状态的设备。

状态：一组物理或逻辑变量的值。

应力：施加在产品上的负荷强度（如在故障点）。

监督学习：一种基于训练数据的机器学习方法，数据中包含有期望的输出结果（称为标签）。

维持：所有以下必要的活动：（1）维持现有系统的运作，使其能够成功地完成预期的目标；（2）继续制造和安装符合原来要求的系统版本；（3）制造和安装满足不断发展要求的系统修订版。

临界时间：从故障模式开始到关键系统目标被破坏的最小时间。

真阳性：状况不存在的正确判断。

真阴性：状况存在的正确判断。

不确定度：一个量的观测（测量）值或计算（预测）值可能偏离真实值的估计量。

计划外维修：计划外维修是指未预测或不可预测的维修需求，这些需求以前没有计划，但需要及时关注，并且必须添加、集成到或适应于以前计划的维修工作中。

无监督学习：一种基于未标记训练数据的机器学习方法。

验证：在目标应用程序域中评估产品或系统是否完成其预期功能的质量保证过程。

确认：在开发过程开始时，评估产品或系统是否符合需求施加的可测试约束的控制过程。质量控制过程，用于评估产品或系统是否符合开发过程开始时要求施加的可测试的约束。

磨损故障：由于机械磨损等劣化因素而引起的部件、装置或系统的故障。这是一种退化失效。

反侵权盗版声明

举报电话：（010）88254396；（010）88258888

传　　真：（010）88254397

E-mail：　dbqq@phei.com.cn

通信地址：北京市海淀区万寿路 173 信箱

电子工业出版社总编办公室

邮　　编：100036